H. Mann

Die moderne Parfumerie

Eine Anleitung und Sammlung von Vorschriften
zur Herstellung sämtlicher Parfumerien und Kosmetika

unter besonderer Berücksichtigung
der künstlichen Riechstoffe

einschließlich der Parfumierung der Toiletteseifen

Vierte Auflage

vollständig neu bearbeitet unter Berücksichtigung der
wichtigsten Fortschritte auf dem Gebiet
der Parfumerie und Kosmetik

Von

Dr. Fred Winter

Wien

Springer-Verlag Wien GmbH 1932

ISBN 978-3-662-36051-4   ISBN 978-3-662-36881-7 (eBook)
DOI 10.1007/978-3-662-36881-7

Vorwort.

Die so verdienstvolle Arbeit Manns, der es als erster unternommen hat, ein zusammenhängendes Werk über Parfumerie und Kosmetik in deutscher Sprache zu schreiben, hat sicher ein besseres Schicksal verdient als jenes, auf einem toten Geleise zu vermodern.

Als Arbeit eines Praktikers besaß das Mannsche Buch selbst in seiner veralteten Form den großen Wert, gewisse praktische Momente in der Fabrikation von Parfumerien so zur Geltung zu bringen, daß die empirische Darstellung der Materie in ihrer schlichten praktischen Form außerordentlich klar und anregend zum Ausdruck kam.

Das Buch Manns entstand nicht allzu lang nach jener Zeit, in der man nur zögernd an den Gebrauch der künstlichen Riechstoffe heranging, und dieses im Prinzip ganz unberechtigte Mißtrauen der alten Parfumeure gegen diese Kunstprodukte hatte damals wenigstens das Gute, daß mißbräuchliche, d. h. fast ausschließliche Benutzung der künstlichen Riechstoffe, und selbst solcher minderwertigster Art, wie sie heute leider an der Tagesordnung ist, absolut vermieden wurde.

So steht denn Manns Arbeit auch im Zeichen der klassischen Tradition, beim Parfumieren dem Naturprodukt den Vorrang zu lassen und es, wo irgend tunlich, in größeren Mengen, stets aber in entsprechendem Maße mit heranzuziehen und gleichzeitig dem künstlichen Riechstoff nur jene Rolle zuzuteilen, die ihm allein zukommen kann, jene eines Hilfsmittels um den typischen Geruch natürlicher Aromaten, bzw. komplexer Mischungen derselben, so zu betonen, bzw. zu variieren, als es die Umstände erfordern.

Auch hierin liegt ein großer ideeller Wert der Mannschen Arbeit, der speziell in der heutigen Zeit nicht hoch genug eingeschätzt werden kann, weil die Irrlehre des „absoluten Ersatzes natürlicher Riechstoffe durch Kunstprodukte" in letzter Zeit eine bedenkliche Verbreitung erfahren hat.

Es ist sicher nicht zu leugnen und muß im Gegenteil als zutreffend und für die heutige Entwicklung der Parfumerie äußerst wichtig betont werden, daß ein inniges Hand-in-Hand-Gehen von Praxis und Theorie die moderne Parfumerie in jene Bahnen gelenkt hat, die aus einer früher rein empirisch betriebenen Herstellung von Parfumerien die wissenschaftliche Parfumerie von heute entstehen ließen, es darf aber anderseits keinesfalls verkannt werden, daß praktisches Wissen auch heute in der Parfumerie noch die erste Stelle einnimmt und theoretische Nörgeleien praktische Kenntnisse nicht entwerten können.

Sorgfalt in den kleinsten Dingen, umsichtige Beobachtungsgabe, zielbewußte Auswahl und Anwendung der Grundstoffe, sicherer Takt, geschulter Geruchsinn und Vertrauen auf eigene praktische Fähigkeiten, verbunden mit der unersetzlichen praktischen Routine des Fachmannes sind die Grundsteine unseres Fachwissens, nicht Theorien und wissenschaftliche Haarspaltereien.

Es erschien mir daher nützlich und auch als ein Akt selbstverständlicher Pietät, bei der Neubearbeitung des Mannschen Buches dessen Grundform so zu wahren, daß die empirische Auffassung des Buches wie im Originalwerk zur Geltung kommt und die Originalvorschriften Manns, wo irgend mit der moderneren Tendenz der Neubearbeitung vereinbar, unverändert oder nur wenig modifiziert beizubehalten. Anderseits war es in manchen Fällen unvermeidlich, veraltete Ansichten, bzw. Vorschriften auszumerzen, wie ich auch bestrebt war, das Buch durch eine Sammlung neuer, moderner Vorschriften an geeigneter Stelle so zu ergänzen, daß es den heutigen Ansprüchen vollauf genügt.

Es soll mir aber ferne liegen, das grundlegende Verdienst Manns durch diese bei der Neubearbeitung nötig werdenden Änderungen und Zusätze irgendwie verkleinern zu wollen oder für mich ein anderes Verdienst an vorliegender Neubearbeitung in Anspruch zu nehmen als jenes, durch sachlich-klare, den modernen Verhältnissen in der Parfumerie entsprechende Darstellung der Materie dazu beigetragen zu haben, dieses wertvolle Buch aus dem Dornröschenschlaf am toten Gleise zu erwecken und so drohender Vergessenheit zu entreißen.

Möge es im modernen Gewande auch fernerhin ein treuer Ratgeber des praktisch Schaffenden sein; möge es, zu neuem Leben erweckt, auch weiterhin dazu beitragen, praktischem Fachwissen seinen Platz an erster Stelle zu sichern.

Wien, im Oktober 1932.

Dr. Fred Winter.

Inhaltsverzeichnis.

Charakteristik und Verwendung der künstlichen Riechstoffe.

Sicher ist der ungeahnte Aufschwung der modernen Parfumerie zum guten Teil der Mitwirkung künstlicher Riechstoffe zu verdanken, d. h. der umsichtigen, sachgemäßen Mitheranziehung dieser wertvollen und unentbehrlichen Hilfsmittel des modernen Parfumeurs.

Der unzweckmäßigen Anwendung dieser synthetischen Produkte, ebenso wie auch der leider immer mehr um sich greifenden Verwendung minderwertiger, verunreinigter Sorten und übelriechender Rückstände ist es aber zuzuschreiben, daß in unserer Zeit wildester Preisschleuderei eine Dekadenz in der Qualität der Parfums, ganz besonders aber jener der Toiletteseifen eingesetzt hat, die in der Geschichte der Parfumerie nicht ihresgleichen hat.

Es muß, ganz abgesehen von solchen bedauerlichen Mißgriffen in der Verwendung der künstlichen Riechstoffe, aber ein für allemal mit jener Irrlehre aufgeräumt werden, als seinen gute natürliche Riechstoffe seit Einführung der künstlichen Riechstoffe überflüssig geworden.

Ganz im Gegenteil stellen die Naturprodukte dieser Art, wenn sie, was leider nicht immer der Fall ist — einwandfreier Provenienz sind, nach wie vor äußerst wichtige und unentbehrliche Mittel dar, wirklich gute Parfums herzustellen.

Es kommt den natürlichen Riechstoffen also auch heute noch das Übergewicht zu und dürfen wir die künstlichen Riechstoffe nur als Hilfsmittel betrachten, die Geruchswirkung natürlicher Aromaten entsprechend zu variieren bzw. zu verstärken.

Dies sei hier eingangs besonders hervorgehoben, wir werden weiter unten nochmals auf diese Tatsache zurückzukommen haben.

Die großen Verdienste der organischen Chemie an der Entwicklung der modernen Parfumerie lassen sich in kurzen Zügen, wie folgt, charakterisieren: In erster Linie hat die Chemie durch Erforschung der Zusammensetzung der bekannten natürlichen Riechstoffe sowohl zu deren Reindarstellung erheblich beigetragen, aber zugleich auch durch Eliminierung gewisser riechender Prinzipien der Naturprodukte bzw. durch geeignete Transformation derselben eine Menge neuer Riechstoffe natürlicher Provenienz geschaffen, deren Verwendung als Parfumeriematerial oder aber als Ausgangsmaterial zu chemischen Umwandlungen zwecks Schaffung von neuen, als Riechstoffe geeigneten Derivaten, der modernen Industrie unserer Branche ganz neue Wege gewiesen hat.

Wie groß das Verdienst dieser einfachen Eliminationsmethoden ist, möge folgendes Beispiel zeigen. Durch Eliminierung des *Geraniols*, eines wichtigen Bestandteiles vieler teurer Öle, wie Rosenöl, Geraniumöl usw., aus billigen Ölen, wie Citronell- und Palmarosaöl, hat man es ermöglicht, billigere Ersatzmittel für die teuren Öle zu schaffen, ganz abgesehen von der vielseitigen Verwendungsmöglichkeit für chemisch reines *Geraniol*, die mit dieser Elimination erschlossen wurde. Ganz besondere Wichtigkeit hat aber die chemische Transformation gewisser so isolierter Konstituanten erlangt, einige Beispiele mögen dies veranschaulichen. Das Eugenol läßt sich leicht aus vielen relativ billigen Ölen, wie Nelkenöl, Zimtblätteröl usw. isolieren; durch geeignete Transformation dieses verhältnismäßig wohlfeilen Materials hat man das Vanillin synthetisch erhalten, das in vieler Beziehung die sehr teure Vanille ersetzen kann und dabei zirka 33mal ausgiebiger ist als natürliche Vanille. Ein anderes Beispiel: Lemongrasöl enthält zirka 85% Citral, das leicht zu isolieren ist und mit Aceton kondensiert den herrlichen Veilchenriechstoff *Jonon* ergibt; Safrol, aus dem billigen Sassafrasöl isoliert, liefert das wertvolle Heliotropin, Linalool das Linalylacetat usw. Abgesehen von diesen auf Eliminierung der Konstituanten natürlicher Riechstoffe oder deren Transformation zu neuen Riechstoffen beruhenden Verfahren zur Verwertung natürlicher Körper hat die Chemie aber auch durch die reine Synthese gewisser bekannter Konstituanten aus Kohlenwasserstoffen oder aber durch die Darstellung ganz neuer Riechstoffe, die in dieser Form in keinem natürlichen Riechstoff enthalten sind, der modernen Parfümerie ganz neue Wege gewiesen. So wurde der Anthranilsäuremethylester, der in vielen aromatischen Pflanzenprinzipien eine bedeutende Rolle spielt (Orangenblüte, Jasmin usw.), aus Kohlenwasserstoffen, ohne Zuhilfenahme natürlicher Konstituanten, gewonnen, ebenso der Phenyläthylalkohol, das Cumarin, Benzylacetat und viele andere. Als rein synthetische Produkte seien auch erwähnt die verschiedenen Sorten des künstlichen Moschus, die zwar den Tonkinmoschus nicht ersetzen können, aber doch in ihrer Art ganz hervorragende Dienste zu leisten berufen waren.

Eine wirklich sachgemäße Verwendung der synthetischen Riechstoffe ist unbedingt erforderlich, um wirklich gute Resultate zu erzielen, jeder Mißbrauch derselben läßt aber nur unangenehme Überraschungen erwarten. Die synthetischen Riechstoffe sind also in der Hand des erfahrenen Fachmannes ein außerordentlich wertvolles Hilfsmittel, in der Hand des Unerfahrenen aber eine recht gefährliche Materie.

Bei Verwendung der künstlichen Riechstoffe ist vor allem dem Umstand Rechnung zu tragen, daß diesen meist eine gewisse Derbheit des Geruches eigen ist, die durch geeignete Kombination mit echten, natürlichen Riechstoffen abgetönt werden muß. Die wertvolle Eigenschaft der synthetischen Odorantien zur Erzeugung ganz neuartiger, bis ins unendliche variabler Geruchseffekte beizutragen, kann nur dann zweckentsprechend ausgenutzt werden, wenn jedes Zuviel von vorneherein vermieden wird, keinesfalls können wir aber, mit Ausnahme der Seifenparfumierung und auch hier nur unter gewissem Vorbehalt, von einem Gemisch, das ausschließlich aus solchen Kunstprodukten besteht, eine wirklich feine und dezente Geruchswirkung erwarten.

Es ist also prinzipiell wichtig, daß wir in den synthetischen Produkten lediglich Hilfsmittel erblicken, die mit Vorsicht in Form kleiner Zusätze verwendet werden müssen und — speziell in der feinen Parfumerie — nur zur Variierung des Geruches natürlicher Odorantien Verwendung finden können, nicht aber als substantive Riechstoffe.

In der Seifenparfumierung liegt der Fall dagegen, wenigstens für kurante Ware, anders, indem hier in der Hauptsache künstliche Riechstoffe Verwendung finden können, aber auch hier darf nicht ohne Überlegung gehandelt werden, was sich wohl von selbst versteht.

Interessant ist folgende Tatsache. Als die ersten synthetischen Riechstoffe entdeckt und verwendet wurden, glaubte man, daß diese Kunstprodukte einen erheblichen Rückgang im Konsum natürlicher Riechstoffe verursachen könnten. Nun ist aber gerade das Gegenteil eingetreten, trotz der ungeheuren Ausdehnung, die die Herstellung und der Verbrauch der synthetischen Riechstoffe seither genommen haben.

Diese Tatsache erklärt sich aus dem ungeahnten Aufschwung, den die Parfumerie durch die Hilfe der synthetischen Riechstoffe genommen hat, sie erhellt aber auch den Umstand, daß die natürlichen Riechstoffe auch heute noch unentbehrliche Ingredienzien in der Ausübung der praktischen Parfumerie darstellen, die trotz aller Fortschritte auf synthetischem Gebiete niemals, auch nur annähernd, entbehrlich sein werden. Wir erblicken also in den natürlichen und künstlichen Riechstoffen Faktoren, die, sich gegenseitig ergänzend, unendlich wertvolle Dienste in der Parfumerie zu leisten berufen sind und deren inniger Zusammenarbeit in fachkundiger Hand wir jenen ungeahnten Aufschwung verdanken, den unsere Industrie seither genommen hat.

Es versteht sich von selbst, daß auch beim Einkauf synthetischer Riechstoffe streng darauf zu achten ist, daß nur reinste Materialie Verwendung finden, denn verunreinigte synthetische Produkte sind überhaupt nicht verwendbar, sollten auch prinzipiell nicht gekauft werden, auch nicht zur Parfumierung billiger Seifen.

In den einzelnen Vorschriften in diesem Buche ist hinter den verwendeten künstlichen Riechstoffen deren Provenienz durch die Anfangsbuchstaben der Firmennamen angedeutet. Es sind diejenigen Erzeugnisse genommen, von denen dem Verfasser Proben zur Hand waren.

Keinesfalls soll eine solche Erwähnung von Spezialprodukten bedeuten, daß etwa nur diese vorteilhaft zu verwenden seien oder etwa analoge Produkte anderer Provenienz, bei geeigneter Verwendung, nicht ebenso gute Dienste leisten könnten.

Es sei also die Erwähnung eines Spezialproduktes mit Provenienzangabe nicht im Sinne einer Bevorzugung, noch weniger aber im Sinne einer „Anpreisung" aufgefaßt, sondern nur als Andeutung einer Verwendungsmöglichkeit.

Die Abkürzungen im Text bedeuten die nachstehend angegebenen Firmen.

A. Ch. = *Antoine Chiris*, Grasse und Paris.
Agfa = *I. G. Farbenindustrie A. G.*, Berlin.
Ama = *A. Maschmeyer jr.*, Amsterdam.
D. F. = *Descollonges Frères*, Lyon.
Dr. Sch. & C. = Dr. *Schmitz & Co.*, Düsseldorf.
Fl. = *Chemische Fabrik „Flora“*, Dübendorf-Zürich.
H. & C. (oder
Heiko) = *Heine & Co.*, Leipzig.
H. & R. = *Haarmann & Reimer*, Holzminden.
Kape = *Kluge & Pöritzsch*, Leipzig.
L. F. = *Lautier Fils*, Grasse.
L. & C. = *De Laire & Cie.*, Paris.
L. G. = *L. Givaudan*, Vernier bei Genf.
M. & B. = Dr. *Mehrländer & Bergmann*, Hamburg.
N. & C. = *M. Naef & Cie.*, Genf.
P. & S. = *Polak & Schwarz*, Zaandam (Holland).
Roure = *Roure Bertrand Fils*, Grasse.
S. & A. = *Sozio & Andrioli*, Grasse.
S. & C. = *Sachsse & Co.*, Leipzig (jetzt von *Schimmel & Co.* übernommen).
Sch. & C. = *Schimmel & Co. A.-G.*, Miltitz bei Leipzig.
T. M. = *Th. Mühlethaler*, Nyon (Schweiz).

Diese Liste erhebt keinen Anspruch auf Vollständigkeit. Weitere Lieferanten von Riechstoffen sind im Bezugsquellen-Nachweis des Anhangs genannt.

Vorarbeiten zur Herstellung der Extraits.

Unter diesen nimmt die

Herstellung der nötigen Tinkturen und Lösungen.

den wichtigsten Platz ein.

Wichtig ist es, daß für diese Hilfsmittel eine eindeutige Nomenklatur gewählt wird, die jedes Mißverständnis ausschließt und muß leider festgestellt werden, daß bisher diese Notwendigkeit nicht immer gebührend berücksichtigt wurde. Auch die von Mann gewählte Nomenklatur durfte nicht als glücklich bezeichnet werden, weshalb wir eine neue, einwandfreie Nomenklatur adoptiert haben und dieselbe in allen Teilen des Buches rigoros zur Anwendung bringen werden.

Wir nennen Tinktur jeden alkoholischen Auszug einer Droge, auch die alkoholischen Lösungen aromatischer Harze wie Benzoe, Tolubalsam usw. fallen konventionell unter diesen Begriff.

Als Solutionen bezeichnen wir sinngemäß alle Arten von Lösungen von Riechstoffen in Alkohol oder anderen geeigneten Lösungsmitteln.

Die Bezeichnung Infusion reservieren wir für die Pomadeauswaschungen, für die als synonym und gebräuchlich auch die Bezeichnung Lavage oder Extrait zur Anwendung kommen kann.

Nach dieser Nomenklatur ist also z. B. Moschustinktur ein alkoholischer Auszug aus echtem Tonkinmoschus, Moschussolution eine

Lösung von künstlichem Moschus in Benzylbenzoat o. dgl. Ebenso wäre z. B. Iristinktur der alkoholische Auszug der Iriswurzel, Irissolution eine Lösung von konkretem Irisöl in Alkohol usw. Die Auswaschungen von Essence Concrète wird analog auch als Infusion, Lavage oder Extrait bezeichnet.

Bezüglich der Bezeichnung Extrait ist noch zu bemerken, daß diese auch auf die fertigen alkoholischen Parfums Anwendung findet, doch kann diese gleichartige Bezeichnung praktisch zu Verwechslungen keinen Anlaß geben. Will man in einer Vorschrift z. B. gleichzeitig eine Pomadenauswaschung von Veilchen und einen komponiereten Veilchenextrait verwenden, so bezeichnet man erstere einfach als Extrait Veilchen oder Violette, letzteren als Extrait Composé.

Betreffs der Extraitfabrikation sei noch empfohlen, die Ansätze nicht zu klein zu machen, sondern etwa 15 bis 20 kg auf einmal herzustellen, damit die fertigen Extraitkompositionen längeres Lager haben können, wodurch ihr Geruch bedeutend verfeinert wird. Nach Zusammensetzung der Kompositionen lasse man den fertigen Extrait unter öfterem Schütteln 10 bis 14 Tage stehen, ehe man ihn filtriert. Nach dem Filtrieren bewahre man die Flaschen in gut gefülltem und verkorktem Zustande in kühlen, leicht zu verdunkelnden Räumen auf, am besten in einem schönen, luftigen, trockenen Keller. Hat der Extrait nun längere Zeit, etwa 5 bis 6 Wochen, gelagert, so ist er zum Abfüllen fertig.

Ebenso ist es sehr gut, wenn die angewendeten Tinkturen und Solutionen frühzeitig und in reichlichen Mengen angesetzt worden sind; denn je älter z. B. Ambra-, Moschus-, Benzoe-, Tolu-, Storax- usw. Tinkturen sind, desto feiner werden sie im Geruch. Dies gilt ganz besonders für Moschustinktur und Ambratinktur, welche bei zunehmendem Alter einen immer mächtigeren Duft entfalten.

Infusionen aus französischen Pomaden (auch Extraits oder Lavages genannt).

Die verschiedenen französischen Fabriken in Grasse bringen Blumenpomade in verschiedenen Stärken an den Markt, deren Stärkegrade sie durch Zahlen bezeichnen, wie Nr. 6, 12, 24, 36, 72. Die Nr. 36 und Nr. 72 sind jene, die in der modernen Parfumerie, soweit diese noch zu Pomadenauswaschungen Zuflucht nimmt, die gebräuchlichsten, ganz besonders aber Nr. 36. Die schwachen Pomaden werden heute zur Herstellung von Extraits so gut wie nicht mehr verwendet, sie dienen nur für feste Pomaden (Haarpomaden usw.).

Die Pomaden werden in der Regel zweimal ausgewaschen und ergeben dann Infusion I und II.

Die Ansätze für Pomadenauswaschungen sind folgende:

      Blumenpomade, Nr. 36 .   1000 kg
      Alkohol . . . . 1000—1250 kg

Es werden hieraus 2 Infusionen hergestellt, von denen die erste naturgemäß die stärkste ist, während die zweite bedeutend schwächer

ist. Die auf diese Weise hergestellten Infusionen sind folgende: Rose,
Veilchen, Jasmin, Jonquille, Tuberose, Orangenblüte[1], Cassie, Capucine,
Reseda; doch wird von der Extrahierung der letztgenannten Pomade
meist Abstand genommen, da man sich Resedaextrait schöner durch
Zusammensetzung verschiedener Infusionen usw. herstellt. Die mit
„Pommade Capucine" hergestellte Infusion verwendet man vorteilhaft
da, wo recht frische, duftige Gerüche gewünscht werden, z. B. in Mai-
glöckchen- und Fliederparfums.

Die Größe des Ansatzes richtet sich nach den Behältern, in denen
die Pomaden extrahiert werden sollen, doch nimmt man gewöhnlich

$$\text{Pomade Nr. 36 oder 72 .}\qquad\text{20 kg}$$
$$\text{Alkohol} \ldots\ldots\ldots\ldots\ldots\text{20—25 kg}$$

Die Pomade wird im Wasserbade dickflüssig gemacht, indem man
die Entwicklung aller überflüssigen Wärme tunlichst vermeidet, oder
vermittels einer kleinen Maschine durch eine durchlochte Eisenplatte
in den Apparat getrieben. Der Extrakteur wird, wenn möglich, etwas
angewärmt und nimmt dann zunächst die 25 kg Alkohol auf, wonach
man ihn langsam in Bewegung setzt und die geschmolzene oder zer-
drückte Pomade zugibt. Dann verschließt man den Apparat luftdicht
und läßt ihn mit der Mischung 24 bis 36 Stunden laufen. Die Flügel der
Maschine bringen Spiritus und Pomade in innigste Vermischung und
der Geruch der Blumenpomade teilt sich dem Alkohol mit. Nach dieser
Zeit zieht man den Alkohol von der Pomade ab und wäscht diese noch
einmal mit dem gleichen Quantum neuen Alkohols aus. Die Waschung
ergibt dann Infusion II. (Vor Verwendung ausfrieren lassen.)

Die Pomadeauswaschungen werden vorteilhaft ersetzt durch
Solutionen der Essences Liquides (Serie A) oder der Essences Absolues,
oder auch durch Auswaschung der Essences Concrètes oder Solides.

Eine Infusion von Essence Concrète wird hergestellt, indem man
20 g Essence Concrète im Mörser mit etwas warmem Alkohol verreibt
und diese Anreibung durch 1 l Alkohol bei leichtem Anwärmen aufnimmt. (Muß ebenfalls ausgefroren werden.)

Die Essences Liquides und Absolues sind leicht und ohne Rückstand
in Alkohol löslich und stellt man hieraus durch einfaches Auflösen in
der Kälte Solutionen her.

So sind an Wirkung ziemlich äquivalent:

1 Liter Infusion Pomade Nr. 36;
1 Liter Infusion Concrète, enthaltend 20 g Essence Concrète pro Liter;
1 Liter Solution Essence Liquide (Serie A) à 20 g pro Liter;
1 Liter Solution Absolue, enthaltend 10 g Essence Absolue pro Liter.

Wir können also in den praktischen Vorschriften ohne weiteres
jeden Liter Pomadenauswaschung durch 20 g Essence Liquide A. oder
Concrète oder 10 g Essence Absolue und die entsprechende Alkohol-
menge ersetzen.

---

[1] Die Infusion Orangenblüte wird auch häufig der Kürze halber als
Infusion Orange bezeichnet.

Bei der heutigen Konzentration der Extraits kommen Solutionen der Essences Liquides und Absolues praktisch fast nicht mehr in Frage und werden diese meist in Substanz verwendet.

Die Concrètes, Liquides und Absolues sind reine Blütenaromen, die durch Extraktion der Blüten gewonnen werden. Sie werden hergestellt in den Sorten Violette, Oeillet, Jasmin, Fleur d'Oranger, Cassie, Rose, Tubéreuse, Jacinthe, Jonquille, Narcisse, Ginster (Genêt), Mimosa und Reseda.

(Die Infusion [Lavage] aus Orangenblütenpomade wird in den Vorschriften konventionell als „Infusion Orange" bezeichnet werden, obwohl diese Bezeichnung wenig glücklich gewählt ist.)

Für die Veilchenkompositionen ist uns ein wertvolles Produkt in der **Essence Violette Feuilles**, Veilchenblätteressenz, Grüngeruch, gegeben. Diese stellt meist ein dunkelgrünes dickflüssiges oder auch ganz konkretes Erzeugnis dar, welches in der Verdünnung den Duft des Veilchenkrautes in unübertroffener Naturtreue wiedergibt. Man muß nur recht darauf achten, daß man nicht zuviel davon zu einem Ansatze nimmt, denn sonst geht die Feinheit des Geruches vollständig verloren.

Solution Violette Feuilles

Essence Violette Feuilles   15 g
Alkohol .... 1200 g

Es ist ratsam, die Lösung vor der Verwendung zu filtrieren.

Resinoidsolutionen.

Wir finden jetzt im Handel die durch Extraktion mit Petroläther isolierten unversehrten Geruchsprinzipien gewisser aromatischer Drogen, die es gestatten, in vielen Fällen das Herstellen von Tinkturen durch Ausziehen der Mutterdroge mit Alkohol zu umgehen, bzw. die es gestatten, den entsprechenden ätherischen Ölen gegenüber (z. B. Patchuli, Vetiver Nelkenöl usw.) bessere Wirkung zu erzielen.

Erwähnt seien hier die Resinoide Eichenmoos, Weihrauch (Olibanum), Benzoe, Tolubalsam, Styrax, Labdanum, Patschuli, Gewürznelken, Vetiverwurzel, Vanille, Tonkabohne, Castoreum usw.

Man kann sich hieraus mühelos alkoholische Lösungen herstellen, bzw. die Resinoide direkt im Ansatz mitverwenden.

Die Resinoidsolutionen ersetzen in vielen Fällen die entsprechenden Tinkturen, wie z. B. Eichenmoostinktur, Castoreumtinktur, Vanilletinktur, Tonkatinktur, Benzoetinktur, Tolutinktur usw.

Bezüglich des Irisresinoids ist darauf hinzuweisen, daß davon ganz verschiedene Sorten im Handel sind, deren Wert ganz erheblich differiert. So haben wir unter dieser Bezeichnung als mindere Sorte die Destillations(Blasen-)rückstände von der Gewinnung des konkreten Irisöles, die hauptsächlich zur Seifenparfumierung bestimmt ist. Dann aber auch ein Petrolätherextraktionsprodukt der Iriswurzel, das ungleich wertvoller ist und auch in der feinen Parfumerie verwendbar ist.

Nicht unerwähnt soll aber bleiben, daß sehr häufig auch unter der Bezeichnung Irisresinoid Rückstände der Jononfabrikation u. dgl. als ganz minderwertige Sorte in den Handel kommen.

Die Resinoide sind sehr wertvolle Behelfe der modernen Parfumerie und leisten unschätzbare Dienste.

Man verwendet sie häufiger direkt in Substanz, ohne zuerst eine Solution herzustellen.

Ambra.

Die echte graue Ambra leistet als genügend abgelagerte Tinktur der Mutterdroge äußerst wertvolle Dienste in der feinen Parfumerie. In der Tat gibt die Anwendung dieser Tinktur den Extraits eine ganz unbeschreibliche Feinheit und Haltbarkeit und ist in dieser Eigenschaft ein fast nie fehlender Bestandteil feinster französischer Markenparfums.

Als Ersatz der echten Ambra finden wir im Handel zahlreiche Produkte mehr balsamischen Charakters, von denen aber einige geruchlich der echten Ambra nahekommen.

Von solchen Produkten seien erwähnt Ambra Ama, Ambra W., Sch. & C. u. a.

Von letzteren Produkten stellt man entweder Solutionen her (sie sind leicht und ohne Rückstand in Alkohol löslich) oder verwendet sie in Substanz, da sie auch in ätherischen Ölen usw. beim Erwärmen leicht löslich sind.

Ambratinktur

Ambra, grau, echt	30 g
Milchzucker oder Bimsstein .	30 g
Pottasche	10 g
Wasser	100 g
Alkohol	0,9 l

Man zerkleinert die Ambra und verreibt sie im Mörser mit dem Milchzucker bzw. dem Bimsstein unter Zusatz des pottaschehaltigen erwärmten Wassers zu einer Pasta, die dann mit Alkohol aufgenommen wird und in gut schließender Flasche unter öfterem Umschütteln lagern gelassen wird. Die Lagerungsfrist soll nicht unter 6 Monaten sein, zu empfehlen ist aber eine mindestens einjährige Lagerung, weil zu frische Ambratinkturen lange nicht so fein und kräftig riechen und sich das Aroma in seiner ganzen Fülle erst nach zirka einem Jahr in der Tinktur entwickelt.

Solution Ambra

Ambra, künstl.	50 g
Alkohol	1 l

Moschus.

Der echte Tonkinmoschus, der am besten als ausgebeutelter Moschus (ex vesicis) verwendet wird, ist sicher das unentbehrlichste Hilfsmittel, um sehr haltbare und wunderbar abgerundete Extraits zu erhalten.

Es ist ganz ungerechtfertigt, wenn viele Parfumeure an dem hohen Preis dieser Droge Anstand nehmen und glauben, daß man den echten Moschus in Form seiner Tinktur nur zu sehr teuren Parfumerien verwenden könne. Dies ist eine unbegründete Furcht, denn der hohe Preis dieser Droge spielt infolge ihrer unerhörten geruchlichen Ausgiebigkeit keine Rolle und kann man beispielsweise schon durch 5 bis 10 ccm einer alten Moschustinktur in 1 l Extrait ganz außerordentlich feine Effekte erzielen.

Moschustinktur

Alkohol .... 1000 g
Moschus, echt .... 35 g

Der ausgebeutelte Moschus wird mit etwas gestoßenem Zucker oder feinem Bimssteinpulver fein zerrieben und dem Alkohol zugefügt. Man läßt die Tinktur mindestens 3 Monate stehen, bevor man sie filtriert. Um den Moschus auch gänzlich zu extrahieren, gibt man das Gemenge von Alkohol und Moschus in einen Metallständer mit doppeltem Boden, wovon der erste Boden siebartig durchlöchert und mit einer feinen Gaze überzogen ist. Im zweiten, äußeren Boden befindet sich ein Ablaßhahn, durch welchen man die Tinktur langsam abfließen läßt; die erhaltene Tinktur gibt man mehrmals wieder auf den in dem Ständer befindlichen Moschus, so daß sie diesen drei- bis viermal passieren muß. Eine so hergestellte Tinktur ist von vorzüglicher Beschaffenheit und Stärke.

Zu dieser von Mann angegebenen Vorschrift ist folgendes zu bemerken:

Es ist vorteilhafter etwas verdünnten Alkohol zu verwenden und auch etwas Alkali zuzufügen, da dieses die Entwicklung des Moschusgeruches ganz erheblich fördert.

Eine **moderne Vorschrift für Moschustinktur** würde also lauten:

Moschus ex vesicis ...... 30 g
Milchzucker oder Bimsstein 30 g
Pottasche .... 5 g
Wasser .... 100 g
Alkohol .... 0,9 l
Ammoniak (0,97) .... 5 ccm

Man verreibt den Moschus mit dem erwärmten, pottaschehaltigen Wasser zur Pasta und nimmt diese mit Alkohol auf. Nach dem Einbringen in die Standflasche wird schließlich der Ammoniak zugesetzt und umgeschüttelt.

Unter häufigem Umschütteln mindestens 3 Monate, am besten aber 6 Monate ziehen lassen.

Nur genügend alte Tinkturen geben gute Resultate und gestatten, die Feinheit und Geruchsstärke des Moschus voll auszunutzen.

Die Moschustinktur ist ganz unentbehrlich für die feine Parfumerie und sollte auch für billigere Ware mit herangezogen werden, weil ihre Verwendung auch in kleinsten Mengen Effekte von unbeschreiblicher Feinheit und Beständigkeit des Geruches gibt.

Moschustinktur II

Herstellung einer solchen kommt manchmal in Frage, ist aber bei genügend langem Lagern der Tinktur I von keinem besonderen Nutzen.

Man nimmt

Rückstand von einmal aus-
gesogenem Moschus .... 100 g
Alkohol .... 3000 g

Künstlicher Moschus.

Diese Produkte besitzen zwar eine gewisse geruchliche Analogie mit dem echten Tonkinmoschus, doch können sie denselben nicht ersetzen. Trotzdem leisten diese Körper ganz außerordentliche Dienste in allen Zweigen der Parfumerie.

Wir unterscheiden im Handel drei Sorten, nämlich:

Ketonmoschus, Xylolmoschus und Ambrettemoschus.

Von diesen Sorten besitzt der Ketonmoschus den feinsten Geruch und kommt dem echten Moschus am nächsten. Der Xylolmoschus besitzt einen viel aufdringlicheren, weniger feinen Geruch und dient hauptsächlich zur Toiletteseifenparfumierung.

Der Ambrettemoschus besitzt eine ganz besondere balsamische Unternote und wird in allen Zweigen der Parfumerie mit bestem Erfolg verwendet.

Diese Kristallmoschussorten sind nur wenig in Alkohol löslich (etwa 5 bis 6 g pro Liter) und verwendet man daher zur Herstellung von Solutionen Lösungsmittel spezieller Art, wie Cinnamein, Benzylbenzoat u. a.

Sehr häufig verwendet man aber diese Kristallmoschusarten direkt in Substanz, da sie in ätherischen Ölen usw. in der Wärme leicht und dauernd löslich sind.

Von den Lösungsmitteln für künstlichen Moschus ist zunächst das Cinnamein zu nennen. Das Cinnamein (Zimtsäure-Benzylester), auch Perubalsamöl genannt, findet sich im Perubalsam bis zu 45% vor. Es bildet eine ölige Flüssigkeit von mäßig starkem Geruche, der an Perubalsam erinnert und es da zur Verwendung kommen läßt, wo die Verarbeitung von Perubalsam auf Schwierigkeiten stößt. Für den Parfumeur ist das Cinnamein von großem Werte dadurch, daß es den künstlichen Moschus löst, und zwar in reichlichem Maße, ohne ihn wieder auszuscheiden, wie das z. B. die meisten ätherischen Öle tun.

Gewöhnlich löst man den künstlichen Moschus, sobald man ihn zur Seifenparfumierung verwenden will, in den dem Parfum zugehörigen ätherischen Ölen, indem man diese etwas erwärmt. Gibt man jedoch zu große Quantitäten in Lösung, dann kristallisieren sie beim Erkalten teilweise wieder aus und sitzen am Boden der Flasche, wo sie oft kaum bemerkt werden, besonders bei dunkelfarbigen Flaschen oder undurchsichtigen Gefäßen. Zudem ist das Erwärmen ätherischer Öle keineswegs wünschenswert, oftmals sogar für ihren Geruch verderblich und die Verflüchtigung von kleinen Teilen derselben kaum zu verhindern.

Nun hat es sich gezeigt, daß man künstlichen Moschus bis zu 50%
in Cinnamein gelöst halten kann, ohne daß er wieder auskristallisiert.
Der Geruch des Cinnameins ist zudem ein so dezenter, daß man es
getrost in allen Seifenparfumen zur Anwendung bringen kann; außerdem wird er durch den zugesetzten bzw. gelösten künstlichen Moschus
vollständig verdeckt, und nur der Geruch des letzteren kommt zur
Geltung, ja man kann fast behaupten, er werde noch gehoben, intensiver
hervorgebracht und fixiert.

Um eine solche Moschuslösung in Cinnamein herzustellen, erwärmt
man ein Quantum desselben auf 40 bis 50° C und fügt diesem den
künstlichen Moschus in Kristallform bei; man kann hier bis zu zirka 50%
gehen, je nach der Art des künstlichen Moschus. Dieser löst sich in dem
warmen Cinnamein fast augenblicklich und bleibt auch nach dem Erkalten vollständig gelöst; ebenso scheidet er sich in später beigefügten
ätherischen Ölen nicht mehr aus.

Für Seifenparfume sind diese Lösungen von künstlichem Moschus
sehr angenehm aus den bereits angeführten Gründen, insbesondere
jedoch zur Parfumierung von direkt als „Moschusseifen" in den Handel
zu bringenden Produkten.

Es wird zwar behauptet, daß bei Lösung des künstlichen Moschus
in Alkohol der künstliche Moschus auch gelöst bleibe, selbst wenn das
Verhältnis von 6 : 1000 (6 g künstlicher Moschus auf 1000 g Alkohol,
95%ig) wesentlich überschritten werde. Die nach dieser Seite gemachten
Versuche ergaben bis jetzt jedoch negative Resultate.

Ist in dem Cinnamein dem Parfumeur ein sehr geeignetes Lösungsmittel für den künstlichen Moschus gegeben, wenn es sich darum handelt,
mit der Lösung Toiletteseifen zu parfumieren, dann bietet ihm der
Benzoesäure-Benzylester (Benzylbenzoat) ein solches für die
Parfumerie.

Der Benzoesäure-Benzylester ist an sich fast völlig geruchlos,
was natürlich sehr ins Gewicht fällt. Des weiteren ist er gänzlich farblos,
wasserhell und in Alkohol sehr leicht in jedem Verhältnisse löslich.
Von 1 kg angewärmtem Benzylbenzoat werden 200 g künstlicher Moschus
so gelöst, daß er auch nach dem Erkalten des Lösungsmittels in Lösung
bleibt und beim Zusatz zu Blumeninfusionen, Alkohol usw. sich nicht
wieder ausscheidet.

In der modernen Parfumerie am weitaus gebräuchlichsten ist die
Verwendung von Benzylbenzoat, wohl auch von Benzylalkohol u. a.
zum Lösen der künstlichen Moschusarten.

Die Löslichkeit der einzelnen Sorten in Benzylbenzoat schwankt
nicht unerheblich.

Im Mittel stellen wir Solutionen 1 : 5 her, indem wir 200 g Kristallmoschus in 1000 g Benzylbenzoat unter mäßigem Erwärmen auflösen.

Solution Xylolmoschus	**Solution Ketonmoschus**
Xylolmoschus............ 200 g	Ketonmoschus .... 200 g
Benzylbenzoat .... 1000 g	Benzylbenzoat .... 1000 g

Solution Ambrettemoschus

Ambrettemoschus .... 200 g
Benzylbenzoat .... 1000 g

In letzter Zeit haben verschiedene Riechstoffirmen neue Arten von moschusähnlichen Produkten in den Handel gebracht, wie z. B. Moskène von Givaudan, Muskinol H. & C. u. a.

Erwähnt seien hier auch zwei Spezialprodukte mit animalisch-moschusartigem Geruch, die von der Firma Schimmel & Co. unter den Namen Muscaro W. und Animalin W. in den Handel gebracht werden.

Solution Animalin

Animalin W., *Sch. & C.* ... 15 g
Alkohol .... 100 g

Leicht erwärmen bis zur Lösung. Der fertigen Lösung 5 Tropfen verd. Ammoniak (spez. Gew. 0,97) zusetzen.

Solution Animalin, konz.

Animalin W., *Sch. & C.* .. 200 g
Benzylbenzoat .... 1000 g

Solution Muscaro, konz.

Muscaro W., *Sch. & C.* .... 200 g
Benzylbenzoat .... 1000 g

Im Wasserbad erwärmen, dann vom schwärzlichen Rückstand abfiltrieren.

Solution Muscaro

Muscaro W., *Sch. & C.* ..... 30 g
Alkohol .... 1 l

Leicht erwärmen. Dann 5 Tropfen verd. Ammoniak zusetzen. Vier Wochen stehen lassen und von dem schwärzlichen Rückstand abfiltrieren.

Bemerkenswert ist die geruchsverstärkende Wirkung des Muscaro W. auf echte Tonkinmoschustinktur. So kann man aus Muscaro W. mit geringem Zusatz echter Moschustinktur eine kombinierte Solution herstellen, die einen betäubend starken Geruch nach Tonkinmoschus besitzt.

Solution Muscaro, extra

Muscaro W. .... 30 g
Alkohol .... 1 l
Moschustinktur, echt, alt .... 50 g

Man bereitet die Solution aus Muscaro W. und Alkohol unter Erwärmen, filtriert, gibt etwas Ammoniak hinzu und schließlich die echte Moschustinktur. Erhöht man den Zusatz von echter Moschustinktur auf etwa 100 g, so erhält man ganz außerordentlich starke und feine Wirkung.

Zibettinktur

Alkohol .... 1000 g
Zibet, echt .... 35 g

Da sich Zibet in kaltem Zustande schwer und langsam löst, gibt man den Zibet und Alkohol in eine Blechkanne mit ummanteltem Hals. Diesen Mantel füllt man mit Glyzerin, schließt die Kanne und stellt sie dann ins Wasserbad. Durch Erwärmung löst sich der Zibet sehr schnell und die aufsteigenden Spiritusdämpfe werden an dem Halsmantel wieder kondensiert, so daß ein Verlust fast ausgeschlossen ist.

Alle diese Mühen sind bei Verwendung des künstlichen Zibet nicht nötig.

Zibetsolution

Alkohol .... 1000 g
Zibet, künstl. .... 50 g

entspricht einer Zibettinktur wie vorher angegeben, ohne jedoch einen Rückstand aufzuweisen. Man nehme künstlichen Zibet, dessen Lösung eine schöne gelbe Farbe zeigt, keine rote, die oft störend auf die Farbe der Rarfums wirkt.

Der künstliche Zibct ist sowohl in festem wie in flüssigem Zustande im Handel. Bei Verwendung des letzteren hätte man ihn nur einfach der herzustellenden Parfummischung beizugeben, allein sein Geruch ist so penetrant, daß es sich empfiehlt, eine Tinktur vorrätig zu halten.

Der Zibet bildet neben Moschus und Ambra das hauptsächlichste Fixierungsmittel in der Parfumerie. In reinem Zustande besitzt er einen nichts weniger als angenehmen Geruch nach Katzenurin. In feinster Verdünnung mit reinem Alkohol und in Verbindung mit ätherischem Öl entwickelt sich das Aroma des Zibet sehr schön und verleiht auch den andern Geruchsträgern mehr Beständigkeit.

Der künstliche Moschus trägt diese Bezeichnung nur, weil sein Geruch dem des echten Moschus nahekommt. Niemand wird jedoch behaupten wollen, daß der echte und der künstliche Moschus den gleichen Geruch haben, weder was Feinheit, noch Haltbarkeit anlangt. Anders ist das bei dem künstlichen Zibet; es ist hier oft kein Unterschied zu merken und man glaubt unbedingt, das Naturprodukt vor sich zu haben. Auch an Ausgiebigkeit steht der künstliche Zibet ziemlich auf gleicher Stufe mit dem echten; eine gleichwertige Lösung in reinem Alkohol erweist sich sogar ganz bedeutend kräftiger als die des Naturproduktes. Immerhin ist praktisch auch hier meist das Naturprodukt vorzuziehen.

Der Zibet findet von jeher ziemlich starke Verwendung in der Parfumerie.

Zur Parfumierung von Seifen läßt sich der künstliche Zibet mit etwas Alkohol gelöst dem ätherischen Öl sofort zufügen. Man erwärme den Lösungsalkohol ein wenig und gebe den künstlichen Zibet hinein. Für Extraits verwendet man die oben angegebene Zibettinktur. 230 g künstlicher Zibet entsprechen hiebei im Werte 100 g des Naturproduktes, an Geruchsstärke jedoch bereits 140 bis 150 g künstlicher Zibet 100 g echtem, eine gewiß schätzenswerte Differenz.

Auch eine Tinktur aus Moschusbeuteln kann, besonders bei Toiletteseifen, gute Dienste leisten.

Moschusbeuteltinktur

Leere, zerschnittene Beutel . 50 g
Pottasche ....   5 g
Wasser .... 200 g
Alkohol .... 800 g

Man weicht die Beutel zunächst in dem alkalischen Wasser gut ein und gibt dann den Alkohol hinzu. Lagerzeit 3 Monate.

Moschuskörnertinktur

Moschuskörner, pulv. ...... 200 g
Alkohol ....   1 l
1 bis 2 Monate.

Vanilletinktur

Vanilleschoten, zerschn. ... 300 g
Alkohol .... 1000 g
1 Monat.

Castoreumtinktur

Castoreum Canadense,
zerschnitten .... 45 g
Alkohol ....   1 l
1 bis 2 Monate.

Sehr wichtig für Ambres, Peau d'Espagne usw.

Tonkabohnentinktur

Tonkabohnen, zerschnitten . 200 g
Alkohol ....   1 l
Benzoesäure ....   5 g
1 Monat.

Vanille- und Tonkabohnentinktur können nur durch die Solutionen der Naturresinoide Vanille und Tonkabohne ersetzt werden, keinesfalls aber, wie dies oft behauptet wird, durch Vanillin bzw. Cumarin.

Diese beiden Tinkturen sind also für feine Extraits äußerst wichtig und werden auch in der französischen Parfumerieindustrie laufend angewendet.

Iriswurzeltinktur

Iriswurzel, pulv. .... 250 g
Alkohol ....   1 l
1 bis 2 Monate.

Diese Tinktur kann vorteilhaft durch die

Solution Iris

Irisöl konkret (Irisbutter) .. 50 g
Alkohol ....   1 l

ersetzt werden.

Da 250 g Iriswurzel etwa 0,5 g Irisöl konkret entsprechen, ist die Solution 100 mal stärker als die Tinktur.

Eichenmoos.

Das sogenannte Eichenmoos, das aber meist auf anderen Bäumen (Pflaumenbaum usw.) wächst, ist in der Hauptsache durch die Spezies Evernia prunastri vertreten, doch stellen die Eichenmoose des Handels oft Gemische ganz verschiedener Arten dar.

Das Eichenmoos spielt speziell in der modernen Parfumerie eine äußerst wichtige Rolle und ist heute eines der unentbehrlichsten Riechstoffe, besonders bei den Noten Chypre, Fougère und zahllosen Phantasiebuketts.

Tinkturen aus dem Eichenmoos selbst werden wohl nur seltener verwendet, seit wir das riechende Prinzip von **Evernia prunastri** in isoliertem Zustande besitzen. Viele dieser Produkte besitzen aber eine sehr häßliche schwärzliche Färbung, die ihre Verwendung sehr erschwert. Dies trifft besonders für das Resinoid zu. Die entfärbten Eichenmoospräparate sind meist geruchlich nicht so ausgiebig, auch erscheint ihr Eigengeruch durch das Bleichen verändert. Nichtsdestoweniger gibt es auch sehr gute entfärbte Eichenmoosprodukte im Handel. Besonders zu empfehlen ist das absolute Eichenmoosöl, das keine schwarzen Wachse enthält.

Eichenmoostinktur

Eichenmoos, trocken, pulv. . 250 g
Alkohol .... 1,25 l

14 Tage ziehen lassen, dann auspressen und passieren.

Solution Eichenmoos, absolut

Ess. absol. Mousse de Chêne . 50 g
Alkohol .... 1 l

Solution Eichenmoos, konkret

Ess. concrète Mousse de
  Chêne .... 100 g
Alkohol .... 1 l

Diese Solutionen sind etwa 10 mal so stark als die Tinktur und können diese ohne weiteres ersetzen.

Meist verwendet man aber die Eichenmoosprodukte, besonders die Essence Absolue, in Substanz.

Benzoetinktur

Alkohol .... 1000 g
Benzoe .... 400 g

Tolutinktur

Alkohol .... 1000 g
Tolubalsam .... 400 g

Storaxtinktur

Alkohol .... 1000 g
Storax .... 350 g

Perutinktur

Alkohol .... 1000 g
Perubalsam .... 200 g

Der in der Parfumerie und Kosmetik stark angewendete Perubalsam ist ein rein pflanzliches Produkt. Es wird hauptsächlich an der Küste von San Salvador als Harzausfluß eines Baumes aus der Familie der Papilionaceen, des Balsambaumes (Myroxylon Pereirae) gewonnen.

Zu uns kommt eigentlich nur der sogenannte **schwarze Perubalsam**, während man an Ort und Stelle noch einen weißen Perubalsam kennt und außerdem einen selten in den Handel gebrachten trockenen Perubalsam, wie wir dies übrigens auch bei dem Storax haben, bei dem man sogar soweit geht, daß man den flüssigen Styrax mit diesem Namen, den trockenen mit dem Namen Storax belegt wissen will, wie es besonders französische Parfumeure tun.

Der zu uns kommende Perubalsam, d. h. also der schwarze Perubalsam, ist von zähflüssiger Konsistenz und dunkelrotbrauner Farbe. Seine Festigkeit wird durch kristallinische Gebilde, das Myroxocarpin (Hildebrand) bewirkt. Er hat einen feinen Geruch nach Vanille, der ihn dem Benzoe an die Seite stellt. In der Parfumerie wird er zu den Fixierungsmitteln gezählt und zur Parfumierung der Toiletteseifen wird er ebenfalls stark verwendet.

Der Hauptbestandteil des Perubalsams ist das Cinnamein, eine farblose, aromatische Flüssigkeit, die übrigens auch auf synthetischem Wege hergestellt wird. Daraus hat sich nun ergeben, daß man auch einen synthetischen Perubalsam in den Handel gebracht hat, der den Namen Perugen führt. Dieses Perugen ist sehr leicht löslich in 90%igem Alkohol, ist von nicht so zähflüssiger Konsistenz wie der Naturbalsam, dabei aber von dunkler Farbe, doch zeigt es alle die Nachteile des natürlichen Perubalsam nicht, d. h. es hat keine Beimischungen von Schmutz, keine eingeschlossenen Pflanzentrümmer, ist eben ein vollkommen reines Produkt mit fast dem gleichen feinen Vanillegeruch wie der natürliche Balsam. Mit Perugen kann man besonders in der Kosmetik die gleichen Resultate erzielen wie mit natürlichem Perubalsam. Will man nun ein Präparat herstellen, welches eine dunkle Färbung nicht verträgt, dann verarbeitet man das Perugen. Mit diesem Präparat kann man sehr feine Geruchsnuancen erzielen, da es in der Verarbeitung vollkommen indifferent ist und die damit hergestellten Erzeugnisse nicht färbt. Sein Geruch gleicht fast vollkommen dem des natürlichen Perubalsams und es ist in Alkohol von 90% leicht löslich, ebenso in fetten und Mineralölen.

Man kann das Perugen sowohl als auch den gebleichten Perubalsamersatz sehr gut zur Fabrikation der bekannten Schuppenpomaden verwenden; deren Wirkung wird hiedurch in nichts beeinträchtigt, vielmehr erhält das Fabrikat ein wesentlich schöneres Aussehen, da die oft beanstandeten braunen Teilchen vollständig in Wegfall kommen, es auch den Schwefel nicht zusammenzieht. Auch für feine helle Parfums kann man es verwenden. Perugen ist ebenfalls für Parfumerien sehr empfehlenswert, denn es verträgt, wie gesagt, ein ziemliches Verdünnen derselben mit Wasser ohne starke Trübungen zu geben. Auch zu Salben und kosmetischen Präparaten wird es gern verwendet, da man gar keine Schwierigkeiten bei der Verarbeitung hat.

Von den übrigen Harztinkturen ist keine vollständig zu ersetzen; sie dienen bei der Herstellung der Taschentuchparfums zugleich als Fixiermittel. Neben dem Perubalsamöl sind auch Storaxöl und Tolubalsamöl im Handel, doch können deren Lösungen nicht als Ersatz für die Harztinkturen angesehen werden, da ihnen das fixierende Moment fehlt.

Olibanumtinktur

Alkohol . . . . 1000 g
Olibanum . . . . 100 g

Gummi olibanum ist die wissenschaftliche Bezeichnung für den Weihrauch, jene weiße, harzige Masse, die beim Anschneiden der Rinde des Weihrauchbaumes austritt und in erstarrtem Zustand kleine gelbe Körner oder „Tränen" bildet, die von altersher zu kirchlichen Zeremonien als Räuchermaterial in großem Umfange Verwendung finden. Das Harz enthält bis zu 8% eines ätherischen Öls, welches dem Weihrauch in der Hauptsache den aromatischen Geruch verleiht. Dieses Öl wird durch Destillation mit Wasserdampf abgeschieden und findet neuerdings sehr viel Verwendung, nicht nur zu Räuchermitteln, sondern vielmehr als Zusatz zu feinen Taschentuchparfums, denen es eine spezielle Nuance gibt, die sich besonders nach einigem Lagern sehr angenehm bemerkbar macht. Es werden oftmals Muster von feinen Taschentuchparfums eingeschickt, bei denen der Fachmann bisweilen nicht sofort erkennt, woher die eigenartige feine Tönung herrühren mag, die das Parfum aufweist. In sehr vielen Fällen ist es ein Zusatz von Olibanumöl, der dies bewirkt hat, und wer erst einmal seine Verwendung und seine Effekte studiert hat, wird auch seine stattgehabte Anwendung in den Parfums sehr bald wieder herausfinden. Die Wirkung der mit Olibanumöl gearbeiteten Parfums ist häufig ganz verblüffend raffiniert und fein.

Auch das Resinoid Oliban wird gerne zu gleichen Zwecken verarbeitet. Hier sei auf die ganz außerordentliche Wichtigkeit des Labdanums hingewiesen, dessen Wert auch in der Parfumerie aller Länder stets entsprechend gewürdigt wurde, während der deutsche Parfumeur lange Jahre achtlos an dem wertvollen Labdanum vorübergegangen ist.

Erst durch Erscheinen der löslichen Labdanumresinoide[1] im Handel wurde auch der deutsche Parfumeur wieder auf das Labdanum aufmerksam und verwendet es auch seitdem zu seinem größten Nutzen.

Die Tinktur wird weniger benutzt, vielmehr die isolierten Aromastoffe in Form des Labdanumresinoids.

Labdanumtinktur	**Solution Labdanum**
Labdanum, pulv........... 200 g	Resinoid Labdanum .... 100 g
Alkohol .... 1 l	Alkohol .... 1 l

Rosenwasser

Dest. Wasser, warm .... 1 l
Rosenöl, echt, bulgar. ....0,1 g
Schütteln und filtrieren.

Orangenblütenwasser

0,1 g Neroliöl bigarade oder 0,1 g Essence liquide Orangenblüte werden mit Magnesiumcarbonat verrieben und die Verreibung mit 1 l warmem destillierten Wasser aufgenommen, geschüttelt und nach mehrtägigem Stehen filtriert.

Von Essence Absolue Orangenblüte genügen 0,05 g.

---

[1] Dieselben werden meist unter Phantasienamen, wie Ambrol, Ambranol, Ambroine usw., im Handel angetroffen.

Extraits.

Nach diesen Vorarbeiten können wir die Herstellung der Taschentuchparfums in Angriff nehmen. Es werden zuerst die Qualitäten
„quadruple" und „triple" (4fach und 3fach) besprochen und später
folgen die einfacheren Qualitäten „double", „simple" und „Extraits
de senteur", denen sich dann die „Export-Extraits" anreihen werden.

Allgemeines.

Um einen guten Extrait herzustellen, ist es vor allen
Dingen notwendig, die Herstellung so zeitig vorzunehmen, daß das
Parfum, ehe es zum Abfüllen kommt, mindestens 5 bis 6 Wochen lagert,
da bekanntlich bei längerem Lager sich die Blume voller und feiner
entwickelt, und nicht gleich beim Anriechen Alkoholgeruch dominiert.
Auch ist es von großer Wichtigkeit, daß die Extrait-Kompositionen
nicht sofort nach der Mischung filtriert werden, sondern nach 8 bis
10 Tagen, da in dieser Zeit etwaige Trübungen sich selber klären und
zu Boden setzt.

Ebenso ist noch zu bemerken, daß alle zur Extraitfabrikation zu
verwendenden Infusionen, Solutionen und Tinkturen ein gutes Alter
haben müssen, weil dann die Gerüche feiner und abgerundeter werden.

Nun ein Wort betreffend den zu verwendenden Alkohol. Es ist
selbstverständlich, daß hier nur ganz reiner, fuselfreier Alkohol zu
verwenden ist, weil schon geringe Mengen Fuselöl das Parfum ganz
erheblich beeinträchtigen und dies ganz besonders während der Reife-
zeit der Extraits.

Leider ist der sogenannte „Parfumeriealkohol" in Deutschland
und vielen anderen Ländern durchaus nicht auf der Höhe und von
scharfem, wenig angenehmem Geruch. Man predigt hier leider tauben
Ohren, wenn man es versucht, die maßgebenden amtlichen Stellen
hierauf aufmerksam zu machen und wird, sehr zum Schaden der
deutschen Parfumerie, hier das nötige Verständnis wohl nie einsetzen.

Die unbestreitbare Überlegenheit speziell der französischen Parfumerien, besonders der Extraits, ist zum großen Teile mit auf die unver-
gleichlich feine Qualität des französischen Parfumeriealkohols zurückzuführen und ist mit dem deutschen Durchschnittsalkohol überhaupt
auch nicht annähernd zu erreichen, von dem „vergällten" billigeren
Alkohol (Phtalester usw.) gar nicht zu reden, der für einigermaßen gute
Parfumeriewaren überhaupt nicht zu verwenden ist.

Der in Frankreich für die Zwecke der Parfumerie besonders her-
gestellte, hochrektifizierte Alkohol ist meist Reisalkohol, seltener auch
Kornalkohol, nicht etwa Weindestillat, wie vielfach angenommen wird.
Weindestillat ist vielmehr wegen seines Geruches nach Oenanthäther
(Kognaköl) nur für einzelne Zwecke verwendbar, gerade für die Extrait-
herstellung aber gänzlich ungeeignet.

Dieser französische Parfumeriealkohol ist völlig geruchlos und weisen schon hiemit frisch hergestellte Extraits eine Weichheit und Reinheit des Geruches auf, die wir mit dem gewöhnlichen deutschen Alkohol niemals a priori erreichen können, ein Umstand, der natürlich auch ganz erheblich zu dem Endeffekt der abgelagerten Extraits beiträgt.

Nachstehend geben wir die Mannschen Vorschriften zum Teil in entsprechend modernisierter Form wieder, bemerken aber generell hiezu, daß dieselben für moderne Begriffe oft nur Skizzen gewisser Möglichkeiten darstellen können, da die heutige Parfumerie mit möglichst hochkonzentrierten Parfums rechnen muß und heute die Ansprüche bezüglich der Raffinements einer Parfummischung ganz andere sind als vor Jahrzehnten.

Wir legen aber schon aus Pietätsgründen großen Wert darauf, die Mannschen Vorschriften im Prinzip in möglichst gleicher Form anzuführen, nicht weniger aber auch deshalb, weil viele derselben, trotz mancher veralteten Geschmacksform, auch dem modernen Parfumeur wertvolle Anregungen geben können, sei es oft nur in großen Zügen, sei es aber in engerer Form, nach entsprechender Modernisierung, die wir vorgenommen haben, wo es uns besonders dringend erforderlich schien.

Wir waren auch bestrebt, ganz neue, moderne Vorschriften einzuschalten, um jeden Ansprüchen gerecht werden zu können.

Als prinzipiell wichtig schicken wir voraus, daß der Parfumeur unserer Tage nicht mehr so bedingungslos die Haupteffekte seiner Parfums auf fertigen Kompositionen des Handels aufbaut, als dies zu Manns Zeiten wohl der Fall war.

Der moderne Parfumeur schätzt sicher gute fertige Kompositionen dieser Art und verwendet sie mit Geschick und mit Recht sehr häufig, aber sie sind für ihn nur Hilfsmittel und sicher wichtige Hilfsmittel, aber er wird sich nicht damit begnügen, sich nur allein auf die Arbeit anderer zu verlassen, er wird immer bestrebt sein, seinen Kompositionen ein gut Teil persönlicher Eigenart zu geben, indem er zum mindesten die Wirkung solcher Basen durch mehr oder minder raffinierte Zusätze origineller zu gestalten sucht.

Es muß aber hier auch jener Anschauung entgegengetreten werden, die den Standpunkt vertreten zu können glaubt, gute Spezialkompositionen bewährter Erzeuger seien überflüssig und deren Verwendung eine Art „Armutszeugnis" für den Praktiker. Eine solche Anschauung ist aber durchaus ungerechtfertigt und haben sich gute Spezialitäten als ein geradezu unentbehrliches Hilfsmittel besonders auch für den geschickten, raffinierten Parfumeur erwiesen, der sehr wohl weiß, welch unschätzbare Dienste ihm solche Kompositionen leisten können, eben weil er es versteht, dieselben mit dem immer nötigen Geschick seinen Zwecken dienstbar zu machen.

Dies sei hier als wesentlich betont.

Extraits d'odeur quadruples und triples.

Akazie

Akazienblütenöl, *H. & R.* .	100 g	Zibettinktur	100 g
Vanillin	20 g	Bourbonal, *H. & R.*	44 g
Rosenöl, echt	25 g	Jasmin, künstl.	50 g
Moschustinktur	250 g	Alkohol	8500 g

Akazie, moderne Vorschrift

Ess. absol. Tuberose 2 g
Ess. absol. Jasmin 4 g
Ess. absol. Rose 2 g
Ess. absol. Orangenblüte 2 g
Neroliöl, künstl., *Heiko* 15 g
Jasmin, künstl. 20 g
Benzylacetat 10 g
Linalool 11 g
Methylanthranilat 18 g
Ylang-Ylangöl Bourbon 3 g
Heliotropin 4 g
Vanillin 1,2 g
Bergamottöl 5 g
Hydroxycitronellal 5 g
Anisaldehyd 5 g
Tuberose, künstl. 10 g
Rosenöl, bulgar. 3 g
Ambrettemoschus 4 g
Ambra, W., *Sch. & Co.* 5 g
Moschustinktur 30 g
Ambratinktur 15 g
Vanilletinktur 25 g
Tolutinktur 50 g
Alkohol 1000 g

Amaryllis

Infusion Jasmin 5000 g
Maiglöckchenblütenöl, *H. & R.* 240 g
Rote Rose, *Heiko* 15 g
Neroliöl, künstl. 25 g
Citronenöl 15 g
Bergamottöl 20 g
Ambrettemoschus 25 g
Sandelholzöl, ostindisch 20 g
Moschustinktur 100 g
Benzoetinktur 300 g
Bourbonal, *H. & R.* 20 g
Alkohol 1200 g

Ambre royal

Ambratinktur 1000 g
Moschustinktur 500 g
Rose, künstl. 25 g
Jasmin, künstl., *Heiko* 15 g
Ambrettemoschus 20 g
Vanillin 12 g
Benzoetinktur 1300 g
Ambra W., *Sch. & C.* 40 g
Chypre A 1188, *Sch. & C.* 20 g
Rosenöl, bulgar. 15 g
Resinoid Labdanum 15 g
Castoreumtinktur 75 g
Infusion Jasmin 500 g
Infusion Rose 250 g

Die Note Ambra, bzw. jene der Ambra-Phantasiebuketts ist in der modernen Parfumerie von ganz besonderer Bedeutung, ebenso wie die Noten Chypre, Fougère, Foin Coupé u. a.

Wir werden also an dieser Stelle noch zwei moderne Vorschriften für Ambrabuketts einfügen mit dem ausdrücklichen Hinweis, daß diese als Basis für modernste Phantasieextraits ganz vorzüglich geeignet sind. Dasselbe trifft natürlich auch für andere Buketts dieser Art zu, die später beschrieben werden sollen und deren praktische Verwendung, bzw. Ausbau zu eigentlichen Phantasiebuketts unbestimmter Geruchsart die höchste Stufe raffinierten Könnens darstellt.

Ambre Royal, extra

Kosmoflor Ambre Royal 3031, *Sch. & C.*	200 g
Vanillin	25 g
Sandelöl, ostindisch	15 g
Ess. absol. Mousse de Chêne	10 g
Rosenöl, bulgar., echt	15 g
Jasmin, künstl., *Heiko*	100 g
Ambra W., *Sch. & C.*	70 g
Patchuliöl	6 g
Rosenöl, künstl.	150 g
Castoreumtinktur	75 g
Moschustinktur	150 g
Ambratinktur	150 g
Vanilletinktur	100 g
Tolutinktur	75 g
Ess. absol. Jasmin	15 g
Ess. absol. Rose	15 g
Ess. absol. Jonquille	5 g
Ketonmoschus	20 g
Ambrettemoschus	10 g
Alkohol	5 l

Ambre du Pérou

Ess. absol. Jonquille	5 g
Ess. absol. Rose	10 g
Ess. absol. Jasmin	10 g
Jasmin, künstl., *Heiko*	30 g
Rosenöl, bulgar., echt	8 g
Rosenöl, künstl.	30 g
Ambra A., *Ama*	20 g
Kosmoflor Ambre Royal 3031, *Sch. & C.*	25 g
Ambrettemoschus	10 g
Ketonmoschus	7 g
Vanillin	25 g
Irisöl, konkret, echt	0,8 g
Patchuliöl	0,5 g
Resinoid Eichenmoos	2,5 g
Sandelöl, ostindisch	6 g
Moschustinktur	75 g
Ambratinktur	75 g
Castoreumtinktur	25 g
Tolutinktur	75 g
Vanilletinktur	50 g
Alkohol	2,5 l

Auto-Club

Rosenöl, echt	3 g
Geraniumöl, Bourbon	15 g
Sandelholzöl, ostindisch	5 g
Vanillin	1,5 g
Neroliöl, künstl.	5 g
Infusion Jasmin	250 g
Alkohol	900 g
Geranylformiat	3 g
Heliotropin	3 g
Terpineol	14 g
Ambrettemoschus	6 g
Moschustinktur	25 g
Ambratinktur	10 g
Vanilletinktur	25 g
Resinoid, Benzoe	10 g

Azurina

Infusion Jasmin	3000 g
Infusion Cassie	500 g
Infusion Hyazinthe	200 g
Infusion Rose	800 g
Vanillin	6 g
Rose alpine, *T. M.*	30 g
Bouvardia, *N. & C.*	0,5 g
Moschustinktur	20 g
Irisöl, konkret	8 g
Cumarin	10 g
Ylang-Ylangöl	5 g
Jonon	5 g
Ketonmoschus	8 g
Ambrettemoschus	4 g
Rosenöl, bulgar.	5 g
Ambra A., *Ama*	5 g

Bergamotte, triple

Alkohol	6000 g
Bergamottöl	1000 g
Infusion Orange	2000 g
Benzoetinktur	450 g
Moschustinktur	25 g
Neroliöl, künstl., *S. & C.*	40 g

Baisers de Roxane

Infusion Tuberose	1000 g
Infusion Jasmin	1000 g
Infusion Rose	2000 g
Heliotropin	3 g
Bourbonal, *H. & R.*	30 g
Heiko-Rose	20 g
Jasminöl, *H. & C.*	15 g
Benzoetinktur	250 g
Terpineol	40 g
Hyazinthin	5 g
Irisöl, konkret	6 g
Ketonmoschus	18 g
Moschustinktur	75 g
Vanilletinktur	50 g
Alkohol	1000 g

Boromia

Infusion Rose	2000 g
Infusion Cassie	800 g
Infusion Orange	1000 g
Infusion Jasmin	500 g
Benzylacetat	20 g
Infusion Capucine	2000 g
Benzoetinktur	100 g
Isoeugenol	10 g
Vanillin	40 g
Moschustinktur	80 g
Linalool	15 g
Geraniol	60 g
Bergamottöl	20 g
Ylang-Ylangöl, *Sartorius*	5 g

Bouquet Aeterna

Infusion Rose II	3500 g
Infusion Cassie II	1500 g
Infusion Rose	1500 g
Infusion Jasmin	1300 g
Irisöl, konkret	60 g
Benzoetinktur	350 g
Moschustinktur	200 g
Geraniumöl	80 g
Isoeugenol	20 g
Citronenöl	75 g
Bergamottöl	100 g
Infusion Orange	800 g
Vanillin	15 g
Neroliöl, künstl.	10 g

Bouquet Pompadour

Infusion Orange	8000 g
Infusion Jasmin	1000 g
Infusion Rose	500 g
Moschustinktur	20 g
Rosenöl, künstl., *Heiko*	6 g
Tolutinktur	25 g
Ylang-Ylangöl	5 g
Jonon	10 g

Bouvardia.

Dieses Parfum, das schon vor Jahren eingeführt wurde, verdient auch heute noch Interesse und kann in der charakteristischen, konventionellen Bouvardianote der verschiedenen Geschmacksrichtungen oder als Basis zu Phantasiekompositionen sehr gute Dienste leisten.

Das Parfum Bouvardia soll eigentlich eine Nachbildung des Geruches der Blüten von Bouvardia Jasminflora sein, ist aber wohl mehr ein Phantasieprodukt, das z. B. in Frankreich und England, bzw. Amerika ganz verschieden aufgefaßt wird.

Bouvardia, französisch

Rhodinol	60 g
Phenyläthylalkohol	25 g
Citronellol	10 g
Geraniol	25 g
Linalool	3 g
Jonon	2 g
Raldéine A., *L. G.*	3 g
Jasmin, künstl., *Heiko*	12,5 g
Rosenöl, bulgar., echt	5 g
Ylang-Ylangöl Manilla	3 g
Phenylacetaldehyd	0,5 g
Geraniumöl Grasse	12 g
Rosenöl, künstl.	20 g
Heliotropin	3 g
Vanillin	2 g
Infusion Rose	500 g
Infusion Jasmin	500 g
Infusion Violette	300 g
Infusion Orange	300 g
Amylsalicylat	3 g
Ambrettmoschus	7 g
Ambra W., *Sch. & C.*	4 g
Moschustinktur	50 g
Vanilletinktur	30 g
Iristinktur	200 g
Alkohol	500 g

Bouvardia, amerikanisch (engl. Geschmack)

Ess. absol. Oranger	8 g	Irisöl, konkret, echt	0,8 g
Ess. absol. Jasmin	6 g	Zibet, künstl.	1 g
Jasmin, künstl.	35 g	Ambra W., *Sch. & C.*	3 g
Rosenöl, echt	5 g	Ketonmoschus	6 g
Sweet Pea, künstl., *Fl.*	22 g	Iristinktur	200 g
Rosenöl, künstl.	10 g	Moschustinktur	50 g
Amylsalicylat	10 g	Zibettinktur	25 g
Ylang-Ylangöl Bourbon	18 g	Vanilletinktur	50 g
Methylanthramilat	22 g	Alkohol	2 l
Neroli, künstl., *Sch. & C.*	5 g		

Viele Firmen stellen solche Bouvardiakompositionen beider Geschmacksrichtungen in verschiedenen Variationen her, so z. B. die Firma L. Givaudan, De Laire u. a. Die Firma Schimmel & Co. stellt ein Bouvardia im amerikanischen Geschmack her, das z. B. für Bouvardia- und Narzissekompositionen sehr gute Dienste leistet.

Bouvardia		Bouvardia-Narcisse	
Ess. absol. Oranger	8 g	Bouvardia Royal 3000, *Sch. & C.*	95 g
Ess. absol. Jasmin	6 g	Jonquilla 3010, *Sch. & C.*	12 g
Rosenöl, bulgar.	5 g	Ess. absol. Jonquille	6 g
Neroliöl, bigar.	5 g	Ess. absol. Jasmin	10 g
Methylanthranilat	3 g	Ess. absol. Oranger	10 g
Heliotropin	5 g	Orangenöl, bitter	5 g
Vanillin	2 g	Mandarinenöl	2 g
Sandelöl, ostindisch	3 g	Sandelöl, ostindisch	3 g
Amylsalicylat	4 g	Neroliöl, künstl.	8 g
Orangenöl, bitter	2 g	Jasmin, künstl., *Heiko*	15 g
Mandarinenöl	1,5 g	Rosenöl, künstl., *Fl.*	10 g
Ambrettmoschus	6 g	Ambrettmoschus	8 g
Ambra A., *Ama*	4 g	Ketonmoschus	4 g
Bouvardia Royal 3000, *Sch. & C.*	80 g	Moschustinktur	40 g
Moschustinktur	40 g	Vanilletinktur	40 g
Ambratinktur	20 g	Tolutinktur	60 g
Alkohol	2 l	Resinoid Oliban	6 g
		Resinoid Vanille	3 g
		Amylsalicylat	3 g
		Alkohol	2 l

Brisas de las Pampas

Jasmin, künstl.	50 g	Patchuliöl	10 g
Infusion Orange	3000 g	Hydroxycitronellal	20 g
Iristinktur	1000 g	Tolutinktur	150 g
Vanillin	5 g	Zibettinktur	50 g
Cumarin	40 g	Violette Feuilles	2 g
Rosenöl, bulgar., echt	3 g	Rosenöl, künstl., *Fl.*	25 g
Ambrettemoschus	20 g	Geraniumöl, franz.	25 g
Bergamottöl	15 g	Moschustinktur	150 g
Eugenol	2 g	Tonkabohnentinktur	250 g
Geraniol	10 g		

Auch diese Note ist für Phantasiekompositionen sehr interessant, namentlich wenn sie mehr als Foin Coupé aufgefaßt wird, z. B.:

Brisas de las Pampas, extra

Infusion Jasmin	500 g
Infusion Orange	3000 g
Iristinktur	1000 g
Tonkabohnentinktur	500 g
Jasmin, künstl., *Heiko*	50 g
Vanillin	15 g
Cumarin	100 g
Heliotropin	15 g
Rosenöl, echt	12 g
Bergamottöl	25 g
Eugenol	3 g
Citronenöl	7 g
Geraniumöl, franz.	35 g
Patchuliöl	15 g
Raldéine A., *L. G.*	6 g
Hydroxycitronellal	20 g
Rosenöl, künstl.	30 g
Anisaldehyd	25 g
Irisöl, konkret	1,5 g
Resinoid Styrax	45 g
Resinoid Labdanum	10 g
Moschustinktur	100 g
Ambrettmoschus	20 g
Ketonmoschus	5 g
Amylsalicylat	5 g

Camelia

Infusion Jasmin	1500 g
Infusion Orange	500 g
Iristinktur	100 g
Zibettinktur	20 g
Ylang-Ylangöl	5 g
Linalool	5 g
Bromelia	5 g
Dianthin, *N. & C.*	2 g

Bouquet Carmen

Infusion Cassie	5000 g
Rosenöl, echt	15 g
Vanillin	5 g
Bergamottöl	100 g
Costuswurzelöl	15 g
Siambenzoetinktur	500 g
Infusion Orange	2500 g
Ambrettemoschus	12 g
Ambra A., *Ama*	10 g
Cassieblütenöl, *H. & R.*	15 g

In dieser Vorschrift ist besonders die diskrete Verwendung des Costuswurzelöls zu beachten.

Cashemir-Bouquet

Infusion Veilchen	1000 g
Infusion Rose	1500 g
Benzoetinktur	500 g
Zibettinktur	250 g
Cumarin	5 g
Patchuliöl	20 g
Sandelholzöl, ostindisch	20 g
Irisöl, konkret	5 g
Melittis, *L. G.*	30 g

Cattleya, triple (Orchideen)

Alkohol	1000 g
Ylang-Ylangöl, Manila	5 g
Hyazinth, *Sch. & C.*	1 g
Vanillin	0,5 g
Cumarin	0,25 g
Rosenöl, bulgar.	0,5 g
Neroliöl, künstl.	1 g
Jonon	0,5 g
Bittermandelöl	0,5 g
Jasminöl, künstl., *Heiko*	0,5 g
Zibettinktur	5 g
Moschustinktur	5 g
Ambratinktur	5 g

Chêne royal (Königseiche)

Infusion Eichenmoos	5000 g
Infusion Orange	1000 g
Infusion Jasmin	1000 g
Cumarin	20 g
Storaxtinktur	600 g
Rosenöl, echt	10 g
Petitgrainöl	5 g
Linaloeöl	20 g

Chrysanthemum

Extrait Flieder, triple	2000 g
Extrait Moschus, triple	4000 g
Extrait Heliotrop, triple	1000 g
Extrait Ylang-Ylangöl, triple	1000 g
Syringablütenöl, *H. & R.*	10 g

Wir haben in der letzten Vorschrift einen aus verschiedenen fertigen Extraits zusammengesetzten Blumengeruch, dessen Duft der einzigen riechenden Chrysanthemumart sehr nahe kommt. Die riechenden Exemplare der Blume sind selten; sie strömen einen äußerst lieblichen, süßen Duft aus.

Chypre.

Die Chyprenote spielt in der modernen Parfumerie eine ganz hervorragende Rolle. Nach moderner Auffassung dieses Geruches, der eigentlich ein Phantasieparfum ist und je nach der Mode und der Geschmacksrichtung der Verbraucher recht erheblich schwankt, wird die charakteristische Note durch Eichenmoos bedingt, dessen Geruch durch Sandelöl, ostindisch, Patchuliöl, Vetiveröl, Cumarin usw. entsprechend abgetönt wurde.

Durch blumige Kontraste und ziemlich kräftige Moschusnoten erzielt man hier Chyprebuketts von eigenartigem Reiz, die als solche verbraucht werden oder aber eine wichtige Basis für Phantasiekompositionen bilden.

Nachstehend geben wir mehrere Vorschriften für Chypres, die die Charakteristik dieses Parfums in großen Zügen wiedergeben.

Chypre Moderne

Ess. absol. Jasmin	10 g
Ess. absol. Rose	8 g
Ess. absol. Tuberose	2 g
Rosenöl, echt	25 g
Irisöl, konkret, echt	1,2 g
Sandelöl, ostindisch	32 g
Bergamottöl Reggio	140 g
Patchuliöl	6 g
Vetiveröl, Java	4 g
Eichenmoosresinoid	20 g
Ketonmoschus	10 g
Ambrettmoschus	10 g
Cumarin	12 g
Resinoid Tonka	4 g
Resinoid Vanille	4 g
Vanillin	5 g
Castoreumtinktur	75 g
Vanilletinktur	200 g
Moschustinktur	150 g
Alkohol	3,2 l

Chypre extra

Jasmin liq. (A)	10 g
Eichenmoostinktur	200 g
Ketonmoschuslösung	50 g
Ambra, künstl.	5 g
Vetiveröl	8 g
Bergamottöl	120 g
Patchuliöl	4 g
Cumarin	2 g
Rosenöl, künstl.	20 g
Rosenöl, bulgar.	5 g
Pimentöl	5 g
Terpineol	3 g
Ylang-Ylang	1 g
Sandelöl, ostindisch	16 g
Irisöl, konkret	1 g
Ess. Chypre, comp.	45 g
Vanilletinktur	300 g
Moschustinktur	200 g
Ambratinktur	50 g
Alkohol	3,7 g
Wasser	0,3 l

Chypre

Jasmin liq. (A)	15 g	Vanillin	1,5 g
Rose liq.	5 g	Heliotropin	2 g
Sol. Iris	6 g	Rosenöl, künstl.	25 g
Sandelöl, ostindisch	6 g	Rosenöl, bulgar.	10 g
Bergamottöl	120 g	Pimentöl	5 g
Patchuliöl	6 g	Resinoid Oliban	10 g
Ketonmoschuslösung	60 g	Orangenöl, bitter	4 g
Vetiveröl	5 g	Moschuskörneröl	2 g
Eichenmoostinktur	200 g	Moschustinktur	250 g
Cumarin	2 g	Alkohol	4 l

Chypre surfin

Eichenmoostinktur	220 g
Patchuliöl	5 g
Sol. Iris	10 g
Ketonmoschuslösung	45 g
Ambrettemoschuslösung	15 g
Vetiveröl	5 g
Bergamottöl	130 g
Rosenöl, künstl., *Heiko*	25 g
Rosenöl, bulgar.	5 g
Rose blanche R. Roure	15 g
Heiko-Flieder Nr. 830	3,5 g
Bouvardia, franz.	5,5 g
Ylang-Ylang Manilla	0,5 g
Sandelöl, ostindisch	20 g
Jasmin liq. (A)	8 g
Tuberose liq.	4 g
Grisambren, *N. & C.*	6 g
Moschuskörneröl	1,5 g
Ess. Chypre, comp.	25 g
Vanilletinktur	300 g
Moschustinktur	250 g
Alkohol	4 l

Chypre Royal

Kosmoflor-Chypre A. 1188	55 g
Rosenöl, bulgar., echt	4 g
Patchuliöl	1,5 g
Vetiveröl, Java	2 g
Cumarin	4 g
Resinoid Tonka	1,5 g
Sandelöl, ostindisch	7 g
Ambra W., *Sch. & C.*	4 g
Ambrettmoschus	5 g
Rosenöl, künstl.	10 g
Jasmin, künstl.	4 g
Bergamottöl Reggio	45 g
Orangenöl, bitter	0,5 g
Vanillin	2 g
Eichenmoos, absol.	1 g
Ess. absol. Jasmin	2 g
Ess. absol. Tuberose	1 g
Ess. absol. Rose	3 g
Vanilletinktur	40 g
Tonkatinktur	30 g
Castoreumtinktur	10 g
Moschustinktur	40 g
Ambratinktur	15 g
Alkohol	1,5 l

Chypre Ambré

Kosmoflor-Chypre A. 1188 *Sch. & C.*	60 g
Cypral 3052, *Sch. & C.*	15 g
Vanilline	2 g
Cumarin	4 g
Heliotropin	2 g
Bergamottöl Reggio	40 g
Patchuliöl	1,5 g
Sandelöl, ostindisch	4 g
Irisöl, konkret	0,5 g
Neroliöl, künstl.	1,5 g
Rosenöl, künstl.	6 g
Jasmin, künstl., *Heiko*	3 g
Ambrettmoschus	6 g
Ambra A., *Ama*	4 g
Resinoid Benzoe	2 g
Resinoid Labdanum	3 g
Resinoid Oliban	2 g
Ess. absol. Rose	4 g
Ess. absol. Jasmin	2 g
Ess. absol. Tuberose	1 g
Moschustinktur	40 g
Ambratinktur	15 g
Castoreumtinktur	15 g
Alkohol	1,5 l

Coeur de Ninette

Infusion Jasmin	3000 g
Infusion Rose	1000 g
Vanillin	40 g
Ess. liq. naturelle Mimosa	15 g
Narzissenöl, künstl.	25 g
Rosenöl, künstl.	10 g
Syringa, *H. & R.*	40 g
Indol	0,2 g
Neroliöl, echt	12 g
Jasmin, künstl., *Heiko*	10 g
Heliotropin	5 g
Ambrettmoschus	12 g
Ketonmoschus	5 g
Moschustinktur	120 g
Benzoetinktur	400 g

Crab-Apple

Infusion Jasmin	5000 g
Apfeläther	250 g
Ylang-Ylangöl, Manila	40 g
Infusion Rose	1000 g
Infusion Cassie	1500 g
Rosenholzöl	15 g
Sandelholzöl, ostindisch	50 g
Amylacetat	10 g
Ambrettemoschus	20 g

Corylopsis du Japon

Jasminöl, künstl.	55 g	Muguet, künstl.	10 g
Rosenöl, künstl.	40 g	Patchuliöl	10 g
Moschus, künstl.	5 g	Erdbeeräther	180 g
Canangaöl, künstl.	40 g	Vetiveröl, Java	0,5 g
Ylang-Ylangöl, *Sartorius*	30 g	Geraniol	10 g
Vanillin	2 g	Alkohol	7000 g
Benzoetinktur	100 g		

Cuir de Russie (Juchten)

Infusion Jasmin	1500 g	Rosenöl, bulgar.	7 g
Infusion Rose	1500 g	Neroliöl, künstl.	20 g
Infusion Cassie	1500 g	Cumarin	3 g
Vanillin	60 g	Patchuliöl	0,5 g
Geraniumöl, Grasse	25 g	Ambrettmoschus	6 g
Irisöl, konkret	5 g	Ketonmoschus	4 g
Ambra W., *Sch. & C.*	8 g	Castoreum, künstl., *L. G.*	5 g
Bergamottöl	55 g	Castoreumtinktur	75 g
Birkenteeröl, rekt.	3 g	Moschustinktur	200 g
Resinoid Castoreum	3 g	Vanilletinktur	150 g
Sandelöl, ostindisch	12 g	Alkohol	3 l

Cyclamen.

Die vollkommene Wiedergabe des Cyclamengeruches ist erst seit Entdeckung des Hydroxycitronellals möglich geworden, das auch so erheblich zur Verfeinerung der Noten Maiglöckchen und Flieder beigetragen hat, ebenso bei Wiedergabe des Lindenblüten-, Heu- und Farnkrautgeruches usw. eine erhebliche Rolle spielt.

Auch befinden sich im Handel eine ganze Anzahl künstlicher Cyclamenöle ganz vorzüglicher Qualität wie z. B. Heiko-Cyclamen der Firma Heine & Co. in Leipzig, Cyclamal Agfa u. a.

In allerletzter Zeit hat auch die Firma Schimmel & Co. in Miltitz unter der Bezeichnung Kosmoflor-Cyclamen Extra Nr. 3198 ein Cyclamenblütenöl herausgebracht, das von ganz bemerkenswerter Feinheit und Natürlichkeit des Geruches ist.

Cyclamen des Alpes

Kosmoflor-Cyclamen, extra Nr. 3198, *Sch. & C.*	125 g
Ess. absol. Jasmin	12 g
Ess. absol. Rose	5 g
Rosenöl, künstl., *Heiko*	10 g
Rosenöl, bulgar.	5 g
Maiglöckchenöl, künstl., *H. & R.*	15 g
Methyljonon	5 g
Amylsalicylat	2 g
Vanillin	2 g
Phenylessigsäure	0,5 g
Irisöl, konkret	0,5 g
Resinoid Tolu	10 g
Resinoid Oliban	5 g
Guajakholzöl	25 g
Moschustinktur	75 g
Ambratinktur	15 g
Alkohol	3 l

Cyclamen

Hydroxycitronellal	125 g
Flieder 830, *Heiko*	15 g
Maiglöckchen, künstl., *H. & R.*	30 g
Rosenöl, bulgar.	5 g
Methyljonon	25 g
Amylsalicylat	10 g
Veilchen, künstl., *Heiko*	5 g
Ess. absol. Jasmin	10 g
Ess. absol. Rose	5 g
Ess. liq. (A) Violette	3 g
Resin Tolu	5 g
Phenylessigsäure	2 g
Iristinktur	200 g
Moschustinktur	60 g
Alkohol	3 l

Essbouquet

Infusion Rose	2000 g
Infusion Jasmin	1000 g
Infusion Tuberose	1000 g
Moschustinktur	100 g
Zibettinktur	50 g
Tolutinktur	100 g
Bergamottöl	300 g
Citronenöl	50 g
Portugalöl	100 g
Jasmin, künstl., *Heiko*	20 g
Alkohol	1000 g

Fleurs rustiques

Infusion Jasmin	3000 g
Infusion Tuberose	1000 g
Iristinktur	1000 g
Tolutinktur	300 g
Moschustinktur	55 g
Cumarin	20 g
Heliotropin	15 g
Petitgrainöl	10 g
Bergamottöl	80 g
Amylsalicylat	20 g
Verbenaöl	5 g

Fleurs d'amour [1]

Infusion Orange	2200 g
Infusion Jasmin	3000 g
Infusion Rose	2000 g
Hyazinthin, *Heiko*	30 g
Moschustinktur	200 g
Heliotropin	180 g
Tolutinktur	300 g
Heiko-Rose	15 g
Jonon	4 g
Terpineol	100 g

Florenciris

Alkohol	3000 g
Irisöl, konkret	100 g
Infusion Rose	3000 g
Moschustinktur	150 g
Benzoetinktur	180 g
Bergamottöl	40 g
Ylang-Ylangöl	8 g
Hyazinthin (Phenylacetaldehyd)	5 g
Isoeugenol	3 g

Fleurs de la Reine

Infusion Rose	2000 g
Infusion Jonquille	1000 g
Ambra A., *Ama*	6 g
Ambrettemoschus	10 g
Hydroxycitronellal	40 g
Maiglöckchenblütenöl, künstl., *H. & R.*	140 g
Cassieblütenöl, künstl.	5 g
Vetiveröl, Java	10 g

Fleurs de Nénuphar

Infusion Jasmin	3500 g
Infusion Orange	800 g
Solution Irisöl	1500 g
Moschustinktur	30 g
Geraniol	8 g
Sandelholzöl, ostindisch	60 g
Patchuliöl	3 g
Heiko-Rose	10 g
Linalylacetat	5 g
Ylang-Ylangöl	5 g
Styraxtinktur	100 g
Bourbonal, *H. & R.*	10 g

Fougère (Farnkraut)

Ess. concrète de Mousse de chêne, *Roure*	10 g
Infusion Rose	1000 g
Infusion Jasmin	2000 g
Infusion Orange	500 g
Neroliöl, künstl., *Sch. & C.*	10 g
Lavendelöl ff.	60 g
Moschustinktur	45 g
Vetiveröl	2,5 g
Bergamottöl	30 g
Cumarin	30 g
Patchuliöl	10 g
Geranylformiat	5 g
Benzoetinktur	140 g

Die Note Fougère betreffend, sei noch folgendes bemerkt.

Fougère ist ein konventioneller Geruchsbegriff, der sich den Phantasiegerüchen stark nähert, zumal das Farnkraut gar keinen charakteristischen Eigengeruch besitzt.

---

[1] Dieser Name ist der Firma Roger & Gallet in Paris geschützt.

Was wir jetzt unter Fougère verstehen, sind entsprechend variierte Eichenmoosgerüche, mit starker Lavendelnote und blumigem Einschlag in den Noten Rose, Jasmin, Orangenblüte, auch an Foin Coupé (Cumarin) erinnernd.

Fougère ist mit die modernste, wichtigste Note zur Herstellung von Phantasiebuketts im letzten Genre und gestattet, ganz eigenartig originelle Geruchseffekte zu erhalten.

Vorstehende Vorschrift ist nur primitiver Art und entspricht nicht mehr der heutigen Mode, trotzdem kann sie als Grundlage zu modernen Fougère- und Phantasieextraits mitherangezogen werden. Nachstehend geben wir noch zwei moderne Vorschriften für Fougère mit besonderen Blumennoten.

Fougère Royale (Royal Fern, Königsfarn)

Lavendelöl	20 g	Heliotropin	4 g
Bergamottöl	10 g	Vanillin	2 g
Cumarin	8 g	Birkenknospenöl	2 g
Resinoid Tonka	2 g	Ess. absol. Jasmin	4 g
Geraniumöl, afrik.	5 g	Ess. absol. Jonquille	1,5 g
Rosenöl, bulgar.	3 g	Cyclamen, *Heiko*	3 g
Rosenöl, künstl., *Heiko*	10 g	Resinoid Tolu	4 g
Neroliöl, künstl.	3 g	Resinoid Styrax	4 g
Chypre A. 1188, *Sch. & C.*	10 g	Moschustinktur	33 g
Ambra W., *Sch. & C.*	4 g	Vanilletinktur	15 g
Patchuliöl	2,5 g	Tonkatinktur	50 g
Vetiveröl	4 g	Resinoid Eichenmoos, *Roure*	4 g
Ambrettemoschus	8 g	Alkohol	1,2 l

Wie bereits erwähnt, ist Fougère ein Phantasiegeruch, der in seiner Auffassung der Mode unterworfen ist, ähnlich wie dies bei Chypre zutrifft. Ganz vorzügliche Effekte erhält man u. a. durch Kombinationen mit Chypre, Trèfle, Foin Coupé usw. Bezüglich der blumigen Unternoten moderner Art sei hervorgehoben, daß die Noten Cyclamen, Narcisse, Jasmin, Rose u. a. besonders geeignet sind. In Fougères allermodernster Richtung spielen besonders die Noten Cyclamen, Chypre und Narcisse (Jonquille) eine große Rolle.

Kräftige Moschus- und Ambranoten sind zu empfehlen.

Fougère Moderne

Ess. absol. Mousse de chêne	2 g	Amylsalicylat	2 g
Lavendelöl	22 g	Ambra A., *Ama*	4 g
Muskateller Salbeiöl	4 g	Ketonmoschus	4 g
Cumarin	8 g	Resinoid Tolu	4 g
Patchuliöl	3 g	Resinoid Labdanum	3 g
Vetiveröl, Java	3 g	Ess. absol. Jasmin	4 g
Ambrettemoschus	6 g	Ess. absol. Oranger	1,5 g
Rosenöl, bulgar.	5 g	Cyclamen, extra, 3198,	
Jasmin, künstl., *Heiko*	5 g	*Sch. & C.*	2,5 g
Rosenöl, künstl.	10 g	Moschustinktur	30 g
Birkenknospenöl	2 g	Tonkatinktur	60 g
Estragonöl	0,3 g	Benzoetinktur	100 g
Heliotropin	4 g	Alkohol	1 l
Sandelöl, ostindisch	2 g		

Frangipani

Heliotropin	20 g
Ketonmoschus	6 g
Rosenöl, künstl.	10 g
Cumarin	4 g
Infusion Cassie	1000 g
Cedernholzöl	10 g
Sandelholzöl, ostindisch	2 g
Hydroxycitronellal	10 g

Full (Fleur de Syrie)

Infusion Jonquille	7000 g
Infusion Jasmin	2000 g
Infusion Cassie	1000 g
Infusion Jasmin	2000 g
Cassieblütenöl, konkret	2 g
Ylang-Ylangöl	10 g
Rosenöl, künstl., *Ama*	20 g
Neroliöl	15 g
Sandelholzöl, ostind.	25 g
Moschustinktur	140 g
Linalool	12 g

Geißblatt (Chèvrefeuille)

Infusion Rose	1000 g
Infusion Veilchen	1000 g
Infusion Jonquille	1000 g
Infusion Capucines	1000 g
Vanillin	5 g
Neroliöl, künstl.	10 g
Chèvrefeuilleblütenöl, künstl., *Heiko*	40 g
Tolutinktur	60 g
Moschustinktur	50 g

Fleurs du Japon

Infusion Orange	6000 g
Eichenmoostinktur	1500 g
Benzoetinktur	140 g
Vanillin	8 g
Ketonmoschus	10 g
Geraniumöl	25 g
Patchuliöl	6 g
Jasminöl, künstl.	15 g
Heliotropin	15 g
Isoeugenol	3 g
Canangaöl	20 g
Rosenöl	8 g

Chèvrefeuille

Infusion Rose	1000 g	Jasmin, künstl.	150 g
Infusion Veilchen	1000 g	Hydroxycitronellal	40 g
Infusion Jonquille	1000 g	Neroliöl, künstl.	60 g
Infusion Jasmin	2000 g	Moschustinktur	175 g
Infusion Orange	2000 g	Tolutinktur	250 g
Heiko-Geißblatt	400 g	Alkohol	2000 g
Capronia 3007, *Sch. & C.*	40 g		

Der Geruch des Ginsters ist süß und mild, dabei von herrlichem Aroma. Der Ginster, aus der Familie der Leguminosen, Abteilung der Papilionaceen, ist in vielen Arten — etwa 70 — besonders in den Ländern des Mittelmeeres heimisch, aber auch fast im gesamten übrigen Europa zu finden. Die meisten Arten blühen gelb, manche auch weiß, und gerade diese letzteren sind es, die den köstlichsten Duft aushauchen (Genista monosperma *Lam.*). Sowohl der deutsche Ginster wie auch der Färberginster — so genannt wegen der gelben Farbe („Schüttelgelb"), die er gibt — duften sehr angenehm, ebenso auch noch besonders der spanische Ginster (G. florida *L.*). Und hier treffen wir wieder auf einen alten, alten Bekannten, denn er ist es, nach dem das besonders im Exporthandel so bekannte Floridawasser benannt wurde. Freilich erinnern die wenigsten heute am Markte befindlichen Florida-Wässer in ihrem Geruch an den lieblichen Ginsterduft, denn mit den Jahren sind ihre Qualitäten auf ein bedauerlich niedriges Niveau herabgesunken. Nur eine amerikanische Firma hat an ihrer vorzüglichen Qualität nie etwas geändert und noch heute macht sie infolgedessen ein großes Geschäft und man zahlt ihr auch gute Preise.

Genêt blanc

Infusion Genêt	10000 g
Ambra A., *Ama*	25 g
Vanillin	30 g
Neroliöl, echt	15 g
Rose, *Schimmel*	45 g

Goldlilie

Infusion Tuberose	1500 g
Infusion Cassie	750 g
Infusion Rose	750 g
Infusion Orange	400 g
Infusion Jasmin	200 g
Vanillin	5 g
Zibettinktur	50 g
Linalool	5 g
Neroliöl	3 g
Linalylcinnamat	20 g

Blühende Heide

Infusion Jasmin	5000 g
Heliotropin	20 g
Vanillin	15 g
Rosenöl, bulgar.	10 g
Jonon	10 g
Pfefferminzöl	0,5 g
Moschustinktur	250 g
Benzoetinktur	180 g
Cumarin	50 g
Tonkatinktur	1000 g
Alkohol	1000 g

Frisches Heu (Foin coupé)

Alkohol	2500 g
Cumarin	100 g
Infusion Tuberose	500 g
Infusion Jasmin	500 g
Rose, künstl., *Sch. & C.*	70 g
Patchuliöl	10 g
Anisaldehyd	8 g
Geraniumöl	20 g
Ketonmoschus	8 g
Infusion Cassie	500 g
Moschustinktur	40 g
Zibettinktur	50 g
Storaxtinktur	50 g
Tonkatinktur	500 g
Infusion Orange	500 g

Foin coupé, quadruple

Anisaldehyd	15 g
Geraniumöl, spanisch	20 g
Rosenöl, echt	5 g
Cumarin	120 g
Vanillin	4 g
Patchuliöl	5 g
Amylsalicylat	5 g
Infusion Orange	1100 g
Infusion Rose	2100 g
Infusion Jasmin	1200 g
Moschustinktur	100 g
Tonkatinktur	250 g

Foin coupé, triple

Geraniumöl, spanisch	18 g
Rosenöl, echt	2 g
Cumarin	100 g
Bourbonal *H. & R.*	3 g
Anisaldehyd	5 g
Infusion Orange	900 g
Patchuliöl	6 g
Ketonmoschus	10 g
Infusion Rose	1500 g
Infusion Jasmin	900 g
Infusion Cassie	200 g
Moschustinktur	150 g
Tonkatinktur	120 g
Alkohol	1300 g

Indian Hay

Resinoid Eichenmoos, *Roure*	12 g
Infusion Rose	1500 g
Infusion Orange	500 g
Cumarin	90 g
Pfefferminzöl	2 g
Geraniol	5 g
Hydroxycitronellal	2 g
Rosenöl, bulgar.	5 g
Ketonmoschus	20 g
Patchuliöl	12 g
Bergamottöl	10 g
Neroliöl, künstl.	10 g
Lavendelöl	12 g
Heliotropin	10 g
Geraniumöl, franz.	20 g
Tonkaresinoid	25 g
Moschustinktur	60 g
Styraxtinktur	60 g
Alkohol	1000 g

Hollunder

Infusion Jasmin	1000 g
Aubépine, flüss.	30 g
Terpineol	20 g
Benzoetinktur	30 g
Salbeiöl	2 g
Moschustinktur	20 g
Jasmin, künstl.	5 g
Irisöl, konkret	2 g
Heliotropin	10 g
Cumarin	3 g
Rosenöl, künstl.	5 g

Ixora

Tinktur Cassie	1000 g	Moschustinktur	100 g
Tinktur Reseda	1000 g	Zibettinktur	20 g
Infusion Tuberose	800 g	Benzylacetat	15 g
Infusion Veilchen	800 g	Bergamottöl	30 g
Benzoetinktur	150 g	Anisaldehyd	5 g

Jasmin.

Der betäubend süße Geruch des echten Jasmins Jasminum odoratissimum spielt in der Parfumerie eine ganz bedeutende Rolle, ganz besonders als Bestandteil unzähliger Buketts.

Der Parfumeur hat eine große Anzahl chemischer Riechstoffe zur Verfügung, die es ihm gestatten, das Jasminaroma künstlich nachzuahmen, wie z. B. Benzylacetat, Methylanthranilat, Benzylpropionat, Benzylbutyrat, Indol u. a.

Bei modernen Nachbildungen des Jasmingeruches spielt auch der Alpha-Amylzimtaldehyd (Jasminaldehyd) eine hervorragende Rolle, außerdem sind eine große Anzahl von komplexen künstlichen Jasminölen im Handel anzutreffen.

Selbstverständlich ist auch hier die Verwendung des echten Jasminblütenöls von größter Bedeutung, um feine Jasminextraits herzustellen.

Im allgemeinen ist der Jasmin als substantive Note für Extraits weniger begehrt, doch kann die Jasminnote als wesentlichste Hauptnote für Phantasiebuketts eine ganz erhebliche Rolle spielen. Als Teilnote bei Kompositionen spielt der Jasmingeruch auf alle Fälle eine hervorragende Rolle.

Nachstehend geben wir zwei moderne Vorschriften für Jasminextraits.

Jasmin d'Orient

Ess. absol. Jasmin	8 g
Ess. absol. Tuberose	2 g
Jasmin W., *Sch. & C.*	65 g
Ylang-Ylangöl, Manilla	7 g
Bergamottöl	5 g
Ketonmoschus	2,5 g
Sandelöl, ostindisch	2 g
Orangenöl, bitter	2 g
Mandarinenöl	0,5 g
Alpha-Amylzimtaldehyd	0,5 g
Methylanthranilat	0,75 g
Heliotropin	2 g
Benzylacetat	25 g
Benzylpropionat	5 g
Benzylbutyrat	1 g
Amylsalicylat	0,2 g
Neroliöl, bigarade	2 g
Resinoid Benzoe	10 g
Resinoid Tolu	5 g
Moschustinktur	30 g
Vanilletinktur	15 g
Iristinktur	50 g
Alkohol	1,5 l

Jasmin de Grasse

Ess. absol. Jasmin	10 g
Ess. absol. Tuberose	2 g
Ess. absol. Jonquille	2 g
Jasmin, künstl., *Heiko*	60 g
Ylang-Ylangöl Bourbon	12 g
Bergamottöl	8 g
Citronenöl	0,5 g
Sandelöl, ostindisch	2 g
Portugalöl	1,5 g
Ambrettemoschus	4 g
Amylsalicylat	0,5 g
Heliotropin	2 g
Zimtalkohol	3 g
Alpha-Amylzimtaldehyd	1 g
Resinoid Labdanum	3 g
Resinoid Tolu	6 g
Cumarin	0,2 g
Neroliöl, künstl.	2,5 g
Moschustinktur	25 g
Vanilletinktur	15 g
Alkohol	1,5 l

<table>
<tr><td colspan="2">Jokey-Club, quadruple</td><td colspan="2">Kirschblüte</td></tr>
<tr><td>Infusion Cassie</td><td>1000 g</td><td>Infusion Rose</td><td>5000 g</td></tr>
<tr><td>Infusion Orange</td><td>500 g</td><td>Iristinktur</td><td>5000 g</td></tr>
<tr><td>Infusion Tuberose</td><td>200 g</td><td>Neroliöl, künstl.</td><td>50 g</td></tr>
<tr><td>Infusion Rose</td><td>1000 g</td><td>Vanillin</td><td>20 g</td></tr>
<tr><td>Irisöl</td><td>2 g</td><td>Cumarin</td><td>3 g</td></tr>
<tr><td>Rosenöl</td><td>5 g</td><td>Bittermandelöl</td><td>6 g</td></tr>
<tr><td>Bergamottöl</td><td>40 g</td><td>Anethol</td><td>0,5 g</td></tr>
<tr><td>Ambratinktur</td><td>200 g</td><td>Essigäther</td><td>30 g</td></tr>
<tr><td>Iristinktur</td><td>1000 g</td><td>Bergamottöl</td><td>100 g</td></tr>
<tr><td>Storaxtinktur</td><td>200 g</td><td>Siam-Benzoetinktur</td><td>250 g</td></tr>
<tr><td>Alkohol</td><td>800 g</td><td>Moschustinktur</td><td>100 g</td></tr>
<tr><td>Bouvardia</td><td>20 g</td><td>Fenchelöl</td><td>3 g</td></tr>
<tr><td></td><td></td><td>Aubépine (Anisaldehyd)...</td><td>3 g</td></tr>
</table>

Der Zusatz von Fenchelöl und Aubépine ist Geschmacksache und man muß damit sehr vorsichtig sein. Meist entspricht das Parfum bereits ohne diese beiden Produkte.

Gar häufig kommt es in unserer Branche vor, daß irgendein Parfum auf einmal immer und immer wieder verlangt wird, während es oft jahrelang nicht mehr verlangt und somit fast in Vergessenheit geraten war. Diesen Fall haben wir mit dem Lavendelparfum erlebt. Immerhin ist es einigermaßen erklärlich, daß man gerade zu einem feinen, etwas herben Dufte zurückkehrt, nachdem man der süßen und dabei gar zu sehr konzentrierten Düfte weit schneller überdrüssig geworden ist, als es wohl manchen Parfumeuren lieb gewesen sein mag. Allein, das war vorauszusehen.

Zu verwundern ist nur, daß man gerade auf den Lavendelgeruch, dieses so liebliche anspruchslose Parfum verfallen ist, das in Großmütterchens Jugendzeit eine so große Rolle spielte. Bei uns in Deutschland ist der Lavendelduft in den letzten 40 Jahren ganz in den Hintergrund gedrängt worden. Die vielen neuen Erzeugnisse der Parfumeriefabriken, die Blumendüfte aller Art, wie auch die starkduftenden Kompositionen à la Idéal, Trèfle incarnat usw. waren stark in Mode gekommen. Nur England hatte nach wie vor eine besondere Vorliebe für diesen ausgezeichneten feinen Duft behalten und dort werden alle Arten von Lavendelparfumerien stets stark begehrt.

Dies ist auch recht gut zu verstehen. Zunächst riecht das reine Lavendelparfum überall gleich gut und frisch, während wir schon recht oft die Erfahrung gemacht haben, daß bei uns sehr fein duftende Blumenkompositionen gerade jenseits des Kanals wesentlich anders im Geruch zur Geltung kamen, eine Erscheinung, die wohl in den klimatischen Verhältnissen ihre Erklärung findet.

Der Duft des Lavendel ist ein so feiner, unaufdringlicher, dabei lange anhaltender, daß man das Lavendelöl gerade aus diesen Gründen auch in einer ganzen Reihe feiner Parfumkompositionen als Stütze der andern Gerüche wiederfindet. Es ist eigentlich zu verwundern, wie es möglich war, daß bei uns in den breitesten Schichten des Volkes der Lavendelduft so vollständig in Vergessenheit geraten konnte. Lavendelduft ist immer lieblich, niemals aufdringlich und übersättigt auch nie, wie dies so manche schwüle Düfte gewisser mit starken Effekten arbeitenden Parfumerien tun.

Möglich ist es ja auch, daß bei uns mit dem Wandel der Mode in der Kleidertracht, den Zimmereinrichtungen u. a. m., worin wir uns der Zeit, „da der Großvater die Großmutter nahm", wieder entschieden genähert haben, auch viele andere Anklänge an jene Zeit lebendig geworden sind, an die Zeit, in der die deutsche Hausfrau noch mehr nach innen, d. h. in ihrem eigenen Heim, als nach außen zu glänzen suchte, wo der würzige Lavendelduft des geöffneten Wäscheschrankes noch helles Entzücken hervorrief.

Mag dem nun immer sein wie ihm wolle, Tatsache ist es, daß die Nachfrage nach feinen Lavendelpräparaten eine wesentlich regere ist. Der moderne Parfumeur muß solchen Momenten Rechnung tragen, muß alle die kleinen Konjunkturen des Marktes, im Einkauf wie auch im Verkauf sich zu nutzen machen, will er zu guten Abschlüssen kommen. In vorliegendem Falle ist ihm die Folge auf dieses Gebiet noch besonders leicht gemacht, da ihm hiezu alle erdenklichen Hilfsmittel in reichstem Maße zur Hand stehen.

<table>
<tr><td colspan="2">Lavendel</td><td colspan="2">Sweet Lavender</td></tr>
<tr><td>Infusion Rose</td><td>5000 g</td><td>Infusion Jasmin</td><td>3000 g</td></tr>
<tr><td>Infusion Jasmin</td><td>2000 g</td><td>Alkohol</td><td>3000 g</td></tr>
<tr><td>Lavendelöl, Mitcham</td><td>550 g</td><td>Lavendelöl, Montblanc</td><td>440 g</td></tr>
<tr><td>Rosmarinöl, ff.</td><td>30 g</td><td>Rosmarinöl</td><td>30 g</td></tr>
<tr><td>Benzoetinktur</td><td>150 g</td><td>Geraniumöl, afrik.</td><td>10 g</td></tr>
<tr><td>Moschustinktur</td><td>30 g</td><td>Tolutinktur</td><td>100 g</td></tr>
<tr><td>Cumarin</td><td>10 g</td><td>Ambrettemoschus</td><td>5 g</td></tr>
<tr><td></td><td></td><td>Cumarin</td><td>10 g</td></tr>
</table>

Trotzdem der Lindenduft allgemein sehr beliebt ist, ist es seither nicht gelungen, die Lindenparfums in dem Umfange in Aufnahme zu bringen, wie sie es verdienen. Mag es sein, daß die seitherigen Kompositionen nicht ganz dem entsprachen, was man erwarten zu können glaubte, sei es daß zum rechten Genuß des Lindenduftes die freie Atmosphäre gehört, kurz es geht hier wie mit den prachtvollen Hollunderparfums, sie werden mehr an den Blüten selbst draußen im Freien geschätzt wie als Parfums für den Salon.

Dies hat sich nun geändert. Der Parfumeur hat heute z. B. in der Heiko-Cosmo-Linde ein Produkt von solch frappanter Naturähnlichkeit, daß ihm jetzt eine Grundlage geboten ist, die er im weitesten Maße ausnützen kann, die ihm bei der Wiedergabe des Lindenduftes sehr zustatten kommt. Dazu kommt noch, daß ihm eigentlich herzlich wenig Arbeit übrig bleibt, denn die Komposition Heiko-Cosmo-Linde ist ein fast fertiges Lindenparfum, das nur noch mit Alkohol verschnitten und in geeigneter Weise fixiert werden muß; denn der Lindenduft ist sehr fein und flüchtig, man muß also darauf achten, daß die Taschentuchparfums diejenigen Zusätze erhalten, die den Lindenblütenduft wenigstens einige Zeit auf den damit parfumierten Gegenständen haften machen.

<table>
<tr><td>

Kaiserlinde

Infusion Jasmin	1000 g
Heiko-Cosmo-Linde	50 g
Moschustinktur	200 g
Benzoetinktur	200 g

Lindenblütenduft

Alkohol	1000 g
Heiko-Cosmo-Linde	30 g
Vanillin	5 g
Rosenöl echt	5 g
Tolutinktur	300 g
Ketonmoschus	6 g
Alkohol	200 g

</td><td>

Lindenduft

Alkohol	1000 g
Heiko-Cosmo-Linde	30 g
Canangaöl, tsf.	5 g
Heliotropin	20 g
Terpineol	15 g
Jonon	10 g
Moschustinktur	50 g
Infusion Zibet	30 g
Wasser	1000 g
Ambrettemoschus	10 g

</td></tr>
</table>

Die moderne Parfumerie verfügt aber über eine große Anzahl sehr guter künstlicher Lindenblütenöle, die von verschiedenen Firmen in den Handel gebracht werden. Auch kann sich jeder Parfumeur ein gutes Lindenblütenöl heute selbst herstellen, z. B.:

<table>
<tr><td>

1. Lindenblütenöl, künstl.

Hydroxycitronellal	100 g
Terpineol	100 g
Petitgrainöl	100 g
Citronenöl	55 g
Nelkenöl	15 g
Rosenöl, künstl.	15 g
Kamillenöl, blau	5 g
Cumarin	12 g
Heliotropin	12 g
Vanillin	4 g
Resinoid Labdanum	5 g
Resinoid Tonka	2,5 g

</td><td>

2. Lindenblütenöl (für Seife usw.)

Terpineol	100 g
Petitgrainöl	100 g
Citronenöl	50 g
Geranium, afrik.	25 g
Nelkenöl	10 g
Kamillenöl, blau	5 g
Cumarin	10 g
Heliotropin	10 g
Vanillin	5 g
Ketonmoschus	2 g
Anisaldehyd	2,5 g

</td></tr>
</table>

Von besonderer Wichtigkeit ist hier das Kamillenöl, das einen sehr wesentlichen Anteil an der Natürlichkeit des Lindenblütengeruches nimmt.

Lupinenblüten.

Die Lupine findet sich in verschiedenen Arten unter den Kindern der orientalischen, der brasilianischen und der Mittelmeerflora. In ihren verschiedenen Arten wird sie teils als Zierpflanze, teils auch als Futterpflanze kultiviert, teils wächst sie wild an Berghängen. Die aus Sizilien und Spanien zu uns gebrachten Lupinen duften am lieblichsten; es sind die gelben und die blauen Lupinen. Daneben finden wir weiße und purpurrote Gartenlupinen, und ein farbenprächtiges Bild entsteht, besonders anziehend durch die Form der Blüten. Dabei ist der Duft der Blüte süß und fein, jedoch in Mengen etwas schwer und schwül.

Dieser süße Duft ist in dem Lupinol der Firma Heine & Co. täuschend ähnlich wiedergegeben. Die ganze Skala der einzelnen Geruchskomponenten ist äußerst glücklich gefunden und zusammengefügt, so daß hier dem Parfumeur etwas ganz Hervorragendes geboten wird, womit er in die angenehme Lage versetzt wird, sehr schöne und feine Neuheiten auf dem Gebiete der Taschentuchparfums sowie vieler anderer Parfumerien herauszubringen. Das Lupinol riecht als konzentriertes Blütenöl geradezu betäubend stark, ähnlich wie das Hyazinthin. Noch in 5%iger Lösung in reinem Alkohol könnte es, in geeigneter Weise fixiert, schon als feines Taschentuchparfum herausgegeben werden. Es wird natürlich kein schaffender Parfumeur die einfache Lösung eines Blütenöles als Taschentuchparfum in den Handel bringen, vielmehr wird er zum Gelingen eines recht schönen Parfums weitere Zusätze machen und spezielle Nuancen ausarbeiten, die auch seine Eigenart etwas zum Ausdruck bringen und dem Ganzen eine bestimmte Richtung geben.

Als Grundlage für das Lupinenparfum nimmt man eine feine Jasmininfusion oder ein gutes künstliches Jasminöl. Tuberose oder Orange als Grundlage zu nehmen, ist oft ebenfalls zu empfehlen. Als wesentliche Basis setzt man das Lupinol zu und fixiert mit echter Moschus- oder Ambratinktur und Benzoetinktur. Auch etwas Iristinktur ist zu empfehlen. Für besondere Nuancen dienen dann Vanillin und Heliotropin, außerdem echtes Rosenöl und feines Geraniumöl de Grasse. Eine weitere spezielle Nuance kann man durch Verwendung von künstlichem Bergamottöl oder etwas Citronenöl herausarbeiten. Es lassen sich viele Parfums komponieren, in denen man neben andern Feinheiten immer den natürlichen Duft der Lupine durchgreifend zur Geltung bringen kann. Große Schwierigkeiten werden sich dem Parfumeur bei der Ausarbeitung sicherlich nicht bieten; wir wollen hier einige wenige Verwendungsmöglichkeiten vorführen.

Blaue Lupine

Infusion Jasmin	10000 g
Lupinol	100 g
Moschustinktur	500 g
Vanillin	10 g
Heliotropin	150 g
Geranium de Grasse	60 g
Benzoetinktur	480 g

Weiße Lupine

Infusion Jasmin	10000 g
Infusion Tuberose	1000 g
Lupinol	80 g
Ylang-Ylangöl Réunion	10 g
Ketonmoschus	3 g
Vanillin	10 g
Iriswurzeltinktur	400 g
Citronenöl	15 g
Benzoetinktur	500 g

Fleurs Napolitaines (Sizilianische Lupine)

Infusion Jasmin	10000 g
Rote Rose, *Heiko*	10 g
Lupinol	85 g
Ambra, künstl.	50 g
Amylsalicylat	10 g
Heliotropin	60 g
Neroliöl, künstl.	5 g
Orangenblütenwasser	3500 g
Alkohol	400 g

Magnolia

Infusion Tuberose	4000 g
Infusion Jonquille	500 g
Infusion Orange	500 g
Extrait Geranium, triple	1000 g
Extrait Verveine, triple	240 g
Cedernholzöl	10 g

Für die Parfumerie ist Melatti als Geruch von Wert; man kann das Naturprodukt sehr schön nachbilden. Als Grundlage verwende man sowohl Jasmin wie Tuberose.

Melatti

Infusion Jasmin	8000 g	Aubépine	10 g
Infusion Tuberose	1500 g	Benzoetinktur	100 g
Vanillin	10 g	Ylang-Ylangöl	5 g
Patschuliöl	2 g	Moschustinktur	80 g
Jasminblütenöl, absol., echt	15 g		

Miel d'Angleterre, quadruple

Infusion Rose	3200 g
Infusion Cassie	1200 g
Infusion Rose	1200 g
Infusion Jasmin	1200 g
Iristinktur	300 g
Tolutinktur	160 g
Perutinktur	110 g
Storaxtinktur	225 g
Moschustinktur	150 g
Bergamottöl	100 g
Citronenöl	80 g
Nelkenöl	15 g
Safrol	5 g
Geraniumöl	25 g
Costuswurzelöl	5 g
Irisöl, konkret	5 g
Alkohol	100 g

Miel d'Angleterre, triple

Infusion Jasmin	2000 g
Infusion Tuberose	2000 g
Vanillin	5 g
Irisöl, konkret	10 g
Benzoetinktur	200 g
Moschustinktur	20 g
Zibettinktur	20 g
Rosenöl, bulgar.	10 g
Nelkenöl	10 g
Linalylacetat	20 g
Alkohol	1000 g

Millefleurs

Extrait Miel d'Angleterre, triple	7300 g
Extrait Geranium, triple	1600 g
Extrait Bergamotte, triple	1600 g
Rosenöl, bulgar.	10 g

Vorstehende Zusammensetzung ergibt das schönste Millefleursextrait, das seit vielen Jahren an den Markt gebracht wurde.

Mimosa

Infusion Rose	2000 g
Infusion Cassie	1000 g
Vanillin	5 g
Mimosablütenöl, absol.	80 g
Bergamottöl	25 g
Patschuliöl	3 g
Geraniumöl	5 g
Moschustinktur	25 g
Benzoetinktur	100 g

Musc, triple

Infusion Rose	1000 g
Infusion Tuberose	800 g
Infusion Orange	1600 g
Infusion Cassie	800 g
Vanillin	4 g
Rosenöl, bulgar.	10 g
Moschustinktur	450 g
Ambrettmoschus	10 g
Ketonmoschus	10 g
Alkohol	300 g

Moschus, quadruple

Tinktur Jasmin	3200 g
Moschustinktur	800 g
Ketonmoschus	30 g
Infusion Rose	1100 g
Infusion Cassie	400 g
Iristinktur	1200 g
Solution Iris (5 : 100)	50 g
Rosenöl echt	10 g
Benzoetinktur	180 g
Tolutinktur	110 g
Alkohol	500 g

Oleander

Infusion Tuberose	4000 g
Infusion Jonquille	2000 g
Infusion Orange	2000 g
Geraniumöl de Grasse	200 g
Cedernholzöl	30 g
Verbenaöl, franz.	10 g
Benzoetinktur	200 g
Moschustinktur	100 g
Iristinktur	2000 g
Ylang-Ylangöl, Manila	5 g
Gardenia-Blütenöl, künstl.	10 g

Opoponax, quadruple

Infusion Rose	2500 g
Infusion Jasmin	2500 g
Infusion Tuberose	2500 g
Opoponaxöl	110 g
Lavendelöl, franz.	30 g
Benzoetinktur	400 g
Solution Iris (5 : 100)	400 g
Patchuliöl	10 g
Citronenöl	120 g
Geraniol	30 g
Moschustinktur	125 g
Zibettinktur	25 g
Resinoid Olibanum	40 g

Opoponax, quadruple

Infusion Rose	1500 g
Infusion Orange	1000 g
Infusion Veilchen	1000 g
Irisöl, konkret	2 g
Moschustinktur	150 g
Vanillin	5 g
Citral	10 g
Bergamottöl	100 g
Opoponaxöl	30 g
Rosenöl, bulgar.	10 g
Geraniumöl, afrik.	10 g
Ambrettmoschus	15 g
Geranylacetat	10 g
Alkohol	1300 g

Opoponax, triple

Infusion Rose	1000 g
Infusion Orange	500 g
Infusion Veilchen	500 g
Irisöl, konkret	2 g
Moschustinktur	225 g
Vanillin	4 g
Cumarin	8 g
Citronenöl	60 g
Bergamottöl	60 g
Opoponaxöl	25 g
Rosenöl, künstl.	10 g
Geraniumöl, afrik.	10 g
Benzoetinktur	150 g
Geranylacetat,	10 g
Alkohol	2000 g
Costuswurzelöl	3 g

Orangenblüte

Infusion Orange	8000 g
Moschustinktur	30 g
Infusion Rose	300 g
Tolutinktur	50 g
Neroliöl, künstl.	80 g

Fleurs d'Oranger

Infusion Orange	5000 g
Infusion Rose	500 g
Neroliöl, bigar.	50 g
Orangenblütenöl, echt, absol.	50 g
Neroliöl, künstl.	150 g
Methylanthranilat	15 g
Petitgrainöl, franz.	25 g
Pomeranzenöl, bitter	5 g
Rosenöl, bulgar.	10 g
Moschustinktur	200 g
Ambratinktur	50 g
Ambrettmoschus	25 g

Orchideenduft

Infusion Veilchen	1000 g
Infusion Jasmin	3000 g
Vanillin	3 g
Ambrettmoschus	15 g
Moschustinktur	120 g
Zibettinktur	50 g
Iristinktur	1000 g
Ylang-Ylangöl, Manila	25 g
Neroli, künstl.	20 g
Aubépine, liq.	10 g
Amylsalicylat	30 g
Jasmin, künstl.	50 g

Extrait Orchidée Royale

Jasmin liq. (A)	18 g
Orangenblüte liq. (A)	8 g
Jonquille liq. (A)	3 g
Rose liq. (A)	5 g
Ylang-Ylang, Manila	50 g
Amylsalicylat	20 g
Anisaldehyd	5 g
Heiko-Hyacinthe Nr. 855	3 g
Citronenöl	30 g
Heiko-Jasmin	25 g
Terpineol, extra	50 g
Hydroxycitronellal	5 g
Heliotropin	6 g
Guajakholzöl	40 g
Solution Iris	8 g
Cumarin	0,5 g
Vanillin	2 g
Solution Patchuli (5:100)	3 g
Eichenmoostinktur	30 g
Ketonmoschuslösung	50 g
Ambrettemoschuslösung.	20 g
Moschustinktur	75 ccm
Ambratinktur	25 ccm
Vanilletinktur	50 ccm
Tonkatinktur	30 ccm
Castoreumtinktur	40 ccm
Alkohol	6200 ccm
Wasser	300 ccm

Patchuli

Alkohol	8000 g	Moschustinktur	150 g
Extrait Bergamotte, triple.	600 g	Storaxtinktur	150 g
Patchuliöl	250 g	Rosenöl, künstl.	50 g

Patchouli, rosé, triple

Alkohol	1000 g	Cumarin	1 g
Patchuliöl	5 g	Bergamottöl	10 g
Rosenöl, bulgar.	1,5 g	Jonon	0,5 g
Geraniumöl, Bourbon	1 g	Bittermandelöl	0,3 g
Neroliöl	2 g	Ambratinktur	20 g
Vanillin	0,5 g		

Das sogenannte Dilem-Patchuliöl ist seines muffigen Geruches wegen in der Parfumerie unbrauchbar.

Peau d'Espagne

Infusion Orange	4000 g	Sandelöl, ostindisch	10 g
Infusion Cassie	4000 g	Citronenöl	20 g
Bergamottöl	200 g	Ketonmoschus	15 g
Linaloeöl	60 g	Zibet, künstl.	5 g
Vetiveröl, Java	15 g	Cumarin	2 g
Irisöl, konkret	10 g	Moschustinktur	150 g
Moschustinktur	100 g	Zibettinktur	150 g
Tolutinktur	200 g	Castoreumtinktur	75 g
Birkenteeröl, hell	30 g	Castoreum, künstl., *L. G.*	6 g

Peau d'Espagne

Cassieblütenöl, absol.	50 g	Birkenteeröl, hell	50 g
Sandelholzöl, ostindisch	100 g	Zibettinktur	300 g
Bergamottöl	200 g	Tolutinktur	1000 g
Moschustinktur	600 g	Vetiveröl	40 g
Castoreumtinktur	100 g	Alkohol	10000 g

Pêche

I. Infusion Jasmin	1000 g	II. Infusion Jasmin	1000 g
Rosenöl, echt	5 g	Rosenöl, echt	5 g
Heliotropin	5 g	Heliotropin	5 g
Infusion Zibet	10 g	Zibettinktur	10 g
Phenylacetaldehyd	5 g	Phenylacetaldehyd	0,5 g
Neroliöl, echt	1 g	Neroliöl, echt	1 g
Benzoetinktur	120 g	Pseudoaldehyd C^{14}	0,6 g
Pseudoaldehyd C^{14}	0,5 g	Pseudoaldehyd C^{16}	0,8 g
Pseudoaldehyd C^{16}	0,5 g	Phenyläthylacetat	6 g
Phenyläthylacetat	5 g	Benzoetinktur	100 g
Jasmin, künstl.	15 g		

Pelargonia

Alkohol	10000 g	Infusion Mousse de chêne concrète (1 : 100)	1100 g
Rote Rose, künstl.	50 g		
Geraniumöl	500 g	Bergamottöl	25 g
Eugenol	35 g	Moschus, künstl. (Keton)	15 g
Vanillin	12 g	Neroliöl, künstl.	10 g
		Benzoetinktur	190 g

Pensée (Viola tricolor)

Infusion Tuberose	2000 g
Infusion Rose	2000 g
Penséeöl, *N. & C.*	70 g
Grisambren, *N. & C.*	2 g
Ylang-Ylangöl, *Sartorius*	3 g
Citronenöl	8 g
Zibet, künstl.	3 g
Neroliöl, echt	4 g
Moschustinktur	50 g
Benzoetinktur	60 g
Vanillin	2 g

Pervenche de Chine

Infusion Capucine	1000 g
Infusion Tuberose	1500 g
Infusion Rose	2000 g
Infusion Jasmin	1600 g
Moschustinktur	500 g
Neroliöl, künstl., *Sch. & C.*	5 g
Irisöl, konkret	20 g
Heiko-Rose	30 g
Hyazinthenöl, künstl.	3 g
Vetiveröl, Java	10 g
Benzoetinktur	100 g
Linalool	12 g

Pivoine (Pfingstrose)

Infusion Rose	1500 g
Infusion Jasmin	500 g
Infusion Veilchen	500 g
Infusion Orange	500 g
Moschustinktur	100 g
Ambrettmoschus	5 g
Span. Geraniumöl	40 g
Rosenöl, bulgar.	10 g

Bouquet Pompeji

Infusion Cassie	1000 g
Rosenöl, echt	5 g
Benzoetinktur	200 g
Ambrettemoschus	5 g
Vanillin	2 g
Bergamottöl	30 g
Olibanumöl	10 g
Infusion Orange	500 g

Es ist notwendig, daß die Mischung einige Zeit auf Lager genommen wird, bevor man sie auf kleine Flaschen füllt; man wird dann über die hochfeine Nuance erstaunt sein, welche das Olibanumöl hervorruft.

American Poppy

Rose liq. (A)	10 g
Orangenblüte liq.	3 g
Amylsalicylat	150 g
Purpurnelke *Sch. & C.*	18 g
Ylang-Ylang	20 g
Rosenöl, bulgar.	10 g
Zibet, künstl.	2 g
Resinoid Styrax	3 g
Ketonmoschuslösung	30 g
Ambrettemoschuslösung	10 g
Solution Iris	8 g
Eichenmoostinktur	45 g
Tonkatinktur	300 ccm
Castoreumtinktur	75 ccm
Moschustinktur	75 ccm
Alkohol	4 l

Red Poppy

Jasmin liq.	5 g
Rose liq.	10 g
Orangenblüte liq.	5 g
Amylsalicylat	170 g
Purpurnelke *Sch. & C.*	15 g
Ylang-Ylang	25 g
Cumarin	3 g
Vanillin	1 g
Rosenöl, bulgar.	5 g
Rosenöl, künstl.	15 g
Zibet, künstl.	2,5 g
Resinoid Styrax	5 g
Eichenmoostinktur	60 g
Ketonmoschuslösung	40 g
Patchuliöl	0,5 g
Trèfle comp.	10 g
Tonkatinktur	300 ccm
Nelkentinktur	125 ccm
Tolutinktur	300 ccm
Moschustinktur	50 ccm
Castoreumtinktur	50 ccm
Alkohol	3,5 l

Portugal

Alkohol	6500 g
Jasmin	2000 g
Iristinktur	2000 g
Pomeranzenöl, süß	900 g
Pomeranzenöl, bitter	100 g
Neroliöl bigar.	50 g
Moschustinktur	40 g

Unter dem Namen „Portugal“ versteht die moderne Parfumerie fast ausschließlich ein Haarwasser (Lotion au Portugal) (siehe später im Kapitel Haarwässer).

Reseda triple (alte Vorschrift)

Infusion de Jasmin	1800 g	Iristinktur	800 g
Infusion de Tubéreuse	1800 g	Moschustinktur	150 g
Infusion de Violette	1500 g	Nelkenöl	18 g
Infusion de Reseda	1500 g	Sandelöl, ostindisch	3 g
Infusion de Rose	1500 g	Perubalsam	50 g
Extrait Geranium triple	1500 g		

Unter Verwendung der künstlichen Riechstoffe würde diese Vorschrift lauten:

Alkohol	10500 g	Sandelholzöl, ostindisch	3 g
Konkretes Irisöl	5 g	Perubalsam	50 g
Moschustinktur	50 g	Resedablütenöl, künstl.	140 g
Moschus, Keton	1 g	Jasminöl, künstl.	40 g
Nelkenöl	2 g	Rosenöl, echt	5 g

Reseda

Alkohol	9000 g	Moschustinktur	100 g
Geraniumöl	20 g	Perutinktur	100 g
Bergamottöl	40 g	Resedablütenöl, künstl.	80 g
Iristinktur	500 g	Jasminöl, künstl.	10 g

Safranor[1]

Infusion Jasmin	4000 g	Bourbonal, *H. & R.*	20 g
Infusion Rose	3000 g	Cumarin	5 g
Iristinktur	1000 g	Bergamottöl	15 g
Moschustinktur	100 g	Patchuliöl	40 g
Eichenmoostinktur	1000 g	Isoeugenol	10 g
Heliotropin	200 g	Rosenöl, künstl., *Fl.*	80 g

Sandelholz (Sandalwood)

Alkohol	2500 g	Extrait Bergamotte, triple	300 g
Geraniumöl	30 g	Cumarin	10 g
Sandelholzöl, ostindisch	80 g	Moschustinktur	50 g
Patchuliöl	5 g	Infusion Orange	250 g
Infusion Veilchen	300 g		

Santosa

Alkohol	5000 g	Bergamottöl	150 g
Ess. liq. Cassie	10 g	Rosenöl, echt	30 g
Ess. liq. Rose	80 g	Eichenmoostinktur	100 g
Ess. liq. Jasmin	80 g	Cumarin	15 g
Ess. Ambrette concrète	5 g	Tolutinktur	100 g
Nelkenöl	15 g	Methylacetophenon	10 g
Vetiveröl	15 g	Ketonmoschus	15 g

---

[1] Dieser Name ist der Firma *Piver* in Paris geschützt.

Stephanotis

Infusion Tuberose	1000 g	Heliotropin	15 g
Infusion Veilchen	1000 g	Cumarin	5 g
Infusion Jonquille	1000 g	Rosenöl, echt	5 g
Infusion Jasmin	1000 g	Oeillet, absol.	10 g
Infusion Rose	800 g	Perutinktur	100 g
Iristinktur	1000 g	Moschustinktur	50 g
Geranylacetat	20 g		

Sweet Pea, duftende Erbsen (Pisum *L.*), sind die bekannten Papilionaceen, die in weißen, rosa, roten und blauen Blüten auch bei uns vorkommen. Ihr Duft ist ein äußerst lieblicher, aber im allgemeinen wenig beachteter. Blühende Erbsenanpflanzungen strömen besonders am Abend einen sehr feinen, an Heliotrop und Hyazinthen erinnernden Duft aus, der jedoch häufig anderen in der Nähe stehenden Blumen zugeschrieben wird.

Besonders die englischen Parfumeure haben den Erbsenblüten-duft aufgegriffen und mit dem Parfum ein gutes Geschäft gemacht, da ihr Sweet Pea in England seinerzeit zu einem Modeparfum geworden ist, ähnlich wie auch das Trèfle incarnat, wenn auch nicht in dem großen Umfange wie letzteres. Sweet Pea hat vor dem Trèfle incarnat den Vorzug, daß es lieblicher und süßer duftet und sich infolgedessen leichter Eingang verschaffen konnte, da das strenge Odeur des Trèfle nicht jedermanns Sache ist, während es kaum Leute geben dürfte, die eine Duftmischung von Heliotrop und Hyazinthen unangenehm empfinden.

Infolge der einfachen Zusammensetzung des Duftes der Erbsenblüte ist es dem Parfumeur sehr leicht gemacht, mittels der künstlichen Riechstoffe ein hervorragend schönes Produkt herzustellen. In Heliotropin, Hyazinthin und Terpineol haben wir vorzügliche Elemente, die in Verbindung mit Jasmininfusion Verwendung finden.

Sweet Pea

I.	Infusion Jonquille	2000 g	II.	Tinktur Jonquille	6000 g
	Infusion Jasmin	5000 g		Infusion Rose	1000 g
	Phenylacetaldehyd	45 g		Heliotropin	80 g
	Heliotropin	260 g		Phenylacetaldehyd	10 g
	Rosenöl, echt	8 g		Aubépine liq.	80 g
	Moschustinktur	300 g		Terpineol	140 g
	Jonon	3 g		Hydroxycitronellal	25 g
	Terpineol	250 g		Cumarin	5 g
	Aubépine liq.	45 g		Ambrettmoschus	4 g
	Vanillin	15 g		Isoeugenol	5 g
	Infusion Tuberose	2000 g			
	Neroliöl, echt	30 g			
	Bergamottöl	120 g			

Tuberose

Infusion Tuberose .... 3500 g
Tuberoseblütenöl, künstl. . 10 g
Vanillin .... 5 g
Moschustinktur .... 150 g
Benzoetinktur............ 50 g
Ylang-Ylangöl, künstl. .... 15 g
Cumarin................. 10 g
Neroliöl, künstl.......... 15 g
Jasmin, künstl. .... 40 g
Ambrettmoschus .... 10 g
Methylanthranilat .... 10 g
Ambra, künstl. .... 10 g
Rosenöl, bulgar. .... 15 g
Heliotropin .... 8 g
Vanilletinktur .... 100 g

Verveine

I. Infusion Rose .... 2400 g
Iristinktur .... 400 g
Tinktur Vanille....... 25 g
Ess. Verveine (Verbena-
öl, franz.) .... 55 g
Infusion Orange ...... 1000 g
Citronenöl .... 30 g
Infusion Tuberose..... 1000 g
Moschustinktur .... 80 g

II. Alkohol .... 3500 g
Rosenöl, künstl....... 5 g
Vanillin.............. 5 g
Ess. Verveine (Verbena-
öl, franz.) .... 45 g
Benzoetinktur .... 60 g
Resinoid Olibanum.... 10 g
Citronenöl .... 5 g
Irisöl, konkret........ 3 g
Isoeugenol .... 2 g
Rosenwasser .... 500 g
Moschustinktur .... 60 g

Vetiver

Alkohol .... 3000 g
Vetiveröl, Java .... 65 g
Jasminöl, künstl.......... 5 g
Vanillin .... 10 g
Rosenöl, künstl. .... 5 g
Zibettinktur .... 40 g
Tolutinktur.............. 50 g
Patchuliöl .... 5 g
Sandelöl, ostindisch ...... 12 g
Resinoid Mousse de chêne.. 5 g
Ambra W., *Sch. & C.* .... 10 g
Moschustinktur .... 120 g

Walddult

Tinktur Jasmin .... 3000 g
Tinktur Cassie .... 1000 g
Tinktur Rose .... 2000 g
Cumarin................. 60 g
Heliotropin .... 25 g
Vanillin .... 40 g
Wacholderbeeröl .... 20 g
Bornylacetat .... 20 g
Moschustinktur .... 150 g
Bergamottöl .... 50 g
Tolutinktur.............. 150 g
Resinoid Eichenmoos ..... 25 g
Ambrettmoschus .... 40 g
Alkohol .... 500 g

Waldmeister

Infusion Rose............ 1000 g
Infusion Jasmin .... 3000 g
Infusion Orange.......... 1000 g
Cumarin................. 140 g
Heliotropin .... 100 g
Vanillin .... 20 g
Rosenöl, echt .... 20 g
Moschustinktur .... 100 g
Perubalsamtinktur........ 100 g
Aubépine liq. .... 5 g
Tonkatinktur .... 250 g

Waldrebe

Infusion Jonquille .... 1600 g
Jasminblütenöl, absol. .... 3 g
Heliotropin .... 12 g
Aubépine liq. .... 5 g
Benzoetinktur............ 20 g
Rosenöl, echt .... 4 g
Moschustinktur .... 40 g

Weinblüte

Alkohol .... 4500 g
Weinblütenöl, künstl...... 150 g
Vanillin .... 8 g
Zibettinktur .... 20 g
Benzoetinktur............ 100 g
Jonon................... 5 g
Rosenöl, echt .... 3 g
Cumarin................. 2 g

Weißdorn

Infusion Tuberose .... 1000 g
Infusion Jasmin .... 1000 g
Infusion Orange.......... 500 g
Infusion Cassie.......... 250 g
Zibettinktur .... 100 g
Benzoetinktur............ 40 g
Aubépine .... 30 g
Neroliöl, künstl.......... 3 g
Heliotropin .... 5 g

<table>
<tr><td colspan="2">Xylopia</td><td colspan="2">Ylang-Ylang, quadruple</td></tr>
<tr><td>Infusion Jasmin</td><td>5000 g</td><td>Infusion Jasmin</td><td>1500 g</td></tr>
<tr><td>Infusion Rose</td><td>2000 g</td><td>Infusion Tuberose</td><td>1500 g</td></tr>
<tr><td>Vanillin</td><td>10 g</td><td>Infusion Veilchen</td><td>500 g</td></tr>
<tr><td>Infusion Orange</td><td>3000 g</td><td>Solution Iris (1 : 1000)</td><td>1500 g</td></tr>
<tr><td>Cassieblütenöl, künstl.</td><td>35 g</td><td>Vanillin</td><td>5 g</td></tr>
<tr><td>Moschustinktur</td><td>100 g</td><td>Moschustinktur</td><td>30 g</td></tr>
<tr><td>Bergamottöl</td><td>80 g</td><td>Ambratinktur</td><td>200 g</td></tr>
<tr><td>Vetiveröl, Java</td><td>5 g</td><td>Zibettinktur</td><td>60 g</td></tr>
<tr><td>Cumarin</td><td>3 g</td><td>Rosenöl, echt</td><td>10 g</td></tr>
<tr><td>Tolutinktur</td><td>240 g</td><td>Ylang-Ylangöl, Sartorius</td><td>85 g</td></tr>
<tr><td>Alkohol</td><td>2000 g</td><td>Jasminöl, absol.</td><td>15 g</td></tr>
</table>

<table>
<tr><td colspan="4" align="center">Ylang-Ylang</td></tr>
<tr><td>Infusion Rose</td><td>3000 g</td><td>Bittermandelöl, echt</td><td>3 g</td></tr>
<tr><td>Infusion Jasmin</td><td>4000 g</td><td>Ylang-Ylangöl, Manila</td><td>120 g</td></tr>
<tr><td>Benzoetinktur</td><td>150 g</td><td>Jasmin, künstl.</td><td>25 g</td></tr>
<tr><td>Moschustinktur</td><td>30 g</td><td></td><td></td></tr>
</table>

Serie der klassischen Extraits.

In dieser Serie sollen hauptsächlich die gebräuchlichsten Blumengerüche besprochen werden, wie sie in mittlerer Konzentration für Durchschnittsqualitäten hergestellt werden.

Flieder.

Wir bringen zunächst einige alte Vorschriften nach Mann, bemerken aber gleich, daß die modernen Fliederextraits viel raffinierter aufgefaßt sind und uns heute eine Menge spezieller künstlicher Riechstoffe zur Wiedergabe des Fliedergeruches zur Verfügung stehen, die es ermöglichen, viel natürlichere Effekte zu erzielen.

Fliederodeur

Man lässt es am besten ungefärbt, da viel über leichtes Abfärben des lila getönten Fliederextraits geklagt worden ist.

<table>
<tr><td colspan="2">I. Infusion Jasmin 10000 g</td><td colspan="2">II. Terpineol 150 g</td></tr>
<tr><td>Terpineol</td><td>200 g</td><td>Maiglöckchen, künstl.</td><td>50 g</td></tr>
<tr><td>Vanillin</td><td>10 g</td><td>Heliotropin</td><td>5 g</td></tr>
<tr><td>Moschustinktur</td><td>200 g</td><td>Ylang-Ylangöl, Bourbon</td><td>30 g</td></tr>
<tr><td>Benzoetinktur</td><td>200 g</td><td>Infusion Rose</td><td>8000 g</td></tr>
<tr><td>Maiglöckchen, künstl.</td><td>150 g</td><td>Infusion Jasmin</td><td>2000 g</td></tr>
<tr><td>Heliotropin</td><td>25 g</td><td>Moschustinktur</td><td>200 g</td></tr>
<tr><td>Ylang-Ylangöl, Manila</td><td>25 g</td><td>Benzoetinktur</td><td>200 g</td></tr>
</table>

<table>
<tr><td colspan="4" align="center">Flieder, triple</td></tr>
<tr><td>Terpineol</td><td>200 g</td><td>Infusion Rose I</td><td>1500 g</td></tr>
<tr><td>Heliotropin</td><td>10 g</td><td>Zibettinktur</td><td>20 g</td></tr>
<tr><td>Ylang-Ylangöl</td><td>25 g</td><td>Alkohol</td><td>1400 g</td></tr>
<tr><td>Infusion Jasmin</td><td>2000 g</td><td>Vanillin</td><td>2 g</td></tr>
</table>

Flieder, quadruple

Terpineol	40 g
Heliotropin	25 g
Ylang-Ylangöl, Manila	5 g
Fliederblütenöl, *Heiko*	
Nr. 830	240 g
Infusion Jasmin	1000 g
Infusion Rose	700 g
Zibettinktur	40 g
Alkohol	3900 g

Lilas de Perse

Infusion Jasmin	7000 g
Infusion Tuberose	5000 g
Infusion Rose	5000 g
Terpineol	200 g
Ylang-Ylangöl, Manila	30 g
Moschustinktur	150 g
Linalool	30 g
Vanillin	20 g
Muguet, künstl.	50 g
Benzoetinktur	150 g
Jonon	20 g

Deutsche Syringe

Infusion Jasmin	10000 g
Infusion Tuberose	2000 g
Syringablütenöl, *H. & R.*	350 g
Moschustinktur	300 g
Rose alpine, *T. M.*	10 g
Ylang-Ylangöl, Réunion	5 g
Benzoetinktur	1000 g
Solution Iris, konkret (5 : 1000)	500 g
Vanilletinktur	700 g

Dieses Parfum kann man leicht gelblich färben oder aber auch ihm einen leicht lila Ton geben, doch ist dieser, wie schon bemerkt, nicht bei allen Käufern beliebt. Ganz wasserhell lasse man die Parfume aber lieber nicht, denn in dieser Nuance sprechen sie zu wenig an. Durch die in obiger Vorschrift gegebene Menge der Benzoeintinktur wird jedoch dem Parfum bereits eine Farbnuance gegeben, die wohl genügen dürfte, so daß sich weitere Farbezugaben erübrigen werden.

Lilas de Versailles

Infusion Jasmin	10000 g
Iristinktur	3000 g
Infusion Orange	1000 g
Tolutinktur	800 g
Syringablütenöl, *H. & R.*	300 g
Heliotropin	40 g
Rote Rose, *Heiko*	10 g
Moschustinktur	270 g
Jonon	10 g
Ambratinktur	100 g
Ambra, künstl.	5 g

Türkischer Flieder

Alkohol	15000 g
Jasminöl, künstl., *Heiko*	200 g
Cassieblütenöl, *H. & R.*	30 g
Terpineol	300 g
Lilas VII, *L. G.*	200 g
Narcéol, *Agfa*	20 g
Moschustinktur	250 g
Benzoetinktur	300 g

Weißer Flieder

Infusion Jasmin	10000 g
Infusion Tuberose	3000 g
Infusion Cassie	500 g
Terpineol	80 g
Fliederblütenöl, *Heiko*	
Nr. 830	460 g
Muguet, künstl.	100 g
Ylang-Ylangöl	10 g
Moschustinktur	150 g
Siam-Benzoetinktur	300 g

Moderne Fliederextraits.

Die moderne Parfumerie besitzt zur Wiedergabe des Fliedergeruches eine ganze Anzahl von künstlichen Riechstoffen, die zu Manns
Zeiten noch unbekannt waren oder dem Parfumeur nur unter Phantasienamen oder als komplexe Gemische angeboten wurden, bzw. zugänglich
waren.

Hier sind zu nennen Hydroxycitronellal, Dimethylbenzylcarbinol,
Hydrozimtaldehyd, Jasminaldehyd (Alpha-Amylzimtaldehyd) u. a.

Lilas de France

Terpineol	275 g	Anisalkohol	10 g
Dimethylbenzylcarbinol	25 g	Rosenöl, bulgar.	10 g
Hydroxycitronellal	200 g	Neroliöl, künstl.	5 g
Ylang-Ylangöl, Bourbon	25 g	Phenylacetaldehyd	7 g
Jasmin, künstl.	65 g	Amylzimtaldehyd	3 g
Jasmin, absol., echt	25 g	Hydrozimtaldehyd	2 g
Tuberose, absol., echt	5 g	Resinoid Benzoe	15 g
Heliotropin	100 g	Resinoid Tolu	20 g
Isoeugenol	5 g	Moschustinktur	400 g
Vanillin	18 g	Ambratinktur	150 g
Cumarin	4 g	Vanilletinktur	250 g
Anisaldehyd	80 g	Alkohol	10 l

Lilas Blancs urfin

Lilas VII, *L. G.*	200 g
Rose liq., Ser. A	8 g
Orangenblüten liq. (A)	8 g
Tuberose liq. (A)	16 g
Hydroxycitronellal	10 g
Guajakholzöl	40 g
Ketonmoschuslösung	40 g
Maiglöckchen, künstl.	8 g
Iristinktur	500 ccm
Vanilletinktur	100 ccm
Zibettinktur	50 ccm
Alkohol	4350 ccm
Wasser	400 ccm

Lilas de Perse

Heliotropin	10 g
Heiko-Flieder Nr. 830	40 g
Terpineol	22 g
Bromstyrol	0,6 g
Isoeugenol	1,5 g
Anisaldehyd	1,5 g
Ylang	0,5 g
Rosenöl, bulgar.	1 g
Jasmin liq. (A)	4 g
Tuberose liq. (A)	3 g
Orangenblüten liq. (A)	5 g
Ketonmoschuslösung	30 g
Iristinktur	100 ccm
Alkohol	1500 ccm

Interessant ist auch der Kosmoflor-Flieder Nr. 3132 der Firma
Schimmel & Co., der als Neuheit erst kürzlich auf dem Markt erschien.

Königsflieder

Infusion Tuberose	50 g	Ambrettmoschus	3 g
Infusion Jasmin	120 g	Ketonmoschus	2 g
Infusion Rose	50 g	Benzoetinktur	75 g
Infusion Orange	20 g	Vanilletinktur	25 g
Kosmoflor-Flieder Nr. 3132, *Sch. & C.*	85 g	Moschustinktur	15 g
		Ambratinktur	10 g
Jasmin, künstl.	10 g	Alkohol	750 g

Edelflieder

Infusion Tuberose	60 g	Ambrettmoschus	4 g
Infusion Jasmin	100 g	Ambra W., *Sch. & C.*	3 g
Infusion Rose	50 g	Vanilletinktur	20 g
Heliotropin	5 g	Tonkatinktur	25 g
Ylang-Ylangöl	5 g	Benzoetinktur	50 g
Phenylacetaldehyd	1,5 g	Moschustinktur	25 g
Rosenöl, bulgar.	3 g	Ambratinktur	25 g
Kosmoflor-Flieder Nr. 3132,		Zibettinktur	25 g
Sch. & C.	100 g	Alkohol	850 g

Es ist des öfteren darauf hingewiesen worden, daß man sich in der Parfumerie wieder in vermehrtem Maße den Rosen und rosenartigen Gerüchen zugewendet hat. So ist auch das Geranium, welches sich weite Freundeskreise erwerben konnte und als ein gesuchtes Taschentuchparfum angesehen werden kann, eine interessante Geruchsnote.

Wenige Gerüche lassen sich aber auch in so vielen Nuancen und Feinheiten herstellen, lassen die Anfertigung selbst einfacher Sorten zu und bleiben dabei immer noch angenehm erfrischend in Duft und Wirkung. Der Hauptgeruchsträger der Geraniumodeurs ist natürlich das Geraniumöl, das aber aus den Blättern, nicht aus den Blüten von Pelargonium Odoratissimum gewonnen wird.

Am geschätztesten ist das spanische Geraniumöl, das hauptsächlich in der Gegend von Valencia gewonnen wird. Das algerische (afrikanische) und das französische Öl sind an Qualität fast gleichwertig, während das Réunionöl, auch Geraniumöl Bourbon genannt, als die geringste Sorte zu betrachten wäre, doch steht die Menge seiner Produktion hinter der des algerischen Öles, wenn überhaupt, so doch nur wenig zurück. Wohl ist sein Geruch nicht so fein wie der der anderen Sorten, doch trifft man manchmal auf Sendungen des Geranium Bourbon, die selbst den französischen Erzeugnissen wenig nachstehen; seine Farbe läßt allerdings öfter zu wünschen übrig und es ist manchmal etwas dumpf im Ton. Es ist dies allerdings auch zum Teil in der Art seines Versandes zu suchen, der in Blechkanistern geschieht, worin das Öl leicht dunkel wird und einen scharfen Geruch annimmt. Man sollte es daher stets sofort nach Ankunft in Glasflaschen umfüllen. In den Blechkanistern nimmt das Öl auch zuweilen einen fauligen Geruch an, der sich jedoch bald wieder verliert, wenn man das Öl in flachen Schalen etwas der Luft aussetzt.

Mit den verschiedenen Sorten des Geraniumöles lassen sich auch mannigfache Arten von Parfumerien herstellen, wie denn dieses Produkt mit zu den dankbarsten der ganzen Parfumerie zählt.

Leider sind die Preisschwankungen jedoch derartig große geworden, daß man das naturelle Öl längst nicht mehr zu allen den vielen Artikeln in der Parfumerie verwenden kann, wie es früher der Fall war und hat man in künstlichen Geraniumölen nun recht gute Ersatzprodukte geschaffen.

Unter Zugrundelegung des Rosengeruches lassen sich ganz hervorragend schöne Geraniumparfums herstellen.

Gefülltes Geranium

Infusion Rose	10000 g
Geraniumöl, franz.	300 g
Moschustinktur	200 g
Neroliöl, künstl.	50 g
Vanillin	50 g
Canangaöl	10 g
Benzoetinktur	100 g

Geranium, quadruple

Geraniumöl, spanisch	150 g
Infusion Rose	2000 g
Bergamottöl	60 g
Ylang-Ylangöl, Manila	6 g
Moschustinktur	100 g
Iristinktur	2400 g
Alkohol	1000 g
Rosenwasser	200 g
Rosenöl, bulgar.	5 g

Geranium, triple

Infusion Rose	8000 g
Geraniumöl	280 g
Nelkenöl	30 g
Moschustinktur	50 g
Bergamottöl	15 g
Geraniol	20 g

Géranium du Japon

Infusion Orange	15000 g
Infusion Jonquille	1000 g
Geraniol	250 g
Ambrettmoschus	10 g
Linalool	50 g
Rosenöl, künstl.	20 g
Vanillin	10 g
Styraxtinktur	150 g
Portugalöl	10 g
Geraniumöl, spanisch	10 g
Geraniumöl, afrik.	25 g

Scharlach-Pelargonie

Infusion Rose	15000 g
Geraniumöl, afrikan.	300 g
Geraniumöl, spanisch	90 g
Neroliöl, künstl.	10 g
Mandarinenöl	10 g
Tolutinktur	150 g
Heliotropin	10 g
Ambrettmoschus	10 g

Heliotrop, weiß

Infusion Tuberose	1800 g
Infusion Rose	1800 g
Moschustinktur	3000 g
Heliotropin	180 g
Cumarin	50 g
Bittermandelöl, echt	5 g
Ketonmoschus	20 g
Vanillin	50 g
Rosenöl, echt	10 g
Ylang-Ylangöl, Manila	10 g
Benzoetinktur	300 g
Vanilletinktur	400 g
Tonkatinktur	200 g
Moschustinktur	150 g

Heliotrop, blau

Infusion Rose	2800 g
Heliotropin	100 g
Ketonmoschus	15 g
Ambrettmoschus	10 g
Bittermandelöl	6 g
Vanillin	80 g
Infusion Jasmin	2000 g
Rose, künstl.	50 g
Rosenöl, echt	5 g
Ylang-Ylangöl, Manila	15 g
Vanilletinktur	150 g
Tonkatinktur	60 g
Cumarin	50 g
Moschustinktur	80 g

Héliotrope de France

Heliotropin	100 g
Infusion Jasmin	200 g
Infusion Rose	200 g
Infusion Tuberose	100 g
Infusion Cassie	50 g
Cumarin	12 g
Vanillin	20 g
Bittermandelöl	2 g
Bergamottöl	15 g
Ketonmoschus	12 g
Ambrettmoschus	15 g
Perubalsam	8 g
Ambra A., *Ama*	8 g
Rosenöl, künstl.	15 g
Rosenöl, bulgar.	3 g
Anisaldehyd	5 g
Vanilletinktur	80 g
Tonkatinktur	40 g
Iristinktur	100 g
Moschustinktur	60 g
Alkohol	200 g

Heliotrop, triple

Heliotropin	90 g	Ambrettmoschus	10 g
Cumarin	12 g	Infusion Tuberose	400 g
Vanillin	3 g	Infusion Orange	400 g
Infusion Jasmin	1000 g	Zibettinktur	150 g
Infusion Rose	1000 g	Alkohol	2000 g
Ketonmoschus	15 g	Benzoetinktur	50 g

Seit bereits vielen Jahren ist man in der Parfumerie eifrig bestrebt, den herrlichen Duft der Hyazinthe nachzuahmen. Gelang dies früher nur mangelhaft, so ist dem Parfumeur seit Entdeckung des Phenyl-acetaldehyds (Hyazinthins) ein Körper an die Hand gegeben, mit welchem es ihm möglich gemacht ist, Hyazinthen-Odeurs herzustellen, die an naturgetreuer Wiedergabe des Wohlgeruches der Blume kaum mehr etwas zu wünschen übrig lassen.

Löst man einige Tropfen des Hyazinthins in Alkohol auf, tropft diese Lösung auf Papier und vergleicht den Geruch mit einer frisch aufgeblühten Hyazinthe, so wird der Effekt überraschend sein. Infolge der reinen, unverdünnten Beschaffenheit ist die Ausgiebigkeit eine ungewöhnlich große, da vier bis höchstens fünf Gramm, in 1 Liter Alkohol gelöst, eine vorzügliche, kräftige Basis ergeben. Das Hyazinthin ist in allen für den Parfumeur in Betracht kommenden Flüssigkeiten löslich, namentlich auch in fettem Öl. Sein Charakter ist der einer öligen Flüssigkeit; es ist von hellgelber Farbe. Bei der Anwendung ist hauptsächlich darauf zu achten, daß die Dosis des Zusatzes nicht zu stark bemessen wird, da das Parfum sonst, gleich demjenigen der frischen Hyazinthenblüte, die Geruchsnerven ermüdet. Je verdünnter, desto feiner, lieblicher und naturgetreuer ist die Wirkung des Parfums.

Man hat in letzter Zeit auch ein konkretes und absolutes Hyazinth aus Blüten hergestellt. Dieses zeigt einen prachtvollen Duft, und ist ausgezeichnet zu verwenden.

Hyazinthe

Infusion Tuberose	2000 g
Infusion Orange	2000 g
Hyazinthin	50 g
Neroliöl	5 g
Moschustinktur	20 g
Benzoetinktur	30 g
Vanilletinktur	100 g
Rosenöl, künstl.	5 g

Weiße Hyazinthe

Infusion Tuberose	2000 g
Infusion Orange	1000 g
Infusion Rose	1000 g
Infusion Jasmin	1000 g
Hyazinthin	50 g
Moschustinktur	35 g
Benzoetinktur	40 g
Vanilletinktur	140 g
Rosenöl, echt	8 g

Rote Hyazinthe

Infusion Tuberose	4000 g	Vanillin	12 g
Infusion Rose	2000 g	Rose, künstl.	10 g
Hyazinthblütenöl, absol., echt	40 g	Benzoetinktur	140 g
		Geraniumöl, afrik.	25 g
Moschustinktur	25 g	Hyazinthin	10 g

Parfum Grande Vedette (Hyazinthe)

Infusion Orange	1000 g	Petitgrainöl, franz.	2 g
Infusion Jasmin	4000 g	Vanillin	5 g
Hyazinthin	40 g	Jonon	2 g
Rosenöl, echt	5 g	Muguet, künstl.	10 g
Isoeugenol	3 g	Bittermandelöl	0,3 g
Neroliöl, echt	5 g	Moschustinktur	45 g

Infolge seines vornehmen Duftes hat sich das „Parfum Idéal“ Houbigant in vielen Kreisen Eingang und Freunde verschafft und wird auch bei den deutschen Parfumeriefabrikanten vielfach ein ähnliches Produkt verlangt.

Nur an Hand des Originales kann der Parfumeur eine möglichst ähnliche Komposition herausarbeiten, da das „Parfum Ideal“ kein ausgesprochener Blumenduft, sondern eine Phantasiekomposition ist, zu der die feinsten Ingredienzien Verwendung gefunden haben. Feine Rosen- und Orangenblütenpräparate herrschen darin vor und erzeugen in Verbindung mit anderen Riechstoffen den süßen, an einen Strauß Orchideen erinnernden Duft.

Parfum Idéal

Infusion Orange	500 g	Ylang-Ylangöl	10 g
Infusion Cassie	1000 g	Methyljonon	15 g
Infusion Jasmin	1000 g	Cumarin	10 g
Infusion Rose	2500 g	Ketonmoschus	15 g
Infusion Capucine	500 g	Neroliöl, echt	15 g
Eichenmoostinktur	1500 g	Moschustinktur	200 g
Bergamottöl	40 g	Zibettinktur	80 g
Rosenöl	50 g	Vetiveröl, Java	5 g
Isoeugenol	2 g	Vanillin	30 g

Der Geruch dieser Komposition kommt dem Original sehr nahe.

Idéal extra

Infusion Rose	4300 g	Rose, künstl.	85 g
Infusion Jasmin	1000 g	Lavendelöl, ff.	25 g
Infusion Orange	1000 g	Nelkenöl	3 g
Infusion Cassie	1000 g	Ylang-Ylangöl	20 g
Vanillin	50 g	Methyljonon	20 g
Zibettinktur	100 g	Cumarin	25 g
Bergamottöl	80 g	Ambrettemoschus	30 g
Mandarinenöl	20 g	Costuswurzelöl	3 g
Neroliöl, künstl.	10 g	Alkohol	2000 g

Ideal-Veilchen

Infusion Veilchen	4000 g
Infusion Rose	1000 g
Infusion Cassie	1000 g
Infusion Orange	200 g
Iristinktur	2500 g
Moschustinktur	20 g
Ylang-Ylangöl	10 g
Vanillin	5 g
Neu-Veilchen, *H. & R.*	30 g
Jonon	30 g

Héliotrope Idéal

Infusion Tuberose	1500 g
Infusion Rose	2500 g
Moschusambrette	30 g
Zibettinktur	100 g
Heliotropin	160 g
Bourbonal	50 g
Bittermandelöl	2 g
Rosenöl, künstl.	20 g
Jasminöl, künstl.	20 g
Ylang-Ylangöl	20 g
Infusion Orange	1000 g
Alkohol	2000 g

Muguet Idéal (Ideal-Maiglöckchen)

Infusion Jasmin	5500 g	Terpineol	50 g
Infusion Rose	1000 g	Ylang-Ylangöl	20 g
Zibettinktur	20 g	Linalool	50 g
Vanillin	25 g	Bittermandelöl	2 g
Maiglöckchenblütenöl,		Ambra W., *Sch. & C.*	5 g
H. & R.	100 g		

Der Klee (Trifolium *L.*, franz. Trèfle) ist eine in Deutschland bekannte Futterpflanze, deren Blüten einen angenehmen Duft ausströmen. Man kennt bei uns allgemein 4 Sorten Klee; den Rotklee (Trifolium pratense *L.*), den Stein- oder Weißklee (Trifolium repens *L.*), den Goldklee (Trifolium agrarium *L.*) und den türkischen oder spanischen Klee, auch Esparsette genannt (Hedysarum onobrychis *L.*). Eine fünfte Kleeart wird bei uns in Deutschland wenig oder gar nicht angebaut und diese ist es gerade, deren Blüten am herrlichsten und stärksten duften. Es ist das der Blut- oder Incarnatklee (Trifolium incarnatum *L.*), der hauptsächlich in Frankreich und Nordspanien gebaut wird. Die Blüten sind wohl 3- bis 4mal so groß wie bei den uns bekannten einheimischen Kleearten und ährenförmig angeordnet, dazu von tiefem Rot und strömen einen herrlichen Duft aus. Die Pariser Parfumeriefabrik L. T. Piver brachte seinerzeit als erste ein Produkt in den Handel, das diesen Kleeduft in prachtvoller Art darstellt, und hatte mit dem „Trèfle incarnat" wohl ihren größten Erfolg.

Trèfle incarnat

Infusion Tuberose	5000 g	Moschustinktur	150 g
Infusion Jasmin	5000 g	Siam-Benzoetinktur	250 g
Infusion Orange	2000 g	Nelkenöl	30 g
Ylang-Ylangöl	40 g	Mitcham-Lavendelöl	20 g
Cumarin	10 g	Amylsalicylat	100 g
Vanillin	10 g	Portugalöl	100 g
Canangaöl	30 g		

Die wichtigste chemische Basis der Kleeparfums ist der Salicylsäureamylester (Amylsalicylat), das überhaupt in der Parfumerie eine wichtige Rolle spielt.

Es wurde früher auch geheimnisvoll als Trefol, Trefolia Orchidée usw. bezeichnet, heute ist dieser wichtige Ester jedem Parfumeur bekannt und wird auch nicht mehr unter Phantasiebezeichnungen sondern mit seinem richtigen Namen geliefert.

Trèfle incarnat I

Alkohol	10 000 g	Amylsalicylat	130 g
Jasmin, künstl., *Heiko*	200 g	Vanillin	10 g
Orangenblütenöl, künstl.	30 g	Nelkenöl	15 g
Neroli, künstl.	10 g	Ylang-Ylangöl, künstl.,	
Moschustinktur	200 g	*Sch. & C.*	50 g
Siam-Benzoetinktur	300 g	Ambrettmoschus	10 g
Cumarin	15 g		

Trèfle blanc

Alkohol	15000 g	Citronenöl	30 g
Cassieblütenöl, künstl.	20 g	Nelkenöl	15 g
Tuberoseblütenöl, künstl.	20 g	Cumarin	10 g
Jasminöl, künstl.	50 g	Heliotropin	10 g
Moschustinktur	250 g	Benzoetinktur	300 g
Canangaöl	50 g	Amylsalicylat	150 g
Bergamottöl	100 g		

Trèfle surfin

Rose liq. (A)	24 g	Eichenmoostinktur	60 g
Orangenblüten liq. (A)	6 g	Tonkatinktur	250 g
Amylsalicylat	100 g	Gewürznelkentinktur	100 g
Oeillet, comp.	15 g	Tolutinktur	150 g
Ylang-Ylang	20 g	Castoreumtinktur	100 g
Rosenöl, bulgar.	12 g	Ketonmoschuslösung	30 g
Zibet, künstl.	3,5 g	Alkohol	5000 ccm
Irislösung (50 g Iris konkret : 1 l)	12 g	Wasser	300 ccm

Trèfle incarnat II

Infusion Rose	2000 g	Rosenöl, bulgar.	5 g
Infusion Jasmin	3000 g	Bergamottöl	50 g
Infusion Jonquille	1000 g	Ylang-Ylangöl	10 g
Infusion Tuberose	1000 g	Nelkenöl	10 g
Ambratinktur	100 g	Jonon	1,5 g
Moschustinktur	100 g	Amylsalicylat	200 g
Neroli	10 g	Benzoetinktur	300 g

Es sei hier nochmals bemerkt, daß Tréfol, Orchidée usw. alles das gleiche ist, und zwar Salicylsäureamylester (Amylsalicylat).

Die Lilie als Blume bietet auch reiche Auswahl in den verschiedenen Abarten, deren Duft bei einigen Sorten ganz wesentlich verschieden ist. Am herrlichsten duftet die von Japan, dem Lilienparadies, eingeführte Goldbandlilie, deren weißgrundige, purpurrot gefleckte Blüten, versehen mit einem goldgelben Streifen in der Mitte jeden Blumenblattes, einen berauschend starken Duft ausströmen. Mit Recht wird sie „Königin der Lilien" (Reine des Lys) genannt. Etwas kleiner ist die Funkia du Japon mit ebenfalls prachtvollem lang andauernden Dufte. Doch auch die in Südeuropa und dem Orient heimische weiße Lilie, die wir auch hier in Deutschland finden, duftet sehr fein.

Zu den Liliendüften zählen auch die Wohlgerüche der Lotosblumen, die selbst als solche nicht zu den Lilien zu rechnen sind: blauer Lotos (Japan) und der mehr bekannte weiße Lotos.

Einige Vorschriften für feine Lilienparfums folgen nun und können immer wieder zu Spezialitäten umgearbeitet werden durch weitere Zugaben und Veränderungen der Quanten der einzelnen Zusätze.

Fleurs de Lys (Weiße Lilie)

Infusion Tuberose	3000 g	Echtes Bittermandelöl	1—2 g
Infusion Cassie	1000 g	Siam-Benzoetinktur	300 g
Infusion Rose	1500 g	Rosenöl, künstl.	10 g
Infusion Jasmin	350 g	Heliotropin	25 g
Infusion Orange	500 g	Cumarin	5 g
Ylang-Ylangöl	15 g	Jasmin, künstl.	25 g
Vanillin	25 g		

Es ist ratsam, für die Infusionen solche aus Essences concrètes zu verwenden, ebenso wie man in Vanillin nur das allerbeste nehmen soll, das zu haben ist. Es wird so oft von den Fabriken künstlicher Riechstoffe behauptet, daß in Vanillin wie auch Heliotropin stets gleich gute Erzeugnisse hergestellt werden, und doch zeigt die Praxis, daß diese Angaben nur bedingten Glauben verdienen. Gerade für Parfums spielt das Ausgangsmaterial eine sehr wichtige Rolle; es wird das zwar oft bestritten; allein es muß dem doch so sein, denn sonst wären die augenfälligen Verschiedenheiten von gleichen Odeurs, die nach gleicher Vorschrift jedoch mit Produkten verschiedener Provenienz, die aber alle als erstklassig angesprochen werden müssen, hergestellt sind, absolut unerklärlich. Häufig nicht nur im Geruch, sondern auch in Farbe — ganz abgesehen von den Veränderungen, die sie später am Lager gerade in Bezug auf die Farbe erfahren — differieren gleiche Odeurs des öfteren so bedeutend, daß selbst der Laie den Unterschied herausfindet. Es kann dies nur in dem verschiedenen Ausgangsmaterial wie auch in der Verschiedenheit der Herstellungsmethoden zu suchen sein, natürlich immer vorausgesetzt, daß alle Produkte eine erstklassige, unverfälschte Ware darstellen.

Reine de Lys

Infusion Tuberose	3000 g	Infusion Orange	500 g
Infusion Rose	2000 g	Moschustinktur	80 g
Infusion Jasmin	2000 g	Vanillin	5 g
Heiko-Lilie	200 g		

Lys du Japon

Infusion Cassie	2200 g	Geraniumöl, afrik.	45 g
Infusion Rose	2200 g	Portugalöl	5 g
Infusion Jonquille	1000 g	Vanillin	5 g
Infusion Tuberose	150 g	Neu-Veilchen, *H. & R.*	5 g
Moschustinktur	400 g	Hyazinthin	3 g

Lotos

Infusion Rose	1000 g	Irisöl, konkret	5 g
Infusion Jasmin	3000 g	Jonon	10 g
Infusion Tuberose	1000 g	Terpineol	40 g
Vanillin	10 g	Aubépine liq.	20 g
Heliotropin	60 g	Ess. Violette Feuilles	3 g

Die moderne Parfumerie besitzt im Linalylcinnamat einen Riechstoff, der die charakteristische Note des Liliengeruches ganz vorzüglich wiedergibt und werden daher moderne Lilienparfums stets unter Verwendung dieses Esters hergestellt. Auch die Mitverwendung von Hydroxycitronellal zu modernen Lilienparfums bedeutet einen großen Fortschritt zur Erzielung wirklich natürlicher Effekte.

Lys d'Or

Infusion Orange	800 g	Cumarin	4 g
Infusion Rose	120 g	Heliotropin	6 g
Infusion Jasmin	150 g	Ambrettmoschus	5 g
Infusion Tuberose	80 g	Ketonmoschus	2 g
Infusion Cassie	25 g	Ambre W., *Sch. & C.*	5 g
Rosenöl, bulgar.	10 g	Jonon	2 g
Jasmin, künstl., *Heiko*	6 g	Vanillin	4 g
Neroli, künstl., *Sch. & C.*	4 g	Vanilletinktur	50 g
Portugalöl	5 g	Tonkatinktur	30 g
Linalylcinnamat	15 g	Tolutinktur	50 g
Hydroxycitronellal	10 g	Moschustinktur	30 g

Maiglöckchen (Muguet)

Dieses Parfum spielt in der Parfumerie eine außerordentlich wichtige Rolle, sei es als substantive Note, sei es als Bestandteil vieler Kompositionen.

Früher begnügte man sich mit einer recht primitiven Wiedergabe des Muguetgeruches durch eine Mischung von Linaloeöl, bzw. Linalool mit Ylang-Ylangöl, Terpineol usw.

Indes ist es uns erst mit der Entdeckung des Hydroxycitronellals gelungen, wirklich täuschende Nachahmungen des Maiglöckchengeruches zu schaffen.

So waren denn auch die bekanntesten Muguets neuer Richtung, die seinerzeit auf dem Riechstoffmarkt Sensation hervorriefen, im wesentlichen auf Hydroxycitronellal aufgebaut, wie denn dieses Produkt auch heute, da es allgemein zugänglich geworden ist und sich nicht mehr gar so geheimnisvoll unter Phantasienamen wie Muguet Principe, Muguet Base usw. verbirgt, mit Linalool und Ylang-Ylang den wesentlichsten Bestandteil aller künstlichen Maiglöckchenblütenöle des Handels ausmacht.

Hervorgehoben sei hier auch das Linalool, zugleich mit Ylang-Ylang verwendet, als Grundkörper, ebenso auch die Mitbeteiligung des Jonons an der zart blumigen Note des Maiglöckchengeruches.

In großen Umrissen läßt sich die Zusammensetzung eines künstlichen Maiglöckchenblütenöls wie folgt demonstrieren:

Hydroxycitronellal	40	Teile
Terpineol	50	,,
Linalool	30	,,
Ylang-Ylangöl	10	,,
Jonon	10	,,

Diese primitive Basis wird dann durch Zusätze wie Rosenöl, Cardamomenöl usw. entsprechend verfeinert und schließlich mit Jasmin-Tuberose-Noten blumig aufbukettiert und durch balsamische Zusätze (Tolubalsam usw.) haltbarer gemacht.

Als Grundlagen können wir Jasmininfusion nehmen, die besonders fein im Geruch wird, wenn wir sie zur Hälfte aus Pomaden ausgewaschen haben, zur Hälfte aus Lösung von Jasminblütenöl herstellen. Diese Mischungen haben sich als sehr glückliche herausgestellt; sie sind jedem Parfumeur zu empfehlen. Leichte Tuberoseinfusion gibt auch eine gute Grundlage ab, neben einer Lösung, hergestellt aus Rose Bengale, die an Feinheit des Duftes auch nichts zu wünschen übrig läßt. Nehmen wir dann etwa noch ein wenig echte Moschustinktur, so haben wir bereits alles Notwendige geleistet, aber die Vorbedingung zum Gelingen des Ganzen liegt in einem wirklich guten künstlichen Maiglöckchenblütenöl. So sind diese Maiglöckchenblütenöle mit der Zeit derartig vollendete Erzeugnisse geworden, daß man auch sie ruhig zu den allerfeinsten Parfums anwenden kann.

Es folgen nun einige Angaben, nach denen man sehr schöne Maiglöckchenodeurs herstellen kann.

Maiglöckchenodeur

I. Infusion Jasmin ..... 5000 g
Maiglöckchenblütenöl,
   H. & R. .... 250 g
Rosenöl, künstl. ..... 25 g
Ylang-Ylangöl .... 10 g
Rosenöl, echt .... 10 g
Hydroxycitronellal ... 20 g
Benzoetinktur .... 150 g
Tolutinktur.......... 150 g
Ambrettmoschus ..... 10 g
Moschustinktur ...... 40 g

II. Infusion Jasmin ..... 2000 g
Jasminblütenöl, künstl. 40 g
Tuberosenblütenöl,
   künstl............ 15 g
Maiglöckchenblütenöl,
   H. & R. .... 100 g
Benzoetinktur .... 300 g
Moschustinktur ...... 55 g

III. Alkohol .... 5000 g
Rosenöl, künstl. ..... 10 g
Maiglöckchenblütenöl,
   H. & R. .... 100 g
Benzoetinktur .... 300 g
Rosenwasser.......... 1000 g
Rosenöl, echt .... 5 g
Jonon .... 5 g

IV. Alkohol .... 5000 g
Maiglöckchenblütenöl,
   H. & R. .... 200 g
Tolutinktur.......... 300 g
Hydroxycitronellal ... 25 g
Linalool .... 50 g
Rosenwasser .... 2000 g
Ambrettmoschus ..... 15 g
Ylang-Ylangöl, Manila. 20 g

Maiblume

Infusion Jasmin .... 1500 g
Infusion Tuberose .... 500 g
Heliotropin .... 50 g
Vanillin .... 5 g
Cumarin................. 2 g
Maiglöckchenblütenöl,
   Sch. & C. .... 75 g
Terpineol .... 20 g
Moschustinktur .... 50 g

Maiglöckchen

Alkohol .... 9000 g
Moschustinktur .... 100 g
Jasminöl, künstl......... 20 g
Benzoetinktur............ 200 g
Vanillin .... 10 g
Ylang-Ylangöl........... 10 g
Maiglöckchenblütenöl,
   Heiko .... 300 g

Maiglöckchen, quadruple

Infusion Jasmin	1800 g	Zibettinktur	20 g
Infusion Rose	1400 g	Hydroxycitronellal	80 g
Infusion Cassie	300 g	Ylang-Ylangöl, I a	20 g
Infusion Veilchen	300 g	Jasminöl, künstl.	15 g
Iristinktur	800 g	Maiglöckchenblütenöl,	
Vanillin	4 g	*H. & R.*	120 g

Nachstehend noch zwei Vorschriften für moderne Maiglöckchenparfums.

Muguet des Bois

Ess. Violette liq. A	20 g	Irisöl, konkret, nat.	1 g
Ess. Jasmin absol.	13 g	Rosenöl, bulgar.	5 g
Maiglöckchenblütenöl,		Vanilletinktur	25 g
H. & R.	280 g	Tolutinktur	75 g
Ambra W., *Sch. & C.*	10 g	Ambrettmoschus	15 g
Resinoid Olibanum	15 g	Ambratinktur	75 g
Resinoid Tonka	5 g	Alkohol	4600 g
Hydroxycitronellal	5 g	Wasser	400 g
Ylang-Ylang, Manila	10 g		

Muguet

Veilchen liq. (A)	24 g	Moschustinktur	30 ccm
Grisambren Naef	18 g	Benzoetinktur	60 ccm
Heiko-Muguet	300 g	Tolutinktur	40 ccm
Resinoid Oliban	10 g	Iristinktur	2000 ccm
Hydroxycitronellal	5 g	Alkohol	3700 ccm
Guajakholzöl	25 g	Wasser	300 ccm
Ketonmoschuslösung	40 g		

Weiter hat in der Parfumerie die Narzisse Aufnahme gefunden. Sie wird in Südfrankreich kultiviert wie Jasmin und Veilchen, und ihr Duft wird uns sowohl durch Pomaden übermittelt, um wie jener von Tuberosen usw. mit Alkohol ausgewaschen und zur Herstellung von Taschentuchparfums verwendet zu werden, als auch durch Blütenöle. Durch das künstliche Narzissenöl ist die Aufmerksamkeit der Parfumeure erneut auf diese Blumen und ihren lieblichen, allerdings etwas starken Duft gelenkt worden.

Die Jonquille (Narcissus Jonquilla) ist eine Narzissenart, die eine besondere Geruchsnote aufweist, im allgemeinen aber viel Analogie mit der eigentlichen Narzisse aufweist. Von beiden Blüten werden Blütenextraktöle gewonnen und in der Parfumerie häufig verwendet, besonders aber eben zur Wiedergabe des Narzissengeruches, der speziell in der modernen Parfumerie eine wichtige Rolle spielt (Narcisse Noir *Caron*, Paris u. a.).

Wir besitzen heute in verschiedenen Estern der Phenylessigsäure (Phenylacetate), z. B. p-Cresolphenylacetat u. a., sowie im Acetat des p-Cresols wichtige Narzissenriechstoffe, die, falls sie in geziemend kleinen Mengen mitverwendet werden, ausgezeichnete Resultate bei Wiedergabe des Narzissen- und Jonquillegeruches ergeben.

Auch sehr gelungene künstliche Narzissen- und Jonquilleblütenöle stehen zu unserer Verfügung, um die so wichtige Narzissennote in der Parfumerie wiederzugeben.

Narcisse du Japon (Japan-Narzisse)

Infusion Jonquille	2000 g	Rosenöl, künstl.,	5 g
Infusion Jasmin	2000 g	Vanillin	5 g
Tinktur Cassie	2000 g	Hyazinthin	0,5 g
Moschustinktur	50 g	Ambrettmoschus	15 g
Narzissenöl, *Heiko*	180 g		

Jonquille, quadruple

Infusion Jonquille	2000 g
Infusion Jasmin	500 g
Infusion Tuberose	500 g
Moschustinktur	20 g
Neroliöl, künstl.	15 g
Jonquilla, *Sch. & C.*	25 g
Bourbonal, *H. & R.*	5 g

Jonquille, triple

Infusion Jonquille	10000 g
Jasminblütenöl, künstl.	20 g
Patschuliöl	2 g
Rose, künstl.	15 g
Vanillin	12 g
Jonquilla, *Sch. & C.*	120 g
Basilikumöl	5 g
Neroliöl, künstl.	5 g
Moschustinktur	100 g
Benzoe-Sumatratinktur	200 g

Narcisse d'Or

Ess. Jonquille absol., nat.	25 g
Ess. Tuberose absol., nat.	5 g
Ess. Jasmin absol., nat.	15 g
Kosmoflor-Jonquilla 3010, *Sch. & C.*	55 g
Heliotropin	10 g
Neroli, künstl.	30 g
Rosenöl, echt	5 g
Sandelöl, ostindisch	5 g
Pomeranzenöl, bitter	5 g
Mandarinenöl	3 g
Hydroxycitronellal	10 g
Citronenöl	3 g
Vanillin	5 g
Vanilletinktur	50 g
Benzoetinktur	75 g
Moschustinktur	100 g
Ketonmoschus	4 g
Alkohol	2000 g

Will man etwas billigere Produkte erzeugen, dann verwendet man an Stelle der Infusionen Alkohol und gibt dem jeweils zu erzielenden Preise entsprechend künstliche Riechstoffe zu.

Narzisse

Alkohol	6000 g	Heliotropin	40 g
Cassieblütenöl, *H. & R.*	10 g	Rosenöl, künstl.	5 g
Heiko-Jasmin	10 g	Bourbonal	5 g
Moschustinktur	60 g	Hyazinthin	1 g
Narzissenöl, künstl.	80 g	Tolutinktur	150 g

Nelke (Gartennelke).

Die Geruchsnote der Gartennelke spielt in der Parfumerie eine wichtige Rolle, sei es als substantive Hauptnote, sei es als wesentliche Teilnote in Phantasieparfums der verschiedensten Art.

Wir besitzen im Eugenol, bzw. dem ätherischen Öl der Gewürznelke und vor allem im Isoeugenol wichtige Hilfsmittel zur Hervorbringung dieses Geruches, der in den komplexen Gemischen durch Vanillin, Rosenkomplexe, Jasmin usw. entsprechend natürlich zum

Ausdruck kommt, wobei auch der Kontrastwirkung des Amylsalicylats als sehr wichtig nicht zu vergessen ist, ferner gewisse pfefferartige Noten.

Im Handel finden wir auch eine ganze Anzahl vorzüglicher komplexer künstlicher Gartennelkenöle, auch werden in Grasse natürliche Extraktöle der Gartennelke hergestellt, die ganz vorzüglich mitzuverwenden sind.

Unter den bekannten künstlichen Nelkenblütenölen sei als Neuheit hier die Kosmoflor-Purpurnelke erwähnt, die von der Firma Schimmel & Co. in Miltitz hergestellt wird und den Geruch der dunkelroten Gartennelke in hervorragender Weise wiedergibt.

Bouquet Malmaison

Infusion Rose	2000 g
Infusion Orange	1000 g
Infusion Cassie	1000 g
Gartennelken-Blütenöl, H. & C.	100 g
Infusion Jasmin	2000 g
Bourbonal, H. & R.	15 g
Isoeugenol	10 g
Moschustinktur	100 g
Benzoetinktur	200 g
Tolutinktur	150 g
Pfefferöl	5 g
Amylsalicylat	15 g
Ketonmoschus	8 g
Ambrettmoschus	12 g

Gartennelke

Vanillin	20 g
Benzoetinktur	500 g
Purpurnelke, Sch. & C.	200 g
Cassieblütenöl, künstl.	15 g
Rosenöl, echt	5 g
Jasmin, künstl., Heiko	40 g
Tolutinktur	250 g
Amylsalicylat	10 g
Ambrettmoschus	15 g
Ketonmoschua	10 g
Alkohol	3000 g

Gefüllte Nelke

Alkohol	5000 g
Vanillin	20 g
Eugenol	50 g
Rosenöl, künstl.	10 g
Irisöl, liq., S. & A.	10 g
Moschustinktur	50 g
Isoeugenol	100 g
Amylsalicylat	15 g
Ketonmoschus	8 g

Oeillet Pourpre

(Moderner Gartennelkenextrait)

Ess. absol. Oeillet, nat.	25 g
Ess. absol. Jasmin, nat.	8 g
Ess. absol. Oranger, ant.	10 g
Rosenöl, bulgar.	8 g
Kosmoflor-Purpurnelke, Sch. & C.	110 g
Methyljonon	15 g
Amylsalicylat	15 g
Rosenöl, künstl.	15 g
Ylang-Ylangöl, Manila	5 g
Irisöl, konkret	0,6 g
Pfefferöl	5 g
Ketonmoschus	6 g
Ambrettmoschus	4 g
Resinoid Oliban	10 g
Vanillin	15 g
Tolutinktur	250 g
Perubalsamtinktur	50 g
Vanilletinktur	100 g
Moschustinktur	120 g
Alkohol	4000 g

Oeillet de Provence

Oeillet liq. (A)	10 g
Rose liq. (A)	5 g
Orangenblüten liq. (A)	5 g
Jasmin liq. (A)	4 g
Vanillin	2 g
Purpurnelke, Sch. & C.	100 g
Raldéine A., L. G.	18 g
Amylsalicylat	18 g
Phenyläthylalkohol	20 g
Resinoid Oliban	7 g
Ketonmoschuslösung	30 g
Guajakholzöl	50 g
Pfefferöl	3 g
Iristinktur	1000 ccm
Moschustinktur	100 ccm
Vanilletinktur	100 ccm
Alkohol	3600 g
Wasser	400 g

Oeillet Blanc

Rose rouge Naef	20 g	Guajakholzöl	35 g
Oeillet liq. (A)	5 g	Ketonmoschuslösung	15 g
Heiko-Jasmin	18 g	Pfefferöl	1 g
Cassie liq. (A)	3 g	Vanillin	1 g
Rose liq. (A)	2 g	Iristinktur	500 ccm
Purpurnelke, *Sch. & C.*	100 g	Moschustinktur	50 ccm
Raldéine A., *L. G.*	20 g	Vanilletinktur	50 ccm
Amylsalicylat	20 g	Resinoid Opoponax	3 g
Phenyläthylalkohol	20 g	Alkohol	3000 g

Rose.

Zunächst wollen wir einen Blick auf die neuen Rosenprodukte werfen, mit denen uns die Fabriken künstlicher und natürlicher Riechstoffe versehen haben. Es sind ihrer eine ganze Reihe und alle sind sie gut und von feinem Aroma, allein einige verdienen doch ganz besondere Bevorzugung. „Rose Suisse", „Rose Eglantine", „Rose alpine" sowie „Rose M" sind hervorragende Produkte, mit denen man neue, bisher nicht gekannte Effekte erzielen, dem verwöhnten Geschmack immer wieder Neues bieten kann. Auch das „Rosinol" stellt sich gleichwertig an die Seite der vorgenannten Präparate.

Vorzügliche künstliche Rosenöle sind heute überhaupt in großer Zahl im Handel und erleichtern dem Parfumeur das Arbeiten ganz erheblich, doch kommt dem echten bulgarischen Rosenöl und dem französischen Extraktrosenblütenöl immer noch ein hervorragender Platz bei feinen Rosenparfums zu, was nicht einen Augenblick verkannt werden darf.

Bekannt sind die vorzüglichen künstlichen Rosenöle der Firma Schimmel & Co. in Miltitz, Rosenöl, künstlich, Rosanor und Rote Rose, die unter Benutzung des auf eigenen Rosenplantagen in Miltitz gewonnenen Deutschen Rosenöles hergestellt werden.

Ebenso sind die vorzüglichen Rosenprodukte der Firma Givaudan, wie „Rote Rose", „Maréchal Niel-Rose" und „Rose blanche" zu nennen sowie jene von Heine & Co., die alle den Duft der Rose in einer frappanten Naturtreue wiedergeben.

Zur Selbstherstellung eines künstlichen Rosenöls sei folgender Hinweis gegeben:

Rosenöl, künstlich

Citronellol	400 g	Eugenol	1 g
Geraniol	400 g	Citral	1 g
Phenyläthylalkohol	200 g	Rosenöl, echt	80 g
Aldehyd C. 8 (10% Lösung)	10 g		

Balkanrose

Infusion Rose	4000 g	Geraniumöl franzõs.	15 g
Infusion Jasmin	2500 g	Cumarin	2 g
Infusion Orange	500 g	Neroliöl	5 g
Vanillin	20 g	Moschustinktur	180 g
Rose Maréchal Niel, *L. G.*	160 g	Benzoe-Siamtinktur	200 g

Edelrose

Infusion Rose	8000 g
Infusion Orange	1000 g
Rose rouge, *Sch. & C.*	100 g
Rosenöl, echt	10 g
Vanillin	2 g
Moschustinktur	80 g

Heckenrose

Infusion Rose	6000 g
Infusion Jasmin	2000 g
Rosenöl, künstl.	50 g
Moschustinktur	20 g
Zibettinktur	40 g
Tolutinktur	30 g
Aubépine liq.	10 g

Irisrose

Infusion Rose	8000 g
Infusion Jonquille	1000 g
Infusion Orange	500 g
Heiko-Rose R	45 g
Vetiveröl	1 g
Patchuliöl	1 g
Vanillin	2 g
Tolutinktur	140 g
Moschustinktur	70 g
Irisone, *L. G.*	45 g

Aus der Pflanzengattung der Rosen tritt neben der Centifolie besonders die Maréchal Niel-Rose (Rosa Noisetteana *Red.*), auch „Noisetterose" und oft fälschlich „Teerose" genannt, hervor. Ihr feiner, pikanter Duft erfreut alle Freunde edler Wohlgerüche.

Rose Maréchal Niel

Infusion Rose	10 000 g
Rosenöl, echt	10 g
Tolutinktur	150 g
Moschustinktur	40 g
Neroliöl, künstl.,	30 g
Nelkenöl	2 g
Tuberose, künstl.	10 g
Vanillin	1 g
Cumarin	0,5 g

Moosrose

I. Infusion Rose	6 000 g
Neroliöl	5 g
Eichenmoostinktur	1 000 g
Rosenöl, künstl., *Sch. & C.*	30 g
Benzoetinktur	100 g
Moschustinktur	150 g
II. Infusion Rose I	10 000 g
Heiko-Rose M	70 g
Ambrettmoschus	10 g
Cumarin	2 g
Eichenmoostinktur	2 000 g
Vanillin	3 g
Benzoetinktur	150 g

Rose Nobile

Infusion Rose	6000 g
Infusion Tuberose	1500 g
Rote Rose, *Sch. & C.*	125 g
Canangaöl	10 g
Costuswurzelöl	1 g
Vanillin	5 g
Moschustinktur	100 g

Rose Eglantine

Infusion Rose	4000 g
Infusion Orange	1000 g
Ambra W., *Sch. & C.*	5 g
Rote Rose, *Heiko*	140 g
Ylang-Ylangöl, Mayotte	6 g
Benzoetinktur	440 g
Edeltannenöl	1 g

Rose Malmaison

Infusion Rose	6000 g
Infusion Tuberose	500 g
Rose Malmaison, *L. G.*	100 g
Rosenöl, echt	10 g
Tolutinktur	150 g
Moschustinktur	50 g
Cumarin	5 g

Rosengarten

Infusion Rose	6000 g
Infusion Jonquille	1000 g
Rote Rose, *Sch. & C.*	180 g
Heliotropin	25 g
Linalool rosé	10 g
Hyazinthin	1 g
Bergamottöl	15 g
Benzoetinktur	400 g
Ketonmoschus	5 g

Rosenknospe

Infusion Rose	7000 g
Eichenmoostinktur	1900 g
Rose Pétale, *N. & C.*	100 g
Heiko-Rose	10 g
Benzoetinktur	100 g
Ambrettmoschus	6 g

Rote Rose

Infusion Rose	10000 g
Heiko-Rose R	65 g
Zibettinktur	40 g
Phenyläthylalkohol	30 g
Benzoetinktur	140 g
Heliotropin	5 g
Hyazinthin	2 g

Rose de Schiras

Alkohol	9000 g
Rose synthétique, *Ama*	200 g
Tolubalsamtinktur	100 g
Neroli, künstl.	5 g
Ambrettmoschus	12 g
Vanillin	2 g

Rosiris

Infusion Rose	8500 g
Solution Rosenöl	550 g
Rosenöl, künstl., *Heiko*	25 g
Benzoetinktur	50 g
Linaloeöl	10 g
Moschustinktur	100 g
Vanillin	10 g
Irisöl, konkret	80 g
Bergamottöl	20 g

Rose, weiße

Infusion Rose	6000 g
Patchuliöl	3 g
Geraniumöl	10 g
Rosenöl, künstl., *Sch. & C.*	15 g
Linalool	5 g
Bergamottöl	10 g
Benzoetinktur	100 g

Soleil d'or (sehr beliebtes Rosenparfum)

Infusion Rose	5000 g
Infusion Tuberose	2000 g
Rose, künstl., *Sch. & C.*	50 g
Neroliöl, echt	10 g
Vanillin	5 g
Moschustinktur	50 g
Ylang-Ylangöl	1 g

Teerose

Infusion Rose	10000 g
Heiko-Rose T	200 g
Tolutinktur	150 g
Moschustinktur	40 g
Vanillin	1 g
Heliotropin	3 g
Neroliöl, echt	2 g
Guajakholzöl	50 g

Moderne Rosenextraits.

Der moderne, sachkundige Parfumeur verläßt sich nicht mehr so bedingungslos auf fertige Rosenkompositionen, er weiß, daß er aus Geraniol, Rhodinol, Citronellol, Phenyläthylalkohol, gutem Geraniumöl usw. recht gute Rosenölersatzprodukte herstellen kann, namentlich wenn er einen entsprechenden Prozentsatz echtes Rosenöl mitverarbeitet und mit Aldehyden (C 8, C 9 usw.) bukettiert.

Nichtsdestoweniger kommt den obenerwähnten vorzüglichen Rosenöl-Ersatzprodukten des Handels stets große Bedeutung zu. In modernen Rosenextraits macht man auch von der Wirkung des Jonons und Methyljonons Gebrauch, die die Rosennote stark hervorheben und süßer machen, was hier nur in Parenthese bemerkt sei.

Rose Royale

Ess. absol. Rose, nat.	50 g	Irisöl, konkret	0,4 g
Ess. absol. Jasmin, nat.	5 g	Patchuliöl	0,5 g
Rote Rose, künstl.,		Guajakholzöl	20 g
Sch. & C.	175 g	Ketonmoschus	5 g
Muguet, künstl., *H. & R.*	75 g	Alkohol	4000 g
Raldéine A., *L. G.*	40 g	Benzoetinktur	200 g
Hydroxycitronellal	10 g		

Rose Royale

Cassie liq., Ser. A	12 g	Resinoid Myrrhe	10 g
Rose liq., Ser. A	20 g	Ketonmoschuslösung	50 g
Rose rouge, *Heiko*	100 g	Guajakholzöl	40 g
Rose blanche R. (Roure).	70 g	Maiglöckchen, künstl.	5 g
Rosenöl, bulgar.	15 g	Iristinktur	600 ccm
Phenyläthylalkohol	100 g	Alkohol	5000 ccm
Methyljonon	25 g	Moschustinktur	50 ccm
Hyazinth 855, *Heiko*	5 g	Wasser	400 ccm

Rose Centifolia

Rose liq., Ser. A	25 g
Cassie liq., Ser. A	5 g
Jasmin liq., Ser. A	10 g
Rose rouge *L. G.*	150 g
Rose blanche R.	50 g
Methyljonon	25 g
Rosenöl, bulgar.	25 g
Resinoid Myrrhe	10 g
Resinoid Oliban	5 g
Ketonmoschuslösung	40 g
Patchuliöl	1 g
Rose blanche, künstl.	50 g
Maiglöckchen, künstl.	5 g
Vanilletinktur	50 g
Moschustinktur	50 g
Ambratinktur	100 g
Iristinktur	600 ccm
Alkohol	5000 ccm
Wasser	400 ccm

Rose de France

Rosenöl, bulgar.	50 g
Ess. absol. Rose, nat.	25 g
Ess. absol. Jasmin, nat.	15 g
Raldéine A., *L. G.*	75 g
Geraniumöl, franz.	50 g
Rosanor, *Sch. & C.*	50 g
Rote Rose, *Heiko*	70 g
Ketonmoschus	6 g
Patchuliöl	0,3 g
Phenyläthylalkohol	5 g
Phenyläthylbutyrat	2 g
Geranylacetat	6 g
Vanilletinktur	25 g
Tonkatinktur	15 g
Benzoetinktur	250 g
Moschustinktur	25 g
Ambratinktur	75 g
Alkohol	4500 g

Veilchen (Violette).

In der gesamten Parfumerie findet sich kein Odeur wieder, das sich für Liebhaber einfacher Blumengerüche so sehr der Gunst des Publikums erfreut, wie das Veilchenodeur. So lange Parfumerien auf den Markt kommen, bestand eine große Vorliebe für diesen Geruch, der infolge seiner Zartheit und Feinheit, wie durch seine Lieblichkeit und Unaufdringlichkeit stets gerne Verwendung fand.

Kein Wunder, daß die rastlos fortschreitende Chemie unseres Jahrhunderts es darauf abgesehen hatte, die Geruchsprinzipien des Veilchenodeurs bzw. des Veilchens künstlich herzustellen, und wir verdanken es deutschen Gelehrten, daß wir heute im Besitze eines vorzüglichen Produktes sind, des Jonons, welches den Parfumeur befähigt, stärkere Veilchenextraits herzustellen, als dies früher der Fall war, ganz abgesehen davon, daß die Herstellung auch ungemein vereinfacht ist.

Ein wirklich guter Veilchenriechstoff, sei er nun reines Jonon oder auch irgendeine gute Komposition, wird immer einen guten Preis erzielen, und die Prüfung seiner Stärke und Ausgiebigkeit ist für den geschulten Parfumeur nicht mit sonderlichen Schwierigkeiten verbunden, besonders, wenn er sich nach einer reinen 100%igen Ware des Handels richtet, denn durch reines Jonon ist ihm doch eine unbedingt einwandfreie Grundlage geboten, auf der er Versuche jedweder Art machen kann.

Ein Übelstand hat sich durch die reichliche Verwendung von Jonon herausgebildet. Dem großen Publikum ist der wirkliche Veilchengeruch verlorengegangen und gar viele halten ein wirklich feines Veilchenodeur für minderwertig, weil es nicht so sehr und plötzlich auf die Geruchsnerven fällt, wie die Jononpräparate.

Es wird wohl schon einem jeden Parfumeur aufgefallen sein, daß frisch gepflückte, aufgeblühte Veilchen, welche prachtvoll duften, mitunter geruchlos scheinen, während nach kurzen Pausen diese wieder ihren prachtvollen Duft ausströmen; ganz dasselbe findet sonderbarerweise beim Jonon statt; es scheint einem manchmal bei den feinen damit hergestellten Veilchenodeurs, als wenn sie vollständig geruchlos seien, während sie nach kurzer Zeit wieder herrlich duften, besonders in der Verdünnung. Diese Erscheinung beruht jedoch nur auf subjektivem Empfinden. Sie wird durch die zeitweilige Abstumpfung der Geruchsnerven gegen den Veilchengeruch beim längeren Arbeiten mit Jonon hervorgerufen. Geht der Betreffende in solchem Falle eine kurze Zeit an die frische Luft und probiert dann im Freien dasselbe Präparat, welches ihm zuvor geruchlos erschien, so wird er sofort wieder den ursprünglichen feinen Veilchengeruch wahrnehmen.

Gerade über Veilchenodeurs, die mit Jonon hergestellt sind, hört man des öfteren die widersprechendsten Urteile. Es kommt eben hauptsächlich darauf an, daß der volle Veilchenduft erst in der richtigen Verdünnung hervortritt. Leicht ist es auf keinen Fall, ein schönes Veilchenparfum herzustellen; es ist vollständig ausgeschlossen, nur durch Verdünnung des Jonons ein feines Extrait zu bereiten. Dieses würde nicht den charakteristischen köstlichen Duft zeigen wie ein korrekt fabriziertes Veilchenodeur; es bedarf zu dessen voller Entfaltung verständnisvoller Arbeit, durch welche man aber dann auch ein Fabrikat erzielen kann, welches allen gerechten Ansprüchen genügt.

Neue Veilchenriechstoffe mit besonderer Nuance stellen die Methyljonone dar. Das Produkt vermittelt einen feinen, ungemein anhaltenden Veilchenduft, der auch an Natürlichkeit kaum mehr etwas zu wünschen übrig läßt. Wie gesagt, lassen sich mit ihm feine und auch einfachere sehr vornehm duftende Präparate herstellen. Das Veilchenaroma bringt es voll zum Ausdruck und die angestellten Versuche haben die weiteste Verwendbarkeit dargetan. Nicht nur für Taschentuchparfums, auch für feine Veilchenseifen wird das Methyljonon mit besten Erfolg verwendet, denn seine Nuance ist eine wirklich eigenartig natürliche. In Verbindung mit feinen Irispräparaten und ganz kleinen Zutaten von Violette Feuilles erzielt man neue originelle Abwechslungen in der Reihe der Veilchendüfte.

Man kann mit Jonon und Methyljonon ebensogut billige Parfums wie ganz feine Produkte herstellen und auch bei der Parfumierung feiner Haaröle leistet es gute Dienste. In feinen Toiletteseifen ist es in Verbindung mit Bergamottöl, gutem Canangaöl und etwas Ambrettemoschus als sehr brauchbar befunden worden und ergibt mit einem leichten Stich von Amylsalicylat eine ganz aparte Neuheit in Blumenseifen.

Es steht dabei nichts im Wege, Methyljonon mit Jonon zusammen zu verarbeiten, welches es noch verstärken hilft, so daß es oftmals mit diesem feinen Produkte in einer Vorschrift erscheinen wird. Bei der Komposition recht vollblumiger Buketts ist es sehr zu empfehlen, da es nicht nur abrundend auf die übrigen Zusätze wirkt, sondern auch ein wenig als eigene Marke hervortritt, ohne jedoch aufdringlich zu werden. Es scheint dazu ausersehen, den Kompositionen eine neue, feine Nuance zu geben, wodurch die Mannigfaltigkeit seiner Verwendungsmöglichkeit besonders betont wird. Methyljonon wird daher auch sehr viel zu Phantasieparfums verwendet. In der Tat, ist Methyljonon heute einer der häufigst gebrauchten Riechstoffe auch zur Herstellung von Phantasiebuketts aller Art geworden.

Alle die kleinen Zutaten, welche den einzelnen Parfums die besonders Cachet verleihen, sind gar oft in Produkten zu suchen, welche an sich ausgesprochene Gerüche repräsentieren, und hiezu kann man auch das Methyljonon rechnen. Es bringt wieder eine neue Abwechslung in die Reihe der bekannten Veilchenkompositionen wie auch der vielen andern Parfums, zu deren erfolgreicher Neuanlegung es vorteilhaft verwendet werden kann, und es dürfte eben gerade in der neuen Modulation der Erfolg des Artikels zu suchen sein.

Natürlich bringen auch alle die übrigen Riechstoffabriken Jononpräparate unter verschiedener Bezeichnung, wie Viodoron, Irisone, Irisolette, Violodor u. a. m. Sie stellen in der Mehrzahl sehr brauchbare Erzeugnisse dar und es muß dem Parfumeur überlassen bleiben, das, was ihm am geeignetsten dünkt, anzuwenden.

Frühlingsveilchen

Infusion Veilchen	6000 g
Infusion Rose	2000 g
Infusion Jasmin	750 g
Infusion Cassie	250 g
Cumarin	2 g
Benzoetinktur	50 g
Moschustinktur	50 g
Rosenöl, künstl.	2 g
Vanillin	2 g
Jonon	40 g

Gebirgsveilchen

Infusion Veilchen	4000 g
Violette Feuilles concret	2 g
Infusion Cassie	500 g
Infusion Jasmin	1000 g
Moschustinktur	50 g
Ylang-Ylangöl	20 g
Raldéine A., *L. G.*	30 g
Alkohol	1000 g

Extrait d'odeur aux Violettes des Bois (Waldveilchenduft)

Alkohol	5000 g
Vanillin	0,5 g
Irisöl, konkret	5 g
Moschus, künstl.	10 g
Methyljonon	250 g
Violettes Feuilles concret	1 g
Infusion Jasmin	500 g
Infusion Violette	1000 g
Bergamottöl	40 g
Orangenblütenwasser	1000 g

Parfum Vraie Violette

Infusion Violette	3500 g
Infusion Cassie	1000 g
Infusion Rose	1000 g
Infusion Capucines	500 g
Moschustinktur	100 g
Irisöl, konkret	10 g
Jonon	140 g
Violettes Feuilles concret	2 g

Märzveilchen

Infusion Veilchen	5000 g
Violette Feuilles concret	2 g
Infusion Jasmin	1000 g
Infusion Rose	1000 g
Cumarin	2 g
Benzoetinktur	100 g
Iristinktur	100 g
Neu-Veilchen, *H. & R.*	20 g
Ylang-Ylangöl, *Sartorius*	10 g
Bittermandelöl	0,5 g

Violettes de Vence

Infusion Violette	6000 g
Infusion Tuberose	2000 g
Infusion Cassie	1000 g
Benzoetinktur	300 g
Ambrettemoschus	5 g
Veilchenblütenöl, *Heiko*	150 g
Costuswurzelöl	2 g

Waldveilchen

Infusion Violette	5000 g
Eichenmoostinktur	2000 g
Infusion Rose	1000 g
Cumarin	2 g
Ambrettemoschus	5 g
Violettes Feuilles concret	2 g
Centarom-Violette, *Agfa*	160 g
Ylang-Ylangöl	10 g
Jonon	10 g

Violette de Séville

Alkohol	8000 g
Irisöl, konkret	15 g
Irisine extra, *Fl.*	100 g
Canangaöl	10 g
Ambrettemoschus	6 g
Benzoetinktur	400 g
Rose alpine, *T. M.*	10 g
Vanillin	10 g
Portugalöl, tsf.	2 g
Violette Feuilles	3 g
Wasser, dest.	2000 g

Alle diese Veilchenextraits färbt man etwas grünlich, soweit sie für den deutschen Markt bestimmt sind. Will man sie exportieren, dann dürfte es ratsam sein, sie gelblich zu tönen, da in vielen überseeischen Ländern die grüne Farbe bei den Taschentuchparfums nicht beliebt ist.

Nizzaveilchen

Infusion Jasmin	3000 g	Irisöl, konkret	30 g
Infusion Cassie	1500 g	Moschustinktur	500 g
Infusion Rose	1500 g	Vanillin	10 g
Infusion Veilchen	4000 g	Jonon	200 g
Geraniumöl, französisch	30 g	Alkohol	20000 g

Russisches Veilchen

Infusion Veilchen	5000 g	Ylang-Ylangöl, *Sartorius*	10 g
Infusion Rose	1000 g	Irisöl, konkret	5 g
Infusion Orange	500 g	Jonon	35 g
Infusion Jasmin	2000 g		

Veilchen San Remo

Infusion Jasmin	1000 g	Vanillin	2 g
Infusion Rose	1000 g	Solution Iris (1 : 1000)	1000 g
Infusion Cassie	1000 g	Jonon	200 g
Infusion Veilchen	2500 g	Moschustinktur	100 g
Violette Feuilles concret	2 g	Iristinktur	2600 g
Iralia, *N. & C.*	20 g	Ylang-Ylangöl, künstl.	20 g

Vera Violetta (Name geschützt)

Infusion Veilchen	4500 g	Iris, konkret	10 g
Infusion Rose, *S. & C.*	1000 g	Moschustinktur	15 g
Infusion Cassie	1000 g	Rosenholzöl	5 g
Infusion Jasmin	1000 g	Viodoron, *Heiko*	50 g
Infusion Orange	500 g		

Violette blanche

Infusion Jasmin .... 5000 g
Iristinktur .... 2000 g
Violette Feuilles concret ... 2 g
Neu-Veilchen, *H. & R.* .... 40 g
Cumarin .... 10 g
Irisöl, konkret .... 10 g
Zibettinktur .... 50 g
Bourbonal, *H. & R.* ...... 5 g

Violette de Parme

Infusion Veilchen .... 4000 g
Violette Feuilles concret ... 2 g
Infusion Rose .... 1000 g
Infusion Jasmin .... 500 g
Infusion Orange .... 1000 g
Iristinktur .... 2000 g
Moschustinktur .... 20 g
Ylang-Ylangöl, künstl. .... 12 g
Novoviolon, *Sch. & C.* .... 40 g

Violette du Tsar

Violette Feuilles concret ... 1,5 g
Infusion Veilchen .... 2000 g
Infusion Cassie .... 1000 g
Infusion Jasmin .... 1500 g
Infusion Rose .... 1000 g
Jonarol, *H. & R.* .... 150 g
Vanillin .... 5 g
Irisöl, konkret .... 30 g
Moschustinktur .... 100 g

Violiris (Name geschützt)

Infusion Veilchen .... 4500 g
Infusion Rose .... 1000 g
Infusion Cassie .... 1400 g
Infusion Jasmin .... 800 g
Infusion Orange .... 300 g
Jonon .... 60 g
Irisöl, konkret .... 40 g
Heiko-Rose .... 10 g
Moschustinktur .... 60 g
Ylang-Ylangöl .... 5 g

Waldveilchen

Infusion Veilchen .... 2500 g
Infusion Jasmin .... 200 g
Infusion Rose .... 200 g
Infusion Cassie .... 200 g
Moschustinktur .... 10 g
Benzoetinktur .... 50 g
Rosenöl, künstl. *Fl.* ...... 3 g
Ylang-Ylangöl, künstl. .... 3 g
Irisolette, *T. M.* .... 20 g

Waldveilchen

(Ohne wirklichen Veilchenauszug
hergestellt und doch nach Veilchen
lieblich duftend)

Infusion Cassie .... 3000 g
Infusion Iris .... 5500 g
Infusion Rose .... 2000 g
Infusion Tuberose .... 2500 g
Bittermandelöl .... 0,5 g

Weißes Veilchen

Infusion Veilchen .... 5000 g
Alkohol .... 2500 g
Tinktur Rose .... 1000 g
Tinktur Orange .... 500 g
Tinktur Jasmin .... 1000 g
Ylang-Ylangöl, künstl. .... 15 g
Irisöl, konkret .... 10 g
Jonon .... 10 g
Benzoetinktur .... 200 g

Veilchenodeur Nr. I

Infusion Veilchen .... 5000 g
Infusion Rose .... 1000 g
Infusion Jasmin .... 1000 g
Infusion Orange .... 300 g
Infusion Irisöl, konkret .. 30 g
Moschustinktur .... 50 g
Ylang-Ylangöl, künstl. .... 10 g
Benzoetinktur .... 200 g

Veilchenodeur Nr. II

Infusion Veilchen .... 6000 g
Infusion Cassie .... 1000 g
Vanillin .... 10 g
Benzoetinktur .... 100 g
Moschus, Keton .... 5 g
Iristinktur .... 3000 g

Veilchenodeur Nr. III

Veilchenwurzeltinktur .... 1000 g
Infusion Jasmin .... 50 g
Infusion Reseda .... 50 g
Infusion Cassie .... 100 g
Rosenwasser .... 100 g
Alkohol .... 150 g
Jonon .... 3 g
Linalool .... 5 g
Methyljonon .... 1 g
Moschustinktur .... 15 g
Zibettinktur .... 10 g

Nachstehend noch einige moderne Vorschriften:

Violettes de Provence

Ess. Violette liq. A	95 g	Guajakholzöl	25 g
Heiko-Veilchen	225 g	Ylang-Ylangöl, Manila	5 g
Vert de Violette art.	10 g	Anisaldehyd	10 g
Ambra W., *Sch. & C.*	6 g	Heliotropin	15 g
Methyljonon	25 g	Benzoetinktur	250 g
Irisöl, konkret	12 g	Iristinktur	1500 g
Ketonmoschus	5 g	Alkohol	3000 g

Für moderne Veilchenextraits sind auch die künstlichen Grüngerüche nach Art des Krautgeruchs der Veilchenblätter sehr interessant, wie sie z. B. durch Heptin- und Octin-Carbonsäureester wiedergegeben werden.

Violette Victoria

Violette liq. (A)	90 g	Lavendelöl	0,5 g
Essenz-Veilchen comp.	215 g	Rosenöl, bulgar.	1,5 g
Vert liq. I. Mü	10 g	Jasmin, künstl.	1,2 g
Grisambren Naef	10 g	Anisaldehyd	4 g
Iraldein *H. & R.*	30 g	Rose liq. (A)	4 g
Irisöl, konkret	12 g	Jasmin liq. (A)	1,5 g
Guajakholzöl	25 g	Ketonmoschuslösung	50 g
Bergamottöl	5 g	Iristinktur	1500 ccm
Citronenöl	0,5 g	Ambratinktur	50 ccm
Neroliöl	1 g	Alkohol	4600 ccm
Linalool	0,3 g	Wasser	400 ccm

Violette vera

Essenz-Veilchen comp.	100 g	Ylang-Ylang, Manila	7 g
Violette liq. (A)	50 g	Anisaldehyd	3 g
Bergamottöl	3 g	Ketonmoschuslösung	20 g
Rose rouge, künstl.	7 g	Guajakholzöl	15 g
Cassie liq. (A)	5 g	Irisöl, konkret	8 g
Jasmin, künstl.	10 g	Iristinktur	500 ccm
Heiko-Maiglöckchen	13 g	Alkohol	3700 ccm
Iraldein, *H. & R.*	40 g	Wasser	300 ccm
Heiko-Viofolia	2 g		

Ein künstliches Veilchenblütenöl, kann man nach folgender Vorschrift herstellen:

Jonon, 100%	35 g	Viol. liq. (A)	5 g
Irisöl, konkret	3 g	Cassie liq. (A)	0,5 g
Heliotropin	4 g	Methylheptincarbonat	0,5 g
Anisaldehyd	1 g	Bergamottöl	0,2 g
Iridolin (Flora)	10 g		

Extra starke Taschentuchparfums.

Daß sich die völlig konzentrierten Essenzen ohne Alkohol als Taschentuchparfums im Gebrauch nicht für immer halten werden, das haben viele Parfumeure vorausgesagt und die Marktlage dieses Artikels beweist, daß sie vollkommen recht gehabt haben. Hat auch das Publikum für den Augenblick an den stark konzentrierten Blütendüften Gefallen gefunden, so hat doch der lange und immerwährend gleiche Duft schnell ermüdet. Der Geruchssinn der wenigsten Leute ist darauf eingestellt, wochenlang immer den gleichen Duft ertragen zu können. Man wünscht eine Abwechslung auch für dieses Empfinden, doch die einmal mit den konzentrierten Blütendüften betupften Taschentücher oder Kleidungsstücke riechen für viele Wochen nach diesem, wenn auch vorzüglichem Duft. Dann aber auch haben diese Blütendüfte, besonders die billigeren Sorten, die unangenehme Beigabe, daß sie an den Verwendungsstellen des öfteren häßliche Flecken hervorrufen, die nicht wieder wegzubringen sind, wozu noch kommt, daß nach dem Verriechen des wirklichen Blumenduftes der Geruch manchen Verdünnungsmittels unangenehm zur Geltung kommt, was den meisten Leuten stark auf die Nerven fällt.

Durch die starken Gerüche ist aber anderseits der Geruchssinn des Publikums verbildet worden, indem nur der wirklich starke Duft jetzt noch Eindruck macht, und es wird einiger Zeit bedürfen, bis das Geruchsempfinden wieder zu einem normalen geworden ist. Hier eine Übergangsstufe zu bilden, sind die jetzt so viel verlangten „extra starken Taschentuchparfume" berufen, um so dem zeitgemäßen Wunsch des Publikums nach stark riechenden Parfums, die aber die vorher genannten Mißstände nicht aufweisen, entsprechen zu können. Man hat also in den extrastarken Taschentuchparfums ein Zwischending geschaffen zwischen den bekannten alten Triple-Extraits und den konzentrierten Blütendüften, indem man diese letzteren mit präpariertem Alkohol verschnitten hat, wodurch man erreicht, daß die Parfums immerhin noch außerordentlich stark sind, dabei aber keine Flecken hinterlassen und auch keinen unangenehmen Nachgeruch bringen, ebenso auch nur eine bedingte Zeit wahrnehmbar sind. Auch diese Erzeugnisse werden in kleinen Fläschchen mit Glasstift in den Handel gebracht und im übrigen so ausgestattet wie die konzentrierten Blütendüfte ohne Alkohol. Es hat sich denn auch in der Tat herausgestellt, daß ihre Verwendung wesentlich angenehmer ist, und die Nachfrage nach diesen Essenzen mit Alkohol ist eine recht große geworden.

Die Herstellung der extrastarken Taschentuchparfums wäre nun nach dem Gesagten eigentlich eine recht einfache; man hätte nur die konzentrierten Blütendüfte mit etwas Aklohol zu verdünnen, um bereits den gewünschten Effekt zu erreichen. Je nach Wunsch wäre nur ein Viertel oder ein Drittel 95%igen Alkohols zuzugeben. Man tut aber doch immerhin gut, die Zusammensetzung der Grundmischung etwas zu verändern, besonders mit Rücksicht auf die Menge des in den konzentrierten Blütentropfen angewendeten Fixateurs oder Verdünnungsmittels, welches in diesem Falle doch wesentlich beschränkt oder ganz weggelassen werden kann. Man kann von diesen Präparaten weniger zusetzen, dafür von den wirklich riechenden Stoffen etwas mehr nehmen, da der Preis, den man für diese extrastarken Taschentuchparfums erhält, doch annähernd der gleiche ist wie für die konzentrierten Blütentropfen.

Die einzelnen Parfums setzt man dann etwa wie folgt zusammen:

Akazie

Akazienblütenöl, künstl. .. 1000 g
Ambrettemoschus .... 50 g
Terpineol .... 1000 g
Heliotropin .... 2000 g
Zibettinktur .... 60 g
Methylanthranilat .... 25 g
Jasmin, künstl. .... 80 g
Ambra, *A. Ama* .... 20 g
Alkohol .... 4000 g

Chêne Royal

Eichenmoos, Resinoid lösl. 500 g
Heliotropin .... 100 g
Rote Rose, *Sch. & C.* ...... 110 g
Cumarin .... 150 g
Ambratinktur .... 30 g
Irisöl, konkret .... 20 g
Sandelöl, ostindisch ...... 20 g
Rosenöl, echt .... 5 g
Bergamottöl .... 50 g
Alkohol .... 3500 g

Cyclamen

Cyclamenblütenöl, *N. & C.* 1000 g
Terpineol .... 1000 g
Ambrettmoschus .... 60 g
Heliotropin .... 150 g
Iris, konkret .... 30 g
Amylsalicylat .... 30 g
Hydroxycitronellal .... 50 g
Alkohol .... 5000 g

Cyclamen des Alpes

Kosmoflor-Cyclamen des
  Alpes 3198 .... 1000 g
Ambrettemoschus .... 50 g
Heliotropin .... 75 g
Amylsalicylat .... 15 g
Alkohol .... 4000 g

Eau de Cologne

Eau de Cologneöl .... 1000 g
Alkohol .... 1500 g
Ambra W., *Sch. & C.* .... 30 g

Flieder

Fliederblütenöl Nr. 830,
  H. & C. .... 2000 g
Aubépine liq. .... 100 g
Heliotropin .... 50 g
Vanillin .... 20 g
Ambrettemoschus .... 25 g
Alkohol .... 3000 g

Gartennelke

Gartennelkenöl, *S. & C.* .. 3000 g
Rose alpine, *T. M.* .... 240 g
Heliotropin extra .... 60 g
Solution Irisöl, konkret 1 % 200 g
Ambrettemoschus .... 30 g
Alkohol .... 3000 g

Oeillet Pourpre

Kosmoflor-Purpurnelke,
  Sch. & C. .... 2500 g
Rosenöl, künstl. .... 200 g
Nelkenöl .... 25 g
Vanillin .... 25 g
Tolutinktur .... 150 g
Ambrettemoschus .... 30 g
Alkohol .... 3000 g

Heliotrop

Heliotrop-Centarom, *Agfa* . 1000 g
Vanillin extra .... 25 g
Heliotropin extra .... 120 g
Ambra, *A. Ama* .... 25 g
Alkohol .... 2500 g

Hyazinthe

Hyazinthenblütenöl, *Heiko* . 1000 g
Rose, *Schimmel* .... 200 g
Heliotropin .... 100 g
Ambra W., *Sch. & C.* .... 25 g
Ambrettemoschus .... 30 g

Jasmin

Jasmin blanc, *L. F.* ...... 1000 g
Rote Rose, *H. & C.* ...... 80 g
Heliotropin extra .... 75 g
Ambrettemoschus .... 20 g
Alkohol .... 3000 g

Maiglöckchen

Maiglöckchenblütenöl,
  H. & R. .... 1000 g
Vanillin .... 20 g
Heliotropin .... 30 g
Ambra extra, *Ama* .... 20 g
Ketonmoschus .... 10 g
Alkohol .... 3500 g

Narzisse

Narzissenblütenöl, *S. & C.* .. 1000 g
Heliotropin .... 50 g
Irisöl, künstl. .... 10 g
Ambra, *A. Ama* .... 10 g
Alkohol .... 1200 g

Paquerette

Paquerette, *N. & C.*	1000 g
Heliotropin	70 g
Ambra W., *Sch. & C.*	20 g
Vanillin extra	12 g
Ketonmoschus	15 g
Alkohol	3000 g

Rose

Rose alpine, *T. M.*	1000 g
Vanillin	20 g
Ambrettmoschus	15 g
Ambra W., *Sch. & C.*	20 g
Alkohol	3000 g

Pêche

Pêche, *N. & C.*	1000 g
Ketonmoschus	25 g
Heliotropin	30 g
Ambra, *A. Ama*	10 g
Rose, *Sch. & C.*	100 g
Alkohol	3000 g

Trèfle incarnat

Rotklee 922a, *Sch. & C.*	1000 g
Heliotropin	30 g
Vanillin extra	10 g
Ambra extra, *Ama*	15 g
Rosenöl, künstl., *Kape*	100 g
Alkohol	2000 g

Reseda

Nyo-Reseda, *T. M.*	1000 g
Heliotropin extra	70 g
Ambra extra, *Ama*	25 g
Ambrettemoschus	20 g
Rosenöl, künstl., *Sch. & C.*	100 g
Alkohol	3000 g

Veilchen

Heiko-Veilchen	1000 g
Irisöl, konkret	20 g
Heliotropin extra	30 g
Ketonmoschus, *Fl.*	15 g
Alkohol	4000 g

Wicke

Wickeblütenöl, künstl.	1000 g	Ketonmoschus	15 g
Vanillin	12 g	Alkohol	3000 g
Rose, *Schimmel*	80 g		

Auf diese Weise kann man die ganze Reihe der feinen Blütenöle heranziehen und prachtvolle Erzeugnisse schaffen, die viele Liebhaber finden werden.

Extraits doubles.

Da nun in der Praxis auch billigere Sorten wie Quadruples- oder Triples-Extraits gewünscht werden, die naturgemäß nicht so stark sein können, lassen wir hiefür bestimmte Vorschriften folgen.

Zunächst kann man sich damit helfen, daß man unter Zusatz von Alkohol und Wasser billigere Sorten herstellt, die zwar entsprechend weniger stark, jedoch ebenso fein im Geruch sind wie die Triples-Extraits. Die Verhältniszahlen sind die folgenden:

Extrait double

Extrait triple	6000 g
Alkohol	3500 g
Wasser	500 g

Extrait simple

Extrait triple	4000 g
Alkohol	4000 g
Wasser	2000 g

Hiernach erhält man feine, aber schwächere Odeurs im Dufte der vorhergegebenen Extraits triples. Hiemit ist aber nicht allen Parfumeuren gedient, denn das große Publikum, welches billig kaufen will, wünscht trotzdem starke Wohlgerüche, wenn sie auch nicht so fein sind. Es folgt daher eine Reihe von Vorschriften für einfachere Odeurs. Zu diesen könnten als Grundlage die Infusionen von Blumenpomaden genommen werden, allein gerade bei diesen einfacheren Odeurs bieten die künstlichen Riechstoffe aufs neue große Vorteile. Es ist dann nicht nötig, mit Infusionen zu arbeiten; man setzt die Riechstoffe direkt dem Alkohol zu. Die folgenden Vorschriften bewegen sich in allen Preislagen und bieten wohl so ziemlich alles in der Praxis Vorkommende.

Eßbouquet, double

Alkohol	6000 g
Irisöl, konkret	20 g
Bergamottöl	80 g
Zibettinktur	50 g
Rosenöl, künstl.	5 g
Ambrettmoschus	3 g
Jasminöl, künstl.	10 g
Cumarin	10 g
Aubépine, liq.	2 g
Geraniol	5 g
Wasser	1500 g

Flieder double

Terpineol	150 g
Heliotropin	7 g
Ylang-Ylangöl, künstl.	16 g
Jasmin, künstl.	15 g
Extrait Rose, double	750 g
Zibettinktur	10 g
Alkohol	3400 g

Héliotrope blanc, double

Alkohol	6000 g
Heliosol, C. M.	120 g
Vanillin	30 g
Jasmin, künstl.	8 g
Benzoetinktur	280 g
Moschustinktur	120 g
Wasser	3500 g

Hyazinthe, double

Alkohol	6000 g
Terpineol	40 g
Benzylacetat	5 g
Hyazinthin	30 g
Heliotropin	30 g
Wasser	1500 g

Maiglöckchen, double

Alkohol	6000 g
Ylang-Ylangöl, künstl. *Sch. & C.*	10 g
Neroliöl, künstl.	3 g
Terpineol	30 g
Maiglöckchenblütenöl, *H. & R.*	20 g
Linaloeöl	50 g
Heliotropin	40 g
Jasmin, künstl., *Heiko*	25 g
Moschustinktur	100 g
Benzoetinktur	300 g
Wasser	3500 g

Moschus, double

Ketonmoschus	35 g
Zibet, künstl.	5 g
Linalool	5 g
Patchuliöl	5 g
Geraniol	3 g
Tolutinktur	100 g
Wasser	1500 g
Alkohol	7500 g

New mown Hay, double

Geraniumöl, spanisch	12 g	Jasmin, künstl.	15 g
Rosenöl, künstl., *Sch. & C.*	3 g	Moschustinktur	50 g
Cumarin	60 g	Anisaldehyd	4 g
Vanillin	2 g	Alkohol	5000 g
Neroli, künstl.	25 g	Tonkatinktur	500 g
Rose, künstl.	50 g		

Opoponax, double

Alkohol	6000 g	Geraniol	5 g
Irisöl liq.	50 g	Isoeugenol	10 g
Bergamottöl	25 g	Vanillin	40 g
Rosenöl, künstl., *Heiko*	5 g	Portugalöl	20 g
Zibettinktur	50 g	Opopenaxöl	75 g
Benzoetinktur	30 g	Wasser	1500 g

Patchuli, double

Alkohol	6000 g	Storaxtinktur	100 g
Patchuliöl	30 g	Zibettinktur	100 g
Vetiveröl	5 g	Wasser	1500 g
Geraniumöl	15 g		

Rose, double

Alkohol	6000 g	Linaloeöl	5 g
Rose alpine, *T. M.*	25 g	Benzoetinktur	100 g
Patchuliöl	3 g	Wasser	1500 g
Bergamottöl	10 g		

Veilchen, double

Alkohol	6000 g	Benzoetinktur	250 g
Violette Feuilles concret	2 g	Ylang-Ylangöl, künstl.	10 g
Jonon	8 g	Moschustinktur	100 g
Jasmin, künstl.	10 g	Wasser	3600 g

Waldveilchen, double

Infusion Cassie	1000 g
Infusion Veilchen	1500 g
Infusion Jasmin	1000 g
Violette Feuilles concret	3 g
Geraniumöl Réunion	20 g
Jonon	20 g
Vanillin	20 g
Ambrettemoschus	200 g
Iristinktur	3000 g
Alkohol	3100 g

Ylang-Ylang, double

Ylang-Ylangöl, künstl., *Sch. & C.*	40 g
Canangaöl (Java)	30 g
Vanillin	2 g
Neroliöl, künstl., *Sch. & C.*	10 g
Infusion Rose	500 g
Infusion Jasmin	500 g
Zibettinktur	150 g
Rosenöl, künstl.	15 g
Alkohol	4000 g

Extraits III oder simples sowie Extraits de senteur.

Auch für diese Extraits ist es von sehr großem Vorteil, wenn sie längere Zeit lagern können, was hier nochmals bemerkt sei.

Eß-Bouquet

Alkohol, 90%ig	5000 g	Rosmarinöl	4 g
Bergamottöl,	35 g	Zimtöl	4 g
Lavendelöl	4 g	Cedernholzöl	4 g
Nelkenöl	4 g	Rosenöl, künstl.	2 g
Citral	10 g	Cardamomöl	1 g
Neroliöl, künstl.	4 g	Moschustinktur	10 g

Flieder, senteur

Terpineol	150 g	Citronenöl	5 g
Heliotropin	10 g	Bergamottöl	5 g
Canangaöl, Java	8 g	Ambrettemoschus	15 g
Cumarin	1 g	Storaxtinktur	200 g
Jasmin, künstl.	20 g	Alkohol	3250 g
Rose, künstl.	20 g	Dest. Wasser	500 g

Flieder, simple

Terpineol	100 g
Heliotropin	15 g
Canangaöl, Java	20 g
Jasmin, künstl.	25 g
Rosenöl, künstl.	15 g
Ambrettemoschus	15 g
Alkohol	3500 g

Heliotrop, senteur

Heliotropin	15 g
Cumarin	3 g
Vanillin	1 g
Perubalsam	30 g
Rose, künstl.	15 g
Bittermandelöl	5 g
Jasmin, künstl.	20 g
Tuberose, künstl.	10 g
Portugalöl	2 g
Zibettinktur	50 g
Alkohol	5000 g

Heliotrop, simple

Heliotropin	25 g
Cumarin	5 g
Vanillin	0,5 g
Jasmin, künstl.	20 g
Rose, künstl.	20 g
Neroli, künstl.	15 g
Bittermandelöl	5 g
Tuberose, künstl.	8 g
Tinktur Zibet	60 g
Alkohol	5000 g

Hyazinthe

Hyazinthin	3 g
Jasmin, künstl.	2 g
Ylang-Ylangöl, künstl.	0,5 g
Neroliöl, künstl.	0,5 g
Geraniumöl	1 g
Orangenöl, süß	2 g
Patchuliextrait, triple	5 g
Alkohol (80%)	1000 g

Jasmin

Jasmin, künstl.	60 g
Neroliöl, künstl.	10 g
Alkohol (80%)	1000 g

Maiblume

Linalool	6 g
Neroliöl, künstl.	0,5 g
Tolutinktur	4 g
Jasmin, künstl.	2 g
Moschustinktur	3 g
Alkohol (80%)	1000 g

Maiglöckchen, senteur

Linaloeöl	100 g
Infusion Cassie	500 g
Infusion Orange	500 g
Infusion Jasmin	500 g
Vanillin	0,5 g
Ylang-Ylangöl	20 g
Hydroxycitronellal	25 g
Alkohol	1000 g
Wasser	300 g

Moschus, simple

Ambrettemoschus	25 g
Ketonmoschus	5 g
Tolutinktur	500 g
Geraniumöl, künstl.	15 g
Rosenöl, künstl.	20 g
Bergamottöl,	40 g
Alkohol	6000 g

Moschus, senteur

Ambrettemoschus	35 g
Xylolmoschus	10 g
Tolutinktur	500 g
Geraniumöl, künstl.,	10 g
Bergamottöl, künstl.	30 g
Rosenöl, künstl.	10 g
Alkohol	4000 g
Rosenwasser	500 g

New mown Hay, simple

Cumarin	60 g
Geraniumöl, spanisch	20 g
Vanillin	1 g
Infusion Orange	400 g
Infusion Rose	600 g
Infusion Jasmin	200 g
Moschustinktur	20 g
Patchuliöl	5 g
Anisaldehyd	5 g
Alkohol	2500 g
Orangenblütenwasser	500 g
Tonkatinktur	300 g

New mown Hay, senteur

Cumarin	80 g
Geraniumöl, spanisch	10 g
Infusion Orange	200 g
Infusion Rose	300 g
Infusion Jasmin	100 g
Moschustinktur	10 g
Patchuliöl	10 g
Anisaldehyd	5 g
Alkohol	4000 g
Rosenwasser	500 g
Tonkatinktur	500 g

Opoponax

Alkohol, 90%ig	5000 g
Lemongrasöl	90 g
Opopenaxöl	30 g
Geraniol	24 g
Nelkenöl	12 g
Neroliöl, künstl.	2 g
Rosenwasser	1500 g

Opoponax, senteur

Infusion Jasmin	1000 g
Opoponaxöl	50 g
Benzoesäure-Methylester ..	5 g
Storaxtinktur	150 g
Tolutinktur	150 g
Iristinktur	400 g
Alkohol	3500 g

Patchuli, simple

Patchuliöl	20 g
Geraniumöl, künstl.	35 g
Sandelholzöl, ostindisch ...	30 g
Cumarin	15 g
Storaxtinktur	200 g
Ketonmoschus	15 g
Zibettinktur	150 g
Alkohol	3000 g
Dest. Wasser	500 g

Patchuli, senteur

Cumarin	20 g
Patchuliöl	50 g
Geraniumöl, künstl., *L. F.* .	20 g
Alkohol	4000 g
Xylolmoschus	8 g
Dest. Wasser	500 g

Reseda

Geraniol	2 g
Neroliöl, künstl.	2 g
Jasmin, künstl.	2 g
Tolutinktur	20 g
Pomeranzenöl, süß	1 g
Alkohol (80%)	1000 g

Rose

Alkohol, 90%ig	4000 g
Dest. Wasser	2000 g
Bergamottöl, künstl.	10 g
Geraniumöl	50 g
Rosenöl, künstl.	150 g
Sandelholzöl, ostindisch ...	2 g
Rosenöl, echt	5 g

Veilchen

Heiko-Veilchen	75 g
Infusion Veilchen	3000 g
Infusion Rose	2000 g
Cumarin	3 g
Irisöl, künstl.	15 g
Viodoron	15 g
Benzoetinktur	50 g
Moschustinktur	50 g
Wasser	1000 g
Alkohol	4000 g

Grünlich färben.

Violette San Remo, simple

Infusion Cassie	500 g
Infusion Veilchen	1000 g
Infusion Jasmin	500 g
Infusion Rose	500 g
Geraniumöl, Réunion	50 g
Bergamottöl	50 g
Jonon	10 g
Vanillin	5 g
Ambrettemoschus	15 g
Iristinktur	4000 g
Alkohol	2800 g

Mit Chlorophylltinktur färben.

Ylang-Ylang

Alkohol, 90%ig	3000 g
Bergamottöl	50 g
Ylang-Ylangöl, künstl.	30 g
Iristinktur	500 g
Moschustinktur	10 g
Linaloeöl	15 g
Hyazinthin	3 g

Ylang-Ylang, senteur

Canangaöl, Java	40 g
Ylang-Ylangöl, künstl.	3 g
Neroliöl, künstl.	5 g
Jasmin, künstl.	20 g
Ambrett Moschus	30 g
Moschustinktur	10 g
Alkohol	5000 g

Ylang-Ylang, simple

Canangaöl, Java	40 g
Ylang-Ylangöl, künstl.	20 g
Linalool	15 g
Neroliöl, künstl.	5 g
Geraniumöl,	15 g
Jasmin, künstl.	30 g
Zibettinktur	200 g
Alkohol	5000 g
Destilliertes Wasser	500 g

Exportextraits.

Zur Herstellung der billigen Odeurs für den Export bedient man sich in der Regel einer Grundkomposition von ätherischen Ölen, künstlichen Riechstoffen und Harzlösungen, die dann mit Alkohol und Wasser verschnitten wird. Man erreicht hiemit eine Mischung von kräftigem Geruch und großer Haltbarkeit, zudem ist auch die Arbeit viel einfacher, da eventuell verschiedene Stärken angefertigt werden können.

Grundlagen für Exportextraits.

Bergamotte

Alkohol	10000 g
Benzoetinktur	600 g
Storaxtinktur	100 g
Zibettinktur	100 g
Iristinktur	500 g
Bergamottöl	400 g
Moschustinktur	100 g

Bouquet de Java

Alkohol	22000 g
Geraniumöl	80 g
Verbenaöl	200 g
Eugenol	50 g
Perubalsam	50 g
Labdanumtinktur	100 g
Bergamottöl,	130 g
Citral	10 g
Portugalöl	100 g
Moschustinktur	150 g
Infusion Jasmin	2000 g

Chypre

Alkohol	10000 g
Tinktur Tolubalsam	300 g
Tinktur Perubalsam	300 g
Tinktur Storax	300 g
Tinktur Moschus	100 g
Irisöl, künstl.	10 g
Vetiveröl	5 g
Wintergrünöl	5 g
Sandelöl, ostindisch	70 g
Cumarin	50 g
Bergamottöl	100 g
Resinoid Eichenmoos	40 g
Citronenöl	100 g
Benzylacetat	5 g
Geraniumöl	50 g
Lavendelöl	20 g
Patchuliöl	15 g
Cedernholzöl	30 g

Colonial-Bouquet

Alkohol	10000 g
Tolutinktur	300 g
Benzoetinktur	250 g
Storaxtinktur	250 g
Cumarin	40 g
Zibettinktur	100 g
Moschustinktur	100 g
Sandelholzöl, ostindisch	20 g
Linalool	30 g
Bergamottöl	150 g
Citral	7 g
Irisöl, künstl.	15 g
Eugenol	5 g
Citronenöl	50 g
Xylolmoschus	10 g

Fleurs d'Afrique

Alkohol	22000 g
Lavendelöl	375 g
Eugenol	90 g
Bergamottöl	100 g
Linalylacetat	40 g
Geraniol	75 g
Benzoetinktur	400 g
Ambrettemoschus	10 g

Fleurs des Indes

Alkohol	22000 g
Geraniumöl	250 g
Eugenol	40 g
Bergamottöl	180 g
Linalool	100 g
Vetiveröl	80 g
Cumarin	60 g
Heliotropin	40 g
Sandelöl, ostindisch	60 g
Ambrettemoschus	30 g
Patchuliöl	25

Rose

Alkohol	10 000 g
Eugenol	30 g
Geraniumöl	350 g
Bergamottöl	50 g
Moschustinktur	100 g
Zibettinktur	100 g
Storaxtinktur	350 g
Tolutinktur	300 g
Iristinktur	600 g
Linalool	10 g

Flieder

Alkohol	10 000 g
Iristinktur	500 g
Storaxtinktur	300 g
Benzoetinktur	200 g
Moschustinktur	150 g
Heliotropin	60 g
Zibettinktur	50 g
Cumarin	40 g
Terpineol	250 g
Aubépine	8 g
Hydroxycitronellal	40 g

Gardenia

Alkohol	10 000 g
Tolutinktur	300 g
Benzoetinktur	250 g
Perutinktur	200 g
Moschustinktur	100 g
Zibettinktur	100 g
Bergamottöl	180 g
Citronellöl, Java	50 g
Citral	5 g
Neroliöl, künstl.	50 g
Sandelholzöl, ostindisch	25 g
Heliotropin	40 g

Heliotrop

Alkohol	10 000 g
Benzoetinktur	400 g
Moschustinktur	100 g
Bergamottöl,	180 g
Bittermandelöl	8 g
Terpineol	30 g
Heliotropin	80 g
Vanillin	30 g
Cumarin	15 g

Jedda-Bouquet

Alkohol	22 000 g
Geraniumöl	200 g
Linalylacetat	20 g
Sandelholzöl, ostindisch	10 g
Linaloeöl	50 g
Isosafrol	40 g
Ambrettemoschus	6 g
Vanillin	3 g
Cumarin	5 g
Wasser	11 000 g

Mousseline

Alkohol	10 000 g
Verbenaöl	180 g
Wintergrünöl	60 g
Cassiaöl	60 g
Eugenol	15 g
Linalylacetat	60 g
Portugalöl	20 g
Moschustinktur	100 g
Zibettinktur	100 g
Tolutinktur	250 g
Benzoetinktur	300 g
Bromelia	15 g
Patchuliöl	12 g
Vetiveröl	8 g
Xylolmoschus	15 g

Patchuli

Alkohol	10 000 g	Moschustinktur	200 g
Iristinktur	400 g	Zibettinktur	200 g
Storaxtinktur	300 g	Cumarin	60 g
Benzoetinktur	350 g	Patchuliöl	300 g
Rosenöl, künstl.	100 g		

Spezialparfumerien.

Häufig wird an den Parfumeur mit dem Ersuchen herangetreten, Spezialparfumerien herzustellen. Es kommt dieser Wunsch meistens von seiten wohlhabender Kreise, und zwar vor allem der vornehmen Damenwelt, die gern ein originelles Odeur ihr eigen nennen möchte.

Für die Erfüllung solcher besonderen Wünsche sind denn auch wesentlich höhere Preise zu erzielen, was an sich auch vollständig in der Ordnung ist, denn man glaube nur nicht, daß es so leicht sei, den verwöhnten Verbraucher zufrieden zu stellen. Das kostet viel Mühe und Arbeit, oft auch viel Verdruß.

Originelle und zugleich auch individuelle Parfums herzustellen, ist wohl eine der schwierigsten Aufgaben, die an den modernen Parfumeur herantreten. Originell allein kann ein Odeur schon leichter sein, aber auch zugleich individuell, so ganz und gar den Capricen einer schönen Frau angepaßt, ist eine Schwierigkeit, die gar mancher Parfumeur nicht zu überwinden imstande ist. Oft genug läßt man ihm auch nicht die nötige Zeit zu dieser an sich so subtilen Arbeit, oft auch ist er selbst zu nervös, um in aller Ruhe für den speziellen Fall Geeignetes zusammenzustellen.

Es seien daher hier nur wenige Winke gegeben für die Herstellung solcher Odeurs und für Vorschläge an die Verbraucher, welche diese Odeurs begehren.

Sehr geeignete Grundlagen sind Tuberose, Jasmin, Cassie und Orange. Diese kommen unter anderen Gerüchen und Riechstoffen doch immer wieder zur Geltung, ohne sich vollständig zu verraten. Sandel und Rose mit wenig Moschus gemischt geben einen sehr originellen Geruch und dürften manchen Ansprüchen genügen.

Sehr beliebt sind z. B. die auf einer Maiglöckchen- oder Fliedergrundlage aufgebauten Spezialparfums. In allen Schattierungen lassen sich diese herstellen. Nuancen, hervorgerufen durch die Zusätze von Rose, Ylang-Ylang, Moschus oder auch Moosinfusionen, finden stets viele Freunde. Namentlich Moospräparate sind sehr begehrt, ohne daß der Kunde gerade wüßte, was er in Wirklichkeit will. Es sei übrigens einem jeden Parfumeur gesagt, daß er seinen Kunden gegenüber nie eine Bemerkung über die Zusammensetzung seines Spezialparfums machen möge, will er sich die Leute zu Freunden halten und sich selbst vor vielem Ärger bewahren. Wer glaubt z. B. nicht alles, den Moschusgeruch verurteilen und nie an sich tragen zu müssen. Man lasse diese Leute ruhig bei ihrer Idee. Man streite auch niemals mit einem Kunden über den Geschmack, denn der ist immer Ansichtssache.

Sehr eigenartig wirken Lavendel und gute Rosen zusammen, gemischt in richtigem Verhältnis mit Vanille, Neroli und Moschus.

Als Fixierungsmittel sind neben feinem Moschus und Zibet sowie Ambra noch besonders die verschiedenen Resinoide zu empfehlen, die solche Odeurs wesentlich haltbarer machen und ihnen dabei einen ganz eigenartigen Charakter verleihen.

Der moderne Parfumeur bezeichnet diese Spezialparfumerien mit dem Namen

Phantasieextraits.

und sind diese in der heutigen Parfumerie absolut dominierend, d. h. die Vorliebe für Blütenextraits und andere definierte Buketts hat stark abgenommen.

Der moderne Verbraucher, besonders die mondäne Damenwelt,

sucht heute im Parfum viel kräftigere Effekte und vor allem das originelle
Cachet, das „Je ne sais quoi“ des eigenartigen Reizes, den raffiniert
zusammengesetzte Parfums auf die Nerven ausüben. Der moderne
Verbraucher bekennt sich auch nicht mehr zu dem harmlos-albernen
Versteckspiel und zu jener Prüderie vergangener Zeiten, er verlangt
von einem Parfum viel Raffinement und gewisse Sinnenreize, die mit
der Erotik eng verwandt sind.

Die unmittelbare Folge hievon war das gänzliche Verlassen der
anodinen Effekte und ein Anpassen an den Geschmack der Epoche
durch höchstes Raffinement in der Auswahl und der Zusammenstellung
der Riechstoffe, ohne indes jene uralte Tradition preiszugeben, die
auch heute — und vielleicht mehr wie je — darin besteht, nur das Beste
vom Besten zu verwenden und die Arbeit mit der Liebe und Sorgfalt
des Künstlers vorzunehmen und gewisse ungeschriebene Gesetze der
Ästhetik zu befolgen, ohne indes in den Fehler zu verfallen, allzu ängst-
lich kräftigere Effekte zu vermeiden.

Die heutigen Verhältnisse in der Parfumerie sind also ganz andere
geworden als zu Manns Zeiten und sind die „starken“ Gerüche der
guten alten Zeit nach heutigen Begriffen nur nichtssagende monoton-
nüchterne Parfums, weil ihnen das Raffinement mangelt, das die
verbrauchten Nerven unserer raschlebigen, unruhigen Zeit nun einmal
verlangen.

Die bei der alten deutschen Schule so verbreitete Furcht vor
Moschus- und Patchulieffekten, die auch Mann teilweise äußert, ist
sicher mit die Ursache gewesen, daß die Parfums der alten Schule sich
am Weltmarkt auch nicht annähernd jenen Beifall zu erwerben
verstanden haben, die z. B. den französischen Parfumerien beschieden
war, die sich denn auch, ihres Raffinements wegen, am deutschen
Markte großer Beliebtheit erfreuen.

Das, was das prüde Gretchen von einst im Dufteiprodukt verab-
scheute, das, was die mit dem schrecklichen Wort „Feine Dame“ bezeichnete Mondäne von einst im Parfum zu suchen nicht eingestehen
durfte, ist in unserer Zeit der internationalisierten Eleganz ein selbstverständlicher Faktor des Erfolges geworden, der die Beliebtheit eines
Parfums bedingt, der wohlgepflegten mondänen Frau von heute aber
ein gar wichtiges Mittel bedeutet, ihre persönlichen Reize wirksam und
ohne die groteske Prüderie von einst zu betonen.

Unsere modernen Phantasieparfums sind meist modifizierte
Chypre-, Fougère-Foin Coupégerüche u. a., abgesehen von schwülen
Narzissen-Gardenia und Magnolianoten und Ambrabuketts, alle mit
stark moschushaltigem Einschlag.

Sehr aktuell sind heute auch die Tabaknoten nach Art des Tabac
blond von Caron in Paris. Auch stärkere Fett-Aldehydnoten sind beliebt, wobei man fast berechtigt ist, von einer mißbräuchlichen Benutzung
dieser Aldehyde zu reden und diese als Geschmacksverirrung zu bedauern.

Der moderne Parfumeur ist stets auf der Suche nach neuen, möglichst unbekannten faszinierenden Effekten, weil er weiß, daß die Ab-
nehmerkreise stets neue Sensationen suchen.

Es würde weit über den Rahmen der Neubearbeitung des Mannschen Buches hinausgehen, wollten wir hier auf die Herstellung der
Phantasieextraits näher eingehen. Wir begnügen uns also hier mit
diesem kurzen Exposé und verweisen auf unser Handbuch der
gesamten Parfumerie und Kosmetik und unser in Kürze
im gleichen Verlage erscheinendes Spezialwerk: Theorie und Praxis der
Parfümierungs-Technik.

Zur Verwendung der terpen- und sesqui-
terpenfreien ätherischen Öle (tsf. Öle).

Durch die erhöhte Alkoholsteuer, die die Parfumeriebranche
schwer belastet sieht sich der Parfumeur gezwungen, nach aromatischen Erzeugnissen Umschau zu halten, die ihn in den Stand
setzen, eine Ware herzustellen, die einen geringeren Gehalt an
Alkohol hat, ohne daß sie jedoch allzusehr an Geruchsstärke
einbüßt; mit anderen Worten, es muß so viel billiger fabriziert
werden, damit die seither immer üblichen Preislagen trotz hoher
Alkoholsteuer und Alkoholpreise eingehalten werden können. Eine
direkte Verbesserung der einschlägigen Sorten bedingt dies wohl
nicht, vielmehr hat fast eine jede Steuererhöhung auf irgend ein Ge-
brauchsobjekt eine qualitative Verschlechterung im Gefolge gehabt,
an die sich eben das konsumierende Publikum bald gewöhnt, wenn
nur die üblichen Preislagen eingehalten werden. Diese Erscheinung
können wir andauernd beobachten und ihre Lehren muß sich auch der
Parfumeur zunutze zu machen suchen.

Wollte man nun einfach prozentual weniger Spiritus zu den betreffenden Parfumerien verwenden und ihn etwa durch Wasser ersetzen, so kämen wir zu keinem Resultate, da wir nur trübe, unansehn-
liche Produkte erzielen würden, wohl verstanden, wenn wir die gleichen
Mengen von Riechstoffen und naturellen ätherischen Ölen wie bisher
beibehalten wollten.

Hier kommen uns nun die terpen- und sesquiterpenfreien ätherischen
Öle zu Hilfe, wie sie die Firma E. Sachsse & Co., Leipzig (jetzt von
Schimmel & Co., Militz, übernommen) herstellt. Bekanntermaßen
werden die Trübungen in den niedriggrädigen Mischungen mit Alkohol
durch die Terpene der naturellen ätherischen Öle hervorgebracht.

Aus den tsf. Ölen sind die Terpene und Sesquiterpene durch besondere Verfahren eliminiert, also diejenigen Bestandteile, die für den
Geruchseffekt eben dieser ätherischen Öle weniger in Frage kommen
und außerdem in niedriggrädigem Alkohol schwer löslich sind, entfernt
worden. So ist denn durch ihre Entfernung aus den ätherischen Ölen
ein Vorteil erreicht, der außerordentlich groß und anerkennenswert
ist, und dies nach zwei Seiten hin, denn dadurch, daß die terpen- und
sesquiterpenfreien ätherischen Öle auch ganz wesentlich stärker im
Geruch sind als die entsprechenden gewöhnlichen ätherischen Öle,
benötigt der Parfumeur ein viel kleineres Quantum zur Erzielung

desselben Effektes, ein Moment, dessen Wichtigkeit bei der Herstellung niedriggrädiger Parfums sehr in die Augen springt.

Es ist natürlich aus allen den angeführten Gründen nicht zu verwundern, daß die gesamte Parfumerie bei dem Erscheinen der tsf. Öle (eingetragene Schutzmarke der Firma E. Sachsse & Co., Leipzig) ein hohes Interesse für diese Artikel an den Tag legte. Hatte auch früher bereits die Firma Heinrich Haensel in Pirna etliche terpenfreie ätherische Öle als erste an den Markt gebracht, so waren diese doch nicht so eigentlich gerade diejenigen Stoffe, die in Sonderheit für den Parfumeur von hervorragendem Interesse sein konnten. Sie waren mehr für den Likörfabrikanten bestimmt. Die tsf. Öle fanden denn auch schnell allgemeine Aufnahme, die nicht zum wenigsten erleichtert wurde durch die in der Seifensieder-Zeitung Augsburg von Mann veröffentlichten Arbeiten.

Die schnelle Löslichkeit der tsf. Öle in verdünntem Alkohol hat geradezu frappiert, nachdem sich die Parfumeure Jahrzehnte lang vergeblich bemüht hatten, ihre alkoholarmen Erzeugnisse klar und auch klar bleibend zu gestalten. Wohl hatte man diese Produkte in klarem Zustande aus der Fabrik bringen können, allein auf langen Reisen oder auch bei längerem Lagern in verschiedenartiger Temperatur, waren doch immer wieder Trübungen der Waren eingetreten und hatten bisweilen Ausscheidungen stattgefunden. Die niedriggrädigen Eaux de Cologne sind hier bekanntlich die gefährlichsten Produkte, bei denen man oft genug bemerken kann, daß sie am Morgen im kalten Lager trübe und unansehnlich erscheinen, während sie im einigermaßen temperierten Raume bereits wieder klar sind. Man hat sie früher scherzweise mit Thermometern verglichen und aus ihrem Aussehen auf die Temperaturgrade geschlossen. Das ist nun heute bei Verwendung der tsf. Öle nicht mehr zutreffend und darf nicht mehr vorkommen.

Weiter ist die Verarbeitung der tsf. Öle auch eine sehr einfache. Es ist empfehlenswert, die vorgeschriebene Menge dieser Öle in 95 bis 90%igem Alkohol in Lösung zu bringen, wonach man allmählich das vorgeschriebene Quantum destillierten Wassers zusetzt, indem man öfters gut durchschüttelt. Auf diese Weise kann man bis auf 20% Alkoholgehalt heruntergehen, ohne auf größere Schwierigkeiten zu stoßen. Wenn man ganz billige Parfume mit niedrigem Alkoholgehalt häufiger herzustellen hat, kann man sich der Einfachheit halber auch 1%ige Lösungen der gebräuchlichsten tsf. Öle in 70%igem Alkohol herstellen und vorrätig halten oder 10%ige Lösungen in 80%igem Alkohol. Es ist sehr interessant zu beobachten, wie schnell und vollkommen diese Öle in Lösung gehen und auch trotz Zugabe von reichlichen Mengen destillierten Wassers sich gelöst halten. Natürlich gibt es auch hier eine Grenze, und sollte man einmal etwas zuviel Wasser genommen haben, so wird man auf den opalisierenden Lösungen kleine Perlchen von Öl schwimmen sehen, die fast ausschließlich nach der Wand des Behälters, besonders der Glasflaschen, hinstreben.

Daß sich trotz der tsf. Öle die Verwendung von wohlriechenden Harzinfusionen bei niedriggrädigen Parfums von selbst verbietet, ist wohl klar, denn diese scheiden sich in Form von Harzteilchen vollkommen aus und lassen die ganze Mischung milchig erscheinen, die sich nur sehr schwer, in den meisten Fällen aber gar nicht klären läßt.

Auch die bekannten alkoholfreien Parfums (Wasserparfums) kann man sich mit Hilfe der terpen- und sesquiterpenfreien Öle herstellen. Man nimmt eine 1%ige Lösung in 60- bis 70%igem Alkohol und parfumiert mit dieser ein bestimmtes Quantum Wasser. Zunächst findet vor allen Dingen eine Ausscheidung nicht statt, dann aber kann man auf diese Weise sehr schöne Effekte erzielen, wie es seither in diesem Grade nicht möglich war.

Bei allen unbestreitbaren Vorzügen der terpenfreien und sesquiterpenfreien ätherischen Öle, darf indes nicht verkannt werden, daß diese den in sie gesetzten Erwartungen, wenigstens in der Parfumerie, nicht so restlos entsprochen haben als man hoffte.

Es ist sicher, daß viele solcher Öle, denen die Terpene, bzw. Sesquiterpene entzogen wurden, ganz hervorragende Dienste leisten können, wie z. B. Geranium-, Cananga-, Spiköl u. a., doch haben speziell die terpenfreien Citrusöle (Bergamottöl, Citronenöl, Portugalöl usw.) insofern etwas enttäuscht, als ihnen die Würze des Aromas, das den unveränderten Ölen dieser Art eigen ist, in vieler Hinsicht fehlt.

Dies fällt speziell bei der Herstellung der Eaux de Cologne ins Gewicht und fehlt den mit terpenfreien Ölen hergestellten Produkten dieser Art die würzige Note der Terpene.

Wertvoll ist für den Parfumeur die Kenntnis der vergleichsweisen Stärken, die durch die Konzentrierung bei den terpen- und sesquiterpenfreien Ölen gewonnen wurden.

Zunächst sind alle diese Öle im Geruch wesentlich verfeinert und ausgiebiger als die naturellen Öle. Dann sind aber einige unter ihnen an Stärke ganz hervorragend. So ist:

Bergamottöl, terpen- und sesquiterpenfrei 2½ mal stärker wie naturelles Öl

Canangaöl	,,	10—12 ,, ,, ,,
Cedernholzöl	,,	6—10 ,, ,, ,,
Citronenöl	,,	25—30 ,, ,, ,,
Cypressenöl	,,	30 ,, ,, ,,
Edeltannenöl	,,	17 ,, ,, ,,
Fichtennadelöl, sibir.	,,	3—4 ,, ,, ,,
Kiefernadelöl	,,	60—70 ,, ,, ,,
Latschenkieferöl	,,	15—17 ,, ,, ,,
Limetteöl, dest.	,,	12—15 ,, ,, ,,
Mandarinenöl	,,	60 ,, ,, ,,
Neroliöl	,,	2½ ,, ,, ,,
Opoponaxöl	,,	4—5 ,, ,, ,,
Patchuliöl	,,	4—5 ,, ,, ,,
Pfefferminzöl, Mitcham	,,	1½—2 ,, ,, ,,
Pomeranzenöl, bitter	,,	60 ,, ,, ,,
Pomeranzenöl, süß	,,	3—4 ,, ,, ,,
Rosmarinöl	,,	3—4 ,, ,, ,,
Thymianöl	,,	4 ,, ,, ,,
Wacholderbeeröl	,,	20 ,, ,, ,,

Dies sind eben Werte, mit denen der Parfumeur bei der Umarbeitung seiner Vorschriften rechnen muß.

Zunächst dürfte wohl am meisten die Verwendung der tsf. Öle für einfache Parfumeriegattungen interessieren, weshalb hier mit diesen der Anfang gemacht werden soll.

In erster Linie stehen hier die Taschentuchparfums. Ihre Herstellung mit Hilfe der tsf. Öle ist eine verhältnismäßig einfache. Man löst die übrigen Riechstoffe, die man zuzusetzen gedenkt, wie Vanillin, Cumarin, Heliotropin, künstlichen Moschus usw., zunächst in dem vorgesehenen Quantum 95%igen Alkohols, wobei man beachten muß, daß die Lösung auch eine vollständige ist. Dann setzt man die tsf. Öle zu sowie auch etwaige andere Riechstoffe, wie Terpineol, Aubépine usw. Nach abermaligem guten Durchschütteln und erfolgter vollständiger Lösung gibt man das destillierte Wasser nach und nach in kleinen Partien hinzu unter jedesmaligem tüchtigen Umschütteln. In Fällen, in denen man nur mit tsf. Ölen gearbeitet hat, erhält man stets ein vollständig klares Produkt, besonders wenn man mit dem Alkoholgehalt nicht gar zu weit heruntergegangen ist.

Flieder

Alkohol	10 000 g
Canangaöl, tsf.	10 g
Vanillin	20 g
Terpineol	180 g
Cumarin	3 g
Heliotropin	30 g
Linaloeöl, tsf.	10 g
Moschus, künstl. (Keton)	5 g
Benzylacetat	40 g
Wasser, dest.	10 000 g

Heliotrop

Alkohol	10 000 g
Cumarin	8 g
Vanillin	60 g
Heliotropin	100 g
Linaloeöl, tsf.	10 g
Nelkenöl, tsf.	3 g
Bergamottöl, tsf.	10 g
Moschus, künstl.	5 g
Wasser, dest.	10 000 g

Hyazinthe

Alkohol	10 000 g
Heliotropin	60 g
Hyazinthin	24 g
Bergamottöl, tsf.	30 g
Canangaöl, tsf.	5 g
Terpineol	50 g
Moschus, künstl.	5 g
Wasser, dest.	10 000 g

Maiglöckchen

Alkohol	10 000 g
Linaloeöl, tsf.	100 g
Bergamottöl, tsf.	10 g
Canangaöl, tsf.	10 g
Moschus, künstl.	5 g
Terpineol	100 g
Vanillin	10 g
Wasser, dest.	10 000 g

Veilchen

Alkohol	10 000 g
Bergamottöl, tsf.	50 g
Canangaöl, tsf.	10 g
Geraniumöl, Réunion, tsf.	10 g
Jonon	20 g
Tinktur Violettes Feuilles	100 g
Wasser, dest.	10 000 g

Rose

Alkohol	10 000 g
Geraniumöl, Réunion, tsf.	35 g
Patchuliöl, tsf.	2 g
Linaloeöl, tsf.	10 g
Vanillin	3 g
Rosenöl, bulgar., tsf.	5 g
Bergamottöl, tsf.	10 g
Moschus, künstl.	5 g
Wasser, dest.	10 000 g

Eine ganze Serie von guten Gerüchen läßt sich in dieser Weise herstellen. Man kann dies teils durch neue Kompositionen bewirken, teils durch einfache Umrechnung bestehender Vorschriften. Hiebei muß man dann neben dem Preise auch die verschiedenen Stärken bzw. Ausgiebigkeiten der tsf. Öle berücksichtigen.

Nach den Taschentuchparfums interessieren die Kopfwässer ebenfalls sehr.

Fliederwasser

Alkohol	10000 g	Cumarin	5 g
Bergamottöl, tsf.	5 g	Terpineol	100 g
Linaloeöl, tsf.	5 g	Wasser, dest.	16000 g
Heliotropin	10 g		

Man kann diese Vorschrift auch so ändern, daß man an Stelle von Bergamottöl und Linaloeöl, tsf. nur einfach 1 g Citronenöl, tsf. setzt, wodurch sich eine wesentliche Ersparnis ergibt, ohne daß das Fliederwasser gerade ordinär riecht. Mit Terpineol allein bekommt das Produkt gar zu leicht einen muffigen Geruch, besonders wenn es etwas auf Lager liegt.

Toilettewasser, schäumend

Alkohol	10000 g	Terpineol	100 g
Linaloeöl, tsf.	100 g	Kuromojiöl, tsf.	10 g
Bergamottöl, tsf.	10 g	Wasser, dest.	10000 g
Canangaöl, tsf.	5 g		

Von weiterem großen Interesse ist die Herstellung eines guten Eau de Cologne, das im Preise nicht zu hoch kommt.

Eau de Cologne

Alkohol	10000 g	Rosmarinöl, tsf.	5 g
Neroliöl, franz., tsf.	10 g	Lavendelöl, tsf.	5 g
Petitgrainöl, tsf.	50 g	Bergamottöl, tsf.	50 g
Citronenöl, tsf.	10 g	Wasser, dest.	10000 g
Pomeranzenöl, süß, tsf.	2 g		

Auch hier kann man, wenn nötig, die Menge des Wassers noch wesentlich erhöhen, ohne daß dadurch die Klarheit des Erzeugnisses leiden würde. (Für noch billigere Sorten läßt man das Neroliöl, tsf. weg).

Blumentoilettewässer lassen sich auch leicht herstellen, indem man die vorher gegebenen Vorschriften für Taschentuchparfums ein klein wenig umarbeitet.

Sehr schöne Produkte kann man auch in Zimmerparfums herstellen, besonders in den Tannendüften. Auch sie bleiben vollständig blank und können ziemlich weit verdünnt werden, während sie immer noch sehr kräftig im Geruche sind.

<table>
<tr><td>Tannenduft-Zimmerparfum</td><td>Bay-Rum</td></tr>
</table>

Alkohol ....10000 g	Alkohol ....10000 g
Edeltannenöl, tsf. .... 10 g	Pimentöl, tsf............. 100 g
Fichtennadelöl, sibirisches,	Doppelkohlensaures Natron 100 g
tsf. .... 30 g	Salmiakgeist .... 30 g
Lavendelöl, tsf. .... 10 g	Wasser, dest. ....20000 g
Wasser, dest. ....10000 g	

Wenn man aber eine feinere Ware herstellen will, dann nimmt man auch noch etwas Bayöl, tsf. hinzu und setzt außerdem nur 10000 g Wasser an, in welchem Falle man auch noch das doppelkohlensaure Natron und den Salmiakgeist, die in ihrem Zusammenwirken die erhöhte Schaumfähigkeit des Produktes bedingen, etwa um ein Drittel erhöhen kann.

Des weiteren lassen sich gute Mundwässer von sehr reinem Geschmack herstellen.

<table>
<tr><td>Mundwasser</td><td>Eau du Docteur Pierre (Imitation)</td></tr>
</table>

Alkohol .... 5500 g	Alkohol .... 5500 g
Anisöl, tsf. .... 125 g	Anisöl, tsf. .... 100 g
Pfefferminzöl, tsf. .... 50 g	Pfefferminzöl, tsf. .... 60 g
Myrrhenöl, tsf. .... 10 g	Myrrhenöl, tsf. .... 20 g
Wasser, dest. .... 4400 g	Nelkenöl, tsf. .... 10 g
	Zimtöl, Ceylon, tsf. ...... 8 g
	Wasser, dest. .... 4500 g

Gefärbt mit etwas Cochenillerot und eventuell etwas Gelb.

Gefärbt mit etwas Cochenillerottinktur.

Bei diesem Mundwasser muß man sehr auf das Zimtöl achten; man kann hier sehr leicht ein wenig zu viel nehmen, denn bei dem reinen Geschmack der tsf. Öle tritt derjenige des genannten Öles stark hervor. Überhaupt kann man hier sehr individuell arbeiten durch Verschiebung der einzelnen Ingredienzien und Zusätze von Opoponaxöl, tsf. oder auch Origanumöl, cret., tsf. Ebenso wird durch Zugabe von Cypressenöl, tsf. eine sehr aparte Richtung hervorgebracht.

Was nun die sog. Wasserparfums, d. h. die parfumierten Wässer anbetrifft, die besonders für den Exporthandel nach manchen Gegenden gebraucht werden, wo u. a. die Religion der Verwendung des Alkohols selbst in dieser Form feindlich gegenübersteht, wo aber die sonst bekannten alkoholfreien konzentrierten Essenzen zu teuer kommen würden, so ist deren Herstellung mit Hilfe der tsf. Öle eine sehr einfache. Aus den Lösungstabellen gehen die genauen Verhältnisse hervor, in denen man die verschiedenen tsf. Öle auch hier anwenden kann. Des weiteren stellt man sich Mischungen der verschiedenen tsf. Öle her, eventuell unter Zufügung von etwas Vanillin, Benzylacetat usw., und löst hievon kleine Quanten, etwa zu einer 1%igen Lösung, in Alkohol auf. Diese Lösung verwendet man wieder der Tabelle nach oder auch nach jeweiligem Wunsch zum Parfumieren des notwendigen Quantums Wasser. Es muß hier einem jeden selbst überlassen bleiben, diejenige Zusammensetzung auszuprobieren, die für seine Zwecke gerade paßt; denn es würde zu weit führen, hier alle die Möglichkeiten zu besprechen, die durch die geeignete Verwendung gegeben sind. Wir wollen nur einige Vorschriften folgen lassen, die als Verwendungsbeispiele dienen sollen.

1. Cassiaöl, tsf. . . . . 15 g
   Linaloeöl, tsf. . . . . 15 g
   Pomeranzenöl, süß, tsf. . . 7 g
   Vanillin . . . . 2 g

2. Benzylacetat . . . . 20 g
   Linaloeöl, tsf. . . . . 15 g
   Cumarin . . . . 1 g

3. Citronenöl, tsf. . . . . 5 g
   Linaloeöl, tsf. . . . . 15 g
   Geraniumöl, tsf. . . . . 10 g

4. Eukalyptusöl, tsf. . . . . 10 g
   Geraniumöl, tsf. . . . . 4 g
   Linaloeöl, tsf. . . . . 5 g

In dieser Art lassen sich ungemein viele Variationen herstellen, und wenn man die parfumierten Wässer nicht gerade für Indien zu verbrauchen hat, schadet es auch nichts, natürlich wenn es der Preis zuläßt, wenn sie einige Prozente Alkohol haben. Andernfalls aber kann man auch die einzelnen tsf. Öle so wie sie sind anwenden, also ohne vorherige Lösung in Alkohol. Ebenso nimmt man auch u. a. ein einziges tsf. Öl, z. B. Geraniumöl für Rose, um je einen Geruch eines Sortiments herzustellen.

Für das Exportgeschäft darf man nur nicht außer acht lassen, daß besonders die Zollbehörden in Vorderindien sehr feine Meßinstrumente haben, die bereits einen ganz geringen Alkoholgehalt anzeigen, und da man dort sehr rigoros verfährt, ist es schon empfehlenswert, die Wasserparfums so herzustellen, wie es im nächsten Kapitel beschrieben ist. Dabei ist die Verwendung der tsf. Öle sehr zu empfehlen. Unerläßlich ist es auch hier, sich destillierten Wassers zu bedienen und eventuell auch noch einen kleinen Zusatz von Salicylsäure mit zu verarbeiten. Auf jeden Fall sind die Erfolge, die man mit den tsf. Ölen auch auf diesem Gebiete hat, sehr gute.

Ein ferneres Gebiet für die weitestgehende Verwendung der tsf. Öle ist das der Blumen-Haaröle. Mag man diese herstellen aus welchen Ölen man immer will, sei es Mineralöl, sei es ein Pflanzenöl irgendwelcher Herkunft, niemals wird diese Grundlage durch das Zufügen der tsf. Öle getrübt, wie wir dieses bei den natürlichen ätherischen Ölen so oft sehen. Es ist auch nicht notwendig, die Öle vor dem Parfumieren warm zu machen, natürlich vorausgesetzt, daß sie selbst klar und rein sind. Dies ist an sich schon ein wesentlicher Vorteil, den man nicht übersehen sollte. Das oftmals recht schwierige und zeitraubende Filtrieren kann also wegfallen, während die Parfumierung eine recht ausgiebige ist.

Einfaches Haaröl

Vaselinöl, gelb . . . . 10 000 g
Cassiaöl, tsf. . . . . 20 g
Linaloeöl, tsf. . . . . 50 g
Geraniumöl, tsf. . . . . 20 g

Rosen-Blumenöl

Olivenöl . . . . 5000 g
Vaselinöl, weiß . . . . 5000 g
Geraniumöl, tsf. . . . . 100 g
Linaloeöl, tsf. . . . . 20 g
Sandelholzöl, ostindisch, tsf. 15 g

Will man hier etwas ganz Gutes schaffen, dann nimmt man einen kleinen Zusatz von Rosenöl, bulg., tsf.

Kräuterhaaröl

Vaselinöl, weiß	10 000 g
Salbeiöl, tsf.	20 g
Pfefferminzöl, tsf.	5 g
Eukalyptusöl, tsf.	20 g
Fichtennadelöl, tsf.	60—80 g

Für Brillantins usw. gelten natürlich dieselben Regeln.

Mag es auch bei der Parfumierung von Toiletteseifen auf den ersten Blick nicht als vorteilhaft erscheinen, die tsf. Öle auch hier zu verwenden, da in diesem Falle die in den natürlichen ätherischen Ölen enthaltenen Terpene nicht direkt hinderlich sind, so ist doch auch hier die Verarbeitung der tsf. Öle manchmal sehr zu befürworten. Nicht nur, daß man weniger von ihnen zur Erzielung recht großer Effekte benötigt, man erhält auch ein Parfum von weit reinerem Geruch, so daß besonders bei Qualitätswaren die tsf. Öle sehr zu empfehlen sind. Sie halten sich auch außerdem alle vorzüglich in den damit parfumierten Seifen und sind auch auf Lager einer Veränderung wenig oder gar nicht unterworfen.

Bei gewissen Parfums, wie z. B. die Parfums für Eau de Cologne-Seifen, ist die Verwendung der tsf. Öle oft anzuraten. Eine recht gute Zusammensetzung dafür ist folgende:

Eau de Cologne-Seife

Grundseife ff., weiß	50 kg	Portugalöl, tsf.	4 g
Neroliöl, tsf.	40 g	Rosmarinöl, tsf.	10 g
Petitgrainöl, tsf.	60 g	Lavendelöl, tsf.	15 g
Citronenöl, tsf.	20 g	Bergamottöl, tsf.	60 g

Man gibt der Seife am besten eine leichte Cremefärbung, denn ganz weiß bleiben diese Seifen bei langem Lager alle nicht.

Aus allen diesen Ausführungen ist zur Genüge zu erkennen, daß uns in den tsf. Ölen „*Sachsse*" wieder Körper geboten werden, deren eingehendes Studium jedem Parfumeur nur angelegentlichst empfohlen werden kann.

Alkoholschwache und alkoholfreie Parfumerien.

Immer häufiger werden die Anfragen an unsere Exportfirmen, betreffend alkoholschwache bzw. alkoholfreie Parfums. Es wird das meistenteils bedingt durch die enormen Zollerhöhungen auf alkoholhaltige Fabrikate in den überseeischen Absatzgebieten wie auch durch die so ungemein niedrigen Limite auf einfache Odeurs, die eine Verwendung von Alkohol in der bisher üblichen Menge nicht mehr zulassen.

Vom Standpunkte des seriösen Parfumeriefabrikanten betrachtet, sind alkoholfreie, d. h. nur mit Wasser hergestellte Parfums eigentlich überhaupt keine Parfumerien mehr. Allein wie oft wird gerade in schweren Geschäftszeiten der Fabrikant zur Herstellung von Waren gezwungen, die ihm eigentlich nicht passen, die er jedoch mitmachen muß, will er sich nicht die Kundschaft seiner überseeischen Freunde, die ihm auch bessere Waren abkaufen, verscherzen. Am greifbarsten haben wir das an den Toilettewässern für den Export empfinden müssen, so z. B. an dem bekannten Florida und Cananga Water. Was sind das heute noch zumeist für Qualitäten, die im Export gehandelt werden! Sie vertragen schon nicht einmal mehr die Fracht vom Inland nach dem Hafen und werden daher zumeist an den Hafenplätzen selbst hergestellt, und zwar in den Freihafengebieten. Nur so ist es noch möglich, die limitierten Preise einzuhalten. Daß sich dadurch Floridawasser deutscher Provenienz draußen im allgemeinen keines sonderlich guten Rufes erfreut, darf darnach nicht wundernehmen, es ist aber als solches glücklicherweise in den seltensten Fällen zu erkennen. Zumeist segelt es unter amerikanischer Flagge; es sieht wenigstens so aus. Die für diesen Artikel in Frage kommenden amerikanischen Firmen verstehen sich in sehr richtiger Erwägung und Erkenntnis der Sachlage nicht zu geringeren Qualitäten und halten auch auf Preise, die dann eben nur von dem besseren Publikum bezahlt werden können; da nun der Eingeborene niedrigerer Klasse auch sein Toilettewasser haben will zu billigem Preise, seinen Verhältnissen angemessen, so muß hier durch billigste Imitationen Rat geschaffen werden. Auf diesem Wege kommen wir dann allmählich herunter bis zu den alkoholfreien Produkten. Nun soll man nur nicht denken, daß diese Waren etwa viel weniger gefragt werden, weil sie uns minderwertiger erscheinen. Im Gegenteil; man kann getrost behaupten, daß die alkoholschwachen Toilettewässer bedeutend mehr verkauft werden als die besseren Sorten, was sich daraus zum Teil erklären läßt, daß es schließlich doch mehr arme als reiche Leute sowohl diesseits wie jenseits des großen Wassers gibt.

Wie auf jedem Gebiete sich Fanatiker finden, so gibt es besonders viele, die gegen den Alkohol wettern, sei er in einer Gestalt, wie er auch immer wolle. Daß der Koran, die Bibel der Mohammedaner, den Genuß des Alkohols verbietet, ist ja in breiteren Schichten genügend bekannt; die Fanatiker auf diesem Gebiete gehen jedoch so weit, den Alkohol auch in äußerer Berührung mit dem Körper auf das strengste zu verbieten, und besonders in Indien und auch in Westafrika sind bei einem großen Teil der mohammedanischen Bevölkerung Parfumerien mit Alkoholgehalt absolut verpönt und unzulässig, während wieder anderwärts Angehörigen desselben Glaubens der Verbrauch alkoholhaltiger Parfums und Toilettewässer erlaubt ist.

Aber auch hier in Deutschland finden wir — und man muß dies mit größtem Bedauern feststellen — daß alkoholfreie Parfumerien für billige Artikel immer mehr Eingang finden. Dies wird unter der Rückwirkung des neuen Branntweinsteuergesetzes wohl noch mehr der Fall sein, so sehr es auch zu bedauern ist. Daß sich das Publikum solchen

Waren gegenüber nicht ablehnend verhält, ist nicht genug zu verwundern, da hier doch die Vortäuschung der Billigkeit augenscheinlich ist; denn würde man den Leuten sagen: „Das, was Sie hier kaufen, ist nur parfumiertes Wasser, das in der von Ihnen gewöhnlich verwendeten geringen Quantität für Sie absolut wertlos ist", man würde diese Waren gewiß stehen lassen. Allein das Glas zeigt die Aufschrift „Parfum concentré" oder dergleichen, und hierunter stellt sich eben das Publikum ein alkoholhaltiges Taschentuchparfum vor, es wird also getäuscht.

Die alkoholfreien Parfumerien, welche für den Export hergestellt werden und in der Hauptsache nach englischen Kolonien gehen, müssen alle die Aufschrift tragen „without alcohol" (ohne Alkohol) oder auch „Water Perfume" (Wasserparfum), eine sehr vernünftige Verordnung. Wir können also immer noch vom Ausland lernen! Die Verordnung dieser Aufschrift verfolgt außerdem dreierlei Zwecke:

a) in bezug auf den Eingangszoll,

b) in bezug auf die Unmöglichkeit der Täuschung des Käufers,

c) dem Käufer, der aus religiösen oder anderen Gründen alkoholfreie Wohlgerüche erstehen will, dieses sofort klar vor Augen zu führen.

Manche dieser alkoholfreien Parfumerien werden nicht gerade ihrer Billigkeit wegen gekauft, denn oftmals trifft dieser Begriff nur in bedingtem Maße zu, da diese Sorten recht häufig sehr gute, manche sogar kostbar aufgemacht sind — allerdings nur im Exporthandel nach Indien — und ihr Inhalt nicht selten wirklich gut in gewisser Beziehung zu nennen ist.

Alkoholfreie wie alkoholschwache Odeurs sind schon lange im Handel, allein die Nachfrage darnach war früher niemals so groß. Holland importierte schon vor 25 Jahren große Quantitäten davon, die besonders für Jahrmärkte und Messen bestimmt waren und sich auch in ganz bestimmtem Genre hielten. Heute wird sehr viel im Lande selbst fabriziert, wodurch die durchschnittlichen Qualitäten doch etwas besser geworden sind, da die Zölle in Wegfall kommen.

Sehr viel alkoholfreie und alkoholschwache Odeurs werden in der Türkei und Ägypten verkauft, besonders mit Patchuli parfumierte ganz geringe Sorten, die jedoch voll und ganz ihren Zweck erfüllen, indem der Patchuligeruch den des lästigen Schweißes völlig unterdrückt, was hier in der Hauptsache den Grund der Anwendung von Odeurs bei den geringen Volksklassen bildet.

Wie stellt man nun am besten und billigsten alkoholschwache und alkoholfreie Odeurs her, ohne daß der Verlust an Essenzen beim Filtrieren den Abgang des Alkohols ausgleicht? Die Herstellung ist nicht so einfach, wie es wohl auf den ersten Blick erscheinen mag. Von den ätherischen Ölen lösen sich bekanntlich sehr wenige oder gar keine direkt in Wasser oder sie scheiden sich beim Filtrieren wieder aus. Man verwendet am vorteilhaftesten zu diesen alkoholschwachen und -freien Odeurs die im vorigen Kapitel besprochenen tsf. Öle. Diese haben den Vorteil, weniger zu trüben, und die damit bereiteten Odeurs lassen sich leichter filtrieren.

Da sich die „wasserlöslichen Essenzen" zu Parfumeriezwecken absolut nicht bewährt haben, weil durch das Löslichmachen ein sehr großer Teil des eigentlichen Riechstoffes, d. h. der Geruchsträger, verloren ging und die mit diesen Essenzen hergestellten Produkte alsdann zu teuer wurden, da man gezwungen war, eine zu große Menge Riechstoffe zur Parfumierung heranzuziehen, hat man sich außer zu den bereits bekannten natürlichen Riechstoffen auch zu den auf künstlichem Wege hergestellten gewendet und darunter einige recht verwendbare gefunden, die bei der Herstellung alkoholfreier Parfumerien und Toilettewässer sehr gute Dienste zu leisten im Stande sind.

An erster Stelle steht hier das Vanillin. Da auch sein niedriger Preis die ausgedehnteste Verwendung zuläßt, kann man bei einer Löslichkeit bis zu 8 g in 1 kg Wasser von 15⁰ C sehr viel damit anfangen und es als Grundlage für mannigfache Kompositionen dienen lassen. Der Vanillingeruch ist stets angenehm und kann durch einen geringen Zusatz von künstlichem Bittermandelöl noch erhöht und etwas pikanter gemacht werden. Das dem Vanillin verwandte Bourbonal (H. & R.) verhält sich ebenso und ist im Geruche nur noch etwas feiner.

Alsdann erweist sich das Jonon als sehr brauchbar zur Herstellung alkoholfreier Veilchenparfums. Es lösen sich davon zirka 5 Teile in 1000 Teilen Wasser bei 15⁰ C und geben einen starken, vollen Geruch. Ebenso kann man mit Cumarin einiges erzielen. Ferner hat die Firma E. Sachsse & Co., Leipzig, ein Rosenwasseröl in den Handel gebracht, mit dem man ganz hervorragend schöne Rosenparfums herstellen kann, die, wenn es möglich ist, gute Preise hiefür zu erzielen, sich in gewissem Grade sogar mit alkoholhaltigen Erzeugnissen messen können.

Aus der folgenden kleinen Zusammenstellung kann man ersehen, welche der künstlichen Riechstoffe besonders gut verwendbar sind.

Es lösen sich in 1 kg Wasser bei 15⁰ C:

Aubépine, flüss.	0,7—1 g	Jasminblütenöl, künstl.	zirka 1 g
Benzylalkohol	10 g	Jonon	5 g
Bourbonal	8 g	Phenyläthylalkohol	20 g
Benzoesäure	1,8 g	Rosenöl, künstl.	2 g
Cumarin	2—2,2 g	Amylsalicylat	0,2 g
Heliotropin	1 g	Vanillin	8 g
Hyazinthin	0,5 g	Ylang-Ylangöl, künstl.	0,5 g
Muguet, künstl.	1 g		

Die Hauptsache bei allen diesen aufgeführten Lösungsmöglichkeiten ist die, daß man fast ganz klare Lösungen erzielt, die wenig, manche sogar gar nicht filtriert zu werden brauchen. Man gehe jedoch nicht bis an die äußerste Grenze der angegebenen Lösungsmöglichkeit, schon damit nicht etwa ungelöste kleine Riechstoffteilchen unnötiger weise dadurch verlorengehen, daß sie nachher etwa beim Filtrieren im Filter hängen bleiben.

Am schnellsten kommt man vorwärts, wenn man das zu parfumierende Wasser in kochendem Zustande verarbeitet. Die zuzusetzenden ätherischen Öle löst man in etwas Alkohol oder verreibt sie gut mit kohlensaurer Magnesia, erhitzt das zu parfumierende Wasser bis zum Siedepunkt und gibt dann die gelösten oder verriebenen Riechsubstanzen zu. Nach noch einmaligem Durchstoßen deckt man gut zu und läßt die Flüssigkeit abkühlen. Beim Erhitzen erweitern sich die einzelnen Moleküle des Wassers und ziehen sich beim Erkalten wieder zusammen, bei welcher Gelegenheit sie kleine Teile der Riechkörper in sich einschließen und so dem Wasser die Gerüche der beigemengten Öle so weit als möglich mitteilen.

Alkoholfreie Odeurs läßt man nach dem Erkalten etwa 3 Wochen stehen und filtriert dann, während man alkoholschwache Odeurs nach der Vermischung mit den Riechstoffen und dem Erkalten mit dem gewünschten Quantum Alkohol vermengt und erst dann filtriert; denn ungelöste Ölteilchen werden sich immer vorfinden, die sich jedoch bei Zugabe des Alkohols lösen. Diese alkoholschwachen Odeurs kann man aber auch auf sogenanntem kalten Wege herstellen, wenn man nur genügend Zeit hat, sie lagern zu lassen. Man löst dann einfach die ätherischen Öle in dem festgesetzten Quantum Alkohol, gibt das Wasser kalt zu und überläßt die Mischung sich selbst. Gut tut man dann allerdings, wenn man gleich nach dem ersten Durchschütteln ein kleines Quantum kohlensaure Magnesia beifügt und das Ganze dann noch 2 bis 3mal gut durchschüttelt. Auch kleine Gaben von gebranntem Alaun in Pulverform sind empfehlenswert. Darnach muß man die Mischung wenigstens 3 Wochen sich selbst überlassen. Alsdann wird über Magnesia oder Asbestwatte filtriert.

Den alkoholfreien Odeurs fügt man als Konservierungsmittel etwas Salicylsäure zu, und zwar gibt man diese am besten dem Wasser zu, während man es kocht.

Die besten alkoholfreien Odeurs sind die durch Destillation über Blütenblättern gewonnenen Wässer, wie wir sie aus Südfrankreich beziehen können — Rosen- und Orangenblütenwasser. Diese kann man für unsere Zwecke noch verschneiden oder auch als Basis verwenden. Immerhin würden sie im allgemeinen zu teuer sein für die gedachten Exportwaren. Auch stellen wir uns z. B. den Rosengeruch für diesen Zweck viel einfacher und billiger durch Geraniumöl her oder mit dem vorher erwähnten Rosenwasseröl, S. & C.

Das Schwierigste bei der Herstellung dieser Produkte ist ein schnelles Blankfiltrieren, wobei natürlich möglichst wenig von den Geruchsprinzipien verlorengehen soll. Kohlensaure Magnesia und Kaolinerde sind als filtrierendes Material beide gut verwendbar, alsdann Asbestwatte und als letztes Albumin; dieses verwende man nur, wenn gar nichts anderes mehr hilft.

Griddle und Richtmann machten sich besonders dadurch verdient, daß sie die Löslichkeit der üblichen Klärmittel in Wasser bestimmten. Dies geschah, indem je 1 l Wasser von gewöhnlicher Temperatur durch die üblichen Klärmittel filtriert und dann zur Trockne eingedampft wurde. Man fand so, daß sich in Wasser lösen: Kieselgur zu 13%, Magnesiumkarbonat etwa 3%, Calciumphosphat etwa 6% und Talkum zu etwa 1,6% im Durchschnitt. Die gefundenen Zahlen sind je nach der Handelsware einigen Schwankungen unterworfen. Während jedoch die mit Calciumphosphat und Magnesiumkarbonat behandelten Wässer mit Silbernitrat, Ferrosulfat und Kupfersulfat Trübungen bzw. Niederschläge gaben, blieben die durch Talkum und Kieselgur geklärten Wässer blank. Ebenso verhielten sich die durch Baumwolle geklärten und die durch Dampfdestillation (aus ätherischem Öl) dargestellten aromatischen Wässer. Darnach wäre u. a. auf Grund dieser Versuche auch zu empfehlen, bei Herstellung alkoholfreier Parfumerien das zu verwendende ätherische Öl auf Watte zu träufeln, die Watte dann mit Wasser zu schütteln und schließlich durch Watte zu filtrieren, was jedoch in der Praxis wenig ausgeübt werden dürfte.

Besonders zu empfehlen ist das vorherige Verreiben des Parfums mit kohlensaurem Magnesium und Eintragen dieser Masse in das warme Wasser bzw. den verdünnten Alkohol.

Man färbt dann die fertigen Odeurs mit Safran, Smaragdgrün, Rubinrot und auch mit verschiedenen Anilinfarben, die man vorher entweder in Alkohol oder Wasser löst. Man kann jedoch die Farbstoffe vorteilhafterweise auch gleich nach dem Parfumieren der Flüssigkeit zugeben, damit sie sich während der Ruhezeit inniger mit derselben verbinden.

Viel Unterschied bildet das Wasser selbst in seiner verschiedenartigen Zusammensetzung in den jeweiligen Gegenden. Stark eisenhaltiges Wasser ist gar nicht zu verwenden; mit stark kalkhaltigem hat man beim Filtrieren viel Mühe. Am besten verwendet man sogenanntes weiches Wasser oder man destilliert das Wasser erst und kocht das Destillat dann von neuem auf. Es ist daher nötig, das zu verwendende Wasser erst eingehend auf seinen Gehalt an Eisen, Kalk usw. zu untersuchen. Stehen Destillierapparate nicht zur Verfügung, dann muß man sich durch ein- oder mehrfaches Abkochen zu helfen suchen.

Eine weitere Art, alkoholschwache bzw. alkoholfreie Odeurs herzustellen, ist die der Abkochung von riechenden Blättern oder Wurzeln und Vermischung der daraus erzielten parfumierten Wässer. Man kocht z. B. Patchuliblätter, Sandelholz, Vetiverwurzeln, Abelmoschussamen (zerkleinerten), Lavendelblüten, auch Pomeranzenschalen, Moschusreste und dergleichen mehr in gut geschlossenen Gefäßen tüchtig ab. Man erhält dadurch ziemlich kräftig riechende Wässer, die auch verhältnismäßig leicht zu filtrieren sind und außerdem auch nicht so lange zu stehen brauchen. Diese verschiedenen parfumierten Wässer kann man nun miteinander vermischen und durch Zusätze von gelösten ätherischen Ölen und künstlichen Riechstoffen zu recht originellen Odeurs verstärken.

Die letztgenannte Art der Herstellung alkoholfreier und -schwacher Parfums ist die jetzt häufigere; sie ist wohl etwas umständlicher, aber doch in gewissem Sinne sicherer und auch noch billiger, als die vorher aufgeführten Arten. Auch lassen sich hiebei noch mehr Variationen in den Gerüchen erzielen.

Aus alledem sieht man, daß die Herstellung alkoholfreier und alkoholschwacher Parfums im allgemeinen wie besonderen eines viel komplizierteren Apparates bedarf als die der alkoholstarken Odeurs. Ihre Einrichtung lohnt sich auch nur da, wo in dieser Ware tatsächlich große Quantitäten immerfort gebraucht werden und der betreffende Parfumeur in dem Artikel routiniert ist. Andernfalls sind die Vorteile zu gering, um die Kosten der Einrichtung in kurzer Zeit zu amortisieren.

Odeurs und Toilettewässer bis zu einem Alkoholgehalt von 8% zählen noch zu den alkoholfreien Parfumerien und der darin enthaltene Alkohol wurde nur dazu benützt, die verwendeten ätherischen Öle einigermaßen aufzulösen und zu verdünnen, so daß sie dem Wasser leichter zugänglich gemacht waren.

Es sei aber auch hier gleich bemerkt, daß man Parfums selbst von minimalem Alkoholgehalt im Exporthandel niemals als „alkoholfrei“ bezeichnen soll, denn an den in Frage kommenden Zollämtern, namentlich englischen, besitzt man so feine Prüfungsinstrumente, daß diese den geringsten Prozentsatz Alkohol sofort anzeigen, und die Zollstrafen stehen dann in gar keinem Verhältnis zu dem etwaigen Gewinn. Hat man auch in einem Fachblatte darauf hingewiesen, gerade für Indien die „Wasserparfums“ nicht als solche zu bezeichnen, so beruht dies auf einer völligen Unkenntnis der dortigen Zollverhältnisse und -Vorschriften. Es wird von Amts wegen auf eine ganz genaue, dem Inhalt völlig entsprechende Bezeichnung gedrungen, was unbedingt zu beachten ist.

Gerade wie bei den guten Odeurs muß man auch bei den alkoholfreien Parfumerien Fixiermittel anwenden, d. h. Ingredienzien, die das Anhaften des Geruches an den damit befeuchteten Gegenständen vermehren, den Geruch an diesen Gegenstand fixieren. Bei den alkoholstarken Odeurs verwendet man hiezu in der Hauptsache die wohlriechenden Harze, Moschus usw. in ihren Lösungen (Infusionen) in Alkohol. Die Verwendung von Harzen ist jedoch bei alkoholfreien Parfums ausgeschlossen; die Harze selbst lösen sich in Wasser nicht und ihre alkoholischen Lösungen geben mit Wasser eine milchige Emulsion, die sich nicht wieder klären läßt. Moschus zu verwenden verbietet meist der zu erzielende Preis. Als Fixierungsmittel nimmt man daher ein dem Pflanzenreich entstammendes, an den Moschus erinnerndes Produkt, den Abelmoschussamen. Man zerstößt die Körner im Porzellanmörser und gibt sie in ein bedecktes Gefäß mit kochendem Wasser; hierin kocht man sie zirka 1 Stunde. Auf 1 kg Körner nimmt man zirka 10 kg Wasser und erhält hieraus eine ganz kräftig riechende Lösung bzw. Abkochung. Diese läßt man dann einige Tage stehen, wonach sie klar filtriert wird.

Auf dieselbe Art muß man sich dann weitere Abkochungen herstellen, die als Grundlagen zu verwenden sind und die man alle in dem gleichen Verhältnis 1 : 10 oder auch 1 : 20 anfertigen kann. Hiezu dienen: Patchulikraut, Vetiverwurzel, Sandelholz, Cedernholz, Lavendelblüten, Koriandersamen, frische Rosenblätter. Diese Abkochungen

riechen fast alle sehr kräftig und sind bei der Herstellung der alkoholfreien Parfums gut zu verwenden.

Ausgesprochene Gerüche lassen sich in ganz geringer Ware wenige
herstellen, wenigstens nicht gerade die bekannten Gerüche, wie Veilchen
und Maiglöckchen, dagegen Phantasie-Kompositionen, die alle möglichen Namen führen können. Ausgesprochene Gerüche ergeben sich
für: Patchuli, Flieder, Hyazinthe, Orange, Tuberose, Rose, Heliotrop
und Vanille. Hiebei stehen uns die künstlichen Riechstoffe hilfreich
zur Seite und ermöglichen uns gar vieles, was ohne ihre Existenz einfach
unmöglich wäre.

Beginnen wir nun mit der Herstellung einiger alkoholfreier Parfums.
Zuerst das in alkoholfreier und alkoholschwacher Ware bekannteste:

Patchuliwasser

Patchulikraut, Penang .   1 kg
Wasser . . . . 10—15 kg

werden 1 Stunde im bedeckten Gefäße gekocht, dann absetzen gelassen
und durch ein Tuch filtriert, so daß das ausgekochte Kraut und etwaiger
Schmutz zurückbleiben. Dieser Mischung setzt man dann noch ½ kg
Abelmoschussamen-Abkochung zu und 5 bis 10 g Patschuliöl, gelöst
in 200 g Alkohol, ferner 100 g Salicylsäure oder deren Lösung in Wasser.
Hierauf läßt man das Ganze wenn möglich nochmals aufkochen und
gibt das Gemenge in ein gut verzinntes Gefäß. In dieses bringt man
noch zirka 300 bis 500 g Kaolinerde oder 100 g kohlensaure Magnesia
hinein, rührt das ganze tüchtig durch, deckt den Behälter gut zu und
überläßt die Mischung sich selbst für die Dauer von zirka 4 Wochen.
Alsdann filtriert man über kohlensaure Magnesia und färbt mit
Smaragdgrün.

Dieses Wasser dient zugleich auch als Grundlage und Fixierungsmittel, wozu dann noch weiter kommen:

Iriswasser

Iriswurzel, ff., pulv. . . . . . . 2 300 g
Dest. Wasser . . . . 10 000 g

Man lasse im geschlossenen Gefäß tüchtig kochen, bringe nach dem
Abkühlen ins Standgefäß, setze 10 g Salicylsäure, in Wasser gelöst,
hinzu, lasse unter täglichem Schütteln 14 Tage lagern und gieße hierauf
ab, wonach das Wasser fertig zum Gebrauch ist. Es hat einen angenehmen
veilchenartigen Geruch.

Yara-Yarawasser

Yara-Yara oder Bromelia . .   50 g
Dest. Wasser . . . . 4000 g
Salicylsäure, in etwas Wasser
    gelöst . . . .   10 g

Nerolin löst sich nur wenig, aber gibt bei längerem Kochen im
bedeckten Gefäß doch einen guten Geruch an Wasser ab; nach dem

Abkühlen setze man die gelöste Salicylsäure zu und filtriere nach 3wöchigem Lagern.

Moschuswasser

Moschus, künstl. (Keton, Xylol oder Ambrette) ..	40 g
Dest. Wasser	4000 g
Salicylsäure, gelöst	10 g

Man verreibe den künstlichen Moschus unter Zusatz von 10 g trockener Pottasche zu einem staubfeinen Pulver. Verfahren wie vorher. Die beim Yara-Yara- und Moschuswasser auf dem Filter zurückbleibenden, nicht gelösten Teile können nach dem Trocknen zu Sachets verarbeitet werden.

Hyazinthwasser

I.		II.	
Hyazinthin (Phenyl-acetaldehyd)......	15 g	Abelmoschuswasser..	3000 g
Dest. Wasser	4000 g	Lavendelblütenwasser	10000 g
Salicylsäure, gelöst..	5 g	Hyazinthin.........	20—30 g
		in Alkohol gelöst....	200 g
		Salicylsäure	50 g
		Gelblich gefärbt.	

Moschuskörnerwasser

Abelmoschussamen	600 g
Dest. Wasser	4000 g
Salicylsäure, gelöst	15 g

Man lasse die Moschuskörner durchs Walzwerk gehen, um sie vollständig zu zerquetschen, bringe die Masse in ein emailliertes Geschirr mit dichtschließendem Deckel (also in einen Emaillekochtopf) und gebe nun das kochende destillierte Wasser zu, rühre gut durch, setze die 15 g Salicylsäure zu und lasse die Mischung gedeckt im Warmbade oder Wärmofen 2 bis 3 Tage unter öfterem Durchrühren stehen, dann kühle man ab und filtriere.

Flieder

Moschuskörnerwasser ...	3000 g	in Alkohol gelöst.......	300 g
Lavendelblütenwasser ...	10000 g	Salicylsäure, gelöst	50 g
Terpineol..............	50—80 g	Mit Fliederfarbe bläulich gefärbt.	

Jasminblütenwasser

Jasminöl, künstl..........	15 g	Yara-Yarawasser	300 g
Ambrettemoschus	1 g	Iriswasser	300 g
Solution Lemanol, *T. M.* (1 : 50)	100 g	Dest. Wasser	2000 g
Hyazinthwasser	300 g	Salicylsäure, gelöst	5 g

Rosenblütenwasser

Geraniumöl, künstl.	25 g	Hyazinthwasser	150 g
Cumarin................	5 g	Dest. Wasser	2300 g
Heliotropin	3 g	Salicylsäure, gelöst	5 g
Moschuskörnerwasser	450 g		

Veilchenblütenwasser

Jonon...................... 10 g ⎫ mit zirka 50 g kohlensaurer Ma-
Bergamottöl .... 10 g ⎬ gnesia im Mörser verrieben
Ylang-Ylangöl, künstl. ...... 5 g ⎭

Heliotropin .... 10 g
Iriswasser .... 2600 g
Moschuswasser .... 200 g
Moschuskörnerwasser ..... 200 g
Salicylsäure, gelöst .... 5 g

Heliotrop

Während Flieder und Hyazinthe gerade wie Patchuli hergestellt
werden, muß man bei Heliotrop etwas vorsichtiger zu Werke gehen
und hiebei einen Verlust von Heliotropin gleich in Rechnung stellen,
der jedoch dadurch vermindert werden kann, daß man das herum-
schwimmende Heliotropin abfängt, sofort in Alkohol wirft und alsdann
zu alkoholstarken Odeurs billigerer Sorte weiterverwendet.

Man gibt 20 g Heliotropin in 500 g Wasser unter Beifügung von
100 g Alkohol. Dieses Gemenge füllt man am besten in eine Kochflasche
und erhitzt es auf einem Gasbrenner zum Kochen. Das Heliotropin
löst sich nur ganz verschwindend wenig, gibt jedoch an das Wasser
während des Kochens viel von seinem Geruch ab. Nach gutem Durchkochen läßt man das Gemisch einige Minuten ruhig stehen, in welcher
Zeit sich das nicht gelöste Heliotropin zu Boden schlägt. Man gießt
dann die Mischung vorsichtig ab und gibt in die Flasche 100 bis 200 g
guten Alkohol, worin das restierende Heliotropin gelöst wird, welche
Lösung dann zu anderen Waren Verwendung findet. Der erhaltenen
Mischung fügt man bei:

Moschuskörnerwasser .... 3000 g
Lavendelblütenwasser .... 10 000 g
Jasminwasser .... 2 000 g

Das Jasminwasser stellt man her, indem man 10 g Jasmin,
künstlich, in 100 g Alkohol löst und diese Lösung zu 10 000 g kochendem
Wasser, in welchem 10 g Salicylsäure gelöst wurden, zufügt.

Man färbe das Heliotropodeur nur mit etwas Safran leicht ins
Gelbliche.

Vanilleodeur

stellt man auf ganz gleiche Weise her unter Verwendung von Vanillin.
Dieses löst sich leichter im Wasser (8 : 1000) und wird in diesem Verhältnis angesetzt.

Bei den erhaltenen Heliotrop- und Vanilleodeurs stellt sich allmählich eine Färbung ein, welche bis ins Rötliche oder Braune geht,
besonders wenn die Ware dem Licht ausgesetzt ist, ein Umstand, der
auch bei alkoholstarken Odeurs vorkommt.

Sonst weiter verlangte Gerüche kann man mit Hilfe der einzelnen
Abkochungen zusammenstellen, besonders wenn es sich um Kompo-
sitionsodeurs handelt, wie Jockey-Club, Reseda, Millefleurs, Frühlings-
düfte usw.

Je nach den für die fertige Ware gezahlten Preisen kann man die Parfums stärker und schwächer machen; ersteres durch Verwendung der guten Orangen- und Rosenwässer, letzteres durch Hinzufügen von gewöhnlichem Wasser. Eine genaue Berechnung des Kostenpunktes tut daher vor allen Dingen gleich zu Anfang sehr not; denn gar oft könnte sich das Resultat zeigen, daß man trotz Anwendung von billigen alkoholfreien Parfums doch nicht an den limitierten Preis herankommt. Eine Herstellung der alkoholfreien Waren rentiert sich, wie bereits bemerkt, auch nur dann, wenn man fortwährend und reichlich darin Absatz hat.

Am rentabelsten gestaltet sich die Verwendung alkoholfreier Blütenwässer und Abkochungen bei den Toilettewässern, wie: Floridawasser, Canangawasser, Divinawasser, Lavendelwasser. Diese sind alle in Gläsern von größerem Inhalt am Markte und daher ist die Preisdifferenz gegen alkoholhaltige Ware sehr bedeutend. Allerdings spielt hiebei auch die Fracht wieder eine große, ja fast die größte Rolle, so daß man diese Ware fast nur an den Hafenplätzen herstellen kann oder allenfalls noch an Plätzen des Inlandes, denen eine gute Wasserstraße zur Verfügung steht.

Da wir nun gerade bei den alkoholschwachen und alkoholfreien Parfums sind, wollen wir deren wichtigste Sorten, die Toilettewässer gleich mit anführen, während die übrigen Toilettewässer erst später vorgeführt werden.

Die alkoholfreien Toilettewässer stellt man wie folgt her:

Floridawasser

Abelmoschuswasser	3000 g
Sandelholzwasser	20000 g
Bergamottöl[1]	10 g
in Alkohol gelöst	200 g
Pfefferminzkrautwasser	5000 g
Salicylsäure	100 g

Canangawasser

Abelmoschuswasser	3000 g
Orangenwasser, verschnittenes (1 : 1)	20000 g
Canangaöl	25 g
in Alkohol gelöst	200 g
Leichtes Rosenwasser (verschnitten 10 : 1)	10000 g
Salicylsäure	100 g

Divinawasser

Abelmoschuswasser	3000 g
Rosenwasser, verschnittenes (10 : 1)	20000 g
Vetiverwasser	10000 g
Patchuliwasser	1000 g
Jasminwasser	1000 g
Salicylsäure	100 g

Lavendelwasser

Abelmoschuswasser	3000 g
Rosenwasser, verschnittenes (10 : 1)	20000 g
Lavendelöl	100 g
Rosmarinöl	25 g
in Alkohol gelöst	200 g
Salicylsäure	70 g

Diese Toilettewässer bilden einen großen Exportartikel nach allen tropischen Ländern und müssen in ihrer Ausstattung den gangbaren Sorten angepaßt werden.

Eau de Cologne

(Über die Herstellung von alkoholschwachem Eau de Cologne sind Angaben im nächstfolgenden Abschnitt enthalten.)

---

[1] Oder 5 g Bergamottöl, tsf.

Eau de Cologne.

„Kölnisches Wasser" oder Eau de Cologne ist eines der ältesten und bekanntesten Toilettewässer, auf dessen Erfindung verschiedene Ansprüche geltend gemacht worden sind und noch heute gemacht werden. Nach Einigen soll der Italiener Johann Maria Farina, geb. 1685 zu Santa Maria-Maggiore, der Erfinder sein. Dieser kam dann nach Köln, um Handel mit Parfumerien zu treiben, deren Herstellung schon damals in Italien in hoher Blüte stand, und erfand daselbst um 1709 die Bereitung des Kölnischen Wassers. Das Geheimnis derselben vererbte sich auf seine Nachkommen, die den Namen „Johann Maria Farina, gegenüber dem Jülichsplatz" führten und noch heute führen.

Andere wieder behaupten, daß das Eau de Cologne überhaupt nicht in Köln erfunden sei, sondern von Paul de Feminis von Mailand um 1690 nach Köln gebracht und dort verkauft wurde. Feminis hinterließ sein Geheimnis seinem Neffen Farina, Johann Anton, der dann seiner Firma den Zusatz „zur Stadt Mailand" gab.

Eau de Cologne war bereits in der Mitte des 18. Jahrhunderts ein sehr beliebter und begehrter Artikel, so daß sich auch andere unternehmende Leute dessen Herstellung zuwandten. Da jedoch schon damals sehr viel auf den Namen „Farina" gesehen wurde, zog man Leute mit diesem Namen, deren es in Italien eine ganze Menge gibt, nach Köln und nahm diese für kurze Zeit in die Firma auf, um den Namen „Farina" führen zu dürfen.

Die Berechtigung zur Führung dieser weltbekannt gewordenen Firma ist von den einzelnen Familien unter sich wie auch gegen andere in zahlreichen und sehr kostspieligen Prozessen bestritten worden, doch konnte nur wenigen die effektive Berechtigung abgesprochen werden; unter diesen Firmen befinden sich einige mit der Zeit sehr groß gewordene Häuser, die tatsächlich eine ganz vorzügliche Ware auf den Markt bringen.

Welche Farina-Firma nun heute das wirklich echte Kölnische Wasser herstellt, ist immer noch eine offene Frage, doch streiten sich hauptsächlich drei Firmen darum: Johann Maria Farina, gegenüber dem Jülichsplatz, Johann Maria Farina, Jülichsplatz 4 und Farina „zur Stadt Mailand", doch haben alle drei eine ganz gleichwertige, vorzügliche Ware.

Das Geheimnis der Zusammensetzung des Eau de Cologne ist jedoch mit der Zeit auch bekannt geworden und, wenn auch kleine Abweichungen in den einzelnen Rezepten sein werden, so ist doch im großen und ganzen die Herstellung bekannt. Der größte Vorzug für die Qualität liegt darin, daß nur allerfeinster Alkohol Verwendung findet und daß das fertig zusammengesetzte Produkt ein langes Lager haben kann — wenn möglich einige Jahre — und hiebei eine fachmännische Behandlung findet, gerade wie edle Weine. Hiezu ist nun allerdings nicht jeder Fabrikant in der Lage und besonders für kleine Fabrikanten ist es fast eine Unmöglichkeit, so daß ihr Produkt schon mit dem Erscheinen wieder eingeht, da es den Vergleich mit der alten Ware in den seltensten Fällen aushalten kann.

Wer sich einmal an eine Sorte Eau de Cologne gewöhnt hat, nimmt so leicht keine andere; am schwersten wird ein Wechsel hierin dann empfunden, wenn man z. B. bei Krankheitsfällen behufs Erfrischung des Kranken zur Reinigung der Zimmerluft die gewohnte Sorte Eau de Cologne nicht zur Hand hat und eine andere zu nehmen gezwungen ist.

Später hat man eine Neuerung auf dem Gebiete der Eau de Cologne-Fabrikation gebracht, indem man Blumen-Eaux de Cologne herstellte. Sie lassen durch den einfachen Duft des Eau de Cologne noch den ausgesprochenen Duft einer Blume dringen, kommen jedoch nicht entfernt so sehr in Aufnahme, wie die alte, bewährte Ware, auch befassen sich, soweit es bekannt ist, die oben genannten Firmen nicht damit. Diese stellen nach wie vor nur eine Hauptsorte Eau de Cologne her, jetzt aber auch Chypre- und Ambra-Eaux de Cologne.

Die künstlichen Riechstoffe sind auch hier von ganz vorzüglicher Verwendbarkeit und es kommt dabei besonders das künstliche Neroliöl in Frage. Dieses Neroliöl, d. i. künstliches Orangenblütenöl, kommt seit dem Jahre 1895 in den Handel und hat sich als wertvoller Ersatz des echten Neroliöles erwiesen. Daß es einem so gefährlichen Rivalen des französischen Produktes nicht an Anfeindungen fehlt, ist leicht begreiflich, allein die Tatsache, daß das künstliche Neroliöl ein dem natürlichen fast ebenbürtiges Produkt ist, läßt sich nicht wegleugnen. Ein schlagender Beweis für seine Güte und Gediegenheit ist die ungemein große Verwendung des künstlichen Neroliöles. Bei seiner Verarbeitung ist zu berücksichtigen, daß es um etwa 10% ausgiebiger ist als das französische Naturprodukt. Wichtig ist auch, daß der Parfumeur durch das synthetische Produkt aller Preis- und Qualitätsschwankungen überhoben ist. Es soll aber trotz alledem hier doch nicht verschwiegen werden, daß die mit künstlichem Neroliöl hergestellten feinen Eaux de Cologne eine etwas verschiedene Nuance von den mit echtem Öl hergestellten aufweisen.

Dem für die Eau de Cologne-Fabrikation so sehr wichtigen synthetischen Bergamottöl sollen hier einige Zeilen gewidmet sein.

Das furchtbare Unglück, welches Ende Dezember 1908 über Messina und Kalabrien hereinbrach, hat bekanntlich gerade diejenigen Regionen am allermeisten betroffen, in denen das Bergamottöl, jenes für den Parfumeur so ungemein wichtige ätherische Öl, gewonnen wird. Ein großer Teil der Pflanzgärten ist vernichtet worden und auch ziemlich bedeutende Bestände an Öl sind verloren gegangen, wenngleich sich nach und nach doch herausgestellt hat, daß die Öllager wohl nicht als so groß anzusehen waren, wie man unter dem ersten Eindruck der gräßlichen Katastrophe anzunehmen geneigt war.

Die erste Folge des Unheils war nun natürlich eine wilde Preistreiberei für Bergamottöl.

Sofort nach der großen Hausse in Bergamottöl wurde versucht, diesen für die Parfumerie so eminent wichtigen Artikel zunächst wenigstens einigermaßen zu ersetzen. Man gelangte so zur Verwendung des Linalylacetats in größerem Umfange in geeigneten Gemischen als künstliches Bergamottöl im Handel, doch war dies wieder nicht überall möglich. Besonders die Fabrikanten von feinem Eau de Cologne haben das künstliche Bergamottöl nicht allgemein aufgenommen, sondern lieber wesentlich höhere Preise für das natürliche Öl angelegt, um ein stets gleichmäßiges Erzeugnis in den Handel zu bringen. Als Hauptträger des Bergamottgeruches ist allerdings das Linalylacetat in geeigneten komplexen Gemischen (nicht etwa allein verwendet) wie kein anderer Körper berufen, als guter Ersatz für Bergamottöl zu dienen.

So wird es denn mit Freuden begrüßt, daß jetzt künstliches Bergamottöl in so hoher Vollendung an den Markt gebracht worden ist, das selbst hohen Ansprüchen genügen kann. Sein Geruch ist fast völlig identisch mit dem des natürlichen Öles und verändert sich auch nach dem Verarbeiten gar nicht. Es kann sogar für die recht empfindlichen feinen Gerüche des guten Eau de Cologne verwendet werden, was gewiß schon ein großer Vorteil ist.

Sind auch künstliche Bergamottöle bereits seit langer Zeit am Markte, so waren doch in dem Gesamtergebnis ihrer Verwendbarkeit mehrere störende Momente vorhanden, die der Verarbeitung im Großen hindernd im Wege standen. Zunächst stand ihre Ausgiebigkeit in keinem Verhältnis zu ihrem Preise. Dann stellte sich nach der Verarbeitung des einen oder andern der künstlichen Bergamottöle ein fader, schaler Geruch ein, der unangenehm wirken mußte.

Die jetzt im Handel erschienenen künstlichen Bergamottöle haben alle diese Mängel nicht, ist auch der Preis wesentlich billiger als jener des natürlichen Öls. Dabei ist das synthetische Öl an Ausgiebigkeit und Geruchsstärke dem natürlichen ziemlich gleich zu achten, was jedoch nur für gute Sorten zutrifft. Versuche mit dem neuen synthetischen Bergamottöl sind selbst in feinem Eau de Cologne sehr günstig ausgefallen, wie denn auch alle mit dem Produkt gearbeiteten Arten von Parfumerien sich wenig oder gar nicht von den mit natürlichem Öl hergestellten unterscheiden. Man kann das synthetische Bergamottöl in genau der gleichen Quantität wie das natürliche in den Vorschriften zur Herstellung von Parfumkompositionen einsetzen, doch da, wo Sparsamkeit besonders geboten erscheint, kann man bis zu 15% weniger verwenden, ohne allzu große Schädigung am Gesamtgeruchsresultat zu bemerken. Es sind aber auch viele minderwertige künstliche Bergamottöle im Handel, so daß Vorsicht geboten ist.

Aber auch für Toiletteseifenparfums ist das künstliche Bergamottöl von großer Wichtigkeit. Es hält sich in den Seifen ganz vorzüglich und kommt schön zur Geltung, so daß man hier in mancher Beziehung einen vollen Ersatz für das Naturöl gefunden zu haben scheint. Soweit bis jetzt zu beobachten war, haben sich die mit dem neuen synthetischen Bergamottöl parfumierten Toiletteseifen am Lager nicht im geringsten im Geruch geändert. Derselbe ist rein und angenehm geblieben. Die Verwendung des synthetischen Öles ist daher auch hier recht sehr zu empfehlen.

Es hat somit den Anschein, daß gerade für die Parfumerie ein vollwertiger Ersatz für das natürliche Bergamottöl gefunden ist.

7*

In der Herstellungsweise des Eau de Cologne hat sich nichts geändert, nur die Ingredienzien sind teilweise andere geworden, bedingt
durch die Verwendung der künstlichen Riechstoffe. Für Alkohol ist
stets feinster Alkohol, 95%ig zu verwenden. Das Wasser fügt man
bei den einzelnen Vorschriften stets vor dem Lösen der ätherischen
Öle zu. Diese Art des Wasserzusatzes ist die einzige, die unerwünschte
Trübungen, die das Filtrieren erschweren, vermeiden läßt. Erstaunlich ist es, daß man, speziell in der modernsten Literatur, Vorschriften findet, die zuerst die ätherischen Öle in Alkohol lösen und
dann das Wasser zufügen lassen.

Schreiten wir nun zur Herstellung von Eau de Cologne in verschiedenen Qualitäten nach verschiedenen Vorschriften, die sich aber natürlich immer wieder ähneln.

Modernes Eau de Cologne

Alkohol	950 ccm
Wasser	150 ccm
Neroliöl, bigar.	4 g
Petitgrainöl	1 g
Bergamottöl	10 g
Citronenöl	5 g
Portugalöl	5 g
Rosmarinöl	2,5 g
Lavendelöl	2,5 g
Benzoetinktur	5 g
Moschustinktur	1 g
Rosenöl, bulgar.	0,1 g
Iristinktur	2 g
Ylang-Ylang	0,05 g

Eau de Cologne supérieure

Alkohol	30 000 g
Neroliöl, bigar.	100 g
Rosmarinöl	50 g
Citronenöl	150 g
Bergamottöl	50 g
Portugalöl	150 g

Eau de Cologne des Princes

Alkohol	30 000 g
Rosmarinöl	30 g
Mitcham-Lavendelöl	100 g
Bergamottöl, terpenfrei	200 g
Citronenöl, terpenfrei	200 g
Neroliöl, *Sch. & C.*	100 g
Petitgrainöl	50 g

Eau de Cologne, fein

Alkohol	30 000 g
Rosmarinöl, fein	30 g
Lavendelöl, fein	130 g
Rosengeraniumöl	50 g
Bergamottöl	570 g
Citronenöl	100 g
Citral	30 g
Neroliöl, künstl.	130 g
Petitgrainöl	225 g
Isoeugenol	2 g
Zimtöl, ff.	2 g
Dest. Wasser	3000 g

Eau de Cologne I

Alkohol	30 000 g
Petitgrainöl	60 g
Neroliöl, künstl.	25 g
Lavendelöl	20 g
Rosmarinöl	50 g
Bergamottöl	120 g
Citronenöl	120 g
Geraniumöl	20 g

Eau de Cologne II

Alkohol	30 000 g
Bergamottöl, synth.	300 g
Citronenöl	300 g
Lavendelöl	20 g
Rosmarinöl	50 g
Petitgrainöl	100 g
Neroliöl, künstl.	25 g

Eau de Cologne III

Alkohol	30 000 g	Geraniumöl	50 g
Mitcham-Lavendelöl	150 g	Citral	30 g
Neroliöl, *Sch. & C.*	120 g	Linalylacetat	50 g
Orangenblütenöl, künstl.	20 g	Citronenöl	50 g

Eau de Cologne, double

Alkohol	5000 g	Rosmarinöl	30 g
Petitgrainöl	40 g	Lavendelöl	30 g
Neroliöl, künstl.	35 g	Rosenwasser	60 g
Bergamottöl	30 g	Orangenblütenwasser	160 g
Portugalöl	15 g	Citral	10 g
Citronenöl	15 g		

Eau de Cologne

I

Alkohol	5000 g	Neroliöl, künstl.	20 g
Bergamottöl	220 g	Rosmarinöl	5 g
Citronenöl	75 g	Lavendelöl, franz.	5 g

Die Öle werden in Alkohol gut gelöst, einige Tage unter öfterem Durchschütteln stehen gelassen, sodann noch zirka 10 g Essigsäure hinzugesetzt und nach einiger Zeit filtriert.

II

Alkohol	5000 g
Lavendelöl, franz.	35 g
Citronenöl	30 g
Portugalöl	30 g
Neroliöl, künstl.	15 g
Bergamottöl	60 g
Petitgrainöl	10 g
Rosmarinöl	4 g
Orangenblütenwasser	700 g
Methylanthranilat	3 g

IV

Alkohol	5000 g
Bergamottöl	60 g
Portugalöl	30 g
Citronenöl	30 g
Citral	3 g
Lavendelöl, ff.	15 g
Neroliöl, künstl.	25 g
Rosmarinöl	20 g
Thymianöl	1 g
Orangenblütenwasser	250 g

III

Alkohol	5000 g
Neroliöl, künstl.	70 g
Rosmarinöl	35 g
Bergamottöl, synth.	35 g
Portugalöl	20 g
Citronenöl	15 g

V

Alkohol	5000 g
Citronenöl	40 g
Pomeranzenöl	40 g
Geraniol	10 g
Bergamottöl	80 g
Petitgrainöl	7 g
Rosmarinöl	7 g
Neroli, künstl.	20 g

VI

Alkohol	5000 g	Citronenöl	40 g
Bergamottöl, synth.	100 g	Mandarinenöl	8 g
Melissenöl	15 g	Lavendelöl	8 g
Rosmarinöl	10 g		

Vor Jahren hat die englische Firma Stephan Smith & Co. einen Preis für die beste Vorschrift zu Kölnischem Wasser ausgesetzt und auf diesem Wege eine wirklich vorzügliche Vorschrift erlangt, die sie veröffentlichte. Diese lautet wie folgt:

<pre>
Bergamottöl . . . .   800 g
Citronenöl . . . .   400 g
Neroliöl . . . .   80 g
Origanumöl . . . .   20 g
Orangenblütenwasser . . . . 3000 g
Alkohol . . . . 30200 g
</pre>

und ergibt eine vorzügliche Ware, die auch hohen Ansprüchen genügt.

Blumen-Eau de Cologne.

Hiezu setzt man sich gewöhnlich ein leichtes Eau de Cologne zusammen, etwa wie folgt:

<pre>
Alkohol . . . . 30000 g
Bergamottöl, synth. . . . . .   400 g
Citronenöl . . . .   200 g
Neroliöl, künstl. . . . .   100 g
Lavendelöl . . . .   50 g
Petitgrainöl . . . .   20 g
Rosmarinöl . . . .   50 g
Citral . . . .   5 g
Methylanthranilat . . . .   10 g
Orangenblütenwasser . . . . 3000 g
</pre>

Indem man vorstehende Komposition zur **Grundlage**[1] nimmt, stellt man die verschiedenen Gerüche wie folgt her:

Flieder-Eau de Cologne

<pre>
Grundkomposition . . . . . . 10000 g
Terpineol . . . .   250 g
Jasmin, künstl. . . . .   80 g
Aubépine . . . .   20 g
Heliotropin . . . .   5 g
</pre>

Hyazinthen-Eau de Cologne

<pre>
Grundkomposition . . . . . . 10000 g
Jacinthea, *N. & C.* . . . . . .   80 g
Linalool rosé . . . .   10 g
Geraniumöl . . . .   10 g
</pre>

Maiglöckchen-Eau de Cologne

<pre>
Grundkomposition . . . . . . 10000 g
Linalool . . . .   200 g
Jasmin, künstl. . . . .   80 g
Maiglöckchenblütenöl . . . . 5—10 g
</pre>

Pfirsich-Eau de Cologne

<pre>
Alkohol . . . . 7500 g
Bergamottöl, synth. . . . . . .   100 g
Citronenöl . . . .   100 g
Lavendelöl ff. . . . .   20 g
Petitgrainöl . . . .   20 g
Thymianöl, weiß . . . .   10 g
Neroliöl, echt . . . .   15 g
Isoeugenol . . . .   1 g
Ess. de Pêche . . . .   35 g
Rosmarinöl ff. . . . .   10 g
</pre>

Reseda-Eau de Cologne

<pre>
Grundkomposition . . . . . . 10000 g
Resedageraniol, *Sch. & C.* . .   100 g
Resedaöl, künstl. *H. & C.*   20 g
</pre>

Rosen-Eau de Cologne

<pre>
Grundkomposition . . . . . . 10000 g
Rosenholzöl . . . .   100 g
Rosengeraniol . . . .   100 g
Rosenöl, künstl., *H. & C.* . .   20 g
</pre>

---

[1] Selbstverständlich kann man sich auch einer andern Grundlage bedienen oder, wie dies auch teilweise nachstehend geschehen ist, sich spezielle Vorschriften für die einzelnen Gerüche ausarbeiten.

<table>
<tr><td>Syringa-Eau de Cologne</td><td>Veilchen-Eau de Cologne</td></tr>
</table>

Grundkomposition	...... 10000 g		Grundkomposition	...... 10000 g
Jasmin, künstl., *L. G.* ...	20 g		Jonon	80 g
Syringablütenöl, *H. & R.*.	90 g		Violette Feuilles	6 g
Aubépine	5 g		Jasminöl, *Sch. & C.*	3 g

Die Blumen-Eaux de Cologne sind ein wenig feiner Artikel und nur in der ordinären Parfumerie von Bedeutung. Sie werden heute auch nur von speziellen Abnehmerkreisen gekauft und sind praktisch gesprochen eine Geschmacksverirrung.

Dagegen sind in der modernen Parfumerie gewisse Sorten Phantasie-Eaux de Cologne, wie Eau de Cologne Russe, Eau de Cologne Ambrée und Eau de Cologne Chypre von ganz hervorragender Bedeutung.

Eau de Cologne Russe.

Diese rein konventionelle Bezeichnung kann keinesfalls als Provenienzbezeichnung aufgefaßt werden, also etwa dahingehend, daß dies Spezial-Eau de Cologne nach einem bestimmten in Rußland zuerst hergestellten Typ bereitet würde, wie es erst unlängst versucht wurde, glaubhaft zu machen.

Praktisch gesprochen, ist das „Russische" Eau de Cologne ein Phantasieprodukt, das je nach dem Hersteller ganz erheblich verschieden aufgefaßt werden kann.

Einigermaßen charakteristisch für dieses Präparat ist eine kräftig balsamische Note, ebenso Vanilletöne und Moschus-, bzw. Ambranoten. In vielen Fällen tritt auch eine mehr oder minder ausgesprochene Nelkennote hinzu, eventuell auch Rose und Cumarin. Manche Produkte dieser Art weisen auch eine Chyprenote auf (Eichenmoos, Sandelöl usw.), kurz, der Phantasie des Herstellers ist hier ein weiter Spielraum gelassen.

Die herberen Sorten zeigen häufig auch eine Note Peau d'Espagne, Cuir de Russie (Juchten), die aber nur schwach zum Ausdruck kommt. Für solche wird auch Castoreumtinktur mitverwendet.

Eau de Cologne Russe

Alkohol	4,5 l		Bergamottöl	40 g
Wasser	0,5 l		Citronenöl	20 g
Vanilletinktur	150 g		Portugalöl	20 g
Tolutinktur	250 g		Rosmarinöl	4 g
Vanillin	5 g		Lavendelöl	6 g
Castoreumtinktur	35 g		Mandarinenöl	2 g
Ambrettmoschus	20 g		Neroliöl, künstl.	12 g
Cumarin	1 g		Resinoid Eichenmoos	0,5 g
Methyljonon	0,5 g		Ambra W., *Sch. & C.*	10 g
Nelkenöl	2 g		Ambron, *Sch. & C.*	5 g

Eau de Cologne Russe Impériale

Alkohol	1500 g	Rosenöl, bulgar.	0,3 g
Wasser	250 g	Vanillin	2,5 g
Kosmoflor Moscovita,		Lavendelöl	3 g
Sch. & C.	12 g	Ambrettemoschus	4 g
Nelkenöl	0,7 g	Ambra W., *Sch. & C.*	4 g
Bergamottöl	15 g	Ambron, *Sch. & C.*	3 g
Citronenöl	7 g	Tolutinktur	75 g
Portugalöl	3 g	Vanilletinktur	50 g
Mandarinenöl	1 g	Castoreumtinktur	15 g
Neroli, künstl.	3 g		

Eau de Cologne Ambrée

Eau de Cologne, 85%	1 l	Moschustinktur	10 g
Ambrettemoschus	5 g	Vanilletinktur	15 g
Vanillin	4 g	Tolutinktur	15 g
Ambre A., *Ama*	3 g		

Eau de Cologne Impériale Ambrée   ### Eau de Cologne Chypre II

Ambrettemoschus	6 g	Eau de Cologne	1 l
Vanillin	4 g	Alkohol	900 ccm
Ambre W., *Sch. & C.*	4 g	Wasser	100 ccm
Ambron, *Sch. & C.*	6 g	Extrait Chypre	100 ccm
Castoreumtinktur	10 g	Eichenmoostinktur	20 g
Vanilletinktur	15 g	Sandelöl, ostindisch	1 g
Tolutinktur	25 g	Cumarin	1 g
Äther. Öl Labdanum	1,5 g	Vetiveröl	0,5 g
Eichenmoos, absol.	0,3 g	Ess. Chypre, comp.	6 g
Rosenöl, bulgar.	0,5 g	Iristinktur	50 g
Eau de Cologne, 85%	1,5 l	Castoreumtinktur	10 g
Moschustinktur	15 g	Solution Patchuli	3 g

Eau de Cologne Chypre I   ### Eau de Cologne Chypre Ambrée

Eau de Cologne, 80%	1,5 l	Eau de Cologne 85%	2 l
Chypre comp.	5 g	Ambre A., *Ama*	6 g
Moschustinktur	10 g	Vanillin	2 g
Castoreumtinktur	5 g	Ambrettemoschus	8 g
Eichenmoos, absol.	2 g	Chypre A. 1188, *Sch. & C.*	10 g
Sandelöl, ostindisch	2 g	Moschustinktur	20 g
Cumarin	1,5 g	Ambratinktur	10 g
Patchuliöl	0,2 g	Eichenmoos, absol.	2,5 g
Ambrettemoschus	3 g		

Diese Phantasie-Eaux de Cologne nach Art des Russe, Ambrée oder Chypre bilden in der modernen Parfumerie eine wichtige Spezialität und kann hier der Parfumeur seiner Phantasie die Zügel schießen lassen, um im Rahmen dieser schwül-modernen Noten sehr lukrative Produkte zu schaffen.

So läßt sich auch die Note Chypre ganz ausgezeichnet als Detail für Russes und Ambrées verwenden, ebenso können Phantasiebukettnoten der verschiedensten Art hier mitherangezogen werden, wie Fougère, Foin, Coupé, Peau d'Espagne, Oeillet usw.

Auch die Juchtennote (Cuir de Russie, ebenso Bouvardia usw.) können hier prächtige Effekte geben.

Eau de Cologne au Vinaigre

(Besonders für südliche Klimate
und zum Export bestimmt)

Eau de Cologne .... 10000 g
Essigsäure, 30%ig .... 300 g
Essigäther .... 200 g
Wasser .... 1000 g

Eis-Eau de Cologne (Kopfschmerz-Eau de Cologne)

Für Kompressen usw.

Eau de Cologne ..... 10000 g
Menthol .... zirka 200 g

Die Zugabe von Menthol richtet sich nach der gewünschten Stärke.

Campher-Eau de Cologne

Eau de Cologne III ..... 10000 g
Campher .... 240 g

Besonders in Griechenland wird die Herstellung des Eau de Cologne sehr stark betrieben. Sie ist dort eine Art Hausindustrie und in manchen Familien erben sich die Vorschriften von Geschlecht zu Geschlecht fort.

Griechisches Eau de Cologne

Alkohol .... 7000 g
Petitgrainöl .... 80 g
Citronenöl .... 100 g
Bergamottöl .... 100 g
Neroliöl .... 20 g
Rosmarinöl .... 30 g

Wacholderbeeröl .... 5 g
Thymianöl, weiß .... 20 g
Melissenöl .... 30 g
Ess. Bois de Rhodes ..... 15 g
Orangenblütenwasser ..... 2000 g

Es ist dies eine Vorschrift, nach welcher viele Handelsware hergestellt wird und nach welcher die einzelnen Qualitäten durch Vermehrung oder Umänderung der Quantitäten von Alkohol und Wasser entstehen. Als Verpackung werden die abgerundeten Molanusflaschen gerade wie bei uns verwendet, doch trifft man weit mehr die Abfüllungen in Rollflaschen von 250, 500 und 1000 g. Alle sind sie entsprechend etikettiert und sehen zum Teil sehr sauber aus.

Eau de Cologne simple

(Zirka 50% stark)

Alkohol, 90%ig .... 10000 g
Bergamottöl, synth. ..... 60 g
Citronenöl .... 100 g
Citral .... 20 g

Rosmarinöl .... 10 g
Lavendelöl .... 25 g
Wasser .... 10000 g

Muß einige Zeit sich selbst überlassen bleiben und dann über Kaolinerde filtriert werden.

Es sei nochmals bemerkt, daß alle die vorstehenden Eaux de Cologne aus reinstem Alkohol hergestellt und dann einer Ruhe von mindestens 4 Wochen überlassen werden müssen.

Bade-Eau de Cologne
(Mit Salzzusatz)

Alkohol	10 000 g	Rosmarinöl	10 g
Neroliöl künstl.	5 g	Lavendelöl	10 g
Bergamottöl, synth.	60 g	Wasser	5000 g
Citral	20 g	darin gel. Kochsalz	800—1000 g
Citronenöl	80 g		

Dieses Eau de Cologne wird zur Kräftigung der Nerven bei Bädern verwendet.

Antiseptisches Eau de Cologne.

Ein solches, das an den Wohlgeruch der Fichtennadeln erinnert und besonders als Zimmerparfum geeignet ist, läßt sich nach folgender Vorschrift herstellen:

Antiseptisches Eau de Cologne

Bergamottöl, synth., H. & C.	100 g	Bornylacetat	10 g
Orangenschalenöl	20 g	Benzoetinktur	300 g
Rosmarinöl	20 g	Alkohol	4000 g
Eucalyptol	35 g	Wasser	1200 g

Bornylacetat ist der Geruchsträger der Fichtennadelöle und ungefähr 20mal so stark als diese, viel leichter löslich und von höchst angenehmem Geruch. Die Ersetzung des Citronenöls durch Eucalyptol erhöht die antiseptischen Eigenschaften der Komposition und trägt gleichzeitig zur stärkeren Entfaltung des Fichtennadelgeruches bei.

Eau de Cologne ist ein großer Artikel für den Export. Leider sind die hiezu verlangten Qualitäten oft sehr geringe, die allerdings für die jeweiligen Gegenden völlig genügen. Dazu kommt wieder der hohe Eingangszoll auf alkoholhaltige Produkte in den meisten überseeischen Ländern. Daß man bei diesen Sorten auf die bekannte Streitfrage des echten Kölnischen Wassers nicht einzugehen braucht, versteht sich wohl von selbst, denn dieses ist vom Guten das Beste, während es sich hier vor allen Dingen um „dünnere" Erzeugnisse zu handeln hat.

Man muß sich daher den Namen „Kölnisches Wasser" im vollsten Sinne der naturgetreuen Auslegung zu nutze machen und mit dem „Wasser" beginnen.

Eau de Cologne, leichte Ware

Wasser	50 000 g	Thymianöl, weiß	20 g
Alkohol	30 000 g	Rosmarinöl	20 g
Bergamottöl, tsf.	30 g	Lavendelöl	10 g
Citronenöl, tsf.	50 g		

Man wiegt zuerst den Alkohol ab, setzt das Wasser zu und löst hierin die Riechstoffe, wobei man am besten destilliertes Wasser nimmt. Nur auf diese Weise lassen sich zu hartnäckige Trübungen vermeiden.

Man setzt dann zirka 500 g kohlensaure Magnesia zu und läßt das ganze
Gemenge, nachdem es ordentlich durchgeschüttelt und der Verschluß —
um den gebildeten Gasen ein Entweichen zu gestatten — kurze Zeit
geöffnet war, wenigstens 4 Wochen stehen. Dann wird es filtriert,
wobei man in die Filter etwas kohlensaure Magnesia oder auch Talkum
hineingibt; oft muß 2- bis 3 mal filtriert werden, bis die Ware blank
wird und verkaufsfähig ist.

Etwas besser kann man die Qualität noch machen, indem man
noch 20 kg Alkohol und 10 g Citral zusetzt.

Eine weit bessere Ware erhält man nach folgender Vorschrift.

Eau de Cologne II

Alkohol	23000 g	Rosmarinöl ff.	25 g
Bergamottöl, terpenfrei	50 g	Lavendelöl ff.	50 g
Citronenöl, terpenfrei	50 g	Zimtsäure-Äthylester	25 g
Citral	10 g	Dest. Wasser	27000 g
Thymianöl, rot	15 g		

Immerhin ist dies noch eine billige Ware, die sich für den Export
gut eignet.

Um diesem Eau de Cologne einen ausgesprochenen Blumengeruch zu geben, lasse man Thymian-, Lavendel- und Rosmarinöl
weg und verwende an deren Stelle Terpineol für Flieder-, Hyazinthin
für Hyazinthen-Eau de Cologne usw. Auch läßt sich hieraus durch
Mitverwendung von Fichtennadelöl ein sehr gutes Zimmerparfum
(Ozon-Zimmerparfum) herstellen, welches im Zimmer zerstäubt oder
auf den Ofen zum Verdunsten geschüttet wird und dann die Zimmerluft
ausgezeichnet reinigt und erfrischend auf die Nerven wirkt.

Wie gesagt, ist es sehr vorteilhaft, wenn man diese geringen Sorten
Eau de Cologne längere Zeit lagern lassen kann; auch ist es gut, sie
in größeren Quantitäten anzusetzen, etwa ein Faß von 500 kg und dieses,
wenn es angeht, mindestens 5 bis 8 Wochen im Keller liegen zu lassen.

Werden nun noch geringere Sorten verlangt, so muß man zu den
ganz alkoholschwachen Artikeln greifen; oft jedoch rentiert sich deren
Herstellung kaum, und man sollte erst einmal eine genaueste Kalkulation machen und dabei namentlich die Fracht — falls solche in Frage
kommt — nicht vergessen.

Zu billigem Eau de Cologne wie auch zu Toilette- und Kopfwässern
(Bay Rum) dürfte früher des öfteren Methylalkohol verwendet
worden sein, wenigstens sind die Verkaufspreise für diese Artikel so
niedrige gewesen, dabei der Alkoholgehalt ein verhältnismäßig immer
noch hoher, daß andere Schlüsse nicht möglich sind. Die Verwendung
des Methylalkohols für vorliegenden Zweck ist in der Unkenntnis der
Gefährlichkeit dieses Produktes einerseits geschehen, dann aber auch
im Verfolg der vielen lobpreisenden Ankündigungen von seiten der
Fabrikanten des Methylalkohols. Dabei muß man offen gestehen,
daß man mit dem Methylalkohol immerhin ganz annehmbare Präparate
herstellen konnte, so daß auch gar kein Parfumeur sich darüber Gedan-
ken gemacht haben wird, um so weniger, als ihm die Gefährlichkeit

des Methylalkohols bei gewissem üblen Zusammentreffen von Umständen nicht bekannt war.

Erst nach den Asylistenvergiftungen in Berlin im Dezember 1911 ist man auf die Gefährlichkeit, ja Giftigkeit des Methylalkohols aufmerksam geworden und hat sich auch in der breiten Öffentlichkeit mit dieser Sache eingehend beschäftigt, so daß heute die Verwendung des Methylalkohols zu Parfumerien irgendwelcher Art einem Verbrechen gleich zu achten sein würde, denn das Wort „Leichtsinn" wäre hiefür nicht angebracht. Den Großfabrikanten der Parfumeriebranche, die infolge der Ausfuhrerlaubnis für Branntwein für den Export auch seither niemals in der Lage waren, den billigen Methylalkohol zu verwenden, ist nun wieder die Möglichkeit gegeben, erfolgreich mit den andern Fabriken in Konkurrenz zu treten. Allerdings ist niemals bekannt geworden, daß durch Verwendung von methylalkoholhaltigen Parfumerien oder Kosmetiken jemand zu Schaden gekommen wäre, was seinen Grund darin haben wird, daß gerade die mit Methylalkohol hergestellten Artikel im Alkohol selbst meist reichlich niedrig gehalten worden sind, daher von dem eigentlichen Gift nur ganz minimale Quantitäten enthielten, die Artikel außerdem eigentlich immer nur äußerlich gebraucht werden, wennschon von vielen Seiten behauptet wird, Eau de Cologne werde auch gelegentlich getrunken. Wie weit dies zutrifft, mag dahingestellt bleiben. Auf jeden Fall aber ist es absolut unstatthaft, und strafbar, sich des Methylalkohols zu Parfumerien irgend welcher Art zu bedienen.

Auch der jetzt häufig verwendete Isopropylalkohol gibt nur ganz minderwertige Parfumeriewaren, auch wurden bei seiner Verwendung Hautreizungen beobachtet.

Möglichst

alkoholschwaches Eau de Cologne

herzustellen ist nicht so ganz einfach. Die ätherischen Öle bilden beim Mischen mit großen Quantitäten Wasser milchige Emulsionen und scheiden sich aus. Die Verwendung der terpenfreien und sesquiterpenfreien (tsf.) Öle ist daher sehr zu empfehlen. Man löst sie erst in hochgradigem Alkohol und gibt sie dem Wasser zu oder man verreibt sie tüchtig mit kohlensaurer Magnesia und gibt sie dann zu dem Wasser. Darauf muß dieses Gemisch wenigstens 4 Wochen sich selbst überlassen werden. Auch das Filtrieren ist sehr langwierig, und es verflüchtigt sich hiebei immer ein gewisser Prozentsatz der Riechstoffe. Das Filtrieren geschieht zweckmäßig über kohlensaure Magnesia oder Kaolinerde. Wird das Gemisch nicht klar, dann setzt man etwas Albumin zu; eventuell kann man auch die Filzfilter in Anwendung bringen mit Einlagen von Asbestwatte.

Sehr praktisch ist es, das Wasser zu kochen, die gelösten Riechstoffe hineinzugießen und den Kochapparat fest zu verschließen. Es hat dann ein nochmaliges Aufkochen zu erfolgen und darnach läßt man das Produkt erkalten. Das durch die Hitze ausgedehnte Wasser zieht sich hiebei auf sein natürliches Volumen zusammen und schließt dabei die Riechstoffe zum Teil in sich ein. Auch diese Ware läßt man dann einige

Zeit lagern, bevor man filtriert. Man muß beachten, daß man nicht zu viel Riechstoffe verwendet, da 10 l Alkohol von 92% und 30 l Wasser nur ein Quantum von zirka 8 bis 9 ccm Riechstoffen aufnehmen, den überschüssigen Mehrgehalt jedoch ausscheiden. Die Herstellung auf heißem Wege zeigt jedoch in den meisten Fällen, daß ein größeres Quantum, bis zu 12 ccm, aufgenommen wird, bisweilen noch mehr.

Festes Eau de Cologne.

Bisweilen werden auch, speziell für Reiseausrüstungen, sogenannte feste Eau de Cologne-Artikel verlangt. Alfred de Bizarel empfiehlt hiefür folgendes Verfahren:

In einem geeigneten Kessel wird ein Gemenge von 25 kg Stearin, 55 kg gebleichtem Palmöl und 20 kg Rizinusöl auf 50⁰ C erwärmt und 50 kg Natronlauge von 38⁰ Bé. sowie 60 kg Alkohol zugefügt. Man arbeitet gut durch und setzt dann bei 40⁰ C noch eine Lösung von 20 kg ungebläutem Zucker in 20 kg Wasser, vermischt mit 10 kg Glycerin, zu. Nach dem Erkalten erhält man eine harte Pasta, von der man unter Erwärmen 20 g in je 1 kg des festzumachenden Eau de Cologne auflöst. Man läßt die Masse dann in kleinen Formkästen erstarren und schneidet sie in Stücke von der gewünschten Größe.

Auf diese Weise kann man auch alle Arten von Parfums festmachen und da diese festen Parfums leicht brennbar sind, kann man auch leicht neue Räuchermittel auf diesem Wege schaffen, besonders wenn man reichlich wohlriechendes Harz zusetzt.

Wir haben also hier etwa den gleichen Vorgang wie bei dem festgemachten Alkohol, wie er in früheren Jahren oft verlangt wurde.

Diverse Toilettewässer.

Nach diesem Artikel herrscht stets größere Nachfrage. Ein Toilettewasser soll gerade so gut einen ausgesprochenen Geruchscharakter besitzen wie ein Odeur. Dieses zu erreichen bietet wenig Schwierigkeit, besonders wenn wir uns auch dazu der künstlichen Riechstoffe bedienen.

Praktisch genommen sind die Toilettewässer nur verdünnte Extraits und können durch Verdünnung eines entsprechenden Extraits hergestellt werden.

Toilettewasser „Amaryllis"

Infusion Jonquille	6500 g	Linalool	10 g
Jasmin, künstl., *Heiko*	10 g	Methyljonon	10 g
Heliotropin	15 g	Wasser	2500 g

Azelia-Virginia

Alkohol	10000 g	Irisine, *Fl.*	15 g
Azelia-Blumenöl, *S. & C.*	120 g	Costuswurzelöl	5 g
Heliosol, *C. M.*	50 g	Bergamottöl, synth.	60 g
Rose alpine	15 g	Orangenblütenwasser	4000 g
Canangaöl	10 g	Jasminwasser	2000 g

Eau de Toilette Bellaflora

Alkohol	10000 g	Moschus	10 g
Heliotropin	125 g	Isoeugenol	15 g
Terpineol	125 g	Methyljonon	25 g
Rosenöl, künstl.	15 g	Rosenwasser	5000 g
Hyazinthin, Dr. *Sch. & C.*	40 g		

Flieder

Alkohol	5000 g	Geranylformiat	20 g
Lilas VII, *L. G.*	25 g	Hyazinthin	2 g
Heliotropin	25 g	Isoeugenol	5 g
Terpineol	30 g	Bergamottöl	10 g
Hydroxycitronellal	20 g	Wasser	2000 g

Lotion Genêt d'Espagne

Alkohol	10000 g	Neroliöl, echt	8 g
Genêt semiliquide, *L. F.*	30 g	Rose alpine, *T. M.*	15 g
Moschustinktur	150 g	Rosenwasser	3500 g
Vanillin	15 g		

Weiter finden wir sehr gute Toilettewässer mit Geraniumparfum im Handel, die ganz besonders im Orient viel gekauft werden, aber auch bei uns sich reger Nachfrage erfreuen.

Geranium

Alkohol	6500 g	Vanillin	1 g
Geraniumöl, franz.	30 g	Rosenöl, echt	2 g
Bergamottöl	15 g	Moschustinktur	10 g
Neroliöl, künstl.	3 g		

Durch Zugabe von Rosenwasser kann man den Artikel noch etwas verbilligen; es ist wünschenswert, die Toilettewässer nicht hochgrädig im Alkohol zu halten, da sie doch recht häufig zu Waschungen des Gesichtes Verwendung finden und die Einwirkung des starken Alkohols nicht günstig für die Haut ist. Dieser verursacht ein scharfes Brennen auf der Haut und kann zu Reizzuständen führen.

Heliotrop

Bittermandelöl	2 g	Cumarin	15 g
Heliotropin	100 g	Wasser	2000 g
Künstl. Jasminöl	10 g	Alkohol	5000 g
Vanillin	30 g		

Ixora

Infusion Cassie	3000 g	Eugenol	3 g
Alkohol	4000 g	Turanol, *T. M.*	5 g
Vanillin	15 g	Wasser	3000 g
Geranylacetat	15 g	Resinoid Benzoe	20 g

Jasmin

Infusion Jasmin .... 1500 g
Heliotropin .... 50 g
Jasmin W. *Sch. & C.* ..... 100 g
Xylolmoschus .... 5 g
Aubépine .... 10 g
Terpineol .... 20 g
Linalylacetat .... 10 g
Alkohol .... 5000 g
Wasser .... 2500 g

Jasminette

Alkohol .... 12000 g
Heiko-Jasminette .... 50 g
Moschustinktur .... 200 g
Terpineol .... 100 g
Linalool .... 10 g
Heliotropin .... 40 g
Rosenwasser .... 4500 g

Joss Flower

Infusion Jasmin .... 15000 g
Infusion Tuberose .... 7500 g
Ylang-Ylangöl, künstl. ... 50 g
Rose, *Sch. & C.* .... 50 g
Neroliöl, künstl. .... 35 g
Bergamottöl .... 40 g
Benzoetinktur .... 100 g
Moschustinktur .... 60 g
Cassieblütenöl, *H. & R.* ... 3 g
Vanillin .... 5 g
Geraniumöl .... 30 g

Lilas de France

Alkohol .... 2000 g
Infusion Jasmin .... 2000 g
Infusion Rose .... 2000 g
Vanillin .... 5 g
Flieder W. 3132, *Sch. & C.* 75 g
Heliotropin .... 15 g
Canangaöl .... 20 g
Moschustinktur .... 50 g
Hyazinthin .... 5 g
Wasser .... 3000 g

Lilas Trianon

Alkohol .... 10000 g
Jasminblütenöl, *Kape* ... 40 g
Lilas VII, *L. G.* .... 100 g
Benzoetinktur .... 250 g
Rhodinol .... 25 g
Heliotropin .... 25 g
Solution Irisöl, *Fl.* ..... 400 g
Ambrettemoschus .... 15 g
Canangaöl, Java .... 15 g
Rosenwasser .... 3000 g

Maiglöckchen

I. Alkohol .... 5000 g
   Infusion Jasmin ..... 1000 g
   Terpineol .... 20 g
   Maiglöckchenblütenöl,
     H. & R. .... 10 g
   Vanillin .... 5 g
   Linalool .... 10 g
   Geraniol .... 5 g
   Wasser .... 2000 g

II. Alkohol .... 10000 g
   Maiglöckchenblütenöl,
     H. & R. .... 50 g
   Moschustinktur ...... 100 g
   Tolutinktur .... 200 g
   Rosenwasser .... 3000 g

Malmaison

Alkohol .... 10000 g
Purpurnelke, *Sch. & C.* ... 100 g
Cassieblütenöl, *H. & R.* ... 5 g
Moschustinktur .... 150 g
Rosenöl, künstl. .... 20 g
Bergamottöl, synth.,
  Sch. & C. .... 100 g
Benzoetinktur .... 200 g
Neroliöl, künstl. .... 10 g
Aubépine .... 3 g
Vanillin .... 10 g
Rosenwasser .... 4000 g

Melatti

Alkohol .... 10000 g
Infusion Jasmin .... 2000 g
Ambrettemoschus .... 15 g
Heliotropin .... 20 g
Ylang-Ylangöl, Réunion .. 5 g
Jasminblütenöl, echt,
  absol. .... 15 g
Patchuliöl .... 0,3 g
Aubépine .... 3 g
Jasminblütenwasser oder
  dest. Wasser .... 5000 g

Mimosa

Infusion Rose .... 2000 g
Infusion Cassie .... 800 g
Mimosa, künstl. .... 80 g
Vanillin .... 3 g
Bergamottöl .... 10 g
Patchuliöl .... 1 g
Moschustinktur .... 10 g
Benzoetinktur .... 100 g
Rosenwasser .... 1000 g
Alkohol .... 3000 g

Rose

I. Tinktur Rose .... 5000 g
   Phenyläthylalkohol .. 15 g
   Wasser .... 2000 g

II. Alkohol .... 10000 g
   Infusion Rose .... 3000 g
   Heiko-Rose, flüss..... 15 g
   Ess. de bois de Rhodes 10 g
   Benzoetinktur .... 220 g
   Ambrettemoschus .... 10 g
   Rosenwasser .... 5000 g

Sweet Pea

Alkohol .... 10000 g
Heliotropin .... 120 g
Terpineol .... 120 g
Aubépine .... 5 g
Hyazinthin .... 30 g
Isoeugenol .... 10 g
Rosenöl, künstl.......... 4 g
Moschustinktur .... 50 g
Orangenblütenwasser .... 10000 g

Tilia

Alkohol .... 10000 g
Heiko-Cosmo-Linde ...... 50 g
Ketonmoschus .... 8 g
Benzoetinktur........... 500 g
Vanillin .... 20 g
Jonon.................. 8 g
Wasser .... 3500 g

Toilettewasser „Diva"

(à la Lubin)

Tolutinktur (1 : 100) ...... 1400 g
Solution Iriswurzelöl,
   konkret (1 : 100) .... 3000 g
Bergamottöl .... 340 g
Ylang-Ylangöl, Réunion... 40 g
Vanillin .... 5 g
Romanis III. *Sch. & C.* ... 100 g
Moschustinktur .... 50 g
Alkohol .... 5800 g
Orangenblütenwasser ..... 400 g

Auch bei den Toilettewässern steht das Veilchentoilettewasser in Bezug auf Beliebtheit obenan.

Veilchen

Solution Iris (1 : 100) .... 400 g
Vanillin .... 3 g
Ess. Violette Feuilles .... 5 g
Moschustinktur .... 50 g
Heiko-Veilchen .... 30 g

Iristinktur .... 2350 g
Alkohol .... 14000 g
Orangenblütenwasser .... 4000 g
Dest. Wasser .... 4000 g

Violette San Remo

Alkohol .... 6000 g
Infusion Veilchen .... 500 g
Vanillin .... 2 g
Geraniumöl .... 10 g
Irisöl, konkret .... 50 g

Ylang-Ylangöl........... 5 g
Moschustinktur .... 100 g
Wasser .... 2000 g

Etwas grün färben.

Waldduft

(als Zimmerparfum und Toilettewasser)

Alkohol .... 9000 g
Tinktur Mousse de chêne .. 1000 g
Edeltannenöl .... 180 g
Bergamottöl .... 30 g
Citronenöl, ... 20 g
Cypral *Sch. & C.* .... 75 g

Lavendelöl .... 40 g
Petitgrainöl .... 3 g
Rosmarinöl .... 10 g
Neroliöl, künstl. .... 10 g
Orangenblütenwasser ..... 2000 g

An Stelle von Edeltannenöl kann auch entsprechend Bornylacetat verwendet werden, in welchem Falle man noch etwas Benzoeinfusion zusetzt.

Da Toilettewässer in den heißen Klimaten ganz besonders viel angewendet werden, ist auch ihr Export dahin ein sehr bedeutender. Zu den Toilettewässern, welche in größerem Maßstab exportiert werden, gehören vor allem Florida-, Cananga- und Divinawasser, Vinaigre de toilette oder Toilettenessig, Eau de Cologne oder Kölnisches Wasser, Lavender Water, Eau de Portugal und ein italienisches Produkt, Aqua di Felsina.

Die meisten der

Exporttoilettewässer

sind englischen und amerikanischen Ursprungs, was jedoch keineswegs hindert, daß sie auch in Deutschland hergestellt werden, und zwar in großem Umfang.

Floridawasser bildet einen großen Ausfuhrartikel Deutschlands besonders nach süd- und zentralamerikanischen Ländern sowie nach China und Japan. Letzteres stellt den Artikel jetzt meistens selbst her, wo es sich nicht gerade um Markenware handelt, von welcher sich die amerikanischen Marken am besten gehalten haben, da der amerikanische Fabrikant nur eine Qualität, eine vorzügliche Ware, herstellt. Und bei diesem Punkt kommen wir zu einem großen Fehler unserer deutschen Fabriken und auch der deutschen Exporthäuser. Infolge der fortwährenden Preisdrückereien, des Hinaussendens von Ware, deren Etiketten nicht die volle Firma des Fabrikanten tragen, ist der Artikel Floridawasser heute so heruntergebracht, daß er fast ausschließlich nur noch an den Hafenplätzen hergestellt werden kann, da er die Fracht aus dem Binnenland nur in den seltensten Fällen noch verträgt. Die $^1/_1$-$^1/_2$-, $^1/_4$- und $^1/_8$-Flaschen sind alle von der gleichen Fasson und daher weltbekannt und ebenso war es ihr guter Inhalt. Bei der immer schlechter gewordenen Qualität hat sich der Konsum jedoch auch ganz bedeutend verringert, denn wenn dem Eingeborenen früher $^1/_4$-Flasche genügte, sein Bad erfrischend zu parfumieren, mußte er bald zu dem gleichen Zwecke $^1/_2$ Flasche, später gar $^1/_1$-Flasche verwenden. Damit verlor er das Vertrauen zu dem Artikel. Es sprechen hiebei auch allerdings die veränderten Zollverhältnisse der einzelnen überseeischen Länder mit, wo die Leute gewöhnlich trotz höheren Eingangszolles keine höheren Preise zahlen wollen und der Exporteur oder der Fabrikant den Zoll aufbringen soll.

Da nun schon seit geraumer Zeit Extraits ohne Alkoholgehalt hergestellt werden, hat man auch Toilettewässer ohne Alkohol hergestellt, doch sind die mit deren Verkauf gemachten Erfahrungen nicht gerade die besten.

Und so wie es mit Floridawasser gegangen ist, so geht es mit allen Exporttoilettewässern. Um die Preise halten zu können, zum Teil auch um der eigenen Fabrikation jener überseeischen Länder noch immer Konkurrenz bieten zu können, ist man zu der Herstellung geringerer Qualitäten geschritten.

Es folgen nun einige Vorschriften der oben angeführten Exporttoilettewässer in verschiedenen Qualitäten. Bevor wir jedoch diese

Fabrikation beschreiben, muß auf das Angelikawurzelöl unter allen Umständen aufmerksam gemacht werden, denn in den besseren Sorten der nun folgenden Toilettewässer findet es gute Verwendung.

Die Angelikawurzel, auch Engelwurz, Heiligengeistwurzel und Brustwurzel genannt (Archangelica officinalis oder Angelica archangelica *L.*), ist eine im nördlichen Europa und Asien einheimische, in Deutschland zerstreut wachsende Umbellifere, die in Sachsen (Erzgebirge) und Thüringen angebaut wird zwecks Gewinnung des besonders in den Wurzelstöcken enthaltenen Öls. Das Öl befindet sich im übrigen in allen Teilen der Pflanze, so daß man unterscheidet: Angelikawurzel-, Samen- und Krautöl. Das erstere ist jedoch am meisten geschätzt und unter Angelikaöl versteht man eigentlich immer das Wurzelöl. Das frische Öl ist fast farblos, riecht sehr angenehm balsamisch mit einem Stich an Moschus erinnernd und doch auch pfefferartigen Geruch von sich gebend. Dazu ist sein Geruch kräftig und sehr lange anhaltend, dabei entfernt auch an Irisöl erinnernd, so daß manche Parfumeure es gern als Fixateur für feine Veilchenseifenparfume nehmen. Man muß das Öl nur gut vor dem Einfluß des Lichtes schützen, da es sonst leicht bräunlich wird, auch an Feinheit des Geruches etwas einbüßt. In Japan wird ein Angelikaöl hergestellt, das noch bei weitem intensiver riecht als das deutsche Öl und bei dem vor allen Dingen der vorher erwähnte Moschusgeruch wesentlich stärker hervortritt.

Seit dem Erscheinen der künstlichen Riechstoffe wird von Angelikaöl in der Parfumerie nicht mehr sonderlich viel Gebrauch gemacht. Immerhin gibt es noch einige Spezialitäten, die Angelikaöl enthalten, so z. B. Mundwässer, die auch sehr gern gekauft werden, wenngleich die wenigsten Leute erfahren, daß es gerade Angelikaöl ist, das sie so ungemein angenehm im Geschmack empfinden. Anderseits ist Angelikaöl wieder nicht jedermanns Sache und von manchem wird der Geschmack widerlich empfunden. Angelikaöl wird viel in Zimmerparfums und Tannenduftpräparaten verarbeitet. Als Fixiermittel dient es in Gestalt von Solutionen, die in verschiedener Konzentration hergestellt werden, meistens aber im Verhältnis 5 : 100, und die auch gern in Veilchenseifenparfums Verwendung finden.

Wie oben erwähnt ist, wird Angelikawurzel-Infusion viel in den Vorschriften für gute Florida- und Divinawässer verarbeitet. Auch ganz feines Canangawasser wird damit hergestellt.

Feines Floridawasser

Tinktur Angelikawurzel (1 : 10)	10000 g	Vanillin	10 g
Iriswurzeltinktur	10000 g	Moschustinktur	150 g
Bergamottöl	300 g	Benzoetinktur	720 g
Lavendelöl ff	300 g	Havana-Honig	500 g
Geraniumöl, Bourbon	25 g	Neroliöl, echt	10 g
Nelkenöl	10 g	Rosenwasser	5000 g

Floridawasser

Alkohol	28000 g	Nelkenöl	50 g
Lavendelöl	600 g	Süßes Pomeranzenöl	20 g
Bergamottöl,	100 g	Dest. Wasser	5000 g
Citronenöl	80 g		

Der eigentliche charakteristische Geruch des Floridawassers guter Qualität war ursprünglich durch Ginstergeruch bedingt, doch ist diese Geruchsnote im Laufe der Jahre fast verlorengegangen. Immerhin gibt es aber noch gute Sorten, die Ginsteröl, bzw. Gnisterinfusion enthalten.

Das Ginsterextraktöl aus den Blüten von Genista Florida wird jetzt ebenfalls hergestellt und kann dessen Verwendung zu feinem Floridawasser nur empfohlen werden.

Original Floridawasser

I. Tinktur Ginsterblüten		II. Alkohol	3000 g
(1 : 10)	5000 g	Lavendelöl	75 g
Iristinktur	2500 g	Bergamottöl	30 g
Nelkenöl	4 g	Citronenöl	25 g
Neroliöl, künstl.	5 g	Nelkenöl	15 g
Vanillin	4 g	Neroliöl, künstl.	5 g
Bergamottöl	80 g	Portugalöl	5 g
Lavendelöl	80 g	Ginsterblütenöl	6 g
Citronenöl	30 g	Angelikawurzelöl	4 g
Benzoetinktur	200 g	Wasser	500 g
Moschustinktur	50 g		
Rosenwasser	1500 g		

Floridawasser mit wenig Alkohol

Alkohol	1000 g
Dest. Wasser	30000 g
Lavendelöl	300 g
Bergamottöl, tsf.	10 g
Citronenöl, synth.	30 g
Cassiaöl	30 g

Die ätherischen Öle werden im Alkohol gelöst und dann zu dem Wasser hinzugegeben; dem Gemisch werden dann zirka 100 g Borsäure zugesetzt, und man tut am besten, das Ganze in einem geschlossenen Kessel bis zum Sieden zu erhitzen. Oder man gibt in das mit der Borsäure gekochte und noch kochende Wasser die gelösten Riechstoffe hinein. Beim Filtrieren muß größte Vorsicht walten; es geschieht über kohlensaure Magnesia.

Floridawasser

I. Alkohol	3500 g	II. Alkohol	2000 g
Rosenwasser	1000 g	Bergamottöl	20 g
Linalool	40 g	Citronenöl	10 g
Lavendelöl	50 g	Pomeranzenschalenöl	5 g
Eugenol	20 g	Lavendelöl	12 g
Lemongrasöl	14 g	Nelkenöl	1 g
		Cassiaöl	1 g
		Neroliöl, künstl.	1 g

Nach Mischung dieser Bestandteile setzt man 500 g Rosenwasser zu und schüttelt tüchtig durcheinander. Sollte sich die Mischung trüben, so setzt man ihr 25 g kohlensaure Magnesia zu, läßt unter mehrmaligem Umschütteln 24 Stunden stehen und filtriert dann durch ein Papierfilter.

Feines Canangawasser

Iriswurzeltinktur	10 000 g	Citronenöl	200 g
Angelikawurzeltinktur	5 000 g	Tolutinktur	400 g
Bittermandelöl, echt	5 g	Canangaöl	145 g
Moschustinktur	500 g	Alkohol	16 000 g
Bergamottöl	250 g	Orangenblütenwasser	18 000 g

Canangawasser   Canangawasser mit wenig Alkohol

Alkohol	30 000 g	Dest. Wasser	30 000 g
Canangaöl	100 g	Canangaöl, tsf.	30 g
Iristinktur	2 000 g	Bittermandelöl	2 g
Bittermandelöl, künstl.	5—10 g	Bergamottöl	100 g
Bergamottöl	200 g	Citronenöl	30 g
Dest. Wasser	5 000 g		

Verfahren der Herstellung wie oben bei „Floridawasser ohne Alkohol" beschrieben.

Superior Cananga Water

Alkohol	30 000 g	Citral	10 g
Iristinktur	1 500 g	Citronenöl	100 g
Solution Bittermandelöl,		Canangaöl	380 g
künstl. (2 : 100)	150 g	Ylang-Ylangöl, künstl.	50 g
Xylolmoschus	8 g	Wasser	15 000 g
Bergamottöl	300 g		

Feines Divinawasser

Solution Angelikaöl		Patchuliöl	4 g
(1 : 100)	4 000 g	Geraniol	20 g
Iriswurzeltinktur	6 000 g	Irisine, *Fl.*	25 g
Xylolmoschus	10 g	Heliotropin	30 g
Rose alpine, *T. M.*	10 g	Alkohol	10 000 g
Bergamottöl	100 g	Rosenwasser	3 500 g
Benzoetinktur	1 000 g		

Divinawasser   Aqua di Felsina

Alkohol	30 000 g	Alkohol	12 000 g
Iriswurzeltinktur	1 000 g	Bergamottöl	150 g
Geraniumöl, künstl.	200 g	Geraniumöl	100 g
Bergamottöl	150 g	Rosenöl, künstl.	15 g
Citronenöl	100 g	Benzoetinktur	250 g
Neroliöl, künstl.	10 g	Jasmin, künstl.	40 g
Geraniol	50 g	Tuberose, künstl.	20 g
Dest. Wasser	15 000 g	Vanillin	10 g
		Moschustinktur	100 g

Eau de Portugal

I. Alkohol .... 30000 g
   Süßes Pomeranzenöl . 1000 g
   Bitteres Pomeranzenöl 200 g
   Citronenöl .... 100 g
   Bergamottöl .... 100 g
   Benzoetinktur .... 200 g
   Dest. Wasser .... 9000 g

II. Alkohol .... 5000 g
   Portugalöl.......... 400 g
   Citronenöl .... 100 g
   Bergamottöl........ 60 g
   Geraniumöl, afrik. ... 20 g
   Citral .... 10 g
   Wasser .... 1000 g

Eau d'Espagne

Alkohol .... 5000 g
Bergamottöl .... 100 g
Neroliöl, künstl........... 25 g
Citronenöl .... 30 g
Rosmarinöl .... 6 g
Orangenblütenwasser ..... 150 g
Benzylalkohol .... 10 g
Citronellal .... 5 g
Wasser .... 900 g

Eau de Verveine

Alkohol .... 5000 g
Verbenaöl .... 200 g
Bergamottöl .... 100 g
Citral .... 10 g
Lemongrasöl .... 45 g
Moschustinktur .... 100 g
Tolutinktur............. 100 g
Dianthin, *N. & C.*......... 20 g
Tinktur Zibet .... 50 g
Rosenwasser .... 1000 g

Eau des Bayadères

Alkohol .... 3000 g
Moschustinktur .... 100 g
Thymianöl............... 3 g
Infusion Cassie........... 1000 g
Rosmarinöl .... 4 g
Isoeugenol............... 3 g
Bouvardia, *L. & C.*........ 10 g
Citral .... 3 g
Lavendelöl .... 10 g
Bergamottöl .... 50 g
Geraniol................. 20 g
Orangenblütenwasser ..... 1800 g

Balsamische Toilettewässer.

Genre Eau de Lubin

1. Tolutinktur........... 1500 g
   Solution Iris .... 120 g
   Bergamottöl........... 300 g
   Ylang-Ylangöl .... 40 g
   Vanillin .... 4 g
   Moschustinktur .... 60 g
   Alkohol .... 9000 g
   Orangenblütenwasser ... 400 g

2. Lavendelöl .... 5 g
   Bergamottöl.......... 10 g
   Citronenöl............ 8 g
   Neroliöl.............. 2 g
   Vanilletinktur .... 100 ccm
   Perutinktur .... 50 ccm
   Ambratinktur......... 10 ccm
   Moschustinktur .... 10 ccm
   Benzoetinktur .... 50 ccm
   Alkohol .... 1 l

Ein sehr verbreitetes und stark exportiertes Toilettewasser ist das Lavendelwasser (Lavender Water). In mannigfachen Qualitäten wird es fortwährend verlangt, und wir geben deshalb eine Reihe von verschiedenen Vorschriften.

Eau de Lavande double ambrée

Alkohol .... 5000 g
Lavendelöl .... 85 g
Citronenöl .... 10 g
Geraniumöl, afrik......... 5 g
Perubalsamöl .... 32 g
Ambre W., *Sch. & C.*...... 15 g

Moschustinktur .... 50 g
Zibettinktur .... 25 g
Storaxtinktur .... 150 g
Vanillin .... 10 g
Cumarin................. 8 g

Lavendelwasser

Alkohol .... 3000 g
Lavendelöl, Mitcham ..... 130 g
Rosenwasser .... 200 g
Cumarin................. 5 g

Eau de Lavande royale

Alkohol .... 7000 g
Iristinktur .... 600 g
Moschustinktur .... 150 g
Tolutinktur .... 200 g
Storaxtinktur .... 200 g
Benzoetinktur............ 200 g
Perubalsamöl .... 30 g
Ambrettemoschus .... 15 g
Isoeugenol.............. 15 g
Cumarin................. 15 g
Cassiaöl .... 5 g
Bergamottöl .... 100 g
Citronenöl .... 65 g
Lavendelöl, fein .... 100 g
Neroliöl, künstl......... 5 g
Geranylacetat .... 5 g
Wasser................. 1500 g

Lavender Water

Alkohol .... 30000 g
Lavendelöl ff............ 1000 g
Thymianöl.............. 100 g
Cumarin................ 40 g
Moschustinktur .... 100 g
Dest. Wasser .... 5000 g

Agua de la Hermosura (für Zentral- und Südamerika)

Wasser................. 7500 g
Bergamottöl .... 100 g
Rosenöl, künstl........... 20 g
Citral .... 5 g
Citronenöl .... 40 g
Geraniol................ 30 g
Neroliöl, künstl.......... 5 g
Vanillin .... 10 g
Benzoetinktur........... 100 g
Rosenwasser .... 2000 g

Eau de Mimosa

Infusion Rose........... 2000 g
Infusion Cassie......... 500 g
Mimosa, *N. & C.*........ 80 g
Vanillin .... 3 g
Bergamottöl .... 10 g
Geraniumöl............. 2 g

Patchuliöl .... 1 g
Moschustinktur .... 10 g
Benzoetinktur........... 100 g
Rosenwasser .... 1000 g
Alkohol .... 3000 g

Seit der Einführung der erhöhten Alkoholsteuer ist die Nachfrage nach

alkoholschwachen Toilettewässern

immer größer geworden. Der Alkohol ist für den Fabrikanten teurer geworden, aber das Publikum möchte trotzdem nicht mehr für die von ihm seither verwendeten Präparate bezahlen. Es muß sich also der Fabrikant zu helfen suchen. Bei den heute dem Parfumeur zur Verfügung stehenden terpen- und sesquiterpenfreien ätherischen Ölen, den vorzüglichen künstlichen Riechstoffen sowie den reinen natürlichen ätherischen Ölen ist es nun auch nicht allzuschwer, wirklich Gutes selbst für einen billigeren Preis zu liefern. Man ist in der Lage, tatsächlich Toilette- und Kopfwässer herzustellen, die an Güte und Stärke des Geruches nicht hinter den älteren Kompositionen mit hohem Alkoholgehalt zurückstehen.

Nach dem oben Gesagten ist es notwendig geworden, für ganze Serien von Parfumerien neue Vorschriften auszuarbeiten. Im Parfumeriehandel, und da wieder speziell in den niedrigen Preislagen, müssen die Artikel auf einen bestimmten Preis zugeschnitten sein, wenn sie sich überhaupt verkaufen lassen sollen. Man kann nicht einfach die Preise entsprechend der Verteuerung der Rohmaterialien erhöhen wollen, man muß darauf bedacht sein, daß die Preislage weiter eingehalten werden kann, will man nicht riskieren, daß der Artikel einfach als unrentabel beiseitegeschoben wird.

Für Toilette- und auch Kopfwässer ist ein Alkoholgehalt von 50 bis 60% vollkommen genügend. Im Gegenteil sind die hochgrädigen Kopfwässer gar nicht gut für das Haar und seine Erhaltung, da sie es zu sehr entfetten, ihm ein stumpfes Aussehen geben, allen Glanz wegnehmen und es auch äußerlich etwas beeinflussen. Die niedriggrädigen Toilette- und Kopfwässer können schön duftend und zugleich nutzbringend hergestellt werden, auch kann man ihnen dem Haar wohltuende oder dieses verschönernde Substanzen beimischen. Von Rizinusöl, das hier sonst häufig einen Zusatz bildet, muß man natürlich Abstand nehmen, da es sich in solchen Kompositionen nicht lösen würde. Auch Glycerin darf nicht genommen werden, da es die Haare verschmiert und Staub anzieht (vgl. später).

Man muß bei der Zusammensetzung vor allem darauf bedacht sein, nicht mehr Riechstoffe zu verwenden, als sich in der Flüssigkeit lösen und auch gelöst bleiben, denn wenn man des Guten zuviel tut, kommt dieser ungelöste Überschuß einem Verlust gleich, indem er auf dem Filter zurückbleibt.

Flieder-Toilettewasser	
Alkohol	30 000 g
Lilas VII, *L. G.*	50 g
Terpineol	250 g
Vanillin	10 g
Aubépine	30 g
Bergamottöl, tsf.	10 g
Canangaöl	15 g
Wasser, dest.	45 000 g

Farbe: Weiß oder hell lila

Veilchen-Toilettewasser	
Alkohol	30 000 g
Veilchen, künstl.	100 g
Benzylacetat	15 g
Ylang-Ylangöl, tsf.	3 g
Moschustinktur	180 g
Violette Feuilles, *L. F.*	5 g
Dest. Wasser	45 000 g

Die vorstehenden Vorschriften ergeben ein 40%iges Präparat. Man kann auch bei manchen Sorten bis auf 20% heruntergehen, dann aber muß man sich stets der tsf. Öle bedienen. Handelt es sich vor allem darum, recht billig zu sein, dann muß man auch bei der Verarbeitung dieser Öle recht genaue Kalkulation machen, denn diese sind nicht allzu billig, wennschon sie sehr ausgiebig sind. Immerhin erhält man damit Produkte, die sich sehen lassen können und gegen die früheren Möglichkeiten einen ganz bedeutenden Fortschritt zeigen. Stehen solche Toilettewässer auch an Stärke des Geruches, bedingt durch den zu erzielenden Preis, etwas zurück, so lassen sie an Feinheit doch nichts zu wünschen übrig. Besonders ist die Verwendung von Vanillin in ganz kleinen Quantäten zu empfehlen, da es selbst den niedriggrädigen Artikeln immer ein abgerundetes Aroma verleiht.

Zu den Toilettewässern im weiteren Sinne kann man auch den Toiletteessig rechnen, allein er wird unter die Kosmetika gerade so oft gezählt und mit dem gleichen Rechte. Er ist also in dem vorliegenden Buche unter dieser letzteren Abteilung zu finden.

Riechkissenpulver.

(Sachetpulver)

Alljährlich mit dem Ende der Blütenzeit unserer Flora stellt sich eine größere Nachfrage nach künstlichen Wohlgerüchen in den verschiedensten Arten ein, auch nach Riechkissen (Sachets, Riechtabletten usw. Da die Sachets als Riechkissen, als Riechbriefe u. dgl. mehr zur Parfumierung der Wäsche, der Handschuhe, der Kleider und auch der Zimmer besonders im Winter sehr viele Verwendung finden und zudem als kleine Weihnachtsgeschenke gerne gekauft werden, sollte ihrer Herstellung gerade um diese Zeit einige Aufmerksamkeit gewidmet werden.

Die Sachets stellen gewöhnlich mit Sachetpulver gefüllte Papiersäckchen, Kuverts, Täfelchen, dann wieder feine und feinste Seidenbeutel und Atlaskissen vor, die besonders in der letztgenannten Ausführung mit viel Luxus ausgestattet werden. Auch die Riechtabletten sind im Grunde genommen nichts anderes als komprimiertes Sachetpulver.

Die einfachen Sorten der Sachets in Kuvertform stellt man wie folgt her: Von einfacher Watte werden ganz dünne Lagen ausgebreitet und diese je nach Größe des Kuverts geschnitten. Dann bestreut man die eine Lage der Watte mit Sachetpulver — dessen Herstellung später genauer beschrieben wird — und legt eine Lage Watte darüber; alsdann wickelt man die so zusammengelegten beiden Wattelagen in feines Seidenpapier, schlägt die Kanten um, damit das Pulver nicht herausfallen kann, und gibt sie in das Kuvert, welches dicht verklebt wird. Bei feineren Kuverts wird die Watte selbst vorher mit dem entsprechenden Parfum parfumiert, dann das Pulver hineingegeben und in gleicher Weise verfahren, doch werden in diesem Falle die Kuverts an der Innenseite auch erst nochmals mit Parfum besprengt, so daß das fertige Ganze sofort einen starken, kräftigen Duft ausströmt. Für diese Zwecke stellt man ein dem Sachetparfum im allgemeinen entsprechendes flüssiges Parfum her und löst dieses in etwas Alkohol, womit man, wie eben beschrieben, die Innenwände der Kuverts und auch die Watte besprengt, was am besten mit einem Zerstäuber geschieht. Man achte darauf, daß die Zusammensetzung des Sprengparfums eine derartige ist, daß das damit besprengte Kuvert nicht fettige Flecken bekommt.

Bei den seidenen Sachets ist die Herstellungsweise ziemlich die gleiche, nur läßt man hier das Seidenpapier weg, nimmt dafür einseitig geleimte Watte, da sich über diese das Seidenzeug leichter hinschieben läßt. Diese seidenen Sachets werden zugenäht und man setzt dann feine Schnüre und Borden darum.

Es ist klar, daß bei der Herstellung der Sachets das wohlriechende Pulver die Hauptrolle spielt, wenngleich nicht vergessen werden darf, daß eine recht prächtige Außenseite den Artikel leichter verkäuflich macht.

Zur Herstellung von Sachetpulver eignen sich vor allem diejenigen Wohlgerüche, die uns als getrocknete Drogen zugänglich sind, wie denn viele Blüten selbst in getrocknetem und pulverisiertem Zustande noch einen sehr angenehmen und anhaltenden Duft von sich geben. Besonders verwendet man zu Sachetpulver die folgenden Substanzen in Pulverform: Iriswurzel, Orangen- und Citronenschalen, Cassieblüten, Lavendelblüten, Rosenblätter, Rosen-, Sandel- und Zedernholz, Vetiverwurzel, Tonkabohnen, Vanilleschoten, Gewürznelken, Zimt, Patchulikraut, Muskatnüsse, weiterhin Moschus, Zibet und Ambra sowie die wohlriechenden Harze, besonders Benzoe. Zur Verstärkung des Duftes dienen dann noch die ätherischen Öle und künstlichen Riechstoffe, wie Vanillin, Heliotropin, Cumarin, Nerolin, Aubépine u. a.

Ferner ist das Olibanumöl sehr gut für Sachets zu verwenden, sei es, daß man es mit andern Pulvern zusammenreibt, wobei z. B. Iriswurzelpulver sehr gute Dienste leistet, oder daß man es als alkoholische Lösung zusetzt. Weiter aber dient hier in hervorragendem Maße das Resinoid Oliban zu diesen besonderen Zwecken. Dieses klebt und schmiert nicht so sehr wie alkoholische Lösungen des Gummi olibanum, welches die weiter zugesetzten Gerüche nur mäßig zur Geltung kommen läßt. Resinarôme Oliban fixiert wohl stark, doch kann man alle die verwendeten Blumendüfte frei erkennen.

Der dem Öl wie auch dem Resinoid anhaftende, etwas citronenähnliche Geruch läßt außerdem die damit hergestellten Parfums sehr frisch erscheinen.

Die verschiedenen Blüten, welche zur Herstellung von Sachetpulver Verwendung finden sollen, werden in besonderen Öfen für diese Zwecke getrocknet und dann auf eigens hiefür konstruierten Maschinen zerkleinert und pulverisiert. Leider lassen sich hiezu gerade die feinsten Blumen, wie Veilchen, Jasmin, Reseda, Tuberose, nicht verwenden, da sie in getrocknetem Zustande geruchlos sind.

Die geringen Sorten der Sachetpulver erfahren meist eine Beimischung von Sägemehl der gewöhnlichen Holzsorten, doch ist hier bei der Auswahl auch etwas Vorsicht anzuraten, damit nicht etwa der Harzgeruch schließlich den des Odeurs übertönt, auch wird den riechenden Pulvern noch Talkum, Magnesia oder Kartoffelmehl beigemengt, damit die Masse eine billigere wird. Für feine Sorten sind letztgenannte Zusätze jedoch nicht empfehlenswert.

Sehr gut verwenden lassen sich auch die Reste der Moschusextraktion sowie diejenigen von Zibet, wie denn überhaupt alle stark duftenden Rückstände, welche sich bei der Parfumeriefabrikation ergeben, auch z. B. ausgezogene Iriswurzeln u. a.

Bei der Mitverwendung der ätherischen Öle muß man auf eine recht innige Vermischung derselben mit den Pulvern bedacht sein, damit nicht ölige Flecken an den Umhüllungen entstehen, welche die Sachets unverkäuflich machen und auch auf die mit letzteren in Berührung kommenden Stoffe des öfteren noch einwirken.

Chypre

Sandelholz, pulv.	1000 g
Rosenblätter, pulv.	1000 g
Cedernholz, pulv.	1000 g
Lavendelblüten, pulv.	300 g
Eichenmoos, pulv.	500 g
Künstl. Moschus	3 g
Rosenholzöl	30 g
Cypral *Sch. & C.*	15 g
Chypre, comp.	20 g
Neroliöl, künstl.	5 g
Sandelöl, ostindisch	6 g
Cumarin	15 g

Foin coupé

Tonkabohnen, pulv.	500 g
Iriswurzelpulver	2000 g
Lavendelblüten	1000 g
Cedernholz, pulv.	1000 g
Benzoe	300 g
Moschusketon	20 g
Patchuliöl	5 g
Aubépine	80 g
Geraniumöl, Bourbon	3 g
Cumarin	210 g
Vanillin	4 g
Rosenblätter, pulv.	1000 g

Flieder

Iriswurzelpulver	3000 g
Benzoe, pulv.	200 g
Terpineol	80 g
Moschusketon	20 g

Heiko-Flieder	30 g
Jasminöl, künstl.	5 g
Aubépine liq.	10 g

Geranium

Rosenblätter, pulv.	1000 g
Rosenholz, pulv.	1000 g
Iriswurzelpulver	2000 g
Orangenschalenpulver	500 g
Ketonmoschus	25 g
Zibet (gelöst in etwas Alkohol)	3 g
Geraniumöl, franz.	60 g
Neroliöl, künstl.	5 g
Rosenöl, künstl.	2 g
Canangaöl	2 g
Benzoetinktur	110 g

Heliotrop

Tonkabohnenpulver	1000 g
Benzoe, pulv.	300 g
Iriswurzelpulver	1000 g
Rosenblätter, pulv.	1000 g
Bittermandelöl	3 g
Vanillin	30 g
Cumarin	10 g
Heliotropin	100 g
Xylolmoschus	20 g

Häufig sehen wir kleine Atlasbeutelchen mit der Aufschrift „Sweet Lavender", „Lavendelblüten" u. a. m., die hauptsächlich dazu dienen, die Wäsche und die Kleider zu parfumieren. In England treffen wir dann auch eine Art von geflochtenen Wedeln, die aus den Stielen der Lavendelpflanzen angefertigt und sehr nett mit Bändern umschlungen werden. In ihrem inneren Hohlraum bergen diese Wedel dann noch stark nachparfumierte getrocknete Lavendelblüten, die einen herben feinen Duft verbreiten. Sie werden außerdem auch als Kissen für Hutnadeln, Broschen usw. verwendet.

Lavendel

Lavendelblüten, getr.	2000 g
Iriswurzelpulver	1000 g
Sandelholzpulver	500 g
Moschusketon	25 g
Benzoe, pulv.	200 g

Lavendelöl	100 g
Rosmarinöl ff.	20 g
Rosenöl	5 g
Bergamottöl	20 g
Cumarin	10 g

Maiglöckchen

Iriswurzelpulver .... 3000 g
Sandelholz, pulv.......... 500 g
Benzoe, pulv............. 300 g
Moschusreste............. 80 g
Terpineol .... 20 g
Ylang-Ylangöl, künstl. .... 5 g
Linaloeöl .... 20 g
Maiglöckchenblütenöl *H. & R.* 60 g

Malmaison

Iriswurzelpulver .... 1000 g
Nelkenpulver .... 200 g
Rosenblätter, pulv........ 1000 g
Sandelholzpulver .... 100 g
Purpurnelke, *Sch. & C.* ... 60 g
Isoeugenol .... 15 g
Bourbonal .... 5 g
Ambrette Moschus........ 5 g
Benzoetinktur........... 150 g
Geraniumöl.............. 10 g

Mimosa

Rosenblätter, pulv........ 1000 g
Cassieblüten, pulv. .... 1000 g
Mimosa, künstl........... 20 g
Bergamottöl .... 5 g
Patchuliöl .... 0,5 g
Vanillin .... 1,5 g
Rosenöl .... 1 g
Methylacetophenon .... 2 g
Benzoetinktur........... 50 g

Bouquet Nadia

Iriswurzelpulver .... 2000 g
Vetiverwurzel, pulv....... 100 g
Rosenblätter, pulv........ 1000 g
Orangenschalenpulver ..... 2000 g
Sandelholz, pulv.......... 500 g
Amylsalicylat .... 10 g
Ketonmoschus .... 20 g
Romanis III, *Sch. & C.* ... 80 g
Terpineol .... 100 g
Hyazinthin .... 5 g
Vanillin .... 10 g
Jasminblütenöl, künstl. ... 10 g
Rose alpine.............. 10 g

Patchuli

Sandelholz, pulv.......... 1000 g
Patchuliblätter, pulv. .... 3000 g
Iriswurzelpulver .... 1000 g
Lavendelblüten, pulv. .... 500 g
Patchuliöl .... 50 g
Rosenöl, künstl........... 10 g
Ketonmoschus .... 50 g
gelöst in Benzylbenzoat... 100 g
Vetiverwurzel, pulv....... 1000 g

Peau d'Espagne

Iriswurzelpulver .... 2000 g
Sandelholz, pulv.......... 1000 g
Cedernholz, pulv. .... 1000 g
Benzoe, pulv............. 300 g
Neroliöl, künstl........... 30 g
Lavendelblüten, pulv. .... 1000 g
Moschusambrette .... 30 g
Zibet, künstl............. 50 g
Bergamottöl .... 120 g
Verbenaöl .... 10 g
Jasminöl, künstl.......... 20 g
Castoreumtinktur......... 15 g

Rose

Iriswurzelpulver .... 1000 g
Rosenblätter, pulv........ 1000 g
Rosenholz, pulv. .... 1000 g
Benzoe, pulv............. 300 g
Geraniumöl.............. 50 g
Rosenöl, künstl........... 30 g

Trèfle

Sandelholz, pulv.......... 3000 g
Lavendelblüten, pulv. .... 1000 g
Rosenblätter, pulv........ 1000 g
Jasminöl, künstl.......... 20 g
Xylolmoschus .... 1 g
Cumarin................. 30 g
Benzoetinktur........... 100 g
Ylang-Ylangöl, künstl.
  Sch. & C................ 5 g
Amylsalicylat .... 80 g

Veilchen

I. Iriswurzelpulver .... 2500 g
  Sandelholz, pulv....... 500 g
  Ylang-Ylangöl, künstl. . 10 g
  Benzoe, pulv........... 150 g
  Moschusreste.......... 50 g
  Jonon .... 30 g
  Irisöl, konkret .... 10 g
  Ess. Violette Feuilles
  (gelöst in Alkohol) .. 5 g

II. Iriswurzelpulver .... 3000 g
  Orangenschalenpulver .. 1000 g
  Cassieblütenpulver .... 500 g
  Rosenblätterpulver .... 1000 g
  Neu-Veilchen *H. & R.*... 30 g
  Irisöl, liq. .... 10 g
  Bergamottöl .... 65 g
  Jasminöl, künstl....... 3 g
  Ylang-Ylangöl.......... 5 g

Violettes de Parme

Iriswurzelpulver	2000 g
Kohlensaure Magnesia	1000 g
Violettes Feuilles, *S. & A.*	1 g
Veilchen künstl.	50 g
Heliotropin	10 g
Vanillin	2 g
Moschus, künstl.	40 g
Bergamottöl	100 g

Wallflower

Iriswurzelpulver	3500 g
Cassieblütenpulver	1500 g
Neroliöl, künstl.	60 g
Geraniumöl	30 g
Benzoetinktur	150 g
Storax, flüss.	50 g
Heliotropin	100 g
Moschusketon	25 g
Linalylacetat	60 g
Anisaldehyd	40 g

Viel Verwendung findet das Mandelmehl, sowohl nur entfettetes, wie auch solches, das zur Darstellung von ätherischem Öl verwendet wurde, zur Herstellung von Sachet- oder Riechpulvern.

Poudre Sachet aux Fleurs d'Amandier

Mandelpulver	2000 g	*Heiko*-Rose	5 g
Iriswurzelpulver	1000 g	Cumarin	3 g
Orangenschalen, pulv.	1000 g	Terpineol	20 g
Bittermandelöl	30 g	Ketonmoschus	20 g
Neroliöl, synth.	10 g	Benzoetinktur	40 g

Will man ganz billige Sachets herstellen und benötigt dazu ein Pulver, welches ebenfalls sehr billig einsteht, dann vermischt man obige Grundkompositionen mit Kartoffelmehl. Auch kann man statt der Wurzelpulver einfach feinstes Sägemehl einer beliebigen Holzart nehmen, doch muß man darauf achten, daß von Tannenholzsägemehl nicht zu harzreiches verwendet wird, da der scharfe Geruch des Tannenharzes sehr leicht das Parfum übertönt, wenn auch nicht sofort, so doch nach einiger Zeit.

Poudre Sachet aux Violettes des Bois

Rosenblätter, pulv.	350 g
Pulv. Benzoe, Sumatra	100 g
Pulv. Iriswurzel	550 g
Moschustinktur	30 g
Irisöl, konkret	2 g
Jonon	3 g
Bergamottöl	15 g
Heiko-Veilchen	10 g

Persischer Flieder

Lilas VII, *L. G.*	60 g
Iriswurzelpulver	2000 g
Sandelholzpulver	1000 g
Terpineol	300 g
Moschustinktur	100 g
Benzoetinktur	50 g
Isoeugenol	3 g
Hyazinthin	10 g
Aubépine	10 g

Poudre Sachet à la Rose Maréchal Niel

Pulv. Rosenblätter	1000 g
Iriswurzelpulver	3000 g
Künstl. Rosenöl	10 g
Ketonmoschus	10 g
Vanillin	5 g
Cumarin	1 g
Tolutinktur	100 g
Neroliöl	5 g
Geraniumöl	20 g

Millefleurs

Iriswurzelpulver	1000 g
Kartoffelmehl	2000 g
Sägemehl	2000 g
Sandelholz, pulv.	500 g
Vetiverpulver	100 g
Lavendelblüten, pulv.	200 g
Ambrettemoschus	25 g
Benzoe, pulv.	100 g
Heliotropin	30 g
Bergamottöl, synth.	50 g
Petitgrainöl	10 g

Chypre

Rosenblätter, pulv.	1000 g	Eichenmoos, pulv.	1000 g
Cedernholz, pulv.	1000 g	Cumarin	20 g
Sandelholz, pulv.	1000 g	Geraniumöl, künstl.,	
Lavendelblüten, pulv.	1000 g	Dr. *Sch. & C.*	35 g
Sägemehl	1000 g	Bittermandelöl	1 g
Talkum	1000 g	Cypral *Sch. & C.*	20 g
Zibet, künstl.	6 g	Chypre, comp.	25 g
Sandelöl, ostindisch	15 g	Patchuliöl	4 g

Frangipani

Iriswurzelpulver	1000 g	Sandelholz, pulv.	1000 g
Patschuliblätter, pulv.	1000 g	Portugalöl	50 g
Nerolin (Bromelia)	20 g	Bourbonal	50 g
Kartoffelmehl	2000 g	Linaloeöl	20 g
Romanius III. *Sch. & C.*	50 g	Neroliöl	15 g
Ketonmoschus	20 g		

Trèfle

Iriswurzelpulver	2000 g	Vanillin	10 g
Lavendelblüten, pulv.	1000 g	Rosenblätter, pulv.	1000 g
Vetiverwurzel, pulv.	100 g	Rosenöl, künstl.	10 g
Sandelholz, pulv.	500 g	Amylsalicylat	85 g
Patchulikraut, pulv.	200 g	Cumarin	75 g
Bergamottöl	10 g	Perubalsamtinktur	50 g

Veilchen

Iriswurzelpulver	1000 g	Canangaöl	10 g
Kleie	1200 g	Moschus, künstl.	15 g
Jonon	5 g	Bergamottöl	30 g
Linalool	5 g	Benzylacetat	20 g

Die häufiger den Parfumkartons für den Export als Reklame beiliegenden Sachets füllt man mit einem Pulver, welches etwa nach folgender Vorschrift hergestellt ist:

Sachet-Pulver (für Export)

Iriswurzelpulver	1000 g	Kuromojiöl	10 g
Kartoffelmehl	2000 g	Perubalsamtinktur	100 g
Sägemehl	1000 g	Zibettinktur	50 g
Sandelholz, pulv.	400 g	Ambrettmoschus	50 g
Vetiverwurzel, pulv.	100 g	Xylolmoschus	30 g
Lavendelblüten, pulv.	100 g	Cumarin	100 g
Moschustinktur	100 g	Sandelöl ostind.	50 g
Heliotropin	15 g	Patchuliöl	25 g
Bergamottöl	20 g		

Parfumierung von Leder.

Hier müssen auch verschiedene kleine Geheimnisse offenbart werden, betreffs der Parfumierung der Kleider und Wäsche. Man näht kleine, stark parfumierte Lederstückchen in die Kleider und Unterkleider ein. Diese parfumierten Leder stellt man wie folgt her:

Peau d'Espagne.

Rechteckig geschnittenes, sämisch gegerbtes oder sogenanntes Waschleder (Ziegen- oder Schafleder) wird 3 bis 4 Tage in folgende Mischung gelegt: 40 g künstliches Rosenöl, 40 g künstliches Neroliöl, 40 g Sandelholzöl, 2 g Cumarin, 5 g Zimtöl, 250 g starke Benzoetinktur, 20 g Bergamiol, 20 g Citronenöl, 20 g Lavendelöl, 10 g künstlicher Moschus. Darnach nimmt man es heraus, läßt abtropfen, trocknet langsam auf einer Glasplatte an der Luft und bestreicht hierauf die rauhe Seite des Leders mit einem Pinsel mit folgender Mischung: 10 g Benzoe, sublimiert, 1 g künstlicher Moschus, 1 g Zibet, 30 g Gummi arabicum, 20 g Glyzerin und 50 g Wasser. Darnach wird das Leder in der Mitte zusammengeleimt und getrocknet in die Kleider eingenäht.

Parfumierung von Handschuhen.

Ebenso werden die Handschuhe oft parfumiert. Besonders erfreut sich der Juchtengeruch nach wie vor außerordentlich großer Beliebtheit und voraussichtlich wird er auch nicht so bald wieder verschwinden. Der Juchtengeruch entstammt dem rohen Birkenteeröl. Dieses ist ein Destillationsprodukt des Birkenteers, doch sind die im Handel vorkommenden Birkenteeröle hinsichtlich der Brauchbarkeit und Reinheit sehr verschieden. Oft sind sie auch mit gewöhnlichem Holzteer vermischt und verbreiten einen unangenehmen, geradezu penetranten Geruch.

Das Juchtenöl wird verdünnt den Fellen bei dem Färbeprozeß beigegeben. Auch ein Juchtenodeur ist hergestellt worden, frei von allen färbenden und öligen Substanzen — ebenso ein damit präpariertes Talkum — und auf diese Weise dem Fabrikanten ein Mittel an die Hand gegeben, um längst gefärbten Ledern und Handschuhen nachträglich ohne Mühe und Nachteil den angenehmen Juchtengeruch zu verleihen. Die letztgenannte Manipulation verspricht allerdings nur eine kürzere Dauer der Haltbarkeit des Geruches. Überhaupt kommt bei dem ganzen Verfahren auf die Art und Weise der Anwendung des Juchtenöles sehr viel an. Tatsächlich ist es bis jetzt nur wenigen Firmen außerhalb Rußlands gelungen, die Spezialität der Juchtenhandschuhe tadellos herzustellen; Rußland bewahrt gerade deshalb über die Anwendungsmethode tiefes Schweigen. Es steht diese bereits mit dem Gerbereiprozesse im Zusammenhang.

Zur genügenden Parfumierung ist es am besten, wenn man aus Iriswurzelpulver, kohlensaure Magnesia und Talkum eine Mischung herstellt und kräftig parfumiert. Dieses Pulver wird dann in dünnes Seidenpapier gepackt und in den zu parfumierenden Handschuh hineingeschoben, wohin es auch nach jedesmaligem Gebrauch der Handschuhe wieder gelegt wird.

Handschuh-Parfumierungspulver

Iriswurzelpulver . . . . 1000 g
Kohlensaure Magnesia . . . . 1000 g
Talkum . . . . 500 g

Parfums:		**Heliotrop**	

Cuir de Russie

		Heliotrop	

Heliotrop

Heliotropin .... 180 g
Vanillin .... 100 g
Bittermandelöl .... 3 g
Zibettinktur .... 50 g
Benzoetinktur............. 50 g

Juchtenöl, *L. & C.* .... 300 g
Benzoetinktur............. 50 g
Castoreumtinktur .... 50 g

New mown Hay

Cumarin................... 200 g   Bergamottöl .... 15 g
Anisaldehyd .... 10 g   Benzoetinktur............. 50 g
Vanillin .... 20 g   Zibettinktur .... 50 g
Patchuliöl .... 5 g   Tonkatinktur .... 50 g

Parfumierung von Hutnadeln[1] und Huteinlagen.

Besonders in England und Frankreich hat man auch die Hutnadel parfumiert, aber auch bei uns treffen wir in den fashionablen Badeorten die parfumierte Hutnadel auf Schritt und Tritt an. Die für diesen kleinen Luxus verwendeten Nadeln sind besonders zu diesem Zweck eingerichtet. Die Nadel kann leicht aus dem Knopfe herausgeschraubt werden, wodurch in ihm eine kleine Öffnung entsteht, durch die dann der Riechstoff in den Knopf eingeführt wird. Die flachen breiten Knöpfe sind sogar am Rande mit feinen Scharnieren versehen, so daß man Oberteil und Unterteil getrennt halten kann, wenn man den Riechstoff hineingeben will, was man in diesem Falle am einfachsten in einer Art der bekannten Duftträger tut. In die kleineren Öffnungen schiebt man gewöhnlich recht stark parfumierte Watte hinein, die gegenüber einem festen Stoff den Vorteil bietet, daß man leichter in der Lage ist, den Geruch zu erneuern. Diese Watte muß nun tüchtig mit Riechstoff getränkt werden, der an sich gehörig zu fixieren ist, denn sonst verriecht er sich ungemein schnell, da die Hutnadeln doch stets der Luft ausgesetzt sind. Man bedient sich hiezu vor allen Dingen der Benzoetinktur, die man etwas konzentrierter hält als sonst, und dann des Moschus und des Zibet, neben andern Gummi-, bzw. Harzlösungen, die außerdem von Wohlgeruch sind.

Zum Parfumieren der Hutnadeln eignen sich stark fixiert vor allen Dingen gute komplexe Blütenöle, bei deren Verwendung weiter keine großen Arbeiten außer dem Fixieren zu verrichten sind. Aber auch einige sehr schöne Kompositionen sind sehr gesucht. In der Regel nimmt man etwa 100 g eines Blütenöles, wie Flieder, Jasmin, Rose, und setzt ihm 200 g einer wohlriechenden Harzlösung zu; diesem Gemisch fügt man alsdann noch 100 g Tinktur von echtem Moschus bei oder, wo passend, auch noch etwas Zibet. Mit dieser Mischung wird

---

[1] Diese hat heutzutage kein praktisches Interesse mehr, ist aber im Prinzip noch aktuell als Parfumierungsmethode für die hohlen künstlichen Perlen der modernen Halsketten usw.

dann möglichst dunkle Watte getränkt, wie diese ja überall in allen
Nuancen zu haben ist. Man läßt dann die Watte am besten in einem
geschlossenen, mit Blech ausgeschlagenen Kasten trocknen und gibt
sie alsdann bei Bedarf in die Nadelknöpfe. Im Detailhandel wird diese
Watte bereits in kleinen Blechdöschen verkauft und ist ein ganz gerne
gesuchter Artikel, der sich vieleicht noch wesentlich mehr Liebhaber,
erringen wird.

Wie gesagt sind neben den ausgesprochenen Blumengerüchen
auch die feinen Phantasiekompositionen gesucht, und eine solche wollen
wir hier noch angeben.

Tuberosenblütenöl, *H. & R.*	50 g	Irisöl, konkret	5 g
Cumarin	10 g	Tolutinktur	150 g
Neroliöl, echt	9 g	Moschustinktur	50 g
Vanillin	5 g	Ylang-Ylangöl	5 g

Dieser Komposition kann man auch auf der gegebenen Grundlage
noch Jonon oder andere zart duftende Riechstoffe zusetzen, so daß
man Parfums erhält, die an stark duftende Orchideen erinnern. Sehr
schön ist auch die Zusammenstellung von Amylsalicylat, Portugalöl,
reichlich Vanillin und Fixierungsmitteln, doch muß man darauf achten,
daß man von Vanillin nicht gar zu viel nimmt.

Ein nicht zu übersehender Artikel sind auch die parfumierten
Huteinlagen, die in der Weise hergestellt werden, daß man Einlage-
blätter aus Stoff (Seide, Atlas usw.) etwa mit der Firma eines Kunden
bedruckt und diese Blätter in eine Lösung von Blütenölen in Schwefel-
äther unter Zusatz von geeigneten Fixierungsmitteln eintaucht. Der
Äther verdunstet sehr schnell wieder, so daß der imprägnierte Stoff
stark und sehr anhaltend duftet. Diese Huteinlagen sind eine sehr
gute Reklame für Modewarengeschäfte wie auch Detailgeschäfte jeder
Art.

Duftträger (Riechtabletten).

Eine alte Idee in neuer Form! Die neue Form war jedoch eine
sehr glückliche, und die Fabrikanten, die zuerst den Artikel heraus-
brachten, werden unstreitig ihre Rechnung dabei gefunden haben.
Dufttabletten von Biskuit-Porzellan brachten die französischen Parfumeure, allein bedeutend teurer. „Duftsteine" brachte in den 90er
Jahren eine deutsche Firma. Material und Aufmachung waren allerdings völlig anders; nicht so gefällig und nicht so praktisch.

Die Nachfrage nach Duftträgern hat aber in den letzten Jahren
ungemein nachgelassen, so daß sich eigentlich nur noch Spezialfabriken
mit diesem Artikel beschäftigen. Besondere Einbuße hat sie durch
das Auftauchen des Riechstiftes wie auch der konzentrierten Blütentropfen erlitten. Da man aber nicht wissen kann, wie der Artikel doch
einmal wieder durch irgendeinen Zufall zur Geltung kommt, sei über
dessen sachgemäße Herstellung hier einiges gesagt.

Um die Duftträger recht schön und auch zugleich rationell herzustellen, bedarf es einer maschinellen Anlage, und zwar je nach der Ausdehnung des Unternehmens einer großen Komprimiermaschine oder einer einfachen Komprimiermaschine mit Revolverzylinder, zu denen sich für diesen Fall höchst vorteilhaft eine Knet- und Mischmaschine gesellt.

Die Substanzen, aus denen man die Tabletten herstellen kann, sind sehr mannigfache, nämlich kohlensaure Magnesia, kohlensaurer Kalk, Talkum, Florentiner Iriswurzelpulver usw. Als Bindemittel nimmt man Gummi arabicum, Dextrin, sogenannten Havannahonig, Kapillärsirup oder Tragant, je nach den Grundsubstanzen. Es soll jedoch hier gleich bemerkt sein, daß man ohne maschinelle Einrichtung wenig erreichen kann. Sehr teuer sind die vorgenannten Maschinen allerdings nicht, aber unumgänglich nötig, wenn man ein schönes, verkäufliches und in der Herstellung billiges, konkurrenzfähiges Produkt haben will. Eine Mischmaschine wird wohl in den meisten größeren Betrieben vorhanden sein, schon von der Herstellung der Zahnpasten. Hat man jedoch für größere maschinelle Anlagen nicht Raum genug, dann genügen eventuell auch gravierte Pastillenstecher zum Ausstechen der Tabletten.

Die Herstellung solcher Fabrikate, wie die Duftträger es sind, bedarf aber stets einer ziemlichen Summe von Erfahrung, und auch hier müssen erst schwierige und langdauernde Versuche gemacht werden, bevor man die fertige Ware hinausgeben kann. Das richtige Verhältnis von Parfum zur Grundmasse zu finden, ist eine Hauptsache; es hängt natürlich in jeder Beziehung von den verwendeten Grundstoffen ab. Der Duftträger soll einerseits stark und angenehm duften, anderseits auch den Duft nicht zu schnell verlieren; dann auch wieder soll er den Duft leicht von sich geben. Es ist daher von großem Vorteil, wenn der Duftträger aus einer Masse besteht, die sich etwas porös erweist, was man durch Verwendung von kohlensaurer Magnesia erzielen kann. Gute Vorschriften für eine solche Grundmasse sind folgende:

I. Reismehl .... 2000 g
Kohlensaure Magnesia.. 2000 g
Iriswürzelpulver .... 500 g

II. Kohlensaurer Kalk .... 2000 g
Kohlensaure Magnesia.. 2000 g
Iriswurzelpulver .... 500 g

Bei stärkemehlhaltigen Grundmassen muß man Salicylsäure oder Borsäure zusetzen, da sonst der Teig in wenigen Tagen sauer riecht und das Parfum völlig verloren geht. Die Komprimiermaschine wolle man bei der Verarbeitung so einstellen, daß sie nicht mit vollem Druck auf die Tablette arbeitet, wodurch dieser noch eine gewisse Porosität erhalten bleibt.

Es folgen nun einige Vorschriften zur Parfumierung der Duftträger; es ist hiebei eine

Grundmasse von 4500 g

vorgesehen. Natürlich bleibt es jedem Parfumeur unbenommen, das Quantum der ätherischen Öle zu vermehren oder zu vermindern.

Flieder

Terpineol .... 150 g
Ylang-Ylangöl, künstl. ..... 10 g
Benzoetinktur .... 150 g

Heliotrop

Heliotropin .... 80 g
Vanillin .... 30 g
Benzoetinktur .... 150 g

Kleeduft

Ylang-Ylangöl, künstl.,
    H. & R. .... 50 g
Terpineol .... 100 g
Jasminöl, künstl. *Heiko* ... 10 g
Benzoetinktur .... 150 g
Amylsalicylat .... 40 g

Reseda

Resedaöl, *H. & C.* .... 30 g
Bergamottöl, künstl. .... 100 g
Benzoetinktur .... 150 g
Geraniol .... 20 g

Veilchen

Jonon .... 10 g
Veilchenblütenöl, *H. & C.* ... 5 g
Bergamottöl, künstl. .... 150 g
Ylang-Ylangöl, künstl.,
    S. & C. .... 40 g
Benzoetinktur .... 150 g
Künstl. Moschus .... 0,5 g
Ess. Violette Feuilles ...... 5 g

Nachstehend noch einige weitere Vorschriften:

Lilie

Grundmasse .... 10 000 g
Feines Geraniumöl ...... 100 g
Heliotropin .... 30 g
Vanillin .... 10 g
Linalylcinnamat .... 15 g
Moschustinktur .... 100 g
Perubalsamtinktur .... 100 g
Neroliöl, künstl. .... 10 g

Maiglöckchen

Grundmasse .... 10 000 g
Maiglöckchenblütenöl,
    H. & R. .... 100 g
Bergamottöl .... 30 g
Terpineol .... 50 g
Vanillin .... 10 g
Benzoetinktur .... 100 g
Moschustinktur .... 100 g

Reseda

Grundmasse .... 10 000 g
Resedablütenöl künstl. .... 30 g
Jasminöl, künstl. .... 30 g
Geraniumöl .... 50 g
Moschustinktur .... 100 g
Benzoetinktur .... 200 g
Isoeugenol .... 10 g

Rose

Grundmasse .... 10 000 g
Künstl. Rosenöl .... 30 g
Geraniol .... 200 g
Rosenholzöl .... 50 g
Moschustinktur .... 100 g
Benzoetinktur .... 200 g

Veilchen

Grundmasse .... 10 000 g
Iriswurzelpulver .... 3 000 g
Jonon .... 50 g
Ylang-Ylangöl, künstl. ... 50 g
Moschustinktur .... 200 g
Benzoetinktur .... 200 g

Für Veilchen ist es sehr zu empfehlen, der Grundmasse noch Iriswurzelpulver zuzusetzen, da es den Veilchengeruch besser hervortreten läßt.

Eine in Amerika bekannte Sorte Duftträger, welche schon von der Ausstellung in Buffalo herrührt, hat ungefähr folgenden Geruch:

Patchuliöl	30 g
Basilicumöl	10 g
Verbenaöl	100 g
Bergamottöl	50 g
Nelkenöl	10 g

Die sogenannten „Riechsteine" werden auf andere Weise hergestellt. Man mischt Florentiner Iriswurzelpulver und etwas Sandelholzpulver mit ein wenig Talkum, setzt dieser Mischung konzentrierte Dextrinlösung oder gelöstes Gummi arabicum zu und knetet in der Knetmaschine einen glatten, gleichmäßigen Teig, dem man vorher noch das Parfum zugegeben hat. Dieser Teig wird dann zwischen eisernen Leisten auf polierter und leicht geölter Gußplatte mit einer starken Stahlwalze gleichmäßig ausgerollt. Hierauf sticht man die „Steine" mit Formen aus und trocknet sie etwas ab. Um eventuelle Schimmelbildungen zu verhüten, setzt man den Gummi- oder Dextrinlösungen etwas Borsäure zu.

Die eingangs erwähnten Porzellanplatten sind eigens für den Parfumierungsprozeß hergerichtet; während ihre Vorderseite glaciert ist und die eingebrannte Inschrift trägt, ist die Rückseite porös. Man legt diese Platten 3 bis 6 Monate in eine Komposition ätherischer Öle oder in Iriswurzelpulver, welches im höchsten Maße mit den riechenden Ingredienzien durchtränkt ist. Nach dem Herausnehmen werden die Platten mit Talkum abgerieben.

Riechstifte (Parfumstifte).

Von jeher war man bestrebt, Wohlgerüche in fester Form mit sich zu führen, und in den wohlriechenden Stäbchen der Alten sehen wir eigentlich die ersten Riechstifte. Diese waren in der Hauptsache nur wohlriechende Hölzer, d. h. Stäbchen aus Sandelholz oder Cedernholz, die als Schreibgriffel der Reichen dienten, als Haarnadeln der Frauen, als Löffelchen zum Herausnehmen von parfumierten Fetten aus Kruken und Salbentöpfen. Stäbchen und Kästchen aus wohlriechendem Holz sind noch heute bei allen Völkern der Erde beliebt, und die reich verzierten und geschnitzten Sandelholzkästchen der indischen Händler sind nicht nur ihrer Form, sondern auch ihres feinen Duftes wegen so stark begehrt.

Wohlgerüche in fester Form hat es schon immer gegeben in allen möglichen Formen und allen erdenklichen Arten, vom wohlriechenden Cachou bis zur Räucherkerze, von der duftenden Porzellanplatte bis zum kleinen Duftträger und dem Riechstift. Alle waren sie, sind sie Duftspender, alle sind sie je nach der Zeit ihres Erscheinens auf andere

Weise hergestellt, mit anderen, verschiedenen Riechstoffen wohlriechend
gemacht. Alle haben sie auch verschiedenartige Geruchsträger, d. h.
bei allen ist die Grundmasse eine andere.

In früheren Jahren sind die Riech- oder Parfumstifte etwas
hervorgetreten. Die jetzige Art ist im Grunde genommen eigentlich nur eine Verschönerung und Verbesserung, ermöglicht durch die
Fortschritte der Riechstoffchemie. So kamen vor Jahren die ersten
eigentlichen Riechstifte in größerem Umfang in den Handel, die allerdings genau die gleichen Dienste leisteten wie die heutigen Stifte, wenn
auch ihre Zusammensetzung sich von derjenigen der jetzt beliebten
Parfumstifte wesentlich unterscheidet. Aber es gibt auch jetzt noch
Leute, die z. B. die Grundlage der Riechstifte, die aus Ceresin bestanden,
derjenigen der jetzt im Handel befindlichen vorziehen. Das ist eben
Geschmackssache. Zwar hat der Parfumstift in der älteren Form nur
in sehr beschränktem Umfang bei uns im Detailhandel Aufnahme gefunden, der Riechstift in der heutigen Form konnte sich jedoch weit
besser einführen, wenn er auch noch nicht zu dem Umsatz, den seinerzeit
der „Duftträger“ erreichte, gekommen ist, wohl weil er wesentlich
teurer zu stehen kommt.

Die älteren Riechstifte hatten, wie bereits angedeutet, das
Ceresin zur Grundlage und noch heute werden einige dieser Sorten besonders im Handel mit überseeischen Ländern geführt. Es sind mit
starken Riechstoffen versetzte Ceresinkegel, deren Herstellung wie
folgt geschieht:

Das Ceresin mit möglichst hohem Schmelzpunkt wird in einem
Tiegel zum Schmelzen gebracht. Dieser Schmelze setzt man starkriechende Riechstoffe zu, ätherische Öle und auch in diesen gelöste
kristallinische Riechstoffe, wie Vanillin, Heliotropin, künstlichen
Moschus, Cumarin, also im allgemeinen die gleichen, wie auch bei den
Riechstiften neuerer Gattung. Je höher der Schmelzpunkt des Ceresins
liegt, desto größer ist die Möglichkeit, recht viele Riechstoffe zuzusetzen,
also den Riechstift recht stark duftend zu machen. Anderseits darf
man auch das Ceresin nicht zu hart nehmen, da man sich sonst der
Gefahr aussetzt, daß der Riechstift, auf die Haut gebracht, nichts
oder äußerst wenig abgibt. Dies ist im allseitigen Interesse zu vermeiden.
Folgende Ansätze ergeben sehr brauchbare Stifte:

Heliotrop

Ceresin	1000 g	Xylolmoschus	20 g
Terpineol	60 g	Canangaöl	5 g
Heliotropin	100 g	Bittermandelöl	1,5 g
Vanillin	20 g		

Rose | Maiglöckchen

Ceresin	1000 g	Ceresin	1000 g
Rosenöl, künstl.	20 g	Linalool	40 g
Geraniumöl, künstl.	80 g	Vanillin	10 g
Vanillin	5 g	Maiglöckchenblütenöl	50 g
Xylolmoschus	10 g	Xylolmoschus	20 g
		Bergamottöl, synth.	25 g

<table>
<tr><td colspan="2" align="center">Vanille</td><td colspan="2" align="center">Veilchen</td></tr>
<tr><td>Ceresin</td><td align="right">1000 g</td><td>Ceresin</td><td align="right">1000 g</td></tr>
<tr><td>Vanillin</td><td align="right">100 g</td><td>Violette Feuilles, künstl.</td><td align="right">2 g</td></tr>
<tr><td>Bergamottöl</td><td align="right">40 g</td><td>Jonon</td><td align="right">40 g</td></tr>
<tr><td>Xylolmoschus</td><td align="right">20 g</td><td>Irisöl, konkret</td><td align="right">2 g</td></tr>
<tr><td>Cumarin</td><td align="right">10 g</td><td>Canangaöl</td><td align="right">10 g</td></tr>
<tr><td>Rosenöl, künstl.</td><td align="right">3 g</td><td>Bergamottöl</td><td align="right">15 g</td></tr>
</table>

Trèfle

Ceresin	1000 g
Amylsalicylat	80 g
Xylolmoschus	20 g
Vanillin	5 g
Pomeranzenöl, süß	5 g
Cumarin	10 g

Die gut flüssige Masse wird dann in Metallformen gegossen.[1] Wo flüssige Riechstoffe nicht mit zur Verwendung kommen, erhitzt man das Ceresin auf etwa 70° C und fügt die festen Riechstoffe bei, die in dem heißen Ceresin sehr schnell schmelzen. Diese Riechstifte werden meist in kleinen Buchsbaumhülschen eingeleimt in den Handel gebracht. Man findet sie aber auch in kleinen flachen Kästchen mit anhängendem Deckel in sortierten Gerüchen und jeden Geruch nach einem bestimmten Schema anders gefärbt. Diese Stifte haben die Länge von etwa 6 cm und sind in farbigem Stanniol verpackt, wobei nur das obere Ende der Stifte frei bleibt. Sie verriechen sich in der Stanniolhülle nicht so leicht; dabei macht das Ganze einen sehr netten Eindruck.

Zu ihrer Verwendung werden diese Stifte fest auf der Haut hin und her gerieben und die erzeugte geringe Wärme veranlaßt ein leichtes Erweichen der Masse und Übertragung dieser auf die Haut, die ziemlich stark und andauernd parfumiert wird, wobei auch das Ceresin sehr angenehm wirkt.

Infolge der erhöhten Ansprüche, welche heute an die Parfumerie gestellt werden, hat man versucht, dem Riechstift eine andere Grundlage zu geben, teils von der Idee ausgehend, den Stift noch stärker und anhaltender duftend zu machen, teils ihm zugleich noch eine größere Konsistenz zu verleihen, ohne ihn gerade zu hart zu machen. Hiezu bieten uns die künstlichen Riechstoffe eine ganze Reihe fester Körper in kristallinischer Form. Eine geradezu ideale Grundlage ist das Cumarin, allein sein Eigengeruch ist für manche Kompositionen wieder zu stark. Daneben haben wir den künstlichen Moschus, der sehr gut als Grundlage verwendet werden kann.

Von den übrigen kristallinischen Riechstoffen eignen sich aber bei weitem nicht alle zur Herstellung oder Mitverwendung in Riechstiften und es soll hierüber im folgenden einiges gesagt werden. Was noch den künstlichen Moschus angeht, so ist es versucht worden, für dessen Verwendung als Grundlage zu Riechstiften ein Patent zu erwirken, doch hat man diesem Ansinnen, dem sich auch so ziemlich die gesamte Branche entgegengestellt hat, nicht stattgegeben.

---

[1] Deren Beschreibung siehe weiter hinten unter „Mentholstifte".

Heliotropin schmilzt sehr schnell, und die in die Formen gegossene Schmelze braucht längere Zeit zur Wiederkristallisation; die damit erzeugten Stifte sind etwas brüchig, doch können sie durch geeignete Zusätze leicht härter und stabiler gemacht werden.

Vanillin ergibt sehr harte Stifte, denen unbedingt so viel wie möglich flüssige Riechstoffe zugesetzt werden müssen, um sie abgabefähiger zu machen. Die zerbrochenen Stifte zeigen schönen großkristallinischen Bruch.

Cumarin verhält sich ebenso. Auch die hiemit erzeugten Stifte sind im allgemeinen zu hart. Man inkorporiert ihnen daher flüssige Riechstoffe oder mischt sie mit anderen Kristallen.

Nerolin schmilzt auch sofort und ergibt ziemlich spröde brüchige Stifte. In Mischungen wird es jedoch gern genommen.

Moschus, künstlich, (Xylol- oder Keton- nicht Ambrette.) ergibt schöne, hellcremefarbige Stifte und ist von guter Konsistenz. Man sollte ihn aber nicht allein als Grundlage nehmen, denn er haftet ungemein stark an der Haut und wird im Verbrauch leicht zum Überdruß. In der Vermischung mit andern Riechstoffen aber kommt er vorzüglich zur Geltung.

Außer diesen Stoffen ist dann vor allen Dingen noch die völlig neutrale und fast geruchlose Zimtsäure zur Herstellung von Riechstiften heranzuziehen. Mit derselben erzeugt man ganz hervorragend schöne Stifte. Die Arbeitsweise ist so, daß man die etwa zu verwendenden kristallinischen Riechstoffe zum Schmelzen bringt und in die Schmelze die Zimtsäure hineingibt, die in der heißen Schmelze sofort zergeht. Dann läßt man die flüssigen Riechstoffe folgen. Schmilzt man die Zimtsäure allein auf offener Flamme, so entwickelt sich sehr bald ein penetranter Geruch, der auch auf die Riechstoffe, die noch etwa zugesetzt werden, nicht ohne Einfluß ist, ganz abgesehen davon, daß die an und für sich schon gelbliche Zimtsäure in der Hitze leicht dunkelgelb bis bräunlich wird, wonach der Riechstift nicht mehr so appetitlich aussieht. In die Form gegossen erstarrt die Zimtsäure aber sofort, so daß ein sehr gutes Arbeiten mit diesem Material möglich ist.

Folgende Ansätze sind recht empfehlenswert.

Ansätze zur Masse für Riechstifte

I. Zimtsäure	1500 g	II. Cumarin	300 g
Künstl. Moschus	900 g	Künstl. Moschus	1400 g
Heliotropin	100 g	Vanillin	80 g

III. Cumarin	300 g
Künstl. Moschus	1200 g
Zimtsäure	1800 g

Alle diese Ansätze ergeben sehr schöne Riechstoffe. Als Parfums sind u. a. die ganze Reihe der Blütenöle in ihrer höchsten Konzentration zu empfehlen, und man tut hier je nach dem herzustellenden Geruche gut, sich eine mehr oder weniger geruchlich neutrale Grundlage auszusuchen oder extra herzustellen. Soll diese ganz ohne Geruch sein, dann nehme man zu ihrer Herstellung nur Zimtsäure.

Es folgen hier nun eine Reihe von Ansätzen einschließlich der Parfums, doch ist natürlich der Variation keine Schranke gezogen.

Flieder

Moschus, künstl.	1000 g
Zimtsäure	400 g
Vanillin	15 g
Rose, künstl.	20 g
Terpineol	80 g
Kosmoflor Flieder 3132 *Sch. & C.*	40 g
Aubépine, flüssig	40 g
Heliotropin	15 g
Canangaöl	10 g

Gartennelke

Moschus, künstl.	1000 g
Vanillin	40 g
Heliotropin	50 g
Purpurnelke, *Sch. & C.*	60 g
Rote Rose, *Heiko*	4 g
Eugenol	10 g

Heliotrop

Moschus, künstl.	800 g
Cumarin	200 g
Heliotropin	300 g
Vanillin	80 g
Bittermandelöl	3 g
Canangaöl	8 g

Hyazinthe

Cumarin	100 g
Moschus, künstl.	1200 g
Vanillin	10 g
Hyazinthenblütenöl	30 g
Rose, künstl.	10 g

Maiglöckchen

Zimtsäure	1000 g
Moschus, künstl.	200 g
Vanillin	5 g
Maiglöckchenblütenöl, *H. & R.*	60 g
Bergamottöl	20 g

Reseda

Moschus, künstl.	1200 g
Resedablütenöl, *S. & C.*	40 g
Terpineol	30 g
Champacaöl, künstl.	5 g

Rose

Zimtsäure	1000 g
Moschus, künstl.	100 g
Rosenöl, künstl.	40 g
Geraniumöl, synth.	40 g
Vanillin	5 g

Trèfle incarnat

Moschus, künstl.	1400 g
Amylsalicylat	90 g
Pomeranzenöl	10 g
Vanillin	5 g
Rosenöl, echt	5 g
Neroliöl, künstl.	5 g
Cumarin	15 g

Waldveilchen

Moschus, künstl.	1300 g
Irisöl, konkret	10 g
Violette Feuilles	5 g
Jonon	8 g
Ylang-Ylangöl	3 g

Die Stifte kommen dann je nach ihrer Form in entsprechend dekorierte Blech- oder sonstige Metallhülsen mit Schiebevorrichtung oder sie werden in kleine dekorierte Porzellanumhüllungen in Vasenform gegeben, andere wieder in Buchsbaumhülsen eingeleimt.

Wenn man nun die Farben der Hülsen den Gerüchen anpaßt, d. h. z. B. für Veilchen dunkelblau, Rose rot, Maiglöckchen weiß usw. wählt und sie sortiert in Kartons von sechs solcher Hülsen gibt, erhält man einen guten Verkaufsartikel.

Konzentrierte Essenzen ohne Alkohol.

Auf dem Gebiete der Parfumeriefabrikation ist man immer bestrebt, möglichst viel Neues zu bringen. Gute, noch nicht angewendete Ideen sind daher auf diesem Gebiete stets willkommen, aber es ist nicht leicht, solche zu finden. Dabei muß fortwährend mit den mannigfachsten Faktoren gerechnet werden. Auf der einen Seite ist es der Geschmack des kaufenden Publikums, der zu berücksichtigen ist, dann auch wieder die Mode; auf der anderen Seite sind es die zu erzielenden Detailpreise und bei Exportartikeln auch die jeweiligen Zollverhältnisse. Gerade die letzteren sind es, die sich für den Artikel „Parfumerie" von Jahr zu Jahr in fast allen Ländern verschlechtern. Ein Land nach dem anderen erhöht die Eingangszölle auf Parfumerien, besonders soweit solche alkoholhaltig sind. Da diese Zollerhöhungen sich in der Hauptsache wie gesagt auf alkoholhaltige Parfumerien erstrecken, liegt es eigentlich ziemlich nahe, alkoholfreie Parfumerien in den Handel zu bringen. Dies ist nun zwar auch bereits geschehen, allein in sehr unvollkommenem Maße, d. h. die Qualitäten, die man bis jetzt in dieser Richtung herausgebracht hatte, sind alle minderwertig gewesen.

In den verschiedenen Blütenölen werden die wertvollen Grundlagen zu den Blumendüften sowie zu den verschiedenartigsten Kompositionen geboten. Gläser von 5 bis 1 g Inhalt sind geeignet und verkaufen sich gut.

Die konzentrierten Essenzen ohne Alkohol stellen sich uns meist als verschnittene Blütenöle dar. Diese Blütenöle bilden die direkte Grundlage und es handelt sich nur darum, sie in geeigneter Weise zu verschneiden und mit kleinen Zusätzen zu versehen, die das etwa zu stark riechende Blütenöl etwas modifizieren.

Als Grundlagen können alle die erstklassigen Blütenöle dienen, wie sie von den bekannten Riechstofffabriken auf den Markt gebracht werden.

Als Vorläufer der konzentrierten Parfums wäre das Rosenöl anzusehen, wie es seit vielen Jahrzehnten in feinen Gläsern mit kleinem Inhalt von 1 bis 5 g im Handel ist. Solange man eben nur auf diesen einen Geruch sich zu beschränken gezwungen war, konnte natürlich von einer speziellen Ausarbeitung dieser Richtung keine Rede sein. Jetzt jedoch liegt die Sache anders. Nach den Grundpreisen der Blütenöle müssen sich die Preise der fertigen konzentrierten Parfums richten. Da nun aber nicht alle Kunden die höchsten Preise anlegen wollen, dürfte es auch von Interesse sein, zu zeigen, wie die einzelnen Arten zu verbilligen wären. In dieser Hinsicht wollen wir uns mit den verschiedenen Gerüchen einzeln beschäftigen.

Rosenöl (Otto of Rose).

Das Rosenöl hat in der Parfumerie stets einen bevorzugten Standpunkt eingenommen; durch die vielen Verfälschungen, denen es ausgesetzt ist, hat es jedoch eine ganze Reihe von Freunden eingebüßt. In den bekannten länglichen Fläschchen, die 1 oder 2 g echtes Rosenöl enthalten sollen, ist in den seltensten Fällen reines Öl enthalten, besonders wenn sie direkt aus dem Orient kommen. Die Flaschen sind fast sämtlich aus Böhmen, und das Rosenöl der Türkei läßt an Reinheit alles zu wünschen übrig. In Bulgarien ist die Einfuhr von Geraniumöl oder anderer rosenartig riechender Öle nominell staatlich verboten, um der Verfälschung des Rosenöls damit vorzubeugen.

Allein in Jahren solch wahnsinnig zu nennender Haussebewegungen, wie z. B. 1911, dürfte man sich mit einer Reihe noch nicht unter dieses Gesetz fallender Riechstoffe geholfen haben, denn anders wären die statistischen Mengen der Ernte und der Ausfuhr nicht in Einklang zu bringen. Solche Haussebewegungen sind dem Artikel auch noch aus dem Grunde ungemein schädlich, weil sich die Verbraucher dann sofort nach einem guten Ersatzprodukt umsehen und es hier in den künstlichen Rosenölen verschiedener Provenienz auch finden, anderseits sich mit dem Verbrauch des echten Öles auf das Unvermeidlichste beschränken.

Besonders sind es Niederländisch-Indien und Zentral-Afrika, welche Rosenöl konsumieren. Während auf Java Rosenöl besonders zu Bäckereizwecken verwendet wird, benutzt man in Zentral-Afrika das sogenannte „Otto of Rose" zum Einreiben des Körpers. Man zahlt daher auch andere Preise und verlangt andere Qualitäten. Was die Konkurrenz und die Preisdrückerei mit den Jahren aus dem „Rosenöl" gemacht haben, das sei im folgenden gezeigt.

Noch Anfang der 1890er Jahre war das exportierte Öl rein. Es wurde — und wird heute noch — in runden Flaschen mit Goldverzierung und Glasstöpsel à 10, bzw. 50 g geliefert. Der nächste Wunsch der Exporteure war der, daß die Gläser gerade so groß bleiben, jedoch nur 7 g Öl halten sollten, wonach dann 5 g folgten. Als diese Manipulation nicht mehr zog, kamen die 10-g-Gläser wieder, jedoch enthielten sie Öl folgender Zusammensetzung:

Rosenöl, echt . . . . 100 g
Palmarosaöl . . . . 300 g

Das ging wieder eine Zeitlang, bis der Inhalt wieder um 1 g usw. kleiner wurde. 5- bis 6-g-Gläser sind heute wieder gebräuchlich und werden verlangt.

Das „Otto of Rose", genau genommen die englische Übersetzung für Rosenöl, ist jedoch ganz etwas anderes. Zunächst besteht es nicht aus echtem Rosenöl, sondern seinen Hauptbestandteil bildet das Geraniumöl, dem dann andere rosenartig riechende Stoffe beigemischt sind. Ein für Afrika gangbares „Otto of Rose" setzt sich wie folgt zusammen:

Otto of Rose

I.			II.		
Geraniumöl, Bourbon	. .	500 g	Geraniumöl, Bourbon	.	500 g
Rosenöl, künstl.	. . . .	100 g	Rosenöl, künstl.	. . . .	20 g
Palmarosaöl	. . . .	600 g	Palmarosaöl	. . . .	1000 g
			Vaselinöl ff., weiß	. . . .	500 g

Um dem Öl auch noch die Kristallisationsfähigkeit des echten Öles bzw. den Anschein eines Stearoptengehaltes zu geben, setzt man ihm ganz kleine Quantitäten von Walrat zu.

Es werden noch geringe Sorten verlangt, die alsdann mit Alkohol verschnitten werden und als „Extrait Otto of Rose" im Handel sind.

Extrait Otto of Rose

I. Alkohol	1000 g	II. Geraniumöl	100 g
Geraniumöl	400 g	Palmarosaöl	200 g
Rosenöl, künstl.	20 g	Rosenöl, künstl.	20 g
		Alkohol	1500 g

Dieses Extrait Otto of Rose wird dann noch in den Farben weiß, gelb und grün verlangt, wie denn die Farbe eine große Rolle bei dem ganzen Artikel spielt. Je kräftiger gelb das Öl erscheint, um so lieber wird es gekauft.

Die Verfüllung der afrikanischen Sorten geschieht zumeist in Rollflaschen von 30 bis 200 g mit den verschiedensten Etiketten, in Holzkistchen von 6 bis 12 Flaschen, je nach deren Größe, und gut verpackt in Sägemehl. Hübsche Tekturen der Stopfen sind sehr beliebt. Wie schon erwähnt, wird dieses Otto of Rose zum Einreiben des Körpers benutzt, besonders um den lästigen Schweißgeruch zu verdecken. Daneben bedient man sich noch besonders folgender Artikel: Rosa-Ka-Tel, Osmer-al-Wal, Hosnhalil. Alle diese dienen jedoch dazu, vor allen Dingen das Ungeziefer und die Fliegen abzuschrecken, denn sie alle riechen sehr penetrant und erinnern weniger an Rosen.

Zum Verschneiden der Blütenöle eignet sich das Benzylbenzoat; auch Benzylalkohol und Cinnamein finden Verwendung, doch soll man mit deren Verarbeitung recht vorsichtig sein, da sehr leicht nach Verflüchtigung des wirklichen Blumenduftes ein häßlicher, strenger Geruch zurückbleibt. Das Benzylbenzoat nehme man so rein, wie man es nur erhalten kann, und sehe dabei einzig und allein auf eine vorzügliche Qualität, bei der der Preis nicht in Frage kommt; denn bei geringen Qualitäten tritt auch des öfteren ein garstiger Nachgeruch zutage. Weiter sind für diese Zwecke eine große Reihe von Körpern geschaffen worden, die, da sie selbst absolut geruchlos sind, sich für die Verdünnung der Blütenöle ungemein eignen, wie Phthalester u. a. Aber auch das Terpineol bildet ein sehr praktisches Verbilligungsmittel für diese konzentrierten Parfums. Da sein Geruch sich mit den meisten Odeurs verbindet, ohne besonders bei Mischungen hervorzutreten, außerdem sein Preis ein sehr mäßiger ist, ist seiner Verwendung ein neues Feld erschlossen worden. Will man nun auch etwas Moschus in diese oder jene Mischung von Blütenöl oder auch in reine konzentrierte Blumendüfte geben, schon um ein wenig mehr zu fixieren, dann empfiehlt sich künstlicher Moschus, gelöst in Terpineol oder den andern genannten Stoffen. Den Blütengrundstoff selbst zu erwärmen und als Lösungsmittel zu benutzen, ist niemals ratsam.

Akazie

Akazienblütenöl, *H. & C.* .. 100 g
Terpineol .... 50 g
Moschus, künstl. .... 3 g

Azalie

Azalienblütenöl, *Heiko* .... 1000 g
Phthalester .... 400 g
Moschus, künstl. .... 10 g
Vanillin .... 5 g

Cassie

Cassieblütenöl, *H. & R.* ... 1000 g
Benzylbenzoat .... 1800 g
Moschus, künstl. .... 40 g
Terpineol .... 80 g

Champaca

Champacablütenöl, *Sch.&C.* 1000 g
Terpineol .... 700 g
Moschus, künstl. .... 20 g

Cyclamen

Kosmoflor-Cyclamen 3198
Sch. & C. .... 100 g
Terpineol .... 50 g
Rosenöl .... 3 g

Flieder

I. Lilas blanc, *N. & C.* ... 500 g
   Aubépine, flüss. .... 20 g
   Rosenöl, künstl. ...... 10 g
   Irisöl, flüss., *H. & R.* ... 5 g
   Moschus, künstl. ...... 10 g

II. Lilas VII., *L. G.* ...... 100 g
   Rosenöl .... 2 g
   Neroliöl .... 1 g
   Terpineol .... 40 g

III. *Heiko*-Flieder 830 ..... 250 g
   Benzylbenzoat .... 500 g
   Terpineol .... 500 g
   Hydroxycitronellal..... 100 g
   Heliotropin .... 15 g
   Vanillin .... 5 g
   Heiko-Rote Rose ...... 5 g
   Jasminblütenöl, künstl. 5 g

Gardenia

Gardenia, *H. & C.* .... 100 g
Rosenöl .... 5 g
Terpineol .... 40 g

Gartennelke (Œillet)

I. Purpurnelke, *Sch. & C.* .. 100 g
   Terpineol .... 20 g
   Isoeugenol .... 5 g
   Moschus, künstl. .... 3 g

II. Œillet, *H. & R.* .... 100 g
   Terpineol .... 20 g
   Rosenöl, künstl.......... 3 g

Geißblatt (Chèvrefeuille)

Chèvrefeuille, *L. G.* .... 1000 g
Terpineol .... 700 g
Capronia *Sch. & C* .... 15 g
Moschus, künstl. .... 10 g
Vanillin .... 2 g

Glycine

Glycine, *Sch. & C* .... 1000 g
Terpineol .... 450 g
Moschus, künstl. .... 10 g

Goldlack

Goldlack, *Sch. & C.* .... 100 g
Terpineol .... 20 g
Moschus, künstl. .... 2 g

Goldregen

Goldregen, *Sch. & C.* ..... 1000 g
Benzylbenzoat .... 400 g
Moschus, künstl. .... 20 g
Rote Rose, *Sch. & C.* ...... 10 g

Heliotrop

I. Heliotrop, flüss.,
   Sch. & C. .... 250 g
   Benzylbenzoat .... 1000 g
   Vanillin .... 15 g
   Rose alpine, *T. M.* .... 2 g
   Cassieblütenöl, *H. & R.* 0,5 g

Von dem Vanillin kann man je
nach Wunsch auch weniger geben.

II. *Heiko*-Heliotrop .... 100 g
   Moschus, künstl. ...... 3 g

III. Heliotropblütenöl,
   künstl., ... 100 g
   Terpineol .... 20 g
   Moschus, künstl. .... 3 g
   Rosenöl .... 2 g
   Bittermandelöl .... 0,2 g

Hyazinthe

I. Hyazinthin, extra, *Agfa* 100 g
Terpineol .... 150 g
Rosenöl .... 5 g
Heiko-Heliotrop .... 10 g

II. Hyazinthenblütenöl,
H. & C. .... 100 g
Terpineol .... 30 g
Moschus, künstl. ...... 3 g

III. Hyazinth, *Sch. & C.* ... 50 g
Vanillin .... 10 g
Rose alpine, *T. M.* .... 15 g
Syringablütenöl, *H. & R.* 15 g
Benzylbenzoat .... 200 g

Jasmin

I. *Heiko*-Jasmin .... 100 g
Moschus, künstl. .... 3 g
Rosenöl .... 2 g

II. Jasminblütenöl, künstl. . 100 g
Terpineol .... 30 g
Rosenöl .... 2 g
Moschus, künstl. .... 3 g

Jasminette

Jasminette, *Heiko* .... 1000 g
Terpineol .... 400 g
Benzylacetat .... 100 g
Moschus, künstl. .... 20 g
Vanillin .... 4 g

Jonquille

Jonquilla, *Sch. & C.* .... 100 g
Terpineol .... 20 g
Heiko-Jasmin .... 3 g
Neroliöl .... 2 g
Moschus, künstl. .... 3 g

Iris

Irisöl, flüss., *H. & R.* .... 100 g
Terpineol .... 50 g
Moschus, künstl. .... 3 g
Rosenöl .... 2 g

Levkoje

Levkoje, *Sch. & C.* .... 1000 g
Phthalester .... 400 g
Benzylacetat .... 10 g
Moschus, künstl. .... 10 g

Lilie (Prachtlilie)

Lilie, *Sch. & C.* .... 1000 g
Phthalester .... 280 g
Rosenöl, künstl., *Agfa* .... 5 g
Ylang-Ylangöl, Mayotte ... 5 g
Vanillin .... 5 g

Lindenblüte

Heiko-Linde .... 100 g
Rosenöl .... 2 g
Moschus, künstl. .... 3 g

Lupine

Lupinol, *Heiko* .... 1000 g
Terpineol .... 400 g
Moschus, künstl. .... 10 g
Vanillin .... 5 g
Cumarin................. 3 g

Maiglöckchen

I. *Heiko*-Maiglöckchen ... 100 g
Heiko-Heliotrop .... 10 g
Moschus, künstl. .... 2 g

II. Maiglöckchenblütenöl,
H. & R. .... 100 g
Terpineol .... 30 g
Rosenöl .... 2 g
Moschus, künstl. ...... 3 g

III. Muguet, künstl. .... 100 g
Linalool rosé .... 20 g
Terpineol .... 80 g
Moschus, künstl. ...... 4 g

IV. Maiglöckchenblütenöl,
H. & R. .... 200 g
Benzylbenzoat .... 1000 g
Vanillin .... 5 g
Bittermandelöl, echt .. 0,5 g
Jasminblütenöl,
Sch. & C. .... 10 g

Malmaisonnelke

Purpurnelke, *Sch. & C.* ... 1000 g
Phtalester .... 450 g
Moschus, künstl. .... 10 g

Mimosa

Mimosa, *N. & C.* .... 100 g
Moschus, künstl. .... 3 g
Rosenöl .... 3 g

Narzisse

Narzissenöl, *S. & C.*	100 g
Rosenöl	5 g
Moschus, künstl.	3 g

Neroli

Neroli, künstl.	1000 g
Phtalester	450 g
Moschus, künstl.	15 g
Rose alpine	5 g

Orange

I.
Heiko-Neroli	100 g
Terpineol	30 g
Rosenöl	3 g
Moschus, künstl.	5 g

II. Orangenblütenöl, künstl.
Sch. & C.	100 g
Terpineol	40 g
Moschus, künstl.	5 g

Patchuli

Patchuliöl	100 g
Terpineol	50 g
Rosenöl, künstl.	10 g
Sandelholzöl ostind.	20 g

Reseda

I.
Heiko-Reseda	100 g
Terpineol	30 g
Moschus, künstl.	5 g

II. Resedablütenöl, *H. & C.*
	100 g
Terpineol	65 g
Reseda-Geraniol	40 g
Moschus, künstl.	5 g

III.
Heiko-Reseda	200 g
Phtalester	1000 g
Rose alpine, *T. M.*	10 g
Gartennelkenblütenöl,	
H. & R.	5 g
Jasminblütenöl,	
Heiko	5 g

Rose extra

Heiko-Rote Rose	250 g
Benzylbenzoat	1000 g

Rose idéale

Rose alpine, *T. M.*	250 g
Phtalester	1000 g
Neroliöl, echt	1 g

Rose

I.
Rosenöl	100 g
Geraniumöl	30 g
Moschus, künstl.	3 g

II.
Heiko-Rose	100 g
Geraniol	30 g
Moschus, künstl.	3 g

III.
Rosenblütenöl, *H. & C.*	100 g
Heiko-Heliotrop	20 g
Heiko-Neroli	3 g
Moschus, künstl.	3 g

Syringa

I.
Syringaöl, *H. & C.*	100 g
Terpineol	40 g
Aubépine, flüss.,	
Dr. *Sch. & C.*	5 g
Moschus, künstl.	5 g
Rose, künstl.	5 g

II.
Syringablütenöl, *H. & R.*	200 g
Moschus, künstl.	8 g
Rose, künstl.	10 g
Phthalester	300 g
Vanillin	0,5 g

Sandel

Santalol	100 g
Terpineol	30 g
Moschus, künstl.	5 g
Rosenöl	3 g

Trèfle

Amylsalicylat	100 g
Terpineol	20 g
Moschus, künstl.	3 g
Rose, künstl.	5 g

Tuberose

Tuberoseblütenöl, *H. & C.*	100 g
Terpineol	30 g
Moschus, künstl.	3 g

Violettes de Vence

I.
Centarom Waldveilchen,	
Agfa	500 g
Irisine ff., *Fl.*	10 g
Phthalester	200 g

II.
Veilchenblütenöl, künstl.	500 g
Benzylbenzoat	200 g
Irisine, *Fl.*	5 g
Ylang-Ylangöl	3 g

Veilchen

I. *Heiko*-Veilchen .... 100 g
 Terpineol .... 30 g
 Moschus, künstl. ...... 3 g

II. Jonon .... 100 g
 Terpineol .... 300 g
 Moschus, künstl. ...... 6 g

III. Neu-Veilchen, *H. & R.* . 100 g
 Terpineol .... 250 g
 Irisöl, flüss., *H. & R.* ... 10 g
 Moschus, künstl. ...... 6 g

IV. *Heiko*-Veilchen .... 220 g
 Violette Feuilles, *L. F.* 10 g
 Phthalester .... 1000 g
 Irisöl, konkret .... 5 g

Violette San Remo

Veilchenblütenöl, *H. & R.* . 240 g
Phthalester .... 1000 g
Ylang-Ylangöl, *Sartorius* .. 2 g
Rose alpine, *T. M.* .... 2 g
Vanillin .... 5 g
Cassieblütenöl, *H. & R.* ... 0,5 g

Wistaria

Wistaria, *Heiko* .... 1000 g
Terpineol .... 600 g
Moschus, künstl. .... 20 g
Vanillin .... 5 g
Ylang-Ylangöl .... 1 g

Ylang-Ylang

I. Ylang-Ylangöl, *Sch. & C.* 100 g
 Terpineol .... 30 g
 Irisöl, flüss., *Fl.* .... 5 g
 Heiko-Jasmin .... 10 g
 Rosenöl, künstl......... 5 g

II. *Heiko*-Ylang-Ylang ..... 100 g
 Terpineol .... 40 g
 Rose, künstl. .... 5 g
 Moschus, künstl. .... 5 g

Den künstlichen Moschus löst man bei diesen Vorschriften in dem Terpineol, wo solches vorkommt; wie schon eingangs gesagt wurde, kann man ihn auch in Benzylbenzoat gelöst halten und dann ein entsprechendes Quantum dieser Lösung den Essenzen zufügen.

Die Verwendung der konzentrierten Parfums ist natürlich anders gedacht als die der seither im Handel befindlichen Odeurs. Man parfumiert damit die Kleider in der Weise, daß man im Innern derselben kleine, doppelt genähte Bäuschchen von irgend welchem aufsaugenden Stoffe (Watte oder dergl.) anbringt, auf die dann die konzentrierte Essenz in wenigen Tropfen gegeben wird. Für den Verbrauch als Taschentuchparfum müßte sich auf dem Toilettentisch eine kleine Schale befinden, in die man aus einem (geschliffenen) Flakon etwas reinen Spiritus gießt, in welchem man alsdann einige Tropfen der Essenz löst zur weiteren Bedienung.

Die konzentrierten Parfums werden in feine Gläschen von 1 bis 10 g gefüllt, welche gut eingeschliffene Glasstopfen tragen. Die einzelnen Gläser gibt man dann wieder in entsprechend dekorierte Holz-, Pappe- oder Blechdosen von 1, 3, 6 oder 12 Gläsern, die alle gute Verkaufsartikel abgeben.

Riechsalze und Migränestifte.

Das Riechsalz ist ein schon seit vielen Jahrzehnten gebrauchter Artikel, den man in der Hauptsache gegen Kopfschmerzen anwendet, wie auch bei Ohnmachtsanfällen. Einer der Hauptbestandteile ist der

Salmiakgeist, der bekanntlich sehr flüchtig ist und auf die Geruchsnerven kräftig einwirkt. Seit der Erfindung des Migränestiftes ist jedoch
die Anwendung der Riechsalze sehr zurückgegangen. Das „Salz" selbst
ist schwefelsaures Kali, auch kohlensaures Ammonium oder Preston-
salz, welches zerkleinert und in Fläschchen gefüllt wird, worin man
es dann mit den gewünschten Flüssigkeiten übergießt, die in entsprechender Weise parfumiert sind. Des weiteren verwendet man auch an Stelle
des schwefelsauren Kalis kleine Schwammstückchen; in England und den
Kolonien ist ein sog. „Smelling Salt" im Gebrauch, bei dem die Gläser
kleine poröse Tonkugeln enthalten, die mit der Riechessenz getränkt
und übergossen sind.

Gute Vorschriften für die Riechessenz sind die folgenden:

I.	Campher	150 g	II.	Salmiakgeist	900 g
	Moschustinktur	150 g		Lavendelöl, Mitcham	100 g
	Citronenöl	20 g		Citral	2 g
	Lavendelöl	40 g			
	Bergamottöl	50 g	III.	Salmiakgeist, 20%ig	1000 g
	Isoeugenol	10 g		Lavendelöl, Mitcham	130 g
	Salmiakgeist	1500 g		Bergamottöl	10 g
	Alkohol	1500 g		Menthol	1 g
				Moschustinktur	25 g

Sehr gut verwendbar ist hier die in letzter Zeit in den Handel gebrachte konzentrierte Lavendelessenz (Lavande concrète) aus Grasse,
welche das Aroma der Lavendelblüte in vorzüglichem Dufte wiedergibt.

Lavendel-Riechsalz		**Fichtennadel-Riechsalz**	
Lavendelöl, Mitcham	150 g	Latschenkiefernöl	100 g
Moschustinktur	50 g	Fichtennadelöl	100 g
Isoeugenol	30 g	Bornylacetat	5 g
Bergamottöl	100 g	Bergamottöl	15 g
Rosenöl, künstl.	2 g	Salmiakgeist	5000 g
Salmiakgeist	5000 g	Alkohol	2500 g
Alkohol	2500 g	Cumarin	8 g

Je nach Wunsch kann man natürlich mehr oder weniger Verdünnungsmittel zu den ätherischen Ölen nehmen.

Sel de Vinaigre

Auch hiezu werden die Gläser mit schwefelsaurem Kali gefüllt
und mit folgender Essenz übergossen:

Eisessig	750 g
Bergamottöl	35 g
Citronenöl	25 g

Es sei hier anschließend auch gleich die Herstellung der Migräne-
stifte (Mentholstifte) aufgeführt.

Um reine Mentholstifte herzustellen, schmilzt man das Menthol
im Wasserbad in einem kleinen Behältnis mit Ausguß. Eventuell kann

man 3 bis 5% Borsäure zusetzen, achte jedoch darauf, daß diese schön weiß ist. Die geschmolzene Masse, die man bei möglichst niedriger Temperatur zum Schmelzen gebracht hat, damit von dem Menthol nur recht wenig verdunstet, gießt man in gut vernickelte Metallformen, die den jeweils gewünschten Konus eingebohrt zeigen. Dies kann in allen Größen geschehen. Solche Metallformen sind in der Regel mehrteilig, d. h. es sind mehrere — meist zwei — Reihen nebeneinander angeordnet und nach Auseinanderklappen der Form kann man die erkalteten Mentholstifte sehr leicht herausnehmen. Das in die Form gegossene Menthol erstarrt sehr schnell. Es ist ratsam, die Stifte nicht ganz kalt werden zu lassen, da sie sich in halbwarmem Zustande weit leichter aus der Form entfernen lassen, als wenn sie vollkommen erkaltet sind. Man muß aber natürlich die Kristallisation vollständig eintreten lassen, denn sonst zerbrechen die Stifte.

Nun kann man aber auch Kompositionsstifte anfertigen:

$$
\begin{array}{ll}
\text{Menthol} & 1000 \text{ g} \\
\text{Paraffin} & 250 \text{ g} \\
\text{Ceresin} & 250 \text{ g}
\end{array}
$$

Die Art der Herstellung ist immer die gleiche, doch schmelze man zuerst die andern Zusätze und gebe in die Schmelze das Menthol hinein, welches darin sehr leicht zergeht, ohne unnötigerweise zu verdunsten.

Weiter werden Mentholstifte aus gleichen Teilen von Menthol und Ceresin oder Paraffin hergestellt, die auch sehr gute Dienste leisten, aber natürlich wie auch die vorhergehende Sorte nicht als reine Mentholstifte deklariert werden dürfen.

Eine weitere Art der Mentholstifte, die besonders im Exporthandel zu finden sind, besteht aus einem Paraffin- oder Ceresinkegel, der außen herum eine dünne Schicht Menthol zeigt. Für ihre Herstellung gibt es besondere Apparate, mit deren Hilfe diese nicht allzu schwer ist, aber immerhin einiger Erfahrung bedarf.

Die aus der Form genommenen Mentholstifte läßt man völlig erkalten und am besten wenigstens über Nacht liegen, damit sie gut trocken werden. Bei den mit Ceresin oder Paraffin hergestellten Kompositionsstiften zeigt sich nach dieser Zeit ein leichter Überzug in Form winziger Kristalle, welche etwas ausgetretenes Menthol darstellen. Diesen Überzug wischt man mit einem weichen trockenen Läppchen ab und wirft dieses dann in ein Gefäß mit Alkohol, um das sonst verlorene Menthol weiter zu verwenden wie z. B. für Eiskopfwasser oder dergl.

Die trockenen Mentholstifte werden dann in Holzhülsen eingeleimt.

Zimmerparfums.

Große Verwendung finden die Zimmerparfums. Zu ihrer Verteilung in der Zimmerluft bedient man sich am besten eines Zerstäubers, da hiebei die Parfums wirklich zerstäubt werden und sich so der Luft schneller und vollkommener mitteilen. Als Zimmerparfum ist jedes gute Eau de Cologne zu verwenden, und häufig bildet ein solches auch die Grundlage der Zimmerparfums.

Es sei hier besonders bemerkt, daß der gerade zu diesen Präparaten früher anscheinend häufig verwendete Methylalkohol sich als ein Gift im wahrsten Sinne des Wortes erwiesen hat und großes Unheil anzurichten imstande ist. Seine Verwendung verbietet sich daher aufs strengste.

Veilchen

Eau de Cologne, simple . . 10000 g
Iristinktur . . . . 1000 g
Irisone, *L. G.* . . . . 10 g
Ylang-Ylangöl, künstl.,
    S. & C. . . . . 3 g

Flieder

Eau de Cologne, simple . . 10000 g
Terpineol . . . . 300 g
Muguet, künstl. . . . . 20 g
Vanillin . . . . 5 g

Maiglöckchen

Eau de Cologne, simple . . 10000 g
Muguet, künstl. . . . . 50 g
Linalylacetat . . . . 20 g

Auf diese Art kann man sich alle gewünschten Gerüche für Zimmerparfums herstellen.

Zur Herstellung von Zimmerparfums mit Tannenduft eignen sich in allererster Linie die Öle der Nadelbäume, als da sind: Edeltannenöl von Pinus picea, Fichtennadelöl von P. balsamea und Latschenkieferöl von P. pumilio, P. sibirica und P. silvestris. Des weiteren werden jedoch auch solche Öle verwendet, deren Verdunstung auf die Atmungsorgane besonders günstigen Einfluß ausübt. Nicht alle Leute werden sich darüber klar, daß das Wohlbefinden in einem Raume, in welchem Tannenduftpräparate zur Verdunstung gelangen, sich nicht etwa nur auf einen angenehmen Reiz der Geruchsnerven erstreckt. Die erhöhte Bildung von Ozon bewirkt eine Reinigung der Luft, welche besonders den Lungen wohltut. Tannenduft- wie auch Kräuterpräparate werden in ihrer allgemeinen vorzüglichen Wirkung gar nicht annähernd genügend gewürdigt, denn nicht nur für Zimmerparfums sind sie sehr geeignet, sondern auch für Bäder, wie denn für kosmetische Pflege der Haut und des Körpers überhaupt. Zu solchen Präparaten zieht man mit großem Vorteil folgende ätherische Öle heran: Lavendelöl, Krauseminzöl, Pfefferminzöl, Rautenöl, Eucalyptusöl, Salbeiöl, Sellerieöl, Wacholderbeeröl sowie Wacholderholzöl u. a. m.

In den meisten Fällen werden diese Präparate als alkoholische Lösungen der genannten ätherischen Öle mit mehr oder weniger Wasserzusatz hergestellt. Doch auch als Extrakte und in Pastenform finden wir sie im Handel.

Koniferengeist

Alkohol . . . . 5000 g
Edeltannenöl . . . . 200 g
Benzoetinktur . . . . 30 g
Wasser . . . . 1000 g

Koniferen-Eau de Cologne

Eau de Cologne . . . . 5000 g
Latschenkieferöl . . . . 140 g
Wacholderbeeröl . . . . 20 g
Styraxtinktur . . . . 40 g
Wasser . . . . 500 g

Koniferenessig

Alkohol	7000 g	Lavendelöl	50 g
Essigäther	160 g	Wacholderbeeröl	10 g
Benzoetinktur	150 g	Eucalyptusöl	10 g
Eisessig	300 g	Dest. Wasser	1000 g
Edeltannenöl	250 g		

Der Koniferenessig ist als Zusatz zum Waschwasser sehr beliebt und leistet auch nervösen Damen sehr gute Dienste. Für Bäder wird er als Zusatz stark bevorzugt.

In England wird ein Produkt viel verwendet, das den Namen trägt:

Aromatic Ozoniser

Latschenkieferöl	20 g
Eucalyptusöl	10 g
Lavendelöl, Mitcham	40 g
Sellerieöl	5 g
Alkohol	1000 g

Dieses wird gewöhnlich in eine Verdunstungsschale gegeben und im Zimmer aufgestellt. Ein Wasserzusatz findet bisweilen auch noch statt.

„Waldduft“-Essenz

Fichtennadelöl	100 g
Lavendelöl	20 g
Citronenöl	10 g
Bergamottöl	10 g
Wacholderbeeröl	30 g
Alkohol	2000 g

In flache Fläschchen von 50 bis 100 g abgefüllt, bildet diese Essenz einen flotten Verkaufsartikel in jedem Parfumeriegeschäft.

Wie schon bemerkt, dienen die Tannenduftpräparate nicht nur zum Verbessern des Geruchs der Zimmerluft, sondern auch zur Ermöglichung einer freieren Atmung. Durch ihre Verdampfung wird daher zunächst eine künstliche Erzeugung der Luft des Nadelwaldes hervorgebracht, die besonders für Nervöse und auch Lungenkranke von hohem Werte ist.

Das ätherische Öl der Fichtennadeln übt auf erregte Nerven einen so bedeutenden Einfluß aus, wirkt dermaßen beruhigend, daß Leute, die des Nachts schwer einschlafen können, mit Tannennadeln gefüllte kleine Kissen oder mit Koniferenpulver gefüllte Seidenbeutelchen unter das Kopfkissen legen.

Koniferenpulver

Tannenholzmehl	500 g
Edeltannenöl	80 g
Rautenöl	5 g
Eucalyptusöl	10 g
Perubalsam	30 g

Koniferenessenz

Latschenkieferöl	100 g
Wacholderbeeröl	15 g
Perubalsam	25 g

Für Krankenzimmer ist ein zum Teil auch desinfizierendes Zimmerparfum unerläßlich; hiebei leistet Eucalyptusöl sehr gute Dienste in Verbindung mit Formalin oder Chinosol.

Koniferengeist (für Krankenzimmer)

Alkohol	10 000 g
Edeltannenöl	400 g
Bornylacetat	50 g
Wacholderbeeröl	100 g
Wasser	2 000 g

Eucalyptus-Zimmerparfum

Solution Eucalyptusöl (1 : 10)	250 g
Formaldehyd, 40%ig	250 g
Alkohol	1500 g

Eucalyptus-Chinosol-Zimmerparfum

Solution Eucalyptusöl (1 : 10)	250 g
Chinosol	150 g
Alkohol	1000 g
Wasser	200 g

Chinosol-Zimmerparfum

Alkohol	10 000 g
Chinosol	50 g
Bergamottöl	40 g
Edeltannenöl	150 g
Linalool	10 g
Benzoetinktur	200 g
Dest. Wasser	3 000 g

Luftdesinfektions-Flüssigkeit.

Dem allgemeinen Fortschritt auf dem Gebiete der Hygiene folgend, ist man dazu geschritten, in Räumlichkeiten, in denen sich größere Menschenmengen ansammeln, von Zeit zu Zeit die Luft zu reinigen (Theater, Kino usw.). Hiezu bedient man sich einer Flüssigkeit, die speziell für diesen Zweck hergestellt ist und in verdünntem Zustande mittels eines besonders konstruierten Zerstäubers in die Luft geblasen wird.

Die Ansprüche, die an eine solche Flüssigkeit naturgemäß gestellt werden, sind ziemlich hohe. Diese Luftdesinfektionsflüssigkeiten sollen vor allen Dingen die Luft reinigen, dabei zugleich auch desinfizieren und desodorisieren, wobei alle schlechten Gerüche und Ausdünstungen zerstört werden sollen. Weiter sollen sie bakterientötend wirken und so auch in gewissem Umfange vor Ansteckung und Krankheit bewahren. Rauch und Staub müssen sie sofort niederschlagen und außerdem beruhigend und nervenstärkend wirken, was am leichtesten durch Zusatz eines angenehmen Parfums geschehen kann, das jedoch in keiner Weise an ein Taschentuchparfum erinnern soll, also nicht süßlich sein darf.

Die vorgenannten einzelnen Punkte lassen sich erreichen, wenn man als Desinfiziens den Formaldehyd in recht reichem Umfange anwendet und als Geruchskorrigens sich eines guten Fichtennadelöles bedient. Auf diesem Wege läßt sich alles erzielen, was verlangt wird. Man kann auch ein gutes Eau de Cologne als Grundlage nehmen und ihm einfach einen bestimmten Prozentsatz Formaldehyd zusetzen. Da diese Flüssigkeit nun mit Wasser stark verdünnt den Rauch und Dunst nach der Zerstäubung in die Luft langsam zu Boden zieht, ist es notwendig, daß sie auf Kleidern oder Möbeln keine Flecken hinterläßt, also u. a. vor allem nicht unter Zusatz von Harzinfusionen hergestellt ist.

Luftdesinfektionsflüssigkeit

I.			II.		
Alkohol	2000 g		Eau de Cologne	3000 g	
Formaldehyd, 40%ig	400 g		Formaldehyd, 40%ig	400 g	
Fichtennadelöl, sibir.	190 g		Edeltannenöl	20 g	
Cumarin	10 g				

Die modernen Luftdesinfektionslösungen werden in Form dichter Emulsionen von ätherischen Ölen (mit Seife, Triäthanolomin u. dgl.) emulgiert hergestellt und unmittelbar vor dem Gebrauche mit Wasser verdünnt.

Räuchermittel.

Die Räuchermittel, wie sie in früheren Jahren gang und gäbe waren, werden jetzt wenig mehr gebraucht. Es gilt das besonders von den sogenannten Räucherkerzen und Räucherpulvern. Der Rückgang im Verbrauch von festen Räuchermitteln mag zum Teil auch daher kommen, daß die offenen Feuer und Kamine durch die geschlossenen Öfen und Dampfheizungen ersetzt sind und somit das Aufstreuen der Räuchermittel auf die glühenden Kohlen aufgehört hat. Auch die Ventilation unserer modernen Wohnräume ist eine bedeutend bessere geworden, als das früher der Fall war. Es hat sich denn auch in der Herstellung genannter Präparate gar nichts geändert, so daß wir glauben, auf die bereits bestehende reichhaltige Literatur hinweisen zu können, falls sich der Leser für diese Artikel besonders interessieren sollte.

Räuchermittel in flüssigem Zustande werden immer noch gerne gekauft in Gestalt von Räucherbalsam, Räuchertinktur oder -Essenz.

Räucherwasser

I.				
Alkohol	4000 g		Lavendelöl	200 g
Moschustinktur	1600 g		Thymianöl, rot	250 g
Tolutinktur	800 g		Nelkenöl	200 g
Perutinktur	800 g		Citronenöl	100 g
Benzoetinktur	800 g		Citral	20 g
Storaxtinktur	1000 g		Cassiaöl	50 g
Ambron, *Sch. & C.*	60 g		Geraniol	80 g

II.				
Alkohol	4000 g		Thymianöl, rot	230 g
Tolutinktur	1800 g		Nelkenöl	200 g
Perutinktur	800 g		Cassiaöl	50 g
Benzoetinktur	800 g		Geraniol	80 g
Moschustinktur	1000 g		Cumarin	20 g
Lavendelöl	200 g			

Räuchertinktur

Isoeugenol	100 g		Ambre W., *Sch. & C.*	15 g
Citronenöl	100 g		Neroliöl, künstl.	5 g
Bergamottöl	150 g		Perubalsam	180 g
Lavendelöl	30 g		Storaxtinktur	500 g
Ambrettemoschus	40 g		Alkohol	7000 g

Ziemlich oft verlangt wird noch das Räucherpapier. Es ist in zierlichen kleinen Heftchen eingebunden, deren Seiten perforiert sind, so daß man mit leichter Mühe das jeweils gewünschte Blättchen herausnehmen kann. Den Umschlag des Heftchen zieren hübsche Chromos mit entsprechendem Text. Es gibt 2 Sorten von Räucherpapieren, solche, welche verbrannt werden sollen, und solche, die nur verglimmen und je nach Belieben wieder verlöscht werden können. Erstere werden vor der Präparation mit Riechstoffen in Salpeterlösung getränkt, letztere, um sie unverbrennbar zu machen, in heiße Alaunlösung getaucht und getrocknet. Beide Lösungen stellt man im Verhältnis 1 : 4 her.

Räucherpapier

Sandarak, gepulvert ...... 1000 g
Alkohol .... 3000 g

Hiemit bestreicht man nach dem Eintauchen in Salpeter- oder Alaunlösung das Papier und bestreut es dann mit einem Pulver von folgender Zusammensetzung:

Cascarillepulver .... 1000 g
Gummi Olibanum, pulv. ... 500 g
Mastix, pulv. .... 500 g

Ist dieses alles ordentlich getrocknet, dann bestreicht man das Papier auf beiden Seiten mit folgender Lösung:

Sandaraktinktur .... 750 g	Eugenol .... 15 g
Storaxtinktur .... 750 g	Moschustinktur .... 45 g
Benzoetinktur........... 250 g	Zibettinktur .... 45 g
Perutinktur .... 125 g	Cassiaöl .... 10 g
Tolutinktur.............. 250 g	Geraniol................. 15 g
Bergamottöl .... 50 g	Petitgrainöl .... 5 g
Lavendelöl .... 15 g	Ambre A., *Ama* .... 10 g

Räucherpulver für Kirchen

Weihrauch .... 1000 g	Salpeter................. 200 g
Tolubalsam .... 400 g	Zucker .... 140 g
Benzoe................. 500 g	Cascarillerinde .... 150 g
Storax .... 240 g	

Nach einer ähnlichen Vorschrift werden z. B. Räucherpulver für viele französische und spanische Kirchen hergestellt, und zwar für die Zeit der hohen Festtage.

Toiletteessig.

Besonders in der heißen Jahreszeit wie denn auch in den südlichen Klimaten werden Toilettewässer zur Erfrischung des Körpers den Bade- und Waschwässern beigegeben. Es geschieht in bedeutend größerem Maßstabe, als gewöhnlich angenommen wird, und zwar ganz besonders in den tropischen Regionen. Toilettewässer sind daher u. a. von jeher ein sehr guter **Exportartikel** gewesen, und Firmen, die ihre Erzeugnisse auf diesem Gebiete im In- und Auslande einzuführen verstanden haben, werden darin stets gut mit Aufträgen versorgt sein. Viele dieser Toilettewässer sind in Qualität jedoch so gering gemacht worden, daß es sich eigentlich kaum noch lohnt, sie bei der Toilette zu verwenden, denn sie sind auch nichts viel anderes als das Wasser selbst.

Zu den Toilettewässern im allgemeinen zählt auch der Toiletteessig, ein infolge seiner ganz besonders erfrischenden und wohltuenden Eigenschaften gerne gebrauchter Artikel. Der Toiletteessig ist auch in Qualität und Preis noch nicht so verdorben, wie beispielsweise die Florida-, Cananga- usw. Wässer. Er wird in Europa recht viel verwendet, doch besonders Zentralamerika ist ein sehr guter Abnehmer für dieses Produkt. In Deutschland nimmt die Verwendung auch immer zu und mit ihr die Nachfrage nach Toiletteessigen, in den verschiedensten Parfumierungen. Wir finden daher am Markte: Vinaigre à la Rose, aux Violettes, à la Peau d'Espagne, Vinaigre ambré u. dgl. mehr und wollen deren Herstellung hier nun beschreiben.

Vinaigre de Toilette (Toiletteessig)

Alkohol	10 000 g
Eisessig	1 000 g
Isoeugenol	15 g
Citronenöl	50 g
Bergamottöl	130 g
Neroliöl, künstl.	10 g
Wasser	3 000 g
Essigäther	160 g

Vinaigre à la Rose

Alkohol	10 000 g
Eisessig	1 000 g
Rosenöl, künstl., *Heiko*	10 g
Geraniol	50 g
Palmarosaöl	50 g
Wasser	3 000 g
Essigäther	160 g

Vinaigre aux Violettes

Alkohol	10 000 g
Eisessig	1 000 g
Jonon	2 g
Jasminöl, künstl., *Heiko*	10 g
Moschustinktur	100 g
Benzoetinktur	100 g
Bergamottöl	120 g
Wasser	3 000 g
Essigäther	160 g

Durch Ab- oder Zugeben der einzelnen Ingredienzien läßt sich sowohl Geruch als auch Stärke des Produktes nach dem jeweils zu erzielenden Preise regulieren.

Vinaigre au Muguet

Alkohol	10 000 g
Eisessig	1 000 g
Perubalsam	100 g
Linalool	100 g
Terpineol	50 g
Bergamottöl	120 g
Muguet „N", *N. & C.*	80 g
Vanillin	10 g
Linalylacetat	25 g
Wasser	3 000 g
Essigäther	160 g

Fichtennadel-Toiletteessig

Alkohol	10000 g	Bergamottöl	60 g
Eisessig	1000 g	Wasser	3000 g
Bornylacetat	100 g	Essigäther	160 g
Lavendelöl	30 g		

Glycerin-Toiletteessig

Alkohol	8000 g	Neroliöl, künstl.	5 g
Glycerin	1500 g	Benzoetinktur	150 g
Bergamottöl	30 g	Solution Irisöl 1%	750 g
Rosenöl, künstl.	5 g	Essigäther	160 g
Vanillin	5 g	Eisessig	900 g
Benzylacetat	20 g	Orangenblütenwasser	2000 g
Citronenöl	30 g		

Die Toiletteessige müssen unter öfterem Umschütteln 14 Tage lang stehen, ehe sie filtriert werden. Perubalsam muß im Alkohol gelöst werden, ehe dieser durch Wasser verdünnt wurde.

Nachstehend noch einige moderne Vorschriften.

Genre Vinaigre de Bully

1.

Alkohol	5 l
Wasser	5 l
Bergamottöl	30 g
Citronenöl	30 g
Portugalöl	12 g
Rosmarinöl	5 g
Lavendelöl	5 g
Neroliöl	5 g
Benzoetinktur	100 ccm
Tolutinktur	60 ccm
Styraxtinktur	60 ccm
Nelkenöl	3 g
Eisessig	150 g

2. (Cerbelaud)

Orangenblütenwasser	4500 g
Rosenwasser	500 g
Eisessig	100 g
Bergamottöl	24 g
Citronenöl	24 g
Portugalöl	10 g
Lavendelöl	3 g
Melissengeist	400 g
Nelkenöl	1 g
Rosmarinöl	18 g
Benzoetinktur	50 ccm
Tolutinktur	50 ccm
Myrrhentinktur	50 ccm
Moschustinktur	10 ccm
Ambratinktur	5 ccm
Essigäther	1 ccm
Önanthäther	1 Tropfen

Vinaigre des Dames

Bergamottöl	2,5 g
Citronenöl	2,5 g
Neroliöl	0,3 g
Rosenöl, bulg.	0,3 g
Alkohol	100 ccm
Starker Essig	250 ccm
Essigäther	5 g

Vinaigre Ambré surfin

Alkohol	800 ccm
Wasser	185 ccm
Eisessig	15 ccm
Ambre W., *Sch. & C.*	5 g
Vanillin	5 g
Bergamottöl	10 g
Citronenöl	5 g
Neroliöl	1 g
Essigäther	3 g

Vinaigre royal

Alkohol	800 ccm
Wasser	200 ccm
Eisessig	15 ccm
Ambron *Sch. & C.*	6 g
Vanillin	4 g
Sandelöl, ostindisch	0,2 g
Irisöl, konkret	0,8 g
Bergamottöl	15 g
Citronenöl	8 g
Rosenöl, bulgar.	1 g
Ylang-Ylangöl	0,5 g
Vanilletinktur	100 g
Benzoetinktur	50 g
Iristinktur	50 g
Tonkatinktur	30 g
Moschustinktur	10 g

Vinaigre ambré

Alkohol . . . . .200 ccm		Bergamottöl	5 g
Wasser . . . . .800 ccm		Citronenöl	2 g
Eisessig . . . . 15 ccm		Vanillin	3 g
Resinoid Labdanum . . . . . 3 g		Essigäther	3 g

Das Färben der Parfumeriewaren und die Farbstoffe.

Wenn man in der Parfumerie bei irgend etwas am Hergebrachten und Gewohnheitsmäßigen hängt, so ist das bei den Farben der verschiedenen Präparate der Fall; denn es wäre absolut unmöglich, ein Produkt — besonders ein allgemein bekanntes — in anderer Farbe nutzbringend zu verkaufen, als in den bekannten, althergebrachten Farben. Ein gelbes oder blaues Veilchenodeur, ein lilafarbiges Patchuliodeur, ein rotes Rosenextrait wäre unverkäuflich. Dagegen muß Veilchenodeur grün sein, Patchuli gelbgrün oder gelbbraun, Rose gelb, hellgelb bis weißlich. Ein gleiches ist es mit den Farben der Pomaden, ein anderes wieder mit den Farben der Seifen. Bleiben wir zunächst bei den Farben der Extraits d'odeurs.

Die meisten feinen und feinsten Odeurs werden in der Naturfarbe gelassen, d. h. man bringt sie so in den Handel, wie sie sich aus der Zusammensetzung der verschiedenen Stoffe ergeben. Nur falls sie gar zu weiß und wasserhell sein sollten, färbt man ein wenig mit Zuckercouleur nach.

Die Veilchenodeurs jedoch werden mit Chlorophyll oder Smaragdgrün grünlich gefärbt, doch nur soviel, daß sie einen kräftigen, grünen Schimmer haben; für die feinen Patchuliextraits nimmt man zur Färbung eine Mischung von Krokusinfusion und Smaragdgrün, bei der das Gelb vorherrschend ist. Die Fliederodeurs werden mit Lilatinktur etwas gefärbt, aber nur billige Ware, gute Sorten bleiben ungefärbt.

Beim Färben der Extraits achte man sehr darauf, daß es nicht in zu starkem Maße geschieht und das Extrait keine Flecken in den Taschentüchern hinterläßt.

Die geringen Sorten der Exportextraits werden alle gefärbt, und zwar den Farben der jeweiligen Triple-Extraits entsprechend. Ebenso ist es mit den Toilettewässern, welche ausgesprochene Blumengerüche führen. Andere, wie Toiletteessig, Bay Rum usw., sollen einen bräunlichen Ton haben, Divina-, Florida- einen hellgelben, Canangawasser einen gelbbraunen. Eau de Quinine bekommt eine hell- oder dunkelrote Farbe durch Orseille und gelben Farbstoff (Orseille allein färbt violett), während die meisten anderen Kopfwässer hellgelb oder hellbraun gehalten werden.

Als Farbstoff für alkoholische Parfumerien verwendet man am vorteilhaftesten für

rot:　　Burgunderrot, Orseille, Cochenille.
gelb:　　Krokus.

grün: Smaragdgrün, Transparentgrün, Chlorophyll.
lila: Lilatinktur (alkohollösliche Flieder-Anilinfarbe).
braun: Zuckercouleur.
Ratanhiatinktur.
Rum-Braun.
blau: Indigotine (selten).

Zu Pomaden finden zum Teil die Erdfarben Verwendung, wie Umbra, Erdbraun (Rehbraun), auch Kakaomasse (angebrannte und darum minderwertige) für braun; Beinschwarz und Kienruß für schwarz; Chlorophyll, fettlöslich, für grün; Cadmiumgelb, hellgelb und orange, sowie Lederin, gelb und orange, für hell- und dunkelgelb; Alkannin für rot; in anderen Farben erscheinen Pomaden selten oder gar nicht am Markte. Auch fettlösliche Anilinfarben werden zur Färbung der Pomaden gebraucht.

Für alle die andern Präparate die zur Anwendung kommenden Farbstoffe hier nochmals zu nennen, kann unterbleiben, da es bei den jeweiligen Vorschriften bereits geschehen ist.

Da nun die einzelnen Farbstoffe oft sehr stark färben, so daß es untunlich ist, den Farbstoff selbst in seiner ursprünglichen Beschaffenheit dem Präparat beizufügen, löst man ihn in Körpern auf, die den meisten Präparaten zugefügt werden können und es ermöglichen, den Farbstoff in denkbar kleinsten Quantitäten möglichst fein in der Masse des Produktes zu verteilen. Bei den Extraits geschieht dies durch Lösen des Farbstoffes in Alkohol oder in Wasser. Von den angegebenen Farbstoffen lösen sich

in Alkohol: Burgunderrot, Krokus, Lila, Ratanhia, Rumbraun, Orseille, Transparentgrün;
in Wasser: Smaragdgrün, Zuckercouleur, Indigotine, Cochenille, letztere unter Zusatz von etwas Salmiakgeist;
in Fett: fettlösliche Anilinfarben, Alkannin.

Betreffend Färbung von Eau de Quinine ist folgendes zu bemerken:

Auch Mann hatte in seinem Buche hiezu Cochenilletinktur empfohlen, doch ist dieser Farbstoff gänzlich ungeeignet, weil er kräftige Färbung auf der Wäsche hinterläßt.

Für die dunkelrote Färbung des Eau de Quinine kommt einzig und allein Orseille zugleich mit einem gelben Farbstoff oder Zuckercouleur verwendet in Frage. Orseille allein färbt rotviolett, der Zusatz gelben oder braunen Farbstoffs allein ermöglicht es, ein reines, eventuell bräunliches Rot zu erhalten.

Als sehr wichtiger Manipulation sei hier auch kurz der

Konservierung der kosmetischen Mittel

gedacht.

Es liegt auf der Hand, daß hier zur Konservierung antiseptische Substanzen eine große Rolle spielen. So werden Formol (Formalin), Salicylsäure, Borsäure, Benzoesäure, Natriumbenzoat, Borax und andere sehr häufig zur Konservierung herangezogen, auch Carbolsäure, soweit es der Geruch zuläßt. Auch Alkoholzusatz kann in vielen Fällen konservierend wirken, ebenso die Verwendung des Glycerins.

Daß man bei Anwendung des einen oder anderen dieser Konservierungsmittel den Eigenheiten und dem Charakter des Präparates in jeder Weise Rechnung tragen muß, ist selbstverständlich. So ist die Verwendung von Carbolsäure in den meisten Fällen unmöglich, auch die Verwendung von Salicylsäure ist nicht immer am Platze, weil sie oft selbst zu unliebsamen Verfärbungen Anlaß geben kann. Daß natürlich freie Säuren überhaupt nicht für Seifenvehikel und Emulsionen (Stearate usw.) zur Konservierung in Frage kommen können, ist, wohl als bekannt vorauszusetzen.

Benzoesäure und benzoesaures Natron sind ganz vorzügliche Konservierungsmittel, auch Benzoesäure, Natriumbenzoat und Borax verhindern Fäulnis und Schimmelbildung. Bekannt ist die konservierende Wirkung der Benzoe und der Benzoesäure, um das Ranzigwerden der Fette zu verhindern, Styrax und Tolubalsam sind hiezu weniger geeignet.

Es folgen nun in kurzer Übersicht die hauptsächlichsten Präparate in Gruppen geordnet, mit den nötigen Hinweisen auf die Art ihrer Konservierung.

Alkoholische Auszüge von Drogen (Tinkturen). Im allgemeinen kommt hier eine Konservierung überhaupt nicht in Frage, da das alkoholische Vehikel selbst energisch konservierend wirkt.

In einzelnen Fällen, wenn es sich um alkoholische Auszüge frischer Pflanzenteile handelt, tut man gut, etwa 2 g Benzoesäure per Liter Tinktur hinzuzusetzen. Auch bei der Tonkabohnentinktur ist ein Zusatz von Benzoesäure sehr zu empfehlen, weil bei längerem Ziehen der Bohnen ein unangenehm ranziger Geruch in die Tinktur übergehen kann, während ein Zusatz von Benzoesäure diesem Beigeruch der Tinktur gut vorbeugt.

Wäßrige Auszüge von Drogen. Diese müssen durch Zusatz von 3 bis 4 g Salicylsäure oder Benzoesäure per Liter konserviert werden. Auch Natriumbenzoat leistet hier gute Dienste.

Schleime (Gelées). Diese sind besonders leicht zersetzlich. Alkoholzusatz schützt sie in vielen Fällen schon etwas, aber nicht genügend.

Man setze also zu:

Für Gummischleime für je 100 g verwendeten Gummi 3 bis 4 g Salicyl- oder Benzoesäure oder 2 g Formalin,

für Gelatineschleim für je 100 g Gelatine 6 g Formalin oder 10 g Salicylsäure,

für Carrageen-, Quitten- und Psylliumschleim für je 1 kg Schleim mit 2% schleimgebender Substanz 350 g Formalin, für je 1 kg Schleim mit 5% schleimgebender Substanz 500 g Formalin, für je 1 kg Schleim auch Salicyl- oder Benzoesäure zirka 10 g.

Emulsionen aller Art. Für chemische und seifenhaltige Emulsionen keine freie Säure!!

Per Liter Emulsion zusetzen: 2 bis 3 g Natriumbenzoat oder 5 bis 10 g Borax, eventuell kombinieren.

Einzelne Autoren empfehlen auch den Zusatz von Fluorammonium, das überhaupt die Homogenität der Emulsion günstig beeinflussen soll (?).

Für mechanische Emulsionen kann Salicylsäure oder Benzoesäure (3 bis 4 g per Liter) verwendet werden.

Stearatcrèmes. Bei diesen sehr wasserreichen Crèmes handelt es sich vor allem darum, die Schimmelbildung zu bekämpfen.

Man setze zu: für 1 kg Stearatcrème 3 bis 4 g Borax oder 2 bis 3 g Natriumbenzoat.

Cold-Creams. Hier ist vor allem zu beachten, daß nur benzoiniertes Wachs Verwendung findet. Zur weiteren Konservierung gibt man zu: für 1 kg Cold-Cream 5 bis 10 g Borax und außerdem 2 bis 3 g benzoesaures Natron.

Fette. Korruptible Fette sind stets zu benzoinieren. Wo irgend tunlich, in den Pomaden Benzoe mitverwenden, eventuell noch Zusatz von Benzoesäure (bei wasserhaltigen stets auch Borax) machen.

In vielen Fällen ist ein gutschließender Behälter auch ein wichtiges Mittel zur Konservierung, was hier nicht außer acht gelassen werden darf. Luft und Licht machen oft alle vorbeugenden Methoden zunichte und bewirken das Verderben sehr vieler, gut zusammengesetzter und entsprechend konservierter Präparate.

Diesem Umstand muß auf alle Fälle Rechnung getragen werden und der Behälter stets der Eigenart des Präparats angepaßt sein und vor allem gut schließen.

In allerletzter Zeit haben die

Ester der Paraoxybenzoesäure als Konservierungsmittel

ganz außerordentliche Bedeutung gewonnen.

In der Tat haben wir in diesen Estern Konservierungsmittel zur Hand, die außerordentlich zuverlässig sind und sicher eine große Zukunft haben. Am häufigsten wird der Methylester dieser Säure, der im Handel auch unter dem Namen Nipagin u. a. anzutreffen ist, zur Konservierung verwendet. In Paranthese bemerkt sei hier noch, daß diese Ester auch sehr wirkungsvolle Antiseptika sind, die in ihrer Wirkung die Carbolsäure erheblich übertreffen.

Zur Konservierung sind im Mittel von diesem Methylester der p-Oxybenzoesäure erforderlich für:

Schleime 0,12 bis 0,15%.

Emulsionen je nach Fettgehalt. Mit niedrigem Fettgehalt (unter 20%) 0,15 bis 0,2%, über 20% Fett 0,2% im Minimum.

Wässer. Abkochungen 0,1 bis 0,15%.

Sirupe, konzentriert 0,07%, verdünnt 0,15%.

Fette Öle und Fette. Zur einwandfreien Konservierung anstatt Benzoe und viel zuverlässiger 0,3%, oft schon 0,2% genügend.

Casein- und Leimlösungen 0,5%.

Mandelmilch usw. (Laits de Beauté) 0,2%.

Cold Cream und ähnliche Präparate mit Wassergehalt. Mit wenig Wasser 0,3%, mit viel Wasser 0,15 bis 0,2% (mit Emulsionen).

Kosmetische Mittel.

Parfumerie und Kosmetik sind zwei Begriffe, die so eng miteinander verbunden sind, daß eine einigermaßen scharfe Trennung nicht möglich ist, denn auch die eigentlichen Parfumerieartikel, wie Extraits usw., sind Kosmetika.

Wir fassen hier unter dem Namen Kosmetika jene Präparate zusammen, die einem bestimmten kosmetischen Zweck dienen, deren äußere Form und spezielle Zusammensetzung also einem solchen besonders angepaßt ist, während die Parfumierung, soweit eine solche in Frage kommt, nur als ästhetisches Adjuvans aufzufassen ist. Eine scharfe Trennung läßt sich aber auch von diesem Gesichtspunkte aus nicht durchführen und ist es in vielen Fällen Ansichtssache, ob man ein kosmetisches Mittel als Parfumerieprodukt oder eigentliches Kosmetikum auffassen will, was ja auch praktisch schließlich belanglos ist.

Im weiteren Sinne zählen zu den kosmetischen Hilfsmitteln eine Anzahl chirurgischer Eingriffe, wie die Entfernung von Warzen, plastische Operationen, das Tätowieren von Hornhautflecken u. dgl. mehr.

Die Schönheitsmittel finden Anwendung auf die Haut, die Haare, Nägel, ferner zur Pflege des Mundes und der Zähne. Man kann also Haar-, Haut-, Mund- und Nagelkosmetika unterscheiden. Bei den genannten Organen handelt es sich bei Anwendung der Kosmetika um Erzielung von Reinlichkeit, Glätte, Geschmeidigkeit, um Erhaltung oder Ersatz der natürlichen jugendlichen Farbe, schließlich um das Hervorbringen eines angenehmen oder Beseitigung eines unangenehmen Geruches usw.

Man kennt ferner erweichende Mittel, die Haut, Haare, Nägel teils durch chemische Wirkung, teils auf mechanischem Wege erweichen, aufquellen lassen und dadurch den Zusammenhang der Gewebe lockern. Hierhin gehören das Wasser, besonders das warme Wasser; ferner schleimige Mittel, in Wasser suspendiert oder gelöst, wie Kleie, Mandelkleie, Malz als Waschmittel für die Haut oder als Klebe- und Glättungsmittel, ferner Klettenwurzel, Eiweiß als Waschmittel für die Haare. Sehr wichtige kosmetische Mittel sind die Fette und Öle zur Glättung und zum Schutze der Haut vor atmosphärischen Einflüssen und zur Erzielung des Glanzes der Haare. Es werden sowohl die Öle des Pflanzenreiches und tierische Fette, als auch Mineralöle und statt der erstgenannten auch ölreiche Samen, entweder gepulvert oder in Form der Emulsion, verwendet. Das Glycerin gehört nur bedingt in diese Gruppe; es macht die Haut allerdings für den Augenblick geschmeidig, wirkt aber auf die Dauer durch seine wasserentziehende Eigenschaft eher reizend. Man soll aus diesem Grunde das unverdünnte Glycerin auf die feuchten Hände bringen oder besser ihm vorher etwas Wasser zusetzen.

Während Wasser, Öle, Fette und Glycerin vorzugsweise auf mechanischem Wege erweichend wirken, erweichen die Alkalien das Gewebe der Haut chemisch; sie sind imstande, die Epidermis der Haut zu lösen. Sie lösen durch Verseifung bzw. Emulgierung das fette Hautsekret und vernichten so oft Parasiten der Haut. Wegen der durch sie bewirkten Lockerung des Gewebes und Abstoßung der obersten Schichten machen sie die Haut zur Aufnahme eines spezifischen Kosmetikums geeignet und dienen deshalb häufig zu vorbereitenden Maßnahmen.

Die Verbindungen der Alkalien mit den höheren Fettsäuren, die Seifen, schließen sich in ihrer Wirkung und auch in ihrer Anwendung den Alkalien selbst an. Sie dienen zur Reinigung der Haut, der Haare und Zähne, zur Entfernung der Epidermisschuppen und werden häufig vor dem Gebrauch anderer Kosmetika angewendet. Harte Seifen — Natronseifen — wirken milder, weiche — Kaliseifen — kräftiger.

Adstringierende Mittel sind solche, welche auf chemischem oder mechanischem Wege das Hautgewebe straffer machen, austrocknen, den Schweiß beseitigen und die Haut erblassen machen. So dienen z. B. Schwefel-, Salpeter- und Essigsäure in konzentriertem Zustande zur Beseitigung von Warzen und Schwielen, ebenso Trichloressigsäure. Auch Salicylsäure, Milchsäure und Phenol (Karbolsäure) zerstören derartige Wucherungen des Horngewebes. Alle genannten Säuren finden in entsprechender Verdünnung — mit Ausnahme der Salpetersäure — zum Erblassenmachen roter, gelblicher und brauner Flecken der Haut Anwendung. Endlich werden sie auch zur Beseitigung von lokalen Schweißen der Achselhöhlen und Füße verwendet. Zu den Adstringentien gehören ferner noch gewisse Verbindungen des Bleis, des Zinks, Wismuts, Quecksilbers, der Tonerde (Alaun) u. a.

Eine Sonderstellung nimmt der Alkohol ein, der konzentriert als Reizmittel, verdünnt als Tonikum wirkt. In ersterer Form — konzentriert — findet er besonders als Lösungsmittel von Riechstoffen, als Haarwuchserhaltungsmittel, ferner als austrocknendes und fettlösendes Mittel, verdünnt zu Waschwässern ausgedehnte Verwendung.

Während wir bisher die Art und Weise kennen gelernt haben, wie die Schönheit auf natürlichem Wege, d. h. durch Beförderung der Hauttätigkeit zu pflegen und zu verbessern ist, kommen wir jetzt zu den Präparaten, die dazu berufen sind, die natürliche Schönheit noch künstlich zu erhöhen und persönliche Mängel oder Naturfehler zu verdecken oder auszugleichen. Das verbreitetste aller derartigen Fabrikate ist der Puder. Der Puder ist nicht immer ein bloßes Mittel zur Verschönerung; er dient auch in hohem Maße hygienischen Zwecken und verdiente als solcher folgerichtig einen Platz unter den hygienischen Hausmitteln. Von Puder sind zwei Arten zu unterscheiden, die, sowohl was ihre Zusammensetzung als ihre Wirkung betrifft, vollständig voneinander verschieden sind. Es sind dies der Reispuder und der Streupuder (Talkumpuder). Kosmetisch wirkt guter Puder entzündungswidrig, lindernd (z. B. nach dem Rasieren). Stark gefärbte Puder haben Schminkecharakter (Poudres compactes). Als eigentliche Schminken kommen Mittel zur Verwendung, welche, mehr oder weniger dick aufgetragen, die Farbe und das Aussehen der darunterliegenden Haut nicht erkennen lassen, also als Deckmittel dienen; hieher gehören Stärkemehl, Kreide, Magnesia, Talk, Zinkoxyd nnd Titandioxyd. Von

Farben, welche auf die Haut aufgetragen werden, gehören hieher: Baryumsulfat, Zinnober, Karmin, Krapprot, Indigo, Berlinerblau, Ocker, Kienruß u. a.

Zur Färbung der Haare kommen nur wenige eigentliche Farben zur Verwendung, wie die chinesische Tusche und der rote Farbstoff der Henna, der, mit Indigo kombiniert, Farben von Braun bis Schwarz liefert. Bekanntlich wird dieser Farbstoff von den Orientalinnen in großem Maßstabe auch zum Rotfärben der Fingernägel angewandt. Auch der in den grünen Walnußschalen enthaltene Farbstoff kommt als Haarfärbemittel in frischem Zustande in Betracht. Die meisten Haarfärbemittel wirken auf chemischem Wege durch Niederschläge und bestehen einesteils aus Metallsalzlösungen (Eisen, Silber, Kupfer usw.), andernteils (geminderte Flasche) aus Niederschlagsbildner wie Pyrogallol u. dgl.

Im Gegensatz zu den soeben angeführten Mitteln stehen die entfärbenden. Hiezu rechneten wir schon oben einzelne mineralische Säuren, Quecksilberpräparate — Sublimat — und weißen Präzipitat, Chlor und seine Verbindungen, namentlich Chlorkalk und Wasserstoffsuperoxyd, das nur zur Entfärbung der Haare dient, die nach seiner Anwendung eine blonde Färbung annehmen (Blondierung).

Eine andere Art, die geruchzerstörenden Mittel, findet nur selten an der Haut, gewöhnlich bei der Mund- und Zahnpflege, Verwendung. Wir nennen als die hauptsächlichsten Vertreter dieser Gruppe: Borsäure, Chlorkalk, essigsaure Tonerde (Kohle), übermangansaures Kali, Karbolsäure, Wasserstoffsuperoxyd, Perborate u. a.

Für Zahnreinigungsmittel dient als Grundlage wohl fast immer die Kreide als Schlämmkreide oder in präzipitiertem Zustande mit Zusatz von antiseptischen oder adstringierenden Mitteln, wie z. B.: Seife, Borax, Ratanhia, Campher, China u. dgl., meistens durch Zusatz von ätherischen Ölen (Pfefferminzöl usw.) aromatisiert. Die Zahnpulver und Pasten wirken kräftiger reinigend als einfache Mundwässer, da durch die mechanische Reibwirkung der Kreide die Zähne eher gereinigt werden, als durch bloßes Behandeln mit Flüssigkeiten. Anderseits kommt dem Mundwasser eine kräftige Wirkung auf die ganze Mundhöhle zu und sind gute Mundwässer wichtige Kosmetika zur Mundpflege, die die Pflege der Zähne durch Pulver und Pasten sehr wirkungsvoll unterstützen.

Eine andere zur Mundpflege verwendete Form sind die Zahnseifen oder Zahnpasten und Zahncremes, mehr oder weniger zähe Teige, die aus pulverförmigen Bestandteilen unter Glycerin-, Sirup- oder Seifenzusatz hergestellt werden.

In das Gebiet der Kosmetik gehört aber auch die Massage, die einen großen Teil der eigentlichen Körperpflege bildet. Bei der sitzenden Lebensweise, die heute viele Kreise zu führen genötigt sind, ist eine Massage des Körpers geradezu unerläßlich.

Mittel zur Reinigung und Pflege der Zähne und der Mundhöhle.

Zahn- und Mundwässer.

Durch Anwendung der Zahn- und Mundwässer wollen wir vor allen Dingen die in der Mundhöhle vorkommenden und so u. a. auch zur Erhaltung unserer Zähne unser möglichstes beitragen.

In der Münchner Gesellschaft für Morphologie und Physiologie hielt Dr. Carl Röse einen Vortrag über „die pflanzlichen Parasiten der Mundhöhle und ihre Bekämpfung", in dem er die Kenntnis dieses sehr wichtigen, bisher von den Fachhygienikern vernachlässigten und gänzlich den Zahnärzten überlassenen Gebietes durch bemerkenswerte Mitteilungen bedeutend erweiterte. Einem Berichte des „Zentralblattes für Bakteriologie" zufolge ist Röse durch Ausarbeitung einer sinnreichen Methode dazu gelangt, die Fähigkeit der Mundwässer, Bakterien zu töten, genau zu kontrollieren und in deutlichen Zahlen darzustellen. Zur Prüfung der bakterientötenden Wirkung der Mundwässer wurde folgende Versuchsanordnung getroffen: Nachdem die Versuchsperson früh morgens Kaffee und Gebäck zu sich genommen hatte, erfolgte die erste, eine Minute andauernde Spülung mit einem Schluck einer keimfreien, blutwarmen Kochsalzpeptonlösung. Die Spülflüssigkeit wurde in sterilen Gläsern aufgefangen und $^1/_{10}$ ccm von ihr dazu benutzt, auf den Gehalt an Bakterien geprüft zu werden. Auf Grund genauer Zählungen ergab sich, daß die Menge der züchtbaren Spaltpilze in einer einzigen Spülflüssigkeit zwischen 10 und 800 Millionen schwankt. Nach dieser ersten Spülung folgte eine zweite mit dem zu untersuchenden Mundwasser; nach Ablauf von $^1/_4$, $^1/_2$, $2^1/_2$ und 4 Stunden wurden dann weitere Spülungen mit Kochsalzpeptonlösungen vorgenommen, um die Dauerwirkung des Antiseptikums zu prüfen. Die Zahl der Spaltpilze in der Mundhöhle ist nach Röses Beobachtungen nicht zu jeder Zeit gleich, denn durch jede Mahlzeit wird die Menge der Bakterien stark herabgesetzt, indem gelegentlich der Nahrungsaufnahme Mengen von Parasiten in den Magen herabgespült werden. Je gesünder die Zähne und je kräftiger die Kaumuskeln sind, um so mehr Bakterien werden hinabbefördert. Um die zurückgebliebenen Pilze zum Absterben zu bringen, bedarf es eines energischen Antiseptikums, das aber anderseits weder die Zähne, wie bei Säuren, noch die Mundschleimhaut, wie bei Alkalien, angreift. Von den vielen Mundwässern hat Röse die gebräuchlichsten untersucht und ist dabei zu praktisch wichtigen Ergebnissen gekommen. So erkannte er, daß auch eine blutwarme Kochsalzlösung wohl imstande ist, eine große Zahl von Bakterien zu töten. Kochsalzpeptonlösung dagegen verhält sich auch in warmem Zustande völlig indifferent, erkaltet befördert sie sogar das Wachstum. Die weitaus stärkste Gesamtwirkung besitzt das von Miller angegebene, aus einem Gemisch von Sublimat und Benzoesäure bestehende Spülwasser. Allein wegen seiner großen

Giftigkeit, seiner entkalkenden Wirkung und seines unangenehmen Geschmackes ist es für den täglichen Gebrauch nicht verwendbar. Fast unwirksam ist das sonst so beliebte Desinfiziens, der Formaldehyd. Einmal ist die Wirkung nicht von Dauer, außerdem wird die Mundschleimhaut angeätzt und schließlich ist es wegen der leichten Zersetzbarkeit des Stoffes schwer, Dauerpräparate herzustellen.

Bei unserem Kampfe gegen diese Bakterien ist dem Alkohol in den Zahn- und Mundwässern eine hervorragende Arbeit zugeteilt. Über die bakterientötende Wirkung des Alkohols und des Glycerins sagt Barsikow, daß die bakterientötende Wirkung des Alkohols seiner Stärke nicht proportional sei. Durch eine große Reihe von Versuchen habe es sich herausgestellt, daß der absolute Alkohol völlig unwirksam ist, daß aber seine Desinfektionskraft bei fallender Konzentration zunimmt, bei 55% ihren Höhepunkt erreicht und bei weitergehender Verdünnung wieder sinkt.

Durch diese Beobachtungen lassen sich viele frühere Widersprüche erklären. Die Angaben Kochs, daß der Alkohol die bakterizide Wirkung gewisser Desinfizienten aufheben sollte, sind nach Epstein und dadurch erklärlich, daß auch dabei die Konzentration des Alkohols eine bedeutende Rolle spielt. Eine Reihe von ihm angestellter Versuche mit verschiedenen Desinfektionsmitteln, wie Sublimat, Karbol, Lysol und Thymol in wässeriger Lösung sowie in verschiedenprozentiger alkoholischer Lösung zeigte die fast gänzliche Unwirksamkeit der mit absolutem Alkohol hergestellten Lösungen. Dagegen ergab die Lösung der betreffenden Stoffe in 50%igem Alkohol bessere Resultate, als die Lösungen in Wasser oder in stärker oder schwächer alkoholischen Flüssigkeiten.

Ganz analoge Verhältnisse hat Dr. O. v. Wundschleim für das Glycerin gefunden und seinerzeit in der Südd. Apoth.-Ztg. mitgeteilt.

Er konstatierte durch eine große Versuchsreihe, daß Schwefelsäure, Oxalsäure, Ätzkali, Karbolsäure, die drei isomeren Kresole, Kresolin, Saprol, Lysol, Thymol, Formol, Tannin, in Glycerin gelöst, verglichen mit den gleichen Konzentrationen in wässeriger Lösung, an Desinfektionskraft verlieren. Essigsäure wirkt in Glycerin gelöst nicht schlechter, Salzsäure und Aceton sogar besser als in wässeriger Lösung. Die Desinfektionskraft der in Glycerinwassermischungen zu 2,5% gelösten Karbolsäure wächst mit dem steigenden Wassergehalt des Glycerins und ist bei einem Wassergehalt von etwa 50% gleich dem der reinwässerigen gleichprozentigen Karbolsäurelösung. Für die Praxis möchte Verfasser empfehlen, bei Anwendung von Karbolglycerin Lösungen von mindestens 10% Karbolsäure in reinem Glycerin, geringere Karbolsäuremengen aber nicht in solchem, sondern nur in Mischungen von Glycerin und Wasser, zu gleichen Teilen gelöst, zu verwenden. Werden Karbolsäure, Orthokresol, Lysol und Kreolin in Glycerin-Seifenlösungen gelöst, so desinfizieren sie schwächer, als dies bei gleichen Konzentrationen in Seifenwasser allein der Fall sein würde.

Um nun auch die Berechtigung der in den Reklamen meist enthaltenen Anpreisungen besonderer antiseptischer Wirkung der Zahn- und Mundwässer zu prüfen, hat R. Bassenge einige der meist benutzten deutschen und ausländischen Präparate, wie Densos, Kosmodont, Odol, Eau de Botot, Eau du Docteur Pierre, Listerin, Stomatol u. a., in den üblichen Verdünnungen auf Cholera- und Typhusbakterien einwirken lassen. Sie zeigten sämtlich, mit Ausnahme von Stomatol und Perhydrol, nur eine sehr geringe antiseptische Wirkung, die eine wesentliche Verringerung der weit widerstandsfähigeren Mundbakterien beim Gebrauche nicht wahrscheinlich macht. Eine wirklich antiseptische Wirkung derartiger Präparate betrachtet er darnach als ausgeschlossen; die bisweilen vorhandene, aber wohl vorübergehende desodorisierende Wirkung ist nach seiner Meinung lediglich den zugesetzten aromatischen Substanzen und ätherischen Ölen zu verdanken.

Neben dem Alkohol sollen zugleich die angewendeten ätherischen Öle auch desinfizierend wirken. Über diesen Gegenstand berichtet in einer längeren Abhandlung die „Pharm. Centralhalle". Das Ergebnis, durch eingehende Versuche gewonnen, ist äußerst interessant und ebenso wertvoll für die Praxis, da es lehrt, in welchem prozentualen Zusatz bestimmte ätherische Öle verwendet werden müssen, wenn sie nicht nur als Geruchskorrigens, sondern auch als Konservierungsmittel dienen sollen.

Es verhindert	Schimmel-bildung bei %	Fäulnis bei %
Eugenol (Nelkenöl)	0,01	—
Zimtaldehyd (zu 80% im Zimtöl)	0,01	0,01
Vanillin	0,01	0,1
Salicylaldehyd	0,1	0,1
Heliotropin	0,1	0,1
Cumarin	0,1	0,1
Thymol	0,1	0,1
Thymianöl	1 : 1500	—
Carvol (Kümmelöl)	0,05	0,05
Carvacrol	—	0,1
Lavendelöl	sehr wirksam	
Pfefferminzöl	1 : 33 000	—
Menthol	0,02	—
Terpentinöl	1 : 50 000	—
Eucalyptusöl	sehr antiseptisch	

Fast gänzlich wertlos für Desinfektionszwecke erwiesen sich: Lorbeeröl, Citronenöl, Rosmarinöl, Wacholderbeerenöl, Salbeiöl, Wintergrünöl und Bittermandelöl; fast ebenso wertlos waren Citronenöl, Bergamottöl und die übrigen bekannten ätherischen Öle. Und doch wird Wintergrünöl besonders in England viel zur Zahn- und Mundpflege in Verbindung mit Mundwasser und Zahnpulver verwendet.

Sehr interessant sind auch die Untersuchungen von Th. Reidenbach über die pilztötende Kraft ätherischer Öle, im Vergleiche mit anderen pilztötenden Mitteln.

Auf Grund seiner Feststellungen fand Reidenbach, daß die Entwicklung der Gärungspilze eben noch verhindert wird durch

Ajowanöl	bei einer Verdünnung von			1 : 4000	= 0,025%
Thymol	„	„	„	„ 1 : 3000	= 0,033%
Formaldehyd	„	„	„	„ 1 : 2050	= 0,05 %
Ameisensäure	„	„	„	„ 1 : 2000	= 0,05 %
Salicylsäure	„	„	„	„ 1 : 2000	= 0,05 %
Rosenöl	„	„	„	„ 1 : 1600	= 0,06 %
Geraniumöl	„	„	„	„ 1 : 1600	= 0,06 %
Rohe Karbolsäure	„	„	„	„ 1 : 1300	= 0,07 %
Thymianöl	„	„	„	„ 1 : 1100	= 0,09 %
Zimtöl	„	„	„	„ 1 : 1000	= 0,1 %
Kümmelöl	„	„	„	„ 1 : 550	= 0,18 %
Citronenöl	„	„	„	„ 1 : 500	= 0,2 %
Fenchelöl	„	„	„	„ 1 : 400	= 0,25 %
Reine Karbolsäure	„	„	„	„ 1 : 200	= 0,5 %

Reidenbach fand also, daß von allen ätherischen Ölen Ajowanöl am stärksten antiseptisch wirkt. Bei verschiedenen Versuchen bewährte sich diese Eigenschaft desselben glänzend, so wirkte es auch Entzündungen, Geschwürbildungen und Eiterungen energisch entgegen. In Ostindien ist diese Eigenschaft des Öles schon lange bekannt und es dient dort zu Heilzwecken. Die Industrie verwertet es bei uns zur Gewinnung von Thymol. Das Öl wird aus den Samen von Carum Ajowan *B.* durch wiederholte Destillation mit Wasser erhalten.

Höchst interessant sind auch die Beobachtungen über die Wirkung und den Einfluß des Wasserstoffsuperoxyds auf die Geschmacksstoffe der Mundwässer, die in dem Laboratorium der Firma E. Sachsse & Co., Leipzig, gemacht wurden. Es wird hierüber berichtet:

Da Wasserstoffsuperoxyd ein energisches Oxydationsmittel ist, so liegt die Vermutung nahe, daß es auf ätherische Öle mit leicht oxydierbaren Bestandteilen (z. B. Aldehyden, Alkoholen) einen verändernden Einfluß ausübt. Besonders bei aromatischen Mundwässern würde diese Wirkung von Bedeutung sein. Folgende Versuche wurden angestellt zur Aufklärung dieser Frage.

Zu einer Mischung von 40 g Alkohol (90 Vol.-%), 30 g Wasser und 25 g Wasserstoffsuperoxyd (12%) wurden 0,05 g des betreffenden ätherischen Öles zugefügt und dann dieses Produkt nach einer Zeitdauer von bis 2 Monaten mit einer ebensolchen, aber frisch bereiteten Mischung auf den Geschmack hin — der Geruch war wegen der geringen Konzentration nicht vergleichbar — verglichen. Das Resultat ist aus der nachfolgenden Tabelle ersichtlich.

Angewandte Geschmackskorrigentien:	Bemerkungen über den Zustand der Mischungen nach einer Zeitdauer von bis 2 Monate langem Stehen in verschlossener brauner Flasche:
Anethol Anisöl tsf. „*Sachsse*" Sternanisöl tsf. „*Sachsse*"	unverändert
Bornylacetat	unverändert
Carvacrol	schwächer als die frische Lösung
Eucalyptol Eucalyptusöl glob. tsf. „*Sachsse*"	unverändert
Eugenol Nelkenöl tsf. „*Sachsse*"	Geschmack etwas geändert, die frische Lösung schmeckt angenehmer
Fichtennadelöl sibir. tsf. „*Sachsse*"	unverändert
Geraniol	sehr verändert, fader muffiger Geruch
Geraniumöl span. tsf. „Sachsse"	abgeschwächt
Menthol	im Geschmack sehr verändert; keine Spur von der angenehm erfrischenden Wirkung des Menthols vorhanden
Menthylacetat	sehr verändert, der herzhafte Geschmack vollständig verschwunden
Pfefferminzöl (alle Sorten)	ebenso verändert wie Menthol
Terpineol	im Geschmack etwas schwächer als die frisch bereitete Lösung
Thymol	unverändert
Zimtaldehyd	vollständig oxydiert, fader Geschmack, von Zimt keine Spur mehr zu merken.

Aus vorstehenden Versuchsergebnissen geht hervor, daß Wasserstoffsuperoxyd stark verändernd auf Geraniol, Menthol, Menthylacetat, Pfefferminzöl, Zimtaldehyd, schwächer auf Carvacrol, Eugenol, Geraniumöle tsf., Nelkenöl tsf. und Terpineol einwirkt. Vollständig unverändert sind Anethol, Anisöl tsf., Bornylacetat, Eucalyptol, Eucalyptusöl tsf., Fichtennadelöl sibir. tsf., Sternanisöl tsf. und Thymol geblieben. Es würde sich empfehlen, bei Mundwässern mit Wasserstoffsuperoxydzusatz als Geschmackskorrigentien nur die zuletzt erwähnten Produkte zu verwenden.

Der hauptsächlichste Aromatisierungsstoff ist das Pfefferminzöl. Daher sei hier über dasselbe einiges Wissenswerte bemerkt, bevor wir zu seiner Verwendung gedenken. Es kommt sehr oft vor, daß über scharfen oder besser gesagt bitteren Geschmack dieses Öles geklagt wird, denn da für die praktische Verwendung sein Geruch und Geschmack ausschlaggebende Faktoren sind, muß diesem Umstande große Aufmerksamkeit zugewendet werden. Die drei bekanntesten Sorten sind das amerikanische Pfefferminzöl, das englische Mitchamöl und das japanische Öl, dem sich nun noch das Italo-Mitchamöl[1] zugesellt hat. Sie unterscheiden sich alle im Geschmack wesentlich voneinander und kein Kenner wird diese Öle miteinander verwechseln. Die verhältnismäßig stark ausgeprägten Unterschiede kommen daher, daß die Pfefferminzöl gebenden Pflanzen der verschiedenen Gegenden von verschiedenen botanischen Arten abstammen. Dann kommt noch dazu, daß oftmals die verschiedenen Sorten der einzelnen Öle miteinander vermischt werden, um so eine ungefähr gleichbleibende Geschmacksrichtung einzuhalten. Das ist nun in recht trockenen Jahrgängen sehr schwierig, denn gerade da treten die starke Bitterkeit der einzelnen Öle besonders hervor, so daß der Parfumeur den Geschmack des von ihm verarbeiteten Pfefferminzöles doch vorher recht genau prüfen soll. Dieser soll erfrischend, kühlend und lange anhaltend sein. Pfefferminzöle, die einen scharfen, bitteren Beigeschmack haben, sind von der Verwendung auszuschließen, denn sie hinterlassen neben der kühlenden Wirkung ein stark zusammenziehendes Gefühl, das erklärlicherweise nicht erwünscht erscheint. Man könnte sich ja eventuell helfen, indem man dem Mundwasser Saccharin beifügte, allein dieser Zusatz ist wieder für die Zähne nicht gerade vorteilhaft. Es muß noch hervorgehoben werden, daß gerade das Italo-Mitchamöl im Geschmack sich immer gleich bleibt und daher für Zahn- und Mundwässer sehr viel Verwendung gefunden hat.

Schreiten wir nun zur Anfertigung der verschiedenen Zahn- und Mundwässer.

Zunächst wollen wir da ein Antiseptikum beachten, dessen Wirkung anerkanntermaßen eine ganz vorzügliche ist. Es ist das Chinosol.

Das Chinosol (oxychinolinsulfosaures Kalium) ist ein kristallinisches Pulver von feuriggelber Farbe, in Wasser vollkommen löslich und von nur schwachem, safranartigem Geruch. Es ist ein starkes Antiseptikum und hat sich als solches einen ganz bedeutenden Ruf erworben.

Ferner verdient die Verwendung von Estern der Para-Oxybenzoesäure als Antiseptika zur Mund- und Zahnpflege die allergrößte Aufmerksamkeit.

Die bisher erhaltenen Resultate lassen hoffen, daß diese die Carbolsäure weit übertreffenden, dabei absolut unschädlichen und keinerlei Reizwirkung auslösenden Antiseptika bald so allgemeine Verwendung finden werden, als sie es verdienen.

Nach den bisher gemachten Erfahrungen dürften vor allem der Propyl- bzw. Isopropylester und der Benzylester dieser Säure (letzterer ist besonders kräftig antiseptisch) für Zahn- und Mundpflegemittel geeignet sein und wird gleichzeitige Verwendung beider Ester empfohlen.

---

[1] Nähere Angaben über das Italo-Mitchamöl findet der Leser weiter unten am Schluß des Kapitels „Pfefferminzgeist".

Als Zusatz zu Zahnpasten sind 0,5 bis 1%, zu Mundwässern etwa 1,5 bis 2% hinreichend.

Chinosol-Mundwasser

Alkohol	6000 g	Benzoe-Siamtinktur	200 g
Chinosol	4 g	Dest. Wasser	2000 g
Ceylonzimtöl	5 g	Cochenilletinktur	100 g
Pfefferminzöl	60 g		

Mundwässer in jeder Form und Art sind heute ein sehr begehrter Artikel und gehören auch immer zu den Produkten, an denen für Fabrikant und Händler noch etwas zu verdienen ist. Die Herstellung ist nicht mit sonderlichen Schwierigkeiten verknüpft, doch muß bei der Zusammensetzung die peinlichste Genauigkeit platzgreifen. Es existiert im Handel jetzt eine ganze Anzahl von Mundwässern und es wird in der Reklame stets das eine für besser und unübertrefflicher als das andere erklärt. Untersucht man diese genauer, so wird man aber ziemlich übereinstimmende Ingredienzien finden. In neuerer Zeit werden jedoch auch besonders wirkungsvolle Antiseptika dem Mundwasser zugefügt, die den modernen Mundwässern eine gewisse Eigenart der Wirkung verleihen.

Wie manche solcher Mittel von zweifelhaftem Werte sind seitdem von der Bildfläche verschwunden! Verschiedene Mundwässer der früheren Zeit zählten sogar zu den Geheimmitteln und fanden großen Absatz unter allerhand großsprecherischen Anpreisungen. Hieher gehören: Anatherin-Mundwasser von Popp, Hartung's Zahn- und Mundwasser, Indischer Zahnextrakt usw.

Sehr bekannte und beliebte Mundwässer sind u. a. „Mundwasser der Benediktinermönche", „Eau de Botot", „Eau de Viau", „Odol", „Kosmin", „Eau du Docteur Pierre", „Stomatol" u. a.

Das Aromatisieren der Mundwässer geschieht durch ätherische Öle usw., unter denen, wie erwähnt, das Pfefferminzöl die Hauptrolle spielt, daneben Zimtöl, Fenchelöl, Anisöl, Nelkenöl usw. Die Farbe der Mundwässer ist meistens rot oder rosa, manchmal auch farblos. Häufig wird ein Mundwasser als schlecht verschrieen, wenn es im Wasser keine Trübung oder milchige Emulsion hervorbringt. Ein wenig Myrrhen- oder Benzoetinktur (1:50) hilft auch über diesen Berg.

Eau de Botot		Angelika-Mundwasser	
Alkohol	1000 g	Alkohol	1000 g
Anethol	20 g	Angelikawurzel, pulv.	25 g
Nelkenöl	10 g	Anissamen, pulv.	30 g
Zimtöl	10 g	Zimtpulver	6 g
Pfefferminzöl	3 g	Muskatpulver	3 g
Mit Cochenilletinktur färben.		Nelkenpulver	10 g

Die Bestandteile werden zusammen in eine Flasche gegeben und diese dann drei Tage lang in die Schüttelmaschine gespannt. Darnach filtriert man ab und setzt noch

> Pfefferminzöl ....   8 g
> Vanillin ....   0,3 g

zu, worauf man mit Cochenilletinktur rot färbt. Es ist dies eine Vorschrift für ein Zahn- und Mundwasser, das bereits seit vielen Jahren sehr beliebt ist, das aber unter dem oben angeführten Namen gar nicht oder doch höchst selten verlangt wird.

Eau de Viau

Alkohol	1000 g
Salicylsäure	8 g
Chloroform	80 g
Benzoetinktur	80 g
Zimtöl	10 g
Wasser	800 g

Thymol-Mundwasser

Alkohol	1000 g
Thymol	10 g
Pfefferminzöl	10 g
Myrrhentinktur[1]	50 g

Der bakterizide Wert des Thymols ist nun allerdings ein sehr problematischer, denn es wirkt nur dann ausgesprochen hemmend (desinfizierend) auf die Entwicklung der Bakterien, wenn diese tatsächlich schlecht ernährt sind; antiseptisch, also tötend wirkt es überhaupt kaum oder gar nicht, wie aus den Berichten von Schimmel & Co. über dieses Produkt hervorgeht. Nichtsdestoweniger werden aber mit Thymol aromatisierte Mundwässer sehr gerne gekauft.

Salicyl-Mundwasser

Alkohol	1000 g
Menthol	15 g
Salicylsäure	3 g
Wasser	500 g

Antiseptisches Mundwasser

I.	Salol[2]	300 g
	Alkohol	15000 g
	Sternanisöl	50 g
	Anisöl	30 g
	Pfefferminzöl	100 g

II.	Borsäure, krist.	40 g
	Eucalyptol	10 g
	Menthol	3 g
	Thymol	1 g
	Alkohol	1000 g
	Wasser	300 g
	Wintergrünöl	3 g

Mundwasser, billiges

Alkohol	1000 g
Wasser	500 g
Anethol	10 g
Zimtöl	5 g
Isoeugenol	3 g
Menthol	10 g

Saccharin-Mundwasser

Saccharin findet wegen seiner antiseptischen Eigenschaften vielfach Verwendung als Zusatz zu Zahnwässern.

Saccharin	2 g
Alkohol	200 g
Pfefferminzöl	3 g
Salicylsäure	6 g
Menthol	3 g

---

[1] Diese Myrrhentinktur wird hergestellt aus 5000 g Myrrheninfusion (1 : 50), 1250 g Alkohol, 15 g Eucalyptusöl.

[2] Salol ist mit Vorsicht zu verwenden; man hat häufig schwere Reizungen der Schleimhäute (Stomatitis) nach Salolgebrauch festgestellt.

Salol-Mundwasser

Salol	10 g	Anethol	0,3 g
Saccharin	0,75 g	Fenchelöl	0,3 g
Doppelkohlensaures		Pfefferminzöl	3,5 g
Natron	0,6 g	Gewürznelkenöl	3 Tropfen
Alkohol	170 g	Zimtöl	3 Tropfen
Dest. Wasser	15 g		

Man löst das Saccharin und doppelkohlensaure Natron in dem Wasser und setzt die übrigen Bestandteile zu. Man beachte auch die Unverträglichkeit zwischen Salol und Thymol. Es entsteht durch deren Zusammentreten in der alkoholischen Lösung eine sirupöse Masse, die sich in Form dicker öliger Tropfen zu Boden setzt, man verwende also niemals beide zusammen.

Lysol-Mundwasser

Alkohol	1000 g
Lysol	20 g
Myrrhentinktur (1 : 50)	200 g
Pfefferminzöl	30 g
Isoeugenol	3 g

Der Geschmack des Lysols ist nicht jedermanns Sache.

Karbol-Mundwasser

Krist. Karbolsäure	50 g	Alkohol	1500 g
Menthol	5 g	Lavendelöl	15 g
Salol	20 g	Wasser	300 g
Eucalyptol	15 g	Cochenilletinktur	10—20 g

Eau dentifrice Vuillet   Taylors schäumendes Zahnwasser

Alkohol	3000 g	Quillajarinde, pulv.	500 g
Salol	60 g	Glycerin	500 g
Anethol	10 g	Natriumsalicylat	75 g
Geraniol	10 g	Alkohol	300 g
Pfefferminzöl	25 g	Dest. Wasser	100 g

werden tüchtig mehrere Tage durchgearbeitet und dann stehen gelassen. Nach einiger Zeit wird filtriert und zugesetzt:

Alkohol	4000 g
Bergamottöl	10 g
Nelkenöl	3 g
Wintergrünöl	5 g
Menthol	5 g

Karminlösung nach Bedarf.

Eau du Docteur Pierre

Alkohol	2000 g
Sternanis	150 g

hievon stellt man eine Tinktur her.

Es kommen alsdann auf 2000 g Tinktur

Anethol .... 8 g
Pfefferminzöl .... 5 g
Eucalyptusöl.............. 0,5 g

Eucalyptus-Mundwasser

Alkohol	2000 g	Benzoesäure	80 g
Thymol	3 g	Eucalyptusöl..............	35 g
Menthol..................	5 g	Cochenilletinktur	40 g
Pfefferminzöl	15 g		

Formaldehyd-Mundwasser

Alkohol	10000 g	Zimtöl	150 g
Formaldehyd, 40%ig	500 g	Cochenilletinktur	200 g
Myrrhentinktur	500 g	Rosenwasser	1000 g
Pfefferminzöl	35 g	Ratanhiatinktur	200 g
Anisöl..................	20 g	Menthol................	10 g

Speziell in südlichen Klimaten finden wir viele Freunde von Mundwässern, die Wohlgeruch und Wohlgeschmack vereint lieben neben anerkannt antiseptischer Wirkung des Mundwassers.

Cananga-Mundwasser / Cypressen-Mundwasser

Alkohol	8000 g	Alkohol	10000 g
Ylang-Ylangöl............	15 g	Eucalyptusöl............	80 g
Anethol	3 g	Menthol.................	30 g
Menthol.................	15 g	Vanillin	3 g
Nelkenöl	30 g	Cypressenöl, tsf.	60 g
Geraniumöl, Bourbon	5 g	Wasser, dest.	4000 g

Angelika-Mundwasser

Alkohol	5800 g	Myrrhentinktur	100 g
Angelikaöl...............	90 g	Thymol	2 g
Eucalyptol	10 g	Menthol.................	40 g
Ratanhiatinktur	100 g		

Wünscht man den Zahn- und Mundwässern Seife in gelöstem Zustande zuzufügen, dann muß dieses so geschehen, daß sie beim Gebrauch nicht unangenehm wirkt. Um das zu verhindern, d. h. um keinen zu hohen Gehalt an Seife zu haben, filtriert man diese Mundwässer bei 10 bis 15° C, sie bleiben dann immer klar und das Zuviel der Seife hat sich bereits ausgeschieden.

Neue Vorschriften für Mundwässer.

Myrrh and Borax (Cerbelaud)

Man löst heiß:		läßt erkalten und fügt hinzu:	
Borax	25 g	Ceylonzimtöl	1 g
Rosenwasser	50 g	Pfefferminzöl	10 g
Glycerin..................	50 g	Benzoetinktur..............	10 g
		Cochenilletinktur	80 g
		Alkohol ad	1 l

Genre Stomatol

Terpineol .... 40 g
Seife .... 20 g
Alkohol .... 800 ccm
Wasser .... 200 ccm
Glycerin .... 50 g
Pfefferminzöl .... 12 g
Menthol .... 4 g
Nelkenöl .... 2 g
Benzoetinktur .... 40 g

Salolmundwasser, Genre Odol

1. Salol .... 3,5 g
   Alkohol .... 90 g
   Wasser .... 10 g
   Saccharin .... 0,2 g
   Pfefferminzöl .... 2 g
   Anisöl .... 0,2 g
   Fenchelöl .... 0,2 g
   Nelkenöl .... 0,07 g
   Ceylonzimtöl .... 1 g

2. Salol .... 10 g
   Saccharin .... 0,75 g
   Natr. bicarbon ..... 0,6 g
   Alkohol .... 170 g
   Wasser .... 15 g
   Anisöl .... 0,3 g
   Fenchelöl .... 0,3 g
   Pfefferminzöl .... 3,5 g
   Nelkenöl .... 0,1 g
   Ceylonzimtöl .... 0,1 g

3. Alkohol .... 1 l
   Salol .... 25 g
   Saccharin .... 0,04 g
   Pfefferminzöl .... 5 g
   Nelkenöl .... 0,4 g
   Kümmelöl .... 0,4 g

4. Alkohol .... 89 g
   Wasser .... 8 g
   Menthol .... 2 g
   Saccharin .... 0,05 g
   Pfefferminzöl .... 0,5 g
   Nelkenöl .... 0,1 g
   Salol .... 2,5 g

5. Alkohol .... 80 g
   Wasser .... 17 g
   Menthol .... 2 g
   Saccharin .... 0,05 g
   Salol .... 1,4 g
   Nelkenöl .... 0,05 g

Thymolmundwasser

Thymol .... 2,5 g
Saccharin .... 0,3 g
Benzoesäure .... 15 g
Eucalyptusöl .... 5 g
Pfefferminzöl .... 10 g
Benzoetinktur .... 25 g
Myrrhentinktur .... 25 g
Vanillin .... 1 g
Heliotropin .... 0,5 g

Formolmundwasser Genre Kosmin

1. Formol (Formalin) ...... 30 g
   Myrrhentinktur .... 50 g
   Benzoetinktur .... 100 g
   Pfefferminzöl .... 20 g
   Zimtöl, Ceylon .... 5 g
   Anisöl .... 2,5 g
   Cochenilletinktur ..... 25 g
   Alkohol, 75% .... 1 l

2. Alkohol .... 700 ccm
   Wasser .... 300 ccm
   Formol .... 30 g
   Saccharin .... 0,3 g
   Myrrhentinktur .... 50 g
   Ratanhiatinktur .... 50 g
   Pfefferminzöl .... 15 g
   Cochenilletinktur ..... 20 g

Amerikanisches Mundwasser (mit Wintergreen)

1. Wintergreenöl .... 10 g
   Thymol .... 3 g
   Saccharin .... 0,3 g
   Benzoesäure .... 20 g
   Eucalyptusöl .... 5 g
   Pfefferminzöl .... 7 g
   Benzoetinktur .... 40 g
   Myrrhentinktur .... 30 g
   Alkohol .... 1 l

2. Wintergreenöl .... 10 g
   Saccharin .... 1 g
   Menthol .... 4 g
   Pfefferminzöl .... 6 g
   Borsäure .... 10 g
   Myrrhentinktur .... 50 g
   Ratanhiatinktur .... 30 g
   Sassafrasöl .... 1,5 g
   Alkohol .... 1 l

Pfefferminzgeist (Alcool de Menthe).

Während der größte Teil der Zahn- und Mundwässer nur dieser Bestimmung dienen soll und kann, bildet der Pfefferminzgeist (Alcool de Menthe) einen Artikel, der zu gleicher Zeit Zahnwasser, Mundwasser und Erfrischungserzeuger par excellence ist, dank seiner vorzüglichen Zusammensetzung. Vor allen Dingen ist hier das zusammenziehende Prinzip vollständig weggelassen und auch die sonst so viel angewendeten Harzlösungen sind selbstverständlich in Fortfall gekommen.

Wie bei den Zahn- und Mundwässern, so ist auch hier das Pfefferminzöl das Erfrischung und Kühlung bedingende Moment. Man soll daher zu Pfefferminzgeist nur das allerbeste Pfefferminzöl verwenden, dessen man habhaft werden kann. Das Mitchamöl ist ziemlich gleichmäßig gut und ebenso das Italo-Mitchamöl; beide dienen in gleichem Maße zur Herstellung des Präparates, während die deutschen Pfefferminzöle alle mehr oder weniger verschieden sind und oft einen etwas bitterlichen Beigeschmack aufweisen.

Merkt man einen Unterschied in der Qualität des Pfefferminzöles schon in den Zahn- und Mundpräparaten, um wie viel mehr fällt er erst auf in dem Pfefferminzgeist, der dazu bestimmt ist, auch genossen zu werden, dessen man sich gewöhnlich in einem Augenblick bedient, wo die Zunge besonders empfindlich ist.

Man hat in dem Alcool de Menthe ein Mittel, welches in den verschiedensten Fällen zur Anwendung kommen kann. Als Mundwasser nimmt er jeden unangenehmen Geruch, sei es den des Tabaks nach dem Rauchen, sei es denjenigen eines zu kränkeln beginnenden Zahnes, sei es auch den eines etwas verdorbenen Magens. Man benützt ihn zum Gurgeln in Verbindung mit etwas Wasser, ebenso wie zum Desodorisieren der Mundhöhle an Stelle der bekannten Mundpillen (Cachoux), die eben auch nicht jedermann vertragen kann.

Weiter dient der Pfefferminzgeist an Stelle von Zahnwasser in genau derselben Art wie diese Zahnwässer sonst. Zur Abkühlung äußerlich verreibt man einige Tropfen des Pfefferminzgeistes in der hohlen Hand, wodurch ein außerordentlich angenehmes Gefühl der Kälte und Erfrischung erzeugt wird. Alsdann tropft man das Präparat auch auf das Haar, jedoch so, daß es bis auf die Kopfhaut dringt, wo es ebenfalls eine herrliche Kühle erzeugt und selbst starke Hitze erträglich macht. Einreibungen mit Pfefferminzgeist werden empfohlen zu Massagezwecken, da hienach eine angenehme Glätte der Haut sich bemerkbar macht und sich die Poren weit öffnen, somit also der Ausdünstung der Haut wesentlich nachgeholfen wird, was sehr vorteilhaft erscheint. Als Haarspiritus in Verbindung mit etwas Wasser ist der Pfefferminzgeist ebenfalls zu empfehlen, da er die oft so lästigen Schuppen zum Verschwinden bringt und daneben eine angenehme Kühlung der Kopfhaut herbeiführt.

Ist nun der Pfefferminzgeist nach alledem schon so eine Art Universalmittel, so wird er es erst recht dadurch, daß er auch innerlich als Erfrischungsmittel genommen werden kann. Wenige Tropfen, auf ein

Stückchen Zucker oder in etwas Wasser genommen, bewirken eine ungemein angenehme Erfrischung und bilden auch durch die erreichte Wärmeerzeugung für den Magen ein wohltuendes Mittel.

Wir lassen nun hier zwei Vorschriften folgen, nach denen man einen vorzüglichen Pfefferminzgeist herstellen kann:

Pfefferminzgeist

I. Alkohol . . . . 8000 g	II. Alkohol . . . . 8000 g
Pfefferminzöl, Italo-Mitcham . . . . 100 g	Pfefferminzöl, Italo-Mitcham . . . . 80 g
Anisöl. . . . . 5 g	

Letzterer Vorschrift gibt man besonders dann den Vorzug, wenn der Pfefferminzgeist auch noch bei nervösem Kopfschmerz angewendet werden soll, bei welcher Gelegenheit man ihn gerne mit etwas Eau de Cologne vermischt und die Schläfen damit einreibt.

Auch kleine Zusätze von Anisöl werden hier gemacht sowie von Rosenöl und Neroliöl.

Alcool de Menthe surfin		Alcool de Menthe	
Alkohol	1 l	Alkohol	1 l
Pfefferminzöl, Mitcham . . .	10 g	Pfefferminzöl, Mitcham . . .	10 g
Rosenöl, bulgar.	0,05 g	Anisöl.	1 g
Vanillin	0,01 g	Rosenöl	0,03 g
Neroliöl	0,02 g	Tonkatinktur	0,5 g

Abgefüllt wird der Pfefferminzgeist meist in runde Flaschen von 100 oder 200 g Inhalt, die mit Glasstöpsel verschlossen werden. Man überbindet sie mit Leder und verpackt sie in Holzkistchen von 12 Stück oder auch in Wellpappkartons. Auch runde Taschenflacons sind für diesen Artikel sehr zu empfehlen, der so einen guten Handverkauf verbürgt.

Es ist notwendig, hier einiges über das in den vorstehenden Präparaten des öfteren aufgeführte Italo-Mitcham-Pfefferminzöl zu sagen.

Das Mitcham-Pfefferminzöl ist seither als die beste und feinste Marke der Pfefferminzöle allgemein bekannt und beliebt gewesen und stand eigentlich in bezug auf seine Feinheit ohne Konkurrenz da. Eine solche recht schwerer Natur ist ihm nun in dem „Italo-Mitcham“-Öl (geschützte Marke) erstanden, das die besten Aussichten hat, ein sehr begehrter Artikel zu werden. Es ist ein Pfefferminzöl, das in Pancalieri, dicht bei Turin, erzeugt wird und dessen Produktion kurz nach ihrem Erscheinen gewöhnlich sofort belegt ist.

Man hat aus England echte Mitcham-Pfefferminzpflanzen nach Italien gebracht und diese dort bei Pancalieri auf einem etwa 50 ha großen Areal angepflanzt. Diese Pflanzungen werden mit der größten Sorgfalt gepflegt und gehegt, so daß das Resultat all dieser Mühen im Jahre 1909 bereits 3000 kg Öl waren. Die Pflanze muß alle zwei Jahre umgesetzt werden, damit sie nicht verwildert und ihre Feinheit behält, auch sind bei der Kultivierung eine ganze Reihe weiterer Momente zu beachten, die ausschlaggebend für die Feinheit des zu erzielenden Öles sind.

Es war sicherlich eine sehr glückliche Idee, die Mitcham-Pfefferminzpflanze gerade nach Italien zu bringen, dazu in eine Gegend, deren Klima sich für eine erfolgreiche Kultur vorzüglich eignet. Im Sommer schön warm und durch Gebirgswässer reichlich bewässert, ist das Terrain bei Pancalieri im Winter mit Schnee bedeckt, ein Umstand, der von vorzüglicher Wirkung auf die Pflanzen ist. Das erzeugte Öl ist denn auch von hervorragender Qualität und wenn auch die derzeitige Produktion von 3000 kg zunächst dem gewaltigen Mitchamhandel kaum Abbruch tut, so erweitert sich die Anlage doch immer mehr. Es ist somit zu hoffen, daß man von dem als vorzüglich anerkannten Öl etwas erhalten kann, ohne daß man sich gleich nach der Campagne eindecken muß, was in der Tat sehr zu wünschen wäre, denn gar mancher Parfumeur wird dann eher in der Lage sein, nach einer genauen Prüfung an Hand von ausgiebigen Mustern seine Bestellungen zu geben, die dann aber auch Aussicht haben, ausgeführt zu werden.

Das „Italo-Mitcham"-Pfefferminzöl ist von feinstem Aroma, dazu sehr ausgiebig und voll in Geruch und Geschmack. Für den Parfumeur ist es besonders für alle Arten von Artikeln für die Zahn- und Mundpflege von hohem Wert.

Mundpillen (Grains de Cachou).

Diese werden hauptsächlich angewendet, um schlechten Geruch aus Mund- und Rachenhöhle zu verdecken:

Gummi arabicum, pulv.	1000 g
Zucker	4000 g
Weinsäure	10 g
Moschus	1 g
Nipagin	10 g

werden tüchtig gemischt und der Mischung so viel Wasser zugesetzt, daß es einen steifen Teig gibt. Dann löst man

Rosenöl	5 g	Cumarin	2 g
Vetiveröl	1 g	Labdanum-Resinoid	1 g
Vanillin	2 g	in Alkohol	50 g
Menthol	2 g		

und fügt diese Lösung dem Teig durch Kneten bei. Aus der Masse werden dann ganz kleine Pillen geformt, die man in den Mund nimmt und zerkaut, wobei sich deren Aroma der Mundhöhle und dem Atem mitteilt.

Eine andere Vorschrift lautet:

Grains de Cachou Prince Albert

Muskatblüten, pulv.	27 g	Tonkinmoschus	0,3 g
Cardamomen, pulv.	5 g	Pfefferminzöl	1 g
Nelken, pulv.	2,5 g	Citronenöl	0,7 g
Vanille, pulv.	8 g	Neroliöl	0,4 g
Süßholz, pulv.	35 g	Zimtöl, Ceylon	0,2 g
Zucker, pulv.	20 g	Tragant und Wasser q. s.	

Mundwassertabletten.

Das allgemeine Bestreben, einen neuen Artikel leicht verkäuflich und dem Publikum zugänglich zu machen, wird wohl da leichter von Erfolg begleitet sein, wo es sich um die Bequemlichkeit der Käufer dreht. Je praktischer und bequemer sich ein neuer Artikel zeigt, je einfacher und müheloser seine Verwendung ist, um so schneller führt er sich beim Publikum ein.

Aus dieser Grundbedingung heraus sind auch die Mundwassertabletten entstanden. Sie sollen das lästige Mitschleppen zerbrechlicher Umhüllungen des für den Kulturmenschen so unentbehrlichen Artikels „Mundwasser" ersetzen helfen, indem sie als feste Substanzen sich einfacher transportieren lassen. So hat man denn versucht, die Hauptbestandteile des Mundwassers in trockenem Zustande den Konsumenten zu übermitteln. Hiezu hat man die Tablettenform gewählt, eine sehr einfache und zugleich sehr saubere Art, die Mittel zur Reinhaltung der Zähne und der Mundhöhle mit sich zu führen. Verpackt in kleinen Holz- oder Pappdosen, sind diese Tabletten in Größe gerade für e i n e Ausspülung ausreichend, und da sie auch in verschiedenem Geschmack geliefert werden, kann der Käufer sich ganz nach Belieben und Gewohnheit bedienen.

Die Herstellung der Tabletten ist eine sehr einfache. Als Grundstoff kann man verschiedene Körper nehmen, wie sie dem Fabrikanten zusagen, nur müssen sie eben im Wasser sofort löslich sein. Ein sehr einfacher und billiger Grundstoff ist das doppelkohlensaure Natron (Natrium bicarbonicum) oder Milchzucker.

3000 g doppelkohlensaures Natron vermischt man durch Verreiben oder auch in der Mischmaschine mit einem entsprechenden Quantum Mundwasseressenz, welch letztere in reienm Alkohol gelöst ist. Vorschriften zu diesen Mundwasseressenzen folgen später. Dieses Gemisch läßt man etwas abtrocknen und gibt es dann in die Tablettenmaschine. Als solche verwendet man bei kleineren Quantitäten eine Komprimiermaschine mit Revolverzylinder. Es ist das eine Art Spindelpresse mit Preßschlitten und darüber montiertem Revolverzylinder mit 10 bis 30 Stempeln, die alle zugleich arbeiten und selbsttätig die fertigen Tabletten aus dem Revolverzylinder ausstoßen. Für große Betriebe und wo Dampf- oder sonstige Kraftmaschinen vorhanden, verwendet man die Exzelsior-Komprimiermaschine, auf welcher das Pulver in Matrizen, in denen zwei Stempel gegeneinander arbeiten, gepreßt wird. Bei dieser wird das fertige Pulver einfach in den Füllapparat der Maschine geschüttet und diese darauf in Bewegung gesetzt. Das Pulver gleitet dann über die Matrize, diese füllend; der obere Stempel preßt das Pulver zusammen, während der untere alsdann die fertigen Tabletten ausstößt. Der Füllapparat führt dann die Tabletten nach der Auslaufrinne, zu gleicher Zeit die Matrize wieder füllend. Verstellt man den Unterstempel, wie das beim Pressen von Seifenstücken gemacht wird, so kann man Tabletten von jedem Gewicht herstellen. Die mittlere Umdrehungszahl dieser Maschine ist 35 und sie liefert auch so viele Tabletten in der Minute. Auf den einzelnen Stempeln läßt man Gravuren anbringen und so erhält die fertige Tablette ein hübsches, sauberes Aussehen.

Die verschiedenen Essenzen für Mundwassertabletten setzt man wie folgt zusammen:

<table>
<tr><td colspan="2">Für aromatische Mundwasser-
tabletten</td><td colspan="2">Für Pfefferminz-Mundwasser-
tabletten</td></tr>
<tr><td>Alkohol</td><td>500 g</td><td>Alkohol</td><td>500 g</td></tr>
<tr><td>Anethol</td><td>40 g</td><td>Menthol</td><td>40 g</td></tr>
<tr><td>Pfefferminzöl</td><td>60 g</td><td>Pfefferminzöl</td><td>30 g</td></tr>
<tr><td>Kalmusöl</td><td>30 g</td><td>Borsäure</td><td>20 g</td></tr>
<tr><td>Thymol</td><td>10 g</td><td></td><td></td></tr>
</table>

Für Botot-Mundwassertabletten

<table>
<tr><td>Alkohol</td><td>500 g</td><td>Vanilletinktur</td><td>40 g</td></tr>
<tr><td>Anethol</td><td>40 g</td><td>Myrrhentinktur</td><td>40 g</td></tr>
<tr><td>Zimtöl</td><td>5 g</td><td>Menthol</td><td>5 g</td></tr>
<tr><td>Nelkenöl</td><td>5 g</td><td></td><td></td></tr>
</table>

Auch der Milchzucker findet bei Herstellung von Mundwassertabletten Verwendung. Eine hierauf bezügliche Vorschrift lautet:

<table>
<tr><td>Milchzucker</td><td>500 g</td><td>Menthol</td><td>100 g</td></tr>
<tr><td>Saccharin</td><td>1 g</td><td>Alkohol</td><td>50 g</td></tr>
<tr><td>Heliotropin</td><td>2 g</td><td>Rosenöl, künstl.</td><td>2 g</td></tr>
<tr><td>Salicylsäure</td><td>10 g</td><td>Gelöstes Eosin</td><td>3 g</td></tr>
<tr><td>Glycerin</td><td>10 g</td><td></td><td></td></tr>
</table>

Mundwasser in Pulverform.

Die Herstellung dieses Artikels ist eine höchst einfache:

<table>
<tr><td>Milchzucker</td><td>1000 g</td></tr>
<tr><td>Doppelkohlensaures Natron</td><td>20 g</td></tr>
<tr><td>Karmin nacarat</td><td>50 g</td></tr>
<tr><td>Pfefferminzöl</td><td>50 g</td></tr>
</table>

Dieses Pulver wird in kleine Dosen gefüllt und ihm ein Löffelchen oder dergleichen beigegeben, dessen Vertiefung gerade so groß ist, daß sie die jeweils einmalige Portion Pulver faßt, die zu einer Ausspülung des Mundes nötig erachtet wird. Das im Handel vorkommende „Carminol" ist von ähnlicher Zusammensetzung.

Zahnseifen.

Die Zahnseifen, bzw. Pasten sollen als Grundlage medizinische Seife (sapo medicatus) haben; diese wird mit Glycerin und der nötigen Pulvermischung unter Zusatz antiseptischer Mittel sowie von Parfum- und Farbstoffen zu einer knetbaren Masse verarbeitet, die entweder gleich in Blech- oder Glasdosen eingedrückt, oder wenn die Zahnseife nur in einfacher Packung, z. B. in Stanniol, in den Verkehr kommen soll, in Tafeln geformt wird, die man dann in die gewünschte Größe schneidet. Die medizinische Seife wird nach dem Deutschen Arznei- buch IV wie folgt hergestellt:

„120 T. Natronlauge spez. Gew. 1,172 (15% NaOH) werden im Wasserbade erhitzt, dann nach und nach mit einem geschmolzenen Gemenge von 50 T. Schweineschmalz und 50 T. Olivenöl versetzt und unter Umrühren eine halbe Stunde lang erhitzt. Darauf fügt man der Mischung 12 T. Weingeist (90 Vol. %) und sobald die Masse gleichförmig geworden ist, nach und nach 200 T. Wasser hinzu und erhitzt nötigenfalls unter Zusatz kleiner Mengen Natronlauge weiter, bis ein durchsichtiger, in heißem Wasser ohne Abscheidung von Fett löslicher Seifenleim ge- bildet ist. Alsdann wird eine filtrierte Lösung von 25 T. Kochsalz und 3 T. Soda in 80 T. Wasser zugefügt und die ganze Masse unter Umrühren weiter erhitzt, bis sich die Seife vollständig abgeschieden hat. Die er- kaltete, von der Salzlauge getrennte Seife wird mehrmals mit geringen Mengen Wasser ausgewaschen, dann vorsichtig aber stark ausgepreßt, in Stücke zerschnitten und an einem warmen Orte getrocknet und zu jedesmaligem Gebrauche fein gepulvert. Eine durch gelindes Erwärmen hergestellte Lösung von 1 g Seife und 5 ccm Alkohol (90%) soll auf Zusatz von 1 Tropfen Phenolphthaleinlösung nicht gerötet und durch Schwefelwasserstoffwasser nicht verändert werden."

Das zuzusetzende Pulver ist präzipitierter kohlensaurer Kalk, eventuell präparierte Austernschalen, neuerdings auch feinste weiße, gebrannte Kieselgur; andere Zusätze, wie pulverisierter Bimsstein, Milchzucker, gebrannte Magnesia, finden auch noch Anwendung.

Die geeignetste Farbe für die Zahnseife ist die rote und besteht aus Karmin oder Alkannin; jedoch kann man auch die Farbe durch feinst pulverisiertes Sandelholz geben. Für grüne Zahnseife nimmt man eine grüne Seifenfarbe, für braune Katechu-Tinktur, jedoch kann man auch hier die jetzt gebräuchlichen Seifenfarben dazu nehmen.

Die Bereitung geschieht nun wie folgt: 1 kg gepulverte medizinische Seife wird mit 250 g Glycerin und 500 g 90%igem Spiritus innig ver- rieben, dann 500 g feinst pulverisierte Veilchenwurzel und 250 g pulveri- sierter Bimsstein zugesetzt. Nun folgt das Parfum, dann wird so viel präzipitierter kohlensaurer Kalk oder Kreide daruntergewirkt, daß eine plastische Masse entsteht. Das Parfum und die Farbe setzt man am besten dem Spiritus zu. Das beliebteste Aroma ist Pfefferminzöl, da es einen erfrischenden Geschmack im Munde hervorbringt. Man nimmt zur sogenannten roten Zahnpasta als Aroma auf obiges Quantum:

Anisöl	5 g	oder	
Menthol	5 g	Pfefferminzöl, Mitcham	20 g
Pfefferminzöl, Mitcham	20 g	Anisöl	5 g
Nelkenöl	5 g	Nelkenöl	10 g
Citronenöl	5 g	Salbeiöl	3 g
Benzoetinktur	10 g	Pimentöl	2 g

Nach der vorstehend angegebenen Methode erhält man allerdings eine sehr schöne Zahnseife, doch dürfte man damit im Großbetrieb nicht sehr weit kommen, da die Herstellungskosten zu hohe sind.

Die Zahnpasten als solche können in 2 Kategorien eingeteilt werden, in Zahnseifen und eigentliche Zahnpasten. Zu ersteren zählen besonders die Sorten, welche einen großen Gehalt an Seife haben und wo der Seifengeschmack auch durchdringt, während zu der zweiten Kategorie diejenigen Zahnpasten zählen, zu deren Herstellung Seife nur in ganz geringer Menge oder auch gar nicht verwendet wurde.

Zahnseife

Neutrale Talgseife	30000 g	Anethol	65 g
Kohlensaurer Kalk	10000 g	Nelkenöl	30 g
Lapis haematitis		Cassiaöl	20 g
(Blutstein)	660 g	Bergamottöl	20 g
Pfefferminzöl	140 g	Myrrhentinktur	60 g

Eucalyptuszahnseife

die auch ziemlich eingeführt ist, wird nach folgender Vorschrift hergestellt: 1000 g feinst geschlämmte, gebrannte Kieselgur von schneeweißer Farbe, 250 g pulverisierte Veilchenwurzel, 50 g Florentiner Lack, 300 g medizinische Seife werden mit gleichen Teilen 96%igem Alkohol und Glycerin zur Pasta gemacht, die mit Karmin rot gefärbt und mit 10 g englischem Pfefferminzöl, 15 g Eucalyptusöl, 5 g Nelkenöl und 1 g Rosenöl parfumiert wird.

Chinazahnseife

erhält statt Veilchenwurzel (s. vorher) 250 g feinst pulverisierte Chinarinde und 100 g feinst pulverisiertes Sandelholz und wird parfumiert mit 5 g englischem Pfefferminzöl, 5 g Krauseminzöl, 5 g Nelkenöl und 5 g Bitterpomeranzenöl. Hier empfiehlt sich ein Zusatz von 100 g Zuckerpulver.

Andere Zahnseifen lassen sich noch herstellen mit Myrrhen, Salicylsäure, Benzoe, Chinin, Ratanhiawurzel, Tannin usw. Der Myrrhenzahnseife setzt man als Geschmackskorrigens Salz zu und parfumiert nur mit Rosenöl. Eine englische Zahnseife enthält Campher. Dieser wird vorher in Äther gelöst und mit dem pulverisierten Bimsstein gut verrieben, ehe er der ganzen Masse zugesetzt wird.

Zahnseifen finden gute Verpackung, wenn man sie zwischen zwei dekorierte Blechstückchen bringt, die an den Längsseiten durch ein Verbindungsstück, ebenfalls aus Blech, federartig zusammen gebracht und gehalten werden. Zwischen sie wird das nach ihrem Format geschnittene Stückchen Zahnseife gebracht und durch den Druck der Blechplättchen gehalten. Die eine Längsseite ist offen und auf ihr erscheint das Zahnseifenstückchen und gibt so Gelegenheit, mit der Bürste auf demselben hin und her zu reiben und so das notwendige Quantum Seife zum Reinigen der Zähne auf die Bürste zu bringen. Einige der auf diese Weise verpackten Zahnseifen sind als Zehnpfennigartikel im Handel.

Mundseife

Marseiller Seife	500 g	Rosenwasser	250 g
Kohlensaurer Kalk	500 g	Nelkenöl	10 g
Iriswurzelpulver	500 g	Pfefferminzöl	10 g
Zucker	240 g	Anethol	5 g

Die zerschnittene Seife wird in Wasser gelöst, das Rosenwasser zugesetzt, die Öle mit dem Zucker, der Veilchenwurzel und dem kohlensauren Kalk verrieben und sodann mit den übrigen Bestandteilen gut verarbeitet.

Auch unter Verwendung von Kakaobutter, die man mit Natronlauge verseift, stellt man eine sehr wohlschmeckende Grundlage zu Mundseifen her. Cocoshaltige Seifen sind zu verwerfen.

Zahnpasten.

Zahnpasta

Havannahonig	500 g	Salmiakgeist, 10%ig	2 g
Seifenpulver	500 g	Wasser	15 g
Kohlensaure Magnesia	280 g	Pfefferminzöl	10 g
Karmin	1 g		

Honig, Seifenpulver und Magnesia werden zu einer plastischen Pasta geknetet — am besten in einer Knetmaschine — nachdem man den Karmin mit dem Salmiakgeist und Wasser fein verrieben und zugesetzt hat. Zuletzt folgt das Pfefferminzöl. Man nehme jedoch nur so viel Salmiakgeist, als zur Lösung des Karmins unbedingt notwendig ist, da dieser sonst bläulich wird.

Kräuterzahnpasta.

Obiger Ansatz und 5 g Pfefferminzöl, 5 g Krauseminzöl, 3 g Salbeiöl, 2 g Kalmusöl, 1 g Thymianöl, 1 g Wacholderbeeröl, 1 g Arnikaöl.

Diese Pasta kann eventuell etwas grünlich gefärbt werden, doch ist auch hier rot vorzuziehen, wie bei allen Zahnpasten, sofern man sie nicht weiß lassen will.

Thymolzahnpasta.

Obiger Ansatz und 30 g Thymol, 0,1 g Cumarin, 10 g Pfefferminzöl, Mitcham, 5 g Rosenholzöl.

Salolzahnpasta.

Obiger Ansatz und 80 g Salol, 15 g deutsches Pfefferminzöl, 5 g Nelkenöl, 1 g Rosenöl, künstlich, 2 g Anethol, 1 g Neroliöl, künstlich.

Die beliebte Cherry Toothpaste wird wie folgt hergestellt:

Cherry Toothpaste (mit Seife).

Obiger Ansatz und 10 g Nelkenöl, 0,2 g Geraniumöl afrikan., 0,1 g Rosenöl, echt bulgar.

Das Original enthält **keine** Seife, es ist also besser aus Tragant einem nicht schäumenden Grundkörper herzustellen. Siehe die Vorschrift S. 180 und 184.

Kirschenzahnpasta

Honig	500 g	Wasser	15 g
Kohlensaurer Kalk, präzip.	500 g	Nelkenöl	4 g
Iriswurzel, pulv.	500 g	Muskatnußöl	2 g
Rosenblätter, pulv.	60 g	Geraniumöl	4 g
Karmin	1 g	Zimtöl, Ceylon	2 g
Salmiakgeist, 10%ig	2 g		

Dentalinpasta

Bimsstein ff., pulv.	1000 g	Campher	5 g
Weizenmehl	250 g	Alkohol	10 g
Sirup	650 g	Mit Karmin zu färben.	
Pfefferminzöl	15 g		

Odontine

Austernschalen, pulv.	1200 g	Glycerin	20 g
Bimsstein	10 g	Sirup	100 g
Seifenpulver	50 g	Pfefferminzöl	25 g
Reisstärke, pulv.	400 g	Eugenol	5 g
Iriswurzelpulver	40 g	Eucalyptusöl	5 g
Karmin	1 g	Mit Rosenwasser zu einem gleich-	
Salmiakgeist, 10%ig	2 g	mäßigen Teig zu verarbeiten.	
Wasser	15 g		

Muß man Zahnpasta billig und in großem Maßstabe herstellen, dann ist folgende Vorschrift zu empfehlen:

Pfefferminzzahnpasta

Kohlensaurer Kalk, präzip.	6 500 g	Glycerin	1000 g
Schlämmkreide	15 000 g	Karmin	10 g
Grundseife	5 000 g	Rhodamin, in Wasser gelöst	40 g
Sirup	600 g	Eugenol	80 g
Wasser	750 g	Pfefferminzöl	400 g

Vor Zugabe der ätherischen Öle läßt man das Ganze einmal über die Piliermaschine (Mühle) laufen und gibt es dann in die Misch- und Knetmaschine, wo man auch die Öle zusetzt.

Zahnpasta de Vilbiss

Kohlensaure Magnesia, pulv.	1000 g	Honig	1500 g
Borax, pulv.	750 g	Nelkenöl	10 g
Seife, pulv.	375 g	Geraniumöl	15 g
Kreide, präzip.	500 g	Rosenöl	3 g

Mit Karmin zu färben.

Das zur Verbesserung von pilierten Toiletteseifen so gern verwendete Sapalbin, ein ganz hervorragendes Eiweißpräparat, läßt sich auch in der Kosmetik sehr gut verarbeiten. Unter anderem eignet es sich ganz besonders zur Herstellung von Zahnpasten, denen es eine sich angenehm bemerkbar machende Schaumkraft gibt, ohne daß dadurch der manchem Konsumenten unangenehme Seifengeschmack zum Vorschein kommt.

Es gibt sehr viele Leute, die Seife in den Zahnpasten absolut nicht vertragen können, ja geradezu einen Widerwillen dagegen zeigen. Wenngleich die desinfizierende Kraft der Seife allgemein bekannt und anerkannt ist und sie als Zusatz zu Zahnpasten und Zahncremes von berühmten Ärzten empfohlen ist, läßt sich doch gegen individuelle Abneigungen nichts anderes machen, als eben Zahnpasten herzustellen, die keine Seife enthalten oder nur in verschwindend kleinem Prozentsatz.

Alsdann hat das Sapalbin noch eine weitere, sehr angenehme Eigenschaft. Man empfindet es oft sehr peinlich — und besonders für den Fabrikanten ist es unangenehm —, daß die zum größten Teil nur mit Grundlage von feinster Kreide hergestellten Zahnpasten leicht hart werden, so hart, daß sie schließlich Steinen gleichen und man mit der Zahnbürste wenig oder gar nichts mehr davon loslösen kann. Zu solchen Zahnpasten ist nun ein Sapalbinzusatz sehr empfehlenswert. Das Sapalbin erhält die Zahnpasta weich und bringt ein angenehmes Gefühl im Munde hervor.

Sapalbinzahnpasta (mit Seife)

Präzip. kohlensaurer Kalk	6500 g	Alkohol	300 g
Schlämmkreide	15000 g	Glycerin	1000 g
Grundseife	5000 g	Rhodamin	40 g
Sirup oder Havannahonig	650 g	Karmin	12 g
Rosenwasser	750 g	Pfefferminzöl	450 g
Sapalbin	1500 g	Nelkenöl	85 g
Gelöst in Wasser	1500 g		

Das Sapalbin verarbeitet man in einem geeigneten Gefäß mit dem Wasser, das man am besten lauwarm verwendet, zu einem dicken Brei und gibt dann den Alkohol dazu, was den Brei dünnflüssiger macht. Man kann auch z. B. das Wasser ganz weglassen oder teilweise, so etwa die Hälfte nehmen und nur Alkohol zur Lösung verwenden, doch macht das die Sache natürlich teurer. Auch ist es ratsam, in diesem Falle den Glycerinzusatz etwas zu erhöhen.

Sapalbinzahnpasta (ohne Seife)

Feinste Kreide	7000 g	Wasser	1300 g
Sapalbin	500 g	Rhodamin	10 g
Wasser	500 g	Pfefferminzöl	100 g
Alkohol	150 g	Isoeugenol	10 g
Glycerin	1000 g	Anisöl	5 g
Zucker[1]	1300 g		

Wie soeben kurz erwähnt, gibt es viele Verbraucher, die den auch bei der besten Seife unvermeidlichen schwachen Seifengeschmack im Munde nicht vertragen können.

Auch muß bedacht werden, daß in einzelnen Ländern Zahnpasten mit Seife grundsätzlich nicht konsumiert werden und daß gerade renommierte Standardpasten des Auslandes überhaupt ohne Seife hergestellt sind.

Es ist also dringend erforderlich, daß der Parfumeur damit rechnet, seifenfreie Zahnpasten herzustellen. Nachstehend einige Vorschriften.

1. Nichtschäumende Pasta von Brotteigkonsistenz für Töpfe.

Alle Pulver sind gut zu sieben, alle Farblösungen zu filtrieren, weil die steife Konsistenz der Pasta das Passieren sehr erschwert. Passieren kann also in diesem Falle unterlassen werden.

Tragantpulver	180 g
Glycerin 28 Bé	6600 g
Schlämmkreide (spez. Gew. 95 W.)	24000 g
Carminlösung	1200 g

Diese Pasta gibt eine vorzügliche Grundlage zu Nachbildungen der Cherry-Tooth-Paste von Gosnell.

2. Nichtschäumende dünne Pasta (Zahncreme) für Tuben.

Tragantpulver	30 g	Carminlösung	250 g
Glycerin 28 Bé	1600 g	Pfefferminzöl	45 g
Wasser	600 g	Anisöl	20 g
Schlämmkreide (95)	4000 g	Nelkenöl	5 g

3. Nichtschäumende Pasta für Tuben mit Carragheenmoos.

Carragheenmoos	1500 g
Kochendes Wasser	38000 g

Man kocht unter Umrühren (Anbrennen vermeiden) etwa eine halbe Stunde passiert dann den Schleim unter gutem Auspressen durch ein Sieb und rührt dem heißen Schleim unter gleichzeitigem Anwärmen 6 Liter Glycerin 28 Bé zu.

---

[1] Zuckerzusätze sind im allgemeinen nicht zu empfehlen, da sie den Schmelz der Zähne angreifen. Besser ist es, Tragantschleim oder Carrageenschleim für nicht schäumende Pasten zu verwenden (vgl. später!).

Nachdem eine homogene Masse erhalten wurde, läßt man zur Gallerte erstarren.

Diese erkaltete Gallerte wird nun in die Knetmaschine gebracht und

und

    Kohlensaurer Kalk, sehr
       leicht, gefällt (35) ..... 15 000 g

sowie

    Kohlensaure Magnesia,
       leicht (21) .... 6 000 g

    Pfefferminzöl .... 200 g
    Anisöl................. 150 g
    Menthol .... 50 g
    Nelkenöl .... 50 g
    Vanillin .... 5 g

zugegeben und zur Pasta geknetet.

Nach Fertigkneten wird passiert und in Tuben gefüllt.

Zahncremes.

Im allgemeinen sind die Zahncremes ganz weiche Zahnpasten und unterscheiden sich von diesen nur durch den größeren Gehalt an irgendeiner die Masse weich oder flüssig erhaltenden Substanz, in diesem Falle gewöhnlich Glycerin. Mit Wasser läßt sich dieser Zustand der Weichheit wohl erreichen, aber nicht erhalten; es verdunstet — selbst aus den Tuben —, so daß sich die Masse bei längerem Lager verändert und allmählich hart wird, was bei Zusatz von Glyzerin nicht zu befürchten ist, da dieses selbst nicht verdunstet, sondern noch Feuchtigkeit aus der Luft anzieht.

Zur Herstellung von Zahncremes müssen gerade wie bei Zahnpasten und Zahnpulvern alle Stoffe vermieden werden, die irgendwie dem Schmelz der Zähne schaden könnten, also scharfe Teile aufweisen, durch welche irgendwie Risse in den Zahnschmelz gelegt werden könnten, die schädlichen Mikroben den Zutritt zu dem inneren Zahn ermöglichen. Solche Stoffe sind vor allem scharfkantige Stoffe wie Bimsstein. Durch die Anwendung der Zahncreme sollen die Zähne nicht nur gereinigt, sondern auch erhalten werden. Die Zahncreme soll daher nicht nur als Reinigungsmittel, sondern auch als Desinfektionsmittel anzusehen sein und hierin auch gewissen Anforderungen entsprechen.

Als Grundmasse für eine zweckentsprechende Zahncreme kann folgende gelten:

    Kohlensaure Magnesia,
       pulv................. 1000 g
    Präzip. kohlensaurer Kalk . 8000 g
    Weiche Seife, neutral .... 3700 g
    Glycerin, chem. rein...... 7000 g
    Dest. Wasser .... 500 g

Diese Grundmasse kann nun zunächst durch Verminderung des Glycerinzusatzes konsistenter, durch Vermehrung desselben flüssiger gemacht werden. Das letztere ist jedoch besonders dann nicht zu empfehlen, wenn die Creme in Tuben verpackt werden soll, denn bei zu großem Gehalt an Glycerin wird dieses nicht mehr an die trockenen Substanzen gebunden und dringt entweder an den Tubenverschlüssen, den Hütchen, heraus oder aber es drückt sich allmählich durch den unteren umgeschlagenen Teil der Tube, selbst wenn diese 2- bis 3 mal umgelegt und zugepreßt ist. Dadurch werden die Etiketten beschmutzt und der ganze Artikel wird unansehnlich gemacht. Bei Verwendung von Tuben ist es außerdem ratsam, solche Tuben zu Zahncreme zu nehmen, die eine weite Austrittsöffnung haben und deren Verschlußhütchen mit Kork gefüttert ist. Die Tuben mit Konushütchen schließen nicht immer in wünschenswerter Weise; außerdem müssen die Tuben aus reinem Zinn sein, ohne Beimischung von Blei.

Sehr praktisch sind die Tuben mit ☐ Öffnung, wobei die Zahnbürste sofort in richtiger Weise mit einer flachen Schicht Pasta belegt werden kann.

Die Zahncreme als Grundmasse ist weiß oder auch hellgrau, je nach etwa noch beigegebenen Stoffen. Sie soll nun eine schöne Farbe erhalten, damit sie recht appetitlich aussieht, denn alles, was wir mit dem Munde in Berührung bringen, muß auch einladend zum Gebrauche aussehen. Den hellrosa gefärbten Zahncremes wird diese Farbe durch Rhodamin gegeben, von welchem auf den vorstehenden Ansatz 4 bis 5 g, in kochendem Wasser gelöst, genügen. Es ist sehr empfehlenswert, sich eine solche Farblösung stets vorrätig zu halten. Man löst z. B. 40 g Rhodamin in 1000 g kochendem Wasser, filtriert diese Lösung gut durch doppeltes Papierfilter und setzt ihr 150 g Alkohol zu. Von dieser Lösung wären also zirka 120 g zu dem gegebenen Ansatz zu verwenden. Er erhält dadurch eine feine rosa Färbung. Ist größere Konsistenz der Masse erwünscht, so kann man um diese 120 g Flüssigkeit noch das angegebene Quantum Wasser verringern.

Eine weitere Frage ist nun die der Aromatisierung der Cremes. In den meisten Fällen wird Pfefferminzgeschmack gewünscht. Hiefür nimmt man 380 g Pfefferminzöl und 90 g Anisöl. Dies wäre dann die gesamte Zusammensetzung der Creme.

Die Herstellungsweise ist die folgende: Die Kreide und Magnesia werden feinstens gesiebt und alle Verunreinigungen entfernt. Die weiche Seife hat man mit dem Wasser einige Stunden vor der Bearbeitung zusammengebracht und drückt den Seifenschleim nun nochmals durch ein Filtertuch, um etwaiger Brockenbildung vorzubeugen. Den Seifenschleim läßt man in eine große Reibschale laufen — bei diesem Arbeitsgange darf der Ansatz natürlich höchstens zu $^1/_5$ des gegebenen genommen werden — und fügt dann unter stetem Umarbeiten mit dem Pistill das gesiebte Pulver ein, indem man von Zeit zu Zeit auch Teile des Glycerinquantums zufügt. Außerordentlich vorteilhaft sind zur Herstellung dieser Cremes jedoch die Knet- und Mischmaschinen, die von einem Fassungsvermögen von 2 kg an aufwärts zu jedem Inhalt zu haben sind. Sie eignen sich gleichgut für Hand- wie Kraftbetrieb und sollten in keinem kosmetischen Laboratorium fehlen. Diese Apparate arbeiten

so vorzüglich und unter so geringem Kraftverbrauch, daß die Arbeit
mit dem Pistill dagegen gar nicht mehr in Frage kommt. Für konsi-
stentere Pasten sind sie geradezu unentbehrlich. Während des Zusam-
menmischens der einzelnen Stoffe gibt man auch die Farbe zu, so daß
die Masse bereits von Anfang an gleichmäßig durchfärbt wird. Man
aromatisiert erst dann, wenn die Masse völlig durchgearbeitet und
gleichmäßig ist, um unerwünschtes Verdunsten der ätherischen Öle
zu vermeiden.

Die fertige Creme wird dann in einen Steintopf oder ein emailliertes Gefäß gefüllt, worin man sie einige Tage stehen läßt, bevor man
sie in Tuben oder Glasdosen füllt. In ersterem Falle gibt man sie in
eine Tubenfüllmaschine und preßt sie daraus in die Tuben, die man
recht gut umlegt. Sehr empfehlenswert sind die Tuben mit Schlüssel,
der bei dem Gebrauche jedesmal umgedreht wird, wodurch das Austreten
von soviel Masse an der Austrittsöffnung bewirkt wird, wie man gerade
zum Verbrauch benötigt. Es wird hiedurch auch vermieden, daß in
der Mitte der Tube zum Austretenlassen der Masse gedrückt wird,
wobei es bei den Tuben ohne Schlüssel leicht vorkommen kann, daß
der große Druck die am unteren Ende der Tube umgelegten Teile auf-
drückt, so daß die Masse herausquillt. Verwendet man Tuben ohne
Schlüssel, dann achte man gerade bei der Zahncreme darauf, daß die
Füllung der Tuben so bewerkstelligt wird, daß sich die gefüllte Tube
nach hinten abflacht, d. h. nicht etwa in ihrer ganzen Länge gleichmäßig
rund und straff voll gefüllt ist, sondern nach dem Schließen nach unten
breiter und flacher ausläuft, so daß stets der größte Druck, an welcher
Stelle man ihn auch immer auf die Tube einwirken läßt, nach vorn
wirkt, bzw. daß die Masse bei falschem Drücken in dem Hinterteil
der Tube noch etwas Platz zur Ausdehnung findet, ohne den angelegten
Verschluß zu heben und zu sprengen. Es ist dann sehr empfehlenswert,
die fertigen Tuben einzeln in Papphülsen zu verpacken, damit sie z. B.
auf Reisen nicht zerquetscht werden und ihr Inhalt die umliegenden
Gegenstände beschmutzt. In letzter Zeit werden die Zahncremetuben
in hübsche, geschmackvolle Faltkartons von einem Stück verpackt, was
besonders auf Reisen gewisse Annehmlichkeiten bietet. Die so hergestellte Zahncreme entspricht den sanitären Anforderungen und auch
dem Geschmack des großen Publikums vollständig.

Es kommt nun neben anderer Aromatisierung auch noch eine erhöhte Desinfektionskraft in Frage, ganz den Wünschen der Käufer
oder ärztlichen Vorschriften entsprechend. Die desinfizierende Kraft
der vorstehend angegebenen Zahncreme beruht zunächst auf ihrem
Gehalt an Seife. Sie wird erhöht durch besondere Wahl der Aromati-
sierungsmittel. Hinsichtlich dieses Punktes muß auf die hochinteressante
Arbeit von Karl Kobert, Rostock i. M. verwiesen werden, worin eine
Zusammenstellung der Wirkung einer Reihe von ätherischen Ölen auf
die Bakterienbildung enthalten ist, die gerade bei dem Artikel Zahncreme von ganz besonderem Interesse ist. Sie zeigt z. B., eingeteilt
in fünf Gruppen, daß Anisöl, Bergamottöl und Wintergrünöl sehr
schwach, Pfefferminzöl schwach, Eucalyptusöl mittelstark, dagegen

Nelkenöl sowie Zimtöl sehr stark die Bakterienentwicklung hemmen, bzw. verhindern. Vom antiseptischen Standpunkte aus hätte also die Aromatisierung mit letzteren ätherischen Ölen zu erfolgen. So ist auch die berühmte „Cherry Tooth-Paste" im wesentlichen mit Nelkenöl aromatisiert. Auf die von uns gegebene Vorschrift der Zahncreme übertragen, würde die Aromatisierung folgende sein:

Zahncreme à la Cherry Tooth-Paste.

Diese ist eine nichtschäumende Pasta, die ohne Seife mit Tragant bereitet ist; vgl. den Ansatz Nr. 1, S. 180; für nichtschäumende Pasta für Tuben den Ansatz Nr. 2, ebenda.

Um eine gute Nachbildung der Cherry Tooth-Paste in Cremeform zu erhalten (das Original ist eine steife Pasta für Töpfe laut Vorschrift Nr. 1, S. 180), so nimmt man zum Aromatisieren für zirka 1 kg Zahncremekörper:

Nelkenöl	10 g
Rosenöl, echt, bulgar.	0,1 g
Geraniumöl, afrik.	0,2 g

Die Cherry Tooth-Paste enthält kein Pfefferminzöl, kein Anisöl oder Zimtöl.

Um ganz besonders stark desinfizierende Zahncremes herzustellen, setzt man der Grundmasse das jeweils gewünschte Desinfektionsmittel, wie z. B. Karbolsäure, chlorsaures Kali, Salicylsäure usw. hinzu. Auch wird von mancher Seite eine dunkelrote Färbung gewünscht, die man am besten durch Karmin bewirkt, den man in Wasser löst unter ganz geringem Zusatz von Salmiakgeist.

Beim Verkauf von Zahncreme ins Ausland muß man sich ganz besonders nach dem jeweiligen Geschmack richten, denn nicht alle Konsumenten lieben den Pfefferminzgeschmack. So z. B. bevorzugen die Engländer die mit Wintergrünöl aromatisierten Zahn- und Mundpflegeartikel, Australien wieder zieht Karbolpräparate vor.

Weitere Vorschriften für Zahncremes sind folgende:

Zahncreme

Bimsstein ff., gemahlen	20 g
Seifenpulver	100 g
Seifencreme	200 g
Glycerin	400 g
Kohlensaurer Kalk	1000 g
Rosenrotlösung	125 g
Safraninfusion	8 g
Pfefferminzöl	30 g

Dentalin

Glycerin	1500 g
Seifenpulver	700 g
Schlämmkreide	1000 g
Thymol	15 g
Menthol	15 g
Pfefferminzöl	50 g
Lavendelöl	10 g

Wintergrünzahncreme

Seifenpulver	600 g
Glycerin	600 g
Alkohol	4000 g
Kreide	2500 g
Wasser	2200 g

Pfefferminzöl	10 g
Zimtöl	10 g
Anisöl	10 g
Nelkenöl	15 g
Wintergrünöl	8 g

Karbolzahncreme

Glycerin.................. 1550 g
Kreide, feinst geschlämmt . 3000 g
Milchzucker.............. 2000 g
Pfefferminzöl .... 30 g
Menthol .... 6 g
Karbolsäure .... 50 g
Geraniumöl.............. 10 g
Bergamottöl .... 5 g

Diese Creme bleibt meistens weiß.

Kronenzahncreme

Kreide .... 5000 g
Doppelkohlensaures Natron 500 g
Salicylsäure.............. 100 g
Glycerin.................. 1880 g
Iriswurzelpulver .... 500 g
Chinosol .... 10 g
Eucalyptusöl.............. 50 g
Menthol.................. 50 g

Bleibt weiß.

Zahncreme mit chlorsaurem Kali

Diese Zahncreme wird oft von Zahnärzten speziell verordnet. Man muß sie weiß lassen, da sich das chlorsaure Kali mit dem Rot nicht verträgt.

Chlorsaures Kali ff., pulv. . 500 g
Glycerin.................. 940 g
Seifenpulver .... 120 g
Seifencreme.............. 250 g
Kieselgur .... 30 g

Kohlensaurer Kalk .... 1000 g
Pfefferminzöl .... 30 g
Anethol .... 3 g
Zimtöl .... 5 g
Lavendelöl .... 2 g

Da chlorsaures Kali beim Zusammenreiben mit organischen Stoffen heftige Explosionen gibt, muß die Mischung desselben mit den anderen Bestandteilen, abgesehen vom Bimsstein und kohlensauren Kalk, sehr vorsichtig und ohne Anwendung von Druck geschehen.

Chinosolzahncreme

Kohlensaurer Kalk .... 1000 g
Kohlensaure Magnesia .... 1000 g
Seifenpulver .... 200 g
Glycerin, chem. rein...... 600 g

Cochenilletinktur .... 100 g
Chinosol .... 5 g
Pfefferminzöl .... 25 g
Menthol.................. 5 g

Diese Zahncremes werden in Zinntuben verfüllt.

Zahnpulver.

Der Satz, daß auf die Herstellung aller Mittel, die zur Pflege der Zähne dienen sollen, die größte Sorgfalt zu verwenden ist, gilt in ganz besonderem Maße von den Zahnpulvern. Diese dürfen sich nur aus Bestandteilen zusammensetzen, die ganz unbedingt unschädlich sind für den Schmelz der Zähne; sie dürfen somit keine harten oder scharfkantigen Quarzteilchen führen, müssen, kurz gesagt, so fein gepulvert sein, wie dies nur eben möglich ist. Auch dürfen sie keine Säuren enthalten oder bilden. Die Zahnpulver dienen sowohl zum Reinigen der Zähne, als auch zugleich zur Desinfektion, weshalb ihnen desinfizierende Mittel zugefügt werden; diese dürfen jedoch nur in einem solchen Verhältnis angewendet werden, daß sie den Zähnen wie der Mundhöhle keinen Schaden zufügen können.

Zahnpulver-Grundmasse

Iriswurzelpulver	1500 g
Kohlensaure Magnesia	3000 g
Kohlensaurer Kalk	7500 g
Weinstein	750 g
Zucker	1500 g
Alaun	750 g

Alles ist feinst gepulvert und wird 2- bis 3 mal zusammen gesiebt. Aus dieser Masse stellt man nun in einfacher Weise durch Zufügung verschiedener Aromata und Desinfektionsmittel die verschiedenen Sorten Zahnpulver her.

Zahnpulver, weiß

Grundmasse	5000 g
Zimtöl	4 g
Bergamottöl	10 g
Pfefferminzöl	15 g
Anethol	5 g
Menthol	5 g

Sehr praktisch ist es auch, sich zunächst ein Zahnpulverparfum herzustellen, da alsdann von mehreren Aromaten kleine Quantitäten im Gemisch dem Zahnpulver zugesetzt werden können, was sonst ohne Ungenauigkeit schwer möglich ist.

Aroma für Zahnpulver

Pfefferminzöl	250 g	Cassiaöl	40 g
Anethol	120 g	Bergamottöl	40 g
Menthol	50 g	Myrrhentinktur	150 g
Isoeugenol	50 g		

Zahnpulver, rosa

Grundmasse	5000 g
Krapprosa	350 g
Zahnpulveraroma	15 g

Will man Zahnpulver mit Karmin nacarat färben, dann muß dieser in einer Reibschale unter Beifügung von Wasser und ein wenig Salmiakgeist fein zerteilt werden.

Zahnpulver, schwarz

Lindenkohlenpulver	2500 g
Grundmasse	1250 g
Zahnpulverparfum	20 g

Chinarindenzahnpulver

Grundmasse	3000 g	Menthol	5 g
Chinarinde, pulv.	2000 g	Zimtöl	2 g
Rosenöl, künstl.	2 g	Myrrhentinktur	10 g
Isoeugenol	2 g	Eucalyptusöl	1 g
Anethol	2 g		

Folgende Zahnpulver werden auf englischen Märkten besonders viel gekauft:

Apodontosis

Grundmasse .... 3000 g
Rosenöl .... 1 g
Wintergreenöl............ 3 g
Bergamottöl .... 5 g
Nelkenöl .... 1 g
Portugalöl .... 2 g
Neroliöl, künstl........... 1 g
Ylang-Ylangöl............ 0,2 g

Campherzahnpulver (Camphorated Chalk)

Grundmasse .... 3000 g
Campher, in Alkohol gelöst 25 g
Eucalyptol .... 2 g

Karbolzahnpulver

I. Kreide, präzip......... 3000 g
Milchzucker............ 2000 g
Weinstein .... 1300 g
Menthol............... 15 g
Rosenöl, künstl......... 2 g
Geraniumöl............ 15 g
Karbolsäure .... 80 g

II. Kreide, präzip......... 1500 g
Milchzucker............ 1500 g
Karbolsäure .... 40 g
Geraniumöl............ 18 g
Cochenillerot.......... 160 g

Kreosotzahnpulver

Grundmasse .... 3000 g
Kreosot .... 60 g
Eucalyptol .... 5 g
Geraniumöl.............. 5 g
Menthol................. 10 g

Weitere sehr gute Vorschriften für Zahnpulver sind folgende:

Rosenzahnpulver

Kreide, präzip............ 1100 g
Iriswurzelpulver .... 150 g
Doppelkohlensaures Natron 30 g
Chininsulfat.............. 5 g
Rosenöl .... 0,5 g

Salolzahnpulver

Kohlensaurer Kalk .... 500 g
Kohlensaure Magnesia ..... 500 g
Doppelkohlensaures Natron . 50 g
Phosphorsaurer Kalk ...... 500 g
Salol .... 10 g
Pfefferminzöl .... 14 g
Anethol .... 3 g

Wintergreenzahnpulver

Kohlensaurer Kalk, präzip. 3000 g
Kohlensaure Magnesia .... 400 g
Kieselgur .... 80 g
Pfefferminzöl .... 10 g
Wintergreenöl............ 3 g
Nelkenöl .... 1 g

Sepiazahnpulver

Kohlensaurer Kalk, präzip. . 500 g
Sepia, pulv. (Tintenfisch-
knochen) .... 300 g
Iriswurzelpulver .... 300 g
Krapprosa .... 75 g
Citronenöl .... 30 g

Chinosolzahnpulver

Feinst geschlämmte Kreide 4000 g
Iriswurzelpulver .... 2000 g
Karmin nacarat .... 20 g
Chinosol .... 10 g
Geraniumöl............. 30 g
Nelkenöl .... 2 g
Sandelholzöl, ostind....... 5 g
Zimtöl, Ceylon .... 1 g

Idealzahnpulver

Mastix, pulv............. 250 g
Salicylsäure............. 100 g
Sepia, pulv. .... 2500 g
Doppelkohlensaures Natron 500 g
Kreide, präzip........... 3800 g
Pfefferminzöl .... 50 g
Anethol .... 10 g

Katechuzahnpulver

Kohlensaure Magnesia .... 3000 g	Saccharin	5 g
Kohlensaurer Kalk .... 3000 g	Geraniumöl, Bourbon	30 g
Seifenpulver ff............ 120 g	Sandelholzöl, ostind.......	10 g
Katechu, pulv........... 100 g	Nelkenöl	5 g
Irispulver .... 400 g	Ceylonzimtöl	1 g

Myrrhe- und Boraxzahnpulver

Kohlensaurer Kalk ff. ..... 800 g
Iriswurzelpulver .... 300 g
Myrrhenharz, pulv........ 210 g
Boraxpulver .... 300 g
Doppelkohlensaures Natron . 40 g
Eventuell mit 20 g Pfefferminzöl
aromatisieren.

Sämtliche Pulver müssen auf das feinste gemahlen sein; man läßt das Produkt weiß.

Bei den Japanern spielt das Zahnpulver eine große Rolle, und darauf gründet sich eine ganze Industrie im Kleinen. Japanische wie auch chinesische Zahnpulver sind in der ganzen Welt bekannt und beliebt, und sie erfreuen sich mit vollstem Rechte eines ausgezeichneten Rufes. Verwenden doch auch die Japaner fast ausschließlich feinst gemahlene Produkte zu ihren Erzeugnissen und sind gerade sie im Punkte Zahnpflege sehr weit vorgeschritten.

Japanisches Zahnpulver

I.

Schlämmkreide........... 2500 g
Kieselgur .... 600 g
Pfefferminzöl .... 15 g

II. (schwarzes)

Holzkohle, pulv. .... 500 g
Staubzucker .... 500 g
Chinarinde, pulv.......... 200 g
Pfefferminzöl .... 10 g
Ceylonzimtöl .... 2 g
Kuromojiöl .... 0,5 g

III. (schwarzes)

Lindenholzkohle, pulv. ... 1000 g
Myrrhenharz, pulv........ 50 g
Cremor tartari .... 80 g
Pfefferminzöl .... 18 g

IV. (rotes)

Sandelholz, pulv.......... 1000 g
Chinarindenpulver .... 300 g
Alaun, pulv.............. 20 g
Kieselgur .... 80 g
Pfefferminzöl .... 5 g
Bergamottöl .... 2 g

V. (rotes)

Kreide ff., geschlämmt ... 1200 g
Karmin .... 20 g
Kohlensaure Magnesia .... 500 g
Ossa sepiae, pulv........ 50 g
Pfefferminzöl .... 12 g

Für die Verpackung sind kleine Holzkästchen mit Schiebedeckel beliebt, jedoch auch Gläser mit eingeschliffenem Stopfen.

Sauerstoffabgebende Mundkosmetika.

Für die letzten Jahre sind Mittel zur Pflege der Mundhöhle in Aufnahme gekommen, die infolge eines Gehaltes an sauerstoffabspaltenden Chemikalien, wie Perhydrol, Perborat u. a. m., stark desinfizierend und bleichend wirken.

Perhydrol ist chemisch reines 30%iges Wasserstoffsuperoxyd. Die schätzenswerten Eigenschaften desselben sind mit der Einführung des Perhydrols für die Zahnheilkunde verwertbar geworden, denn da es chemisch rein und säurefrei ist, besitzt es nicht den schädigenden Einfluß der gewöhnlichen Wasserstoffsuperoxydarten, die infolge ihres Gehaltes an freier Säure so schädlich auf das Zahnfleisch und besonders die Zahnsubstanz wirken. Bei Berührungmit der Schleimhaut der Mundhöhle zerfällt das Perhydrol in Sauerstoff und Wasser.

Diese leisten ausgezeichnete Dienste und lassen sich ohne besondere Schwierigkeiten herstellen. Indes ist bei der Aromatisierung dieser Mundwässer zu bedenken, daß der Sauerstoff viele Aromata zerstört, die also aus diesem Grunde hier unverwendbar sind.

So werden durch Sauerstoff stark verändert, bzw. zerstört Pfefferminzöl, Menthol und Zimtöl. Nicht verändert werden Anisöl, Sternanisöl, Eucalyptusöl und Thymol. Schwach verändert werden Nelkenöl und Terpineol, sind aber zur Aromatisierung der Sauerstoffmundwässer noch verwendbar.

Es eignen sich also zum Aromatisieren hier in erster Linie Anisöl, Sternanisöl, Eucalyptusöl und Thymol, eventuell können auch Nelkenöl und Terpineol mit herangezogen werden. Dagegen sind Pfefferminzöl, Menthol und Zimtöl unverwendbar.

I. Perhydrol Merck (30%) . . 5 g
   Campher . . . . 1,5 g
   Alkohol . . . . 180 g
   Anisöl . . . . 2 g
   Eucalyptusöl . . . . 2 g

II. Benzoesäure . . . . 3 g
   Eucalyptusöl . . . . 3 g
   Ratanhiatinktur . . . . 15 g
   Alkohol . . . . 100 g
   Anisöl . . . . 2 g
   Perhydrol . . . . 3 g

III. Alkohol . . . . 450 g
   Wasser . . . . 550 g
   Perhydrol . . . . 30 g
   Anisöl . . . . 4 g
   Eucalyptusöl . . . . 5 g
   Thymol . . . . 1 g
   Saccharin . . . . 0,1 g

Es werden dann auch Zahnpulver hergestellt, denen ebenfalls ein Zusatz von Perhydrol gegeben ist und die die gleiche Wirkung wie das Mundwasser haben.

Mit Zusatz von Perborat stellt man gleichfalls sehr gute Zahnpulver her.

Perboratzahnpulver

Kohlensaurer Kalk . . . . 2500 g
Kohlensaure Magnesia . . . . 420 g
Natriumperborat . . . . 150 g

werden innig zusammengemischt, wonach man

Anisöl................... 50 g
Eucalyptusöl............. 4 g

zusetzt und das Ganze nochmals durch ein feines Sieb treibt.

Dem in Dosen gefüllten Zahnpulver gibt man ein kleines Löffelchen bei, welches etwa die Länge einer Zahnbürste hat, oder aber man füllt das Präparat in längliche Aluminiumdosen und gibt als Gebrauchsanweisung bekannt, daß man etwas Pulver in den umgestülpten Deckel zur Aufnahme mit der Bürste schüttet, da beim Zusammenbleiben mit Wasser das Pulver Zersetzung erleiden würde.

Bleichendes Zahnpulver

Kohlensaurer Kalk .... 1000 g
Seifenpulver .... 40 g
Calciumsuperoxyd .... 50 g
Anisöl.................. 7 g
Nelkenöl .... 2 g

Dieses Zahnpulver bleicht die Zähne, ohne sie auch nur im geringsten anzugreifen. Man kann ein solches auch herstellen, indem man Magnesiumsuperoxyd nimmt:

Kohlensaurer Kalk .... 1000 g
Magnesiumsuperoxyd ..... 100 g
Seifenpulver .... 20 g
Eucalyptusöl............. 1 g
Anethol .... 1 g
Bergamottöl .... 5 g

Dagegen lassen sich dauernd haltbare Zahnpasten mit Wasserstoffsuperoxyd oder Persalzen überhaupt nicht herstellen.

Mittel zur Reinigung, Pflege und Färbung der Haare.

Die Mittel zur Reinigung und Pflege der Haare nehmen in der Kosmetik einen richtigen Platz ein. Diese Präparate lassen sich etwa wie folgt unterscheiden: Die Mittel zur Reinigung und Waschung des Kopfhaares und des Kopfes, zur Entfernung des Staubes aus den Haaren sowie der Schinnen und Schuppen der Kopfhaut, welche bekanntlich das gedeihliche Wachstum der Haare hindern, bilden als Kopfwaschwässer den ersten Teil. Dann folgen Mittel, die nach den Waschungen angewendet werden, damit sie dem trockenen Haar sowie dem Haarboden wieder das nötige Fett zuführen, um das Haar glänzend und weich zu machen. Daran reihen sich die Präparate, welche dem Haar Festigkeit verleihen und die Frisuren haltbar machen, sodaß also folgende Sorten Haarpflegemittel in Betracht kommen Kopfwaschwässer, Öle und Pomaden, Brillantinen und Lustralinen, sodann feste, harte Pomaden, wie z. B. Wachspomaden, Harzpomaden, Blumen-Cosmétiques, Bandolinen, Scheitelcremes und Bartwichsen. Bandolinen sind meistens Auflösungen von Gummi Tragant oder ausgezogene Pflanzenschleime, welche auch Klebestoff enthalten. Da jedoch speziell Pomaden und Haaröle eine so große Bedeutung wie früher nicht mehr haben, auch Neues über deren Herstellungsweise nicht bekannt geworden ist, glauben wir von einem tieferen Eingehen auf diese Materie absehen zu können und auch hierin auf die bereits bestehende Literatur verweisen zu dürfen. Die Mode allein hat es mit sich gebracht, daß in Pomaden und Haarölen eine so kleine Nachfrage herrscht, wenigstens soweit es den inländischen Markt betrifft.

Die kurzgeschnittene Haartracht der Männer und die gewellten Frisuren und der Bubikopf der Damen haben den Haarwässern eine größere Bedeutung zukommen lassen, und es erscheint daher angezeigt, diese Präparate eingehender zu berücksichtigen. Wenn auch nur ein ganz kleiner Teil der marktschreierisch angepriesenen Haarwuchsmittel einen kleinen Erfolg zeitigte, dann wäre der Herrenwelt einerseits ein großer Gefallen getan, anderseits hätte man ein sehr wichtiges Problem gelöst. Vorläufig jedoch müssen wir auf die Erfüllung dieser beiden Wünsche noch geduldig etwas warten und können durch vernünftige Pflege dem Haarausfall nur vorbeugen. Die Wurzel allen Übels liegt darin, daß die meisten Leute erst dann eine regelrechte, natürliche Haarpflege für nötig erachten, wenn hier wenig oder bereits nichts mehr helfen kann. Wie viele Leute könnten sich ein schönes Kopfhaar weit längere Zeit erhalten, wenn sie den Haarboden geradeso wie Gesicht und Hände usw. täglich gründlich reinigen würden. Eine natürliche Haarpflege ist und bleibt immer das wirksamste Vorbeugungsmittel gegen Erkrankungen des Haares oder der Haarwurzel. Diese natürliche Haarpflege besteht in der Hauptsache in täglichen Waschungen des Haarbodens und des Haares; bei langem Frauenhaar sollte die Waschung des Haares wenigstens jede Woche einmal ganz gründlich vorgenommen werden. Reinlichkeit, Luft und Licht sind noch stets die besten Mittel gegen Haarausfall gewesen. Es ist dabei auch natürlich notwendig, daß man sich zu diesen Waschungen der Haare und des Haarbodens geeigneter Mittel bedient. Alle stark reizenden Mittel, seien sie nun mechanischer oder anderer Art, taugen zur Hautpflege absolut nicht. Scharfe, enge Kämme ebenso harte Bürsten reißen den Haarboden auf, entzünden ihn und können so krankhafte Zustände veranlassen.

Gute Kopf- und Haarwaschwässer sind für die Haarpflege unentbehrlich. Ihre Zusammensetzung muß sich dem Leben des Haares und somit seinem Bau und den daraus entspringenden Anforderungen unbedingt anpassen. Das Haar des Menschen setzt sich aus drei Teilen zusammen. Den inneren Kern bildet das Mark. Dieses wird eingeschlossen durch die Keratinsubstanz, in Form der äußeren Hornhülle. In der Keratinsubstanz finden wir auch den Farbstoff des Haares ein körniges Pigment, wechselnd bei den einzelnen Personen vom hellsten Gelbblond bis zum tiefsten Schwarz. Die Wurzeln des Haares sitzen in der mittleren Schicht der Haut, eingebettet in den sogenannten Haarbalg. Aus den Hauttalgdrüsen wird dem Haar Fett und andere Nährstoffe zugeführt.

Hat das Haar eine gewisse Länge erreicht — das menschliche Haar soll bis zu 6 m lang werden können —, dann fällt es aus, da das Hautwärzchen an der Wurzel des Haares dieses wegen seiner Schwere nicht mehr tragen kann. Dieser natürliche Haarwechsel findet beim Menschen fortwährend statt.

Aus diesen Ausführungen ist leicht zu ersehen, daß man hauptsächlich der Ernährung durch die Haarwurzel Aufmerksamkeit zuwenden muß. Um die Haarwurzel gesund zu erhalten, muß auch deren Umgebung, der Haarboden gesund bleiben, und das kann er nur durch geeignete Pflege. Auch eine besondere Eigenschaft der Haare sei noch erwähnt, da diese gerade für die Haarpflege von großer Wichtigkeit ist. Das Haar ist sehr aufnahmefähig für Feuchtigkeit, es ist hygroskopisch; dann aber auch haften alle Riechstoffe ungemein lange darin, weshalb man die Haarwässer nicht zu stark parfumieren sollte.

Über eine neue Methode der Behandlung der Kahlköpfigkeit hat der rühmlichst bekannte Prof. Kromayer sehr interessante Mitteilungen veröffentlicht. Sie beruht auf der Behandlung der erkrankten Stellen mit kaltem Eisenlicht und er gibt bekannt, daß 85% der allerschwersten Fälle auf diese Weise geheilt wurden. Ob nun hiermit die ganze Frage als gelöst angesehen werden darf, ist zum mindesten unwahrscheinlich, denn es gibt doch immer noch eine große Reihe von Fällen, die ihre Heilung auch auf diesem Wege nicht gefunden haben. Daher ist es für den Kosmetiker nach wie vor ein sehr wichtiges Feld, sich mit der Pflege des Haares zu beschäftigen. In allerletzter Zeit kommt dem Cholesterin erhöhte Bedeutung zu, um das Wachstum des Haares zu fördern (vgl. weiter unten Cholesterin-Haarwässer).

Haar- und Kopfwässer.

Es ist Sache des Kosmetikers und Parfumeurs, sich bei Zusammensetzung von Haar- und Kopfwaschwässern über die eingangs gemachten Angaben über das Haar, seinen Bau und sein Wachstum klar zu werden und darnach zu trachten, daß mit seinen Präparaten dem Haar alles das zugeführt wird, was ihm zum Wachstum und weiteren Gedeihen dienlich ist. Dem völlig gesunden Haar muß also ein Mittel geboten werden, das nicht nur reinigt, sondern auch zugleich stärkt, dann auch ernähren hilft. So sind denn alle die Kopfwässer entstanden, deren Effekt auf die stärkende und zugleich desinfizierende Wirkung des Alkohols gegründet ist. Dabei ist es nötig, daß diese Haar- und Kopfwaschwässer nicht zu hoch im Alkoholgehalt eingestellt werden, da sonst ihre Wirkung eher nachteilig ist. Kopfwässer sollten nicht stärker als 60 bis 70% im Alkohol sein. Zu starker Alkoholgehalt erzeugt oft ein brennendes Gefühl auf der Kopfhaut, dann auch erhalten die Haare, durch starke Fettentziehung, ein stumpfes Aussehen; sie verlieren ihren Glanz. Auch ist des weiteren nachgewiesen, daß der Alkohol in einiger Verdünnung wesentlich stärker bakterientötend wirkt als im unverdünnten Zustand. Empfehlenswert ist es dann natürlich, dem Haarwasser möglichst sogleich eine etwas fetthaltige Substanz beizumengen. Eine solche bietet sich zunächst in Gestalt des im Alkohol löslichen Ricinusöles. Der bei Verwendung dieses Öles mögliche Wasserzusatz ist zwar nur gering, zirka 7 bis 8%, allein durch das Öl und selbst den geringen Zusatz von destilliertem Wasser wird die reizende Wirkung des Alkohols zum Teil aufgehoben. Die Verwendung von Glycerin als Zusatz zu Haarwässern ist ein absoluter Mißgriff, weil Glycerin die Haare schmierig macht und das Niederschlagen von Staub erheblich begünstigt.

Mann war merkwürdigerweise anderer Ansicht und empfahl Glycerinzusatz.

Neben den genannten Ingredienzien bedient man sich auch noch leichter Anregungsmittel, die dem Haarwasser zugesetzt werden. Als solche gelten Arnika-, Chinarinde- und als stärker wirkendes Mittel Cantharidentinktur. Auch Nelkenöl und Rosmarinöl müssen hier genannt werden. Alle diese Produkte regen die Tätigkeit der Nerven, sowie diejenige des Gefäßsystems an. Die Verwendung von Seife zur Reinigung des Haares und der Kopfhaut ist nur für gesundes Haar zu empfehlen, denn sehr oft wird durch die zu starke Anwendung von Seifen in Gestalt von Seifenpulver mit Alkaliüberschuß dem Haarboden natürliches Fett in wesentlich größerem Maßstabe entzogen als dienlich ist, wodurch leicht Ergrauen wie auch ein Absterben der Haare verursacht wird. So vorteilhaft die künstliche Zuführung von Fettstoffen zu den Haarwurzeln auch ist, die natürliche Ernährung und Arbeit der Hauttalgdrüsen ist doch immer die unbedingt wichtiger.

Zu den Haarwässern gehören vor allen: Hair Tonic, Shampooing, Bay Rum, Veilchen-, Rosen-Kopfwaschwasser, Birkenwasser, Shampoowasser, Eau de Portugal, Eau de Quinine, Lotions végétales und Honigwasser, Eiskopfwasser sowie andere mehr. Die Kopfwaschwässer dienen hauptsächlich zum Reinigen und leichten Entfetten der Haare, zum Lösen der Schuppen und Schinnen sowie zum Reinigen der Kopfhaut, ferner um den Haarwuchs zu fördern und in frischem Wachstum zu erhalten. Die Kopfwaschwässer kann man einteilen in schäumende und nicht schäumende und muß bei deren Herstellung vor allen Dingen darauf Bedacht nehmen, daß gleichzeitig mit der Entfettung doch auch dem Haar wieder Glanz und Weichheit zuteil wird.

Bei den Kopfwaschwässern spielt die Farbe auch eine sehr große Rolle; so soll z. B. Shampooing Bay Rum eine blaßgelbe, feurige Färbung haben, während anderseits der Bay Rum wieder bis rumbraun erscheint; man färbe diesen jedoch nicht zu stark, denn er dunkelt meist von selbst etwas nach. Hiebei muß man sich in der Hauptsache nach den Wünschen seiner Kundschaft richten. Veilchenwasser wieder soll eine grünliche Farbe zeigen, Rosen-Kopfwasser schön goldgelb gefärbt sein. Eau de Quinine erfordert die größte Vorsicht; nicht allein daß es feurig purpurrot sein soll, soll es jedoch fast keine Spur von Färbung auf den Handtüchern hinterlassen und so klar sein, daß bei längerem Lagern kein Bodensatz oder Flocken sich zeigen. Bei der Fabrikation des Eau de Quinine verfährt man folgendermaßen: Zu dem entsprechend verdünnten Alkohol setze man zuerst die ätherischen Öle, darauf die Moschustinktur, dann die Chinarindetinktur zu. Nun gibt man die nötige Menge Orseille und gelben Farbstoff zu, um ein feuriges Dunkelrot zu erhalten, und überläßt einer 8 bis 10tägigen Ruhe, damit der Ansatz sich soviel wie möglich selbst klärt. Dann schreitet man zur Filtration über Talkum. Dieses Eau de Quinine bleibt stehen bis zum Gebrauch, worauf man vor dem Abfüllen nochmals über Talkum filtriert; alsdann wird das Eau de Quinine blank und klar sein sowie prachtvolle Färbung zeigen. (Färbung des Shampoo-Wassers ist hellgelb, Eau de Portugal goldgelb, Lotion Végétale de Seringat entweder weiß oder zart lila. Honigwasser soll honiggelb gefärbt sein.)

Am besten eingeführt ist das Eau de Quinine, welchem jedoch in den letzten Jahren der Bay Rum an Größe des Verbrauches sehr nahegekommen sein dürfte.

Chinarindenkopfwasser (Eau de Quinine)

Chinarindetinktur	1500 g	Geraniol	40 g
Geraniumöl, afrik.	200 g	Orseillepulver	22 g
Bergamottöl	200 g	Safrantinktur	250 g
Portugalöl	50 g	Alkohol	62000 g
Moschustinktur	100 g	Dest. Wasser	30000 g

Chinarindetinktur

Chinarinde	1200 g
Alkohol	10000 g
Rosenwasser	1000 g

Die Rinde ist gut zu zerkleinern und dann Alkohol und Wasser zuzusetzen. Diese Mischung muß mindestens 8 Tage warm digeriert werden. Man verbinde die Halsöffnung der Flasche mit angefeuchteter Schweinsblase oder starkem Pergamentpapier und steche mit einer Stecknadel 3 bis 4 Löcher hinein, dann setze man die Flasche in einen Wärme- oder Trockenschrank, wobei täglich einigemal gut durchgeschüttelt werden muß. Nach dem Erkalten wird abfiltriert, und die Infusion ist fertig zum Gebrauch.

Ein Eau de Quinine, welches auch gleichzeitig ein wenig das Haar färbt, stellt man nach folgender Vorschrift her:

Alkohol	3000 g	Cantharidentinktur	50 g
Bergamottöl	30 g	Chininsulfat	10 g
Geraniol	10 g	Rosenwasser	1200 g
Isoeugenol	2 g	Man färbt mit Orseille und Safran-	
Rosenöl, künstl.	3 g	tinktur.	
Galläpfeltinktur	200 g		

Eau de Quinine

Alkohol	36000 g	Rosenöl, künstl.	50 g
Infusion Tuberose	2000 g	Vanillin	2 g
Linalool	100 g	Cantharidentinktur	300 g
Geraniol	100 g	Rosenwasser	18500 g
Bergamottöl, terpenfrei	15 g	Farbe: Orseille.	
Chinarindetinktur	1000 g		

Das Rotfärben der Eaux de Quinine geschieht, wie erwähnt, am besten durch Verwendung von Orseille und Safran oder Zuckercouleur. Aus Zuckercouleur stellt man zweckmäßig eine sogenannte Caramellösung her durch Lösen von 1 Teil Zuckercouleur in 2 Teilen Wasser. Cochenille oder andere rote Farbstoffe (besonders Teerfarben) sind absolut ungeeignet, weil sie die Wäsche färben.

Wir empfehlen, den löslichen trockenen Orseilleextrakt in Pulverform (*Orseille en poudre*) zu verwenden. Man erspart sich so das zeitraubende Ausziehen der Orseille und kann das trockene, absolut lösliche Pulver sehr genau dosieren, während Orseilleauszüge immer schwankende Mengen an färbendem Prinzip enthalten, daher genaue Dosierung sehr erschwert wird.

Moderne Eaux de Quinine

1. Alkohol . . . . 700 ccm
   Wasser . . . . 300 ccm
   Orseille en poudre. . . . 0,2 g
   Safrantinktur . . . . 2 g
   Rosenöl, künstl. . . . . . . 2 g
   Resinoid Ladanum . . . 1 g
   Citronenöl . . . . 0,5 g
   Neroliöl . . . . 0,5 g
   Moschustinktur . . . . . . 2 g

2. Alkohol . . . . 600 ccm
   Wasser . . . . 400 ccm
   Orseille en poudre. . . . 0,2 g
   Safrantinktur . . . . 2 g
   Rosenöl, künstl. . . . . . . 1 g
   Bergamottöl . . . . 1 g
   Citronenöl . . . . 0,5 g

Man kann hier per Liter 0,8 bis 1 g Chininsulfat oder 0,5 bis 0,7 g salzsaures Chinin zusetzen.

Eau de Quinine Ambrée

Alkohol . . . . 700 ccm
Wasser . . . . 300 ccm
Orseillepulver . . . . 0,2 g
Safrantinktur . . . . 2 g
Rosenöl, bulgar. . . . . 0,3 g
Rosenöl, künstl. . . . . 2 g
Geraniumöl . . . . 1 g
Ambra, künstl. . . . . 0,7 g
Vanillin . . . . 0,5 g
Moschustinktur . . . . 5 g

Eau de Quinine mit Rum (Rhum et Quinine)

Alkohol . . . . 600 ccm
Wasser . . . . 400 ccm
Orseille en poudre. . . . . . 0,15 g
Caramellösung . . . . 3 g
Jamaikarumessenz, extrastark . . . . 6 g
Vanillin . . . . 0,5 g
Ladanumextrakt . . . . 1 g
Rosenöl, künstl. . . . . 1,5 g
Rosenöl, bulgar. . . . . 0,3 g

Quinine mit Arnica

Alkohol . . . . 600 ccm
Arnicatinktur . . . . 100 ccm
Wasser . . . . 300 ccm
Chininsulfat . . . . 0,5 g
Tannin . . . . 0,5 g
Vanillin . . . . 0,3 g
Geranium, afrik. . . . . 1,5 g
Citronenöl . . . . 0,5 g
Lavendelöl . . . . 0,5 g

Pérou-Quinine

Perubalsam . . . . 1 g
Alkohol . . . . 700 ccm
Wasser . . . . 300 ccm
Tannin . . . . 0,5 g
Vanillin . . . . 0,3 g
Resinoid Ladanum . . . . . . 0,5 g
Geranium sur roses . . . . . 2 g
Citronenöl . . . . 0,5 g
Chininsulfat . . . . 0,5 g

Mit Orseille usw. färben.

Anmerkung: Die mit Orseille gefärbten Eaux de Quinini dürfen keine alkalischen Zusätze (Natriumbicarbonat, Borax usw.) erhalten, weil sonst die Farbe in Violett umschlägt.

Neben Chinin findet das Chinosol Verwendung bei Kopfwaschwässern zur Reinigung des Haarbodens und zur Stärkung der Haarwurzeln; ebenso dient Chinosol zur Verhütung der Schinnen- und Schuppenbildung.

Chinosol-Kopfwasser

Alkohol	30 000 g	Bergamottöl, terpenfrei ..	50 g
Chinosol	40 g	Vanillin	1 g
Linalool	30 g	Benzoetinktur	100 g
Geraniumöl	100 g	Dest. Wasser	15 000 g

Teerhaltiges Kopfwaschwasser

In letzter Zeit ist die Nachfrage nach teerhaltigen Haar- und Kopfwaschwässern eine recht rege geworden.

Da der Teer in seiner altherkömmlichen Form und Farbe für den genannten Zweck als nicht sonderlich passend befunden wurde, ferner für die Haar- und Kopfwäsche nur ein helles Produkt in Frage kam, ist man zur Verwendung des Anthrasols übergegangen, das alle Vorteile des Teeres in sich vereinigt, ohne seine Nachteile, besonders in bezug auf Farbe, zu haben. Das Anthrasol kann als ein entfärbter Teer angesprochen werden, dem aber die vollkommen gleiche Wirkung innewohnt wie dem färbenden, noch schwarzen Produkt.

Die Herstellung der Teerpräparate für die Haar- und Kopfwäsche ist eine nicht ganz einfache, wennschon man auf besondere unvorhergesehene Schwierigkeiten eigentlich nur selten einmal stößt. Die Grundlage aller dieser Präparate bildet eine möglichst gute neutrale flüssige Seife. Werden dann im Verfolg der Arbeit dem Präparat noch reichlich Alkohol sowie dem Haarwuchs dienliche andere Stoffe, wie Ricinusöl usw. zugesetzt, so kann dies für den Allgemeinwert des Erzeugnisses nur von allergrößtem Vorteil sein, denn hier ist das Beste eben immer gerade noch gut genug. Wo es sich um die Erhaltung des schönsten Schmuckes des Menschen, um ein volles prächtiges Haupthaar dreht, da muß man nur Gutes zu verwenden trachten, selbst wenn der Preis des Erzeugnisses etwas höher kommt.

Der Zusatz des Anthrasols zur Mischung soll 5% nicht übersteigen; nach den angestellten Versuchen zu urteilen, ist es nicht ratsam, mehr zu nehmen, aber auch nicht notwendig, da sich ergeben hat, daß mehr als 5%ige Lösungen auch keine größere Wirkung gehabt haben als diese, es sei denn, daß aus irgend einem Grunde ein höherer Gehalt an Anthrasol wünschenswert erscheine.

Bei der Herstellung des Präparates achte man zunächst darauf, daß die als Grundlage dienende Seifenmasse völlig neutral ist, dann aber auch, daß sie schön dünnflüssig bleibt. Das ist eigentlich bisweilen die einzige Schwierigkeit bei der Fabrikation. Zeigt sich einmal, daß das fertige Produkt etwas zu sehr alkalisch reagiert — ein wenig ist das immer der Fall — dann fügt man etwas Ricinusöl zu und schüttelt das Ganze recht gut durch. Es entsteht dann eine Emulsion, die etwa 24 Stunden der Ruhe bedarf. Nach dieser Zeit hat sich der Verband von Ricinusöl und etwa überschüssigem Alkali als schmierige Masse (Seife) oben auf der Flüssigkeit abgesondert, während alles übrige vollkommen klar ist. Man arbeiten dann hiernach am besten mit dem Scheidetrichter und ein Filtrieren der Flüssigkeit ist nicht mehr notwendig.

Parfumieren kann man diese teerhaltigen Kopfwässer sehr gut mit Geraniumöl, Bourbon, doch lassen sich auch andere Riechstoffe verwenden, so z. B. Amylsalicylat in geeigneter Verbindung mit Vanillin, Cumarin u. a. Es müssen eben immerhin recht durchdringende Gerüche sein, damit der Eigengeruch des Anthrasols wenigstens einigermaßen gedeckt wird.

Ansätze für die Seifengrundlage (flüssige Seifenmasse)

Geläuterter Talg	2 500 g	Glycerin	12 000 g
Cochinkokosöl	4 500 g	Alkohol	10 000 g
Ricinusöl	5 000 g	Dest. Wasser	20 000 g
Natronlauge 33⁰ Bé	7 300 g		

An Stelle von Natronlauge kann man auch Kalilauge nehmen.

Olein	5 000 g
Kalilauge 38⁰ Bé	1 000 g
Glycerin	16 000 g
Alkohol	1 000 g
Kohlensaures Kali	320 g
Kochendes Wasser	750 g

Nun bleibt es jedem Parfumeur unbenommen, sich eine flüssige Seife auch auf anderem Wege herzustellen, etwa durch Auflösen von Kalicremeseife (sehr empfehlenswert) in Alkohol und Zusatz von reichlich Glycerin oder durch Verwendung der bekannten weißen Schmierseife in völlig ungefülltem Zustande und Zugabe von ebenfalls Glycerin und Alkohol, bis die gewünschte Dünnflüssigkeit erreicht erscheint. Es sind dies nun Momente, die man dem einzelnen Parfumeur überlassen muß, je nachdem sie ihm in seinem Betriebe bequemer liegen. Es muß nur darauf geachtet werden, daß die Seife gut dünnflüssig ist, ohne doch zu dünn zu sein, so, daß eben noch ein guter Schleim auf die Hand fällt.

Weiter sei hier auch gleich auf die weiße Teerseife aufmerksam gemacht, die in der Hauptsache der Behandlung des Haares und der Kopfhaut dient, aber auch für die Körperhaut gerne angewendet wird, da sie ihrer weißen Farbe wegen angenehm von der schwarzen oder doch schwarzbraunen Birkenteerseife absticht.

Weiße Teerseife

Cochinkokosöl	30 kg
Natronlauge 38⁰ Bé	15 kg
Anthrasol	1,5 kg

(Eventuell gibt man auch noch etwas Parfum zu, wobei man sich am einfachsten des sibirischen Fichtennadelöles bedient.)

Teer-Haar- und Kopfwaschwasser

Flüss. Seifenmasse .... 5000 g
Anthrasol .... 250 g
gemischt mit Alkohol..... 250 g

Hiezu fügt man

Geraniumöl, künstl. zirka 100—150 g

je nachdem das Kopfwasser stärker oder weniger stark duften soll. Es ist wohl in manchen Fällen auch mit weniger Geraniumöl schon getan, das muß eben dem Ermessen des Parfumeurs überlassen bleiben.

In Betrieben, wo immer flüssige heiße Transparentseife zur Hand ist, kann der Parfumeur den Ansatz auch wie folgt wählen:

Heiße Transparentseife
  (ohne Alkohol und
   Glycerin) .... 4000 g
Glycerin................. 2500 g

Alkohol .... 2300 g
Wasser .... 4000 g
Anthrasol .... 625 g
Alkohol .... 500 g

parfumiert mit folgendem Parfum:

Amylsalicylat .... 500 g
Terpineol .... 200 g
Vanillin .... 25 g
Pomeranzenöl, süß, tsf. ... 10 g

hievon nimmt man auf vorstehenden Ansatz nach Belieben.

Es wäre nun noch ein Wort über die Verpackung des Artikels zu sagen. Man tut hier gut, nicht zu kleine Flaschen zu nehmen, also meist nicht unter etwa 100 g Inhalt. Empfehlenswert sind z. B. die viereckige Form unserer Toiletteessigflaschen oder auch die flachen Flaschen, in denen gewöhnlich die Zimmerparfums in den Handel gebracht werden. Hat man runde Flaschen mit breiterem Fuß zur Verfügung, dann sind solche noch weit mehr vorzuziehen, da sie auf dem Toilettetisch nicht so leicht umfallen. Hauptbedingung ist aber, daß diese Flaschen alle von blauem, braunem und tiefdunkelgrünem Glase sind, da die Einwirkung des Lichtes auf das Präparat eine ungünstige ist. Als Verschluß kann man Metall- oder einfachen Korkstopfen wählen.

Euresol.

Andauernd werden neue Formen gesucht, um bekannte Heilstoffe weiter nutzbar zu machen, ihnen dadurch einen neuen Anwendungs- und Wirkungskreis zu verschaffen. Gerade die Kosmetik kann derartige Präparate sehr gut verwerten, denn von ihr werden immer neue, gute Erzeugnisse gefordert. Das Gebiet der Haarpflege ist besonders dankbar, denn die Nachfrage ist hier trotz

der bereits bestehenden an und für sich vorzüglichen Mittel immer
noch eine sehr rege, und man muß sagen, daß auf diesem Gebiete auch
immer noch Neues gebracht werden kann, sei es in einfacherer Ver-
wendungsform, sei es in stärkerer und nachhaltigerer Wirkung.

Das Euresol (Resorcinmonoacetat) stellt ein dickflüssiges, durch-
sichtiges Präparat dar von honiggelber Farbe und angenehmem Geruch,
der keineswegs aufdringlich ist und zudem durch Riechstoffe
sehr leicht übertönt werden kann. Euresol ist leicht löslich in Alkohol,
was für den Parfumeur von größtem Vorteil ist, ferner in Aceton sowie
in Chloroform. Bei seiner äußerlichen Anwendung zeigt es neben seiner
therapeutischen Wirkung keinerlei Reizerscheinungen weder der Haut
noch anderer Organe, was wieder von höchster Wichtigkeit für seine
Verarbeitung in der Kosmetik ist. Kann doch Euresol in seiner therapeutischen Wirkung auf alle die Fälle Anwendung finden, in denen seither
Resorcin genommen wurde, und man hat dabei noch den weiteren Vorteil, daß Euresol neben vollkommener Wirkung doch wesentlich nachhaltiger und milder zum Ausdruck kommt. Denn während früher bei
Anwendung von Resorcin öfters Veränderungen der Farbe des Haares
beobachtet wurden, ist etwas Ähnliches bei Verarbeitung von Euresol
bis heute noch nicht bekannt geworden, trotzdem namhafte Dermatologen viele Hunderte von Fällen mit Euresol behandelt und zu einem
sehr günstigen Ende geführt haben.

Besonders zu empfehlen ist die Anwendung des Euresols in geeigneter
Form gegen Haarschwund, das krankhafte Ausfallen des Kopfhaares.
Durch sorgsame und schonende Haarpflege erreicht man hier unter
Anwendung von euresolhaltigen Kopfwässern sehr gute Erfolge.
Die für diesen Zweck hergestellten Haarwässer setzt man etwa, wie
folgt, zusammen.

Euresolhaarwasser

Alkohol	7000 g	Canangaöl	15 g
Euresol	zirka 250 g	Bergamottöl	25 g
Neroliöl, künstl.	20 g	Wasser, dest.	1000 g
Geraniumöl, Bourbon	20 g		

Dann aber stellt man auch fetthaltige Euresolkopfwässer her, denen
man etwas Ricinusöl zusetzt.

Fetthaltiges Euresolkopfwasser

Alkohol	7000 g	Terpineol	45 g
Euresol	300 g	Aubépine	10 g
Ricinusöl	600 g	Geraniumöl	15 g
Oeillet, *S. & C.*	30 g	Wasser, dest.	500 g

Wo es möglich ist, sollte man das Euresol immer in dem Alkohol
lösen, da hierdurch eine weit feinere Verteilung des Präparates gewähr-
leistet ist. Aber auch in Salbenform kann man das Euresol anwenden.
In diesem Falle ist das Lanolin eine sehr geeignete Grundlage, ebenso
das Eucerin.

Hervorragende Anwendung findet Euresol gegen die lästigen Schuppen. Der Erfolg ist in diesem Falle ebenso gründlich wie bei Haarausfall. Ein gutes Schuppenwasser stellt man dann etwa wie folgt her:

Euresol-Schuppenwasser

Alkohol	5000 g	Bergamottöl	30 g
Euresol	150 g	Terpineol	40 g
Storaxtinktur	1000 g	Aubépine liq.	10 g
Rosenwasser	1000 g	Irisine, *Fl.*	10 g

Diverse Haarwässer (Lotions).

Bay Rum befindet sich in allen möglichen Qualitäten und Marken im Handel. Er wird stark und schwach schäumend verlangt. Das starke Schäumen erreicht man am besten durch Zugabe von Seifenwurzelabkochungen, Seife oder dergleichen, Pottasche in geringen Mengen sowie durch Zusatz von doppelkohlensaurem Natron und Salmiakgeist.

Shampooing Bay Rum, hell

Alkohol	48000 g	Dest. Wasser	48000 g
Bayöl, St. Thomas	200 g	Gereinigte Pottasche	100 g
Pimentöl	180 g	Kaliseife, rein	150 g
Portugalöl	40 g		

Dieses Kopfwaschwasser wird nicht gefärbt, sondern die Farbe entsteht durch die Seife und Pottasche in Verbindung mit den Ölen. Die Herstellungsweise ist folgende: Nachdem die 48 kg Alkohol in einen genügend großen Blechzylinder gefüllt sind, werden die ätherischen Öle unter gutem Mischen zugesetzt. Nun löst man in einigen Kilogrammen des zum Ansatz gehörenden Wassers die Pottasche und die Kaliseife auf, gibt diese Lösung dann zum restierenden Wasser, und mischt diese Flüssigkeit sodann mit dem im Zylinder befindlichen parfumierten Alkohol, unter nochmaligem guten Durchrühren. Diese Mischung wird hellgelblich trübe sein, man lasse sie ruhig 5 bis 6 Tage stehen, filtriere in die hiezu bestimmten Standflaschen und lasse diese bis zum Abfüllen stehen, wo nochmals filtriert wird. Sollte bei der ersten Filtration der Bay Rum nicht klar laufen, so gibt man etwas Magnesia mit Talkum gemischt in die Filter, worauf das Filtrat sicher schön klar werden wird.

Echter Bay Rum

Echtes Bayöl, St. Thomas	33 g
Süßes Pomeranzenöl	2,5 g
und Pimentöl	2 g
löst man in Alkohol	2 kg

und läßt 24 Stunden unter öfterem Umschütteln stehen. Darauf setzt man 1500 g destilliertes Wasser sowie 25 g gebrannte Magnesia zu und schüttelt während eines Tages öfter tüchtig durch. Dann filtriert man.

Bay Rum (billige Ware)

Alkohol	9000 g
Bayöl	50 g
Rumessenz	20 g
Seifenwurzelabkochung	4000 g
Pottasche	150 g
Wasser	7500 g

Bay Rum, stark schäumend

Alkohol	6000 g
Bayöl	25 g
Pimentöl	5 g
Doppelkohlensaures Natron	100 g
Salmiakgeist, 10%ig	80 g
Wasser	6000 g

Jamaika-Bay Rum

Alkohol	2000 g
Jamaikarum	2000 g
Bayöl	15 g
Wasser	2000 g

Eis-Bay Rum

Alkohol	8000 g
Bayöl	30 g
Menthol	80 g
Orangenblütenwasser	4000 g

Nerv-Bay Rum

Alkohol	8000 g	Eisessig	25 g
Bayöl	40 g	Salmiakgeist, 10%ig	80 g
Lavendelöl	60 g	Doppelkohlensaures Natron	170 g
Essigäther	30 g	Dest. Wasser	3500 g

Hieran schließt sich nun eine Reihe von Haarwässern, deren Hauptzweck die Reinigung des Haares ist.

Veilchen-Kopfwaschwasser, schäumend
(Lotion végétale aux Violettes)

Solution Irisöl, 1%ig	500 g	Iristinktur, aus grob geraspelter Iriswurzel	1950 g
Vanillin	15 g	Alkohol	12000 g
Moschustinktur	100 g	Dest. Wasser	10000 g
Jonon	10 g	Chem. reine Pottasche	50 g

Mit Chlorophylltinktur färben, jedoch eher etwas kräftiger und feuriger als zu matt.

Lotion végétale aux Violettes de Nice

Alkohol	25000 g	Veilchen, künstl.	40 g
Infusion Veilchen	4000 g	Violette Feuilles	5 g
Infusion Orange	2000 g	Bergamottöl	100 g
Infusion Jasmin	2000 g	Rosenwasser	14500 g
Benzoetinktur	100 g	Farbe: Grün.	
Moschustinktur	300 g		

Man verwendet zu dieser besseren Lotion sehr gerne II. und III. Pomadenauswaschungen, da in dem Alkohol Spuren Fett gelöst sind, die dann dem Haar als Nährstoff zugute kommen.

Veilchenkopfwasser

Alkohol	6000 g	Ambrettemoschus	6 g
Infusion Violette	2000 g	Geraniumöl	10 g
Veilchen, künstl.	70 g	Dest. Wasser	3000 g
Amylsalicylat	10 g	Farbe: Grünlich.	
Vanillin	5 g		

Lotion à la Violette

Alkohol ....600 ccm
Wasser ....400 ccm
Phenyläthylalkohol ...... 1 g
Anisaldehyd .... 1 g
Iraldein *H. & R.*.......... 3 g
Jonon.................. 2 g
Ketonmoschuslösung .... 1 g

Leicht grün färben.

Eau de Cologne-Haarwasser

Alkohol .... 600 ccm
Wasser .... 400 ccm
Citronenöl .... 3 g
Bergamottöl .... 3 g
Lavendelöl .... 1 g
Rosmarinöl .... 0,2 g
Orangenblütenwasseröl
   Ma................. 0,1 g
Ketonmoschus .... 0,15 g

Heliotrophaarwasser

Alkohol ....600 ccm
Wasser ....400 ccm
Cumarin............... 0,5 g
Heliotropin .... 2 g
Vanillin .... 1,5 g
Perubalsam .... 1 g
Bittermandelöllösung 50:11 6 g
Neroliöl .... 2 g

Maiglöckchenhaarwasser

Alkohol ....650 ccm
Wasser ....350 ccm
Maiglöckchenblütenöl,
   H. & R............... 3 g
Rosenöl, bulgar........... 0,5 g
Ylang-Ylangöl........... 0,5 g

Zart grün färben.

Haarwaschwasser

Alkohol .... 7200 g
Infusion Veilchen .... 1000 g
Bergamottöl .... 10 g
Rosenöl .... 2 g
Isoeugenol............... 1 g
Hyazinthin .... 0,5 g
Vanillin .... 1 g

Portugalhaarwasser (Eau de Portugal)

I. Alkohol .... 600 ccm
   Wasser .... 400 ccm
   Portugalöl .... 3 g
   Citronenöl .... 1 g
   Bergamottöl .... 1 g
   Neroliöl .... 0,5 g

Mit Safrantinktur goldgelb färben.

II. Alkohol .... 700 ccm
   Wasser .... 300 ccm
   Portugalöl .... 8 g
   Rosenöl, bulgar. ..... 0,5 g
   Citronenöl .... 1 g
   Bergamottöl .... 1,5 g
   Lavendelöl .... 0,5 g
   Vanillin .... 0,5 g
   Cumarin............. 0,1 g
   Moschustinktur ...... 3 g

Gelb färben.

Veilchenkopfwasser

Veilcheninfusion.......... 4000 g
Bergamottöl .... 50 g
Canangaöl .... 10 g
Veilchen, künstl. .... 10 g
Wasser.................. 5000 g
Alkohol .... 6000 g

Rosenkopfwasser

Infusion Rose........... 10000 g
Alkohol .... 10000 g
Rose, künstl. .... 20 g
Rosenholzöl.............. 20 g
Benzoetinktur........... 370 g
Arnicatinktur .... 500 g
Moschustinktur .... 15 g
Rosenwasser .... 8000 g

Geraniol................. 8 g
Thymollösung (1 : 150) .... 20 g
Rosenwasser .... 5000 g

Farbe: zirka 25 g Chlorophyllösung (1 : 20),
zirka 25 g Safrantinktur.

Man färbe auf ein feines, helles Grün.

Philodermine

I. Alkohol, 97/95%ig.   6000 g
   Wasser .... zirka 300 g

so daß der Alkohol auf 93% kommt; hierin löst man:

$$
\begin{array}{ll}
\text{Bergamottöl} & 12\,\text{g} \\
\text{Geraniumöl, spanisch} & 12\,\text{g} \\
\text{Isoeugenol} & 1\,\text{g} \\
\text{Vanillin} & 0,5\,\text{g} \\
\text{Irisöl, konkret} & 2\,\text{g}
\end{array}
$$

schüttelt gut durch und setzt zu

$$
\text{Ricinusöl ff.} \dots\dots 1300\,\text{g}
$$

Man färbt dann mit Safrantinktur etwa feingelb.

II. Alkohol	12000 g	Neroliöl, künstl.	30 g
Cantharidentinktur	500 g	Pomeranzenöl, bitter	15 g
Bergamottöl	100 g	Canangaöl	50 g
Lavendelöl	10 g	Dest. Wasser	3000 g
Citronenöl	50 g		

Weitere Haarwässer werden hergestellt durch Zusätze von Cantharidentinktur zu obigen Ansätzen oder geringe Verschiebungen in dem Verhältnis von Alkohol und Wasser. Kopfwässer mit 40% Alkoholgehalt sind viel am Markte.

Ein in letzter Zeit sehr viel in Aufnahme gekommenes Haarwaschwasser ist das Brennesselhaarwasser.

Die Brennessel ist bei uns allbekannt. In früheren Jahren galt ihr Saft als heilkräftig, ist jedoch heute als Heilmittel völlig veraltet. Nichtsdestoweniger soll die Brennessel ein Glukosid enthalten, welches dem Haarwuchs förderlich ist. Inwieweit diese Angabe zutrifft, muß dahingestellt bleiben, gerade wie bei der Wirkung der Klettenwurzel. Es wollen aber Leute, die sich den Kopf mit Brennesselalkohol häufig gewaschen haben, ein schnelleres Wachsen der Kopfhaare bei sich selbst festgestellt haben und sind auch von dieser Meinung nicht abzubringen. Immerhin bleibt es fraglich, ob es nicht das Waschen überhaupt war, das ihrem Haar zu üppigerem Wuchs verhalf, indem dadurch die Poren der Kopfhaut geöffnet wurden, der Haarboden gereinigt und auch zweckentsprechend ernährt wurde.

Die Herstellung der verschiedenen Brennesselpräparate ist etwa die folgende. Für die spirituösen Erzeugnisse setzt man sich eine gute Infusion an, die man dann überall, wo notwendig, verwenden kann.

Brennesseltinktur

$$
\begin{array}{ll}
\text{Brennesselkraut} & 1000\,\text{g} \\
\text{Alkohol} & 2000\,\text{g}
\end{array}
$$

Das Kraut wird ganz klein geschnitten und mit dem gut angewärmten Alkohol (30° C) übergossen. Ist man in der Lage, die Mischung in eine Schüttelmaschine zu spannen, so ist das recht vorteilhaft, denn man kann in diesem Falle bereits nach etwa drei Tagen an die Verarbeitung der Tinktur denken. Im anderen Falle schüttelt man täglich zwei- bis dreimal gut durch und läßt den Alkohol zirka 8 bis 10 Tage auf dem Kraut. Dann preßt man ab und filtriert noch durch ein gewöhnliches Papierfilter.

Brennesselalkohol

Brennesseltinktur	5000 g
Ricinusöl	100 g
Geraniumöl	40 g

Farbe: Lichtgelb.

Brennesselhaarwasser

Brennesseltinktur	5000 g
Perubalsam	180 g
Geraniumöl	25 g
Bergamottöl	40 g
Heliotropin	25 g
Moschustinktur	100 g
Rosenwasser	1000 g

Farbe: Gelb.

Brennesselhaarwasser

Alkohol	6000 g
Brennesseltinktur	3000 g
Terpineol	25 g
Bergamottöl	5 g
Heliotropin	5 g
Geraniumöl, spanisch	5 g
Rosenwasser	3800 g

Farbe: Grünlich.

Honigwasser

Alkohol	3000 g
Arnicatinktur	50 g
Bergamottöl	30 g
Citronenöl	10 g
Eugenol	2 g
Wachsaroma, flüss., H. & R.	4 g
Orangenblütenwasser	1200 g

Honigwasser, echt

Gereinigter Honig ff.	100 g	Rosenöl, künstl.	3 g
Alkohol	3000 g	Neroliöl, künstl.	2 g
Bergamottöl, terpenfrei	15 g	Rosenwasser	1000 g
Citronenöl, Java	2 g	Dest. Wasser	1000 g

Man verreibe den Honig fein mit etwas Wasser, so daß die Auflösung leicht wird. Die ätherischen Öle werden in Alkohol gelöst, darauf das destillierte Wasser zugesetzt und nun gut durchgeschüttelt; sodann setzt man den Honig zu. Man färbt mit etwas Brillantorangetinktur nach und läßt einige Tage stehen, ehe filtriert wird.

Lotion végétale de Séringat

Terpineol	50 g	Cantharidentinktur	100 g
Canangaöl, Java	5 g	Heliotropin	5 g
Geraniumöl, afrik.	1 g	Vanillin	10 g
Alkohol	5000 g	Rosenwasser	2000 g

Sehr schön hat sich in den letzten Jahren auch das Birkenwasser oder der Birkenbalsam als Haarwaschwasser eingeführt. Wie weit nun die Birke Stoffe enthält, die auf den Haarwuchs besonders günstigen Einfluß haben, ist noch nicht einwandfrei festgestellt. Das Birkenwasser ist von sehr wohltuender Wirkung auf die Kopfhaut und durch einen Zusatz von Birkenknospenöl in erhöhtem Grade angenehm. Bei Verwendung des letzteren zeigen sich starke Trübungen und das Produkt muß öfters filtriert werden. Gute Vorschriften sind folgende:

Birkenbalsam

I. Alkohol	30000 g	II. Alkohol	40000 g
Birkensaft	3000 g	Birkenknospenöl	150 g
Bergamottöl	90 g	Bergamottöl	100 g
Vanillin	10 g	Citronenöl	50 g
Geraniol	50 g	Palmarosaöl	100 g
Wasser	14000 g	Euresol	500 g
		Wasser	20000 g

Man kann diese Wässer gelb färben mit etwas Safrantinktur.

<table>
<tr><td colspan="2">Birkenwasser</td><td colspan="2">Birkenwasser (schäumend)</td></tr>
<tr><td>Alkohol</td><td>600 ccm</td><td>I. Alkohol</td><td>3500 g</td></tr>
<tr><td>Wasser</td><td>400 ccm</td><td>Wasser</td><td>700 g</td></tr>
<tr><td>Birkenknospenöl, leicht-</td><td></td><td>Kaliseife</td><td>200 g</td></tr>
<tr><td>löslich</td><td>5 g</td><td>Birkenknospenöl</td><td></td></tr>
<tr><td>Citronenöl</td><td>1 g</td><td>(Haensel, Pirna)</td><td>50 g</td></tr>
<tr><td>Vanillin</td><td>0,5 g</td><td>Eau de Cologne</td><td>500 g</td></tr>
<tr><td>Rosenöl, künstl.</td><td>1 g</td><td></td><td></td></tr>
<tr><td>Jonon</td><td>0,2 g</td><td></td><td></td></tr>
</table>

Man löst in 700 g Alkohol und 700 g Wasser die Kaliseife einerseits, anderseits das Birkenöl und die Essenz in dem Rest des Alkohols. In diesen gießt man in kleinen Portionen die Seifenlösung unter fleißigem Umschütteln und filtriert nach acht Tagen. Mit Safrantinktur schwach gelblich zu färben.

II. Alkohol	2000 g	Birkenknospenöl	
Wasser	500 g	(*Haensel*, Pirna)	40 g
Cantharidentinktur	25 g	Bergamottöl	30 g
Salicylsäure	25 g	Geraniumöl	5 g

Man löst die Öle in dem Alkohol, setzt die Salicylsäure und die Cantharidentinktur zu, sodann das Wasser. Färbung wie bei I.

Birkenhaarwaschwasser

Birkensaft	3000 g	Borax	40 g
Rosenwasser	4000 g	Cantharidentinktur	100 g
Orangenblütenwasser	4000 g	Alkohol	1000 g

Birkenhaarwasser

Alkohol	7200 g	Citronenöl	8 g
Birkenknospenöl, *Haensel*	110 g	Nelkenöl	2 g
Bergamottöl	10 g	Rosenöl	3 g
Vanillin	2 g	Orangenblütenwasser	3000 g

Durch die in letzter Zeit stark in Aufnahme gekommene Kamillenseife ist die Aufmerksamkeit weiter Kreise wieder mehr denn je auf die Kamille gelenkt worden.

Schon bei den Griechen und Römern hat die Kamille Anwendung in der Arzneikunde gefunden und ist auch in der Literatur mehrfach erwähnt. Später im Mittelalter waren die Kamillenblüten im arznei-

lichen Gebrauche sehr geschätzt, ganz besonders als innerlich krampf-
stillende und schweißtreibende Mittel, zu welch letzterem Zweck sie
auch heute noch im Haushalte genommen werden.

Wir unterscheiden drei Arten von Kamillen:

1. Die Deutsche Kamille, Matricaria chamomilla *L.*,
2. die römische Kamille, Anthemis nobilis *L.*

In der Hauptsache haben wir es hier mit der Deutschen Kamille
zu tun, die bei uns wächst; sie unterscheidet sich von den andern
Arten besonders dadurch, daß ihr Blütenboden hochgewölbt und
innen hohl ist, was bei keiner andern Art aus der Kompositenfamilie
der Fall ist.

Was nun der Kamille ihre Heilkraft gibt, dürfte in erster Linie
das in ihr enthaltene ätherische Öl sein, dann aber auch wohl andere
Bestandteile der Blüte, aus welcher man auch einen Extrakt gewinnt,
der genau die gleichen Eigenschaften zeigt, wie eine Abkochung von
Kamillen. Diesen Kamillenextrakt zusammen mit dem ätherischen
Kamillenöl zu verwenden ist nun unsere Aufgabe, deren Lösung auf
verschiedene Art zu bewerkstelligen ist.

Das Kamillenöl wird durch Dampfdestillation gewonnen. Es ist
von tiefblauer Farbe, doch wird es bei nicht geeigneter Aufbewahrung
unter dem Einflusse des Lichtes grün, gelb bis ganz dunkelbraun, wobei
es auch gewöhnlich sauer wird. Piesse nannte den blauen Farbstoff
des Kamillenöls Azulen. Das Kamillenöl hat den kräftigen, charakteristischen Geruch der Blüte und schmeckt bitter aromatisch. Unter
15⁰ C wird das Öl butterartig fest und beginnt Kristalle auszuscheiden,
was auf seinen hohen Gehalt an Paraffin zurückzuführen ist. Es löst
sich daher auch in 90%igem Alkohol nur trübe. Auch vom Kamillenöl
kennen wir drei Arten: Das reine deutsche Kamillenöl, das mit Citronenöl destillierte Kamillenöl (Citrat), und das reine römische Kamillenöl.
Ersteres und letzteres werden jedoch in der Parfumerie ihres hohen
Preises wegen fast nicht gebraucht, wohl aber das Kamillenöl (Citrat),
welches hergestellt wird, indem man die Kamillen mit Citronenöl
destilliert, da ihr Gehalt an ätherischem Öl ein sehr geringer, nur etwa
0,2 bis 0,3% ist.

Der äußerliche Gebrauch der Kamille bringt eine erweichende Wirkung hervor, ein Moment, das sich die Kosmetiker zunutze gemacht
haben, indem sie den Kamillenextrakt zu Hautcremes verwendeten
und damit ganz gute Erfolge erzielten.

Der Kamillenextrakt wird wie folgt dargestellt:

Kamillenextrakt

Gemeine Kamillen, zer-
    stampft .... 1000 g
Alkohol von 50% .... 10000 g

werden in einen zu erwärmenden Extrakteur hineingegeben und die
Maschine zirka 24 Stunden laufen gelassen. Hiernach wird die Flüssigkeit durch ein Tuch geseiht, worauf nochmals eine Auspressung des

Rückstandes erfolgt. Dann wird alles zusammen in einen Behälter gegeben und eingedampft, wonach sich eine ungefähre Ausbeute von 22 bis 28% ergibt. Dieser Kamillenextrakt findet nun zu den verschiedensten Präparaten Verwendung.

Kamillenhaarwasser

Alkohol	10000 g	Violette, *D. F.*	5 g
Kamillenextrakt	200 g	Nelkenöl	10 g
Kamillenöl, Citrat	180 g	Bergamottöl	100 g
Geraniumöl, Bourbon	30 g	Orangenblütenwasser	3000 g

Dem Kamillenhaarwasser wird auch bisweilen etwas feines Ricinusöl zugesetzt, sogar bis zu 20%, doch darf man dann natürlich kein Orangenblütenwasser zufügen oder aber doch nur soviel, daß der Alkoholgehalt immer noch gegen 93% beträgt, da sich sonst das Ricinusöl nicht löst, bzw. wieder ausscheidet.

Eau Dermophile

Alkohol	40000 g
Rose künstl.	15 g
Bergamottöl	40 g
Pelargol, *H. & C.*	25 g
Vanillin	5 g
Rosenwasser	10000 g

Gelblich zu färben.

Lotion Pétrole

Alkohol	5000 g
Petroläther	125 g
Seifenwurzelabkochung	1000 g
Linalool	20 g
Lavendelöl	15 g
Bergamottöl	10 g
Isosafrol	5 g
Wasser	1500 g

Petrolhaarwasser

Petroleum, desodorisiert	1500 g	Portugalöl	10 g
Alkohol	2500 g	Geraniol	10 g
Bergamottöl	15 g	Nelkenöl	3 g
Citronenöl	10 g	Rosenwasser	1000 g

Die Petrolhaarwässer, die meistens opalisierende Flüssigkeiten ergeben, werden in Milchglasflaschen oder Flaschen aus dunkelgefärbtem, rotem, grünem, blauem Glas gefüllt; auch ist es vorteilhaft, die Flüssigkeit vor dem Gebrauche tüchtig zu schütteln. Neuerdings wird das Petroleum auch durch den nicht feuergefährlichen Tetrachlorkohlenstoff ersetzt.

Sind nun bereits Störungen oder Erkrankungen des Haares oder der Kopfhaut vorhanden, dann muß man darauf hinarbeiten, diese so schnell wie möglich zu beseitigen, sollen sie nicht chronisch werden und zum Verluste des gesamten Kopfhaares führen. Am unangenehmsten macht sich übermäßige Schuppenbildung bemerkbar. Sie besteht in einer krankhaft vermehrten Absonderung von Hauttalg, welche die fortlaufende Abstoßung abgestorbener Teilchen der Oberhaut des Haarbodens zur Folge hat und leicht Haarschwund nach sich ziehen kann. Gegen diese Schuppenbildung und zu ihrer schnellen Heilung verwendet man vorteilhaft das

Schuppenwasser

Rosenwasser .... 3600 g
Doppelkohlensaures Natron   90 g
Alkohol .... 100 g
Bergamottöl ....   20 g
Irisöl, konkret ....   2 g
Canangaöl ....   2 g

Zur Stärkung des Haarbodens wird Milchzucker sehr empfohlen und damit hergestellte Präparate sollen recht gute Resultate geliefert haben. Auf Grund dessen hat man eine Vorschrift wie folgt ausgearbeitet.

Haarbalsam

Alkohol .... 6000 g   Canangaöl ....   2 g
Ricinusöl ....   60 g   Muguet, *L. & C.* ....   1 g
Chinarindentinktur ....   50 g   Dest. Wasser .... 3000 g
Perubalsam ....   80 g   Milchzucker.......... 500/1000 g
Terpineol ....   15 g

In dem Alkohol werden die Öle gelöst; das destillierte Wasser wird nochmals gekocht und der Milchzucker in dem kochenden Wasser gelöst. Dann gibt man beide Flüssigkeiten zusammen und füllt nach Abkühlung in opake (Milchglas-) Flaschen. Der Perubalsam sowie der in folgender Vorschrift verwendete Schwefel dienen als gute Mittel gegen Schuppenbildung.

Kopfwasser gegen Schuppen (Haaressenz)

Dest. Wasser .... 3000 g   Lavendelöl ....   5 g
Milchzucker.............. 300 g   Isoeugenol ....   0,5 g
Schwefelmilch............   50 g   Terpineol................   3 g
Alkohol ....   50 g

In dunkelfarbige Gläser zu füllen und vor dem Gebrauche tüchtig zu schütteln.

Campherschuppenwasser

Alkohol .... 3000 g
Campher ....   30 g
Lavendelöl ....   10 g
Heliotropin ....   10 g
Dest. Wasser .... 1200 g

Eiskopfwasser

Dieses verbindet die Annehmlichkeit großer Kühleerzeugung mit der völligen Reinigung der Kopfhaut von Schmutz und Schuppen, indem es zugleich auch die Haarwurzeln kräftigt.

Alkohol .... 15 000 g   Poleyöl..................   50 g
Citronenöl .... 100 g   Menthol .... 300 g
Bergamottöl .... 100 g   Wasser................... 5 000 g
Petitgrainöl ....   50 g

Hair Tonic für Export

Neroliöl, künstl.	85 g	Benzoetinktur (Sumatra).	1020 g
Ceylonzimtöl	12 g	Moschustinktur	255 g
Jasminöl, *H. & C.*	8 g	Alkohol	45400 g
Geraniol	10 g	Dest. Wasser	17220 g

Ein äußerst erfrischendes, für die Hautpflege und als Kopfwaschwasser ausgezeichnetes Mittel. Speziell für tropische Länder.

Seifenhaarwasser

Alkohol	5000 g
Seifenpulver	100 g
Lavendelöl	30 g
Wintergreenöl	2 g
Menthol	5 g
Wasser	2000 g

Ein gutes Mittel gegen den Haarschwund ist folgendes Haarwasser.

Tanninkopfwasser		Peru-Tanninhaarwasser	
Alkohol	6000 g	Tannin	30 g
Arnicatinktur	400 g	Ricinusöl	40 g
Chinatinktur	100 g	Perubalsam	40 g
Tannin	150 g	Alkohol	1800 g
Perubalsamtinktur	240 g	Chinatinktur	150 g
Bergamottöl	25 g	Cumarin	1 g
Neroliöl, künstl.	5 g	Vanillin	0,5 g
Vanillin	1 g	Heliotropin	0,5 g
Terpineol	25 g	Bergamottöl	1 g
Aubépine, flüss.	5 g	Neroliöl	0,5 g
Orangenblütenwasser	2000 g		

Zum Einreiben der Kopfhaut.

Oder:

Salzsaures Chinin	3 g
Tannin	10 g
Cantharidentinktur	10 g
Alkohol	900 ccm
Wasser	100 ccm
Perubalsam	12 g

Ein sehr gutes Haar- und Kopfwasser ist ferner das Lindenblütenkopfwasser, da Schleim, Eiweiß, Zucker und — was für Kopfwasser sehr vorteilhaft ist — noch ein Gerbstoff, abgesehen von dem flüchtigen Öl, welches der kleinen Blüte den herrlichen Duft verleiht, die Hauptbestandteile der Lindenblüte bilden. Wenn man also unter Verarbeitung von Lindenblütenextrakt oder konzentriertem Lindenblütenwasser, das durch Abkochung von Lindenblüten in Wasser hergestellt wird, ein Kopfwasser in den Handel bringt, wird man sicherlich damit Erfolg haben.

Tiliakopfwasser

Alkohol ....14000 g
Heiko-Cosmo-Linde ...... 30 g
Jonon.................. 10 g
Perubalsamtinktur....... 200 g
Vanillin .... 10 g
Ambrettemoschus .... 15 g
Chinin .... 30 g

Lindenblütenextrakt ..... 100 g ⎱ oder 5000 g Lindenblütenwasser, konz.
Dest. Wasser ....10000 g ⎰ oder 5000 g dest. Wasser

Dieses Präparat ist am besten hellgelb zu halten.

Haarwasser gegen Haarschwund

Alkohol .... 2000 g   Tannin, pulv.............. 50 g
Benzoetinktur............ 150 g   Resorcin .... 25 g
Ricinusöl .... 150 g   Vanillin .... 2 g
Chloralhydrat .... 50 g

Cholesterinhaarwässer.

In allerletzter Zeit haben diese Präparate ganz besondere Bedeutung
erlangt, namentlich seitdem einwandfreie physiologische Untersuchungen
die Wichtigkeit des Cholesterins als Regenerationselement der Haar-
papillen und wichtigen Nährstoffe für das Haar einwandfrei dargetan
haben.

Die Cholesterinhaarwässer des Handels sind nun keine Lotions im
eigentlichen Sinne, die aus verdünntem Alkohol hergestellt werden
(Maximum zirka 70% Alkohol), sondern sie sind konzentriert alkoholische Flüssigkeiten, die nur zum Einreiben, nicht zum Waschen und
Reinigen der Kopfhaut bestimmt sind.

Als solche werden sie nur mit dem Wattebausch aufgerieben, keinesfalls wird mit diesen konzentriert alkoholischen Cholesterinlösungen
das Haar und die Kopfhaut so reichlich getränkt, wie dies bei den eigentlichen Haarwässern oder Lotions der Fall ist.

Es ist auch praktisch — leider — ganz unmöglich, Cholesterinlotions
in mittlerer Konzentration von 50 bis 70% Alkohol herzustellen, weil
das Cholesterin selbst in hochprozentigem Alkohol nur in geringen
Mengen löslich ist, während verdünnter Alkohol nur Spuren Cholesterin
dauernd in Lösung halten kann.

So ist die mittlere Löslichkeit des Cholesterins folgende:

In Alkohol von 96% 1   %
„   „   „ 85 bis 90%....... 0,5 %
„   „   „ 75% 0,25%
„   „   „ 60% .... nur Spuren!!

In dieser geringen Löslichkeit des Cholesterins in Alkohol liegt eine
große Schwierigkeit, auch fällt oft ein großer Teil des gelösten Cholesterins bei niederer Temperatur wieder aus. Man hat zur Erhöhung
der Löslichkeit die Mitverwendung von Isopropylalkohol und Glycerin

vorgeschlagen, auch Seifen erhöhen die Löslichkeit des Cholesterins etwas, doch immer noch nicht in zufriedenstellendem Maße.

Nachstehend einige Vorschriften für Cholesterinhaarwässer (besser als Cholesterinhaargeist zu bezeichnen!).

I. Cholesterin .... 1 g   II. Cholesterin .... 0,5 g
   Alkohol, 95%ig .... 98 g   Alkohol 95°/₀ig .... 90 g
   Ricinusöl .... 0,5 g   Wasser .... 10 g
   Heliotropin .... 0,5 g   Seife .... 2 g

III. Cholesterin .... 0,3 g
     Isopropylalkohol ...... 5 g
     Alkohol, 95%ig .... 75 g
     Glycerin .... 3 g
     Tetrachlorkohlenstoff .. 3 g
     Wasser .... 10 g

Cholesterin wird ebenfalls mit bestem Erfolg in der Hautpflege verwendet (vgl. später).

Shampooings (Shampoons).

Praktisch unterscheiden wir solche Shampoons, die auf dem Kopfe nur einen vorübergehenden Schaum hervorrufen, bei denen also nicht mit Wasser nachgespült werden muß, und eigentliche Seifenshampoons, die einen üppigen dichten Schaum hervorbringen, der kräftiges Nachspülen mit Wasser nötig macht.

Die erstere Klasse nähert sich sehr dem sogenannten Dry-Shampoo. Diese sind dadurch gekennzeichnet, daß man das fixe Alkali der Waschflüssigkeiten durch Salmiakgeist ersetzt. Bei diesem Verfahren braucht man hinterher weniger Wasser anzuwenden, da der im Haar zurückbleibende Rest von Salmiakgeist freiwillig verdunstet. Für diese Klasse von Präparaten ist folgendes Rezept typisch:

Dry-Shampoo

Salmiakgeist, 10%ig ..... 2,5 g
Eau de Cologne .... 2,5 g
Alkohol .... 112,5 g
Wasser .... 112,5 g

Man reibt diese Mischung mit einem Schwamm oder Handtuch in das Haar ein und wäscht zwecks Erzielung einer vollständigen Reinigung mit etwas Wasser nach.

Unter Dry-Shampoo wird übrigens auch das Waschen der Haare mit Benzin oder Tetrachlorkohlenstoff verstanden, ebenso auch das Einpudern der Haare mit alkalischen Pulvern und Ausbürsten nach entsprechend langem Liegenlassen.

Die erstere Art des Shampoons ist heute, und mit Recht, weniger beliebt und zieht man diesen leicht schäumenden Produkten heute fast allgemein die Seifenshampoons vor, weil letztere eine energischere Reinigung der Kopfhaut gestatten.

I. Alkalische, leichtschäumende Shampoons.

Die Hauptanforderung, die man an ein solches Shampooing stellt, ist die, daß es gut und stark auf dem Haare schäumt und daß dieser Schaum trotzdem wieder schnell zergeht, ohne natürlich einen Rückstand zu hinterlassen, der erst wieder der Auflösung mit Wasser bedürfte, wie das bei Seifenschaum der Fall ist. Während eine Anzahl der am Markte befindlichen Bay Rums größere oder kleinere Beimischungen gelöster Seife in irgend welcher Art enthält, muß man das Schäumen des Shampooing Water auf andere Art hervorzubringen suchen. Am einfachsten geschieht das durch die Vermischung von Salmiakgeist, doppelkohlensaurem Natron und Wasser, wie es nachfolgende, gut bewährte Vorschriften angeben:

Shampooing Water

I. Dest. Wasser .... 10 000 g
   Alkohol .... 5 000 g
   Salmiakgeist, 10%ig . 150 g
Doppelkohlensaures
   Natron .... 600 g
Bergamottöl, terpen-
   frei .... 15 g

II. Dest. Wasser .... 15 000 g
   Alkohol .... 2 000 g
   Salmiakgeist, 10%ig . 200 g
   Doppelkohlensaures
   Natron .... 700 g
   Borax .... 100 g
Süßes Pomeranzenöl,
   terpenfrei .... 6 g
Citronenöl, terpenfrei. 2 g
Bergamottöl, terpen-
   frei .... 5 g

III. Dest. Wasser .... 500 g
   Alkohol .... 400 g
   Borax, pulv........... 15 g
   Pottasche............. 8 g
Salmiakgeist, 10%ig ... 8 g
Bergamottöl .... 2 g
Geraniumöl, afrik. .... 1 g

Ein analoges Shampoonpulver stellt man wie folgt her:

Shampooing Powder

Doppelkohlensaures Natron 500 g
Kohlensaures Ammoniak ... 50 g
Borax .... 50 g

Dieses Shampooing-Pulver wird auch in verschiedenen Gerüchen verlangt, und ihre Zusammenstellung ist folgende.

Veilchen

Pulver .... 1000 g
Bergamottöl, terpenfrei ... 20 g
Canangaöl .... 15 g
Jonon................... 3 g

Rose

Pulver .... 1000 g
Geraniol................. 30 g
Rosenöl, künstl., *H. & C.* . 5 g
Sandelholzöl, ostindisch ... 5 g

Flieder

Pulver .... 1000 g
Terpineol................ 50 g
Hyazinthin .... 3 g
Bergamottöl, terpenfrei ... 5 g

Heliotrop

Pulver .... 1000 g
Heliotropin .... 30 g
Vanillin .... 5 g

Maiglöckchen

Pulver .... 1000 g
Linaloeöl .... 30 g
Muguet, künstl. .... 10 g
Vanillin .... 3 g
Bergamottöl, terpenfrei ... 3 g

Bei der Verwendung dieser Pulver sollte darauf aufmerksam gemacht werden, daß man das zur Kopfwäsche zu verwendende Wasser mit etwas Alkohol versetzt. Die dem Pulver beizugebende Gebrauchsanweisung sollte etwa wie folgt lauten: „Um ein gutes Shampooing Water zu erhalten, gibt man von dem Pulver die jeweils nötige Menge zunächst in etwas Alkohol und schüttelt tüchtig durch; hierauf fügt man nach Belieben Wasser zu.

II. Seifenshampoons.

Shampooing Français

Weiße Kaliseife .... 100 g
Pottasche .... 200 g
Dest. Wasser .... 2 l
Zusammen kochen lassen und nach
   dem Erkalten zusetzen:
Vanilletinktur .... 200 ccm

Shampoo

Weiße Kaliseife .... 50 g
Pottasche .... 50 g
Natriumbicarbonat ...... 20 g
Dest. Wasser .... 1 l
Alkohol .... 100 ccm

Parfum q. s.

Shampoo Jelly

Marseiller Seife .... 120 g
Dest. Wasser .... 280 g
   Heiß auflösen und zusetzen:
Pottasche .... 30 g
Glycerin.................. 60 g

Parfum q. s.

Shampoonpulver

I. Kernseifenpulver ..... 1000 g
  Cocosseifenpulver ..... 1000 g
  Natr. bicarb. .... 100 g
  Ammoncarbonat...... 50 g

II. Kernseifenpulver ..... 1500 g
  Cocosseifenpulver ..... 500 g

III. Kernseifenpulver ..... 500 g
  Cocosseifenpulver ..... 1500 g

Ein ganz billiges Shampooing Powder stellt man noch wie folgt her:

Cocosseifenpulver .... 10000 g
Kalzinierte Soda .... 2000 g
Doppelkohlensaures
   Natron.............. 1000 g
Bittermandelöl, künstl. .. 50 g

Kopfwaschpasta.

Weiße Marseiller Seife ..... 115 g
Wasser.................... 170 g
Glycerin.................. 60 g

Lavendelöl .... 5 Tropfen
Bergamottöl .... 10 Tropfen

Man schneidet die Seife in Späne, schmilzt sie auf dem Wasserbade in der angegebenen Menge Wasser und fügt dann — wenn es die Kundschaft der energischeren Wirkung wegen wünscht — 15 bis 25 g kalzinierte Pottasche hinzu. Man läßt nun nahezu erkalten und rührt dann das Glycerin und Parfum ein, eventuell unter Zugabe von noch etwas Wasser.

Nach der eben beschriebenen Methode werden auch die Eier-Kopfwaschpasten hergestellt, welche in der Regel keine Spur Eigelb enthalten.

Brillant Shampooing Powder

Doppelkohlensaures Natron	2000 g	Seifenpulver, rein	5000 g
Borax	400 g	Gladiolin	80 g
Kalzinierte Soda	120 g	Geranin, *S. & C.*	130 g
Kohlensaures Ammoniak	800 g	Benzylacetat	100 g

Bleichendes Shampoonpulver.

Für oberflächliche Bleichwirkung genügt es, zirka 5% Natriumperborat zuzusetzen. Für ausgesprochene Bleichwirkung aber werden gleiche Teile Seifenpulver und Natriumperborat gemischt.

Zum Reinigen der Haare wird dieses 50%ige Natriumperboratpulver so angewendet, daß man 50 g des Gemisches in ½ l lauwarmen Wassers verteilt und damit wäscht. Wünscht man dagegen eine ausgesprochene Bleichwirkung, so löst man 50 g Pulver in ½ l heißen Wassers und wäscht damit die Haare, die man alsdann an der Luft, möglichst an der Sonne, trocknen läßt.

Die Shampoonpulver im allgemeinen betreffend, ist hier folgendes zu bemerken:

Man findet leider im Handel solche Pulver, die sehr viel Soda enthalten, ja solche, die zum größten Teile aus Soda bestehen. Dies ist aber zu verwerfen und soll man mit dem Alkalizusatz nicht über 30% hinausgehen, weil sonst das Haar rasch spröde wird, auch bei dunklem Haar ein häßlicher, fuchsiger Ton auftritt.

Haarglanzpulver.

Um das Stumpfwerden der Haare nach dem Waschen mit Seife und Alkali zu verhindern, hat man solche auf den Markt gebracht, die sauren Charakter haben. Als Haarglanzpulver werden verwendet Citronensäure, Weinsäure und Natriumbiacetat, die in wässeriger Lösung zum Spülen des Haares nach dem Shampoonieren gebraucht werden.

Haaröle.

Wie schon eingangs bemerkt wurde, wollen wir uns über die Herstellung der Haaröle nicht sonderlich verbreiten, da ihr Verbrauch wesentlich nachgelassen hat, wenn auch nicht in dem Maße, wie der der Pomaden.

Die zweckdienliche Herstellung der Haaröle setzt größte Fachkenntnis und Aufmerksamkeit voraus. Es stehen zwar heute dem Parfumeur die besten Rohprodukte zur Verfügung, jedoch ist es ebenfalls angezeigt, diese vorher zu präparieren, d. h. vor dem Ranzigwerden zu schützen. Die hauptsächlichsten Öle (nicht trocknende), welche in Betracht kommen, sind folgende: ff. Olivenöl, Archisöl, süßes Mandelöl (Pfirsichkernöl), fettes Senföl (Sinapol), kalt gepreßtes Rüböl, sowie für sogenannte „Huiles antiques" entscheintes Mineralöl (Vaselinöl). Je frischer man diese Öle einkauft und je kühler man sie im dunkeln, jedoch luftigen Keller lagert, desto länger widerstehen sie der Ranzidität. Als eines der bestgeeigneten fetten Öle gilt das kalt gepreßte Rüböl; es ist nur schwer zu haben, da Rüböle meist warm gepreßt werden und dann bei der Raffinierung durch Säuren einen brenzlichen, sauren Geruch erhalten. In der Praxis hat sich bei Verwendung des früher viel gebrauchten Sesamöles herausgestellt, daß dieses eines der am leichtesten „harzenden" Öle ist, weshalb soviel wie möglich von dessen Verarbeitung abzusehen ist. Sehr gut für billige Öle ist eine Mischung von 1 T. Olivenöl und 2 T. entscheinten Vaselinöles. Um die vegetabilischen Öle zu präparieren, erwärmt man im Wasserbade 10 kg irgendeines der genannten Öle; sie dürfen jedoch hiebei nicht zu heiß werden. Nun zerkleinert man 400 g Sumatra-Benzoe und mischt die Benzoe mit 800 g Borsäure durcheinander, aber recht innig, da die Borsäure hauptsächlich dazu dient, daß das Benzoeharz nicht wieder zusammenschmelzen kann. Diese Mischung gibt man in ein Gazebeutelchen und hängt dieses in das warme Öl. Von dieser Benzoe geht etwas in Lösung über, verleiht dem Öle einen vanilleartigen Geruch und schützt es hauptsächlich vor dem leichten Ranzigwerden. Nachdem man das Öl unter öfterem Umrühren 4 bis 5 Stunden hat digerieren lassen, entfernt man es aus dem Wasserbade, läßt abkühlen und hebt es zum Gebrauche auf. Von diesem präparierten Öl setzt man dann eine entsprechende Menge den Ansätzen zu. Besser bewährt sich aber die Rauervierung der fetten Öle mit Estern der p-Oxybenzoesäure. (Etwa 20 g Methylester für 1000 g Öl.)

Als Ideal eines Haaröles gilt das Behenöl (Oleum Nucum Moringae). Es ist dünnflüssig, geruch- und geschmacklos und widersteht außerordentlich lange dem Ranzigwerden, indessen ist es viel zu teuer (das Kilogramm 60 frs.).

Unter den Grundlagen für feine Haaröle hat sich seit einer Reihe von Jahren das fette Senföl einen bevorzugten Platz gesichert. Alle mit diesem Öl hergestellten Kosmetika haben sich als fast unbegrenzt haltbar erwiesen, man kann daher das Sinapol (Handelsname des fetten Senföles) ruhig zu jeder Art von feinen Haarölen, Salben usw. verwenden, besonders da, wo ein recht fetter Körper bevorzugt wird und man das Vaselinöl nicht wünscht.

Das aus der Senfsaat durch hydraulische Pressung und folgende Rektifikation, welche wieder auf eine ganz besondere Weise geschieht, gewonnene Öl hat bekanntlich dem Olivenöl und Sesamöl gegenüber die großen Vorteile, daß es nicht ranzig wird und nicht verharzt. Das

Sinapol ist in zwei Sorten im Handel, naturgelb und gebleicht. Die letztere Sorte eignet sich ganz besonders für die feinsten Erzeugnisse auf dem Gebiete der Haarpflege. Dabei ist sein geringer Eigengeruch durch die kleinste Beigabe von Riechstoffen zu decken, auch lösen sich diese fast alle sehr leicht in dem Sinapol. Ein weiterer Vorteil ist der, daß sich das Sinapol in jedem Verhältnis mit Mineralöl mischt, wodurch die Möglichkeit gegeben ist, sehr fettreiche und doch verhältnismäßig billige Erzeugnisse herzustellen, welche den aus Olivenöl hergestellten Ölen nicht nur entsprechen, sondern sie sogar noch übertreffen an Haltbarkeit und Fettgehalt, ebenso an Reinheit des Geruches. Denn es ist nur zu bekannt, daß viele Verbraucher von Haaröl durch jeden auch noch so kleinen Beigeruch irritiert werden und dasselbe nicht weiter gebrauchen können oder wollen, ein Moment, das bei der Verarbeitung von Sinapol völlig in Wegfall kommt. Zudem genügt, wie bereits eingangs bemerkt, eine ganz geringe Menge Riechstoff — auf 1000 g Sinapol etwa 10 bis 15 g Terpineol — zur Verdrängung jeden Eigengeruches und Ausbreitung eines sehr angenehmen Duftes.

Wir lassen hier einige Anleitungen zur Herstellung verschiedener Blumenhaaröle folgen.

Veilchenhaaröl

Sinapol, gebleicht	1000 g
Iridoline, 100%ig, *Fl.*	5 g
Champacaöl, künstl., *Sch. & C.*	2 g
Bergamottöl	5 g
Geraniumöl	2 g

Blütenhaaröl

Sinapol, gebleicht	1000 g
Vaselinöl, weiß	1000 g
Geraniumöl, Bourbon	20 g
Vanillin	5 g

Familienhaaröl

Sinapol, gelb	2000 g
Bittermandelöl	5 g
Heliotropin	5 g

Man löst das Heliotropin im Wasserbade in etwas Sinapol.

Huile Antique

Vaselinöl, gelb	2000 g
Sinapol, gelb	500 g
Bergamottöl,	10 g
Cassiaöl	5 g
Geraniumöl	15 g

Huile aux Fleurs. Lys de St. Jago

Sinapol, ff., weiß	3000 g
Vanillin	4 g
Heliotropin	6 g
Linalylcinnamat	10 g
Terpineol	20 g
Rosenöl, echt	1 g

Huile Marly Rouge

Vaselinöl, weiß, ff.	1000 g
Syringablütenöl	10 g
Vanillin	0,5 g

Mit der Brennesselwurzel bereitet man ein Haaröl, welches ebenfalls haarstärkende Eigenschaften haben soll. Man stellt sich zunächst auch hier eine Infusion aus Öl und Wurzeln her, indem man 1000 g

zerschnittene Wurzeln mit 2000 g Sinapol (fettes Senföl) bei etwa 35⁰ C
zusammenbringt und gut durchschüttelt. Die Mischung läßt man etwa
20 Tage ziehen, wonach man auspreßt und filtriert.

Brennesselhaaröl		**Klettenwurzelöl „nach Dr. Rhale"**	
Öl, mit Brennesseln infusiert	3000 g	Entscheintes Vaselinöl, dünnflüssig	5000 g
Vaselinöl, weiß	1000 g	Citronellöl, Java	60 g
Bergamottöl	25 g	Citronenöl	40 g
Terpineol	50 g		
Heliotropin	10 g		

Dieses Öl wird in die bekannten viereckigen Flaschen verfüllt und
ist oft so billig am Markt, daß fast kein Nutzen für den Fabrikanten
bleibt.

Klettenwurzelöl

I. Olivenöl	3500 g	Portugalöl	20 g
Vaselinöl	500 g	Citronenöl	25 g
Präpariertes Benzoeöl	1000 g	Eugenol	10 g
Geraniumöl, afrik.	10 g	Citronellöl, Java	25 g
Bergamottöl	10 g		

Nach dem Ansetzen und Parfumieren läßt man einige Tage stehen
und filtriert dann.

II. Olivenöl	2500 g
Vaselinöl, entscheint	2500 g
Citronenöl	60 g
Bergamottöl	25 g
Eugenol	15 g

Das allgemein bekannte Klettenwurzelöl hat mit der Klettenwurzel
in den wenigsten Fällen etwas zu tun, denn wirkliches Klettenwurzelöl
findet sich sehr selten im Handel. Um solches herzustellen, verfährt
man wie folgt:

Olivenöl	2000 g
Geraspelte Klettenwurzel[1]	200 g

werden einige Stunden zusammen auf etwa 50⁰ erwärmt. Dieses Gemisch läßt man dann 8 Tage stehen; darauf preßt man Öl und Wurzeln
durch ein Tuch fest aus und filtriert später.

Die verschiedenen Lappaarten enthalten in der Tat Stoffe, die
dem Haarboden sehr förderlich sind, allein den meisten Fabrikanten
ist deren Extraktion zu umständlich und dann will das Publikum auch
in den seltensten Fällen die nötigen Preise zahlen.

Ein ähnliches Haaröl wie das Klettenwurzelöl ist das Arnicahaaröl,
zu dessen Herstellung man das Arnicakraut mit Öl extrahiert. Es
geschieht das auch nur noch in den seltensten Fällen. Man stellt dieses
Öl daher heute gewöhnlich wie folgt her:

---

[1] Von Lappa officinalis minor und tomentosa.

Arnicahaaröl

Olivenöl .... 1000 g
Arnicaölinfusion .... 1000 g
Chlorophyllösung .... 10 g
Narzissenöl, *N. & C.*....... 3 g
Bergamottöl .... 5 g
Cumarin .... 2 g

Die Arnicawurzelinfusion in Öl wird wie folgt hergestellt:

Arnicawurzelinfusion in Öl

Sinapol .... 2000 g
Arnicawurzel, ff., geraspelt. 200 g

Man verfährt bei·Herstellung dieser Infusion wie bei der Klettenwurzel.

Balsamisches Kräuteröl

Olivenöl .... 2000 g	Neroliöl, künstl............ 15 g
Vaselinöl, weiß .... 3000 g	Bergamottöl .... 35 g
Chlorophyll .... 2 g	Portugalöl .... 35 g
Thymianöl, weiß .... 5 g	Majoranöl .... 5 g

Das Chlorophyll löst man in etwas angewärmtem Vaselinöl vom Ansatz.

Koniferenhaaröl

Olivenöl .... 5000 g
Fichtennadelöl .... 50 g

Die beiden vorstehenden Präparate sind ganz besonders für Leute zu empfehlen, welche eine sehr empfindliche Kopfhaut haben, die spröde ist und zum Rissigwerden neigt.

Parfum für Haaröl

Linalylacetat .... 500 g	Palmarosaöl .... 1000 g
Eugenol .... 500 g	Portugalöl .... 500 g
Isosafrol................ 50 g	Terpineol................ 1000 g
Cassiaöl .... 1000 g	

Mit diesem Parfum kann man die diversen Sorten einfacher Haaröle parfumieren, indem man von der Quantität zugibt oder abbricht, je nach dem Verkaufspreis.

Haaröl A

Olivenöl .... 5000 g
Arachisöl .... 15000 g
Parfum .... 350 g

Haaröl C

Arachisöl .... 10000 g
Vaselinöl, gelb .... 40000 g
Parfum .... 650 g

Haaröl B

Arachisöl .... 40000 g
Vaselinöl, gelb .... 10000 g
Parfum .... 850 g

Haaröl D

Vaselinöl, gelb .... 5000 g
Parfum .... 30 g

Für ganz billige Haaröle kann man auch folgendes Parfum nehmen:

Benzaldehyd .... 70 g
Safrol .... 80 g
Nelkenöl .... 80 g
Verbenaöl .... 70 g

Von den besseren Haarölen werden noch am meisten gekauft die

Blumenhaaröle

Zu diesen verwendet man die fetten französischen Blumenöle Huiles Antiques Nr. 6 oder man stellt sich die Ersatzöle für diese wie folgt her:

Blumenölersatz für:

<table>
<tr><td>

Rose Nr. 6
Olivenöl (mit Benzoe prä-
  pariert) .... 1000 g
Rosenöl, künstl., *Sch. & C.* 14 g

</td><td>

Cassie Nr. 6
Olivenöl, präpariert ...... 1000 g
Cassieblütenöl, *H. & R.* .... 3 g

</td></tr>
<tr><td>

Veilchen Nr. 6
Olivenöl, präpariert ...... 1000 g
Jonon, 100%ig .... 15 g

</td><td>

Orange Nr. 6
Olivenöl, präpariert ...... 1000 g
Orangenblütenöl, synth.... 10 g

</td></tr>
</table>

Jasmin Nr. 6
Olivenöl, präpariert ...... 1000 g
Jasminöl, künstl. *Heiko* ... 7 g

Um Ersatzöle für Blumenöle Nr. 24 oder 36 herzustellen, genügt in den meisten Fällen eine dem Preis entsprechende Vermehrung des zuzusetzenden Riechstoffes sowie je 10 g Benzoe-Resinoid, das sich in dem Öl sehr gut macht. Auch kann man hier die verschiedenen Blütenöle sehr vorteilhaft verwenden.

Es bleibt also dem Parfumeur überlassen, in den folgenden Vorschriften französische Blumenöle oder die Ersatzöle zu nehmen.

Blumenhaaröle
Rose

Rosenöl Nr. 6............ 5000 g
Olivenöl................. 5000 g
Rosenholzöl.............. 40 g
Geraniumöl, Bourbon .... 10 g

Es ist ganz klar, daß man diese Öle mit noch weniger Zeitverlust (auch Zinsverlust) herstellen kann, wenn man einfach 10 kg Olivenöl nimmt und hineingibt $5 \times 14 =$

Rosenöl, künstl., *Sch. & C.* ... 70 g
Rosenholzöl................ 40 g

Ebenso könnte man es jeweils bei den anderen Blumenölen machen, doch ist es immerhin ratsam, sich Standflaschen oder Kannen à 10 kg

Blumenölersatz Nr. 6 vorrätig zu halten, denn bei längerem Stehen verteilen sich die Riechstoffe doch mehr in dem Öl und es wird verhältnismäßig ausgiebiger.

Veilchen

Cassieöl Nr. 6 .... 2000 g
Jasminöl Nr. 6............ 2000 g
Veilchenöl Nr. 24 .... 2000 g
Olivenöl................. 5000 g

Heliotrop

Cassieöl Nr. 6	2000 g	Olivenöl.................	5000 g
Orangenöl Nr. 6..........	2000 g	Heliotropin	15 g
Jasminöl Nr. 6...........	1000 g	Bittermandelöl...........	0,5 g
Cumarin	10 g	Vanillini................	5 g

Reseda

Cassieöl Nr. 6	2000 g	Jasminöl Nr. 6...........	2000 g
Orangenöl Nr. 6..........	2000 g	Rosenöl Nr. 6............	2000 g
Jasminöl Nr. 6...........	2000 g	Olivenöl.................	2000 g
Olivenöl................	4000 g	Muguet, künstl...........	15 g
Quarantaine, *L. & C.*	10 g	Linalool	5 g
		Cumarin.................	2 g
		Rosenöl, künstl...........	5 g

Maiglöckchen

Für ein ganz feines Maiglöckchenhaaröl empfiehlt sich folgendes Parfum:

Maiglöckchenblütenöl .... 10 g
Vanillin .... 2 g
Rose alpine............... 2 g

Jasmin

Jasminöl Nr. 6........... 5000 g
Olivenöl................. 2500 g
Bergamottöl .... 20 g
Jasmin, künst. .... 20 g

Flieder

Jasminöl Nr. 6........... 3000 g
Rosenöl Nr. 6............ 2000 g
Olivenöl................. 3000 g
Terpineol................ 100 g
Muguet, *H. & R.*.......... 10 g
Hyazinthin .... 3 g
Aubépine, flüss. .... 10 g

Quinineöl

Olivenöl................. 3000 g
Chinarindenöl............. 2000 g
Cassieöl Nr. 6 .... 3000 g
Rosenöl Nr. 6............ 1000 g
Bergamottöl .... 100 g
Portugalöl............... 40 g
Citronenöl .... 20 g
Rosenholzöl.............. 50 g
Isoeugenol .... 10 g
Farböl, rot .... 100 g

Orange

Orangenöl Nr. 6.......... 5000 g
Rosenöl Nr. 6............ 1000 g
Olivenöl................. 4000 g

Chinarindenöl

Olivenöl................. 1000 g
Geraspelte Chinarinde .... 800 g

werden im Wasserbade zirka 6 bis 8 Stunden digeriert und dann ausgepreßt.

Rotes Farböl

Arachisöl .... 1000 g
Alkannin .... 120 g

Rotes Haaröl

(Für den Export als „Queen's Oil"
bekannt)

Vaselinöl .... 10 000 g
Farböl, rot .... 500 g
Rosmarinöl .... 200 g
Nelkenöl .... 100 g

Auch einige Haaröle sind am Markte, die zugleich etwas
färben; dahin gehört das

Nußhaaröl

Grüne Walnußschalen .... 1200 g
Alaun .... 150 g
Olivenöl .... 6000 g

Die Nußschalen und Alaun werden in einem Mörser zusammenge-
stoßen, darnach mit dem Öle solange erwärmt, bis alle Feuchtigkeit
verschwunden ist.

Man parfumiert dann mit

Rosenöl, künstl., *H. & C.* ... 40 g
Bergamottöl .... 20 g
Vanillin .... 2 g
Geraniol .... 30 g

und färbt eventuell mit Chlorophyll.

Macassaröl, rot

Zu dem echten *Rowlands* Macassaröl wird das schon erwähnte teure
Behenöl verwendet. Eine andere Vorschrift ist folgende:

Olivenöl, präpariert ...... 1000 g
Neroliöl, künstl .... 0,5 g
Rosenöl, künstl .... 1 g
Rosmarinöl .... 5 g

Origanumöl .... 10 g
Eugenol .... 1 g
Farböl, rot .... 100 g

Macassaröl, rot

I. Mandelöl, süß .... 2500 g
   Olivenöl .... 2500 g
   Alkannin[1] .... 3 g
   Canangaöl, Java ...... 10 g
   Pomeranzenöl, bitter .. 10 g
   Geraniol .... 40 g
   Bergamottöl .... 10 g

II. Vaselinöl, entscheint .. 5000 g
   Alkannin .... 1,5 g
   Bergamottöl .... 50 g
   Citronenöl .... 35 g
   Geraniol 15g

Außer diesen angeführten Haarölen ist noch eine ganze Menge
unter den verschiedensten Namen im Handel; Betreffs der Öle

---

[1] Das Alkannin ist in etwas warmem süßen Mandelöl zu lösen.

sei noch bemerkt, daß sie tadellos klar sein müssen; es ist überhaupt gut, wenn sie nach der Parfumierung noch einige Zeit stehen können, damit etwa sich bildende Trübungen sich zu Boden schlagen und das Öl nochmals durch das Filter passieren kann.

Für den Exporthandel ist der Artikel Haaröl immer noch von nicht geringer Bedeutung. Allerdings sind auch hier die Preise sehr gedrückte, allein manchmal geht es dafür in um so größeren Quantitäten. Es kommen für die Exportöle daher nur die Vaselinöle als Grundlagen in Frage und hier auch häufig nur die billigen Sorten. Die Parfumierung ist in den meisten Fällen eine sehr einfache und auch oft unserem westlichen Geschmack keineswegs entsprechende.

Exporthaaröl

I. Vaselinöl, gelb ...... 10 000 g
   Citronenöl .... 85 g
   Geraniumöl, Bourbon 15 g
	III. Vaselinöl, gelb ...... 10 000 g
	   Cedernholzöl .... 80 g
	   Isoeugenol .... 10 g
	   Bittermandelöl,

II. Vaselinöl, weiß ..... 10 000 g
   Terpineol .... 200 g
   Amylsalicylat .... 40 g
	künstl. .... 20 g
	   Alkannin .... 6—10 g

Diese Vaselinöle nehme man möglichst schimmerfrei, oftmals wird der Preis aber selbst das nicht zulassen. Vor dem Parfumieren erwärme man sie auf zirka 60⁰ und gebe dann das Parfum zu, worauf man wenn nötig durch Papier oder Filz filtriert.

Haar-Pomaden.

Wie bereits bemerkt, hat der Verbrauch in Pomaden im westlichen Europa ganz ungemein nachgelassen, ja er ist auf ein Minimum zusammengesunken. Dieser Rückgang ist zum Teil der herrschenden Mode in der Haartracht zuzuschreiben, zum Teil auch der berechtigten Abneigung der jetzigen Generation gegen pomadisiertes Haar. Die Fabrikation der Pomaden ist sehr schwierig, wenn man schöne und haltbare Produkte erzeugen will; wir verweisen in dieser Beziehung auf die bestehende Literatur und besprechen hier nur einige allgemeine Punkte.

Zur Pomadefabrikation finden weiche und harte Fette sowie Öle Verwendung, und es richtet sich der Zusatz von harten Fetten bzw. Wachsarten, wie Talg, Wachs, Ceresin oder Walrat sowie auch von Lanolin nach den Temperaturverhältnissen der Jahreszeit; so kann man im Winterhalbjahr weniger harte Fette mitverarbeiten als im Sommerhalbjahr. Es muß der betreffende Parfumeur selbst am besten herausfinden, ob seine Pomade salbenartige haltbare Konsistenz hat, und hiernach seine Ansätze regeln. Zur Bereitung der besseren Pomaden kann man sich folgendes Grundfett herstellen: 50 kg (beste Marke) Schweinefett kocht man tüchtig mit 15 kg Wasser, worin 2 kg Salz und 1 kg Alaun gelöst sind, zwei Stunden durch, läßt hierauf absetzen, schöpft das reine Fett ab, entfernt das Wasser, welches alle Fasern und Verunreinigungen des Fettes enthält, und säubert den Kessel. Sodann bringt man das Fett in den Kessel zurück und läßt es in der Hitze wieder blank werden, was eintritt, sobald der letzte Tropfen Wasser, welcher noch im Fett vorhanden war, verdampft ist. Nun hängt man 2 kg pulv. Benzoe mit 1 kg Borsäure in einem Gazebeutel ins heiße Fett und digeriert hiermit einen Tag lang, entfernt den Benzoebeutel und setzt auf die 50 kg Schmalz 1 kg Ceresin, halbweiß, zu. Darauf füllt man dieses Fett in den dazu bestimmten Ständer und gibt unter Rühren 20 kg weiße Vaseline kalt zu, wodurch sich das Fett schon sehr abkühlt und nach 1- bis 2stündigem fleißigen Rühren zur Erstarrung kommt. Dieses Grundfett hebt man zum Gebrauch an einem dunkeln, luftigen, kühlen Ort auf. Pomaden, mit diesem Fette bereitet, halten sich tadellos. Talg zu Stangenpomaden (Cosmétiques fixateurs) wird auf eben die Weise wie Schmalz präpariert. Bei der Fabrikation der Cosmétiques fixateurs braucht man vorerwähnten Talg, feines Bienenwachs, allerbestes Ceresin sowie die hellsten Harze. Beim Bienenwachs muß man darauf achten, dasselbe in reiner unverfälschter Qualität zu erhalten; denn der honigartige, reine Wachsgeruch dient auch mit als Parfumfixierungsmittel. Da die Harz-Wachs-Pomaden hauptsächlich den Zweck haben, hergestellte Frisuren haltbar zu machen und speziell den Scheitel fest zu legen, so empfiehlt es sich, hiebei Sesamöl oder fettes Senföl (Sinapol) mitzuverarbeiten, da diese in Verbindung mit Harz und Wachs vorzüglich kleben.

Es sei hier noch erwähnt, daß man von der Herstellung der Pomaden aus tierischem Fett immer mehr und mehr abkommt und sich der Vaseline zuwendet. Wenigstens werden die zu Pomade verarbeiteten Quantitäten von Vaseline immer größer, was hauptsächlich seinen Grund darin hat, daß die mit Vaseline hergestellten Pomaden nicht dem Ranzigwerden ausgesetzt sind.

Zur Färbung der Pomadenkörper bedient man sich besonderer Farben bzw. Farbenfette, indem man die Farben im Fett ziemlich konzentriert löst oder feinstens darin verarbeitet und dieses Farbenfett dann zum Färben der Pomaden verwendet. Man hat dann nicht nötig, die Pomade so sehr zu erwärmen, und es leidet dann auch das Parfum nicht, wie auch der Fettkörper selbst. Das von der Natur gegebene Farbenfett ist das Palmöl; von Farben verwendet man Lederin, Orellana Brasil, Kurkuma usw. für Gelb, Alkannin für Rot und Rosa, Chlorophyll für Grün. Hiebei sei auf das Chlorophyll „Merck" hingewiesen, welches ganz vorzügliche Dienste leistet.

Zu den feinsten

Blumenpomaden

finden die französischen Blumenpomaden Nr. 6 und Nr. 12 Verwendung, selten Nr. 24.

Veilchen

Pomade Violette Nr. 12	500 g	Jonon	0,5 g
Pomade Rose Nr. 12	150 g	Bergamottöl	3 g
Pomade Jasmin Nr. 12	150 g	Chlorophyll, in Öl gelöst oder mit	
Pomade Cassie Nr. 12	100 g	Fett verrieben, nach Bedarf	
Grundfett	300 g		

Maiglöckchen

Pomade Tuberose Nr. 12	500 g	Maiglöckchenblütenöl, *H. & R.*	15 g
Pomade Rose Nr. 6	100 g	Vanillin	2 g
Pomade Jasmin Nr. 12	600 g	Rose alpine	1 g

Reseda

Pomade Cassie Nr. 6	200 g	Rosenöl, künstl.	0,5 g
Pomade Jasmin Nr. 6	250 g	Bergamottöl	2 g
Pomade Orange Nr. 6	200 g	Neroliöl, künstl.	1 g
Pomade Rose Nr. 6	200 g	Chlorophyll nach Bedarf.	
Grundfett	150 g		

Rose

Pomade Rose Nr. 12	500 g
Grundfett	150 g
Rosenöl, künstl., *Sch. & C.*	1 g
Geraniumöl, afrik.	2 g

Flieder

Grundfett	2000 g
Pomade Jasmin Nr. 6	1000 g
Terpineol	40 g
Vanillin	3 g
Muguet, *L. & C.*	5 g
Aubépine, flüss.	2 g

Sehr bekannt ist dann die sogenannte

Rindermarkpomade

Präparierter Talg ff	5000 g
Ceresin, halbweiß	1000 g
Paraffinum liquid.	2000 g
Vaselinöl, gelb, entscheint	4000 g
Präpariertes Schmalz	4500 g
Vaseline, gelb	3500 g
Lederingelb	10 g
Parfum	250 g

Parfum für Rindermarkpomade

Pomeranzenöl, süß	400 g
Bergamottöl	300 g
Petitgrainöl, Paraguay	100 g
Geraniumöl	100 g
Eugenol	100 g

Eispomade

I.	Olivenöl ff	4100 g
	Walrat	900 g
	Bergamottöl	50 g
	Petitgrainöl, Paraguay	20 g
	Geraniumöl, afrik.	15 g
	Citronenöl	15 g
	Moschustinktur	20 g
II.	Sesamöl	4100 g
	Walrat	900 g
	Bergamottöl	60 g
	Petitgrainöl	20 g
	Eugenol	5 g

Bei Herstellung dieser Pomaden muß man sehr vorsichtig verfahren, damit die Kristallisation gut gelingt. Die Öle werden durch Gaze in den Pomadenschmelztiegel gebracht und so lange erwärmt, bis der ebenfalls hinzugegebene Walrat geschmolzen ist. Sollte es nötig sein, so wird nochmals durch Gaze gegeben und abkühlen gelassen, bis sich ein feines Häutchen bildet; nun parfumiert man und verfüllt in die vorher angewärmten Gläser, worin man die Pomade ruhig erstarren läßt. Man muß beachten, daß die Gläser nicht erschüttert werden, da dann die Kristallisation nicht so schön ausfällt. Um ein Ranzigwerden der Eispomade zu verhüten, nimmt man statt des Sesamöles feines Olivenöl oder auch fettes Senföl, welche diesen Fehler weniger zeigen, sich sogar sehr schön im Geruch halten. Sesamöl neigt bekanntlich am meisten zur Ranzidität.

Chinapomade

Grundfett .... 600 g
Chinarindenextrakt .... 40 g
Perubalsam .... 25 g
Cantharidentinktur .... 25 g
Bergamottöl .... 10 g
Vanillin .... 1 g

Vaselinepomade, feinste

Ceresin, halbweiß .... 1000 g
Vaselinöl, gelb, entscheint . 4000 g
Bergamottöl .... 50 g
Citronenöl .... 40 g
Geraniol .... 20 g
Citronellol .... 3 g

Fliedervaselinepomade

Vaseline, weiß .... 3000 g
Terpineol .... 50 g
Muguet, künstl. .... 10 g
Vanillin .... 2 g
Benzoetinktur .... 20 g

Coniferenpomade

Vaseline, weiß .... 3000 g
Latschenkieferöl .... 30 g
Lavendelöl .... 3 g

Vaselinepomade, gewöhnliche

Vaselinöl .... 10000 g
Ceresin, gelb .... 2800 g
Palmöl .... 300 g
Parfum .... 150 g

Um Vaseline undurchsichtig und einer Fettpomade ähnlicher erscheinen zu lassen, versetzt man sie mit Zinkweiß je nach dem gewünschten Aussehen.

Einer großen Gunst im Publikum erfreuen sich zur Zeit die Schuppenpomaden. Es ist eine bekannte Tatsache, daß der präzipitierte Schwefel sehr vorteilhaft auf die Loslösung der Schuppen und des Schinns von der Kopfhaut wirkt; er bildet daher einen wichtigen Bestandteil der Schuppenpomaden.

Schuppenpomade

I. Franz. Blumenpomade
   Roseda Nr. 12 ...... 2000 g
Franz. Blumenpomade
   Jasmin Nr. 6 .... 1000 g
Talg .... 3000 g
Olivenöl .... 500 g
Ricinusöl .... 600 g
Arachisöl .... 800 g
Schwefel .... 700 g
Schmalz .... 1000 g
Perubalsam .... 100 g
Geraniol .... 30 g
Neroliöl, künstl. .... 15 g
Bergamottöl .... 50 g
   Farbe: Chlorophyll.

II. Vaseline, weiß .... 3000 g
    Schwefel .... 150 g
    Schwefelcadmium, hell . 10 g
    Perubalsamtinktur..... 200 g
    Cinnamein............. 10 g
    Bergamottöl .... 50 g
    Bittermandelöl .... 1 g
    Wachsaroma, *H. & R.* . 5 g

Euresolschuppenpomade

Talg ff, präpariert .... 4000 g
Olivenöl, präpariert ...... 500 g
Ricinusöl .... 600 g
Süßes Mandelöl .... 750 g
Schmalz ff, präpariert .... 3000 g
Schwefel .... 1000 g
Euresol .... 500 g
Perubalsam oder Perugen .. 100 g
Geraniumöl, Bourbon .... 35 g
Ylang-Ylangöl, Réunion... 5 g
Neroliöl, künstl.......... 25 g
Bergamottöl .... 60 g
Gefärbt wird mit etwas Chlorophyll.

Euresol-Vaseline-Schuppenpomade

Vaseline, weiß .... 3200 g
Schwefel .... 170 g
Perubalsamtinktur........ 200 g
Euresol .... 80 g
Bergamottöl .... 20 g
Neroliöl .... 6 g
Terpineol............... 15 g
Aubépine .... 5 g
Vanillin .... 1 g

Man färbt mit etwas Lederingelb oder mit Schwefelcadmium, doch ist ersteres vorzuziehen.

Eine ganz vorzügliche Pomade erhält man durch Verwendung des Lanolins zu der Pomadenmasse, die man dann mit Hilfe der ätherischen Öle usw. und unter Zugabe von Blumenpomade Nr. 6 zu den gewünschten Gerüchen verarbeitet.

Lanolinpomade

Grundfett	2000 g
Olivenöl	300 g
Lanolin	1000 g

Das Lanolin schützt die Pomade vor dem Ranzigwerden und ist der Kopfhaut wie den Haarwurzeln sehr dienlich. Auch verwendet man Lanolin und Vaselin zu gleichen Teilen zu Pomaden, die gerne gekauft werden. Es folgt hier eine Vorschrift:

Vaselin-Lanolinpomade
(Magnolia)

Vaseline, weiß	2000 g
Lanolin	2000 g
Blumenpomade Rose Nr. 6	1800 g
Neroliöl, künstl.	10 g
Citronenöl	2 g
Bittermandelöl	0,5 g

Man kann hiebei durch Veränderung des Parfums die verschiedensten Variationen hervorbringen.

Es folgen noch einige Pomadenparfums, zu denen man die Pomadenamen nach Belieben wählen kann.

Parfum für Blumenpomade

Terpineol	1000 g	Gingergrasöl	100 g
Lavendelöl	400 g	Bergamottöl	700 g
Cassiaöl	100 g	Neroliöl, künstl.	20 g
Nelkenöl	200 g		

Parfum für Rosenpomade

Rosenöl, künstl.	10 g
Neroliöl	2 g
Bergamottöl	5 g
Palmarosaöl	100 g

Parfum für Orangenblütenpomade   Parfum für Haushaltspomade

Neroliöl, künstl.	10 g	Bergamottöl	35 g
Rosenöl, künstl.	1 g	Pomeranzenöl, süß	30 g
Bergamottöl	1 g	Citronenöl	15 g
Ylang-Ylangöl, künstl.,		Citronellöl	5 g
S. & C.	0,5 g	Palmarosaöl	25 g
Bittermandelöl	0,5 g	Cassiaöl	5 g
Lavendelöl	5 g	Lavendelöl	7,5 g
Methylanthranilat	2 g	Perubalsam	10 g
		Alkohol	10 g

Der Perubalsam wird mit dem Alkohol gut durchgeschüttelt und den übrigen Ölen dann zugesetzt.

<table>
<tr><td colspan="2">Parfum für Chinapomade</td><td colspan="2">Chinapomade</td></tr>
<tr><td>Perubalsam</td><td>150 g</td><td>Vaselinöl, gelb</td><td>20000 g</td></tr>
<tr><td>mischt man mit</td><td></td><td>Ceresin, gelb</td><td>5000 g</td></tr>
<tr><td>Alkohol</td><td>80 g</td><td>Brillantbraun</td><td>12 g</td></tr>
<tr><td>setzt zu</td><td></td><td>Perubalsam</td><td>50 g</td></tr>
<tr><td>Eugenol</td><td>30 g</td><td>Citronenöl</td><td>5 g</td></tr>
<tr><td>Cassiaöl</td><td>20 g</td><td>Bergamottöl</td><td>5 g</td></tr>
<tr><td>Pomeranzenöl, süß</td><td>20 g</td><td>Nelkenöl</td><td>5 g</td></tr>
<tr><td>Ricinusöl</td><td>150 g</td><td>Lavendelöl</td><td>5 g</td></tr>
</table>

Weiter wird auch eine Brennesselpomade in den Handel gebracht. Diese stellt man wie folgt her:

Brennesselpomade

Ölinfusion von Brennesseln	1600 g
Ceresin, weiß	500 g
Perubalsam	80 g
Schwefelblüten	100 g
Bergamottöl	60 g
Geraniumöl	20 g

Alle diese Präparate werden leicht hellgrün gefärbt.
Einige billige Pomaden sind noch die folgenden:

<table>
<tr><td colspan="2">Rosenpomade</td><td colspan="2">Kräuterpomade</td></tr>
<tr><td>Vaselinöl, weiß</td><td>20000 g</td><td>Vaselinöl, gelb</td><td>20000 g</td></tr>
<tr><td>Ceresin, weiß</td><td>5000 g</td><td>Ceresin, gelb</td><td>5000 g</td></tr>
<tr><td>Alkannin</td><td>15 g</td><td>Chlorophyll</td><td>20 g</td></tr>
<tr><td>Geraniol</td><td>50 g</td><td>Citronenöl</td><td>50 g</td></tr>
<tr><td>Palmarosaöl</td><td>30 g</td><td>Eugenol</td><td>20 g</td></tr>
<tr><td>Citronenöl</td><td>20 g</td><td>Geraniumöl, afrik.</td><td>12 g</td></tr>
<tr><td></td><td></td><td>Krauseminzöl</td><td>4 g</td></tr>
</table>

Rindermarkpomade

<table>
<tr><td>Vaselinöl, gelb</td><td>20000 g</td><td>Citronenöl</td><td>50 g</td></tr>
<tr><td>Ceresin, gelb</td><td>3000 g</td><td>Bergamottöl</td><td>20 g</td></tr>
<tr><td>Rindermark</td><td>2000 g</td><td>Eugenol</td><td>5 g</td></tr>
<tr><td>Safransurrogat</td><td>15 g</td><td>Lavendelöl</td><td>10 g</td></tr>
</table>

Da vorstehende Pomaden nur mit Vaselinöl und Ceresin hergestellt sind, ist ihre Haltbarkeit unbegrenzt.

Exportpomaden.

Von Pomaden werden bedeutend größere Quantitäten exportiert, als man für gewöhnlich anzunehmen geneigt ist. Besonders in den heißen Zonen werden ungeahnte Posten Pomade verbraucht, da diese dort auch zum Salben des gesamten Körpers dient.

Wenn wir nun zunächst die **Grundmasse** betrachten, aus der diese Exportpomaden bestehen, so finden wir, daß es in der Hauptsache **Vaselinpomaden** sind. Es springt daher um so mehr in die Augen, daß ein kleiner Fabrikant hier nicht mitkommt, wenn wir die heutigen Ceresinpreise mit den für die fertigen Pomaden gezahlten Preisen vergleichen. Eigentliche Fettpomaden, d. h. solche mit Gehalt an tierischem Fett, sind für den Export wenig gangbar, da sie zu leicht ranzig werden. Des öfteren werden die Fette, welche bei den Auszügen der Blumenpomaden für Extraits restieren, mit Vaseline versetzt und kommen so mit in den Handel, Versuche, die jedoch nicht immer gut ausfallen, denn auch dann wird die Pomade oft ranzig. Auch Palmöl finden wir in den Pomaden, doch wird dieses nur zur Färbung benutzt, selten als Hauptbestandteil.

Die Pomaden, besonders die weißen, zeigen alle einen starken Nelkengeruch, einige sind auch mit Citronellöl parfumiert. Heute greift man auch hier stark zu den künstlichen Riechstoffen; von diesen sind Terpineol, Benzylacetat, Amylsalicylat, Benzaldehyd, Carven, Cassiaöl, Mirbanöl, Safrol usw. sehr brauchbar. Auch Patchulipomaden sind am Markte und finden starken Absatz. Man muß damit rechnen, daß der Geruch der Pomade ein sehr starker und anhaltender sein soll.

Die **Farben** der Pomaden sind weiß, rosa, rot, gelb und orange, selten grün und auch braun. Ihre Verpackung ist recht mannigfaltig; sie geschieht in Gläsern, Töpfen, Flaschen sowie in allen erdenklichen Arten von Blechemballagen, vom Miniatur-Eisenbahnwagen bis zur Emailkaffeekanne.

Von höchster Wichtigkeit ist für die Tropen die Festigkeit der Pomaden, die sonst sehr leicht schmelzen und aus den Behältnissen auslaufen. Es ist daher darauf Bedacht zu nehmen, daß der Schmelzpunkt dieser Pomaden zum mindesten über 45⁰ R (56⁰ C) liegt.

Auch auf die Verpackung richte man sein Augenmerk und verschließe die Waren, die oft sehr große Reisen durch sengende Sonnenglut zurückzulegen haben, mit guten Korken. Als Umhüllung haben sich Kartons aus dickem Wellpapier sehr gut bewährt.

Für die Füllung von Blechemballagen sind die Pomadefüllmaschinen recht empfehlenswert, besonders wenn es sich um große Quantitäten kleiner Dosen und Döschen handelt. Bei Gläsern ist die Maschine weniger am Platze, da diese nie so genau gearbeitet sind und ihr Inhalt zu sehr variiert.

Auch an der Verzierung der Gläser durch Bänder und hübsche Etiketten darf nicht gespart werden, alles Punkte, die sehr zu berücksichtigen sind bei den Preisen.

Man verpacke diese Pomaden in feste, nicht zu große Kisten, die von einem mittelstarken Manne noch gut zu transportieren sind; denn nicht selten werden diese Kisten durch Träger nach dem Innern geschafft und müssen manchen Stoß vertragen, wie sie auch den Unbilden der Witterung ausgesetzt sind.

Wie gesagt, wird in Pomaden ein großes Geschäft gemacht, allein die sehr gedrückten Preise machen es dem kleinen Fabrikanten unmöglich zu konkurrieren.

Stangenpomaden.

Stangenpomaden (Cosmétiques fixateurs):

Harz-Wachspomade, weiß

Talg ff., präpariert	5000 g
Ceresin, halbweiß	2000 g
Bienenwachs	500 g
Harz, weiß (oder gebleicht)	1000 g
Vaselinöl, weiß	3500 g
Citronellöl, Java	100 g
Cassiaöl	50 g
Nelkenöl	50 g
Bergamottöl	50 g

Harz-Wachspomade, blond

Talg ff., präpariert	5000 g
Ceresin, gelb	1500 g
Bienenwachs, gelb	500 g
Harz, hell	2000 g
Vaselinöl	3000 g
Gelb, fettlöslich	6 g
Citronellöl, Java	150 g
Cassiaöl	50 g
Bergamottöl	50 g
Eugenol	25 g

II.		
	Talg ff.	10000 g
	Harz, hell	4500 g
	Sesamöl	4000 g
	Japanwachs	3000 g
	Wachsaroma, *H. & R.*	30 g

Harz-Wachspomade, braun
Ansatz wie vorher.

Mahagonibraun	350 g
Brillantschwarz	100 g

Kann auch mit Lederinfarbe braun gefärbt werden.

Harz-Wachspomade, schwarz
Ansatz wie vorher.

Brillantschwarz	550 g
oder Lampenruß ff.	500 g

Kann auch mit Lederinfarbe schwarz gefärbt werden.

Oliven-Harzpomade (Fixateur résineux)

I.		
	Bienenwachs, gelb	6000 g
	Harz, hell, franz.	9000 g
	Talg ff., präpariert	18000 g
	Sesamöl	7000 g
	Lederingelb	20 g
	Bergamottöl	250 g
	Cassiaöl	75 g
	Nelkenöl	200 g

Dieser Ansatz ist vorzüglich für das lange, dicke, ovale Salonformat.

Eugenol	250 g
Palmarosaöl	200 g
Cassiaöl	30 g
Benzoesäure-Methylester	10 g

Als **Farben** verwendet man für **blond**: 25 g Cadmiumgelb; **braun**: 50 g Mahagonibraun und 40 g Beinschwarz; **schwarz**: 500 g Beinschwarz.

Cosmétiques

I.		
	Talg	15000 g
	Japanwachs	1200 g
	Harz, hell	2100 g
	Sesamöl	300 g
	Wachsaroma	30 g

Eugenol	100 g
Palmarosaöl	100 g
Cassiaöl	30 g

Farben wie bei Oliven-Harzpomade II.

II.		
	Talg	12000 g
	Japanwachs	1000 g
	Harz	2000 g
	Arachisöl	250 g

Ceresin	100 g
Amylsalicylat	100 g
Gingergrasöl	50 g
Nelkenöl	20 g

Blumencosmétiques
Grundmasse

Corps dur Jasmin	4000 g	Wachs, gelb	2000 g
Corps dur Cassie	4000 g	Mandelöl, süß	2000 g
Corps dur Orange	4000 g	Wachsaroma, *H. & R.*	35 g
Talg, präpariert	6000 g		

Diverse parfumierte Stangenpomaden

Rose

Körper	15 kg
Citronellol	100 g
Phenyläthylalkohol	50 g
Muguet, comp.	50 g
Rosenöl, künstl.	50 g
Ambrettemoschuslösung.	25 g

Heliotrope

Körper	15 kg
Heliotropin	120 g
Cumarin	100 g
Vanillin	5 g
Bittermandelöl	6 g
Benzylacetat	30 g

Lilas

Terpineol	60 g
Heiko-Flieder Nr. 830	60 g
Ylang-Ylangöl	15 g
Heliotropin	12 g
Körper	6 kg

Foin coupé

Körper	15 kg
Cumarin	100 g
Geraniumöl, afrik.	90 g
Patchuliöl	10 g
Anisaldehyd	8 g
Amylsalicylat	2 g
Neroliöl, künstl.	5 g

Violette

Körper	15 kg
Jonon II	100 g
Anisaldehyd	30 g
Phenyläthylalkohol	30 g
Solution Iris, 5%ig	60 g
Bergamottöl	30 g

White Rose

Körper	1,5 kg
Citronellol	6 g
Phenyläthylalkohol	5 g
Rosenöl, künstl.	15 g
Patchuliöl	1 g
Nelkenöl	1 g
Citronenöl	1 g
Cassiaöl	0,5 g
Rosenöl, bulgar.	0,5 g

Veilchen

Grundmasse	2000 g
Irisöl, liqu.	5 g
Bergamottöl	10 g
Benzoetinktur	10 g
Irisone, *L. G.*	3 g

Rose

Grundmasse	2000 g
Rosenholzöl	5 g
Rosenöl, künstl.	2 g
Geraniumöl	2 g
Tolutinktur	10 g

Heliotrop

Grundmasse	2000 g
Heliotropin	10 g
Vanillin	2 g
Bittermandelöl	0,3 g
Benzoetinktur	10 g

Maiglöckchen

Grundmasse	2000 g
Vanillin	3 g
Maiglöckchenblütenöl, *H. & R.*	20 g
Benzoetinktur	10 g
Rosenöl, künstl.	2 g

Orange

Grundmasse	2000 g	Petitgrainöl	2 g
Orangenöl, bitter	5 g	Tolutinktur	10 g
Rosenholzöl	4 g		

Flieder

Grundmasse	2000 g	Vanillin	3 g
Flieder W. 3132 *Sch. & C.*	20 g	Muguet, *L. & C.*	2 g
Terpineol	10 g	Benzoetinktur	10 g

Cosmétique blanc aux Fleurs

Japanwachs	600 g	Harz, hell	540 g
Vaseline, weiß	2100 g	Bergamottöl	20 g
Ceresin, weiß	300 g	Palmarosaöl	60 g
Ricinusöl	850 g	Rosenöl, künstl.	5 g
Talg	600 g	Linalool	10 g

Cosmétique au Lilas blanc

Ceresin, weiß	3500 g	Terpineol	100 g
Vaselinöl ff., weiß	2500 g	Bergamottöl	100 g
Lilas VII. *L. G.*	80 g	Vanillin	5 g

Brillantines.

Ihr Zweck ist zunächst, das Haar glänzend (brillant) zu machen, dann auch, ihm Geschmeidigkeit und Weichheit zu verleihen.

Wir unterscheiden heute drei Arten von Brillantines: Flüssige Brillantines, aus einer Flüssigkeit bestehend, zweitens Brillantines, aus zwei verschiedenen Flüssigkeiten bestehend, und drittens feste Brillantines. Diese letzte und dritte Art findet heute besonders regen Absatz. Sie bietet vor allen Dingen in einigen Ausführungen den großen Vorteil, daß ein Zerbrechen der Umhüllung ausgeschlossen und ein Auslaufen unmöglich ist. Die Verpackung in Zinntuben ist die denkbar praktischeste und sauberste für diesen Artikel.

Die Brillantines bestehen meistens aus Öl und Alkohol doch wird von einigen Parfumeuren auch Glycerin verwendet, was jedoch zu verwerfen ist, da Glycerin nach dem Verdunsten des Alkohols an den Haaren kleben bleibt und fest antrocknet sowie den Staub stark anzieht, wodurch Haar und Bart grau erscheinen. Es wird daher auch nur sehr selten zu Brillantines verwendet.

Die zuerst genannten Brillantines, welche im Glase als eine einzige Flüssigkeit erscheinen, setzen sich zusammen aus gleichen Teilen Alkohol und Ricinusöl. An Stelle des ersteren kann man auch Triple-Extraits nehmen oder speziell für Brillantines zubereitete Odeurs, was sehr bequem und empfehlenswert ist. Für die Parfumierung wolle man beachten, daß sich nicht jeder Geruch für Brillantines eignet, besonders wenn solche für den Bart verwendet werden und somit fortwährend in nächster Nähe der Nase sich befinden. Rose, Veilchen, Maiglöckchen, Reseda, Flieder und Heliotrop kann man wählen, dagegen sind z. B. Trèfle, Patchuli und Moschus zu vermeiden, da sie bei vielen Leuten die Geruchsnerven zu sehr irritieren und auf die Dauer geradezu unerträglich wirken.

Man kann auch Infusionen aus Blumenpomaden nehmen oder aber

auch Lösungen der Essences de fleurs naturelles, liquides und absolnes. Leichte Nachfärbungen sind sehr angebracht, damit das Ganze recht gleichmäßig erscheint.

Brillantine liquide (Lustraline)
Maiglöckchen

Ricinusöl I a .... 1500 g
Alkohol .... 1500 g
Ylang-Ylangöl............ 1 g
Maiglöckchenblütenöl ..... 10 g
Benzoetinktur............ 50 g

Man färbt mit Chlorophyllösung.

Sehr beliebt ist auch das folgende Parfum:

Vanillin .... 2 g
Maiglöckchenblütenöl .... 12 g
Rosenöl .... 2 g
Benzoetinktur.............. 40 g

Veilchen

Ricinusöl I a .... 1500 g
Alkohol .... 1500 g
Bergamottöl .... 5 g
Moschustinktur .... 5 g
Solution Irisöl (1 : 6) ..... 10 g
Jonon.................... 2 g
Violette Feuilles .... 3 g

Man färbt mit Chlorophyllösung.

Violette San Remo

Ricinusöl I a .... 2000 g
Infusion Veilchen .... 4800 g
Infusion Jasmin .... 240 g

Rose

Ricinusöl I a .... 1500 g
Alkohol .... 1500 g
Rosenöl, künstl........... 3 g
Geraniumöl, afrik......... 12 g
Petitgrainöl .... 15 g

Man färbt mit Safrantinktur.

Selbstredend müssen auch diese Produkte, nachdem sie einige Tage gestanden haben, der größeren Klarheit wegen, filtriert werden.

Die Brillantines in zwei Flüssigkeiten besteht aus in Alkohol unlöslichem Öl und Alkohol bzw. Extraits oder Infusionen. Das Verhältnis ist gewöhnlich $^2/_3$ Öl und $^1/_3$ Alkohol. Die hiebei verwendeten Öle sind dieselben, die auch zu Haarölen genommen werden, also in erster Linie Olivenöl, für billigere Sorten etwa Sesamöl oder auch weißes Vaselinöl. Sehr gut eignet sich auch das fette Senföl und hievon ganz besonders das gebleichte Senföl. Es hat den großen Vorzug, nicht leicht ranzig zu werden, was seine Verwendung zu Haarölen und Brillantines sehr wünschenswert erscheinen läßt. Für die Wahl des Parfums gilt natürlich dasselbe, was vorher schon gesagt wurde.

Das Brillantineöl parfumiert man in dem gewünschten Geruch wie auch den zuzusetzenden Alkohol; letzteren lasse man jedoch ungefärbt, da er aus dem Öle Farbe löst und dann wie das Öl selbst getönt ist, was sehr gut aussieht. Nur bei Veilchenbrillantine färbe man Öl und Alkohol etwas grün, ersteres mit Chlorophyll, letzteren mit Smaragdgrün.

Brillantine

Fettes Senföl .... 3000 g
Rosenöl, künstl........... 8 g
  gemischt mit
Infusion Rose........... 3000 g

oder mit

Alkohol .... 3000 g
Rosenöl, künstl., *T. M.*.... 15 g
Rhodinol .... 5 g

In diesem Verhältnis kann man die gesamten Blumengerüche herstellen.

In den verwendeten Infusionen bzw. Extraits dürfen keine Wasserzusätze enthalten sein, da sonst die Mischungen sofort trübe werden und es auch bleiben. Beim Gebrauch wird die Füllung kräftig durchgeschüttelt, welche nun als weißliche Emulsion erscheint, wobei sich das Extrait in Gestalt winziger Perlen in der Ölmasse verteilt befindet.

Wir kämen nun zu den festen Brillantins oder „Brillantines cristallisées", wie sie die französischen Parfumeure nennen. Bei diesen finden folgende Produkte Anwendung: Lanolin, Vaselinöl, Ceresin, Walrat, eventuell auch fettes Senföl. Die Art der Herstellung ist ungefähr dieselbe wie bei Hautsalben. Es folgt hier eine Vorschrift:

Feste Brillantine

Ceresin ff., weiß .... 1000 g
Vaselinöl ff., weiß .... 3500 g
Geraniumöl, Bourbon .... 15 g
Rosenöl, künstl........... 25 g
Aubépine, liqu. .... 5 g
Vanillin .... 5 g

Man schmilzt das Ceresin im Wasserbade und läßt es sich auf ungefähr 70° C erwärmen, dann nimmt man es aus dem Wasserbade heraus und gießt in dünnem Strahle das Vaselinöl zu; nach tüchtigem Durcheinanderrühren fügt man das Parfum zu. Hiebei tut man gut, wenn man das Vanillin mit etwas Brillantinemasse in einer kleinen Reibschale zerreibt und unter Herausnehmen mit einem Kartenblatte der großen Masse wieder zufügt. Das Vanillin wird auf diese Weise gleichmäßiger verteilt. Die dickflüssige Masse der Brillantine wird dann in bereitgestellte Tuben gegossen, erkalten gelassen und dann nach Schließung der Tuben mit der Maschine fertig verpackt. Das geschieht in der Weise, daß man die ganze Tube mit einer schönen, entsprechend bedruckten Etikette umklebt. Sehr fein und für diesen Fall ganz besonders geeignet sind fertig bedruckte Tuben, da Papieretiketten durch die Berührung mit der fetten Masse schnell unansehnlich werden. Man verpackt diese Tuben, welche weite Öffnungen haben müssen, in Kartons von 6 Stück.

Eine sehr beliebte

Grundmasse für feste Brillantine

ist folgende:

Adeps lanae .... 1000 g
Ceresin ff., weiß .... 500 g
Vaselinöl ff., weiß .... 3000 g

Eigentliche Kristallbrillantines, d. h. solche mit kristallinischem Aussehen, sind in letzterer Zeit mehr in den Hintergrund getreten, um solchen zwar transparenten Aussehens, aber ohne kristallinische Struktur Platz zu machen (feste Brillantines).

Als Körper für feste Brillantines kommt heute nur gutes amerikanisches Vaselin in Frage. Eventuell werden noch Zusätze, wie Harz, Lanolin und dergleichen, gemacht.

Körper für feste Brillantine

	Nr. 1	Nr. 2
Weiße amerik. Vaseline	200 g	650 g
Helles Harz	50 g	160 g
Lanolin	50 g	170 g

Körper für Kristallbrillantine

Vaselinöl	2000 bis 2500 g
Walrat	500 g

Letzterer Körper mit Walrat gibt ein schönes, transparentes, kristallinisches Produkt, läßt aber Schuppen im Haar.

Wir empfehlen, ihn durch folgende Mischung zu ersetzen:

Stearin	200 g
Vaselinöl	750 g

Um schöne Kristallisation zu erhalten, muß man recht langsam erkalten lassen (in angewärmte Gefäße ausgießen).

Auch mit Transparentseife lassen sich transparente Brillantines herstellen.

Als nichttransparenter Körper für feste Brillantine kommt Unguentum paraffini in Frage.

Besonders beliebte

Parfums

sind die folgenden: Rose, Ylang-Ylang, Maiglöckchen, Reseda, Veilchen, Eßbouquet, Heliotrop; wir wollen deren Zusammensetzung für genannten Zweck hier folgen lassen. Je nachdem man stärker oder schwächer parfumieren will, nimmt man von dem Parfum 10 bis 20 g pro 1 kg Grundmasse.

Rose

Geraniumöl, Bourbon	100 g
Rosenöl, künstl.	40 g
Vanillin	3 g

Ylang-Ylang

Ylang-Ylangöl, künstl.	40 g
Bergamottöl	100 g
Canangaöl	60 g
Rosenöl, künstl.	5 g
Linaloeöl	10 g

Maiglöckchen

I. Muguet, künstl.	60 g
Linalool	100 g
Rosenöl, künstl.	15 g
Vanillin	15 g
Bergamottöl	30 g

II. Maiglöckchenblütenöl	60 g
Terpineol	100 g
Vanillin	10 g
Rose alpine, *T. M.*	5 g

Reseda

Resedablütenöl	15 g
Bergamottöl	100 g
Isoeugenol	5 g
Sandelholzöl, ostind.	10 g

Eßbouquet

Bergamottöl	150 g
Rosenöl, künstl.	5 g
Geraniol	10 g
Linalool	10 g
Terpineol	35 g
Benzylacetat	20 g
Neroliöl, künstl.	15 g
Jonon	10 g

Veilchen

Jonon	12 g
Bergamottöl	100 g
Vanillin	5 g
Ylang-Ylangöl, künstl.	5 g
Irisöl, künstl.	15 g

Heliotrop

Heliotropin	100 g
Bergamottöl	100 g
Vanillin	10 g
Bittermandelöl	0,5 g
Rosenöl, künstl.	5 g
Ylang-Ylangöl, künstl.	3 g

Neue Parfumierungsvorschriften.

Für 1 kg Brillantinekörper:

Ambre Royal

Resinoid Labdanum	8 g
Vanillin	2 g
Heiko-Geißblatt	2 g
Jasmin künstl.	1,5 g
Rosenöl, bulgar.	1,5 g
Moschustinktur	5 g

Cyclamen des Alpes

Jasmin liq.	1 g
Rose liq.	0,5 g
Rosenöl, künstl.	3 g
Hydroxycitronollal	12 g
Iraldein *H. & R.*	3 g
Muguet comp.	3 g
Amylsalicylat	0,8 g
Solution Iris, 5%ig	0,8 g

Violette de Parme

Violette comp.	6 g
Muguet, *H. & R.*	1 g
Cassie, künstl.	1 g
Iraldein *H. & R.*	6 g
Vert liq., *T. M.*	0,15 g

Héliotrope Blanc

Heliotropin	18 g
Vanillin	3 g
Cumarin	3 g
Anisaldehyd	1,5 g
Jasmin künstl.	1,5 g
Solution Bittermandelöl	4 g

(50 g : 1 l).

Haarbefestigungsmittel.

Wir geben die nachstehenden Vorschriften für Bartformer usw. nur als Dokumente einer glücklicherweise vergangenen Epoche wieder und nur deshalb, weil ihre Zusammensetzung in vieler Beziehung die gleiche ist wie für Befestigungsmittel für das Kopfhaar.

In der heutigen Zeit rationeller Barttracht, d. h. der glattrasierten Gesichter, ist für solche Spezialpräparate keine Verwendung mehr und der moderne Schnurrbartträger wird es sich wohl kaum einfallen lassen, mit einem „Es ist erreicht" aufgeleimten Schnurrbart oder mit einem solchen herumzustolzieren, der etwa à la Mikosch in Stachelspitzen ausgezwirbelt ist.

Schon seit vielen Jahren ist man bemüht, für harte und struppige Schnurrbärte Tinkturen zu verwenden, welche das Barthaar weich und gefügig machen und ihm auch Glanz und schönes Aussehen verleihen. In der Hauptsache wird dieses durch Brillantine erreicht, die infolge ihres Ölgehaltes das Haar weich macht und in Verbindung mit ihrem Alkoholgehalt das Haar auch erglänzen läßt.

Nun soll dem Schnurrbart jedoch auch eine gute Form gegeben werden, und das ist mit Brillantine allein nicht zu ermöglichen. Dafür erzeugte man die sogenannte „ungarische Bartwichse", deren Qualität jedoch im Laufe der Jahre eine solche geworden ist, daß ihre alkalischen Bestandteile — als Grundstoff wird oftmals Kernseife benutzt — viele Bärte angreifen und die Haare röten. Durch die „deutsche Barttracht", wie eine nichts weniger als schöne Art, den Schnurrbart zu tragen, in reichlich anmaßender Weise genannt wurde, waren seinerzeit Bartwässer und Bartbinden sehr in Mode gekommen.

Bartwasser, Bartbefestiger, Bartformer und wie diese Präparate sonst noch heißen, haben den Zweck, den Haaren des Schnurrbarts die Form zu erhalten, in welcher sie von dem Besitzer gelegt bzw. gestellt sind. Die Bartbinde muß dabei natürlich mithelfen, denn sie soll die angefeuchteten Haare bis zu deren Trocknung in der gewünschten Lage halten. Da das nicht immer leicht zu erreichen ist, wurden allerhand Bartwässer auf den Markt gebracht, bis auf einmal der Ruf erscholl: „Es ist erreicht!"

Da nun jedoch nicht für jeden Schnurrbart dieser Punkt des „Erreichtseins" eingetreten ist und man sich immer noch nach der Beschaffenheit der einzelnen Bärte richten muß bei Verwendung von Bartformern, müssen auch solche von ganz verschiedener Zusammensetzung hergestellt werden. Die Ansprüche, die an ein gutes Bartwasser gestellt werden, sind folgende: Es soll den Bart in einer bestimmten Form halten, ohne ihn jedoch zusammenzukleben, es soll die Farbe des Haares nicht verändern, es soll das Haar nicht angreifen, auch soll es nicht zu stark riechen.

Die ersten Bartformer bestanden aus parfumierten Lösungen von Kolophonium in Alkohol. Sie gaben dem Haar wohl eine bestimmte Lage, doch klebten sie und erzeugten einen unangenehmen Geschmack, sobald die Haare beim Essen oder Trinken in den Mund gerieten. Dann folgten die heute noch vielfach in Verwendung befindlichen oder vielmehr sogar wieder in Aufnahme gekommenen Bartbefestiger, die weiter nichts sind als Stückchen hart getrockneter Glycerinseife. Diese werden an ihrer Schnittfläche etwas mit Wasser befeuchten und auf die Schnurrbarthaare gestrichen. Ihre Verwendung ist eben Geschmackssache.

Die meisten jetzt im Handel befindlichen Bartwässer setzen sich aus sehr einfachen und bekannten Klebstoffen zusammen, als da sind Eiweiß, Zucker, Gummi, Malzextrakt usw. Bei Verwendung von Eiweiß muß man vor allem beobachten, daß man nicht mehr ansetzt, als man zurzeit zu verwenden gedenkt, da die gelösten Restbestände trotz Beigabe von Salicylsäure oder sonstigen Konservierungsmitteln sehr schnell verderben und dann unbrauchbar sind. Auch das Lösungsverhältnis ist genau festzustellen, da sich sonst beim Lagern der Ware allerlei Abscheidungen und Niederschläge ergeben. Es ist das alles wohl mit ein Grund, weshalb man von der Verwendung von Eiweiß ziemlich abgekommen ist; es wird jedoch teils in frischem, teils in getrocknetem Zustande — natürlich gelöst — noch oft verwendet, namentlich da, wo eine größere Klebkraft des Produktes verlangt wird. Zur Deckung eines etwa vorhandenen säuerlichen Geruches verwendet man vorteilhaft eine alkoholische Lösung von künstlichem Rosenöl oder Rosenwasser, auch einen kleinen Zusatz von Campher-Eau de Cologne. Weiter finden Kapillärsirup und Havannahonig viel Verwendung. Andere Bartformer stellt man wieder als eine Art Creme her und verwendet dazu Tragant in wäßriger Auflösung, ebenfalls mit künstlichem Rosenöl parfumiert.

Bartformer

Albumin	300 g
Wasser	8000 g
Salicylsäure	50 g
Havannahonig	1000 g
Künstl. Rosenöl, *H. & C.*	5 g
in Alkohol gelöst	100 g

Bartcreme

Tragantgummi	80 g
Rosenwasser	3000 g
Eosinlösung 3 %	5 g
Salicylsäure	10 g

Parfums für Bartcreme
Rose

Rosenöl, künstl.	3 g
Benzoetinktur	15 g

Für 1 kg Creme genügend.

Veilchen

Jonon B, 100%ig	20 g
Vert de Violette	15 g
Irisöl, konkret	10 g
Bergamottöl	100 g
Ylang-Ylangöl	3 g

Von diesem Parfum nimmt man 5 bis 10 g für 1 kg.

Maiglöckchen

Maiglöckchenblütenöl	20 g
Terpineol	40 g
Benzoetinktur	40 g
Rose alpine, *T. M.*	2 g
Vanillin	2 g

3 bis 5 g vorstehenden Parfums auf 1 kg Creme.

Flieder

Terpineol	100 g
Rose alpine, *T. M.*	10 g
Bergamottöl	20 g
Aubépine, flüss.	10 g
Benzoetinktur	40 g

5 bis 10 g dieses Parfums auf 1 kg Creme.

Bartwasser

I.	Albumin	100 g
	Kapillärsirup	2000 g
	Rosenwasser	10000 g
	Salicylsäure	30 g
II.	Dextrin	40 g
	Wasser	880 g
	Alkohol	200 g
	Vanillin	0,5 g
	Bergamottöl	3 g
III.	Malzextrakt	500 g
	Alkohol	900 g
	Rosenwasser	8000 g
	Salicylsäure	10 g
	Campher-Eau de Cologne	100 g

Zu diesen Präparaten leistet uns auch der Quittenschleim die denkbar besten Dienste. Um diesen herzustellen, werden Quittenkerne in ganzem Zustande, d. h. nicht zerquetscht, mit kaltem Wasser übergossen und gut durcheinandergerührt, so daß das Wasser in alle Kerne eindringen kann. Man nehme jedoch kaltes Wasser, denn bei Verwendung von warmem Wasser hat man Schwierigkeiten bei dem Filtrieren bzw. Kolieren.

Quittenschleim

Quittenkerne	250 g
Rosenwasser	12 500 g
Borsäure	15 g
Alkohol	300 g

Man gibt die Quittenkerne in ein emailliertes Gefäß, übergießt sie mit dem Rosenwasser und läßt sie so zirka 2 Stunden stehen. Darauf gießt man das Ganze in ein Tuch, welches man frei über einer Schüssel aufhängt. Man presse den Schleim nicht aus, sondern lasse ihn von selbst in das Gefäß laufen, da man sonst unliebsame kleine Verunreinigungen durch das Tuch drückt, die schwer oder gar nicht zu entfernen sind. Die Borsäure dient dazu, eine Zersetzung und Schimmelbildung zu verhindern, welcher der Schleim sonst bereits nach 3 bis 4 Tagen unterworfen ist. Ein kleiner Zusatz von Spiritus ist aus diesem Grunde ebenfalls vorteilhaft. Dieser durch seine Klebrigkeit ausgezeichnete Quittenschleim ist durchscheinend und kann mit Krokusinfusion u. dgl. gelblich gefärbt werden, wodurch er ein schöneres Aussehen erhält.

Es ist auch ein Pulver im Handel, vermittels dessen man auf schnellerem Wege den gewünschten Quittenschleim herstellen kann, den man dann auch nicht zu filtrieren braucht. Dieses Cydoniapulver enthält die schleimbildende Substanz der Quittenkerne in höchst konzentrierter Form, und es genügen schon 5 bis 8 g Pulver auf 1000 g Rosenwasser, um einen dicken Quittenschleim herzustellen.

Die Quittenpräparate dienen in der Kosmetik hauptsächlich zum Festlegen der Kopfhaare in irgend eine gewünschte Frisur, zum Scheitelziehen und für Bartformer und Schnurrbartwasser als Grundlage. Ihr Klebstoff hält die damit behandelten Haare in der gewünschten Lage fest, ohne sie zu verkleben, und gestattet ein leichtes Kämmen oder Bürsten, ohne daß durch verklebte Haare ein Schmerzgefühl verursacht würde.

Bartformer

Quittenschleim	2000 g
Rosenwasser	500 g
Vanillin	1 g
Geraniumöl	5 g
Alkohol	50 g
Zuckercouleur	zirka 5 g

Das Vanillin und Geraniumöl werden in dem Alkohol gelöst, während man die Zuckercouleur in dem Rosenwasser in Lösung bringt. Man nehme von dem Farbstoff nach Belieben, je nachdem ob man heller oder dunkler färben will. Dann gibt man alles zusammen in eine Flasche und schüttelt tüchtig durcheinander.

Der bekannte Bartformer „Chic" ist auch nichts anderes als ein Quittenpräparat.

Bartwasser

Quittenschleim .... 1000 g
Malzextraktlösung (1 : 50) . 1000 g
Alkohol .... 50 g
Bergamottöl .... 5 g

Das Bergamottöl wird zunächst in dem Alkohol gelöst und nachdem Quittenschleim und Malzextraktlösung in einer Flasche gut durchgeschüttelt sind, diesem Gemisch zugesetzt.

Das Bartwasser füllt man in runde, hohe Gläser und setzt in den Stopfen ein Kämmchen ein, jedoch nur, wenn man in der Lage ist, beste Korke zu verwenden. Es empfiehlt sich hier, Suberitkorke zu nehmen und das Kämmchen beim Einsetzen etwas mit Leim zu bestreichen. Bei Verwendung gewöhnlicher Korke ist es angebracht, die Kämmchen außen an den Flaschen mittels Gummiringes zu befestigen, denn durch das Einbohren des Kammendes in den Kork verändert sich dessen Struktur im Innern zu sehr und läßt die Flüssigkeit in den meisten Fällen durchsickern, wodurch die Tektur verdorben und der Artikel minderwertig wird.

Bei dem Bartformer, den man besser in kurze breite Gläser mit weitem Hals füllt, ist es empfehlenswert, den Kork mit Stanniol zu unterlegen und ihn vorher wenn möglich zu sterilisieren; auch hier sind Suberitkorke allen anderen vorzuziehen.

Haarcremes.

Zur Befestigung der Frisuren und der Scheitel werden verschiedene Cremes verwendet, die man nach folgenden Vorschriften herstellen kann:

Frisier- oder Scheitelcreme

Es werden   700 g venetianische Seife in
            1500 g destilliertem Wasser
und   700 g Gummi arabicum in
      1500 g destilliertem Wasser in der Wärme zur Lösung gebracht, beide Teile dann vereinigt und hinzugegeben:
      500 g Japanwachs. Man lasse dieses in der heißen Seifen- und Gummilösung zergehen, wobei das Gefäß auf dem Wasserbade bleibt, hierauf gebe man
      300 g chemisch reines Glycerin und
      1500 g Talg ff. präpariert, sowie
      1 g Salicylsäure zu.

Dieses Präparat wird gut salbenartig verrieben, wobei man ihm eine zarte rosa Farbe gibt, und parfumiert mit

Geraniumöl, französisch .....50 g
Portugalöl ....70 g
Amylsalicylat ....10 g

Wird in Steingutbüchsen aufbewahrt.

Frisiercreme

Gummi arabicum .... 500 g
Seifenschleim .... 450 g
Wasser .... 1700 g

läßt man gut lösen und setzt dann zu

Chem. reines Glycerin ..... 1500 g		Bergamottöl .... 30 g
Wachs, weiß .... 600 g		Rose, künstl. .... 10 g
Geraniol................. 10 g		Cochenilletinktur .... 5 g
Neroliöl, künstl.......... 10 g		Safrantinktur .... 25 g

Unter der Bezeichnung „Crême cosmétique" geht dieselbe Mischung, wie die zuletzt beschriebene Frisiercreme.

Cydoniacreme

I. Talg .... 2000 g	(Mit Harz)
Ricinusöl .... 2000 g	
Lanolin............... 1000 g	II. Pomadengrundfett .... 4000 g
Vaseline, gelb .... 2000 g	Harz .... 2000 g
Wachs, gelb........... 500 g	Bergamottöl .... 30 g
Bergamottöl........... 80 g	Linalool .... 5 g
Linalool .... 20 g	Rose, künstl. .... 5 g
Geraniol .... 10 g	

Scheitelcreme

Quittenschleim .... 2000 g
Tragantschleim (1 : 50) . 500 g
Alkohol .... 50 g
Irisöl, konkret .... 3 g
Bergamottöl .... 5 g
Canangaöl .... 1 g
Rosenöl .... 1 g
Rhodaminlösung 3% ... 10—15 g

Man löst die ätherischen Öle in dem Alkohol, gießt Quitten- und Tragantschleim und Farbe zusammen und gibt das gelöste Parfum zu. Dann arbeitet man alles nochmals gut durcheinander und treibt das Gemisch durch ein Filtertuch, damit es schön gleichmäßig wird.

Diese Creme füllt man in Glastöpfchen, eventuell mit Glasdeckel mit Knopf, und verbindet sie mit Fischhaut luftdicht. Auch kleine Porzellandosen mit Schraubdeckel sind sehr beliebt.

Bartwichse.

Infolge der sich immer mehr einführenden Mode, den Schnurrbart ganz kurz geschnitten zu tragen, oder aber gänzlich abzurasieren, hat die Nachfrage nach Bartwichsen u. dgl. stark nachgelassen. Billige Stapelware interessiert immer am meisten. Hiezu billige Tuben zu verwenden geht nur insoweit, als sie besonders innen gut verzinnt sind, d. h. also innen stark verzinnte Bleituben.

Für gute und zugleich nicht zu teure Bartwichsmassen folgen hier einige Vorschriften. Am einfachsten stellt man die Bartwichse her, wenn man als Grundstoff Seife nimmt, und zwar, um billig sein zu können, gewöhnliche Kernseife. Für etwas bessere Ware nimmt man schöne weiße Grundseife, wie solche zu den pilierten Toiletteseifen verwendet wird.

Bartwichse I

Gummi arabicum	500 g	Venet. Terpentin	50 g
Wasser	620 g	Citronenöl	80 g
Grundseife	1000 g	Bergamottöl	30 g
Wasser	1250 g	Petitgrainöl	5 g
Japanwachs	1000 g		

Das Gummi arabicum wird in einem Topf mit lauem Wasser übergossen und allmählich vollständig gelöst, ebenso wird die in kleine Würfel oder Späne geschnittene Grundseife in einem andern Topfe mit Wasser angesetzt. Ist vollständige Lösung eingetreten, dann seiht man die Gummilösung durch ein Tuch, damit aller Schmutz zurückbleibt; dann preßt man die Seifenlösung durch ein Tuch, um alle Knötchen zu vermeiden, die sich sonst sehr unliebsam in der Bartwichse bemerkbar machen und deren Entfernung dann um so mehr Arbeit verursacht. Die beiden Lösungen gibt man darauf zusammen in einen emaillierten Topf und setzt diesen in das Wasserbad. Die Masse muß nun tüchtig erhitzt werden, damit das überflüssige Wasser ausgetrieben wird. Inzwischen hat man in einem anderen Topf das Japanwachs geschmolzen und gibt dieses nun zu den gemischten Lösungen von Gummi arabicum und Seife, ebenso den venetianischen Terpentin. Die gemischten Lösungen dürfen bei der Zugabe des Japanwachses nicht kälter sein als dieses, denn sonst bilden sich kleine Schuppen, indem das Wachs in der kälteren Masse erstarrt. Diese Schuppen sind dann nur durch erneutes Erhitzen der ganzen Masse zu beseitigen. Hat man nun die genannten Ingredienzien alle zusammengegeben, dann wird zirka $^{1}/_{4}$ Stunde tüchtig durchgearbeitet, damit sich alles gut vermischt und verteilt. Auf einem Glasplättchen kann man dann Proben nehmen, um die Klebkraft und Konsistenz der erkalteten Bartwichse zu beurteilen. Ist diese noch zu weich, dann muß eben noch durch Kochen im Wasserbad Feuchtigkeit ausgetrieben werden. Nachdem die Masse vollständig in Ordnung ist, läßt man sie ein wenig abkühlen und parfumiert darauf, wonach abermals tüchtig durchgearbeitet wird. Man läßt dann die Bartwichse völlig erkalten und füllt darnach in Tuben oder Gläser je nach Bedarf.

Eine feinere Ware stellt man nach folgender Vorschrift dar:

Bartwichse II

Gummi arabicum	600 g	Glycerin	200 g
Wasser	1200 g	Geraniumöl, Bourbon	30 g
Seifencreme	650 g	Bergamottöl	25 g
Wasser	1200 g	Terpineol	25 g
Weißes Bienenwachs	1000 g		

Der Arbeitsgang ist auch bei dieser Sorte genau der gleiche, wie vorher angegeben. Das Glycerin setzt man erst zu, nachdem das Bienenwachs der Masse bereits eingearbeitet ist. Es werden auch Bartwichsen verlangt, die nach Rosen riechen sollen. Für solche, welche zu niedrigen Preisen verkauft werden müssen, nimmt man ein Parfum bestehend aus:

> Geraniumöl, künstl., ... 100 g
> Palmarosaöl . . . . 40 g
> Rose, künstl. . . . .   5 g

Für die teureren Waren ist folgendes Parfum empfehlenswert:

> Rose alpine, *T. M.* . . . . 10 g
> Alkohol . . . . 100 g
> Rose, künstl. . . . . 10 g
> Vanillin . . . .   1 g

Auch mit Hilfe von Stearin kann man eine gute Bartwichse herstellen.

Bartwichse III

> Gummi arabicum . . . . 650 g
> Wasser . . . . 850 g
> Kapillärsirup . . . . 600 g
> Stearin . . . . 220 g
> Natronlauge 36° Bé . . . . 125 g
> Glycerin . . . . 400 g

An Stelle von Kapillärsirup kann auch Zucker im richtigen Verhältnis verwendet werden oder mit $^1/_4\%$ Schwefelsäure verzuckertes Kartoffelmehl. Man löst den Gummi arabicum in dem Wasser auf, gibt den Kapillärsirup dazu, nachdem man die Gummilösung filtriert hat, und arbeitet gut durcheinander. Dann erhitzt man die Mischung bis zum Kochen und fügt das in einem Topfe geschmolzene Stearin zu. Hierauf gibt man die Natronlauge in die Mischung, wobei Verseifung eintritt. Es ist natürlich notwendig, daß sehr tüchtig durchgearbeitet wird, denn sonst gibt es Klumpen und Brocken; darnach fügt man das Glycerin zu. Die Herstellung dieser Bartwichse bedarf einiger Erfahrung und ist nicht so einfach wie die der beiden vorher angeführten Sorten. Parfumieren kann man die Masse mit 3 bis 5 g pro Kilo von folgendem Parfum:

> Benzylacetat . . . . 50 g
> Linalylacetat . . . . 30 g
> Citronenöl . . . . 100 g
> Cedernholzöl . . . . 40 g

Es werden auch häufig farbige Bartwichsen verlangt. Blond färbt man mit Goldocker, braun mit Umbrabraun, schwarz mit Beinschwarz.

Sehr wertvoll ist es, wenn man die fertige Masse nach dem Erkalten nochmals in der Knetmaschine tüchtig verarbeitet; es entsteht dadurch eine weit bessere Ware.

Unter Mitverwendung von Harz stellt man eine Bartwichse wie folgt her:

<table>
<tr><td colspan="2">Bartwichse IV</td><td colspan="2">Bartwichse für Gläser oder Tuben</td></tr>
<tr><td>Japanwachs</td><td>3000 g</td><td>Venetianische Seife ⎱ ....</td><td>300 g</td></tr>
<tr><td>Grundseife</td><td>3000 g</td><td>Dest. Wasser ⎰ ....</td><td>450 g</td></tr>
<tr><td>Wasser</td><td>4300 g</td><td>Gummi arab., gelblich ⎱ ...</td><td>1100 g</td></tr>
<tr><td>Harz, hell</td><td>640 g</td><td>Dest. Wasser ⎰ ...</td><td>1600 g</td></tr>
<tr><td>Gummi arabicum</td><td>1000 g</td><td>Bienenwachs, weiß</td><td>350 g</td></tr>
<tr><td> gelöst in</td><td></td><td>Glycerin, chem. rein</td><td>350 g</td></tr>
<tr><td>Wasser</td><td>1100 g</td><td>Citronenöl</td><td>25 g</td></tr>
<tr><td>Parfum wie bei III</td><td>200 g</td><td>Portugalöl</td><td>15 g</td></tr>
<tr><td></td><td></td><td>Bergamottöl</td><td>25 g</td></tr>
</table>

Herstellung wie bei der Frisiercreme (vgl. S. 239). Beim Füllen in die Gläser erwärmt man soweit, daß man gießen kann oder aber man füllt die Gläser mit der Tubenfüllmaschine, indem man in diese ein weiteres Mundstück einsetzt. Bei Verfüllung in Tuben wird die kalte Masse in die Tubenfüllmaschine getan und durch eine kleine Drehung an der Kurbel der Maschine in die auf die Öffnung gestreifte Tube gedrückt. Sehr gut bewährt sich alsdann die Verwendung einer Tubenschließmaschine.

Haarkräusel- und Lockenwasser.

Der jeweiligen Mode unterworfen ist die Anwendung von Präparaten, die dem Haar eine gewisse Form verleihen, es kraus oder straff usw. machen, wozu die Kräuselwässer, Lockenwässer u. dgl. genommen werden.

Haarkräuselwasser

Benzoetinktur	200 g
Alkohol	120 g
Rosenöl, künstl.	3 g
Venetianischer Terpentin ..	5 g

Lockenwasser

Es muß betont werden, daß es unmöglich ist, ein an sich nicht krauses Haar ohne Brennen oder Wickeln lockig zu machen. Wohl aber kann man mit geeigneten Mitteln die künstlich erzeugten Locken dauerhaft machen, besonders gegen die Feuchtigkeit der Luft befestigen.

<table>
<tr><td>Wasser</td><td>800 g</td><td colspan="2">Bandoline fixateur</td></tr>
<tr><td>Alkohol</td><td>200 g</td><td>Gummi Tragant</td><td>60 g</td></tr>
<tr><td>Borax</td><td>20 g</td><td>Alkohol</td><td>600 g</td></tr>
<tr><td>Benzoetinktur</td><td>140 g</td><td>Rosenwasser</td><td>1800 g</td></tr>
<tr><td>Terpineol</td><td>20 g</td><td>Geraniumöl, Bourbon ....</td><td>10 g</td></tr>
<tr><td>Vanillin</td><td>2 g</td><td></td><td></td></tr>
</table>

Der Tragant wird mit dem Alkohol benetzt, hierauf setzt man das Rosenwasser zu und läßt so lange stehen, bis sich der Tragant in eine schleimige Masse verwandelt hat. Nach einigen Tagen preßt man die

Masse durch ein Sieb und färbt, wenn rosa verlangt ist, mit Karmin, sonst bleibt die Bandoline weiß. Durch verschiedenartige Parfums kann man alle Geruchsbandolinen herstellen. Da sich diese Präparate nicht lange halten, empfiehlt es sich, einen kleinen Zusatz von Benzoe- oder Salicylsäure zu machen.

Dauerwellenpräparate.

Zwecks Erzielung der wasserbeständigen Dauerwellen durch elektrisch geheizte Spulen bzw. Haarwickel benutzt man die sogenannten Dauerwellenwässer, Dauerwellenfixative und Dauerwellenöle. Oft werden auch Dauerwellenpräparate verwendet, die gleichzeitig kräuseln (Wässer) und fixieren (Fixative).

Auch diese „neuen" Präparate bringen nur uraltes unter neuem Namen.

Dauerwellenwässer sind einfache Schleimlösungen, die etwas Alkali (meist Borax) enthalten.

Dauerwellenfixative sind weiter nichts als alkoholische Lösungen von Harzen, bzw. Balsamen (Terpentin).

Dauerwellenöle. Diese sind als Präparat überhaupt nicht scharf umschrieben. Oft wird hier ein beliebiges fettes Öl (Ricinusöl) als Lüstriermittel mit angewendet, bzw. nachher aufgetragen, oft aber unter dieser Bezeichnung Pflanzenschleime, z. B. Quittenschleim, gebraucht.

Dauerwellenwasser

I. Tragant .... 150 g
   Wasser .... 4000 g
  Man bereite lege artis einen Schleim, der konserviert wird (Nipagin).

II. Gummi arabicum 20 g, gelöst in Wasser 2000 g und entsprechend konserviert (mit Nipagin usw.).

III. Dextrin, gelb 5 g, Alkohol 200 g, Wasser 800 g.

Kombiniertes Dauerwellenpräparat

Benzoeharz .... 5 g
Kolophonium .... 2 g
Alkohol .... 120 g

lösen und zusetzen, einen fertig bereiteten Schleim aus:

Gummi arabicum .... 15 g
Borax .... 10 g
Wasser .... 800 g

gut vermischen, eventuell passieren.

Dauerwellenfixative

Benzoeharz .... 5 g
Terpentin .... 1 g
Alkohol .... 104 g

Haarpuder.

Obwohl diese Puder heute nur sehr selten verwendet werden, sei ihre Herstellung, der Vollständigkeit halber, hier kurz beschrieben.

Die Herstellung des Haarpuders ist eine sehr einfache, und zwar genau dieselbe wie die später beschriebene der Gesichtspuder.

Zu den Haarpudern dürfen jedoch keine spezifisch zu leichten Stoffe, wie z. B. Magnesia, genommen werden, da diese an den Haaren nicht genügend haften. Reismehl und Weizenmehl sind die geeignetsten Grundlagen. Dann noch Kartoffelmehl und kleine Zusätze feinsten Iriswurzelpulvers.

Poudre à la Maréchale

Reismehl	1000 g
Iriswurzelpulver ff.	300 g
Kartoffelmehl	1000 g
Neroliöl, künstl.	5 g
Moschustinktur	15 g
Bergamottöl	2 g
Ylang-Ylangöl, *Sartorius*	0,3 g

Haarpuder

Gepulverte Stärke ff.	1800 g
Ultramarin	zirka 8 g
Rosenöl, echt	2 g
Moschustinktur	15 g
Jasminblütenöl, *Heiko*	2 g
Irisöl, extra, *H. & R.*	2 g
Benzoetinktur	10 g

Auch Talkum kann Verwendung finden, besonders für billigere Sorten. Eine geeignete Pudermasse bildet die folgende, der man dann beliebige Parfumierung geben kann:

Grundmasse für Haarpuder

Talkum, Edelweiß-Marke	1000 g
Stärkemehl ff.	1000 g
Iriswurzelpulver	300 g
Kartoffelmehl	2000 g

Um die Masse weißer erscheinen zu lassen, kann man etwas Ultramarin zusetzen.

Haarpuder, schwarz

I.			II.		
Talkum		2000 g	Weizenmehl		2000 g
Iriswurzelpulver ff.		1000 g	Talkum		300 g
Lindenkohle, pulv.		500 g	Iriswurzelpulver		1500 g
Beinschwarz	zirka	140 g	Lindenkohle, pulv.		400 g
			Beinschwarz	zirka	200 g

Parfum:

Bergamottöl	20 g
Irisöl, liqu.	5 g
Ylang-Ylangöl, künstl., *Sch. & C.*	3 g
Jonon	2 g
Isoeugenol	2 g

Für Phantasiebälle findet dann auch noch Gold-, Silber- und Diamantpuder für die Haare Verwendung. Diese Haarpuder werden auf verschiedene Art hergestellt. Entweder nimmt man unechte Bronzen, Gold oder Silber, oder man pulvert echtes Blattgold usw. Diese Metallpuder darf man jedoch nicht parfumieren wollen, da sie sich sonst oxydieren und schwarz werden, d. h. ihren Glanz verlieren. Um diese Metallpuder besser haften zu lassen, wird vor dem Gebrauch das Haar gewöhnlich ganz leicht mit einem fein und stark duftenden Haaröl behandelt.

Der Haarpuder kann zwar auch mit der Quaste aufgetragen werden, allein es eignen sich weit besser Dosen mit Streuvorrichtung. Diese muß jedoch ganz fein sein, damit der Puder nur wie eine leichte Wolke heraustritt und sich ganz in das Haar hineinzieht, denn nur so ist ein vollständiger Effekt zu erzielen. Streudosen von Blech, fein dekoriert, deren Streuvorrichtung Gewindebefestigung besitzt, sind sehr empfehlenswert.

Haarfärbemittel.

Die Haarfärbemittel gehören zu den meistbegehrten kosmetischen Mitteln, da ihre Verwendung den Zweck verfolgt, das sicherste Anzeichen des herannahenden Alters, die grauen Haare, zu verdecken. Voraussetzung für das Gelingen der Färbung ist dabei, daß die von der Natur gewollte Harmonie zwischen Teint und Haarfarbe gewahrt wird. Leider ist die Zahl der wirklich brauchbaren, allen Anforderungen genügenden Präparate dieser Art äußerst minimal — trotz der Legion der angepriesenen Mittel und der zahlreichen Vorschriften, die dafür in medizinischen und kosmetischen Werken gegeben werden.

Der Hauptgrund dafür ist darin zu suchen, daß heute noch nicht wissenschaftlich festgestellt ist, auf welchen Ursachen das Ergrauen des Haares beruht.

Man nimmt als sicher an, daß die Farbe des Haares durch ihren Gehalt an Eisen und Schwefel bedingt wird und daß das Ergrauen auf Schwinden von Eisen und Schwefel bezw. deren das Pigment bildenden Verbindungen zurückzuführen ist, weiß aber nicht, wodurch dieser Vorgang veranlaßt wird. Infolge dieser Unkenntnis erscheinen die Bemühungen wenig aussichtsvoll, durch eine besondere Art der Ernährung oder durch Einnehmen von Chemikalien die Haarfarbe zu beeinflussen, bzw. das Ergrauen zu verhüten[1]. Die Berichte über hiedurch bereits erzielte Erfolge sind in das Reich der Fabel zu verweisen[2]. Es bleibt daher nichts anderes übrig als die Verdeckung der grauen Haare durch Auflegen einer Farbschicht, also durch künstliche Färbung des Haares.

Die Färbung mit den gewöhnlichen Haarfärbemitteln ist, abgesehen von den Fällen, in denen das Haar längere Zeit mit der färbenden Lösung in Berührung blieb, nur eine solche der äußeren Hornschicht, also eine

---

[1] Aus dem gleichen Grunde dürfte auch eine lokale Beeinflussung der Kopfhaut nicht zum Ziele führen, und die Angabe von A. Impert und H. Marques (Compt. rend. 143 [1906], 192), daß durch mehrmalige Anwendung von Röntgenstrahlen das ergraute Haar sich wieder färbe und dunkler werde wie zuvor und daß die Haare nach dem Abschneiden noch monatelang mit der gleichen Farbe nachwachsen, verdient wenig Glauben, zumal wenn man berücksichtigt, daß die Röntgenbehandlung vielfach Haarausfall und langwierige Kopfhautentzündungen erzeugt. Auf jeden Fall aber bliebe diese Art der Haarfarberegenerierung dem sachverständigen Arzt vorbehalten.

[2] Diese Behauptung wird auch dadurch nicht widerlegt, daß man bei bleichsüchtigen jungen Mädchen, die regelmäßig eisenhaltige Arzneien einnehmen, ein geringeres Dunklerwerden des Haares beobachten kann.

oberflächliche. Hieraus folgt, daß die Färbung nicht dauernd sein kann und infolge mechanischer Einflüsse (Kämmen, Bürsten, Waschen) an Intensität und Gleichmäßigkeit verliert, wodurch mit der Zeit häßliche Nuancen entstehen, die eine Wiederholung des Färbungsprozesses erfordern, die ja das nachwachsende, noch nicht gefärbte Haar gleichfalls nötig macht.

Eine wirklich dauernd haltbare Haarfarbe gibt es also nicht; selbst die Mittel, deren Bestandteile mit dem in dem Haar enthaltenen Schwefel in Reaktion treten und damit eine unlösliche Verbindung bilden, wie das beim Blei sowie seinen Oxyden und Salzen der Fall ist, durchdringen nicht das Innere des Haares.

Ein weiterer Grund, weshalb so viele Haarfärbemittel nicht befriedigen, liegt darin, daß infolge der Strahlenbrechung des Lichtes das gefärbte Haar eigentümliche Reflexe zeigt, die es bald fuchsig rot, bald grünlich, bald violett erscheinen lassen. Das kann man sehr häufig bei den vielgebrauchten Silberhaarfärbemitteln beobachten, die keinen Zusatz von Kupfersalz enthalten. Diese Mißtöne, die sich übrigens durch Bestreichen des Haares mit einer Tannin- oder Schwefelkaliumlösung usw. häufig ganz beseitigen lassen, treten besonders dann auf, wenn das Haar unvollständig entfettet war, sofort nach dem Färben, oder wenn sich bei dem gefärbten Haar der Fettgehalt wieder auf natürlichem Wege anreichert[1] und die aufgetragene Farbschicht an Tiefe verliert.

Weiterhin verleihen viele Haarfärbemittel dem Haar ein totes Aussehen, das man durch Einfettung zu beheben sucht, und vielfach bilden sich auch Farbnuancen, die mit den natürlichen des Menschenhaares kontrastieren und so die Verwendung von Färbemitteln offenkundig machen. Um solche Fehlfärbungen zu vermeiden und zugleich die für den betreffenden Graukopf passende Nuance herauszufinden, empfiehlt es sich, zuvor etwas von seinem abgeschnittenen Haar versuchsweise zu färben.

Zu beachten ist weiter, daß das Kopf- und Barthaar verschiedene Stärke besitzen und sich infolgedessen auch beim Färben verschieden verhalten.

Ihrer physikalischen Beschaffenheit nach sind die Haarfärbemittel entweder Pulver, die mit Wasser angemacht als Pasten aufgetragen werden, oder salbenartig (Haarfärbepomaden) oder flüssig. Die flüssigen Haarfärbemittel sind, von den Haarfärbeölen abgesehen, am meisten verbreitet und es lassen sich damit auch die schnellsten Wirkungen erzielen, im Gegensatz zu den meisten vorher genannten. Bei den flüssigen Haarfärbemitteln hat man zwischen einteiligen und zweiteiligen (seltener dreiteiligen) zu unterscheiden. Bei den einteiligen soll die Wirkung durch eine einzige Lösung erzielt werden, bei den zweiteiligen durch nacheinander erfolgende Anwendung zweier verschiedener Lösungen, die Bestandteile enthalten, welche somit erst auf dem Haar selbst aufeinander einwirken können. Die einteiligen Haarfärbemittel sind zweifel-

---

[1] Hierin ist vielleicht auch der Grund zu suchen, weshalb Färbungen, die beim toten Haar befriedigen, beim lebenden oft ungenügende Resultate ergeben.

los in der Anwendung einfacher als die zweiteiligen, sie bieten
aber in der Regel den Nachteil, weniger ansehnlich, weniger haltbar und weniger wirksam zu sein, weil bei ihnen mit wenigen
Ausnahmen die Bildung des Farbstoffes nicht erst auf dem Haar,
sondern schon in der Flasche — namentlich wenn sie teilweise entleert
oder schlecht verschlossen[1] ist — erfolgt, dieser fertige Farbstoff aber
weniger gut auf dem Haar haftet, zumal wenn er unlöslich ist, wie das
bei den meisten, neben Metallsalzen ein Reduktionsmittel enthaltenden
einteiligen Präparaten der Fall ist. Daß ferner ein solches Haarfärbemittel, welches einen braunen bis schwarzen Niederschlag enthält,
nicht den Vergleich mit den klaren Lösungen der zweiteiligen Mittel
aushält, bedarf keines Beweises.

Die Wirkung der üblichen Haarfärbemittel ist bald eine chemische,
bald eine rein physikalische. Letzteres ist der Fall bei allen den Mitteln,
bei denen ein fertiger Farbstoff (Chinesische Tusche, Huminsäuren des
Torfes oder der Braunkohle) aufgetragen wird. Die chemische Wirkung,
also die Entstehung des Farbstoffes erst auf dem Haar kann durch den
Schwefelgehalt des Haares ausschließlich oder teilweise hervorgerufen
werden (Bildung unlöslicher gefärbter Metallsulfide); dann auch durch
den Sauerstoff der Luft (Oxydationsprodukte des Pyrogallols, ferner
des wirksamen Bestandteiles der Walnußschalen) oder durch Wechsel-
wirkung zwischen der organischen Substanz des Haares und Oxydationsmitteln (Ausscheidung von Braunstein aus übermangansaurem Kali).
Ferner kann sie lediglich durch die Umsetzung zwischen den Bestandteilen des Haarfärbemittels selbst erfolgen (Umwandlung von Metallsalzen [Silber-, Wismut-, Eisensalzen usw.] in die Form feinpulverigen
gefärbten Metalles durch Reduktionsmittel [Pyrogallol] oder in die
gefärbten Metallsulfide durch Schwefelalkalien; Oxydation organischer
Basen durch sauerstoffabgebende Chemikalien [Paraphenylendiamin
oder Aminosulfosäuren einerseits, Wasserstoffsuperoxyd anderseits]).

Aus dem bisher Gesagten und aus der Tatsache, daß eine Unzahl
von existierenden Haarfärbemitteln ihren Zweck nicht voll erfüllt,
geht bereits hervor, daß die Herstellung eines erstklassigen Mittels
ein gewisses Maß chemischer Kenntnisse und vielfache Versuche, kurz
eine Art Spezialstudium voraussetzt, und wir finden das auch dadurch
bestätigt, daß die Haarfärbemittel Spezialität relativ weniger Parfumeriefabriken geworden sind, trotz des guten Gewinnes, den dieser Artikel
erzielen läßt.

Bezüglich der Ausführung der Haarfärbung ist folgendes zu
bemerken. Das Haar wird zunächst durch Waschen mit Seifenwasser
oder etwa 1%iger Ammoniumkarbonat-, Ammoniak- oder Sodalösung
gut gereinigt (entfettet). Diese Operation verfolgt den Zweck, daß die
meist wäßrigen Färbemittel das Haar leichter benetzen, fester haften
sowie eine gleich dicke und daher gleichmäßig nuancierte Schicht

---

[1] Bei den meisten Haarfärbemitteln ist es sehr wichtig, daß die Flaschen
gut luftdicht verkorkt sind — auch während der Dauer des Gebrauches —,
eventuell sind — bei nicht alkalischen Lösungen — eingeschliffene Glasstöpsel zu verwenden.

bilden. Hierauf wird das Haar gewaschen und getrocknet bzw. trocknen gelassen, jedoch so, daß noch etwas Feuchtigkeit in ihm zurückbleibt, weil es dann die Haarfarbe besser annimmt, und mit einem weiten entfetteten Kamm durchgekämmt. Darnach trägt man die Haarfarbe kalt mit einer mittelharten Bürste nicht zu dick auf. Hierauf läßt man nach dem Durchkämmen mit einem engen Kamm das Haar trocknen und trägt nun eventuell die zweite Lösung mit einer anderen Bürste auf, wonach man wieder so verfährt[1]. Das getrocknete Haar wird nun mit Seife und lauem Wasser ausgewaschen und nochmals trocknen gelassen.

Je nach der Schnelligkeit des Eintretens der Wirkung läßt sich ein Unterschied machen zwischen folgenden Arten von Haarfärbemitteln: Erstens progressive Mittel, die infolge starker Verdünnung oder ihrer sonstigen Zusammensetzung nur progressiv, d. h. erst bei mehrmaliger Anwendung nach längeren Zeiträumen wirken. Sie sind ziemlich beliebt, weil bei ihrer Anwendung die Bildung von Flecken auf der Haut, ohne daß diese mit einem Schutzmittel (Glycerin oder Fett) eingerieben zu werden braucht, in der Regel vermieden wird und weil ihre langsame Wirkung dem Uneingeweihten verbirgt, daß jemand „färbt". Ferner gehören zu dieser Klasse die Haarfärbepomaden und -Öle. Die zweite Art bilden die spontan färbenden Mittel, die sofort nach dem Auftragen der zweiten bzw. dritten Lösung die endgültige Farbe erscheinen lassen und deshalb die Friseure als Abnehmer wohl am meisten befriedigen.

Wir kommen nun zur Besprechung der einzelnen Mittel und wollen hiebei die Einteilung in anorganische, d. h. solche, bei denen das färbende Prinzip ein anorganischer Körper darstellt, in vegetabilische und in organische Mittel wählen.

Anorganische Haarfärbemittel (Metallsalzlösungen).

1. Bleihaltige Mittel.

Worauf ihre Wirkung beruht, ist schon vorher angegeben worden. Ihre einfachste Form stellt der Bleikamm dar, mit dem das Haar durchgekämmt wird. Gewöhnlich wird gelöster Bleizucker eventuell mit etwas suspendiertem Schwefel[1] verwendet. Ein näheres Eingehen auf die Zusammensetzung dieser Mittel erübrigt sich, da sie verboten sind. Für Braun- und Schwarzfärbung stellten die Bleipräparate geradezu ideale Mittel dar, weil das Haar nicht entfettet zu werden brauchte, bei der Anwendung weder Haut noch Wäsche befleckt wurden, die Wirkung nur progressiv eintrat, nur eine Lösung erforderlich war und endlich das damit behandelte Haar eine natürliche Farbe erhielt, die sich durch gute Haltbarkeit auszeichnete. Für Blondfärbungen waren sie jedoch nicht brauchbar.

---

[1] Es sei hier darauf hingewiesen, daß ein Zurückgießen der von einer Färbung übrig bleibenden Flüssigkeitsreste in die Flaschen zu vermeiden ist; man verwende daher zu jeder Färbung nicht mehr Flüssigkeit, als aufgebracht wird, und gieße diese in eine saubere kleine Schale aus.

Wir erwähnen die Bleihaarfarben hier also nur kurz und rein dokumentarisch, um vor ihrer Anwendung zu warnen.

Die metallischen spontan durch Niederschlagsbildung, bzw. durch Bildung färbender Lacke mit der Keratinschicht des Haares wirkenden Haarfärbemittel sind einerseits meist wäßrige Lösungen von geeigneten Metallsalzen, denen ein Entwickler, meist in einer besonderen Flasche, beigegeben ist.

Treffen beide Bestandteile des Färbemittels auf dem Haar zusammen, so bilden sich Niederschläge, bzw. mehr oder minder dunkelgefärbte Verbindungen, die mit der Keratinsubstanz des Haares unter Farblackbildung reagieren und das Haar mehr oder minder dauerhaft anfärben. Erst die Farblackbildung mit der Keratinschicht erzeugt eine dauerhafte Färbung des Haares.

Wir begnügen uns hier mit diesem generellen Hinweis. Näheres über die Farblackbildung usw. beim Haarfärben kann in unserem Buch Winter, Handbuch d. gesamten Parfumerie und Kosmetik, Julius Springer, Wien, oder in Winter, Haarfarben und Haarfärbung, Julius Springer, Wien, nachgelesen werden.

In den zitierten Werken sind auch ausführliche Beschreibungen der Haarfärbemethoden und Herstellung von Haarfarben modernster Art enthalten und können dort nachgelesen werden.

Der Charakter und vor allem der zur Verfügung stehende beschränkte Raum vorliegender Neubearbeitung konnten es nicht gestatten, hier auf dieses Thema erschöpfender einzugehen.

2. Kupferhaltige Mittel.

Dieselben geben mit Pyrogallol oder Alkalisulfiden als Entwickler sehr schöne natürliche Färbungen, die auch nicht so häßliche Metallreflexe zeigen, wie z. B. Silberfarben. So kann man durch Herstellung gemischter Haarfarben aus Silber- und Kupferverbindungen viel bessere Resultate erhalten als durch Silberhaarfarben allein, was hier nur in Parenthese bemerkt sei.

Kupfersalze sind durchaus unschädlich, trotzdem waren sie bis vor kurzer Zeit noch als „giftig" verboten, obwohl auch nicht ein einziger Fall von Kupferintoxikation beim Haarfärben bekannt geworden ist.

Jetzt hat man endlich dieses groteske Verbot rückgängig gemacht und auch in Deutschland und Österreich Kupfersalze zum Haarfärben zugelassen.

Nachstehend einige Vorschriften für Kupferhaarfärbemittel.

Hellbraun

Flakon 1	Flakon 2
Kupfersulfat . . . . 52 g	Pyrogallol . . . . 20 g
Wasser . . . . 1000 g	Wasser . . . . 1000 g
Salpetersäure, konz. . . . 50 Tropfen	

Schwarz

Flakon 1		Flakon 2	
Kupfersulfat	20 g	Kaliumsulfid	45 g
Wasser	300 g	Wasser	1000 g

Ammoniak q. s. um den zuerst entstandenen Niederschlag gerade wieder zu lösen.

Wie bereits erwähnt, liefern die Kupfersalze sehr schöne braune und schwarze echte Töne, die durch entsprechende Zusätze von anderen Metallsalzen und durch den Grad der Verdünnung zu Tiefschwarz (viel Eisenchlorid), Schwarzbraun (wenig Eisenchlorid), Blond (stärkere Verdünnung) nuanciert werden können. Es lassen sich damit auch einteilige, innerhalb einiger Stunden wirkende Mittel herstellen, die in ihrer Wirkung befriedigen. Diese enthalten außer einer wäßrigen Lösung der genannten Salze Pyrogallussäure, ferner etwas freie Säure (Salzsäure oder organische Säuren), um die Zersetzung innerhalb der Flasche zu verlangsamen, ferner Spiritus und zum Teil auch Äther zu dem gleichen Behuf sowie zwecks besseren Eindringens in das Haar und schnellerer Trocknung auf demselben.

3. Kadmiumhaltige Mittel.

sollen zusammen mit der Lösung eines Schwefelalkalis durch Bildung von gelbem Schwefelkadmium das Haar gelb bis blond färben. Da lösliche Kadmiumsalze (Kadmiumsulfat) nicht in kosmetischen Mitteln vorhanden sein dürfen und außerdem die damit erzielbaren Färbungen an Natürlichkeit zu wünschen übrig lassen, wollen wir nicht näher darauf eingehen. Ebenso nicht auf die verbotenen

4. Chromathaltigen Mittel.

die mit Pyrogallol zusammen eine dunkelrotbraune Färbung liefern, und die

5. Zinnhaltigen Mittel.

die, aus Zinnchlorid einerseits, einfachem (farblosem) Schwefelalkali anderseits bestehend, zur Hervorbringung einer flachsgelben Färbung empfohlen wurden.

6. Silberhaltige Mittel.

mit zu hohem Silbergehalt werden in Österreich beanstandet, in Deutschland sind in dieser Beziehung keine Grenzen gezogen, obgleich nach ihrem Gebrauch von Dermatologen ebenfalls schädliche Wirkungen beobachtet wurden. Durch zu starke Silberlösungen wird die Rindensubstanz des Haares allmählich zerstört. Die Silberpräparate gehören, trotz der ihnen anhaftenden, im Eingang dieses Kapitels erwähnten Mängel, zu denen bei Benetzung der Haut und Wäsche noch die Bildung unangenehmer, schwarzer Flecken[1] hinzukommt, zu den verbreitetsten

---

[1] Zur Beseitigung dieser Flecken wird den Silberhaarfarben bisweilen

und beliebtesten Haarfarben, weil je nach der Zusammensetzung des Mittels die Wirkung sofort oder sehr langsam herbeigeführt werden kann, die erzeugte Färbung relativ dauernd und echt ist und durch entsprechende Änderung des Silbergehaltes die drei Hauptnuancen schwarz, braun und blond damit erzeugt werden können. Lösliche Silbersalze (Höllenstein) färben schon für sich das Haar[1], in der Regel verwendet man aber mit ihnen zugleich starke Reduktionsmittel (Pyrogallussäure), welche die Ausscheidung des als Farbe dienenden metallischen Silbers beschleunigen, Schwefelalkalien (Schwefelkalium usw.), welche sofort die Bildung schwarzen Schwefelsilbers hervorrufen, oder Natriumthiosulfat, welches die gleiche Wirkung, nur langsamer, ausübt. Da die Bildung des metallischen Silbers, bzw. seiner unlöslichen gefärbten Verbindungen erst auf dem Haar vor sich gehen soll, sind die Silbermittel gewöhnlich zweiteilig, bisweilen auch dreiteilig.

Wir lassen nun einige Vorschriften folgen.

Schwarz (einteilig)

Silbernitrat	5 g
Dest. Wasser	500 g
Pyrogallussäure	5 g
Glycerin	25 g

Das Mittel bildet sehr bald einen Bodensatz.

	Schwarz	Braun	Blond
I. Alkohol, 96%ig	100 g	100 g	100 g
Dest. Wasser	350 g	250 g	250 g
Pyrogallussäure	10 g	8,5 g	8 g
II. Dest. Wasser	100 g	150 g	200 g
Silbernitrat	15 g	8 g	5 g
Salmiakgeist, 10%ig	45 g	30 g	20 g

	Schwarz	Schwarzbraun	Braun
I. Dreif. Schwefelkalium[2]	100 g	100 g	100 g
Wasser	300 g	—	300 g
Alkohol, 96%ig	300 g	600 g	300 g
II. Silbernitrat	100 g	50 g	100 g
Dest. Wasser	600 g	150 g	800 g
Salmiakgeist, 10%ig	—	150 g	—

eine besondere Lösung (z. B. von 1 T. Jodkalium in 2 T. dest. Wasser) beigegeben.

Ein anderes **Mittel zur Entfernung von Höllensteinflecken von der Haut** ist:

Chlorammonium	100 g
Sublimat	100 g
Dest. Wasser	800 g

[1] Je nach der gewünschten Nuance wird eine 1½ bis 20%ige wässerige Höllensteinlösung verwendet. Ihre Wirkung wird wesentlich beschleunigt bzw. verstärkt, wenn man zum Einfetten des Haares eine Schwefelpomade, zum Waschen eine Schwefelseife benützt und das Haar dem Licht aussetzt. Die silberhaltigen Lösungen werden in einer Flasche von braunem Glase abgegeben.

[2] Alle Schwefelkaliumlösungen sind in sehr dicht schließenden Flaschen aufzubewahren, da sie sonst infolge von Oxydation ihre Wirksamkeit einbüßen.

Schwarz

I. Pyrogallussäure . . . . . .   0,5 g
   Alkohol, 90%ig . . . . . . 12,0 g
   Dest. Wasser . . . . 38,0 g

II. Silbernitrat . . . .   2,5 g
   Dest. Wasser . . . . 22,0 g
   Salmiakgeist, 10%ig . .   7,5 g

III. Natriumthiosulfat . . . .   0,3 g
   Dest. Wasser . . . . 20,0 g

Die Lösungen I, II und III werden jeweilig mit einer anderen Bürste in Pausen von 5 bis 10 Minuten der Reihe nach aufgetragen, drei Stunden darauf das Haar mit Seife und warmem Wasser gewaschen. Lösung III kann gleichzeitig zur Entfernung von Hautflecken dienen.

Wiederhersteller nach Art des „Nüancin"

Lösung I. Natriumthiosulfat   25 g
   Dest. Wasser . . . 625 g
   Alkohol, 96%ig . 350 g

Lösung II. Silbernitrat . . . . .   30 g
   Dest. Wasser . . . 100 g

werden mit soviel Salmiakgeist 10%ig versetzt, daß der zuerst entstandene Niederschlag bis auf einen kleinen Rest aufgelöst wird. Alsdann wird filtriert und das Filtrat mit destilliertem Wasser zum Gesamtgewicht von 1000 g ergänzt. Um das Haar heller zu nuancieren, setzt man etwas mehr Salmiakgeist hinzu, wodurch dann auch das Filtrieren entfällt, und ergänzt mit Wasser auf 1000 g. Natürlich lassen sich auch durch Vermehrung oder Verringerung des Silbergehaltes andere Endnuancen erzielen.

Lösung II wird wie alle silberhaltigen Flüssigkeiten in blauen oder besser braunen Gläsern abgegeben.

Unmittelbar vor Gebrauch werden gleiche Raumteile von Lösung I und II zusammengemischt.

Dieser Wiederhersteller erfreut sich großer Beliebtheit.

Pomade

(Je nach Menge und Wiederholung der Anwendung hellbraun bis dunkelschwarz färbend.)

Weißes (gebleichtes)
   Bienenwachs . . . .   10 g
   Olivenöl . . . . 100 g
   Silbernitrat . . . .   20 g
   Salmiakgeist, 10%ig . . . .   60 g

Wachs und Olivenöl werden unter Umrühren zusammengeschmolzen, das Silbernitrat im Salmiakgeist gelöst und die Lösung mit der Wachs-Ölpomade verrührt. Die Pomade ist vor Licht geschützt aufzubewahren. Zum Gebrauch wird das gereinigte und getrocknete Haar mittels einer Bürste damit morgens eingefettet und tags darauf, wenn die Wirkung beschleunigt werden soll, mit folgender Lösung durchfeuchtet:

Dreifach Schwefelkalium ... 40 g
Dest. Wasser .... 150 g
Alkohol, 96%ig .... 150 g

Einige Stunden darnach wird das Haar mit Wasser gewaschen und nach sorgfältigem Abtrocknen mit etwas Mandelöl eingefettet, welch letztere Operation man jeden Morgen wiederholt.

7. Wismuthaltige Mittel.

Diese sind gesetzlich erlaubt, jedoch tritt ihre Wirkung, die auf der Bildung von Schwefelwismut durch den Schwefelgehalt des Haares beruht, sehr langsam ein. Um die Wirkung zu beschleunigen, wird ihnen als schwefelhaltiges Agens deshalb unterschwefligsaures Natron oder Schwefel als solcher zugesetzt oder sie werden auch mit silberhaltigen Mitteln kombiniert. Mit Wismut läßt sich das Haar nicht schwarz, sondern nur höchstens braun bis dunkelbraun färben, da Schwefelwismut nur dunkelbraun von Farbe ist. Die Wismutfärbungen halten nicht lange an, sie liefern besonders aber schöne natürliche blonde Töne, die, wenn richtig gefärbt, bedeutend schöner und natürlicher sind als alle anderen blonden Tönungen auf Basis von Metallsalzlösungen. Dagegen liefert Wismut in Kombination mit wenig Silbernitrat sehr gute und haltbare Nuancen mittlerer Tönung und sind wir der Überzeugung, daß die Wismutsalze ein sehr interessantes Material für Kombinationen aller Art darstellen, daher Versuche in dieser Richtung nur empfohlen werden können.

Im allgemeinen kennt der Praktiker die Wismutsalze nur wenig und wird wohl wenig Freude an den oft in der Literatur veröffentlichten Rezepten mit Wismutverbindungen gehabt haben, weil dièse Vorschriften gar nicht den Löslichkeitsverhältnissen der Wismutsalze angepaßt sind.

Wenn wir die Löslichkeitsverhältnisse der in Frage kommenden Wismutsalze in Wasser und Alkohol bzw. Glycerin betrachten, so sehen wir auf den ersten Blick, daß es sich hier um ganz eigenartige Umstände handelt. Betrachten wir nun in dieser Beziehung die einzelnen Wismutsalze, so können wir folgendes konstatieren:

Basisches Wismutnitrat, Magisterium Bismuthi, Bismuthum subnitricum, ist gänzlich unlöslich in kaltem oder heißem Wasser und in Alkohol, ebenso unlöslich in Glycerin, nur löslich in Säuren. Es kommt heute wohl praktisch nicht mehr direkt zur Herstellung von Haarfärbemitteln in Frage.

Neutrales Wismutnitrat (kristallinisches Wismutnitrat). Dieses Salz ist sehr gut zur Herstellung von Haarfärbemitteln geeignet, verlangt aber größte Sorgfalt beim Herstellen seiner Lösung. Es ist nur sehr wenig löslich in Wasser und fällt dieses, im Überschuß darauf einwirkend, unlösliches basisches Wismutnitrat. Es ist auch unlöslich in Alkohol, aber löslich in Glycerin 1 : 5. Diese mit fünf Teilen Glycerin für einen Teil neutrales Wismutnitrat erhaltene Lösung kann mit Wasser verdünnt werden, ohne daß sich unlösliches basisches Nitrat ausscheidet, aber nur wenn der Wassergehalt gewisse Grenzen nicht überschreitet.

Auch das neutrale Wismutnitrat läßt sich direkt in glycerinhaltigem Wasser lösen, aber nur unter größter Vorsicht, um jeden Wasserüberschuß zu vermeiden, der Ausfallen unlöslichen basischen Nitrates bewirken würde. Weiter unten wird die Herstellung einer solchen Lösung ausführlich beschrieben werden.

Wismutcitrat (Citronensaures Wismut). Dieses Salz ist in Wasser, Alkohol und Glycerin unlöslich, aber leicht löslich in Ammoniak bzw. ammoniakal. Alkohol und Wasser. Wenn wir die Vorschriften der Literatur für Wismuthaarfarben kritisch betrachten, müssen wir in der älteren Literatur leider feststellen, daß diesen Löslichkeitsverhältnissen der Wismutsalze keine Rechnung getragen wurde, solche Vorschriften also jedes praktischen Wertes entbehren.

So finden wir Vorschriften (Debay u. a.), die einfache Lösung des neutralen Wismutnitrates (zusammen mit Silbernitrat) in destilliertem Wasser empfehlen. Nach Vorhergesagtem ergibt sich aber die glatte Unmöglichkeit, eine Lösung nach diesen Vorschriften herzustellen.

Sehr gut verwendbar sind zwei Vorschriften von Cerbelaud, die wir nachstehend wiedergeben:

<table>
<tr><td colspan="2">Vorschrift Nr. 1</td><td colspan="2">Vorschrift Nr. 2</td></tr>
<tr><td colspan="2">Flakon Nr. 1</td><td colspan="2">Flakon Nr. 1</td></tr>
<tr><td>Citronensaures Wismut ....</td><td>50 g</td><td>Citronensaures Wismut ....</td><td>50 g</td></tr>
<tr><td>Dest. Wasser ....</td><td>250 g</td><td>Alkohol ....</td><td>33 g</td></tr>
<tr><td>Alkohol ....</td><td>700 g</td><td>Rosenwasser ....</td><td>200 g</td></tr>
<tr><td colspan="2">Ammoniak q. s. um zu lösen.</td><td>Wasser ....</td><td>300 g</td></tr>
<tr><td colspan="2"></td><td colspan="2">Ammoniak q. s.</td></tr>
<tr><td colspan="2">Flakon Nr. 2</td><td colspan="2"></td></tr>
<tr><td>Natriumthiosulfat ....</td><td>100 g</td><td colspan="2">Flakon Nr. 2</td></tr>
<tr><td>Dest. Wasser ....</td><td>1 l</td><td>Natriumthiosulfat ....</td><td>120 g</td></tr>
<tr><td colspan="2"></td><td>Dest. Wasser ....</td><td>400 g</td></tr>
</table>

Herstellung einer konzentrierten Lösung von neutralem Wismutnitrat.

In einen bis 1000 ccm graduierten Meßzylinder, der gut trocken ist, gibt man neutrales Wismutnitrat 100 g und gießt darauf Glycerin 28 Bé 100 ccm.

Anderseits stellt man Glycerinwasser her, indem man 100 ccm Glycerin mit Wasser auf 1 l verdünnt.

Nun gibt man 100 ccm Glycerinwasser zu dem Gemisch der Kristalle und Glycerin in den Meßzylinder und zerdrückt die Kristalle gut in dieser Lösung mit Hilfe eines unten breitgedrückten Glasstabes. Man fährt mit diesem Zerdrücken und gleichzeitigen Umrühren fort, bis alle Kristalle vollständig gelöst sind. Ist dies eingetreten, so gibt man vorsichtig in kleinen Portionen und unter stetigem Umrühren Glycerinwasser zu, wobei mit dem Zusatz sofort aufzuhören ist, falls sich ein

Niederschlag zu formen beginnen sollte. Bei vorsichtigem Arbeiten ist dies aber ausgeschlossen. Die so bereitete Lösung kann direkt zum Färben verwendet werden.

Wismuthaarfarben mit Wismut-nitrat

Blond

Flakon 1: Vorstehende Lösung (Wismut-Glycerinlösung).

Flakon 2

Natriumthiosulfat . . . . 100 g
Wasser . . . . 500 g

Braun

Flakon 1: Wie oben.

Flakon 2

Kaliumsulfid . . . . 500 g
Wasser . . . . 1000 g
oder:
Pyrogallol . . . . 25 g
Wasser . . . . 1000 g

Wiederhersteller

Essigsaures Wismutoxyd . . .   3 g
Rosenwasser . . . . 690 g
Glycerin . . . . 100 g
Schwefelmilch . . . .   4 g
Vor dem Gebrauch umzuschütteln.

Eine weitere Vorschrift wäre folgende: 100 g metallisches Wismut werden mit 280 g konzentrierter Salpetersäure (unter einem Abzuge) solange auf einem Wasserbade erwärmt, bis alles Metall verschwunden ist. Hierauf fügt man eine gesättigte wäßrige Lösung von 97 g Weinsäure hinzu und fällt die resultierende klare Lösung durch reichlichen Zusatz (mindestens 10 l) von Wasser. Der entstehende weiße Niederschlag wird absitzen gelassen, die überstehende Flüssigkeit abgegossen und der Niederschlag etwa dreimal mit heißem Wasser durch Dekantieren, alsdann auf einem großen Filter vollständig ausgewaschen, d. h. bis das abfließende Waschwasser blaues Lackmuspapier nicht mehr stark rötet. Alsdann wird der Niederschlag vom Filter getrennt und mit soviel 10%igem Salmiakgeist verrührt, bis er gelöst ist. In dieser Lösung werden nun 75 g Natriumthiosulfat aufgelöst, filtriert, 2 bis 5% Glycerin zugesetzt und in Flaschen abgefüllt. Die Lösung, die nun zirka 5% Wismut enthält, wird täglich einmal zur Waschung des Kopf- und Barthaares verwendet. Die Färbung tritt nur ganz allmählich ein und ist beendet, wenn das Haar eine dunkelbraune Farbe erhalten hat. Beim Nachlassen derselben ist sie zu wiederholen.

Empfehlenswert soll folgende Vorschrift[1] sein:

Wismutsubnitrat . . . .   5 g
Natriumthiosulfat . . . .   20 g
Chloralhydrat . . . .   10 g

werden jedes für sich in Glycerin gelöst und die Lösungen zusammengemischt und eventuell parfumiert.

---

[1] Pharmazeutische Ztg., Berlin 1907, Nr. 18.

8. Kobalt- und nickelhaltige Mittel.

Die Verbindungen dieser Metalle dürfen verwendet werden, es sei jedoch darauf hingewiesen, daß nach dem Gebrauch von Kobalt-Haarfärbemitteln Ekzeme eintraten. Auch Prof. Dr. Novak hält ammoniakalische Kobaltlösungen für nicht unbedenklich. Die Verwendung von Nicuelsalzen zu Haarfärbezwecken wurde im Auslande mehrfach patentiert (Kellog, E. P. 1897, Boot, U. S. A. P. 1899).

Kobalt- oder Nickelsalze in ammoniakalischer Lösung sind für sich oder miteinander kombiniert, in Verbindung mit der vorangehenden Anwendung einer Pyrogallussäurelösung, geradezu ideale Mittel zur Hervorbringung eines natürlichen Blond. Leider ist die erzielte Färbung bei lebendem Haar bei den nickelhaltigen Haarfarben nur kürzere Zeit haltbar (einige Tage) und verblaßt dann. Versuche, durch Kombinierung mit verdünnter Silbernitratlösung die Färbung echter zu machen, dürften sich jedenfalls empfehlen.

Wir lassen nun einige Vorschriften folgen:

Dunkelblond

I. Dest. Wasser .... 750 g		II. Kobaltchlorür, wasserfrei	9 g
Alkohol, 96%ig .... 200 g		Festes, kohlensaures	
Pyrogallussäure .... 50 g		Ammon	10 g
		Zucker	10 g

werden in zirka 200 g dest. Wasser gelöst, die Lösung mit

Salmiakgeist, 10%ig .... 190 g

versetzt, wodurch eine klare rote, später braun werdende Lösung entsteht, und nun das Gesamtgewicht auf 1000 g ergänzt.

Blond

I. Dest. Wasser .... 740 g	oder:
Alkohol, 96%ig .... 200 g	
Pyrogallussäure .... 60 g	II. Salpetersaures Nickel-
	oxydul .... 40 g
II. Nickelammoniumsulfat .. 50 g	Ammoniumkarbonat .... 10 g
Zucker .... 10 g	Zucker .... 5 g
Salmiakgeist, 10%ig .... 200 g	Salmiakgeist, 10%ig .... 150 g
Dest. Wasser .... 740 g	Dest. Wasser .... 795 g

Wo die rote oder blaue Farbe der ammoniakalischen Kobalt- oder Nickelsalzlösung stört, kann diese durch Zusatz einer Spur der zugehörigen Lösung I oder von etwas Anilinbraun verdeckt werden. Vor Anwendung der Mittel ist das Haar gut zu entfetten. Man wäscht das gefärbte Haar am besten nur mit warmem Wasser ohne Seife aus. Durch Seifenwasser werden die Nuancen etwas aufgehellt. Natürlich kann man durch stärkere Konzentration oder Verdünnung der Lösungen II dunklere oder hellere Nuancen, mit den Nickellösungen auch eine Art Aschblond erzielen.

9. Eisenhaltige Mittel.

sind nicht gesundheitsschädlich. Die Wirkung läßt sowohl in bezug auf Haltbarkeit als Lebhaftigkeit der Farbe zu wünschen übrig. Die einteiligen sind meist eine Art Tinte.

Schwarz

Pyrogallussäure ⎫	30 g
Alkohol, 96%ig ⎬	200 g
Eisessig ⎭	2 g
Festes Eisenchlorid ⎫	7,5 g
Zucker ⎬	1 g
Dest. Wasser ⎭	50 g
Schwefeläther	
0,725 spez. Gew.	150 g

Die Färbung ist ziemlich befriedigend, jedoch ist das Mittel brennbar, worauf hinzuweisen wäre.

Schwarz

Alkohol	500 g
Pyrogallussäure	10 g
Essigsaure Eisenoxydlösung	
(Liquor ferri acetici)	5 g
Glycerin	30 g

Blond

I. Eisenacetat ..... 10 g
   Wismutnitrat ..... 20 g
   Silbernitrat ..... 10 g
   Dest. Wasser ..... 100 g

II. Zweifach Schwefel-
    kalium ..... 50 g
    Dest. Wasser ..... 50 g

Blond

Nr. 1

Eisenchlorid ..... 10 g
Wasser ..... 500 g

Nr. 2

Pyrogallol ..... 30 g
Wasser ..... 1 l

Braun

Nr. 1

Ferrosulfat (schwefelsaures
   Eisenoxydul) ..... 100 g
Wasser ..... 1 l

Nr. 2

Schwefelkalium ..... 50 g
Wasser ..... 1 l
oder besser:
Pyrogallol ..... 30 g
Wasser ..... 1 l

Schwarz

Nr. 1

Eisenchlorid ..... 100 g
Wasser ..... 1 l

Nr. 2

Pyrogallol ..... 50 g
Wasser ..... 1 l

Auch die Eisenlösungen müssen in dunklen Flaschen aufbewahrt werden, da sie lichtempfindlich sind.

10. Manganhaltige Mittel.

sind zur Hervorbringung der braunen Nuancen wohl am besten geeignet, leider aber sind die Farben wenig echt und haltbar. Man wäscht das damit gefärbte Haar am besten nur mit lauwarmem Wasser oberflächlich aus, bei stärkerem Auswaschen geht bisweilen das Braun in Hellblond über.

Pyrogallussäure .... 100 g
Eisessig .... 2 g
Manganacetat .... 100 g
Dest. Wasser .... 850 g

Weiterhin wird eine 5%ige wäßrige Lösung von Kaliumpermanganat („Baffine") angewendet für Dunkelbraun, für hellere Nuancen und Blond schwächere Lösungen. Die Farbe wird ein wenig haltbarer, wenn man das Haar vor ihrer Anwendung mit einer 5%igen Lösung von dreifach Schwefelkalium durchfeuchtet.

Die Manganfarben haften nur einigermaßen auf sehr sorgfältig entfettetem Haar. Sie sind unschädlich, werden aber wegen ihrer geringen Haltbarkeit wenig verwendet.

Das Natriumpermanganat ist dem Kaliumpermanganat vorzuziehen, da es besser wirkt. Die Permanganate färben schon ohne Entwickler an der Luft, doch empfiehlt sich meist die Mitverwendung eines solchen, wie Tannin, Alkalisulfid oder Pyrogallol, um natürlichere, weniger fuchsige Töne zu erhalten.

Nachstehend einige Vorschriften dieser Art.

Blond		**Châtain**	
Nr. 1		**Nr. 1**	
Natriumpermanganat	10 g	Kaliumpermanganat	150 g
Wasser	500 g	Wasser	1 l
Nr. 2		**Nr. 2**	
Natriumsulfid	20 g	Pyrogallol	35 g
Wasser	400 g	Wasser	1 l

Vegetabilische Haarfarben.

Braun

Sandfreien gepulverten Torf
    oder Kasseler Braun .... 10 g
Salmiakgeist, 10%ig .... 100 g
Wasser .... 50 g

läßt man unter öfterem Schütteln 48 Stunden stehen, erhitzt dann das Gemisch langsam bis zum Kochen, koliert und dampft den Auszug im Wasserbade ein. Das sirupdicke braune Extrakt löst man in einem Gemisch von

Dest. Wasser .... 100 g
Spiritus .... 20 g
Eau de Cologne .... 2 g

Nußextraktfarbe.

Die daraus hergestellten Mittel dienen zum Braunfärben. Die erzielte Färbung ist bei einmaliger Anwendung nur schwach, aber relativ haltbar. Bei der Aufbewahrung verlieren die Nußpräparate ziemlich rasch an Wirksamkeit, ihre Wirkung ist also im allgemeinen recht problematisch.

Herstellung des Nußextraktes: Zur Zeit der Nußreife — es kommen hier nur die Walnüsse in Betracht — kauft man die frischen, grünen Fruchtschalen, die billig zu haben sind, zerstampft sie mit einer Keule und übergießt sie dann mit weichem Wasser, dem man 1% Salz zusetzt, also z. B. 1 kg Salz auf 100 l Wasser. Nach 3 Tagen schüttet man alles in einen großen kupfernen oder gut emaillierten eisernen Kessel, an welchem man eine Marke anbringt, wie weit die Flüssigkeit gegangen ist (da man das verdampfende Wasser immer ersetzen muß) und erhitzt 4 bis 6 Stunden lang bis fast zum Sieden. Dann läßt man erkalten und preßt alsdann tüchtig aus, was man, wenn keine Presse vorhanden, mit einem festen Leinentuch vornimmt; besser ist ein Sack von Leinwand, zirka 1 m lang und $^1/_4$ m im Durchmesser, den man halbvoll macht, über einem Gefäß natürlich, dann zubindet und nun mittels zweier Hölzer zusammendreht, wozu zwei Arbeiter gehören. Es muß jedoch aufgepaßt werden, daß nicht zu stark gepreßt wird, damit der Sack nicht platzt. Die auf diese Weise gewonnene Flüssigkeit kommt wieder in den Kessel und wird nun auf den vierten Teil eingedampft. Um dieses genau zu machen, wird die Flüssigkeit vorher gemessen; sind es z. B. 100 l, so gibt man erst 25 l Wasser in den Kessel und macht eine Marke, wieweit das Wasser gegangen ist. Dann gießt man das Wasser wieder heraus und läßt nun den Nußsaft bis zu dieser Marke eindampfen. Dem „fertigen Nußextrakt" setzt man dann 16% Spiritus von 95% zu und hebt ihn für späteren Gebrauch in gut verschlossenen Gefäßen auf, oder macht ihn gleich fertig, zu welchem Zweck man ihn beliebig parfumiert. Ein gutes Parfum hiezu ist folgendes: 20 g Bergamottöl, 5 g Perubalsam, 5 g Rosenöl, künstl., 5 g Santalol, Sch. & C.

Es ist auch vorteilhaft, dem Nußextrakt etwas chemisch reines Glycerin zuzusetzen, da hiedurch das Haar etwas weich und zart gemacht wird. Immerhin muß jedoch beachtet werden, daß der Saft der frischen grünen Walnußschalen, auf das entfettete Haar gebracht, letzteres zunächst gelb, sodann schön und haltbar braun färbt. Da aber, wie erwähnt, dieser Saft seine Färbekraft beim längeren Aufbewahren verliert, sind fast alle Präparate, welche unter dem Namen „Nußextrakt" verkauft werden, zum Teil wirkungslos, oder sie bestehen aus anderen wirksamen Ingredienzien mit Ausschluß des Nußsaftes, oder sie enthalten neben dem Safte noch andere, oft metallische Beimischungen, wie z. B. Kupferchlorid. Zur Haltbarmachung der Farbe soll jedoch auch der unschädliche Alaun sehr gute Dienste tun: 45 T. grüne Walnußschalen, 3 T. Alaun und 12 T. destilliertes Wasser werden 48 Stunden mazeriert und dann ausgepreßt. Die so erhaltene Flüssigkeit wird dann noch mit 30 T. Spiritus, 96%ig, versetzt und je nach der gewünschten Nuance mehr oder weniger verdünnt. Die Praxis hat indes gezeigt, daß die Wirkung des Alauns kaum merklich ist und keinesfalls der des Kupferchlorids gleichkommt.

Nußöl, echt.

Dem nach vorstehender Vorschrift erhaltenen „fertigen Nußextrakt"
setzt man die dreifache Gewichtsmenge Erdnuß- oder Olivenöl zu und
erwärmt das Ganze unter Umrühren auf dem Wasserbade in einer
emaillierten oder Porzellanschale solange, bis alles Wasser verdampft
ist. Das nunmehr dunkelbraun gefärbte Öl läßt man längere Zeit absitzen und gießt es von dem Bodensatz klar, eventuell durch Watte, ab.
Es wird in braune Flaschen abgefüllt, da die Farbwirkung durch den
Einfluß des Lichtes rasch verlorengeht.

Nuß-„Öl"

Frische grüne Walnuß-		Cantharidentinktur	10 g
schalen	20 g	Spanischpfeffertinktur	8 g
Dest. Wasser	150 g	Glycerin	50 g
Resorcin	1 g	Parfum nach Bedarf.	

Die Nußschalen kocht man mit dem Wasser 15 Minuten, koliert,
ergänzt auf 150 g, löst in der Kolatur das Resorcin und fügt die übrigen
Bestandteile hinzu. Wirkt auch sehr befördernd durch schwache Reizung
auf Haarerhaltung und -wuchs[1].

Nußpomade

Gelbe Vaseline	60 g
Gelbes Wachs	6 g
Bergamottöl	1 g
Nußextrakt	8 g

werden gemischt.

Erst stellt man die Pomade aus den drei ersten Bestandteilen her,
löst dann das Extrakt in soviel Weingeist als erforderlich ist und
vermischt es innigst mit der Pomade.

Persische Haarfärbemittel.

In dem bekannten Werke von Dr. Clasen „Die Haut und das Haar"
findet sich eine interessante Beschreibung der persischen Haarfärbung
mit Henna und Reng, welcher die nachstehenden Mitteilungen entnommen sind:

Unter „Henna" versteht man die gepulverten Blätter des Cyper-
strauches (Lawsonia), unter „Reng" die gepulverten Blätter der Indigo-
pflanze (Indigofera). Henna färbt für sich allein das Haar orangefarbig
oder fuchsrot[2], mit Reng vermischt dagegen nach Belieben blond bis

---

[1] Diese und die folgende Vorschrift sind der Pharmaz. Ztg., Berlin,
entnommen.

Nach Paschkis läßt sich braunes oder leichtergrautes Haar mit Henna
allein bei sparsamer Anwendung goldschimmernd machen. Zu diesem
Zwecke werden die Haare mit einer Hennapaste mittelst der Fingerspitzen
eingerieben. Diese Färbung soll in den Großstädten viel geübt werden.
Eine besonders schöne rote Farbe läßt sich bei grau meliertem Haare namentlich dann erzielen, wenn man das Haar vorher mit Wasserstoffsuperoxyd
anbleicht.

schwarz. Dabei erhalten die Haare einen wunderschönen Glanz, und es
soll durch Anwendung dieses Mittels auch das Ausfallen der Haare
vermindert werden. Auch ist es absolut unschädlich und gewährt noch
den Vorteil, daß es die Kopfhaut nicht färbt. Die Färbung ist echt,
hält sich monatelang und erscheint durchaus natürlich. Wir hätten
es demnach hier mit einem ausgezeichneten Präparate zu tun, wenn
nicht seine Anwendung so überaus umständlich wäre. Zunächst ist es
erforderlich, daß die Färbung in einem Raume vorgenommen wird,
welcher eine Temperatur von mindestens 19⁰ R besitzt, da sich die
Farbe bei niedrigerer Temperatur nicht entwickelt. Ferner muß viel
angewärmtes Wasser (am besten eine Badewanne voll) zum Auswaschen
der Haare zur Verfügung stehen. Man verwendet zu einer Färbung im
Durchschnitt 100 g der Mischung und hat besonders darauf zu achten,
daß sich beide Teile in völlig trockenem Zustande befinden. Die Mischung,
welche vor dem Gebrauche jedesmal frisch bereitet werden muß, ist
wie folgt zusammengesetzt:

Zum Hellbraunfärben: .... 80 g Reng,
40 g Henna.
Zum Dunkelbraun- oder Schwarzfärben: .... 90 g Reng,
30 g Henna.

Die gemischten Pulver werden mit ½ l Wasser, welches man vorsichtig nach und nach zugibt, zu einem gleichmäßigen Brei verrührt,
welcher dick auf den Kopf und die Haare aufgetragen wird. Natürlich
müssen letztere in der üblichen Weise entfettet sein. Lange Haare
werden am besten in Zöpfe geflochten und diese öfters durch die mit Brei
gefüllte Hand gezogen, wobei man den Brei an allen Stellen gut zwischen
die Haare hineindrückt. Die so behandelten Zöpfe werden rings um den
Kopf gelegt und das ganze Haar noch einmal mit Brei überdeckt, so
daß kein einziges Haar aus der den Kopf wie eine Pechkappe zudeckenden
grünen Masse hervorragt. Nachdem diese Prozedur beendet ist, muß
man bei Braunfärbung 2 Stunden, bei Schwarzfärbung 3 bis 4 Stunden
warten, ehe man den Brei entfernen darf.

Nach Ablauf dieser Zeit wird die Masse mit viel Wasser von Kopf
und Haaren weggespült und das Haar anhaltend mit einem weiten
Kamm gekämmt, während literweise Wasser aufgegossen wird. Die
Waschung dauert ½ Stunde und ist beendet, wenn das Wasser klar
aus dem Haar abfließt. Da man die wirklich erzielte Farbe erst nach
6 Stunden beurteilen kann, färbt man zweckmäßig des Abends. Sollte
etwa das Haar nach dem Trocknen glanzlos erscheinen, so ist die
Färbung mißglückt und muß wiederholt werden. Wie aus diesen Angaben
ersichtlich ist, wird die Geduld hier auf eine harte Probe gestellt.

Wenn die Färbung nicht fortgesetzt wird, bilden sich auf dem Haar
die häßlichsten blauen und roten Töne, die erst nach Wochen wieder
verschwinden.

Beide Blattpulver sind unschädlich und geruchlos sowie jahrelang
haltbar, wenn sie vor Licht und Luft geschützt trocken aufbewahrt
werden.

Das Haarfärben mit Henna und Reng bürgert sich in neuerer Zeit auch in Deutschland immer mehr ein, weil diese Mittel absolut harmlos sind und schöne Erfolge damit erzielt werden.

Nachstehend einige Vorschriften für kombinierte Hennafarben:

1. Châtain

Hennapulver .... 400 g
Galläpfelpulver............ 400 g
Nußblätter, pulv. .... 600 g

2. Hellbraun

Hennapulver .... 600 g
Galläpfelpulver............ 600 g

3. Braun

Hennapulver .... 400 g
Torf, pulv., trocken .... 600 g

4. Blond

Hennapulver .... 400 g
Rhabarberwurzelpulver .... 150 g

Die bereits erwähnten Hennainfusionen werden nur wenig verwendet, sind aber, besonders aus Hennagemischen bereitet, nicht uninteressant. Wir geben nachstehend einige Vorschriften dieser Art:

I. Man stellt eine Tinktur her aus Henna und grünen Nußschalen und appliziert das Gemisch beider.

Hennatinktur

Hennapulver .... 50 g
Wasser................... 100 g
Alkohol .... 80 g

Nußschalentinktur

Frische grüne Nußschalen... 100 g
Alaun.................... 5 g
Wasser................... 30 g
Alkohol .... 40 g

Man mischt 1 Teil Hennatinktur und 1 Teil Nußtinktur oder 2 Teile Henna- und 1 Teil Nußtinktur und appliziert.

II. Hennapulver.......... 50 g
   Galläpfelpulver .... 30 g
   Nußblätter .... 20 g
   Alkohol .... 80 g
   Wasser .... 100 g
Nach der Anwendung mit Ammoniak abwaschen.

Cerbelaud

III. Kamillenblüten....... 250 g
   Hennapulver......... 500 g
   Indigoblätterpulver ... 250 g
   Wasser .... 3000 g
   Citronensäure .... 2 g
   Pyrogallol .... 3 g
   Alkohol, 90%ig ...... 80 g
   Glycerin .... 25 g

(Zu III.)

Man kocht die Pflanzenpulver etwa 10 Minuten in dem mit Citronensäure versetzten Wasser und läßt 24 Stunden mazerieren. Nach dieser Zeit filtriere man, preßt gut aus und dampft das Filtrat bis auf 800 g ein, dann gibt man das Pyrogallol, Glycerin und den Alkohol hinzu und filtriert.

Die schon von Mann vorausgesehene immer weitere Ausdehnung der Hennafärbungen in Deutschland und allen anderen Ländern ist inzwischen eingetroffen und nehmen heute Hennafarben einen außerordentlich wichtigen Platz in der Kosmetik ein, ein Platz, den sie rückhaltlos verdienen.

Abgesehen von der rein vegetabilischen Henna- bzw. Henna-Rengfärbung, haben heute chemisch modifizierte Hennapräparate, die sogenannten

Hennarastiks

ganz besondere Verbreitung gefunden.

Nachstehend einige Vorschriften für Hennarastiks.

Nach Gastou

Hennapulver	60 g
Galläpfel, pulv.	30 g
Ferrosulfat	30 g

	Châtain	Brun	Brun Foncé	Noir
Hennapulver	100	100	100	100
Pyrogallol	6	6	8	10
Kupfersulfat	6	7	7	12

Pyrogallolgehalt soll maximal 10% betragen!

Braune Töne (nach Lewis)

Châtain clair

Hennapulver	100 g
Kupfersulfat	6 g
Pyrogallol	5 g
Eisenpulver	10 g
Rotes Eisenoxyd (gebrannte Sienaerde)	5 g

Acajou

Hennapulver	400 g
Eisenpulver	200 g
Cobaltnitrat	40 g
Pyrogallol	20 g
Borax	20 g
Chlorammon	20 g

Dreiviertel Stunden.

Châtain

Hennapulver	100 g
Pyrogallol	6 g
Kupfersulfat	7 g
Rotes Eisenoxyd	8 g

Brun

Hennapulver	400 g
Eisenpulver	400 g
Cobaltnitrat	25 g
Pyrogallol	30 g
Eisenchlorid	30 g

Dreiviertel Stunden.

Châtain Foncé

Hennapulver	100 g
Pyrogallol	7 g
Kupfersulfat	7 g
Rotes Eisenoxyd	10 g

Noir

Hennapulver	400 g	Pyrogallol	30 g
Eisenpulver	400 g	Tannin	80 g
Eisenchlorid	70 g	Schwefeleisen	30 g
Nickelnitrat	30 g		

Alle Pulver werden mit heißem Wasser zu einem sämigen Brei angerührt und aufgetragen. Nach dem Auftragen das gefärbte Haar im Wärmeapparat dämpfen.

Wir beschließen dieses interessante Kapitel mit dem Hinweis, daß Silbersalze zu den Hennarastiks nicht verwendet werden können, weil diese eine spinatgrüne Färbung des Haares bewirken würden. Ebenso darf auch Henna nicht auf mit Silberfarben gefärbtes Haar aufgetragen werden.

Als Bezugsquelle für Henna und Reng seien die Drogenhäuser Cäsar & Loretz, Halle a. S. und Lehn & Fink, 120 William Street, New York, genannt. Es kommen auch bereits fertige Mischungen beider Mittel für die verschiedenen Farbnuancen in den Handel.

Anacardiumhaarfarbe.

Im Jahre 1903 brachten einige Fachblätter eine Mitteilung, daß folgendes Mittel ungiftig und unschädlich, echt und billig sei: „Man extrahiert gepulverte Anacardiumnüsse mit Petroläther, läßt diesen verdunsten, verdünnt mit Alkohol und bestreicht mit dieser Flüssigkeit das Haar. Hierauf wird es mit verdünntem Salmiakgeist benetzt und nimmt sofort eine dauerhafte schwarze Farbe an.

Diese Angaben wurden von der Redaktion der Augsburger Seifen-sieder-Zeitung in Zweifel gezogen und auf ihre Veranlassung ist von dem bekannten Chemiker P. Soltsien darüber folgendes Gutachten veröffentlicht worden:

„Das beschriebene Anacardium-Haarfärbemittel kann Verwendung finden, um totes Haar zu färben; bevor man jedoch ein derartiges Anacardiumpräparat als Haarfärbemittel auf die Kopfhaut bringt, überzeuge man sich durch Auftragen einer kleinen Probe der beschriebenen alkoholischen Flüssigkeit auf eine empfindliche Hautstelle davon, daß es nicht hautreizend wirkt. Letzteres wird nur dann der Fall sein, wenn der Auszug aus alten Anacardien hergestellt wurde, und zwar namentlich aus ostindischen. Die Vorschrift spricht von „gepulverten" Anacardiumnüssen, woraus — ebenso wie daraus, daß das Haarfärbemittel nicht giftig oder schädlich sein soll — hervorgeht, daß der Hersteller mit altem Material gearbeitet hat. Die ostindischen Nüsse stammen von Semecarpus anacardium, sind platt-eiförmig und meist noch mit einem Reste des starken Fruchtbodens als Stiel versehen, während die mehr und schärferen Saft enthaltenden west-indischen Anacardien von Anacardium occidentale stammen, nieren-förmig sind und keinen Stiel haben. (Dieser ist ein saftiger, birn-förmig verdickter, eßbarer Fruchtboden.) Der Saft der Anacardien enthält fettes Öl und als charakteristische Stoffe eine ölige Substanz, das Cardol, welche die Haut heftig reizt, Blasen zieht und Eiterung verursacht, sowie die Anacardsäure, eine Fettsäure, letztere in etwa zehnmal größerer Menge. Beide Substanzen sind leicht in Äther und Alkohol löslich, anscheinend auch in Petroläther. Der Saft beider Ana-cardiumarten wird zur Herstellung echter schwarzer Farben (selbst für Leinwand) benutzt, wird aber um so kräftiger färben, je frischer er ist. Die Anacardien (Elephantenläuse), welche man in Apotheken und

Drogenhandlungen vorfindet, haben, da der Artikel sehr wenig gefragt ist, oft ein ziemlich hohes Alter; alte ostindische Nüsse sind so trocken, daß sie sich pulvern lassen; der Saft derselben wirkt gar nicht oder kaum noch reizend auf die Haut, während ein in der Weise, wie es obenerwähnte Vorschrift angibt, hergestellter alkoholischer Auszug noch schwach färbend wirkt. Wesentlich besser, genügend färbend sogar, fällt er jedoch aus, wenn statt des Petroläthers Äther angewendet wird, da diejenige Substanz, welche die Färbungen hervorruft, in Äther besser löslich ist. Ob dieselbe dem Cardol oder der Anacardsäure näher steht oder noch eine andere ist, scheint bis jetzt nicht mit Sicherheit ermittelt zu sein. Jedenfalls geben alte occidentalische (westindische) Nüsse, welche also von Haus aus mehr Cardol und noch immer soviel fettes Öl enthalten, daß sie sich nicht pulvern, sondern nur quetschen lassen, weder Farbstoffreaktionen (auf Ammoniakzusatz), gleichviel, ob sie mit Petroläther oder Äther extrahiert werden, noch wirkt deren Saft hautreizend. Sie sind also, trotzdem sie bereits unschädlich sind, zur Herstellung des Haarfärbemittels wegen Fehlens des färbenden Prinzips nicht zu verwerten. Von den westindischen Nüssen unterscheiden sich die ostindischen anscheinend durch einen höheren Gerbstoffgehalt, dem der Farbstoff nahe stehen mag. Hat das färbende Prinzip mit Cardol oder der Anacardsäure nichts gemein, so würde eine einfache Methode, welche gestattet, ersteres von letzteren zu trennen, für solche Färbezwecke wohl von Wert sein."

Irgendwelche praktische Bedeutung hat diese Haarfärbemethode niemals erlangt.

Organische Haarfärbemittel.

Pyrogallolhaarfarben.

Pyrogallol oder Pyrogallussäure wird durch Erhitzen der Gallussäure hergestellt, ist also ein künstliches chemisches Produkt. Sie wurde schon bei den anorganischen Färbemitteln viel genannt, wo sie dazu diente, aus den Lösungen der gebrauchten Metallsalze durch ihre Reduktionskraft die Metalle in feinpulveriger Form auszuscheiden. Hiebei wird die Pyrogallussäure selbst oxydiert und ihre Lösung gebräunt, diese Bräunung tritt aber auch bei Abwesenheit von Metallsalzen schon durch die Einwirkung des Sauerstoffs der Luft ein, besonders rasch bei Gegenwart eines Alkalis (Ammoniak oder Alkalilauge). Man kann daher eine wäßrige Lösung von Pyrogallol verwenden, wenn man eine langsame Färbung wünscht, und deren Wirkung durch Zusatz einer organischen Säure noch verzögern, anderseits kann man durch vorherige, gleichzeitige oder nachfolgende Anwendung eines Alkalis die Wirkung beschleunigen. Im ersteren Fall erzielt man eine allmählich auftretende, nicht gerade schöne Färbung von dunkelgrau bis schwärzlich, im letzteren eine rot- bis schwarzbraune Färbung. Die Pyrogallolfärbungen sind zwar wasser-, aber nicht säurebeständig und im allgemeinen wenig echt. Essig- und Citronensäure entfernen sie mit Leichtigkeit.

Nachfolgend einige Vorschriften:

I. Pyrogallussäure . . . .   12 g
   Citronensäure . . . .   1 g
   Glycerin. . . . .   30 g   } färbt progressiv
   Dest. Wasser . . . .   200 g
   Alkohol, 96%ig . . . .   80 g

II. Pyrogallussäure . . . .   25 g
   Rosenwasser . . . . 1000 g

M. Larcher[1] empfiehlt, 500 g Pyrogallol in 200 g Alkohol, sowie 150 g Natronlauge (36° Bé.) in 5000 g Rosenwasser zu lösen, beide Lösungen nach dem Zusammengießen eine Woche bei Luftzutritt stehenzulassen und dann auf Flaschen zu füllen. Das Mittel soll 7 Tage aufgetragen werden und das Haar immer dunkler, bei öfterer Anwendung tiefschwarz färben.

Das Pyrogallol ist zu Haarfärbemitteln erlaubt, indes nicht unschädlich. E. Erdmann[2] gibt in Übereinstimmung mit Saalfeld darüber folgendes an: „Auf der Haut ruft die Pyrogallussäure oft genug mehr oder weniger heftige entzündliche Erscheinungen hervor, und ihre Resorption kann durch Schädigungen des Nervensystems, des Blutes oder der Nieren schwere Störungen des gesamten Organismus bedingen." A. Chaplet („La Teinture des Cheveux", S. 9) sagt: „Il convient, pour éviter toute possibilité de risques d'accidents toxiques, de ne pas dépasser dans la solution d'acide pyrogallique la concentration maximum de 5 grammes par litre." Husemann und Kobert rechnen das Pyrogallol zu den Blutgiften, da es direkt auf die roten Blutkörperchen schädlich einwirke. Dagegen läßt sich diese schädliche Wirkung beseitigen, wenn man in das Pyrogallolmolekül die Sulfogruppe einführt und zur Haarfarbung Lösungen von Salzen der Pyrogallolsulfosäure allein oder zusammen mit oxydierenden oder alkalischen Mitteln verwendet. Dieses Verfahren ist jedoch durch Patent (D. R. P. 178.295) der Aktien-Gesellschaft für Anilinfabrikation in Berlin geschützt. Man erhält damit sehr echte Färbungen.

Haarfarben aus Anilinderivaten.

Die Verwendung gewisser Anilinderivate zu Haarfärbemitteln bedeutete insofern einen Fortschritt, als sich dadurch sehr echte Färbungen und natürliche Nuancen herstellen ließen. An erster Stelle ist hier das Paraphenylendiamin zu nennen, das in alkalischer Lösung mit Wasserstoffsuperoxyd als Entwickler verwendet wurde. Erdmann empfahl dafür folgende Vorschriften: 20 g reines Paraphenylendiamin (oder 33,5 g salzsaures Paraphenylendiamin) und 14 g Ätznatron werden in 1 l heißen Wassers gelöst. Das entfettete Haar wird mit der Lösung durchtränkt und in eine 3%ige Lösung von Wasserstoffsuperoxyd gelegt. Nach 24 Stunden sind die Haare tief dunkelbraun gefärbt,

---

[1] „Parfumerien", Hannover 1907.
[2] Münchener med. Wochenschr. 1906, Nr. 8.

nach Wiederholung der Operation blauschwarz; wenn man das Wasserstoffsuperoxyd durch eine 5%ige Eisenchloridlösung ersetzt, werden sie kastanienbraun.

Diese Vorschriften sind nur für totes Haar bestimmt, denn die Erfahrung hat gezeigt, daß das Paraphenylendiamin sehr starke Hautreizungen erzeugt, welche die Gesundheit schädigen können. Aus diesem Grunde hat die Behörde in Deutschland und den meisten Kulturstaaten den Verkauf paraphenylendiaminhaltiger Haarfärbemittel so gut wie unmöglich gemacht. (Vgl. Kapitel „Gesetze und Verordnungen.")

Wolffenstein und Colman erblicken einen weiteren Nachteil des Paraphenylendiamins darin, daß sich das Mengenverhältnis dieser Substanz zu der des Wasserstoffsuperoxyds schwierig bestimmen läßt und infolgedessen Ungleichmäßigkeiten und Mißtöne in der Färbung auftreten können, die das Färben zu einem unsicher verlaufenden Prozeß machen, der außerdem auch ein unsauberer ist. Diese Nachteile und zugleich die Giftwirkungen des Paraphenylendiamins wollen sie nun dadurch verhüten, daß sie das Paraphenylendiamin vor seiner Verwendung in die Farbstoffverbindung und diese dann in ihre Leukoverbindung (ungefärbten Körper) überführen, welche erst zur Färbung des Haares benutzt wird. Die Farbe selbst wird dann durch den Sauerstoff der Luft auf dem Haar entwickelt. Beispielsweise löst man 6 g Paraphenylendiamin unter gelindem Erwärmen in 300 g Wasser und setzt 2,5 ccm einer neutralen Goldchloridlösung hinzu. Hiedurch scheidet sich sofort ein Farbstoff ab, der direkt oder nach dem Abfiltrieren mit einer wäßrigen Lösung von Natriumbisulfit behandelt wird, wodurch er in die Leukoverbindung, d. h. eine farblose klare Lösung übergeführt wird, die als Haarfärbemittel dient. Dieses durch das D. R. P. 196.674 geschützte Verfahren bietet also den Vorteil, daß man nur einer Lösung bedarf, wobei natürlich auch die Entstehung von Flecken auf der Haut leichter zu vermeiden ist, als bei einem aus zwei nacheinander zu verwendenden Flüssigkeiten bestehenden Mittel.

Als die nachteiligen Eigenschaften des Paraphenylendiamins bekannt geworden waren, suchte man dieses durch andere organische Basen (Metol, Paraaminophenol, Paraaminodiphenylamin) zu ersetzen. Der praktische Gebrauch derartiger Mittel sowie klinische Versuche haben jedoch bewiesen, daß sie alle mehr oder weniger die Haut, die damit befleckt wurde, reizen und in der Regel nach längerer Zeit Erkrankungen anderer Körperteile hervorrufen[1]. Ihre Verwendung zu Haarfärbemitteln wurde deshalb zum Teil behördlich untersagt[2], zum Teil verbietet sie sich von selbst, da ja kein Fabrikant oder Friseur geneigt sein wird, die Haftpflicht für dadurch entstehende Körperschäden auf sich zu nehmen.

---

[1] „Über neue Haarfärbemittel". Mitteilung aus der Kgl. Universitätspoliklinik für Hautkrankheiten und dem Universitätslaboratorium für angewandte Chemie in Halle a. S. von E. Tomasczewski und E. Erdmann (Münch. med. Wochenschr. 1906, Nr. 8.)

[2] In Österreich. Vgl. das Gutachten des Obersten Sanitätsrates über metolhaltige Haarfärbemittel. (Seifensieder-Ztg., Augsburg 1905, Nr. 19.)

Es ist daher zu begrüßen, daß der früher beim Pyrogallol gelungene
Versuch, dessen schädliche Eigenschaften durch Einführung der Sulfogruppe zu beseitigen, auch bei den als Oxydationsfarben in Betracht
kommenden Aminbasen zu überaus günstigen Resultaten geführt
hat. Erdmann und Tomasczewski haben in ihrer bereits vorher erwähnten Arbeit festgestellt, daß nur in einem einzigen von 96 Fällen bei
Applizierung dieser sulfonierten Basen eine ganz leichte Hautreizung eintrat, die rasch vorüberging, dagegen keinerlei Komplikatnionen entstanden. Möglicherweise ist dieser eine Fall nur auf eine Überempfindlichkeit
der Haut, wie sie vereinzelt anzutreffen ist, zurückzuführen. Diese
Erfahrungen boten nun die Grundlage zur Gewinnung eines hygienisch
einwandfreien Haarfärbemittels, dessen Herstellung durch das D. R. P.
179.881 der Aktiengesellschaft für Anilinfabrikation in Berlin geschützt
war und das sich unter der Bezeichnung

„Eugatol"

im Handel befindet. Es lassen sich damit die meisten gebräuchlichen
Färbungen in natürlichen Nuancen hervorrufen; ein violettroter Stich
macht sich bei einigen davon nur bei schärfster Beobachtung und nur,
wenn das Haar von der Sonne durchleuchtet wird, bemerkbar, ist also
ohne Bedeutung.

Nachstehend geben wir nach der Patentschrift die Zusammensetzung
einzelner Eugatolfarben bekannt:

Blond, reib- und waschecht

o-Amidophenolmonosulfo-säure	4 g
Kohlensaures Natron	2 g
Dest. Wasser	100 g

oder:

p-Amidodiphenylamin-monosulfosäure	4 g
Kohlensaures Natron	2 g
Natriumbisulfit 30° Bé.	3 ccm
Dest. Wasser	100 g

Braun

p-Phenylendiaminmonosulfo-säure	4 g
Kohlensaures Natron	2 g
Dest. Wasser	100 g

Schwarz

Amidodiphenylaminmono-sulfosäure	40 g
Kohlensaures Natron	20 g

mit destilliertem Wasser zu 1 l aufzulösen. Die Ausfärbung ist nach
½ Stunde fast schwarz. Beim Auswaschen geht nur etwas violette
Farbe herunter.

Jede der vorstehenden Lösungen wird unmittelbar vor dem Gebrauch
mit der halben Raummenge 3%igen Wasserstoffsuperoxyds[1] gemischt.
Die Lösungen lassen sich auch ohne Wasserstoffsuperoxyd verwenden,

---

[1] Da die 3%ige Wasserstoffsuperoxydlösung nicht sehr haltbar ist,
gibt die Patentinhaberin neuerdings den Eugatol-Packungen 2 Pulver bei,
die auf Zusatz von Wasser einen gebrauchsfähigen Entwickler liefern, der
bei kühler und staubfreier Aufbewahrung mehrere Wochen lang seinen
Zweck erfüllt. Es handelt sich dabei jedenfalls einerseits um Natrium-
perbonat, anderseits um eine organische Säure (Citronensäure).

in diesem Falle tritt jedoch die Entwicklung der Farbe durch den Luftsauerstoff viel langsamer ein.

Nach Mitteilungen aus Fachkreisen soll eine 4-bis 5malige Anwendung des Mittels nötig sein, bis der gewünschte Farbton erreicht ist. Das Mittel wirkt demnach ziemlich langsam.

Einen anderen Weg zur Entgiftung der aromatischen Aminbasen schlug James Colman[1] ein. Er fand nämlich, daß sich ihre hautreizende Wirkung aufheben läßt, wenn man die Leukoverbindungen der durch Oxydation mit Wasserstoffsuperoxyd entstehenden Farbstoffe herstellt. Diese Leukoverbindungen gehen auf dem Haar schon durch den Luftsauerstoff, schneller durch geeignete Oxydationsmittel in die gewünschten Farbstoffe über. Es hat sich nun gezeigt, daß schon der Zusatz gewisser unschädlicher reduzierender Salze in ausreichender Menge genügt, um den giftigen Aminbasen die Reizwirkung zu nehmen. Die Gegenwart der betreffenden Reduktionsmittel nimmt den Basen nicht die Fähigkeit, durch Wasserstoffsuperoxyd oder andere Oxydationsmittel in kurzer Zeit in unlösliche Farbstoffe überzugehen, aber es scheint dabei die Bildung chinondiiminähnlicher Körper, die bei der früher üblichen Anwendung der Diamine (Paraphenylendiamin usw.) die Reizwirkung wesentlich bedingten, vermieden zu werden. Als besonders brauchbare Reduktionsmittel erwiesen sich die neutralen Sulfite. Klinische Versuche von Loewy (D. med. Wochenschr. 1911, S. 926) haben ergeben, daß eine zur Haarfärbung besonders geeignete Mischung von 2,5 T. Paratoluylendiamin und 5 T. kristallisiertem neutralen Natriumsulfit in wäßriger Lösung selbst bei 24stündigem Verweilen auf der Kopfhaut keine schädlichen Wirkungen äußerte. Die Herstellung dieses neuen Haarfärbemittels war durch das D. R. P. 234.462 vom 25. Mai 1909 und durch Auslandspatente geschützt. Die Actiengesellschaft für Anilinfabrikation, Berlin, hat als Besitzerin der Patente die Fabrikation übernommen und es unter dem Namen

„Primal"

in den Handel gebracht.

Diese Haarfarbe besteht aus einer Sulfitlösung des Paratoluylendiamins.

Primal Agfa

Paratoluylendiamin . . . . . 2,5 Teile
Natriumsulfit . . . . 5 Teile
In wässeriger Lösung.

Als Entwickler dient Wasserstoffsuperoxyd oder sauerstoffabspaltende Tabletten aus Natriumperborat und äquivalenten Mengen Säure.

Unter dem Namen „Aureol" kommt ein Präparat folgender Zusammensetzung in den Handel:

---

[1] Über „Primal", ein neues unschädliches Präparat zum Färben von Haaren. Von A. Loewy und J. Colman (Deutsche med. Wochenschr. 1911, Nr. 20).

Metol (Sulfomethyl-p-
Amido-Metakresol) ...... 1 g
Salzsaures Amidophenol ... 0,5 g
Amidodiphenylamin .... 0,6 g
Natriumsulfit .... 0,5 g
Alkohol .... 50 g

Wird vor der Verwendung ebenfalls mit Wasserstoffsuperoxyd gemischt.

Schließlich sei noch die E. P. L. Schueller durch das französische Patent 383.920 geschützte Haarfarbe erwähnt, die auf der Bildung von Farblacken auf dem Haar basiert. Das wirksame Prinzip ist hier die Kombination eines Körpers der Phenolgruppe (Amidophenole, Hämatoxylin usw.) mit einem Metallsalz (Kobalt, Nickel, Eisen, Kupfer), die sich zusammen in einer Lösung befinden, welcher ein Reduktionsmittel zugesetzt ist, durch dessen Gegenwart die Einwirkung der beiden Komponenten aufeinander in der Flasche selbst verhindert wird; eine solche Aufeinanderwirkung und somit die Bildung eines Farblackes kann erst dann eintreten, wenn das Mittel mit dem Sauerstoff der Luft in Berührung kommt, also wenn die Lösung auf dem Haar aufgetragen ist, wobei das Reduktionsmittel oxydiert und sein hemmender Einfluß aufgehoben wird. Nimmt man von dem Reduktionsmittel nur wenig, so geschieht diese Oxydation rasch und die Färbung tritt sehr bald ein, während im umgekehrten Falle die Wirkung progressiv ist. Das Mittel besitzt, außer dem Vorteil, einteilig zu sein, nach dem Erfinder noch den Vorzug, daß sich alle Farbennuancen damit erzielen lassen und daß es ein unschädliches Haarfärbepräparat vorstellt. Zur Vertiefung und Verschönerung der erzielten Färbung empfiehlt der Erfinder u. a. eine Einfettung des Haares mit wäßriger Türkischrotöllösung.

Im Nachtrage zur Beschreibung der gebräuchlichsten augenblicklich wirkenden Haarfarben wollen wir eines speziellen Verfahrens gedenken, das, obwohl unseres Wissens niemals in größerem Umfange praktisch geübt, sicher als Idee manches Interessante in sich trägt.

Es ist dies die bereits kurz erwähnte, durch D. R. P. 344.529, Dr. Otto Volz in Berlin vom 27. November 1904, auf die Dauer von 15 Jahren geschützte Erfindung der

Herstellung von Haarfärbemitteln in fetter Lösung geeigneter Metallstearate usw.

Dieses von originellen Prinzipien ausgehende Verfahren will vor allem das „Naßfärben" der Haare vermeiden und dem Haar die Farbstoffe in Form fetter Lösungen zuführen, die die betreffenden Metalle bzw. Kohlenwasserstoffe in Form fettlöslicher Verbindungen enthalten, soweit sie nicht direkt als solche in Fett löslich sind. Diese fetten Haarfarben färben das Haar augenblicklich an und lassen sich durch Nachbehandlung mit verdünnten Alkalien (Ammoniak usw.) in der Farbwirkung beschleunigen, wobei ein leichtes Durchbürsten genügt.

Durch diese Nachbehandlung mit Alkali sollen auch die mit den Fettstoffen in das Haar eingedrungenen fettsauren Salze usw. in Metalloxyde verwandelt werden, die Keratinfarblacke bilden. Bei dieser Methode ist Entfettung des Haares selbstverständlich überflüssig und sollen die Nuancen sofort erkennbar sein, was bei der Naßfärbung bekanntlich vor dem Trocknen unmöglich ist, da feuchtes Haar stets dunkler erscheint.

Cobaltstearat .... 35 Teile
Nickelstearat .... 35 Teile
Benzylbenzoat .... 500 Teile

Bis zur Lösung erwärmen und zu folgendem separat erwärmten Gemisch unter Umrühren zusetzen:

Pyrogallol .... 100 Teile
Essigäther .... 240 Teile
Olivenöl .... 700 Teile
Vaselinöl .... 1800 Teile
Seifenpulver .... 60 Teile

Haarbleichmittel (Blondierungsmittel).

Ebensowenig wie sich ein schwarzes Kleid weiß färben läßt, läßt sich zur Blondfärbung dunklen Haares ein eigentliches Färbemittel verwenden. In diesem Falle muß man zu Bleichmitteln greifen. Als wirksamer Bestandteil derselben dient das Wasserstoffsuperoxyd, das früher allgemein als harmlos betrachtet wurde. Es hat sich jedoch in der Praxis gezeigt, daß die dauernde Verwendung dieses Mittels das Haar brüchig macht. Es ist deshalb bei seinem Gebrauch zum mindesten eine häufige Einfettung des Haares vorzunehmen.

Die zuerst auf den Markt gekommenen Blondierungsmittel („Aureoline", „Gold-Feenwasser" usw.) bestanden aus 3%igem Wasserstoffsuperoxyd[1], dem, um es haltbarer und gleichzeitig wirksamer zu machen, ein Zusatz von freier Salzsäure oder Schwefelsäure bzw. von beiden zugleich gegeben war. Es ist aber empfehlenswert, von solchen Zusätzen abzusehen, da sie das Haar ebenfalls angreifen. Um die Wirkung des Wasserstoffsuperoxyds zu erhöhen, setzt man eventuell etwas von dem ganz unschädlichen Salmiakgeist hinzu, wodurch allerdings die Haltbarkeit des Wasserstoffsuperoxyds leidet. Es dürfte sich daher

---

[1] Die Prozentangaben bei Wasserstoffsuperoxyd beziehen sich meist auf Gewichtsprozente. Ein 3%iges Wasserstoffsuperoxyd enthält also 3 Gewichtsprozente H_2O_2; es vermag die 10fache Raummenge gasförmigen Sauerstoff abzugeben, weshalb man es auch als 10volumprozentig bezeichnet. Durch Verdünnung des 30%igen (Gewichtsprozente) Perhydrols lassen sich stärkere als 3%ige Lösungen herstellen.

empfehlen, die erforderliche Salmiakgeistmenge in einem besonderen kleinen Fläschchen abzugeben.

Besonders interessant ist die Tatsache, daß es nunmehr gelungen sein dürfte, das Wasserstoffsuperoxyd durch Zusatz kleiner Mengen von Estern der p-Oxybenzoesäure dauernd zu konservieren. Empfohlen wird ein Zusatz von etwa 0,2% des Methylesters (Nipagin).

Blondierungsmittel

Wasserstoffsuperoxyd, 3%ig 1000 g
Salmiakgeist, 25%ig . . . . . . 15 g

Das Mittel wirkt erst allmählich und ist solange auf das jedesmal gut entfettete Haar aufzutragen, bis die gewünschte hellere Färbung erzielt ist. Das nachwachsende Haar ist ebenso zu behandeln.

Wegen der Zersetzlichkeit des Wasserstoffsuperoxyds empfiehlt es sich, Flaschen aus braunem Glase zu verwenden und diese recht kühl aufzubewahren. Man fülle sie am besten nie ganz voll. Eventuell gibt man einen Reservestopfen bei, der eine haarfeine Bohrung besitzt, durch welche der bei der Zersetzung des Wasserstoffsuperoxyds frei werdende Sauerstoff entweichen und so einem Platzen der Flaschen vorgebeugt werden kann.

Um ergrautes Haar schneeweiß zu bleichen, was mit Wasserstoffsuperoxyd nicht zu erreichen ist, da dieses dem Haar stets einen gelben Schein läßt, wird folgendes Verfahren empfohlen: Das entfettete und getrocknete Haar wird mit einer warm gemachten 6%igen Kaliumpermanganatlösung durchfeuchtet, diese antrocknen gelassen und dann mit einer 10%igen Natriumthiosulfatlösung gewaschen, die man unmittelbar vor dem Gebrauch mit etwas Schwefelsäure angesäuert hat. Diese Prozedur muß einigemal wiederholt werden. Diese Methode ist aber recht problematisch und gibt keine sicheren Resultate.

Enthaarungsmittel (Depilatorien).

Die Nachfrage nach diesem Artikel, der zu Manns Zeiten nur selten gefragt wurde, hat sich ganz erheblich gesteigert, vor allem weil in unserer Zeit des Freibades, des Sonnenkults und Sports und der „wenig bekleideten" Mode der Damen im allgemeinen die Epilation der Achselhöhle, der Arme und Beine usw. eine ästhetische Notwendigkeit geworden ist.

Eine dauernde Epilation mit solchen Präparaten gibt es nicht und wachsen die Haare wieder nach.

Die wichtigsten Grundstoffe zu den modernen Depilatorien sind gewisse Sulfide, vor allem das Bariumsulfid, das Strontiumsulfid und die Alkalisulfide. Von diesen ist das Bariumsulfid nicht unbedenklich und auch in vielen Staaten verboten. Man hat dessen Verwendung auch nicht nötig und im Strontiumsulfid einen vollwertigen Ersatz gefunden, auch durch geschickte Verwendung der Alkalisulfide.

Wichtig für den Gebrauch der Enthaarungsmittel, die infolge der

Bildung ätzender Hydroxyde die Haut stets mehr oder minder irritieren, daß sofort nach dem nötigen reichlichen Nachspülen mit Wasser, mit einer schwachen Säure (Citronensäure, Borsäure, Weinsäure, Essig usw.) nachgewaschen wird. Auch ist alsdann die Applikationsstelle mit Fett einzureiben und schließlich kräftig einzupudern.

Dies ist als allgemein gültig zu beachten!

Seit vielen Jahrhunderten verwenden die Orientalen als Enthaarungsmittel, außer dem Rhusma, das Schwefelcalcium (genauer Calciumsulfhydrat CaSH), welches die Eigenschaft hat, die Haare ziemlich schnell in eine gallertartige Masse zu verwandeln und dabei die Haut nur langsam anzugreifen. Nach einem Patent von Dr. J. Perl eignet sich besser das Strontiumsulfhydrat, das aber auch wenig haltbar ist. Gegen die Haut fast ganz wirkungslos und dabei verhältnismäßig haltbar in freier Luft soll nach einem Patent[1] von G. Hüttemann und J. Zrzawy in Brüx ein aus der Einwirkung von Schwefelwasserstoff auf Zuckerkalk erhaltenes Präparat sein. Man erhält nach ihrer Angabe ein brauchbares Produkt, wenn man z. B. den Kalk mit einer 5- bis 25%igen Zuckerlösung ablöscht und alsdann das erhaltene feste Calciumsaccharat durch Auflockern und Durchleiten von Schwefelwasserstoff sich mit letzterem sättigen läßt. Diese so erhaltene Grundmasse wird zweckmäßig unter Luft- und Lichtabschluß aufbewahrt. Zum Gebrauch kann die Masse mit einem Verdünnungsmittel, z. B. Talkum, gemengt und auch parfumiert werden, derart, daß die Mischung etwa 4 bis 6% der Grundmasse enthält. Für den Gebrauch wird dieses Pulver mit Wasser zu einem Brei angerührt und auf die zu behandelnde Stelle aufgetragen. Nach ganz kurzer Zeit, z. B. 5 bis 10 Minuten, entfernt man die Masse durch sanftes Abstreichen oder Abwaschen von der Haut, wonach die Haare von letzterer beseitigt sind, ohne daß die Haut in irgend einer Weise verändert ist. Da das Mittel ungiftig ist, wirkt es selbst bei einer Hautwunde unschädlich, vielmehr hat es noch eine antiseptische Wirkung gleich derjenigen einer guten Kernseife.

Das Rhusma der Orientalen besteht aus Kalk und Schwefelarsen und ist ein sehr gefährliches Mittel.

Ätzkalk .... 100 g
Schwefelarsenik .... 50 g

Dieses Mittel wird zwar viel im Orient benutzt, es muß aber vor dessen Verwendung gewarnt werden.

Ein harmloses, sehr viel angewendetes Produkt ist folgendes:

Calciumsulfhydrat .... 100 g
Borax .... 10 g
Lanolin .... 300 g

werden zu einer Salbe verrieben und dann in kleine Glasdosen gegeben. Hierauf bestreicht man die zu enthaarende Stelle etwa messerrückendick

---

[1] D. R. P. 107 242.

und entfernt nach kurzer Zeit die Auflage wieder mit einem kleinen
Hölzchen oder Falzbein; darauf wäscht man die enthaarte Stelle mit
einer Lösung von

> Rosenwasser .... 100 g
> Borax .... 20 g

Es gibt sehr nette kleine Sortimentskästchen, in denen eine Dose
Creme und ein Flacon solchen Wassers sowie ein kleines Falzbein
vereinigt sind, die guten Absatz finden.

Bei Anwendung vorstehenden Mittels werden die Haarwurzeln
in keiner Weise angegriffen und die Haare wachsen daher wieder nach.
Die Auflage kann beliebig oft vorgenommen weiden, ohne der Haut
zu schaden. Ein weiteres unschädliches Mittel stellt man wie folgt her:

> Kollodium .... 500 g
> Jodtinktur .... 20 g
> Terpentinöl .... 40 g
> Ricinusöl .... 25 g
> Alkohol .... 300 g
> Wachsaroma .... 5 g

3 bis 4 Tage werden die betreffenden Stellen mit der Flüssigkeit
bestrichen, wonach das gebildete Häutchen beim Abziehen alle Haare
mit fortnimmt.

Eine etwas ungemütlichere Art der Haarentfernung wird im Süden
angewendet. Durch Auflegen von Läppchen, die dick mit befeuchteter
Kaliseife bestrichen sind, erweicht man die Haut der zu enthaarenden
Stelle und bestreicht diese dann mit einer Lösung von Harz, worauf
man abermals ein Läppchen darüber legt. Dieses klebt mit den Haaren
und der Harzlösung fest zusammen und wird dann langsam abgezogen,
wobei die Haare mit der Wurzel aus der aufgeweichten Haut heraus-
gezogen werden. Es kann hiedurch leicht eine Wurzelentzündung entstehen und man wäscht daher die Stelle sofort mit Franzbranntwein
tüchtig ab, um noch zurückgebliebenes Harz zu entfernen. Dann wird
eine Mischung von Rosenwasser und Borax, oder auch Mandelmilch,
mit Borax gemischt, zum Nachwaschen und Kühlen genommen.

Auch eine

Enthaarungsseife

wird für den Export nach dem Osten in letzter Zeit vielfach verlangt.
Diese stellt man wie folgt her:

> Kaliseife .... 1000 g
> Calciumsulfhydrat .... 300 g

werden innig gemischt und verarbeitet, bis alles ein schöner gleichmäßiger Teig ist. Dann füllt man sie in kleine Porzellan-, Glas- oder
Blechdosen, denen man eine Gebrauchsanweisung mitgibt.

Enthaarungspasta

a) Weißes Stärkepulver .... 20 g
   Wasser .... 120 g

b) Schwefelnatrium, krist. .. 34 g
   Schwefelcalcium .... 30 g
   Wasser .... 180 g

c) Palmöl................. 36 g
   Glycerin .... 21 g

Man rührt die Stärke mit dem Wasser an und setzt die Mischung (a) einstweilen beiseite. In einem anderen Gefäß löst man das kristallisierte Schwefelnatrium und das Schwefelcalcium unter Umrühren in dem Wasser auf (b) und fügt das Glycerin hinzu. Das Palmöl wird in einem separaten Kessel geschmolzen.

Zur Mischung der einzelnen Bestandteile macht man die Lösung (b) kochend heiß, rührt die Stärkelösung (a) gut auf und verrührt sie dann portionenweise mit der Lösung (b). Man rührt so lange, bis sich ein dicker Kleister bildet. Sodann gibt man das geschmolzene Palmöl hinzu, mischt gut durch und fügt das nachstehend angegebene Parfum hinzu. Bevor die Masse sich abkühlt und erstarrt, gießt man sie in Porzellandosen oder in weithalsige Flaschen aus.

Parfum

Auf
Pasta .... 1000 g
   nimmt man
Terpineol................ 15 g
Bergamottöl .... 10 g
Linalool................. 5 g

Gebrauchsanweisung. Man bestreiche das zu entfernende Haar mit der Pasta, bis es seine krause Beschaffenheit und faserige Gestalt verliert und zu einer breiartigen Masse wird. Darnach wasche man die betreffende Stelle gut mit Wasser ab, und alles Haar wird entfernt sein. Sollte die Haut nach Anwendung der Pasta schmerzen, so reibe man sie mit etwas Vaselin- oder Lanolincreme ein.

Enthaarungspulver

Weizenmehl .... 500 g
Zinkoxyd .... 500 g
Schwefelcalcium .... 1000 g

werden zu einem sehr feinen Pulver verrieben.

Vor dem Gebrauch verreibt man das Pulver mit Wasser zu einem dicken Brei und läßt diesen dann 10 Minuten einwirken.

Diese Enthaarungsmittel werden bisweilen auch noch parfumiert, event. durch Zusatz von Wachsaroma oder dergl.

Eine recht gute

Enthaarungssalbe

stellt man nach einer Vorschrift von Dr. Stephan wie folgt her:

$$\begin{array}{ll}
\text{Baryumsulfhydrat} \dots\dots\dots & 500\ g \\
\text{Kreide ff., geschlämmt} \dots & 1000\ g \\
\text{„Lösliche Salbe“} \dots\dots\dots & 8500\ g
\end{array}$$

werden innig miteinander verrieben.

Die „lösliche Salbe“ stellt man wie folgt her:

$$\begin{array}{ll}
\text{Tragantpulver} \dots\dots\dots\dots & 300\ g \\
\text{Alkohol, } 96\%\text{ig} \dots\dots\dots & 500\ g \\
\text{Glycerin, chem. rein} \dots\dots & 5000\ g \\
\text{Dest. Wasser} \dots\dots\dots\dots & 4200\ g
\end{array}$$

werden gut zusammengearbeitet und einige Zeit stehen gelassen. Wenn es notwendig erscheint, drückt man die ganze Masse durch ein Seihtuch, wodurch sie vollkommen gleichmäßig wird. Als Parfum verwendet man synthet. Bergamottöl und synthet. Geraniumöl in Verbindung mit etwas Terpineol.

Auf die neuerdings angewandte Methode, Haare mittels Elektrizität (Elektro-Depilator) zu entfernen, sei hier nur kurz hingewiesen.

Dann hat auch Dr. Kantorowicz, Berlin, sich durch D. R. P. 196.617 ein Verfahren schützen lassen, bei dem Mischungen von Sulfiden mit Peroxyden oder Persalzen (Baryum-, Calcium-, Natrium-, Magnesium und Zinksuperoxyd oder Natriumperborat, Natriumperkarbonat usw.) verwendet werden, wodurch der bei Anwendung der früheren Enthaarungsmittel immer härter und fester hervorsprossende Haarwuchs immer zarter werden soll.

Weiterhin verwendet man häufig Wasserstoffsuperoxyd, um die Haare auf der Oberlippe zu bleichen, in welchem Zustande sie nicht mehr so sehr auffallen; es ist nur ein etwas Geduld erforderndes, aber gefahrloses Verfahren und hat noch den Vorteil, daß die viel und lange so behandelten Haare spröd werden und abbrechen, somit verschwinden.

Moderne Enthaarungsmittel.

Wir haben im vorstehenden die Angaben Manns in extenso wiedergegeben, weil sie, grundlegend gesprochen, sicher viel Wissenswertes enthalten.

Anschließend hieran soll aber die Herstellungsmethode moderner Enthaarungsmittel erwähnt werden und sei hiezu kurz folgendes bemerkt:

Man versucht immer und immer wieder den wenig angenehmen Geruch der Depilatorien durch eine „Parfumierung“ zu überdecken. Dies gelingt auch in einem gewissen Grade bei dem Präparat selbst, nicht aber während der Verwendung auf der Haut und wird durch das Parfum der Geruch nach faulen Eiern nur noch viel widerlicher, was immer zu bedenken ist.

Nachstehend einige moderne Vorschriften:

I. Strontiumsulfid	800 g	II. Strontiumsulfid	100 g
Zinkoxyd	1200 g	Zinkoxyd	100 g
Stärke	1500 g	Stärke	200 g
Menthol	5—10 g		

Das Pulver wird unmittelbar vor Gebrauch mit wenig Wasser zu einem dicken Brei angemacht, aufgetragen und etwa 5 Minuten liegen gelassen. Dann ist reichlich mit Wasser abzuspülen, nachzusäuern und Cold Cream, dann Puder aufzulegen.

Flüssiges Depilatorium

Natriumsulfid	10 g
Wasser	100 g

Zum Nachwaschen

Citronensäure	2—5 g
Wasser	1000 g

Sehr modern sind auch cremeförmige Enthaarungsmittel, die in sehr einfacher Weise mit Natriumsulfidlösung, kohlensaurem Kalk u. dgl., Glycerin, Zuckersirup usw. in Cremeform hergestellt werden und in Tuben in den Handel kommen (Taky und ähnliche Produkte).

Parfumierte Bäder.

Stark in Aufnahme gekommen sind die parfumierten Bäder.

Bade-Eau de Cologne

Alkohol	3000 g	Rosmarinöl	30 g
Lavendelöl	25 g	Portugalöl	50 g
Petitgrainöl	60 g	Citronenöl	60 g
Bergamottöl	30 g	Wasser	3000 g

Um hier den Effekt der Stärkung des Körpers noch etwas zu erhöhen, wird dem Bade-Eau de Cologne auch des öfteren etwas Kochsalz zugesetzt. Dieses löst man in diesem Falle in dem zuzusetzenden Wasser auf und gibt es dann in die Mischung.

Coniferenbadessenz

Latschenkieferöl	500 g
Lavendelöl	50 g
Rautenöl	30 g
Alkohol	2000 g
Wasser	2000 g
Kochsalz	350 g

Auch finden wir speziell für Bäder im Handel ein

Coniferensalz

Kochsalz .... 2000 g
Latschenkieferöl .... 300 g
Eucalyptusöl............. 40 g
Salbeiöl .... 20 g
Lavendelöl .... 20 g

Dieses Salz wird in Gläser mit gut eingeschliffenem Glasstopfen gegeben; es genügt ein Glas Koniferensalz jeweils gerade zu einem Bade.

Ungemein erfrischend an heißen Tagen ist ein Bad, welches mit Badeessig aromatisiert wurde.

Badeessig

Alkohol	7000 g	Citronenöl	100 g
Essigäther	160 g	Neroliöl, künstl...........	20 g
Eisessig	300 g	Portugalöl	50 g
Perubalsamtinktur........	160 g	Geraniumöl, Bourbon	20 g
Bergamottöl	125 g	Wasser	2000 g

Um dem damit parfumierten Wasser eine stärker milchige Tönung zu verleihen, setzt man dem Essig etwas mehr Harzlösung zu, indem man noch etwas Benzoetinktur beifügt. Will man diesen Badeessig außerdem mit Veilchenaroma versehen, dann muß man die Parfumkomposition natürlich anders nehmen. Jonon in seinen verschiedenen Qualitäten tut hier dann gute Dienste.

Außerdem sind auch eine ganze Reihe von feinen Toilettewässern am Markte, die, in allen Blumengerüchen geliefert, zur Parfumierung des Bades ungemein geeignet sind.

Als moderne Badezusätze sind hier zu nennen die

Badesalze.

Als Grundlage hiefür nimmt man kleinkristallisierte Soda, Natriumthiosulfat, Steinsalz, eventuell auch Glaubersalz für kristallinische Salze, oder Ammoniaksoda oder Borax für feinpulveriges Badesalz.

Diese Salze werden in zarten bunten Farben und in den verschiedensten Gerüchen in den Handel gebracht, meist in dichtschließenden Gläsern, um das Unansehnlichwerden der Salze (Soda verwittert, Steinsalz ist hygroskopisch usw.) und das Verdunsten des Parfums zu verhindern.

Die kristallinischen Salze werden zunächst eventuell mit der Farbstofflösung geschüttelt, bis sie gleichmäßig gefärbt erscheinen (eventuell Durchmischen in einer flachen Wanne), dann das Parfum hinzugegeben und nochmals mischen.

Die pulverförmigen Salze läßt man am besten mit Parfum und Farbstofflösung mehrmals durch eine Mühle laufen.

Von jeder Mischung zirka 15 bis 20 g für 1 kg Salz.

Fichtennadelbadesalz

Edeltannenöl .... 200 g
Cumarin.................. 10 g
Citronenöl .... 20 g
Lavendelöl .... 30 g
Eucalyptusöl.............. 5 g
Rosmarinöl .... 5 g

Lavendelbadesalz

Lavendelöl, franz.......... 450 g
Spiköl .... 250 g
Cumarin................. 5 g
Bergamottöl .... 50 g
Rosenöl, künstl............ 20 g
Linalool .... 30 g

Eau de Cologne-Badesalz

Bergamottöl .... 150 g
Citronenöl .... 75 g
Portugalöl................ 25 g
Lavendelöl .... 25 g
Rosmarinöl .... 10 g
Neroliöl, künstl............ 50 g
Petitgrainöl .... 30 g

Veilchenbadesalz

Veilchen, künstl........... 100 g
Anisaldehyd .... 3 g
Jasmin, künstl............. 3 g
Solution Iris, konkret 1 : 5 . 10 g
Bergamottöl .... 10 g

Brausende Badetabletten

Natriumbicarbonat .... 85 g
Weinsäure .... 71 g
Stärke .... 114 g

Parfum nach Belieben.

Gut trocken alles vermischen und Tabletten pressen.

Brausende Fichtennadel-Badetabletten

Natriumbicarbonat .... 300 g
Weinsäure .... 225 g
Milchzucker.............. 50 g
Talkum .... 25 g
Fichtennadelparfum .... 30 g

Man mischt trocken und preßt Tabletten von zirka 30 g.

Die Masse kann vorteilhaft mit Fluorescein gefärbt werden, weil das Publikum gerne die im Wasser auftretende grüne Fluorescenz sieht, jedenfalls ist die Fluoresceinfärbung heute fast obligatorisch.

Fichtennadelbadetabletten, nicht brausend

Kochsalz .... 300 g
Fichtennadelparfum .... 26 g
Fluorescein .... 0,6 g

Tabletten von je 30 g pressen.

Mittel zur Reinigung, Pflege und Färbung der Haut.

Allgemeines.

Die menschliche Gesichtshaut ist recht verschieden beschaffen und muß individuell behandelt werden, sonst kann man auf einen Erfolg nicht rechnen. Ein jeder kann bei einiger Aufmerksamkeit die Eigenschaften seiner Haut genügend kennenlernen und beurteilen, welche Mittel zu ihrer Behandlung am Platze sind. Bei spröder Haut eignet sich ausgezeichnet Vaseline, Glycerin, Lanolin usw., wogegen bei schwarzen Poren und Mitessern Waschungen mit Boraxwasser zu empfehlen sind. Die Nachfrage nach Hautpflege-Mitteln ist recht bedeutend und werden besonders Hautcrèmes viel verlangt.

Bei alledem darf aber unbedingt nicht vergessen werden, daß bei der ganzen Hautpflege die Reinigung der Haut obenan steht und daß das der Punkt ist, dem zunächst eine eingehende Beachtung zu schenken ist. In der nachfolgenden Abhandlung entnehmen wir mit besonderer Erlaubnis der Verlagsbuchhandlung dem lesenswerten Buche: „Die kosmetische und therapeutische Bedeutung der Seife" von Dr. S. Jessner einige Zeilen. Der Inhalt dieser Schrift bietet auch den Seifenfabrikanten und Parfumeuren so viel Interessantes, daß wir seine Anschaffung bestens empfehlen können.

Herr Dr. S. Jessner sagt über die Seifen als Kosmetikum unter anderem:

„Die Seife ist das Reinigungsmittel $\varkappa\alpha\tau'\ \dot{\varepsilon}\xi o\chi\dot{\eta}\nu$, spielt als solches eine so große Rolle, daß sie die Ehre hat, als Gradmesser der Kultur angesehen zu werden. Soweit die letztere nach dem Grade äußerer Reinlichkeit beurteilt werden kann, geschieht das auch mit Recht. Die Seife beseitigt das mit dem Staub durchsetzte Hautfett, sie lockert und entfernt die oberflächlichen Hornzellenschichten samt dem ihnen anhaftenden Schmutz. Die mechanischen Manipulationen bei der Seifenapplikation unterstützen diese Wirkungen wesentlich. Es ist also in der Regel die Seife als Reinigungsmittel unentbehrlich.

Man würde aber sehr fehlgehen, wollte man annehmen, daß hier kein Individualisieren nötig ist. Im Gegenteil: eine genaue Beobachtung des Einzelfalles ist für eine richtige, d. h. unschädliche Seifenanwendung notwendig, was auch diesen primitivsten Teil der Kosmetik zum Objekt ärztlicher Beachtung macht. Auch bei der Seifenapplikation gibt es sehr leicht ein Zuviel und Zuwenig, indem die Haut bald zu sehr, bald in ungenügendem Maße entfettet und ihrer Hornschicht beraubt wird. Die allgemeine Regel ergibt sich ja leicht von selbst: Je fettärmer, trockener die Haut, je dünner ihre Hornschicht, d. h. je größer ihre Zartheit, desto weniger Seife, eine desto mildere Seife ist ihr notwendig und zuträglich. Je größer die Fettsekretion, je derber die Hornschicht, desto mehr bedarf die Haut der Seifenapplikation, desto differenter kann die Seife sein. Hier schadet das Zuwenig, dort das Zuviel. — Nun lehrt die alltägliche Beobachtung, daß die dunkelpigmentierte Haut brünetter Individuen sehr fettreich und mit einer sehr dicken Hornschicht versehen ist, während blonde, zarte Personen eine dünne, trockene Hautdecke haben. Es ergibt sich daraus der Grundsatz, daß im allgemeinen die Seife bei brünetten, meist zu Seborrhoe, Akne usw. neigenden Personen in reichem Maße, bei blonden in geringem Maße anzuwenden ist. Es gibt auch viele Personen die besonders im Gesicht, überhaupt keine Seife, auch nicht die mildeste, vertragen; bei diesen wird die Haut nach dem Einseifen sofort trocken, spröde, rissig und können Ekzeme auftreten.

Ferner lesen wir da in einem anderen Abschnitt:

„Als Reinigungsmittel zu lediglich kosmetischen Zwecken wird gewöhnlich eine gute, gesottene neutrale, möglichst überfettete Seife zu verwenden sein. Eventuell kann man durch Anwendung von heißem Wasser die Wirkung steigern. Nur bei derber, sehr fetter Haut wird man, meistens auch nur zeitweilig, eine alkalische Seife benutzen lassen, wobei man aber stets aufzupassen hat, damit nicht eine zu starke Austrocknung, stattfindet."

Ebenso zählt Prof. Dr. C. L. Schleich in seinen Arbeiten über Hautpflege die Seife zu den wichtigsten Faktoren, deren Anwendung — individuell gehalten — stets der sogenannten Pflege voranzugehen hat. Betreffs Herstellung und Parfumierung der Toiletteseifen verweisen wir auf den betreffenden Abschnitt dieses Buches.

Hautcremes.

Die rationelle Hautpflege macht es sich zur Aufgabe, allen Schäden, welche die Haut erleidet, entweder vorzubeugen oder sie wieder zu beseitigen. Es geht aus der natürlichen Zusammensetzung unserer Haut hervor, daß sich zu diesem Zwecke die Verwendung von Fetten zunächst am geeignetsten erweisen dürfte, und so geht denn auch die Hautpflege von dem Punkte aus, der Haut möglichst viele und reine Fettstoffe zuzuführen. Die durch Waschungen mit Seifen oder auf andere Art der Haut entzogenen Fette müssen wieder ersetzt werden, da diese zur Ernährung der Haut unentbehrlich sind.

Neben den tierischen Fetten ist auch das Wachs hervorragend geeignet, diese Aufgabe zu lösen. So sagte Prof. Dr. C. L. Schleich gelegentlich eines Vortrages:

„Unbedingt ist das Wachs auch der Träger der Geschmeidigkeit und ein Förderer der Hautbildung ersten Ranges. Als ich meine Wachspasta erfand, d. h. ein Verfahren, reines Bienenwachs mit Wasser zu mischen, angab, begann für mich eine neue Untersuchungsreihe über den direkten Einfluß des auf diese Weise wasserlöslich gemachten Wachses auf die Hautpflege. Die Versuche, über zehn Jahre ausgedehnt, geben mir ein Recht, öffentlich auf die Wichtigkeit des Wachsgebrauches für die Pflege der Haut hinzuweisen."

Für die Herstellung der Wachspaste gibt Schleich folgende Vorschrift: „1 kg gelben Bienenwachses wird auf dem Wasserbade in einem großen Tiegel geschmolzen, dann unter langsamem Eintropfen 100 g Salmiakgeist zugesetzt unter Abheben vom Wasserbade bzw. vom Feuer. Darauf setzt man so viel steriles Wasser unter stetem Umrühren zu, bis breiartige Erstarrung erfolgt; die Mischung muß leicht verrührbar bleiben. Dann wird auf dem Wasserbade so lange umgerührt, bis eine ganz homogene, hellgelbe oder weiße, wasserlösliche, nicht mehr körnige, flüssige Masse gebildet ist. Widerstrebt die homogene Emulsionierung der Wachssäuren, so muß man diese durch neuen Zusatz von Salmiakgeist erzwingen.‟

Eine Hautcreme guter Beschaffenheit muß also so zusammengesetzt sein, daß sie der Haut Nährstoffe in Form von Fett in geeigneter Form zuführt, wobei es vor allem auf leichte Resorbierbarkeit der Fettstoffe ankommt, da diese dem Unterhautzellgewebe zugeführt werden müssen, soweit es sich nicht um Oberflächenwirkung handelt, für welche schlecht, bzw. nicht resorbierbare Fettkörper (Mineralfette wie Vaseline) sehr gute Dienste leisten.

Es stehen uns zur Herstellung gut wirksamer Hautcremes eine stattliche Anzahl von Fettstoffen zur Verfügung, von denen wir das Bienenwachs bereits als vorzüglich geeignet erwähnt haben. Außer diesem Grundmaterial verfügen wir noch über Lanolin, Kakaobutter, fette Öle pflanzlicher Herkunft, wie Mandelöl, Olivenöl usw., und tierische Fette, wie Talg usw., außerdem stehen uns die Mineralfette, besonders Vaseline, zur Verfügung, um speziell die Oberflächenwirkung der Cremes zu betonen.

Von diesen Fettstoffen sind Wachs, Lanolin und Kakaobutter leicht resorbierbar, auch die fetten Öle und Neutralfette, wie Talg, Schweinefett usw., jedoch können diese leicht ranzig werdenden Fette nur kosmetisch verwendet werden, wenn sie konserviert sind. Ranzige Fette sind ungemein schädlich für die Haut, was hier ganz besonders hervorgehoben werden soll.

Ein ganz vorzüglicher kosmetischer Fettstoff ist auch das Stearin, das dem Hautfett nahe verwandt ist und ebenfalls gut resorbiert wird. Zu beachten ist, daß nur reinste Stearinsorten zu verwenden sind, da ölsäurehaltiges Stearin die Haut reizt.

Vaseline, Vaselinöl, Ceresin sind Vertreter der Mineralfette, die fast gar nicht resorbiert werden, aber sich durch ganz vorzügliche Oberflächenwirkung auszeichnen.

Ganz allgemein gesprochen ist auch das Glycerin ein gutes Hautpflegemittel, nur ist zu beachten, daß konzentriertes Glycerin heftige Reizzustände auslösen kann, ferner auch daß viele Personen auch verdünntes Glycerin überhaupt nicht vertragen, also eine Idiosynkrasie gegenüber diesem Produkt zeigen. Diese Tatsache verdient größte Beachtung, dies um so mehr, als man früher aus dem Glycerin ein ideales Hautpflegemittel machen wollte und es wahllos in jedem kosmetischen Produkt mitzuverwenden trachtete.

Es ist diesbezüglich aber Vorsicht am Platze und es ziehen mit

Recht viele aufgeklärte Parfumeure vor, ihre Cremes mit Vaselinöl an Stelle von Glycerin zu bereiten und erhalten so Produkte, die unterschiedslos von allen Verbrauchern vertragen werden, ebenso in ihrer kosmetischen Wirkung den glycerinhaltigen Präparaten oft bedeutend überlegen sind.

Praktisch unterscheiden wir fette Cremes und nicht fette Cremes, letztere werden oft auch als „Trockencremes" (engl. Vanishing Creams) bezeichnet.

Man hat letztere auch in recht unzutreffender Weise als „fettfreie" Cremes bezeichnet, ein Name, der ein glatter Nonsens ist, weil auch diese Cremes Fett enthalten und enthalten müssen, um wirksam zu sein.

Die fetten Cremes fetten die Haut sichtbar und überziehen sie mit einer glänzenden Fettschicht. Die Trockencremes fetten die Haut ebenfalls leicht und unsichtbar, lassen also keine sichtbare, glänzende Fettschicht zurück.

Eine besondere Art von Cremes sind die Stärkeglycerolatcremes und andere Schleimcremes, die aus Stärkeschleim, Tragantschleim usw. hergestellt sind und stets erhebliche Mengen Glycerin enthalten. Schon aus diesem Grunde können sie nicht für alle Verbraucher bestimmt sein, sie enthalten auch fast stets größere Mengen Zinkweiß, wodurch sie den Charakter einer Schminkecreme erhalten (Creme Simon u. a.).

Zur Pflege der Hände eignet sich Glycerin im allgemeinen besser, doch kann es auch hier sehr gut durch Vaselinöl ersetzt werden.

Eine wichtige Neuerung auf dem Gebiete der rationellen Hautpflege stellen die Hormoncremes dar, die mit tierischen Hormonsubstanzen, welche aus dem Unterhautzellgewebe gewisser Tiere als „Hautextrakte" gewonnen werden, hergestellt werden. Durch diese Präparate werden der Haut direkt neue Aufbaustoffe zugeführt, die an der Regeneration erschlafften Unterhautzellgewebes regen Anteil nehmen sollen.

Infolge der mangelhaften Haltbarkeit dieser tierischen Extrakte erscheinen solche Präparate zurzeit noch etwas problematischer Natur zu sein.

In viel rationellerer Weise werden solche

Hautnährcremes

aber unter Verwendung von Cholesterin oder Lecithin, eventuell beider zusammen, hergestellt, beides Substanzen, die unmittelbaren Anteil an den Lebensprozessen des menschlichen Organismus nehmen und unzweifelhaft die wesentlichsten Regenerationselemente der menschlichen Haut darstellen.

In der Tat werden denn auch solche Nährcremes mit ganz ausgezeichneten Erfolgen verwendet, um die Haut durch Zufuhr von Nährstoffen rationell zu pflegen, indem die Stockungen in den Regenerationsvorgängen im Zellgewebe der Unterhaut durch Zufuhr dieser Lipoide behoben werden. Solche Nährcremes müssen daher unter Zuhilfenahme besonders leicht resorbierbarer Fettkörper bereitet werden, da sie ganz besonders auf Tiefenwirkung eingestellt sein müssen, sollen die Lipoide das Unterhautzellgewebe prompt erreichen.

Wir kommen später nochmals auf diese Nährcremes zurück.

Im Nachstehenden geben wir zunächst die in mancher Beziehung veralteten Mannschen Vorschriften für Hautcremes rein dokumentarisch wieder, weil ihnen ein orientierender Wert auch heute in vieler Hinsicht nicht abzusprechen ist.

Anschließend daran sollen moderne Vorschriften für rationelle Hautpflegemittel gegeben werden, die auch ganz besonders die modernen Hilfsmittel zur Emulgierung der Fettkörper mitberücksichtigen werden. Ferner soll dort auch auf die verschiedenen Cremetypen modernster Auffassung so hingewiesen werden, daß der Leser hieraus die großen Fortschritte der zielbewußten modernen Herstellungsweise kosmetisch wirkungsvoller Präparate dieser Art zur Hautpflege erkennen kann.

In der Tat unterscheidet sich die Technik der Herstellung der modernen Hautpflegemittel ganz wesentlich von jener, die in früheren Zeiten geübt wurde dadurch, daß man sich heute darüber Rechenschaft gegeben hat, daß mit der Auswahl eines als kosmetisch einwandfrei bekannten Fettstoffes usw. als wesentlichem Prinzip des Präparates noch nichts erreicht ist, es vielmehr darauf ankommt, in welchen Gemischen dieser Grundstoff zur Anwendung kommt und vor allem in welcher Form.

Wir haben gelernt, daß ein gegebenes Fett in unverändertem Zustand, sei es chemisch oder physikalisch unverändert, ganz anders, z. B. viel weniger, zur Wirkung kommen kann, als wenn es in chemisch veränderter oder mechanisch emulgierter Form zur Anwendung kommt. Wir wissen heute auch, daß nur Fette, die dauernd unveränderlich, also nicht der Ranzidität unterworfen sind, geeignet sein können, dauernd haltbare und wirksame Kosmetika zu liefern, wie wissen auch, daß viele Fette nur resorbierbar sind, nicht wenn sie plötzlich und in großen Mengen der Haut zugeführt werden, sondern wenn sie regelmäßig in kleineren Mengen in wäßrigem Vehikel mechanisch fein verteilt sind, sei es in Form einer chemischen Emulsion (teilweise verseifte, chemisch emulgierte Fette), sei es in nativer Form als mechanisches Gemenge chemisch unveränderten Fettes und wäßrigen Vehikels.

Glycerinpräparate.

Mann vertrat die Ansicht, daß Glycerin eines der besten Hautpflegemittel sei, und machte in seinen Vorschriften sehr reichlichen Gebrauch davon.

Unserer Ansicht nach sind, wie bereits erwähnt, diese Glycerinpräparate für die Gesichtspflege in vielen Fällen indiziert, aber nur insoweit als sie dauernd vertragen werden, was keineswegs immer der Fall ist, wie wir ebenfalls bereits erwähnten.

Tatsache ist es auch, daß solche Glycerinpräparate oft bei vorübergehendem Gebrauch im Gesicht gut vertragen werden, bei dauernder Anwendung aber ganz plötzlich mehr oder minder starke Reizerscheinungen auslösen können, ganz abgesehen von den relativ zahlreichen Fällen, in denen sie a priori nicht vertragen werden.

In der Kosmetik werden ganz besondere Sorten von Toiletteglycerin hergestellt. Hiebei ist es gut, wenn man ihnen sogleich etwas Wasser zufügt, da Glycerin, in konzentriertem Zustande auf die Haut gebracht, infolge des Aufsaugens der Feuchtigkeit ein Brennen auf der Haut hervorruft; oder aber man gibt dem Präparate eine Gebrauchsanweisung mit, welche besagt, daß das Glycerin nur auf die vorher angefeuchteten Hautstellen zu bringen ist.

Toiletteglycerin

Glycerin	1000 g
Orangenblütenwasser	500 g
Neroliöl, künstl.	2 g

Lotion à la Glycérine

Glycerin	3000 g
Jasminwasser	3000 g
Benzylacetat	10 g
Aubépine	2 g
Borax	30 g

Manuline Bors

(Schwedisches Toiletteglycerin)

Borax	150 g
Dest. Wasser	1500 g
Glycerin, chem. rein	1500 g
Alkohol	1500 g
Geraniumöl, afrik.	50 g
Rosenöl, künstl.	3 g

Nach einigen Tagen filtrieren.

Es folgen nun Glycerinsalben und -cremes, deren Endzweck immer die Verschönerung der Haut einerseits, die Heilung und Erhaltung derselben anderseits bleibt. Hiebei werden neben Walrat und Olivenöl auch völlig neutrale Kaliseifen in Cremeform verarbeitet, die besonders bei sogenannten Handcremes gute Dienste leisten.

Glycerinhandcreme

Seifencreme	1500 g
Glycerin	1700 g
Mandelöl	2000 g
Terpineol	60 g
Aubépine liq.	10 g
Jonon	2 g

Creme und Glycerin werden tüchtig durcheinander gearbeitet und dann das Mandelöl zugefügt, bis alles eine gleichmäßige Masse bildet.

Glycerine and Cucumber Cream

Gelöste Glycerinseife	1500 g
Rosenwasser	300 g
Gurkensaft	300 g
Glycerin	500 g
Rosenöl, künstl.	15 g
Linaloeöl	15 g

Man löst die Glycerinseife im Verhältnis von 1200 g transparente Seife zu 300 g Wasser im Wasserbade und gibt dann die anderen Substanzen unter fortdauerndem Umrühren zu, indem man das Ganze im Wasserbade läßt und zu viel Schaum zu schlagen vermeidet. Dieser Cream wird besonders in England viel gefragt und zuweilen auch gegen Sommersprossen verwendet, doch dürfte hier der Erfolg ein fraglicher sein.

Glycerin- und Camphercreme

Borax	750 g	Neroliöl	10 g
Rosenwasser	300 g	Terpineol	5 g
Campheröl	150 g	Glycerin	2500 g
Portugalöl	10 g		

Borax und Rosenwasser werden zusammengegeben und nach der Lösung des ersteren wird das Campheröl zugefügt, wodurch eine Emulsion entsteht. Dem Glycerin fügt man die Riechstoffe zu und gibt es dann in die Emulsion, wonach gut durchgearbeitet und auf Flaschen gefüllt wird.

Besonders gegen aufgesprungene Hände verwendet man den

Glycerinbalsam

Bienenwachs	500 g	Rosenöl, künstl.	15 g
Walrat	500 g	Rosenöl, echt	5 g
Glycerin	1500 g	Geraniumöl	10 g
Mandelöl	3000 g		

Wachs und Walrat werden geschmolzen und der Schmelze die anderen Ingredienzien zugefügt. Man füllt am besten in kleine Glas- oder Porzellandosen usw.

Auch in Verbindung mit Lanolin wird das Glycerin sehr vorteilhaft verwendet.

Glycerin-Lanolintoilettecreme

Glycerin	1000 g
Lanolin	500 g
Orangenblütenwasser	500 g
Neroliöl, künstl.	9 g
Aubépine	1 g

werden im Wasserbad gelinde erwärmt und dann tüchtig durcheinander gearbeitet. Es gibt dies eine sehr beliebte Creme, die man, falls erwünscht, mit etwas Wachs fester machen kann.

Boroglycerin-Lanolincreme

Lanolin	440 g	Borsäure	40 g
Senföl, fettes	150 g	Borax	10 g
Vaseline	100 g	Rose alpine T. M.	1 g
Rosenwasser	150 g	Bergamottöl	1 g
Glycerin	50 g	Canangaöl	2 g

Die Glyceringelees stellen in der Hauptsache mit Glycerin versetzte Pflanzenschleime dar, welche die Haut weich und geschmeidig machen, indem sie vollständig in diese eindringen. Als schwach klebrige, durchscheinende Flüssigkeiten werden sie aus verschiedenen Stoffen in Verbindung mit Glycerin und Wasser hergestellt und haben sich sehr gut einzuführen vermocht.

Sie werden hergestellt mit Schleimlösungen, die man gewöhnlich im Verhältnis von 4 : 1000 ansetzt, und zwar mit folgenden Stoffen: Gelatine, Irisch Moos, Stärke, Quittenkerne, Leinsamen, Karraghenmoos, Ulmenrinde und zuweilen auch Agar-Agar usw. Man sieht also, daß man eine große Auswahl für die Grundlagen dieser Gelees hat. Ist man gezwungen, eine recht billige Ware herzustellen, dann bedient man sich am besten der Stärke, allein man muß doch ein wenig von einer anderen Schleimlösung mitverwenden, da die erweichende Wirkung der Stärke auf die Haut eine recht geringe ist.

Am meisten wird Quittenschleim verwendet. Seine erweichende Eigenschaft ist so ziemlich die größte von allen den angeführten Stoffen, auch klebt er nicht. Dann ist er auch mit Alkohol mischbar, während andere Schleime ausgefällt werden (Ulmenrindenschleim).

Die Schleime werden so hergestellt, daß man sie jederzeit zur Hand hat, und man setzt ihnen zur besseren Haltbarkeit ein wenig Salicylsäure zu.

Bei der Herstellung des Gelees soll man eine gewisse Grenze in dem Zusatz von Glycerin nicht überschreiten, da sonst sehr leicht die Haut nach dem Trockenwerden etwas schmierig erscheint. Höher wie 25% sollte man im Glycerinzusatz eigentlich nicht gehen. Eine geringe Beifügung von Alkohol ist geboten, zugleich als Antiseptikum, denn dieser erhöht die anregende wie auch heilende Wirkung des Gelees.

Glyceringelee

Quittenschleim	2300 g	Bergamottöl	25 g
Glycerin	1200 g	Aubépine	10 g
Stärke	60 g	Terpineol	45 g
Salicylsäure	5 g	Vanillin	2 g
Alkohol	1000 g		

Glycerin-Honiggelee

Gelatine	200 g
Borax	40 g
Rosenwasser	1800 g

werden zusammen erwärmt; wenn alles gut gelöst ist, fügt man möglichst warm hinzu:

Honig (Havannahonig)	1600 g
Glycerin	2400 g

rührt recht tüchtig durch und setzt bis zu 3500 g Rosenwasser weiter zu. Hierauf läßt man das Gemenge erkalten und parfumiert mit folgender Komposition:

Terpineol	45 g	Isoeugenol	3 g
Vanillin	5 g	Bergamottöl	45 g
Geraniol	10 g	Neroliöl, künstl.	8 g

Glycerin-Honiggelee

Havannahonig .... 500 g
Glycerin, chem. rein...... 800 g
Salicylsäure.............. 10 g
Gelatine .... zirka 50—60 g
Rosenwasser .... 1000 g
Bergamottöl .... 10 g
Neroliöl, künstl.......... 10 g

Javacreme

Tragant, pulv............. 500 g
Glycerin, chem. rein...... 2000 g
Alkohol .... 800 g
Rosenwasser .... 700 g
Canangaöl .... 10 g
Terpineol................ 30 g

Glyceringelee

Glycerin................. 500 g
Seifencreme.............. 325 g
Mandelöl .... 4000 g
Geraniumöl.............. 30 g

Seife und Glycerin werden tüchtig gemischt, und dann setzt man erst das Mandelöl langsam zu, dem man das Geraniumol bereits zugefügt hat.

Creme Iris

Glycerin................. 3000 g
Weizenstärke .... 200 g
Borax .... 20 g
Edelweißtalkum .... 80 g

Zinkweiß .... 360 g
Geraniumöl, Bourbon .... 40 g
Terpineol................ 40 g
Rosenöl, echt .... 5 g

Zunächst wird das Glycerin ein wenig erwärmt und ihm unter tüchtigem Umrühren die Weizenstärke eingearbeitet. Es entsteht so eine klare, durchscheinende Gallerte, die man in die Knetmaschine gibt, wenn man nicht vorgezogen hat, auch schon die erste Arbeit in dieser zu bewerkstelligen, was sehr vorteilhaft ist, da man so kaum viel Mühe damit hat. (Es gibt bekanntlich recht gute heizbare Knetmaschinen und eigentlich sollte in jeder größeren Fabrik und jedem kosmetischen Laboratorium eine solche vorhanden sein.) In der Knetmaschine wird dann Borax, Talkum und Zinkweiß bestens eingearbeitet, wonach man parfumiert. Auch diese Creme läßt sich durch Zusatz von Wasser, welches man eventuell schon bei dem Ansetzen der Gallerte hinzunehmen kann, leicht dünnflüssiger machen, falls das wünschenswert erscheinen sollte. Auch kann man das Verhältnis des Glycerins zur Stärke nach Belieben ändern, muß dann aber auch auf die allgemeine Zusammensetzung Bedacht nehmen.

Unter Zink-Glycerincreme versteht man die ganz gleiche Masse wie bei Creme Iris, nur ist diese meistens ohne Talkum nur mit Zinkweiß hergestellt (Creme Simon).

Glycerincreme

Marseiller Seife .... 15 g
Glycerin, chem. rein....... 75 g
Mandelöl, süß............. 500 g
Wachs, weiß .... 30 g

Thymianöl, weiß .... 3 g
Bergamottöl .... 3 g
Nelkenöl .... 1 g

Mann-Winter, Parfumerie. 4. Aufl.

19

Die Herstellung geschieht, indem man die Marseiller Seife im Glycerin löst, Mandelöl und Wachs zusammen schmilzt, beide Teile vermischt, gleichmäßig verreibt und hierauf parfumiert.

Glycerincreme

Mandelöl	2000 g
Walrat	600 g
Weißes Wachs	150 g
Glycerin	350 g
Bergamottöl	15 g

Eine Toilettecreme, bei der das Fett durch Glycerin ersetzt ist, läßt sich auch in folgender Weise herstellen:

Tragantgummi	1,8 g
Wasser	57 g
Glycerin	57 g

Man bringt den Tragant in das Wasser und rührt von Zeit zu Zeit um, bis ein gleichmäßiger Schleim resultiert, alsdann rührt man das Glycerin ein. Für vorliegenden Zweck darf man nur ausgelesene Tragantstücke verwenden, welche frei von Flecken und Beimengungen sind.

Das gallertartige Produkt kann man nötigenfalls mit einigen Tropfen Rosenöl oder dergleichen parfumieren und es gelb oder rot färben.

Glycerin-Honiggelatine (à la Kaloderma)

Gelatine I a	250 g	Glycerin, chem. rein	10 000 g
Dest. Wasser	3 000 g	Bergamottöl	100 g
		Vanillin	5 g
Havannahonig	800 g	Geraniumöl, Bourbon	40 g
Dest. Wasser	1 600 g	Canangaöl, Java	20 g

Die Gelatine wird in dem Wasser in Lösung gebracht, ebenso der Honig in dem für ihn bestimmten Anteil destillierten Wassers. Gelatinelösung und Glycerin erwärmt man dann auf dem Dampfbad und gibt hier auch die Honiglösung zu. Das Ganze wird dann durchgeseiht und parfumiert.

Fette Cremes.

Für eine sehr empfindliche Haut ist das Glycerin und selbst damit hergestellte Cremes jedoch nicht zu empfehlen. (Hier bestätigt Mann unsere Ansicht, daß Glycerin bzw. Glycerinpräparate oft nicht angebracht sind.) Man greift in diesem Falle besser zu den fetten Hautcremes, die in verschiedener Zusammensetzung am Markte sind. Mit diesen wird die Haut am besten vor dem Schlafengehen tüchtig eingerieben. Für die Hände empfiehlt es sich, nach starker Einreibung mit den Cremes ein dünnes leinenes Läppchen aufzulegen und dann alte Handschuhe anzuziehen.

Die bekanntesten Hautcremes sind die Cold Creams. Man stellt ein solches Präparat wie folgt her:

Cold Cream

Süßes Mandelöl .... 500 g
Walrat .... 60—80 g } je nachdem die Konsistenz er-
Weißes Wachs .... 60—80 g } wünscht ist.
Rosenwasser .... 500 g

Man schmilzt die fetten Substanzen unter gelinder Erwärmung zusammen, erwärmt dann das Rosenwasser und gibt es in dünnem Strahle unter fortwährendem Umrühren zu.

Wenn ein billiges Präparat gewünscht wird, so kann man auch das Rosenwasser durch gewöhnliches Wasser mit etwas Borax ersetzen, dem man einige Tropfen künstliches Rosenöl hinzufügte. Ebenso läßt sich dadurch eine Verbilligung erzielen, daß man das Mandelöl durch Vaselinöl, Arachisöl oder fettes Senföl ersetzt.

Hier ist folgendes zu beachten:

Falls Mandelöl verwendet wird so ist dieses vorher gut zu konservieren, da es sonst ranzig wird. Ebenso empfiehlt es sich, das reine Bienenwachs durch Zusatz von Benzoesäure zu konservieren. Moderne Cold-Creams werden fast stets mit weißem Vaselinöl, als Erzatz des Mandelöls, bereitet.

Cold Cream

Wachs, weiß	30 g	Ricinusöl	5 g
Walrat	50 g	Rosenöl	1 g
Mandelöl, süß............	500 g	Geraniumöl, afrik..........	1 g
Rosenwasser	150 g	Bergamottöl	5 g

Nachdem Wachs und Walrat bei nicht zu großer Hitze geschmolzen sind, setzt man das süße Mandelöl zu, wobei jedoch die Schale auf dem Dampfherd oder Wasserbad bleibt, oder das Mandelöl muß vorher angewärmt werden. Hierauf setzt man das Ricinusöl zu (nach dessen Zugabe erlangt das Präparat ein hübsches, glänzendes Ansehen) und läßt nun unter flottem Rühren das Rosenwasser in feinstem Strahl zufließen; ist alles verrührt, so parfumiert man und gibt gleich in die Dosen.

Chinosol-Cold Cream / Tropen-Cold Cream

Chinosol-Cold Cream		**Tropen-Cold Cream**	
Süßes Mandelöl	200 g	Wachs, weiß	300 g
Walrat	35 g	Vaselinöl	1200 g
Wachs, weiß	35 g	Rosenwasser	480 g
Dest. Wasser	60 g	Borax	20 g
Chinosol	2 g	Geraniol................	3 g
Bergamottöl	5 g	Santalol................	1 g
Irisöl	2 g		

Das Wachs wird bei gelinder Hitze im Öl geschmolzen, in einem anderen Kessel wird der Borax in Wasser gelöst; beide Lösungen bringt man auf eine 60° C nicht übersteigende Temperatur und gießt die wäßrige Lösung in kontinuierlichem Strome ins Öl. Man rührt einige Minuten ordentlich durch, mischt die ätherischen Öle hinzu und gießt vor dem Erkalten in bereit gehaltene Gefäße.

Campher-Cold Cream

Mandelöl, süß	450 g	Rosenwasser	320 g
Wachs, weiß	60 g	Borax, pulv.	20 g
Walrat	60 g	Bergamottöl	2 g
Campher	60 g	Rosenöl, künstl.	5 g

Man schmilzt Wachs und Walrat, fügt das Mandelöl, in welchem vorher der Campher bei gelinder Wärme aufgelöst wurde, hinzu, ferner allmählich das Rosenwasser, worin man vorher den Borax auflöst. Es wird mit einem Holzspatel ununterbrochen gerührt, bis die Masse erkaltet ist.

Veilchen-Cold Cream

Olivenöl	500 g
Weißes Wachs	40 g
Walrat	40 g
Dest. Wasser	500 g
Jonon	1 g

Menthol-Cold Cream

Mandelöl, süß	500 g
Walrat	80 g
Wachs, weiß	60 g
Dest. Wasser	500 g
Menthol, je nach gewünschter Stärke	15—30 g

Rosen-Cold Cream

Süßes Mandelöl	2000 g
Walrat	400 g
Weißes Wachs	400 g
Rosenwasser	1000 g
Rosenöl, künstl.	5 g

Theater-Cold Cream

(Besonders nach Benutzung von Theaterschminken zu verwenden.)

Paraffin, weiß	100 g
Kakaobutter	450 g
Mandelöl, süß	300 g
Lanolin	30 g
Wachs, weiß	40 g
Walrat	40 g
Borax, pulv.	20 g
Rosenwasser	350 g
Wachsaroma	5 g
Terpineol	20 g

Mandel-Cold Cream

Süßes Mandelöl	500 g
Wachs, weiß	40 g
Ceresin, weiß	40 g
Rosenwasser	200 g
Bittermandelöl	5 g

Lanolin-Cold Cream

Süßes Mandelöl	8000 g	Borax, in 5 ½ kg destilliertem Wasser gelöst	90 g
Lanolin	2000 g	Geraniol	25 g
Walrat	1500 g	Bergamottöl	50 g
Wachs, weiß	1200 g		

Lanolin oder auch Adeps lanae werden zu Hautcremes in ausgedehntestem Maßstabe verarbeitet. Sie werden nicht ranzig und nehmen einen sehr hohen Prozentsatz Wasser auf, so daß sie sich auch als Hautkühlungsmittel sehr gut eignen.

Lanolincreme

I.	Lanolin	1000 g
	Mandelöl, süß	1000 g
	Rosenwasser	1000 g
	Wachs, weiß	200 g
	Vanillin	30 g
	Terpineol	20 g

Dem gleichförmigen, leicht erwärmten Fettgemisch wird das Wasser in gleicher Temperatur untergerührt, damit sich das Wachs nicht körnig ausscheiden kann; dann kommt das Parfum hinzu. In Konsistenz und Aussehen gleicht diese Creme der Marke „Pfeilring". Das Wasser ist hier so innig aufgenommen, daß ein Rosten verzinkter Blechschachteln durch dasselbe mit ziemlicher Sicherheit ausgeschlossen ist. Das Bedecken der Creme mit Stanniol verhindert den Luftzutritt und erhält die ursprüngliche zarte Farbe.

II. Lanolin	500 g	III. Wollfett, wasserfrei	2000 g
Vaseline, gelb	400 g	Arachisöl ff.	2000 g
Walrat	130 g	Rosenwasser	2000 g
Wachs, weiß	20 g	Wachs, weiß	340 g
Rosenwasser	600 g	Alkohol	400 g
Rosenöl, künstl.	10 g	Bergamottöl	45 g
		Vanillin	6 g

Speziell für das Gesicht stellt man eine Creme wie folgt her:

Lanolin-Gesichtscreme

Lanolin	500 g
Rosenwasser	150—180 g
Rosenöl, künstl., *T. M.*	1 g

Dieses Gemenge wird unter geringer Temperaturerhöhung tüchtig durcheinander gearbeitet und dann in kleine Glasdosen gefüllt.

Adeps lanae-Creme

Adeps lanae	1000 g
Rosenwasser	1200 g
Geraniumöl	5 g
Eugenol	1 g
Anisaldehyd	5 g
Linalylacetat	2 g

Cearin-Cold Cream

Cearinum solidum (Cearin) ist eine von Dr. Issleib dargestellte Mischung von hochschmelzendem Ceresin mit gebleichtem Karnaubawachs. Mit Cearin läßt sich nach Issleib[1] ein Cold Cream, unter Wegfall des weißen Bienenwachses und Walrats, herstellen aus

Cearinum solidum	200 g
Fettem Mandelöl	600 g
Dest. Wasser	250 g
Rosenöl	20 Tropfen

---

[1] „Pharmazeutische Zeitung", Berlin 1903, S. 854 und 865. An anderer Stelle („Parfumeur", Berlin 1903, S. 141) empfiehlt Issleib, das Cearin in Gemeinschaft mit anderen ebenfalls nicht ranzig werdenden Körpern als Pomadengrundlage zu verwenden, indem man z. B. 10 Teile Cearin, 120 Teile raffiniertes Kokosöl (Palmin), 10 bis 25 Teile (je nach Jahreszeit) Paraffinum liquidum 0,880 spez. Gew. zusammenschmilzt.

Nach dem diese Bestandteile vereinigt sind, setzt man nochmals

Fettes Mandelöl .... 100 g

hinzu. Erst durch diesen nachträglichen Zusatz eines Teiles vom Mandelöl erhält der Cold Cream sein schönes Aussehen. Auch für Toilettecreme gegen aufgesprungene Haut, Wundsein usw. läßt sich das Cearin[1] vorteilhaft verwenden.

Weiter findet die Anwendung von Vaseline große Verbreitung.

Vaselinecreme

I. Weiße Vaseline .... 500 g	II. Weiße Vaseline .... 500 g
Weißes Wachs .... 100 g	Mandelöl, süß.......... 100 g
Walrat .... 60 g	Wachs, weiß .... 50 g
Boraxwasser (1 : 20) .... 150 g	Rosenwasser .... 50 g
Bergamottöl .... 10 g	Canangaöl, Java .... 2 g
Irisöl .... 1 g	Linalool............... 2 g

Man schmelze das Wachs mit dem Mandelöl und rühre hierauf das auf etwa die gleiche Temperatur erwärmte Wasser unter; inzwischen hat man die Vaseline weich werden lassen und vereinigt nun beide Teile durch Rühren mittels einer Keule. Wenn gut vereinigt, dann parfumieren.

Auch mit Ricinusöl hergestellte Cremes werden bisweilen verlangt. Ein solches Präparat stellt man wie folgt zusammen:

Ricinuscreme

Ricinusöl .... 2000 g
Walrat .... 320 g
Mandelöl, süß............. 600 g
Geraniumöl, afrik......... 15 g
Vanillin .... 2 g

Die Ricinus-Creme wird bis zu ihrem Erkalten mit einem geeigneten Apparate tüchtig geschlagen, worauf sie eine wundervolle Hautkonservierungssalbe abgibt. Sehr viel wird diese Creme besonders beim Theater verwendet, und zwar zum Abschminken. In Milchglasdosen gefüllt, bildet sie einen sehr flotten Verkaufsartikel.

Die jetzt folgenden Cremes sind mehr sogenannte Toilettecremes, d. h. sie dienen nicht gerade zur Heilung von Hautschäden oder zu deren Vorbeugung, sondern mehr zur Verschönerung der Haut und des Teints.

Liliencreme / Opalincreme

Liliencreme		Opalincreme	
Lanolin .... 500 g		Tragantschleim............. 300 g	
Mandelöl, süß............. 500 g		Glycerin, chem. rein....... 180 g	
Rosenwasser .... 420 g		Rosenwasser .... 450 g	
Zinkoxyd .... 420 g		Alkohol .... 50 g	
Jonon.................... 2 g		Linalylacetat .... 10 g	
Ylang-Ylangöl............. 5 g		Muguet „N", *N. & C.* ...... 5 g	
Vanillin .... 1 g			

---

[1] Es kommt in 1 kg schweren Tafeln in den Handel und ist von der Firma J. D. Riedel in Berlin zu beziehen.

Favoritcreme

besteht aus den gleichen Ingredienzien, ist aber mit

```
Rosenöl, künstl............. 5 g
Santalol .................. 5 g
Bergamottöl ...............10 g
```

zu parfumieren.

Euresolsalbe

```
Lanolin .................. 500 g
Rosenwasser .............. 900 g
Euresol .................. 80 g
Bergamottöl .............. 35 g
Geraniumöl, Bourbon ...... 5 g
```

Massagecreme

Besonders in Amerika findet z. B. nach dem Rasieren auch eine kurze Massage des Gesichtes statt. Eine hiezu verwendbare Creme stellt man wie folgt her:

```
Lanolin .................. 500 g
Rosenwasser .............. 500 g
Schmalz .................. 500 g
Glycerin.................. 200 g
Cheiranthia, N. & C. ...... 15 g
Dianthin, N. & C.......... 5 g
```

Der bekannte Dermatologe Dr. Jessner in Königsberg hat in dem Mitin ein Salbenfett erfunden, wie es vollkommener kaum gedacht werden kann. Das reine Mitin (Mitinum purum) stellt ein Salbenfett dar aus besonders gereinigtem Wollfett und einer serumartigen Flüssigkeit, die in ihrer Zusammensetzung diejenigen Stoffe vereinigen, welche die Oberhaut des Menschen ersetzen. Das Mitin ist von weißlichem Aussehen und von der Konsistenz des wasserfreien Lanolins (Adeps lanae). Es ist fast vollständig geruchlos und wie jenes unbegrenzt haltbar, daher für Salben höchst empfehlenswert. Es ersetzt das Lanolin, Vaselin sowie Fettgrundlagen jeder Art und eignet sich außerordentlich für Präparate, welche der Pflege der Haut dienen sollen. Von dieser wird es gerne und schnell aufgenommen.

Hautcreme,
unter Verwendung von Mitin

```
Mitinum purum .......... 1000 g
Rosenwasser ............. 600 g
Aubépine ............... 5 g
Rosenöl, künstl., Heiko ... 0,5 g
```

Da das Mitin ziemlich viel Wasser aufnimmt, ist die Einarbeitung des Rosenwassers mit keinen Schwierigkeiten verknüpft; man kann auch, falls die Hautcreme noch geschmeidiger und dünner werden soll, bis zu 800 g oder mehr gehen, ohne daß der Einwirkung auf die Haut irgend welcher Abbruch getan würde. Gegen rauhe, spröde und rissige Haut ist diese Creme besonders zu empfehlen. Bei jedesmaligem Einreiben nehme man nur kleine Mengen, was man bei der Gebrauchsanweisung bemerken wolle. Diese Hautcreme kann man in Glasdosen oder auch in Tuben verpacken. Sehr zu empfehlen ist hiefür die Kampratube. Von Tuben befestigt man praktischerweise 1 Dutzend auf eine entsprechend bedruckte Karte, zum Aufhängen im Laden bestimmt, wodurch das Präparat mehr in die Augen fällt.

Massagecreme

Mitin	1000 g
Orangenwasser	1000 g
Glycerin	200 g
Edeltannenöl	12 g

Für Massagezwecke ist vorstehende Creme ganz vorzüglich, da sie alles enthält, was der Haut zuträglich ist, und außerdem den Gleitbewegungen der Hand beim Massieren vorwärts hilft, ebenso das

Massageöl mit Kamillen

Olivenöl	1000 g
Kamillenextrakt	80 g
Kamillenöl, römisch	10 g

Das Olivenöl und der Kamillenextrakt werden in einem Gefäß erhitzt, bis die ganze Flüssigkeit klar ist. Nach dem Abkühlen setzt man erst das ätherische Kamillenöl zu.

Heilpomade

Mitin	1000 g
Rosenwasser	1200 g
Mandelöl, süß	400 g
Irisöl, konkret	15 g
Jonon	1 g
Ylang-Ylangöl, *Sartorius*	2 g

Diese Pomade ist bei kranken Hautstellen des Haarbodens besonders zu empfehlen. Sie führt außerdem den Haarwurzeln das nötige Fett in leicht resorbierbarer Form zu und läßt so die Haare wieder erstarken.

Teintpuder

Reismehl ff.	1000 g
Mitinum purum	30 g
Rosenöl, künstl.	2 g

Das flüssig gemachte Mitin wird dem Reismehl langsam in der Siebmaschine eingearbeitet. Eventuell kann man das flüssige Mitin auch mit dem Mehl zusammen erst auf einer Walzenmühle verarbeiten und dann in die Siebmaschine geben, damit eine recht innige Vermischung stattfindet. Dieser Puder dient besonders als Kinderpuder gegen das Wundsein der Kleinen.

Auch als Zusatz bzw. Grundlage zu Lippenpomaden ist Mitin empfehlenswert.

Das Wort „Mitin" ist der Firma K r e w e l & Co., G. m. b. H. in Köln a. Rh. als Wortzeichen geschützt. Es ist daher unstatthaft, die Präparate, welche man unter Verwendung von Mitin herstellt, auch nach diesem Produkte zu benennen, es sei denn, daß man sich die Erlaubnis hiezu von genannter Firma erworben hat. Es gibt jedoch so viele Bezeichnungen für die angeführten Artikel, daß diese Lizenz für die wenigsten Fabrikanten nötig sein dürfte.

Velvix-Cream

Wasser	1000 g
Glycerin	1200 g
Gelatine	40 g
Alkohol	200 g
Capillärsirup	100 g
Zinkweiß	200 g

Neben anderen neueren Stoffen, die besonders für Salbengrundlagen in Frage kommen, sei hier auch noch das von Beiersdorf & Co. in Hamburg hergestellte „E u c e r i n" erwähnt. Das Eucerin stellt eine gelblichweiße Masse dar von salbenartiger Konsistenz, welche leicht das gleiche Gewicht Wasser aufzunehmen vermag; es vermischt sich sehr leicht mit diesem und kann als unbegrenzt haltbar angesprochen werden. Indifferente Pulver wie Zinkoxyd, Schwefel u. a. m. kann man direkt mit dem Eucerin verreiben, so daß es für die Kosmetik eine der besten bis jetzt bekannten Salbengrundlagen abgibt.

Wir kommen nun zu den

Trockencremes.

Diese haben sich in den letzten Jahren sehr viele Freunde erworben und werden stark begehrt. Ihr Vorzug ist neben anderen der, daß sie sich vollständig in die Haut einreiben lassen und dann nicht mehr sichtbar sind, ein Moment, das manche Dame sehr zu schätzen weiß. In ihnen ist das Fett der vorher angegebenen Cremes in der Hauptsache durch das Stearin ersetzt, welches mit irgend einem Alkali teilweise verseift ist. Daneben setzt man den einzelnen Sorten verschiedene Substanzen zu, welche die Haut noch weißer erscheinen lassen, wie z. B. Zinkweiß, Titandioxyd u. a. m.

Die Herstellung dieser Cremes stellt zwar keine besonders großen Anforderungen an den Parfumeur, allein immerhin muß hier recht vorsichtig und genau gearbeitet werden, will man schöne Resultate erzielen.

Creme Irène

Rosenwasser	1600 g
Glycerin	350 g
Stearin	180 g
Pottasche, gereinigt	18 g
Rose, *Heiko*	15 g
Vanillin	1 g

Rosenwasser und Glycerin werden zum Kochen gebracht; in einem anderen Gefäße schmilzt man in der Zwischenzeit das Stearin. Dann gibt man zu dem kochenden Glycerinwasser die Pottasche hinzu und läßt alles sich recht gut lösen. Es ist gut, die Lösung durch ein Tuch zu seihen, damit alle Verunreinigungen entfernt werden. Man läßt dann nochmals aufwallen und gibt das geschmolzene Stearin in dünnem Strahle unter kräftigem Umrühren zu der Lösung. Es findet nun die Verseifung statt. Diese ist beendet, wenn die Masse nicht mehr steigt. Es ist empfehlenswert, ein größeres Gefäß oder einen Kessel zu verwenden, denn die Masse kommt ziemlich hoch und in einem zu kleinen Behälter steigt sie leicht über. Andernfalls muß man sehr aufpassen, um die Masse nicht übersteigen zu lassen, wodurch leicht eine ungenügende Verseifung stattfindet, die sich dann durch kleine Körnchen in der Creme bemerkbar macht; diese Knötchen lassen sich auf der Haut nicht verreiben und sind sehr störend.

Die entstandene Creme stellt eine weiche cremeartige Emulsion dar und wird, nachdem sie erkaltet ist, nochmals gut durchgearbeitet, so daß sie schön glatt und gleichmäßig ist; darauf wird sie parfumiert. Will man noch ein übriges tun, so setzt man während bzw. nach der Zugabe des Stearins zu der heißen Glycerinlösung diesem Gemenge noch ein klein wenig Alkohol zu. Dadurch wird der Verband ein noch innigerer, doch muß noch beachtet werden, daß bei dem Zugeben des Alkohols die Masse stark aufbraust und schnell zu steigen beginnt. Man sehe sich also mit der Größe des Topfes oder Kessels für diesen Fall besonders vor. Will man die Creme etwa rosa färben, dann tut man gut, den Farbstoff vor dem Stearin in die Lösung zu geben.

Diese Creme kann dann wie gesagt auch noch weitere Zusätze erhalten, die Masse, wie angegeben, gilt aber auf alle Fälle als Grundmasse, aus der alle die anderen Sorten hergestellt werden können.

Edelweißcreme

Orangenblütenwasser	1600 g	Terpineol	160 g
Gereinigte Pottasche	160 g	Aubépine	40 g
Glycerin	4500 g	Malanol	15 g
Stearin	1600 g	Rosenöl	5 g
Walrat	540 g	Alkohol	400 g
Zinkweiß	540 g	Heliotropin	15 g

Will man die eine oder andere Sorte der Creme noch weicher haben, so setzt man einfach noch etwas Wasser zu.

Schönheitscreme

Rosenwasser	2400 g
Glycerin	1275 g
Stearin	270 g
Pottasche, gereinigt	27 g

Nachdem diese Creme erkaltet und schön gleichmäßig ist, setzt man ihr

<pre>
Zinkweiß .... 1000 g
    und
Vaselinöl, weiß...... zirka 400 g
    zu.
</pre>

Es kommt hier ganz auf die Aufnahmefähigkeit des Zinkweißes an, ob man mehr oder weniger Vaselinöl nehmen muß, denn nicht alle Marken dieses Produktes verarbeiten sich gleichartig. Man verreibe in einer großen Reibschale (noch besser aber bearbeitet man diese Masse in einer Misch- und Knetmaschine) das Zinkweiß innigst mit dem Vaselinöl, bis sich eine gleichmäßige glatte Paste ergibt. Es ist sehr empfehlenswert, diese Paste vorrätig zu halten oder doch wenigstens am Tage vorher bereits herzustellen, da man dann leichter beobachten kann, ob nicht zu wenig Vaselinöl verwendet wurde. Für Zinkweiß verwende man Marke „Grün Siegel".

Parfum:

<pre>
Jonon..................... 300 g
Vert de violette künstl..... 10 g
Storaxtinktur .... 100 g
Irisöl, flüss. .... 100 g
Moschustinktur .... 100 g
</pre>

Von diesem Parfum nimmt man so viel, als es der zu erzielende Preis gestattet.

Aber auch mit 36 grädiger Natronlauge kann man diese Creme herstellen, ebenso kann man auch noch Gelatine oder dergleichen zusetzen, je nach dem Effekt, den man erzielen will.

Carmencreme

<pre>
Orangenblütenwasser ..... 2700 g   Robinia, Sch. & C. .... 40 g
Glycerin................. 4900 g   Rosenöl, künstl........... 10 g
Stearin .... 2000 g   Heliotropin ....   5 g
Natronlauge, 36° Bé. ..... 400 g   Neroliöl, künstl..........   8 g
Alkohol .... 400 g
</pre>

Wie schon gesagt, sind auf der ersten Komposition so ziemlich alle die verschiedenen fettfreien Cremes aufgebaut und die Herstellung ist auch bei allen die gleiche, so daß es nicht nötig ist, noch weitere zu besprechen. Die einzigen Unterschiede liegen in der Regel in dem weiteren Zusatz und der verschiedenen Parfumierung.

So werden auch Cold Creams mit fettfreier Grundlage erzeugt und sogar Pomaden sind in dieser Art herausgekommen, werden jedoch nicht sonderlich viel als solche begehrt. Dagegen finden wir, daß Stearin bisweilen auch zu Pomaden Verwendung findet, und zwar zwecks Erhöhung der Konsistenz. Besonders in Cosmétiques, welche in die heißen Klimate gehandelt werden, finden wir diesen Zusatz. Doch davon später.

Oitinecreme

Walrat .... 1200 g
Wachs, weiß .... 1200 g
Borax .... 600 g
Stearin .... 4800 g
Glycerin................ 9900 g
Lavendelöl .... 180 g

Während die vorstehenden Präparate in der Hauptsache zur Einreibung der Hände und Gesichtshaut dienen, werden für die Lippen, welche bekanntlich auch eine sehr empfindliche Haut bedeckt, wieder andere Cremes genommen. Diese müssen nebenbei auch noch die Eigenschaft besitzen, den Lippen ein wenig von dem frischen Naturrot zu verleihen.

Es folgen hier einige Vorschriften:

Lippenpomade

I. Vaseline .... 1000 g
Paraffin................ 1000 g
Alkannin............... 5 g
Rosenöl, künstl. .... 5 g
Rosenholzöl .... 10 g

Man schmilzt Vaseline und Paraffin gut zusammen und färbt dann; das Alkannin verreibt man am besten in der Reibschale mit etwas von dem geschmolzenen Gemisch und gibt es diesem dann zu; darauf wird parfumiert und in kleine Döschen gegossen. Sollen Stangen geformt werden, dann gibt man vorteilhaft noch 200 g Wachs zu und gießt in kleine Formen.

II. Präpar. Schweinefett ... 400 g
Präpar. Talg ff. .... 400 g
Japanwachs .... 150 g
Lanolincreme .... 50 g
Alkannin .... 1 g
Petitgrainöl .... 40 g
Neroliöl, künstl. .... 5 g

Die Lippenpomaden werden entweder in kleine Täfelchen, oder in Stangenform gegossen und in Stanniol verpackt, meist aber in Metallhülsen eingesetzt.

Menthollippenpomade

Lanolin .... 750 g
Paraffin.................. 350 g
Walrat .... 350 g
Menthol .... 40 g
Lavendelöl .... 10 g

Walrat und Paraffin werden geschmolzen, dann setzt man das Lanolin unter Umrühren zu, fügt das Menthol hinzu und rührt, bis eine gleichmäßige Masse entstanden ist.

Lippensalbe

Kakaobutter	1000 g
Walrat	40 g
Alkannin	3 g
Vanillin	1 g

Lippenpomade mit Menthol

Paraffin	240 g
Walrat	240 g
Lanolin	480 g
Menthol	30 g

Körper für Lippenpomaden

I. Wachs	30 g
Walrat	5 g
Mandelöl	60 g
II. Mandelöl	60 g
Wachs	35 g
Walrat	5 g
III. Mandelöl	90 g
Wachs	60 g
Walrat	10 g
IV. Ceresin	450 g
Vaselinöl	550 g

Balsamische Lippenpomade

Mandelöl	600 g
Wachs	350 g
Walrat	50 g
Vanillin	1 g
Citronenöl	0,5 g
Perubalsam	20 g

Borsäure-Lippenpomade

Körper	97 g
Borsäure	3 g

Zu Lippenpomaden usw. darf kein Glycerin verwendet werden, da dieses die Lippen angreift, auch Salicylsäure ist zu vermeiden.

Zum Rotfärben der Lippenpomaden verwendet man Alkannin. Diese roten Lippenpomaden sind nur schwach rotgefärbt, färben also nicht ab und sind nicht zu verwechseln mit den roten Schminkstiften für die Lippen.

Moderne Hautpflegemethoden und Hautpflegemittel.

Wir haben weiter oben bereits kurz darauf hingewiesen, daß die fortschrittliche Kosmetik unserer Tage viel sorgfältiger erprobte und zusammengesetzte Hautpflegemittel herstellen läßt.

Abgesehen von den Nährpräparaten für die Haut, die mit Hormonen, bzw. mit Benutzung der Lipoide Cholesterin und Lecithin, jedes für sich oder in Kombination beider, die eine prinzipielle Neuheit in der Hautpflege darstellt und weiter unten entsprechend erwähnt werden soll, bereitet werden, hat man vor allem der mechanischen oder chemischen Veränderung der Grundfette solcher Präparate, soweit diese im Stande zu sein scheint, die Resorption der Fette zu fördern, bzw. den beabsichtigten kosmetischen Zweck in irgend einer anderen Weise zu begünstigen, erhöhte Aufmerksamkeit zugewendet.

So sind denn die modernen Stearate entstanden, ebenso die modernen Cold Creams, die einen Teil der Fett- bzw. Wachsstoffe chemisch emulgiert (teilweise verseift) enthalten und anderseits Wachs- und Fettstoffe in mechanisch-wäßriger Emulsion, also möglichst innig mit dem wäßrigen Vehikel vereinigt, in feiner Suspension enthalten.

Diese Umstände sind aber, nach modernen Begriffen, für eine gute Wirkung der Präparate auf die Haut, sei es durch prompte Resorption der Fette und Wachse, sei es durch verstärkte Oberflächenwirkung mechanisch emulgierter Mineralfette, von ganz außerordentlicher Wichtigkeit.

Die moderne Kosmetik geht hier also Wege, die man in früheren Zeiten nicht kannte oder wenigstens nur instinktiv ging (Cold Cream). Wir wissen heute, daß z. B. der Wassergehalt einer Hautcreme ganz erheblichen Anteil an ihrer kosmetischen Wirkung nehmen kann und daß die im wäßrigen Vehikel suspendierten Teilchen mechanisch oder chemisch emulgierter Fette oder Wachse in dieser feinen Verteilung bzw. Lösung im wäßrigen Anteil der Creme in vielen Fällen besser resorbiert bzw. vertragen werden, als dies bei Anwendung wasserfreier, weder chemisch noch mechanisch emulgierter Fette oder Wachse der Fall wäre.

In Erkenntnis dieser Tatsache war die moderne Kosmetik in erster Linie bemüht, die Fette und Wachse der Haut in emulgiertem Zustand zuzuführen, in manchen Fällen in rein chemisch emulgierter Form (Emulgierung der Fette und Wachse durch Alkalien, wie Pottasche, Ammoniak, Borax usw.), in anderen in rein mechanischer Emulsion an für sich chemisch emulgierbarer, bzw. verseifbarer (Wachse, Stearin, Neutralfette usw.) oder unverseifbarer, chemisch indifferenter Fettkörper (Mineralfette, wie Vaseline, Lanolin), in allen Fällen aber bei Anwesenheit relativ hoher Mengen wäßriger Vehikels.

In vielen Fällen liegt aber gerade in der dauernden Einverleibung größerer Wassermengen in Fettgemische praktisch eine erhebliche Schwierigkeit, weil das Wasser hier die Tendenz zur Ausscheidung zeigt und mit den früher zur Verfügung stehenden Mitteln nur unvollkommen gebunden werden konnte.

Es ist daher besonders zu begrüßen, daß uns heute gewisse

moderne Emulgatoren

zur Verfügung stehen, die die Herstellung stark wasserhaltiger Emulsionen chemischer oder rein mechanischer Art ganz erheblich erleichtern.

Es sei also zu Eingang dieses Kapitels diesen Emulgatoren ein kurzer Abschnitt gewidmet.

Zunächst sei darauf hingewiesen, daß der uns hier zur Verfügung stehende, knapp bemessene Raum und die Tendenz vorliegender Neubearbeitung es nicht gestatten konnte, hier näher auf den Reaktionsmechanismus der Fette und Wachse einzugehen.

Bezüglich desselben sowie auf ausführlichere Angaben betreffend die Bereitung chemischer und mechanischer Emulsionen sei auf W i n t e r, Handbuch d. Ges. Parfumerie und Kosmetik, verwiesen.

Unter den modernen Emulgatoren sind zu nennen:

a) Mechanische Emulgatoren.

Zu diesen gehören der Cetylalkohol, gewisse Stearinester (z. B Glycolester oder T e g i n) und der Stearinalkohol, bzw. ein Gemisch von

Stearin- und Palmitinalkohol, das im Handel u. a. auch unter dem Namen Lanettewachs anzutreffen ist.

Von diesen Emulgatoren, die rein mechanisch wirken, also keine chemische Veränderung verseifbarer Fettkörper hervorrufen, kommt dem Stearinester (Tegin) und Stearinalkohol (Lanettewachs) selbständig substantive Wirkung zu, d. h. sie liefern, ohne Zuhilfenahme anderer Fettkörper für sich allein mit Wasser erwärmt und bis zum Erkalten gerührt, beständige mechanische Emulsionen beliebiger Konsistenz, die das Wasser außerordentlich fest gebunden enthalten.

Dem Cetylalkohol kommt eine solche substantive Wirkung nicht zu, er dient lediglich als ein die mechanische Emulsion gewisser Fettkörper mit Wasser vermittelnder Emulgator, der für sich allein mit Wasser keine Emulsionen liefert.

Diese vermittelnde Wirkung kommt selbstverständlich auch dem Tegin und Lanettewachs zu, die denn auch häufig und fast in der Regel nur als Zusätze bei Emulgierung von Fettkörpern (Stearin usw.) praktische Verwendung finden.

Ganz besondere Dienste leisten diese Emulgatoren auch bei Emulgierung des Vaselins (200% und mehr Wasser), fetter Öle usw.

Die praktische Verwendung dieser Emulgatoren soll nun durch einige Beispiele illustriert werden.

Lanolin-Cold Cream

Cetylalkohol .... 6 g
Weiße Vaseline .... 10 g
Weißes Bienenwachs....... 10 g
Lanolin, wasserfrei .... 14 g
Wasser.................... 60 g
Benzoesaures Natron ...... 0,3 g

Im Wasser vorher gelöst.

Stearatcreme

Stearin .... 15 g
Stearinester............... 15 g
Glycerin.................. 15 g
Wasser....................150 g

Vaselinlanolin

Lanettewachs .... 24 g
Lanolin, wasserfrei .... 8 g
Vaseline .... 8 g
Wasser................... 60 g

Bei allen diesen Präparaten wird das Fett mit dem Emulgator zusammen geschmolzen, das heiße Wasser zugesetzt und dann die Creme unter Abkühlen des Behälters in Wasser bis zum Dickwerden gerührt.

b) Chemische Emulgatoren.

Diese emulgieren verseifbare Körper chemisch, wirken aber gleichzeitig auch als mechanische Emulgatoren auf indifferente Fettkörper wie Mineralfette usw.

Auch sie fördern Wasseraufnahme und feine Verteilung der Fettkörper in der Emulsion ganz erheblich und gestatten eine innige Verbindung von Wasser und Fetteilchen, die absolut beständig ist.

Irgend eine substantive Wirkung im Sinne jener des Tegins und Lanettewachses kommt diesen Emulgatoren natürlich nicht zu.

Hier sind zu nennen Triäthanolamin, Triäthanolaminseifen, bzw. Triäthanolaminemulsionen und Ammoniumlinoleat.

Triäthanolamin.

Sirupöse, gelbliche Masse, ähnlich dem Glycerin, die ebenfalls stark hygroskopisch ist. Es hat den Charakter einer starken Base, es emulgiert also chemisch verseifbare Fettkörper und verseift freie Fettsäuren vollkommen unter Bildung von Triseifen[1].

Es greift auch in konzentriertem Zustande die Haut nicht im geringsten an, erweicht sie aber rapid und gründlich. Seine reinigende Wirkung auf die Haut ist hervorragend. Es wirkt auch mechanisch emulgierend auf Vaseline usw., doch ist in diesem Falle gleichzeitige Gegenwart von freien Fettsäuren (Stearin usw.) erforderlich.

In diesem Falle wirkt Triäthanolamin als Triemulsion bzw. Triseife.

Zur Bereitung der Emulsionen mit Triäthanolamin schmilzt man die Fettkörper und gibt dann das mit der zu inkorporierenden Wassermenge vorher verdünnte und auf zirka 70° erwärmte Triäthanolamin hinzu, worauf man umrührt. Erst durch das Rühren bildet sich eine Emulsion. Erhitzen ist zwecklos.

Man rührt dann unter Kühlung bis zum völligen Erkalten.

Triäthanolaminseifen (Triseifen).

Diese sind in Wasser, Alkohol, Benzin, fetten Ölen usw. leicht löslich.

Bei ihrer Verwendung als Emulgens löst man die Triseife in dem geschmolzenen Fettkörper und rührt dann das vorher gut erwärmte Wasser ein. Bis zum Dickwerden der Masse rühren.

Für dünne Emulsionen benötigt man etwa 3 bis 5% Triäthanolamin (vom Gewicht des Fettkörpers), für dickere etwa 8 bis 10%. Von Triseifen etwa 6 bis 10%.

Das Ammoniumlinoleat wird so verwendet, daß man dasselbe mit der Wassermenge des Präparates übergießt und das Wasser bei ruhigem Stehen während 12 Stunden aufsaugen läßt. Dann verreibt man die Masse zur Pasta und erwärmt auf 95°, alsdann micht man die Fettkörper hinzu.

Die praktische Wirkung dieser modernen Emulgatoren ist eine ganz ausgezeichnete und erspart viel Mühe und Arbeit. So lassen sich Emulsionen jeder Art mit sehr hohem Wassergehalt, Teintmilch usw., spielend leicht herstellen und ergeben dauernd haltbare Präparate.

Wir geben nachstehend einige Verwendungsbeispiele und kann der Praktiker, nach seinem Gutdünken, die modernen Emulgatoren in den alsdann später angegebenen Vorschriften für moderne Hautpflegemittel heranziehen.

---

[1] Die Bezeichnung Triseife wurde hier nur als Abkürzung gewählt für das lange Wort Triäthanolaminseifen. Ebenso Tri für Triäthanolamin.

Herstellung von Triäthanolaminseifen.

Tristearat

Man schmilzt
Stearin.................... 220 g
und gibt hinzu
Triäthanolamin .... 100 g
(auf zirka 80 Grad erwärmt)

Der Verband beginnt erst beim Rühren. Nach Zugabe des Triäthanolamins rührt man kräftig ohne jedes Erwärmen, bis die Masse ganz dick wird. Darauf läßt man völlig erkalten und pulvert die Triseife, die nach dem völligen Trocknen sofort als Emulgens verwendbar ist.

Wiederholt sei an dieser Stelle, daß Triäthanolamin nur freie Fettsäuren, nicht aber Neutralfette vollständig verseift.

Stearatcreme

Stearin .... 15 g
Triäthanolamin .... 1 g
Weißes Wachs .... 5 g
Vaseline, weiß .... 6 g
Wasser .... 100 g

Fettkörper schmelzen, Tri mit Wasser mischen und auf zirka 80 Grad erwärmen, zugeben und rühren (ohne Erwärmen). Schließlich kühlen und fertig rühren bis zum Dickwerden.

Stearatemulsion

Stearin .... 96 g
Tri .... 4 g
Wasser .... 300 g

Emulsion von fettem Öl

Olivenöl.................. 77 g
Ölsäure.................. 20 g
Tri .... 3 g
Wasser .... 50 g

Hier benötigen wir eine freie Fettsäure als Vermittler. Die Wirkung des Tri ist hier praktisch die einer Triseife.

Den gleichen Fall haben wir bei einer

Emulsion äther. Öle für Zerstäuber

Tri .... 2 g
Wasser .... 100 g

Mischen und erwärmen.

Anderseits mischen:

Ölsäure.................. 5 g
Fichtennadelöl .... 80 g
Cumarin.................. 2 g
Eucalyptusöl.............. 10 g

Das Cumarin durch Erwärmen lösen, dann mit der warmen Trilösung mischen und Schütteln.

Lait de Beauté

Vaselinöl, weiß......... 35 g
Weißes Wachs .... 20 g
Tristearat (Triseife) .... 8 g
Wasser .... 50—60 g

Reinigende Hautcreme
(Cleansing Cream)

Vaselinöl .... 80 g
Weißes Wachs .... 5 g
Walrat .... 25 g
Tristearat .... 20 g
Glycerin.................. 5 g
Wasser .... 90 g

Hier wird durch Zusatz größerer Mengen Triseife kräftig reinigende Wirkung erzielt.

Kosmetisch sehr interessant ist auch die

Benzinemulsion zum Haarwaschen

Benzin .... 150 g
Tristearat .... 10 g
Wasser .... 250 g

Zuerst Tristearat in Benzin lösen, dann Wasser kalt unter Schütteln zufügen.

Emulsionen mit Ammoniumlinoleat.

Das schwammige Ammoniumlinoleat des Handels wird zuerst mit der Wassermenge des Präparats übergossen, worauf man zirka 12 Stunden stehen läßt, bis das Wasser aufgesaugt ist. Dann wird zur Pasta verrieben und der Fettkörper zugesetzt. Bei Verwendung fester Fettkörper müssen diese zuvor geschmolzen werden, auch muß die Linoleat-Wasserpasta dann vor dem Mischen auf zirka 95° erwärmt werden.

Emulsion von fettem Öl

Olivenöl .... 80 g
Wasser .... 60 g
A-Linoleat .... 10 g

Vaselinemulsion

Vaseline .... 90 g
Wasser .... 320 g
A-Linoleat .... 24 g

Wachsemulsion

Bienenwachs .... 90 g
Wasser .... 500 g
A-Linoleat .... 12 g

Moderne Hautpflegemittel.

Nachstehend geben wir eine Sammlung von Vorschriften nach klassisch-modernen Methoden, bei denen indes die Mitverwendung vorstehender Emulgatoren nicht besonders angegeben ist. Es wird dem intelligenten Parfumeur ein leichtes sein, an Hand vorstehender Ausführungen die eventuelle Mitverwendung dieser Emulgatoren zur Erleichterung der Herstellung dort heranzuziehen, wo er es für zweckmäßig hält.

Stearate.

Unter diesem Namen verwendet die moderne Kosmetik eine ganze Anzahl von Präparaten, die durch chemische Emulgierung des Stearins mit schwachen Alkalien, also durch partielle Verseifung, gewonnen werden. Die Stearate werden meist in Form der Stearatcremes (sogenannte fettfreie, besser nichtfettende Cremes) gebraucht, kommen aber auch in der eigentlichen flüssigen Emulsionsform zur Anwendung. Zur Bereitung guter Stearate sind nur beste Stearinsorten verwendbar. Die Stearate enthalten, auch in der Cremeform, meist recht beträchtliche Mengen Wasser (80% maximal), sowie Glycerin, Vaselinöl u. a. Zur Emulgierung des Stearins können alle schwachen Alkalien Verwendung finden, die Anwendung kaustischer Alkalien ist durchaus nicht zu empfehlen, weil die Stabilität der mit kaustischen Alkalien hergestellten Stearate, besonders in der Cremeform, sehr zu wünschen übrig läßt. Auch Borax wird hier kaum als Emulgens verwendet.

Zur Emulgierung von 100 g Stearin sind erforderlich

Pottasche . . . . zirka 10 g	Wässeriger Ammoniak	
Ammoniaksoda . . . . zirka 10 g	(0,96—0,97) . . . . zirka 40 g	
Kristallsoda . . . . zirka 27 g	Kalilauge 35 Bé . . . . . . zirka 25 g	
Wässeriger Ammoniak	Natronlauge 40 Bé . . . . zirka 12 g	
(0,925 spez. Gew.) . . zirka 20 g	Borax . . . . zirka 33 g	

Die vorstehend angegebenen Werte sind wohl etwas schwankend, aber von uns nachgeprüfte Erfahrungswerte, die ohne weiteres als praktisch genau angewendet werden können.

Am gebräuchlichsten ist die Verwendung von Pottasche, Soda und Ammoniak. Ammoniak sollte aber nicht stärker als mit spezifischem Gewicht 0,96 benutzt werden, man erhält so viel rascher ammoniakgeruchfreie Produkte. Im allgemeinen gibt, wie wir gleich sehen werden, die Ammoniakmethode bessere Resultate als die Emulgierung mit Soda oder Pottasche. Ganz zwecklos ist die vorgeschlagene Kombination von Ammoniakcarbonat und Soda.

Zur vollständigen Verseifung von 100 g Stearin wären erforderlich:

Pottasche	27,5 g
Kristallsoda	56 g
Ammoniaksoda	21 g
Kalilauge 37 Bé	56,7 g
Natronlauge 38 Bé	44,5 g

Ammoniak und Borax geben keine Seifen.

Diese kleine Tabelle haben wir hier nur zur Orientierung eingefügt, um den teilweisen Verseifungsgrad bei der Emulgierung zu illustrieren.

Die Herstellungsweise solcher Stearate ist bereits weiter oben beschrieben worden.

Stearatcreme mit Vaselinöl

Stearin	180 g
Vaselinöl, weiß	250 g
Wasser	1200 g
Pottasche	18 g
Borax	5 g

Der Boraxzusatz bezweckt Konservierung der Creme gegen Schimmelbildung.

Borax verhindert hier tatsächlich die Schimmelbildung, wirkt also in anderem Sinne wie Borsäure (die hier natürlich als freie Säure nicht in Frage kommt) die Schimmelbildung nicht verhütet.

Eine viel sicherere und bessere Methode ist die

Emulgierung mit Ammoniak,

bei der niemals eine Körnchenbildung stattfindet, es sei denn, daß man nicht mit der nötigen Sorgfalt gearbeitet hat. Man riskiert hier nur ab und zu die Bildung von Luftblasen, die beim Passieren prompt verschwinden. Im allgemeinen erhält man aber ohne große Mühe hier ein tadellos glattes Produkt und hat nicht mit der unangenehmen Gefahr des Übersteigens durch heftige Kohlensäureentwicklung zu rechnen.

Wir empfehlen nochmals die ausschließliche Verwendung verdünnten Ammoniaks (0,96 bis 0,97).

Ansatz:

Stearin	1000 g
Glycerin	1000 g
Ammoniak (0,97)	400 g
Wasser	7000 g
Borax	40 g

Die Flüchtigkeit des Ammoniaks macht verschiedene Änderungen des Verfahrens nötig.

Man schmilzt das Stearin in einem besonderen emaillierten Gefäß und erhitzt gleichzeitig das Gemisch von Wasser, Glycerin und Borax (Lösung) auf zirka 80° C. Wenn das Stearin geschmolzen ist, so gibt man zu der heißen Glycerinlösung die nötige Menge Ammoniak und gibt unter Umrühren (nicht zu rasch) das ganze Stearin hinzu. Es erfolgt keinerlei Gasentwicklung, nur muß man doch darauf achten, daß die Masse nicht überläuft infolge zu starken Kochens. Man erhält nun während einer halben Stunde in gelindem Sieden unter ständigem Rühren. Man versucht mit einer kleinen Probe, ob die Creme erstarrt, und kühlt dann durch Einstellen in Wasser unter Rühren.

Sobald das Stearin zu der ammoniakhaltigen Lösung zugegeben wurde, bildet sich eine ziemlich dickflüssige, gelatinöse, transparente Masse, die gewöhnlich bei längerem Erhitzen ihre Transparenz verliert und milchig aussehend und dünnflüssig wird. Dieser Umschlag tritt aber nicht immer ein, manchmal bleibt die Transparenz auch in gewissem Grade bestehen und die Masse wird nicht so flüssig. Das hat aber für das gute Gelingen nichts zu besagen; dieses abweichende Verhalten scheint an der wechselnden Qualität des Stearins zu liegen. Wir haben bei zahlreichen Versuchen mit in eigener Stearinfabrik gewonnenem, daher kontrollierbarem Stearin bester Beschaffenheit, stets die zuerst beschriebene Erscheinung des Verschwindens der Transparenz und des Flüssigwerdens der emulgierten Masse beobachten können und nur manchmal bei unbekannter Provenienz des Stearins das Weiterbestehen der Transparenz bis zur Beendigung der Reaktion feststellen können. Es ist also das Verschwinden der Transparenz und das Milchigwerden der Masse im Verlauf der Reaktion als Norm anzusprechen.

Dieses Verfahren gibt eine tadellos homogene Creme von prächtigem Aussehen und können wir diese Herstellungsart als die bequemste und beste empfehlen. Die Ammoniakstearate bräunen sich allerdings an der Luft, aber dies hat keine Bedeutung, denn in gut verschlossenem Gefäß halten sie sich unbegrenzt. Die Bräunung tritt nur allmählich an der Oberfläche auf und nur, wenn die Creme mutwillig oder aus Unachtsamkeit längere Zeit der Luft ausgesetzt wird.

Ammoniakstearat mit Vaselinöl

Stearin	1000 g
Vaselinöl, weiß	600 g
Borax	40 g
Wasser	7500 g
Ammoniak (0,97)	400 g

Bereitung wie vorstehend.

Bezüglich der Parfumierung dieser im allgemeinen immer freies Alkali enthaltenden Cremes ist zu wiederholen, daß man sehr vorsichtig sein muß, um keine Verfärbung der fertigen Creme zu verursachen. Da eine solche Verfärbung nicht immer vorausgesehen werden kann, empfiehlt es sich bei Neuparfumierungen, stets das Parfum mindestens einen Monat im Kontakt mit der in luftdichtem Gefäß aufbewahrten Creme zu lassen (Versuche!). Vanillin, Heliotropin sind hier am besten auszuschließen. Cumarin ebenfalls nur in sehr kleinen Mengen und mit größter Vorsicht (Versuche!) verwendbar. Ausgeschlossen ist Eichenmoos (Spuren eventuell verwendbar, geht aber immer auf Kosten der weißen Farbe der Creme, auch entfärbtes Eichenmoos dunkelt nach). Jasmin, Eugenol und viele andere können ebenfalls die Ursache häßlicher, früher oder später auftretender Verfärbungen werden. Kurz, die Verwendung eines neuen Parfums macht hier immer längere Vorversuche nötig.

Nachstehend geben wir einige erprobte Parfummischungen, die eine Verfärbung der Creme nicht befürchten lassen.

Im Mittel kann man 5 g Parfum per Kilogramm fertiger Creme rechnen.

Parfummischungen für Cremes

1. Rose Royale

Rosenöl, bulgar.	5 g	Linalool	8 g
Rose rouge, künstl.	9 g	Benzylalkohol	6 g
Rose blanche R.	10 g	Ambrettemoschus	0,1 g
Geranylbutyrat	15 g	Ambra A. Ma.	0,2 g
Geranylacetat	25 g	Jonon	0,5 g
Citronellolacetat	8 g	Cumarin	0,4 g
Rhodinol	42 g	Vanillin	0,2 g
Geraniumöl, afrik.	48 g	Narcissenöl, künstl.	4 g
Geraniol	72 g	Äther. Öl von Salvia sclarea	0,15 g
Phenyläthylalkohol	10 g	(Essence de sauge sclarée)	
Citronellol	10 g	Citral	0,04 g
Sandelöl, ostindisch	2,5 g	Octylaldehyd	0,04 g
Anisaldehyd	4 g		

<table>
<tr><td colspan="2">2. Maiglöckchen</td><td colspan="2">3. Maiglöckchen</td></tr>
<tr><td>Maiglöckchen, H. & R.</td><td>40 g</td><td>Rosenöl, künstl.</td><td>50 g</td></tr>
<tr><td>Linalool</td><td>40 g</td><td>Ylang-Ylangöl</td><td>50 g</td></tr>
<tr><td>Ylang-Ylangöl</td><td>15 g</td><td>Maiglöckchen, H. & R.</td><td>300 g</td></tr>
</table>

Im übrigen können hier kombinierte Veilchenessenzen, Flieder-
essenzen usw. gute Dienste leisten, auch Phantasiekompositionen aller
Art, vorausgesetzt, daß man sich überzeugt hat, daß die Creme dadurch nicht verfärbt wird.

Cold Creams.

Nichtemulgierte Cold Creams (ältere Vorschriften):

Weißes Wachs	1500 g	300 g	400 g	800 g
Fettes Mandelöl	15000 g	2150 g	320 g	9800 g
Walrat	2000 g	650 g	500 g	3000 g
Weißes Ceresin	1500 g	—	—	—
Rosenwasser	5000 g	600 g	160 g	6000 g
Benzoetinktur	200 ccm	150 ccm	20 ccm	500 ccm

Emulgierte Cold Creams (moderne Vorschrift):

<table>
<tr><td colspan="2">Ohne Stearin</td><td colspan="2">Mit Stearin</td></tr>
<tr><td>Weißes Wachs</td><td>80 g</td><td>Weißes Wachs</td><td>5400 g</td></tr>
<tr><td>Walrat</td><td>80 g</td><td>Walrat</td><td>3000 g</td></tr>
<tr><td>Vaselinöl</td><td>560 g</td><td>Stearin</td><td>4300 g</td></tr>
<tr><td>Wasser</td><td>280 g</td><td>Weißes Vaselinöl</td><td>17300 g</td></tr>
<tr><td>Borax</td><td>5 g</td><td>Wasser</td><td>7200 g</td></tr>
<tr><td></td><td></td><td>Borax</td><td>1000 g</td></tr>
<tr><td></td><td></td><td>Benzoesaures Natron</td><td>100 g</td></tr>
</table>

Vorstehende Vorschrift gibt ein vorzügliches Resultat. Ihre Ein-
haltung macht langes Suchen in der Literatur überflüssig.

Die Herstellungsart ist für alle Sorten die folgende:

Man schmilzt die Fette in dem Öl und fügt die heiße Boraxlösung
(auch benzoesaures Natron enthaltend, auch andere Zusätze) unter
gutem Rühren hinzu. Wenn alles gut verteilt ist, nimmt man vom Feuer
und rührt unter Kühlung, bis die Masse dick wird, gibt das Parfum
hinzu und rührt weiter bis zum Erkalten.

Ex tempore läßt sich Cold Cream nach Idelson auf folgende Weise
bereiten:

Man schmilzt weißes Wachs 135 g mit Walrat 75 g und weißer
Vaseline 540 g zusammen, gibt das Fettgemisch in eine angewärmte,
weithalsige Flasche und fügt eine heiße Lösung von Borax 12 g in Rosenwasser 180 g zu, worauf man durch lebhaftes Schütteln eine schöne
Cold Cream erhält.

Cold Cream du Codex 1908
(Cerbelaud)

Walrat	180 g
Weißes Wachs	90 g
Mandelöl	645 g
Rosenwasser	180 g
Benzoetinktur...........	45 g
Rosenöl, bulgar.	0,5 g
Rose absolue	1 g
Geraniumöl, franz.	0,5 g
Jasmin absolue	0,25 g
Orangenblüten, absol.....	0,3 g
Ylang-Ylangöl...........	0,1 g
Patchuliöl	0,025 g
Ketonmoschuslösung	0,3 g

Cold Cream extra fin
(Cerbelaud)

Walrat	162 g
Weißes Wachs	81 g
Mandelöl	567 g
Rosenwasser	180 g
Moschus, künstl.	0,1 g
Extrait de mille fleurs	5 g
Bergamottöl	1 g
Geraniumöl rosat. ...	1 g
Lavendelöl	1 g
Petitgrainöl	1 g
Bittermandelöl	2 Tropfen

Glycerin-Cold-Cream
(Cerbelaud)

Walrat	90 g
Wachs, weiß	90 g
Mandelöl	570 g
Glycerin.................	250 g
Menthol	0,25 g
Vanillin	0,5 g
Moschus, künstl.	0,2 g
Zibettinktur	1 g
Bittermandelöl	0,25 g
Geraniumöl...............	2,5 g
Nelkenöl	0,25 g

Anmerkung: Diese Creme ist nicht als Cold Cream aufzufassen, da sie kein Wasser enthält.

Glycerin-Cold-Cream
(Cerbelaud)

Walrat	100 g
Wachs, weiß	75 g
Pfirsichkernöl	500 g
Glycerin..................	200 g
Rosenwasser	125 g

Parfum q. s.

Mit Seifenzusatz
(Cerbelaud)

Walrat	60 g
Wachs, weiß	60 g
Mandelöl	600 g
Seifenpulver	25 g
Rosenwasser	55 g

Cold Cream mit Kakaobutter
(Cerbelaud)

Walrat	80 g
Weißes Wachs	65 g
Kakaobutter	30 g
Pfirsichkernöl	600 g
Glycerin...................	225 g
Lemongrasöl	0,5 g
Citronenöl	5 g
Geraniumöl...............	1 g
Portugalöl	3 g
Tuberose absolue	1 g
Ketonmoschuslösung	0,2 g

Cold Cream (Dietrich)

Weißes Wachs	80 g
Walrat	80 g
Mandelöl	560 g
Wasser...........	280 g
Borax	5 g
Cumarin...........	0,05 g
Rosenöl, bulgar. ...	1,5 g
Orangenblütenöl....	1,5 g
Geraniumöl, franz. .	5 Tropfen
Ylang-Ylangöl......	2 Tropfen
Solution Iris 5 : 100	0,4 g
Ambratinktur......	0,2 g

Vaselinpomaden.

Der typische Vertreter dieser Gruppe ist das *Unguentum paraffini* der Pharmakopöe.

Weißes Ceresin...........	1000 g
Weißes Vaselinöl.........	4000 g

Diese Pomade ist weiß und von milchigem Aussehen, aber nicht transparent wie echte Vaseline. Auch fehlt ihr die typische Viskosität der echten Vaseline, weshalb man sie nicht ohne weiteres als Ersatz der letzteren verwenden kann.

Die Konsistenz kann beliebig variiert werden, etwa wie folgt:

$$
\begin{aligned}
&\text{I. Weißes Ceresin} \dots \dots \text{2500 g} \\
&\quad\text{Vaselinöl} \dots \dots \dots \text{4000 g}
\end{aligned}
$$

$$
\begin{aligned}
&\text{II. Weißes Ceresin} \dots \dots \text{4000 g} \\
&\quad\text{Vaselinöl} \dots \dots \dots \text{6000 g}
\end{aligned}
$$

Zu beachten ist, daß die Pharmakopöe, trotz der Bezeichnung *Unguentum paraffini*, kein Paraffin, sondern Ceresin verwenden läßt.

Lanovaselin

Lanolin, wasserfreies .... 60 g
Vaselinöl .... 450 g
Wasser .... 450 g
Borax .... 40 g

Man erweicht das Lanolin durch Erwärmen im Vaselinöl, gibt dann die heiße Boraxlösung zu und rührt bis zum Erkalten.

Durch Vermehren des Lanolingehaltes erhält man eine Pomade, die noch größere Mengen Wasser aufnehmen kann, z. B.

Lanolin anhydr. .... 250 g
Vaselinöl .... 750 g
Wasser .... 800 g
Borax .... 75 g

Lanolinpomaden.

Wir haben bereits gesehen, daß Lanolin auch sehr häufig in Gemischen mit anderen Fettkörpern Verwendung findet.

Auch allein wird Lanolin als Salbenkörper gebraucht, speziell als absorbierendes fettes Vehikel für Wasserzusätze:

Lanolin anhydr. .... 750 g
Wasser .... 250 g

Man erweicht das Lanolin durch Erwärmen im Wasserbade (schmilzt nicht) und gibt das heiße Wasser unter lebhaftem Rühren hinzu. Wenn alles Wasser mit dem Lanolin verbunden ist, zeigt das Präparat das Aussehen einer hellgelben undurchsichtigen Pomade, das *Lanolinum hydricum* der Pharmakopöe.

D. A. V. läßt *Lanolinum hydricum* aber auch mit Vaselinölzusatz bereiten:

Lanolin anhydr. 75,0
Aq. dest. 25,0
Paraffin. liq. 15,0

Sauerstoffhaltige Lanolinpomade. Im Mörser verreibt man, ohne jede Anwendung von Wärme:

Lanolin anhydr............. 75 g
und Wasserstoffsuperoxyd-
lösung (12 Vol.%) ....25 g

innigst. Man erhält so eine gelbliche Pomade, die aber rasch fast ganz weiß wird.

Es folgen nun verschiedene Vorschriften für Lanolinpräparate:

I. Walrat	20 g	V. Lanolin	130 g
Vaseline	60 g	Vaselinöl	60 g
Lanolin	80 g	Ceresin	10 g
Rosenwasser	100 g	Rosenwasser	6 g

II. Lanolin	50 g
Vaselinöl	15 g
Ceresin	5 g
Rosenwasser	20 g
Borax	1 g

Emulgierte Cerate

I. Weißes Wachs	900 g
Pottasche	35 g
Vaselinöl	50 g
Wasser	150 g

III. Lanolin	60 g
Rosenwasser	60 g
Vaselinöl	30 g

II. Gelbes Wachs	1000 g
Ammoniak (0,97)	200 g
Wasser	1400 g

Lösliches Wachs nach Schleich (mit Wasser versetzt, um die Masse geschmeidiger zu machen). Ersetzt man das Wachs durch Stearin, so erhält man die Pasta Stearata Schleich.

IV. Lanolin	20 g
Wasser	10 g
Olivenöl	5 g

Auch kombinierte Cold-Cream-Körper geben mit Pottasche unter Wasserzusatz, am besten mit gleichzeitiger Kombination mit Stearin, wunderschöne Produkte dieser Art.

Cerovaselin

Gelbes Wachs	250 g
Pottasche	10 g
Wasser	300 g
Vaselinöl	60 g

Dieser Körper absorbiert sehr große Mengen Flüssigkeit.

Glycerolatcremes.

Diese Art Cremes wird auf Grundlage des *Unguentum Glycerini* der Pharmakopöe oder unter Verwendung von Schleimen hergestellt.

Bereitung des *Unguentum Glycerini*:

Weizenstärke	100 g	100 g	200 g	100 g	100 g	200 g
Wasser	150 g	200 g	300 g	100 g	100 g	300 g
Glycerin (28)	900 g	1000 g	1300 g	1400 g	800 g	200 g

Vorstehende Tabelle enthält eine Auswahl geeigneter Ansätze.

Herstellungsart. Die Stärke wird in kaltem Wasser zu einer gleichmäßigen milchigen Flüssigkeit ohne Klumpen verrührt, dann das

Glycerin zugesetzt und das Ganze unter lebhaftem Rühren so lange erhitzt, bis die Masse dick und transparent geworden ist.

Die Stabilität dieser Glycerolate läßt oft sehr zu wünschen übrig. Man kann sie als Basis für eine Menge Cremes benutzen, z. B.:

Glycerolatcremes mit Zinkoxyd (nach Art der Creme Simon):

I. Ung. Glycerini .... 1500 g
   Zinkoxyd .... 100 g

II. Glycerin .... 3500 g
    Weizenstärke .... 1250 g
    Wasser .... 500 g
    Zinkoxyd .... 400 g
    Benzoetinktur .... 400 g

III. Tragant .... 3 g
     Wasser .... 70 g
     Glycerin .... 25 g
     Zinkoxyd .... 10 g
     Benzoetinktur .... 2 g

IV. Weiße Gelatine .... 10 g
    Glycerin .... 30 g
    Wasser .... 50 g
    Benzoetinktur .... 5 g
    Zinkoxyd .... 15 g

Nichtschäumende Rasiercremes (nach Art des Razvite usw.).

Diese Cremes werden statt Seife gerne zum Rasieren benutzt und gestattet ihre regelmäßige Verwendung, alle jene oft schweren Schädigungen der Haut, hervorgerufen durch die oft freies Alkali enthaltende (gerührte, nicht gesottene) Rasierseife, zu vermeiden.

Rasiercreme Nr. 1

Stearin .... 1000 g
Glycerin................. 600 g
Ammoniak (0,97)......... 400 g
Wasser .... 8000 g

Rasiercreme Nr. 2

Stearin .... 2000 g
Vaselinöl .... 200 g
Ammoniak (0,97)......... 800 g
Wasser .... 16 500 g

Besonders gut wirkende Rasiercremes erhält man durch Zusatz kleiner Mengen neutraler Seife.

Rasiercreme Nr. 3 mit Seife

I. Stearin .... 14 400 g
   Ammoniak (0,97)..... 5 800 g
   Borax .... 500 g
   Wasser .... 90 000 g

II. Frische Grundseife ... 2 500 g
    Wasser .... 10 000 g
    Heiß lösen.

Man bereitet die Creme wie gewöhnlich, gibt aber dem geschmolzenen Stearin vor der Emulgierung Lösung II (heiß) zu.

Diese Vorschrift gibt ein ganz vorzügliches Resultat. Nach längerem Stehen nimmt die Rasiercreme einen schönen Perlmutterglanz an.

Parfums für Rasiercremes.

Hier kommt vor allem Lavendel, Eau de Cologne- und Bittermandelgeruch in Frage.

Lavendel

Lavendelöl .... 300 g
Spiköl .... 150 g
Geraniumöl .... 100 g
Cumarin..................   5 g
Sandelöl, ostindisch ......   3 g
Bergamottöl .... 200 g
Citronenöl .... 50 g

Eau de Cologne

Bergamottöl .... 100 g
Citronenöl .... 50 g
Portugalöl .... 50 g
Rosmarinöl .... 30 g
Lavendelöl .... 20 g
Petitgrainöl .... 30 g
Neroliöl, künstl........... 20 g

Bittermandel I

Benzaldehyd.............. 30 g
Sandelöl, ostindisch .... 10 g
Lavendelöl .... 10 g
Citronenöl .... 10 g

Bittermandel II

Benzaldehyd.............. 500 g
Sandelöl.................. 50 g
Citronenöl .... 100 g
Lavendelöl .... 80 g
Cumarin.................. 50 g
Geraniol................. 100 g

Phantasie I

Lavendelöl .... 300 g
Portugalöl .... 900 g
Bergamottöl, künstl....... 1500 g
Citronenöl .... 300 g
Benzaldehyd ....   60 g

Phantasie II

Lavendelöl .... 500 g
Portugalöl .... 1000 g
Bergamottöl .... 2000 g
Anisaldehyd .... 1500 g
Benzaldehyd .... 100 g

Creme nach Art der Crème Simon.

Vorschrift Nr. 1
(Cerbelaud)

Weizenstärke .... 100 g
Wasser .... 100 g
Glycerin................. 1300 g

Man bereitet lege artis ein Glycerolat und fugt hinzu:

Cumarin.................. 0,5 g
Heliotropin .... 0,1 g
Moschus, künstl. .... 0,1 g
Rosenöl, künstl........... 0,25 g
Tolutinktur .... 15 g
Benzoetinktur........... 40 g
Quillayatinktur .... 50 g
Zinkweiß .... 90 g

Vorschrift Nr. 2

Glycerin................. 3500 g
Stärke .... 1250 g
Wasser .... 500 g

Man bereitet das Glycerolat und fügt hinzu:

Zinkweiß .... 400 g
Benzoetinktur........... 400 g
Amylsalicylat .... 0,5 g
Heliotropin ....   1 g
Cumarin..................   2 g
Rosenöl, künstl...........   2 g
Ess. Chypre ....   1 g
Solution Patchuli 5 : 100.. 0,3 g

Glycerine and cucumber

Den nötigen Gurkensaft, der ganz speziell in der englischen Parfumerie eine große Rolle spielt, bereitet man durch Auspressen frischer Gurken. Der ausgepreßte Saft wird filtriert und ihm 25% seines Gewichtes Alkohol (und am besten auch zirka 3% Glycerin) zugesetzt, zwecks Konservierung.

Tragantpulver .... 15 g
Gurkensaft .... 400 g
Glycerin.................. 100 g
Lavendelöl............... 15 g
Rosenöl ....   2 g

Man erhitzt das Gemisch im Wasserbad bis zur völligen Lösung, alsdann gibt man 20 g Magnesiumoxyd, *(Magnesia usta)*, hinzu und läßt erkalten. Man erhält so eine dickflüssige Lösung, die eine sehr ausgesprochene antiseptische Wirkung entfalten kann. Würde man den Zusatz der Magnesia usta unterlassen, so erhielte man keine Lösung, sondern eine kristallinische Masse.

Diverse Cremes und Pomaden zur Hautpflege.

Hamameliscreme

Gelatine	15 g
Borglycerin	225 g
Rosenwasser	110 g
Orangenblütenwasser	150 g
Hamameliswasser	500 g

Agar-Agar-Creme

Agar-Agar	15 g
Glycerin	400 g
Wasser	600 g
Menthol	2,5 g
Alkohol	10 g
Rosenöl	0,5 g
Rosenöl, künstl.	2 g

Hazeline-Cream

Tragantpulver	30 g
Alkohol	50 g

Anreiben und zusetzen:

Glycerin	500 g
Wasser	120 g
Hamameliswasser	300 g

Kunstvaseline

Vaseline	800 g
Paraffin	200 g

Schmelzen, dann zu der geschmolzenen Masse zusetzen:

gelöst in

Guttapercha	20 g
Petroläther	30 g

Man rührt gut um und verjagt den Petroläther.

Letzterer Zusatz bezweckt, die Viskosität des Kunstvaselins zu erhöhen und es dem Naturvaselin ähnlicher zu machen. Auch durch Zusätze von Harz läßt sich dies erreichen.

Laits de Beauté (Schönheitsmilch).

Herstellungsart der Fettemulsionen für Laits de beauté

Man sorge zunächst für eine breite, flache Wanne als Rührgefäß und für ein entsprechend montierbares Gestell, das als Untersatz für das am Boden mit einem Ausflußhahn versehene Aufnahmegefäß für das wäßrige Vehikel dienen soll. Dann besorge man ein solches Gefäß und stelle es so auf das Gestell, daß die Mündung des Ausflußhahnes zirka 5 cm über dem Rande der Mischwanne zu liegen kommt.

Dieses Gefäß ist am besten aus emailliertem Eisen und muß durch Gas heizbar sein, um die Flüssigkeit darin warm zu erhalten, solange die Operation dauert. Daß auch die Mischwanne aus emailliertem Material sein muß, versteht sich von selbst.

<table>
<tr><td colspan="2" align="center">Ansatz:</td><td align="center">II. Wässeriges Vehikel</td></tr>
<tr><td colspan="2" align="center">I. Fettmischung</td><td>Parfumierter Alkohol .... 1 l</td></tr>
</table>

Ansatz:

I. Fettmischung

Walrat .... 30 g
Weißes Wachs .... 30 g
Seifenpulver .... 30 g
Stearin .... 10 g

II. Wässeriges Vehikel

Parfumierter Alkohol .... 1 l
Wasser .... 1 l
Glycerin .... 1 l

Im Wasser gelöst:

Borax .... 10 g
Benzoesaures Natron .... 9 g
Pottasche .... 10 g

Bevor wir die Art der Herstellung besprechen, bemerken wir folgendes: Wir empfehlen prinzipiell, alle diese Fettemulsionen durch chemische Emulgierung mit Alkali herzustellen und die alte Methode der mechanischen Emulgierung, als obsolet, überhaupt nicht mehr anzuwenden. Durch die ausgesprochene chemische Emulgierung erhält man naturgemäß viel stabilere Emulsionen, weil ein Teil der Fette, bzw. Wachse als Alkalisalz in Lösung geht und diese Lösung auch die mechanisch darin suspendierten Fetteilchen viel besser festhält. Übrigens hatte auch die alte Methode schon eine teilweise, aber nur oberflächliche Emulgierung durch Seife im Auge, die aber in vielen Fällen, besonders bei sehr verdünnten Emulsionen, unzureichend ist.

Wir kommen nun zur eigentlichen Ausführung des Emulgierprozesses. Man gibt in das mit Hahn und gutschließendem Deckel ausgerüstete Gefäß das wäßrige Vehikel und erwärmt dasselbe auf zirka 60°. Diese Temperatur muß während der ganzen Dauer des Zufließens aufrecht erhalten werden. (Störend ist hier der etwas hohe Alkoholgehalt des Vehikels; man hilft sich aber hier ganz gut mit einem wirklich gut schließenden Deckel. Übrigens kann man auch mit dem Alkoholgehalt noch recht beträchtlich heruntergehen.)

Gleichzeitig schmilzt man die Fettkörper in der Mischwanne und löst darin die Seife vollständig auf. (Achtung! Nicht überhitzen, am besten mit Wasserbad arbeiten!) Die Seife löst sich etwas schwer.

Nachdem alles gelöst ist und die Flüssigkeit genügend erwärmt, um klumpenförmige Ausscheidungen im Fettgemisch beim Einfließen zu vermeiden, läßt man allmählich und in ganz dünnem, gleichmäßigem Strahl das Vehikel zum Fett-Seifengemisch fließen, wobei man lebhaft und ununterbrochen rührt. Keinesfalls darf dieses Zufließen zu rasch geschehen, weil sonst eine Trennung der Emulsion eintreten könnte. Eine gut gelungene Emulsion muß immer gleichmäßig geblieben sein und zum Schlusse der Operation ein homogenes, milchiges Produkt ergeben, das auch beim Erkalten nur ganz geringe Mengen Niederschlag absetzen darf.

Nach dieser Vorschrift lassen sich alle Fettemulsionen herstellen; übrigens ist die Apparatur auch für Balsamemulsionen verwendbar.

Parfumiert können diese milchigen Emulsionen beliebig werden, nur muß man natürlich auch hier darauf achten, daß keine Verfärbung durch ungeeignete Riechstoffe eintreten kann.

Im allgemeinen wird man mit 3 bis 4 g Parfum per Liter auskommen (als reine Riechstoffe berechnet, Lösungen bzw. Tinkturen natürlich mehr).

Irismilch

Für obigen Ansatz:
Solution Iris .... 10 g
Violette comp. .... 0,5 g

Rosenmilch

Rosenöl, bulgar. .... 1 g
Rosenöl, künstl. .... 10 g

Gurkenmilch

Seifenpulver .... 15 g
Weißes Wachs .... 15 g
Stearin .... 5 g
Wasser .... 500 g
Alkohol .... 150 g
Gurkensaft .... 350 g
Glycerin .... 400 g
Borax .... 5 g
Pottasche .... 5 g
Citronenöl .... 1 g
Lavendelöl .... 3 g

Fliedermilch

Lilas comp. .... 6 g
Terpineol .... 2 g
Anisaldehyd .... 0,3 g

Lanolinmilch

Lanolin .... 10 g
Rosenwasser ....100 ccm
Borax .... 1 g
Seifenpulver .... 2 g

Glycerine and Cucumber

Seifenpulver .... 20 g
Borax .... 3 g
Cold-Cream .... 80 g
Glycerin .... 200 g
Stearin .... 2 g
Pottasche .... 1 g
Gurkensaft .... 300 g
Emulgieren durch Kochen, dann
Zusetzen von:
Alkohol .... 100 g
Jasmin liq. .... 2 g
Rosenöl .... 1 g

Auch auf Basis von Stereatcremes und von Cold Cream (siehe Glycerine and Cucumber) lassen sich sehr schöne Emulsionen bereiten, aber nur durch chemische Emulsion, d. h. durch Erhitzen der Cremes mit Wasser, das kleine Mengen Pottasche (und Borax) gelöst enthält (d. h. erneute chemische Emulgierung der in den chemisch emulgierten Stearatin bzw. der Cold-Cream stets vorhandenen unangegriffenen Fetteilchen, um so die Wasserlöslichkeit zu fördern).

Lait d'amandes composé

I. Mandeln .... 150 g
   Rosenwasser .... 700 g
   Glycerin .... 100 g
   Alkohol .... 50 g
   Solution Iris 5 : 100 ... 11 g
   Jasmin liq. .... 0,5 g

II. Walrat .... 10 g
    Weißes Wachs .... 10 g
    Stearin .... 4 g
    Wasser .... 1000 g
    Borax .... 5 g
    Pottasche .... 2 g

Aus I. bereitet man eine Mandelpasta, aus II. durch Kochen eine Emulsion, schließlich inkorporiert man die erkaltete Emulsion in die Mandelpasta. Falls die Milch zu konsistent sein sollte (nach dem völligen Erkalten) wärmt man nochmals an, gibt der warmen Emulsion noch etwas warmes Wasser zu und rührt bis zum völligen Erkalten.

Gurkenmilch

Seifenpulver	10 g	Olivenöl	10 g
Weißes Wachs	10 g	Glycerin	50 g
Wasser	250 g	Mandeln	80 g
Gurkensaft	500 g	Pottasche	4 g
Walrat	10 g	Borax	5 g

Man stößt die Mandeln mit dem Wasser zur Pasta an, bereitet aus den übrigen Ingredienzien eine Emulsion und vereinigt schließlich Mandelpasta und Fettemulsion.

Auch bei Mandelmilch lassen sich unendlich viele Kombinationsmöglichkeiten mit Stereaten, Cold-Creams usw. ausdenken und können so sehr originelle Präparate hergestellt werden. Auch sehr ähnliche Präparate kann man ohne Verwendung von Mandeln auf Basis von Wachs- oder Stearinemulsionen bereiten, bei denen entsprechende Mengen Tragantschleim mitverwendet wurden.

Speziell bei diesen stark wasserhaltigen Mitteln wird die Verwendung der modernen Emulgatoren erhebliche Dienste leisten und das Arbeiten beträchtlich vereinfachen.

Hautnährcremes.

Wir haben derselben im Prinzip bereits kurz gedacht. Inwieweit die Hormone wirksam sind, steht fest, aber leider ist es nicht bewiesen, daß die in frischem Zustande wirkungsvollen Hautextrakte spezieller Art auch dauernd wirksam sind und ist die recht unzureichende Konservierungsmöglichkeit der Hormonextrakte ein Grund, sich heute diesen gegenüber noch skeptisch zu verhalten.

Anders liegt der Fall bei Verwendung der Lipoide Cholesterin und Lecithin, die der Haut wichtige Aufbau- und Nährstoffe zuführen können, wenn sie entsprechend bereitet worden sind, d. h. diese Prinzipien in leicht resorbierbaren Fettkörpern gelöst enthalten.

Nachstehend einige Vorschriften für solche Hautnährcremes.

Cholesterincreme

Weißes Wachs	600 g
Walrat	100 g
Stearin	500 g
Lanolin, wasserfrei	400 g
Kakaobutter	400 g
Mandelöl, konserviert, mit Nipagin	1800 g
Cholesterin	120 g
schmelzen und einrühren:	
Borax	100 g
Natriumbenzoat	15 g
gelöst in:	
Heißes Wasser	1700 g

Cholesterin-Lecithin-Hautnahrung
(künstl. Hormoncreme)

Lanolin, wasserfrei	20 g
Stearin	10 g
Kakaobutter	20 g
Weißes Wachs	20 g
Süßes Mandelöl, kons.	200 g
Cholesterin	6 g
Lecithin	12 g
Wasser	80 g
Borax	15 g
Natriumbenzoat	2 g
Nipagin	1 g

Cremes, die Lecithin enthalten, müssen gut konserviert werden, um Zersetzung des Lecithins zu verhindern.

Kosmetische Boraxpräparate.

Für die Kosmetik ist der Borax ein sehr wichtiges Produkt. Bereits in alten Zeiten war sein günstiger Einfluß auf die Haut bekannt, und der Borax des Altertums wurde teuer bezahlt. Borax ist in zwei Sorten im Handel, nämlich erstens als prismatischer (raffinierter) Borax mit annähernd 47% Kristallwasser und zweitens als oktaedrischer Borax mit 30,8% Kristallwasser. Der erstere kommt hier jedoch ganz allein in Frage und stellt auch den gewöhnlichen Borax des Handels dar. Borax reagiert alkalisch und verwittert an der Luft, weshalb er stets in gut geschlossenen Gefäßen aufzubewahren ist.

Die Eigenschaften, die den Borax für die Kosmetik so besonders gut verwendbar machen, sind zunächst folgende. Borax wirkt antiseptisch und auf kleine parasitische Vegetationen auch antifermentativ. Er eignet sich daher als Zusatz zu Mundwasser usw. sehr gut. In der Hauptsache jedoch wird er gegen äußere Schäden der Haut angewendet, und viel bekannte Hautmittel, wie Sommersprossenwasser und -Salbe, Lilionese und wie sie alle heißen, gründen ihre Wirksamkeit auf die Anwesenheit von Borax. Die Löslichkeitsverhältnisse des Borax sind daher von großer Wichtigkeit; Borax löst sich in 12 Teilen kalten oder 2 Teilen kochenden Wassers, alsdann in 4 Teilen Glycerin, während er in Alkohol unlöslich ist. Nach diesen Verhältnissen richte man sich bei der Anfertigung von Wässern, welche Borax enthalten sollen; man nehme nicht zu viel davon, da er sich sonst häufig wieder ausscheidet.

Des weiteren hat Borax die Eigenschaft, viele in Wasser unlösliche Stoffe zur Lösung zu bringen, so z. B. Albumin, Kasein, Salicylsäure usw.; er findet daher auch bei der Verarbeitung des Kaseins zur Verbesserung der Toiletteseifen häufig Verwendung, wobei man gleich zwei Eigenschaften des Borax vereinigt, die Lösung des Kaseins und seine gute Wirkung in der Seife auf die Haut.

Ein viel verlangtes Präparat ist der Toiletteborax, welcher in der Hauptsache dazu dient, dem Waschwasser beigemischt zu werden. Er soll dann das Wasser nicht nur weich machen, sondern ihm auch gleich einen guten Geruch verleihen. Als Parfum eignen sich die terpenfreien ätherischen Öle oder wasserlösliche Riechstoffe verschiedener Art.

Toiletteborax		Veilchenborax	
Borax ff.	5000 g	Borax ff.	3000 g
Terpineol	40 g	Jonon	0,5 g
Vanillin	2 g	Bergamottöl	30 g
Aubépine, flüss.	2 g	Irisöl, liq.	10 g

Der Borax für Toilettezwecke wird am besten in entsprechend etikettierten Pappkartons in den Handel gebracht.

Auch dem sogenannten Toiletteglycerin wird vorteilhaft etwas Borax zugesetzt. Es kommt dann als „Glycerin und Borax" in den Handel.

Glycerin und Borax

Glycerin, chem. rein...... 2000 g
Borax .... 140 g
Rosenöl, künstl.......... 4 g

Dieses kosmetische Mittel wird hauptsächlich gegen aufgesprungene Haut verwendet. Überhaupt erreicht man mit „Glycerin und Borax" in der Hautpflege gar vieles, was man mit manchen anderen teueren Präparaten vergeblich zu erreichen sucht. Ein weiteres Präparat dieser Art ist

Myrrhe und Borax

Borax	300 g	Rosenöl, künstl..........	10 g
Honig	300 g	Aubépine, liq.	5 g
Myrrhenharz............	300 g	Neroliöl, künstl..........	10 g
Alkohol, 80%ig	10 000 g	Vanillin	5 g
Cheirantia, *N. & C*.......	40 g	Heliotropin	10 g

Die Herstellung dieser Tinktur, die in der Hauptsache ebenfalls dem Waschwasser und den Bädern zugesetzt wird, ist etwas mühsam. Der Borax und Honig werden zusammen in einem genügend großen Gefäße verrieben; alsdann fügt man nach und nach den Alkohol zu, in welchem man das Myrrhenharz und das Parfum etwa 14 Tage vorher gelöst hat. Es ist sehr empfehlenswert, in dieser Weise zu arbeiten und die Lösung vorher nochmals zu filtrieren. Diese Tinktur ist unter allen möglichen Namen im Handel, bald als „Orientalische Schönheitsmilch", „Viktoria-Tinktur", „Frauenschönheit" usw. Bisweilen findet man noch einen geringen Zusatz von chemisch reinem Glycerin.

Gurkenpräparate.

In den letzten Jahren war auch bei uns in Deutschland eine größere Nachfrage nach guten Gurkenpräparaten, wie dies in Frankreich, besonders aber in England schon seit vielen Jahren der Fall ist.

Die Herstellung eines haltbaren Gurkensaftes, wie er zu allen diesen Präparaten gebraucht wird, ist nicht so einfach, wennschon sie auch nun nicht gerade mit großen Schwierigkeiten verknüpft ist. Aber die wenigsten Kosmetiker kannten eine gute Vorschrift dafür und noch heute stehen recht viele von ihnen den Wirkungen des Gurkensaftes ziemlich skeptisch gegenüber. Es ist zwar klar, daß nicht alle die Wunderdinge, die von dem Safte erzählt werden, auf Wahrheit beruhen, aber eines steht doch fest, daß er auf die Haut einen sehr geschmeidigmachenden Einfluß ausübt und ihm auch gleichzeitig bleichende Wirkungen zuerkannt werden. Ohne solche Wirkungen würde sich der Gurkensaft als Hautmittel in der Kosmetik nicht so gut eingeführt haben, wird er doch schon seit vielen Jahrzehnten wie gesagt gerade in England sehr stark angewendet. Mit Zusatz von Gurkensaft werden denn auch eine ganze Reihe von Präparaten hergestellt, die alle der Pflege der Haut dienen.

Gurkensaft

stellt man wie folgt her:

Die frischen Gurken werden recht klein zerschnitten, zwischen Walzen zerquetscht, und der dicke Brei wird dann durch eine Filterpresse von dem ihm anhaftenden Safte befreit. Diesem Safte setzt man zirka 25% Alkohol zu sowie etwa 3% Glycerin. Auch ein kleiner Zusatz von Borax ist empfehlenswert, jedoch nicht unbedingt notwendig. Will man jedoch später dem Gurkensaft etwa Grundlagen zusetzen, welche Wasserstoffsuperoxyd in irgendwelcher Form enthalten, dann muß man auch das Glycerin bei dem Ansatze weglassen. Der zugesetzte Alkohol·schützt den Saft schon allein vor dem Verderben. Diesen Saft bewahrt man in gut verschlossenen Flaschen im kühlen Keller auf.

<table>
<tr><td>

Gurkenmilch

Rosenwasser	2500 g
Gurkensaft	800 g
Benzoetinktur	100 g
Glycerin	400 g
Quillajarindeninfusion	50 g
Robinia, *Sch. & C.*	10 g
Terpineol	30 g

</td><td>

Gurkencreme

Rosenwasser	1600 g
Glycerin	850 g
Stearin	180 g
Pottasche, gereinigt	18 g

</td></tr>
</table>

Dieser Creme setzt man nach dem Erkalten noch 300 g Gurkensaft zu sowie als Parfum z. B.

> Ylang-Ylangöl, künstl.
>   *Sch. & C.* .... 15 g
> Neoviolon, *Sch. & C.* .... 10 g
> Terpineol .... 15 g

Man kann die Creme auch so herstellen, daß man etwa das Quantum des Gurkensaftes, das man zuzusetzen gedenkt, von dem Rosenwasser abrechnet. Die Grundmasse wird dadurch wesentlich härter, läßt sich aber nichtsdestoweniger nachher doch gut verarbeiten und man kann ihr dann den Gurkensaft leicht inkorporieren.

Gurkenpomade

Mandelöl, süß	260 g
Walrat	60 g
Wachs, weiß	60 g
Gurkensaft zirka	120 g
Levkojenblütenöl, *Heiko*	15 g
Alkohol	20 g

Ein sehr stark begehrter Artikel, den die englischen Parfumeure gar nicht genug herstellen können, und in welchem besonders die Firma *Beetham & Son* Hervorragendes leistet, ist das

Glycerin and Cucumber

Ansatz wie bei Gurkencreme, man fügt dann noch bei:

Glycerin	100 g
Gurkensaft	400 g
Eidotter	15 g
Lavendelöl	19 g
Rosenöl	3 g

Gurkenglycerin

Gurkensaft	1000 g
Glycerin	1000 g
Goldlack, *Heiko*	10 g
Alkohol	20 g

Reispuder (Poudres de Riz).

Diese Puder sind im wesentlichen Gemenge von Reisstärke, Maisstärke, Talkum, Zinkoxyd, Stearaten wie Zinkstearat (in Deutschland unzulässig), Magnesiumstearat und kleinen Mengen Magnesiumcarbonat, manchmal auch feinsten Kaolin oder Bolus enthaltend.

Gute Puder dieser Art sollen Stärke enthalten und ist die Furcht, daß Stärke durch Bildung einer Art sauren Teiges mit dem Schweiß die Haut reizen könne, bei normalem Pudergebrauch ganz unbegründet. Es kann unter Umständen ein rein mineralischer (Talkum-) Puder durch Verstopfen der Poren viel schädlicher wirken als ein Stärkepuder.

Man denke übrigens an die bekannte Tatsache, daß Personen, wie Bäcker usw., deren berufliche Tätigkeit ein unfreiwilliges reichliches Einstäuben der Haut mit Mehlstaub mit sich bringt, oft eine überraschend reine und zarte Haut haben. Dieser bekannte Umstand sollte allen jenen zu denken geben, die gegen den Pudergebrauch, vor allem gegen jenen von Stärkepuder — allerdings mit vergebener Mühe — wettern!

Ganz ungeeignet für Puder sind Zusätze von kohlensaurem Kalk, die den Puder rauh machen, ebenso sollte Kartoffelstärke absolut vermieden werden, deren körnige Beschaffenheit das Anhaften des Puders erschwert, auch gibt Kartoffelstärke dem Puder oft einen muffigen Geruch.

Manchmal wird Zusatz von Iriswurzelpulver empfohlen, doch vermindert auch ein solcher Zusatz das Anhaften des Puders, das als Vorzug eines guten Puders nicht hoch genug eingeschätzt werden kann.

Feines Weizenmehl als Zusatz ist durchaus angebracht, besser aber kleberfreie Weizenstärke.

In letzter Zeit nimmt auch die Mitverwendung von Titandioxyd immer größere Bedeutung an, als Ersatz des Zinkoxyds, bzw. als Komplement dieses das Anhaften der Puder fördernden Zusatzes.

Mann empfiehlt auch Lycopodium als Zusatz. Heutzutage wird dieses gewiß an sich brauchbare Material praktisch in der Parfumerie wohl kaum mehr verwendet.

Es darf betreffs laufende Anwendung guten Puders nicht übersehen werden, daß ein vernünftiger Gebrauch keine Schädigungen verursachen kann, sondern nur günstig wirkt, weil z. B. Puder entzündungswidrig und reizlindernd wirkt, wie z. B. nach dem Rasieren, nach Gebrauch von Enthaarungsmitteln, bei Sonnenbrand usw.

Jedenfalls ist der Puderverbrauch heute ins Ungeheure gestiegen und der Gebrauch dieses wichtigen Kosmetikums heute zu einer Selbstverständlichkeit geworden, als unentbehrlicher Bestandteil der Toilette der soignierten Dame.

Indes ist, seit Einführung der Kompaktpuder der Gebrauch der lockeren Puder stark zurückgegangen, soweit es sich um eigentliche Gesichtspuder handelt.

Wir geben in der Folge zunächst die alten Mann schen Vorschriften in modernisierter Form in extenso wieder, im Anschluß daran eine Sammlung neuer moderner Vorschriften für Puder, einschließlich einer summarischen Beschreibung der Herstellung der Kompaktpuder.

Grundmasse zu feinem Puder

Reismehl	6000 g
Talkum	3500 g
Kohlensaure Magnesia	750 g
Zinkweiß	3000 g

Dieser Masse werden dann beliebig die gewünschten Parfums zugesetzt. Ein Parfum, das sich sehr gut zum Parfumieren irgendwelcher Pudersorten, bei denen ein besonderer Blumengeruch nicht vorgeschrieben ist, verwenden läßt, ist folgendes:

Puderparfum

Bergamottöl	100 g	Palmarosaöl	15 g
Linalylacetat	10 g	Geraniol	50 g
Rosenöl	10 g	Isoeugenol	20 g
Pomeranzenöl, süß	25 g	Moschustinktur	20 g
Santalol	15 g		

Etwas billiger und jedem Anspruche doch gerecht werdend stellt sich folgende

Pudergrundmasse

Reismehl	10 000 g
Talkum, feinstes	8 000 g
Weizenmehl	2 000 g
Kohlensaure Magnesia	1 500 g
Zinkweiß	5 000 g

Hiezu gibt man

Puderparfum .... 150 g

und erhält eine sehr schöne und verkäufliche Ware.

Die Gesichtspuder werden auch rosa, fleischfarbig und gelblich verlangt. Man erzielt die ersteren Nuancen durch Zugabe von Krapprosa, Rhodamin oder von Eosin, die letzte am besten durch Ocker.

Wir geben nun zunächst eine Reihe von Vorschriften für Puder:

Poudre Amaryllis du Japon

Puderkörper	12 000 g	Vanillin	10 g
Cyclamen, *N. & C.*	40 g	Rose alpine, *T. M.*	25 g
Terpineol	150 g	Moschus, künstl.	20 g
Muguet, künstl., *H. & R.*	60 g		

Poudre à la Rose Maréchal Niel

Puderkörper	20000 g
Rosenöl, künstl., *Heiko*	10 g
Geraniumöl	30 g
Neroliöl	3 g
Vanillin	1 g
Tolubalsamtinktur	50 g

Poudre aux Fleurs de Cashmire

Puderkörper	8000 g
Phenyläthylalkohol	8 g
Benzoetinktur	100 g
Cassieblütenöl	12 g
Costuswurzelöl	2 g
Vanillin	2 g
Portugalöl	10 g
Bergamottöl	15 g
Ambrettemoschus	5 g

Fliederpuder

Puderkörper	10000 g
Terpineol	100 g
Ylang-Ylangöl, künstl.	30 g
Moschustinktur	150 g
Benzoetinktur	150 g

Poudre Genêt blanc

Puderkörper	15000 g
Genêt (Ginster), künstl.	50 g
Terpineol	100 g
Vanillin	10 g
Rose alpine	15 g
Moschus, künstl.	5 g

Poudre Giroflé

Puderkörper	10000 g
Irisöl, flüss., künstl.	40 g
Canangaöl	10 g
Isoeugenol	25 g
Terpineol	20 g
Hyacinthin	5 g

Poudre Idéal

Puderkörper	17000 g
Idéaline, *T. M.*	50 g
Rose alpine	10 g
Bergamottöl	3 g
Infusion Moschus	10 g
Robinia, *Sch. & C.*	10 g

Lilias d'Orient

Puderkörper	10000 g
Lilas VII. *L. G.*	50 g
Vanillin	5 g
Rosenöl, künstl.,	5 g
Benzoetinktur	100 g
Ambra W., *Sch. & C.*	1 g
Aubépine liq.	5 g
Terpineol	90 g

Poudre aux Fleurs de Lys

Puderkörper	4000 g
Jonquilleöl, echt, absol.	10 g
Vanillin	5 g
Rose alpine	2 g
Benzoetinktur	40 g
Hyacinthin	2 g

Poudre Malmaison

Puderkörper	17000 g
Purpurnelke, *Sch. & C.*	15 g
Neroliöl, künstl.	5 g
Bourbonal, *H. & R.*	5 g
Isoeugenol	5 g
Bergamottöl	5 g
Moschustinktur	20 g
Tolutinktur	50 g

Puder Mimosa

Puderkörper	15000 g
Mimosaöl, *N. & C.*	50 g
Vanillin	6 g
Bergamottöl	10 g
Rosenöl, künstl.	1 g
Neroliöl, künstl.	1 g
Benzoetinktur	80 g
Moschustinktur	20 g

Allgemein beliebt sind die mit Geranium parfumierten Gesichtspuder. In diesen wird ein sehr großer Umsatz erzielt.

Rose-Geraniumpuder

Puderkörper	6000 g	Vanillin	2 g
Geraniumöl, spanisch	30 g	Bergamottöl	5 g
Geraniol	15 g	Rosenöl, künstl.	3 g

Da der Geruch des Geraniumöles in der Pudermasse sehr stark durchgreift, muß man schon zuerst etwas ausprobieren, wie groß man die Quantität im Verhältnis zum Preis der fertigen Ware nehmen soll. Es wird sich nämlich oft erweisen, daß man je nach der Durchlässigkeit der Pulver weit weniger Parfum verwenden kann, als man vorher anzunehmen geneigt war. Auf jeden Fall darf gerade ein Puder nicht allzustark duften, denn sonst wirkt sein Geruch auf die Dauer unerträglich. Ebenso beliebt ist auch der Puder Melatti.

Poudre Melatti

Puderkörper	10000 g	Patchuliöl	0,3 g
Jasminblütenöl, absol.	30 g	Rosenöl, echt	2 g
Ylang-Ylangöl	5 g	Benzoetinktur	40 g
Aubépine	5 g	Vanillin	2 g
Moschustinktur	10 g		

Für stärkere Parfumierung ist natürlich einfach von dem kombinierten Parfum etwas mehr oder im entgegengesetzten Falle weniger zu nehmen.

Poudre aux Fleurs de Lys

Puderkörper	5000 g
Heiko-Lilie	40 g
Siam-Benzoetinktur	50 g
Moschustinktur	10 g

Hier lassen sich durch Zusatz von echtem Bittermandelöl, Neroliöl u. dgl. manche hübsche Variationen erzielen.

Rosenpuder

I. Puderkörper	6000 g	II. Puderkörper	6000 g
Rosenöl, echt	20 g	Rose Malmaison,	
Moschustinktur	30 g	*N. & C.*	40 g
Vanillin	2 g	Benzoetinktur	150 g
Benzoetinktur	50 g	Geraniumöl, Bourbon .	15 g
Geraniumöl, Bourbon..	30 g	Vanillin	2 g

Ein sehr beliebter Toilettepuder ist z. B. folgender:

Poudre Rose la France

Puderkörper	6000 g
Heiko-Rose, R	10 g
Moschustinktur	20 g
Neroliöl, künstl.	0,5 g
Vanillin	1 g
Benzoetinktur	40 g

Sweet Pea Toilet Powder

Puderkörper	8000 g
Hyacinthin	10 g
Heliotropin	40 g
Bergamottöl	30 g
Rosenöl, künstl.	1 g
Moschustinktur	10 g
Terpineol	60 g

Poudre Veloutine

Puderkörper	4000 g	Rosenöl, künstl.	6 g
Geraniol	5 g	Bergamottöl	15 g
Rosenöl echt	1 g	Moschustinktur	10 g

Maiglöckchenpuder

Puderkörper .... 1500 g
Maiglöckchenblütenöl,
   H. & R................ 10 g
Linalool .... 3 g
Benzoetinktur............ 15 g
Vanillin .... 1 g

Fettpuder

Talkum ff. .... 3000 g
Reismehl .... 800 g
Zinkweiß .... 500 g
Puderparfum .... 60 g

Um einen **Fettpuder** auch tatsächlich recht anhaftend und „fett"
zu machen, gibt man in die Pudergemenge zirka 1 bis 2% feinstes weißes
Vaselinöl. Es muß dann die Masse mehrfach die Siebmaschine passieren,
damit das Öl bestens verteilt wird. Man muß aber sehr auf die einzelnen
Bestandteile des Puders achten, denn bekanntlich nehmen nicht alle
Pulver gleich große Mengen von Öl in sich auf, ohne es später wieder
auszuscheiden, in welchem Falle sich dann die Pudermasse ballen würde.

Ein billiger Puder ist folgender:

Puder-Magnolia

Kaolinerde .... 10000 g
Weizenmehl .... 5000 g
Talkum .... 10000 g
Bergamottöl .... 15 g
Nelkenöl .... 10 g

Lavendelöl .... 15 g
Geraniol................ 15 g
Palmarol .... 15 g
Moschustinktur .... 30 g
Mimosaöl, *N. & C.* ...... 15 g

Velmapuder

Talkum .... 3000 g
Kaolin .... 3000 g
Zinkweiß .... 500 g
Geraniumöl.............. 55 g
Amylsalicylat .... 20 g
Benzylacetat .... 10 g

Chinosolpuder

Puderkörper .... 8000 g
Chinosol .... 15 g
Bergamottöl .... 20 g
Irisöl, konkret .... 2 g
Benzoetinktur........... 50 g
Palmarosaöl .... 5 g

Dieses Präparat erhält die Haut glatt und fein und verhindert das
Reißen und Rotwerden derselben.

Lanolinpuder

Talkum, Edelweiß .... 1000 g
Kohlensaure Magnesia .... 100 g

vermischt man mit

Lanolin, wasserfrei .... 30 g

gelöst in Aceton.

Parfum:

Fliederöl, *Heiko*.............. 5 g
Rose alpine, *T. M.*........... 3 g
Vanillin .... 1 g

Vaselinpuder

Edelweiß-Talkum.......... 1000 g
Reismehl .... 300 g
Vaselinöl ff., weiß .... 130 g
Bergamottöl .... 5 g
Canangaöl .... 2 g
Rose alpine, *T. M.*........ 1 g

Moderne Vorschriften für Puder.

Vorschriften für zusammengesetzte Puderkörper. Wir beschränken uns darauf, einige wenige, aber gute und erprobte Vorschriften eigener Zusammensetzung zu geben, die dem Parfumeur in allen Fällen gute Dienste leisten können.

Puderkörper Nr. 1

Mais- oder Reisstärke	450 g
Zinkweiß Grünsiegel	220 g
Feinstes Talkum 0000	300 g
Magnes. carbon. leviss.	50 g

Fettpuderkörper Nr. 4

Talkum	650 g
Zinkweiß	350 g
Cold Cream	20 g

Puderkörper Nr. 2 (ohne Stärke)

Talkum 0000	110 g
Feingeschlämmtes Kaolin	20 g
Magnes. carbon.	10 g
Zinkweiß (oder Zinkstear.)	10 g

Puderkörper Nr. 3 (ohne Stärke)

Talkum	900 g
Kaolin	800 g
Magnes. carbon.	150 g
Zinkweiß (oder Zinkstear.)	150 g

Die Cold Cream wird geschmolzen und mit einem Teile des Puderkörpers innigst verrieben. Dann wird abgesiebt und dieses fette Pulver dem Rest des Puderkörpers beigemischt.

Statt Cold Cream lassen sich auch Lanolin oder beliebige geeignete Fettkörper oder Gemische benutzen.

Allgemeines über die Herstellung der Puder

Zum Färben der Puder können alle möglichen Farbstoffe herangezogen werden, so z. B. Carmin und Teerfarbstoffe (Eosin, Rhodamin usw.) für Rosa, Sienaerde, Umbra usw. für gelbliche und bräunliche Nuancen, Ultramarinblau für Bläulich und Lila usw.

In der Regel werden die Puder sortiert in drei bis vier Farben geliefert, nämlich: Weiß (*Blanche*), Rosa (*Rose*), Creme (*Rachel*) und Fleischfarbe (*Chair*). Außer diesen klassischen Hauptnuancen sind noch Färbungen besonderer Art, wie Lila, Hellblau, Braun (Sonnenbrandpuder) usw., sehr beliebt; überhaupt können hier originelle Nuancen sehr gut wirken. Auch kräftigere Färbungen (*Rouge*, *Brunette* usw.) sind beliebt, doch treten wir mit diesen bereits in das Gebiet der Schminke ein. An dieser Stelle werden wir uns nur mit den schwachgefärbten Pudern befassen, denen kein Schminkecharakter zukommt.

Weiß. Zur Erzielung einer schönweißen Farbe des Puders ist darauf zu achten, daß nur reinweißes Grundmaterial verwendet wird. Graustichiges oder gelbliches Material ist hier nicht zu gebrauchen. Die oft empfohlenen Zusätze, kleiner Mengen blauen Farbstoffes, um diese Mißfarbe zu verdecken, helfen nur wenig.

Man muß natürlich bei weißem Puder speziell darauf achten, daß das Parfum nicht zu Verfärbungen Anlaß gibt, wie dies oft genug vorkommt (Phenylacetaldehyd, Anthranilsäuremethylester simultan mit Vanillin usw.). Hier kann nur Ausprobieren und Stehenlassen Aufschluß geben. (Probe in der Schachtel, vor Licht geschützt aufbewahren, am

Lichte sind Verfärbungen, namentlich bei komplizierten Parfum-kompositionen [Jasmin, Nelke usw.], fast die Regel.)

Daß solche Verfärbungen stärkerer Art auch besonders Rosa und andere zarte Färbungen beeinflussen, ist selbstverständlich.

Rosa. Wir empfehlen den Gebrauch des Rhodamins, der sehr gute Resultate ergibt und sehr einfach ist.

Solution Rhodamin

Rhodamin B (blaustichig) 24 g
Alkohol ....500 ccm
Wasser ....500 ccm

Warm lösen und nach dem Erkalten filtrieren.

Für 1 kg Puderkörper gibt man zu für:

Zartrosa 20 ccm Rhodaminlösung.
Mittleres Rosa 35 ccm, **kräftigeres Rosa** 50 ccm[1].
Creme (Rachel).

Für 1 kg Puderkörper zufügen:

Heller Ocker (gelbe Sienaerde) zirka 30 g, für kräftigeres Gelb 50 g.
Fleischfarbe (Chair).

Für 1 kg Puderkörper zufügen:

Solution Rhodamin 15 ccm und heller Ocker 18 g.

Für Fleischfarbe brünetter Nuance:

25 bis 30 g heller Ocker und 18 ccm Sol. Rhodamin.
Hellblau 20 g Ultramarinblau für 1 kg Körper.
Lila. Ultramarinblau 16 g und Alizarinlack Nr. 40 (*Siegle*, Stuttgart).
Braun (Sonnenbrand). 30 g heller Ocker, 40 g dunkler Ocker und 40 g gebrannte Sienaerde (rotbraune Sienaerde).

Diverse parfumierte Puder

Rose American Beauty

Puderkörper	1000 g	Rose rouge, künstl.	1 g
Jasmin liq...............	0,5 g	Jasmin, künstl.	0,4 g
Rosenöl, bulgar.	1 g	Ketonmoschuslösung	0,5 g
Iraldein	0,8 g	Guajakholzöl	0,6 g
Rose blanche, künstl......	1 g	Vanillin	0,3 g

Violette des Bois   Violette Russe

Puderkörper	1000 g	Puderkörper	1000 g
Irisöl, konkret	0,4 g	Ylang-Ylangöl............	0,5 g
Iraldein *H. & R.*	2 g	Rote Rose, *Heiko*	0,5 g
Violette artif.............	2 g	Anisaldehyd	0,2 g
Vert de Violette art.	0,5 g	*Heiko*-Veilchen	1,6 g
Anisaldehyd	0,3 g	*Heiko*-Viofolia............	0,25 g
Ylang-Ylang	0,5 g	Styraxtinktur.............	2 g
Moschustinktur	0,5 g		
Ketonmoschuslösung	0,5 g		
Bergamottöl	0,5 g		

---

[1] Rhodamin allein färbt etwas bläulich, zwecks Erhaltung einer reinen Rosafärbung füge man etwas gelbe Farbe hinzu oder bereite eine Lösung von 24 g Rhodamin B und 6 g Seifengelb, die man direkt verwendet.

Bouvardia

Puderkörper	1000 g
Ylang-Ylang	0,7 g
Jasmin, künstl.	1,5 g
Sweet Pea, künstl.	0,8 g
Phenyläthylalkohol	0,5 g
Amylsalicylat	0,4 g
Methylanthranilat	0,75 g
Zibet, künstl.	0,03 g
Ketonmoschus	0,15 g

Muguet des Bois

Puderkörper	1000 g
Maiglöckchenblütenöl, *H. & R.*	3 g
Linalool	0,5 g
Ylang-Ylang	0,15 g
Rosenöl, bulgar.	0,05 g
Vanillin	0,1 g
Tolutinktur	1 g
Ketonmoschus	0,1 g

Trèfle nacarat

Puderkörper	1000 g
Cumarin	1 g
Amylsalicylat	3 g
Heliotropin	0,2 g
Anisaldehyd	0,3 g
Solution Patchuli	0,3 g
Eichenmoostinktur	0,5 g
Ketonmoschus	0,15 g

Cyclamen des Alpes

Puderkörper	1000 g
Rosenöl, künstl.	0,5 g
Hydroxycitronellal	2 g
Iraldein	0,4 g
Heiko-Muguet	0,5 g
Amylsalicylat	0,15 g
Jasmin, künstl.	0,4 g
Ketonmoschus	0,05 g

Héliotrope

Puderkörper	1000 g
Heliotropin	3 g
Vanillin	0,5 g
Cumarin	0,5 g
Anisaldehyd	0,3 g
Heiko-Jasmin	0,3 g
Solution Bittermandel (50 g : 1 l)	0,1 g

Streupulver.

Diese dienen zu reichlichem Einpulvern der Haut durch Aufstreuen; sie werden daher in geeigneten Dosen mit Streudüse abgegeben. Aus den früher angeführten Gründen ist hier Stärkeverwendung ausgeschlossen.

Talcum Toilet Powder

Talkum	1000 g
Rosenöl, bulgar.	0,5 g
Rosenöl, künstl.	2 g

Bortalkum

Borsäure	200 g
Talkum	1800 g
Citronenöl	2 g
Lavendelöl	1 g
Bittermandelöl	0,1 g

Baby Powder

Talkum	1000 g
Cold Cream	6 g
Lanolin	1 g
Benzoetinktur	3 g

Man verreibt zunächst eine kleine Menge des Talks mit den Fetten und siebt ab. Dann mischt man den Rest der Talkums und die Benzoetinktur hinzu. Nach Verdunsten des Alkohols der Tinktur wird nochmals abgesiebt.

Puderpapier.

Dieses mit einer feinen Puderschicht imprägnierte Papier war der Vorläufer der Kompaktpuder.

Es wird heute fast nicht mehr gebraucht und ist wohl ganz durch die Kompaktpuder verdrängt worden. Wir erwähnen diese Spezialität daher hier nur rein dokumentarisch.

Mann sagt hierüber folgendes:

Ein schon lange bekannter Artikel ist das Puderpapier

Das Puderpapier ist gar nicht so einfach herzustellen, d. h. man muß sich mit der Fabrikation ziemlich eingehend befassen, will man wirklich Gutes an den Markt bringen. Es ist daher, gerade wie die Schminken, mehr Spezialartikel einzelner Firmen geworden.

Die Ansprüche, die an ein gutes Puderpapier gestellt werden, sind mannigfache. Es soll nicht nur gut den Puder abgeben, es soll auch schweißaufsaugend wirken; das ist eigentlich seine Hauptaufgabe. Auch ein angenehmes, dezentes Parfum soll es aufweisen.

Seine Verwendung ist ebenso vielseitig. Es wird bei Tage angewendet gegen die Unbilden der Hitze und der Sonnenstrahlen, es findet Verwendung im Boudoir der schönen Frau nach der Toilette, dem Bade usw., es dient zur Entfernung der Spuren zu heftiger Erregung in Gesellschaft; endlich dient es auf Bällen zur Restaurierung des durch die Hitze des Saales wie Echauffierung des Tanzes etwa unwünschenswert veränderten Teints.

Das Puderpapier ist infolge seiner leichten und einfachen Handhabung eine Annehmlichkeit.

Das Puderpapier ist in kleinen Heftchen erhältlich, die man bequem unterbringen kann, sei es in den Handtäschchen, sei es in einzelnen Blättchen im Portemonnaie. Denn auch für diesen letzteren Zweck sind ganz kleine dünne Heftchen im Handel, die eine dünne Decke undurchlässigen Papiers tragen und so ein Beschmutzen der Täschchen absolut verhüten.

In England existiert ein Geschäft, das sich ausschließlich mit dem Handel von Puderpapier befaßt, gewiß ein schlagender Beweis für die Bedeutung dieses Artikels. Dort ist denn auch Puderpapier in allen erdenklichen Arten und Zurichtungen zu haben, von der großen Rolle an bis zu den allerkleinsten Packungen und Aufmachungen.

Woher stammt nun eigentlich das Puderpapier und sein Gebrauch? Aus Japan, dem Lande der Geishas, dem Lande der Schminken, Cremes und Tausender von Toilettemitteln. Man nehme sich einmal die Mühe, den heutigen Toilettemittelmarkt Japans zu studieren, und wird sicher erstaunt sein über die ungeahnte Reichhaltigkeit an Toilettemitteln jeglicher Art, wie Cremes, Pasten, Puder, Schminken, die besonders in ihrer Aufmachung den feinsten Artikeln des Weltmarktes gleichkommen. Doch nicht nur ihre Aufmachung ist hübsch, auch ihre Qualitäten sind verhältnismäßig gute, was man von den übrigen in Japan erzeugten Parfumeriewaren nicht immer, ja selten sagen kann. Die Fabrikation des Puderpapiers ist in Japan aber unter allen Umständen auf der Höhe, und gar manches Papier, das bei uns unter anderem Namen verkauft wird, darf Japan als das Land seiner Erzeugung ansehen, wie denn überhaupt in der Herstellung feiner Seidenpapiere Japan stets den Vorrang hatte und heute noch hat. In großen Ballen wird das Puderpapier von Japan nach den westlichen Kulturstaaten geschickt, um dort dann erst zu den zierlichen kleinen Heftchen verarbeitet zu werden.

Doch auch bei uns in Deutschland werden Puderpapiere fabriziert. Die Herstellung erfordert jedoch, wie bereits eingangs erwähnt wurde, eine recht genaue und auch langwierige Befassung mit dem Artikel, und dann sind in der Regel die aus Japan bezogenen Sorten so billig, daß sich für uns die fabriksmäßige Herstellung kaum oder auch gar nicht lohnt. Fast regelmäßig müssen die Grundpapiere auch aus Japan erst bezogen werden, denn die bei uns hergestellten Sorten eignen sich selten dazu, oder man muß dem Fabrikanten des zu verbrauchenden Papiers ein so großes Quantum bestellen, daß das Geschäft nicht konvenieren kann. Das Puderpapier muß ein ziemlich poröses Papier darstellen, das dann auf der einen Seite bestrichen wird. Meist geschieht das mit einer Art Leimfarbe, d. h. mit einer Mischung eines klebstoffhaltigen dickflüssigen Breies, der bereits den Puder enthält. Der Puder wird mit Wasser und einem beliebigen Klebstoff dick angerührt und kommt dann mittels Walzen auf das Papier; dieses passiert dann einen Trockenzylinder, wo es völlig getrocknet wird. Maschinen hiefür bauen die Radebeuler Maschinenfabrik August Koebig, Radebeul-Dresden und auch Wilh. Frenzel, Radebeul-Dresden. Es existieren zu dieser Arbeit auch spezielle Maschinen, die jedoch, da sie zugleich mit den notwendigen Trockenanlagen verbunden sein müssen, recht kostspielig in der Anschaffung sind und deren Amortisation sich bei einem nur mittleren Betriebe so bald nicht ermöglichen ließe. Die zu pudernden Rollenpapiere laufen bei andern Maschinen über große Walzen, auf denen sie erst mit Klebstoff bestrichen und dann in ihrem weiteren Laufe mit feinster Pudermasse übersiebt werden. Die fest eingespannten Rollen passieren dann eine Heißkammer, in welcher alle Feuchtigkeit des Papiers abgesaugt wird, so daß dieses sich später nicht mehr verzieht. Eine automatische, auf jeden Schnitt einzustellende Schneidevorrichtung zerteilt dann die Papiere bei ihrem Austritt aus der Maschine. Für gleichmäßige Bepuderung sorgen mehrere Bürstenwalzen, unter denen das mit Puder besiebte Papier passiert. Es gibt ganz verschiedenen konstruierte Maschinen für diesen Zweck.

Kompaktpuder.

Die modernste Form der Herstellung dieser außerordentlich stark konsumierten Pudertabletten ist jene der Komprimierung lockerer Puder geeigneter Beschaffenheit.

Das noch vor einigen Jahren stark geübte sogenannte „Gießverfahren", bei dem unter Zusatz von Gips Pudersteine gegossen wurden, ist heute fast gänzlich verlassen worden.

Es soll hier also ausschließlich das moderne

Preßverfahren

besprochen werden. Vorausgesetzt ist das Vorhandensein guter Pressen, Formen usw. Die Grundmasse ist ein guter Puderkörper, der am besten nicht zu geringe Mengen Stärke enthält, weil Stärke die zum Pressen nötige Plastizität des Puderkörpers erheblich fördert.

Ein geeigneter Grundkörper ist der folgende:

Stärke .... 450 g
Talkum .... 300 g
Zinkweiß .... 220 g
Kohlens. Magnesia plumos. . 50 g

Diese Puder werden entweder in den klassischen Nuancen zart gefärbt oder erhalten kräftigere Farbzusätze und besitzen dann ausgesprochenen Schminkecharakter (Rouge compact).

Als Bindemittel für die Tabletten setzen wir kleine Mengen Tragant- oder Gummi arabicum-Schleim dem Grundpulver zu, wobei zu beachten ist, daß nicht zu große Mengen Bindemittel angewendet werden, weil sonst die Tabletten zu hart werden.

Wir beginnen also mit der Mischung des Grundpulvers, setzen die nötige Bindemittelmenge hinzu, ferner das Parfum und die Farbstoffe und bereiten mit Wasser, bzw. Farbstofflösungen einen steifen Teig, der gut durchgeknetet wird, daß jetzt schon die Färbung eine ziemlich gleichmäßige ist.

Dieser Teig wird nun zerschnitten und getrocknet. Nach dem Trocknen pulverisiert man im Mörser und siebt das trockene Pulver durch ein feines Sieb (150 bis 200). Erst jetzt wird das resultierende Pulver wirklich gleichmäßig gefärbt sein.

Es ist bei Trockenschminken mit viel Farbstoff unbedingt erforderlich, zwecks Erzielung absolut gleichmäßiger Färbung zuerst einen Teig anzukneten und weiter wie oben zu verfahren. Es ist praktisch nicht möglich, durch trockenes Mischen von Grundpulver, Farbstoffen usw. eine solche gleichmäßige Färbung des Preßgutes zu erzielen, wie sie absolut erforderlich ist.

Man preßt nun das Pulver in geeignete Näpfchen ein, die alsdann in passende Dosen eingesetzt werden.

Wichtig ist es zunächst, gut funktionierende Pressen und genau zu den Stempeln passende Näpfchen zu haben, sonst gibt es Unannehmlichkeiten ohne Ende.

Natürlich setzt eine lukrative Fabrikation dieses Artikels eine ziemliche Übung voraus und die nötige Routine im Mischen und Färben, vor allem in dem richtigen Treffen der Menge des Bindemittels, weil jedes Zuviel hier zu harte Tabletten ergibt[1].

Es sind hiezu gute, leichte, kleine Pressen nötig, die jedoch absolute

---

[1] Bezüglich neuartiger Bindemittel siehe Winter, Handbuch der gesamten Parfumerie und Kosmetik, II. Aufl. Jul. Springer, Wien.

Präzisionsarbeit garantieren müssen. Selbstverständlich muß deren Druck so regulierbar sein, daß er niemals zu groß wird, denn auch hiedurch würde man zu harte Pudertabletten erhalten. Der Druck darf nur allmählich zunehmen (Spindeldruck) und keinesfalls darf durch plötzlichen Schlag gepreßt werden.

Mandel- und Haferpräparate.

Als weiteres Hilfsmittel zur Pflege der Haut stehen uns verschiedene Sorten Kleie zur Verfügung, von denen besonders die Mandelkleie sehr viel verwendet wird.

Mandelkleie.

Dieses beliebte Schönheitsmittel ist auf verschiedene Art herzustellen. Am billigsten stellt man es aus den sogenannten Mandelkuchen, d. i. der Rückstand bei der Mandelölfabrikation, her, welchen man mit Veilchenwurzelpulver und Reisstärke innig mischt und eventuell noch etwas parfumiert.

Feiner ist diejenige Mandelkleie natürlich, welche aus den Mandeln selbst hergestellt und wie folgt zubereitet wird.

Süße Mandeln werden mit kochendem Wasser übergossen und stehen gelassen, bis sich die Schalen leicht abziehen lassen. Nachdem dies geschehen, werden sie mit kaltem Wasser gewaschen, auf einem mit weißem Papier belegten Brett in der Wärme getrocknet, dann zerstoßen und durch ein Haarsieb geschlagen. Zu 1 kg dieses Mandelpulvers mischt man noch 250 g Veilchenwurzelpulver, 750 g Reisstärkemehl und 100 g Borax, und parfumiert mit Geraniumöl, welches man in etwas Alkohol löst und mit Reisstärkemehl verreibt, ehe man es dem Ganzen beimischt.

Die sogenannte Sandmandelkleie, die namentlich bei Hautunreinigkeiten als mechanisches Mittel angewandt wird und nach der eine starke Nachfrage besteht, stellt man durch Mischen von gleichen Teilen obiger Mandelkleie mit feinem gewaschenem Flußsand oder auch nach folgender Vorschrift her.

Sandmandelkleie

Mandelkleie	2300 g
Iriswurzelpulver	500 g
Quarzpulver ff., gemahlen .	4400 g
Borax	140 g
Bittermandelöl	80 g

Diese Sandmandelkleie, welche in der Hauptsache zum Reinigen der Hände dienen soll, erhält auch bisweilen noch einen Zusatz von zirka 3% Seifenpulver, hergestellt aus völlig neutraler Grundseife.

Man füllt die Sandmandelkleie in hübsch dekorierte Blechdosen oder auch in kleine weiße Stoffbeutel, die man mit einer Schnur mit angehängter Plombe niedlich verschließen kann.

Mandelmehl

Pulv. Mandeln	450 g
Pulv. Veilchenwurzel	70 g
Citronenöl	8 g
Bittermandelöl	2 g

Bei der Verarbeitung der Mandeln auf Bittermandelöl ergeben sich als Rückstand die Mandelkuchen. Um auf Bittermandelöl verarbeitet werden zu können, müssen die Mandeln bekanntlich erst von dem ihnen anhaftenden fetten Mandelöl befreit werden, indem man sie zwischen geriffelten Walzen zu grobem Bruch mahlt und diesen dann in hydraulischen Pressen unter hohem Druck auspreßt. Die Preßkuchen werden dann in feines Pulver verwandelt und darnach auf ätherisches Bittermandelöl verarbeitet. Dieses findet sich in den Mandeln nicht direkt als solches vor, sondern muß erst durch Gärung zur Entwicklung gebracht werden. Aus der gegorenen Masse wird dann das ätherische Öl durch Destillation gewonnen.

Von Mandelkuchen sind nun zwei Arten im Handel; solche, die nur zur Gewinnung des fetten Öles gedient haben, und solche, die auch den zweiten Prozeß der Gärung durchgemacht haben behufs Abgabe des in ihnen enthaltenen ätherischen Öles. Die erste Sorte ist natürlich wertvoller, denn sie enthält u. a. auch noch das ätherische Mandelöl, allerdings auch noch die giftige Blausäure.

Für kosmetische Zwecke ist daher die zweite Sorte unbedingt empfehlenswerter, da man sich bei ihrer Verwendung keinen Unannehmlichkeiten aussetzt. Da nun aber der größte Teil des fabrikmäßig zur Darstellung gebrachten Bittermandelöles aus Aprikosen- oder Pfirsichkernen gewonnen wird, besteht häufig der größere Teil der als Mandelkuchen angepriesenen Ware aus diesen Samenresten. Es stört das zwar wenig bei der Verwendung, doch ist es immerhin notwendig, daß man sich bestimmt darüber klar ist, welches Material man unter irgend einer Bezeichnung effektiv verarbeitet; reine Mandelkuchen sind denn in der Tat auch etwas zarter. Ein uneingestandenes Vermischen von Mandelmehl mit Aprikosenkernmehl muß jedoch als Verfälschung angesehen werden.

Zur Verarbeitung zu kosmetischen Zwecken müssen die Preßkuchen zunächst wieder feinst gepulvert werden.

Mandelmehl

Mandelkuchen, pulv.	1500 g
Iriswurzelpulver ff.	500 g
Borax, pulv.	100 g
Bittermandelöl	6 g
Geraniumöl	3 g
Neroliöl	1 g

Eine Mandelpasta wird zum Reinigen sehr empfindlicher Haut empfohlen und setzt sich wie folgt zusammen:

Mandelpasta

Mandelkuchenpulver	1000 g
Iriswurzelpulver ff.	500 g
Kreide, pulv.	100 g
Seifenpulver	400 g
Tragant	5—10 g
Rosenwasser	zirka 800 g

Diese Masse wird in einer Knetmaschine gehörig durcheinander gearbeitet; nachdem sie völlig gleichmäßig ist, parfumiert man mit:

Bittermandelöl	9 g
Bergamottöl	10 g
Neroliöl, künstl.	3 g
Geraniumöl	8 g

Man kann diese Pasta auch anders parfumieren, und es kommt eine ähnliche Masse unter der Bezeichnung „Pâte Orientale" in den Handel. Ein sehr beliebtes Parfum dazu wäre:

Rosenöl	5 g
Geraniumöl	10 g
Isoeugenol	2 g
Jasminöl, künstl.	3 g

Es ist leicht ersichtlich, daß man zu diesen Pasten nur Mandelkuchenpulver nehmen kann, dem das ätherische Öl entzogen ist, denn sonst könnte leicht ein unliebsamer Gärungsprozeß hervorgerufen werden, der ein Freiwerden der Blausäure im Gefolge hat.

Mandelpasta

Piesse gibt in seiner „Chimie des Parfums" folgende Vorschrift:

Mandeln (bittere, geschälte)	750 g
Rosenwasser	850 g
Alkohol	450 g
Bergamottöl	80 g

Die geriebenen Mandeln werden mit $\frac{1}{2}$ l Rosenwasser in ein Gefäß gebracht und einem sanften, gleichmäßigen Feuer ausgesetzt, bis sie die körnige Beschaffenheit verlieren und breiähnlich werden. Während dieser Zeit muß andauernd gerührt werden, damit die Mandeln sich nicht auf dem Boden des Gefäßes anlegen, wodurch die ganze Pasta einen brenzlichen Geruch bekommen würde.

Da ein großer Teil des Mandelöles während dieses Verfahrens verdampft, muß man so viel als möglich die Dampfentwicklung verhindern.

Sind die Mandeln nahezu weich, so setzt man den Rest des Rosenwassers zu. Darnach kommt die Pasta in einen Mörser und wird mit dem Pistill bearbeitet unter Hinzufügung des Alkohols und des Bergamottöls. Ehe man die Pasta in Dosen füllt, bringt man sie durch ein mittelfeines Sieb, um ganz sicher zu sein, daß eine gleichmäßige Masse erzielt wurde, da Mandeln sich schlecht im Mörser zerreiben lassen. (Bei Herstellung dieses Präparates ist Vorsicht geboten wegen der sich entwickelnden Blausäuredämpfe).

Neben diesen Präparaten mit Mandelkleie werden auch noch solche mit Oatmeal (Hafermehl) gebracht. Bei ihnen ist die Mandelkleie einfach durch das genannte Produkt ersetzt, während die übrige Zusammensetzung ganz genau die gleiche ist.

Schützende und bleichende Hautkosmetika.

Von den letzteren sind es vor allen Dingen die Sommersprossenmittel, die sehr oft verlangt werden. Wenn auch zugegeben werden muß, daß die Sommersprossen nicht durch die Einwirkung der Sonne allein hervorgebracht werden, da sie ja auch an bedeckten Körperstellen in großer Anzahl auftreten, so ist es doch Tatsache, daß diese Teintfehler sich im Frühling und Sommer durch dunklere Färbung besonders unliebsam bemerkbar machen.

Vorbeugungsmittel gegen Sonnenbrand, Sommersprossen usw.

Gletscherpuder, braun		Gletscherpuder, rot	
Reismehl	2000 g	Reismehl	2000 g
Talkum, Marke „Edelweiß"	2000 g	Talkum, Marke „Edelweiß"	2000 g
Adeps lanae	50 g	Vaselinöl, weiß	80 g
Ocker, braun	400 g	Bolus, rot	500 g
Bergamottöl	10 g	Rose alpine	5 g
Geraniumöl	10 g	Geraniumöl	10 g
Canangaöl	5 g	Vanillin	2 g

Je nachdem man die Färbung intensiver wünscht, gibt man noch braunen Ocker oder roten Bolus zu.

Diese beiden Puder bilden immerhin bereits einigen Schutz gegen die Strahlen der Sonne und ihre Reflexe, doch bietet uns das Chinin einen wesentlich größeren gegen die ultravioletten Strahlen des von der Sonne beschienenen Schnees. Oftmals kommt es nur mit Glycerin vermischt in den Handel, doch ist der „Strahlenschutz" wohl das beste Kosmetikum dieser Art.

Strahlenschutz

Glycerin, chem. rein	1875 g
Rosenwasser	935 g
Chinin, salzsaures	185 g
Zinkoxyd	350 g
Talkum, Marke „Edelweiß"	400 g

Reibt man sich das Gesicht mit diesem Präparat ordentlich ein, so hat man einen vollkommen genügenden Schutz gegen die reflektierten Sonnenstrahlen.

Von den Schutz- bzw. Vorbeugungsmitteln gegen unbeabsichtigte Veränderungen der Gesichtshaut kommen wir nun zu denjenigen Mitteln, welche den bereits bestehenden Fehler nach Möglichkeit verdrängen oder doch wenigstens abschwächen sollen, nämlich zu den bleichenden Mitteln. In letzter Zeit sind auf diesem Gebiete neue Entdeckungen gemacht worden, die fast alle im allgemeinen auch gute Erfolge zeitigen. Es muß nur gleich darauf aufmerksam gemacht werden, daß der Erfolg nicht einfach „über Nacht" eintritt, man also ein klein wenig Geduld haben muß.

Zur Verwendung des Natriumperborates.

Der hohe Gehalt des Natriumperborates an aktivem Sauerstoff übt auf die mit dem Produkte in geeigneter Weise in Berührung kommenden Gegenstände eine bleichende Wirkung aus, besonders auf Stoffe, auf die Haut des Menschen u. a. m. Natriumperborat hat den andern Perboraten gegenüber den großen Vorteil, daß man es nicht mit Säuren zusammenzubringen braucht, um es unter Sauerstoffabgabe zu zersetzen, denn es genügen hiezu Wasser oder selbst eine geringe Menge Feuchtigkeit vollkommen. Weiter wirkt es durch seinen Sauerstoff bleichend und desinfizierend, weshalb es in der Kosmetik reichliche Verwendung gefunden hat. Man stellt mit ihm eine ganze Reihe von Sommersprossenmitteln her, deren Wirkung natürlich nur eine äußerliche und nach Lage der Sache vorübergehende sein kann, indem die Pigmentanhäufungen nach außen hin etwas gebleicht werden und dadurch geringer erscheinen. Dann aber verarbeitet man das Natriumperborat sehr vorteilhaft zu allen Mitteln, die gegen den Schweißgeruch gerichtet sind, da es diesen zu zerstören in der Lage ist, unter gleichzeitiger Desinfektion der damit in Berührung gebrachten Hautstellen, was besonders bei etwaigem Wundsein derselben oft recht wünschenswert erscheinen mag.

In Zahnpulvern äußert das Natriumperborat die günstige Wirkung, daß der in der Mundhöhle entwickelte Sauerstoff bis zu einem gewissen Grade die Mikroben vernichtet und auch den von schlechten oder erkrankten Zähnen herrührenden üblen Geruch beseitigt. Anderseits ist aber das Natriumperborat oder das bei seiner Zersetzung entstehende Wasserstoffsuperoxyd von schlechtem Einfluß auf die meisten Aromatika, die mit Vorliebe den Zahn- und Mundwässern wie auch Zahnpulvern zugesetzt werden. Man muß des weiteren beachten, daß man Natriumperborat nicht mit Glycerin oder animalischen oder vegetabilischen Fetten, die ja alle Glycerin enthalten, zusammenbringt, ebensowenig mit Wasser, da es hiedurch allmählich zersetzt wird. Mineralische Fette jedoch tun der Wirkung des Natriumperborates keinen Abbruch.

Bei dieser Gelegenheit ist es nicht uninteressant, sich ein wenig mit dem Geruch des menschlichen Körpers überhaupt zu beschäftigen, den bedeutende Kapazitäten einem eingehenden Studium unterzogen haben. Ein jeder Mensch strömt einen ihm allein eigentümlichen Geruch aus, der mehr oder weniger stark ausgeprägt und für seine Mitmenschen erkennbar ist. Vielfach jedoch ist das letztere nicht der Fall, wohl aber haben Tiere, z. B. Hunde, für diesen Geruch des einzelnen Menschen ein wesentlich ausgeprägteres Empfindungsvermögen, wie wir selbst. Es gibt aber auch Menschen, die einen ganz besonders scharfen Geruchssinn haben, häufig jedoch dann, wenn vielleicht einer der anderen Sinne nicht oder doch mangelhaft ausgebildet ist. So finden wir z. B. bei Blinden häufig einen hervorragend guten Geruchssinn, der sie die einzelnen Besucher von einander unterscheiden läßt.

Der Körpergeruch wird auch von manchen Gelehrten als Rasseeigentümlichkeit hingestellt, deren Ursache in der Ausdünstung der Haut und des Schweißes zu suchen ist. Meist oder doch sehr viel hängt aber der Geruch des einzelnen Individuums auch mit der Ernährung zusammen, denn man kann es auch an einem Europäer beobachten, daß bei längerem Aufenthalt bei anderen Völkern, sobald er deren Ernährungsweise nur einigermaßen angenommen hat, sich sein Eigengeruch verändert und auf den Körpergeruch jener Völkerschaften herauskommt. Weiter will u. a. Dr. Galopin festgestellt haben, daß auch die Haarfarbe auf den Körpergeruch des einzelnen Individuums von Einfluß sei, daß er z. B. bei Rothaarigen besonders stark zum Vorschein komme, während wieder bei Blondhaarigen ein weniger ausgeprägter Eigengeruch festzustellen sein soll. Wie weit dies nun zutrifft, kann hier nicht untersucht werden, ist aber für den Parfumeur in mancher Beziehung von Interesse. Die Verwendung von Natriumperborat soll nun einen etwa zu stark zu Tage tretenden Eigengeruch des Körpers beseitigen helfen, wobei es tatsächlich gute Dienste leistet.

Mit den bleichenden Mitteln hat man nun einen erfolgverheißenden Weg gefunden, auf dem man den hartnäckigen Sommersprossen in erster Linie zu Leibe rücken kann. Das vorzüglichste dieser Präparate ist das Perhydrol. Die bleichende Wirkung des gewöhnlichen Wasserstoffsuperoxyds ist schon lange bekannt und von ihr in den Haarblondierungsmitteln oft genug Gebrauch gemacht worden. Nun wird uns in dem Perhydrol ein chemisch reiner Stoff geboten, der jetzt fast allgemein Verwendung findet. Das Perhydrol ist denn auch von ganz hervorragend bleichender Einwirkung auf die Sommersprossen. Man stellt damit ein Sommersprossenwasser wie folgt dar.

Sommersprossenwasser

Rosenwasser .... 800 g
Perhydrol .... 100 g

Mit einem feinen Schwämmchen oder Wattebäuschchen betupft man die fleckigen Stellen oder aber man belegt diese Stellen mit Läppchen, welche mit der Flüssigkeit angefeuchtet sind. Aber auch in Form von Cremes werden diese Mittel in kleinen Porzellan- oder Milchglasdosen in den Handel gebracht und bilden gute Verkaufsartikel.

Sommersprossencreme

Adeps lanae	1500 g	Rosenwasser	700 g
Mandelöl, süß	530 g	Jonon	5 g
Bienenwachs, weiß	110 g	Violette Feuilles	4 g
Borax	150 g	Bergamottöl	40 g
Perhydrol	150 g	Irisöl, flüss.	10 g

Man sieht also, daß wir hier dieselbe Grundlage haben, wie bei dem echten Cold Cream, auch die Verarbeitungsweise ist ganz die gleiche. Diese Creme ist gegen Sommersprossen sehr zu empfehlen, während die nun folgende mehr als bleichendes Kosmetikum für die Haut im allgemeinen gedacht ist. An Stelle von Perhydrol eignet sich auch Zink superoxyd, 50 bis 60%ig, sehr gut.

Sommersprossencreme

Vaseline, weiß	3600 g
Natriumperborat	140 g
Geraniumöl	10 g
Bergamottöl	30 g

Albacreme

Adeps lanae	2500 g	Rosenwasser	1180 g
Mandelöl, süß	1250 g	Rose alpine, *T. M.*	10 g
Borax	100 g	Geraniol	15 g
Perhydrol	65 g	Robinia, *Sch. & C.*	15 g

Diese Creme wird namentlich gerne für Hals und Hände genommen und leistet da sehr gute Dienste. Sie wird am Abend über die zu bleichenden Hautpartien gestrichen und dort bis zum Morgen belassen, indem man diese Teile entweder mit leinenen Streifen umwickelt oder soweit es sich um die Hände handelt, nicht zu enge Handschuhe anlegt.

Gesichtspuder

Talkum, Marke „Edelweiß"	1000 g
Natriumperborat	550 g
Alkohol	60 g
Veilchenblütenöl, *Heiko*	40 g

Neben den bleichenden Mitteln sind auch die ätzenden, d. h. abschuppenden Mittel zu nennen. Hier ist es vor allen Dingen das Resorcin, welches gute Dienste leistet. Es bewirkt, daß sich die Haut an den behandelten Stellen allmählich loslöst und sich neue Haut bildet. Es ist aber doch immerhin angebracht, vor derartigen Kuren und Experimenten den Arzt zu befragen, denn gerade solche Mittel sollten individuell angewendet werden.

Mittel zur Beseitigung der Gesichtsrunzeln.

Zur Beseitigung der Gesichtsrunzeln empfiehlt Dr. Kornhold (in ‚La Nouvelle Mode") folgende Kompositionen:

I. Man schmilzt auf gelindem Feuer 30 g weißes Wachs, dem man allmählich unter fortwährendem kräftigen Rühren 60 g des durch Auspressen gewonnenen Saftes der Zwiebeln weißer Lilien und 15 g Honig sowie als Parfum schließlich 12 g Rosenwasser hinzufügt. Um ein gutes Präparat zu erzielen, ist bisweilen der Zusatz von ein wenig Mandelöl erforderlich. Mit dieser Salbe reibt man die betreffenden Hautstellen allabendlich sanft ein und entfernt sie vor der Morgentoilette durch Abwischen mit einem leinenen Handtuch.

II. Schwefelsaure Tonerde .   2 g
Mandelmilch . . . . 50 g
Rosenwasser . . . . 200 g

Die Lösung wird filtriert und morgens und abends aufgetragen, indem man die runzeligen Stellen, ohne die Haut zu verschieben, damit sanft einreibt.

III. Feines Granatrinden-
pulver . . . . 5 g   Borax . . . . 1 g

Schwefelsaures Zink . . . 2 g   Lanolin . . . . 35 g

Citronensäure . . . . 1 g   Vaseline . . . . 15 g

                                                Citronenöl . . . . 0,5 g

Von Nutzen ist auch die einfache Vibrations- und elektrische Massage; sie kann aber Schaden bringen und das Übel verschlimmern, wenn sie nicht sach- und fachgemäß ausgeübt wird.

Die sehr feinen Runzeln der Augenpartien lassen sich auch durch Schröpfschnitte erfolgreich behandeln.

Schönheitswässer.

Da bei Anwendung der Sommersprossenmittel der Erfolg nicht nur sehr lange auf sich warten läßt, sondern bisweilen auch noch ein sehr zweifelhafter ist, bedient man sich gern kleiner äußerer Verdeckungsmittel, womit wir zu den Schminken kommen. Vor deren Anwendung wird jedoch zunächst noch ein Versuch mit den sogenannten Schönheitswässern gemacht, und wir wollen auch hievon einige erwähnen.

Teintwasser (Kummerfeldsches
Waschwasser)

Schwefelmilch . . . .   75 g
Glycerin . . . . 125 g
Campherspiritus . . . .   50 g
Lavendelöl . . . .   1 g
Rosenwasser . . . . 250 g
Dest. Wasser . . . . 1000 g

Die Schwefelmilch wird mit dem Glycerin in einer Reibschale gut verrieben, dann setzt man den Campherspiritus und das Lavendelöl zu und rührt zuletzt das Rosenwasser und destillierte Wasser zu. Beim Einfüllen in die Flaschen muß man die Flüssigkeit immer rühren, da sich der Schwefel schnell zu Boden setzt und dann ungleich verteilt wird.

Feenliebling (Englisches Schönheitswasser)

Borax, pulv.............. 300 g
Glycerin................ 1000 g
Rosenwasser .... 3000 g
Zucker .... 50 g
Rosenöl, künstl., ... 3 g
Cumarin .... 5 g

Neroliöl, künstl........... 5 g
Ylang-Ylangöl, künstl.,
   Sch. & C. .... 1 g
Carminlösung für rosa Farben-
nnance.

Lilienmilch

Benzoetinktur............ 250 g
Rosenwasser .... 2000 g
Glycerin................. 220 g
Boraxlösung, 2%ig .... 250 g

Viele dieser Schönheitsmittel sind Emulsionen, wie denn diese in der Kosmetik ziemlich verbreitet sind. So auch die

Lanolinmilch

Wasserfreies Lanolin....... 400 g
  schmilzt man, fügt
Glycerin................. 500 g
  sowie
Rosenwasser .... 750 g
  hinzu,

bringt in ein Weithalsgefäß und setzt unter fortwährendem heftigen Schütteln zu:

Benzoetinktur............. 250 g
Gummischleim .... 250 g

und parfumiert mit

Terpineol .... 20 g
Hyacinthin .... 5 g
Bergamottöl .... 20 g

Lilionèse

Pottasche .... 5 g
Borax .... 10 g
Rosenwasser .... 80 g
Orangenblütenwasser .... 70 g
Bittermandelwasser .... 10 g
Eau de Cologne .... 80 g

Honey Water

Gereinigter Honig .... 40 g
Rosenwasser .... 500 g
Orangenblütenwasser ...... 150 g
Eau de Cologne .... 500 g
Melissencitratöl .... 3 g

Pulchérine

Pottasche .... 150 g
Wasser................. 2000 g
Orangenblütenwasser ..... 1000 g
Alkohol .... 100 g
Neroliöl .... 2 g
Rosenöl, bulgar. .... 1 g

Rosée de Mai

Borax .... 5 g
Unterschwefligsaures Natron 50 g
Glycerin.................. 50 g
Wasser................. 850 g
Eau de Cologne .... 50 g

Rosée de Mai ist durch Schwefelbildung und dessen Wirkung in statu nascendi interessant.

Antiseptisches Wasser

Salicylsäure............... 1 g
Benzoesäure .... 1 g
Rosenwasser .... 850 g
Glycerin................. 50 g
Alkohol .... 50 g
Benzoetinktur............ 50 g

Eau des Princesses

Eau de Cologne .... 300 g
Rosenwasser .... 700 g
Camphergeist .... 15 g
Pottasche .... 4 g
Glycerin................. 60 g

Schminken.

Es ist eine bekannte Tatsache, daß das Schminken der Haut sehr schädlich ist, weil die Poren durch die Schminkesubstanz namentlich pulverförmige Bestandteile derselben verstopft werden und somit ihre Tätigkeit einstellen müssen. Die Haut wird dadurch schlaff und bekommt ein welkes Aussehen. Doch hier predigt man tauben Ohren, wenn man die Damenwelt davon überzeugen will, daß sie die sonst so sorgfältig gepflegte Haut ruiniert, indem sie zur Schminke greift; allerdings geschieht dieses in den meisten Fällen erst dann, wenn eben an dieser Haut nichts oder doch wenig mehr zu verderben ist. Immerhin gibt es jedoch auch sehr viele Damen, welche bereits zu einer Zeit zur Schminke und zu sonstigen Verschönerungsmitteln greifen, wo das absolut nur in ihrer Einbildung als bereits nötig erscheint. Des weiteren gibt es auch Länder, wo das Schminken und Pudern eben Sitte ist und eine ungeschminkte Frau nur zu den untersten und ärmsten Volksklassen zählt, wie wir es im Orient sehen. Überhaupt konsumiert die weibliche Bevölkerung der südlichen Klimate fast ungeahnte Quantitäten von Puder und in zweiter Linie von Schminken. Und hiebei gibt man den flüssigen Schminken den Vorzug, wenngleich auch sehr viele feste Schminken gebraucht werden. Die flüssigen Schminken sind jedoch zumeist billiger als die festen, und das ist für viele ein wichtiges Moment, da die Ausgaben für diesen Artikel eine nette Summe im Haushalte der Südländerin ausmachen.

In erster Linie erwähnen wir die weißen flüssigen Schminken.

Blanc d'Espagne

Alabasterweiß .... 2000 g
Zinkoxyd .... 500 g
Rosenwasser .... 4800 g

Blanc de Perles

Talkum .... 2000 g
Wismutoxychlorid .... 500 g
Rosenwasser .... 12000 g

Blanc de Fard

Talkum .... 2000 g
Wismutsubnitrat .... 800 g
Rosenwasser .... 12000 g

Die Herstellungsart ist eine ziemlich einfache. Talkum und Wismutweiß werden innig vermengt und darauf durch ein ganz feinmaschiges

Sieb getrieben. Dann füllt man das Gemenge in eine weithalsige Flasche und gibt das Rosenwasser dazu; darauf wird tüchtig geschüttelt. Am besten ist es, wenn man die die Mischung enthaltende Flasche für ein paar Stunden in einen Schüttelapparat einspannen kann, so daß eine recht innige Vermischung von Pulver und Wasser erfolgt. Beim Abfüllen in kleine Flaschen muß das Gemenge ebenfalls stets tüchtig durchgeschüttelt werden, da sich bei längerem Stehen Wasser und Pulver wieder trennen. Auch sind diese Schminken vor dem Gebrauche stets kräftig zu schütteln; sie werden auch in Rosa geliefert und man setzt für diesen Fall etwas Carminlösung zu.

Die flüssigen roten Schminken werden auf andere Art hergestellt und dienen sowohl zum Färben der Wangen wie auch der Lippen. Als farbgebende Körper verwendet man Carmin und Carthamin (den Farbstoff des Saflors), doch sind diese Farbstoffe heute zum Teil durch Rhodamin und Eosin ersetzt. Während letztere rein wasserlöslich sind, benötigt man zu vollständiger Lösung des Carmins etwas Salmiakgeist, doch nehme man nur so viel, als eben unbedingt notwendig ist, um eine vollständige Lösung zu erzielen, da der Carmin sonst eine bläuliche Färbung annimmt.

Fleurs de Roses

Rosenwasser	2000 g	Carmin	30 g
Solution Rosenöl (1 : 100) ..	500 g	Salmiakgeist, 10%ig	20 g

Man gibt den Carmin in eine Reibschale und verreibt ihn gut mit Rosenwasser, dann setzt man den Salmiakgeist nach und nach zu, indem man stets tüchtig reibt, damit der Carmin feinstens zerteilt und gelöst wird. Die Lösung gibt man in eine Flasche und setzt den Rest Rosenwasser und Solution Rosenöl zu.

Vinaigre rouge

Karmin	20 g
Salmiakgeist	20 g
Dest. Wasser	3000 g
Toilettenessig	400 g

Rouge d'Orient

Rhodamin	5 g
Eosin	10 g
Rosenwasser	2000 g
Solution Rosenöl	400 g
Glycerin	50 g

Rhodamin und Eosin werden am besten in einer Kochflasche in kochendem Wasser gelöst, dem man zunächst das Glycerin und nach gutem Schütteln die übrigen Ingredienzien zusetzt.

Weiter zählt man zu den Schminken ein Präparat, das vor mehreren Jahren in Deutschland unter dem Namen „Immacula Wangenröte" an den Markt gebracht wurde, früher als „Schnouda" oder auch „Rose sympathique" bekannt war. Die färbende Substanz desselben ist das Alloxan, ein weißes, kristallinisches Pulver. Man vermischt es am besten mit Fett und stellt eine weiße Creme her. Diese wird leicht auf die Haut aufgetragen und durch die Einwirkung der atmosphärischen Luft erzeugt das in der Creme enthaltene Alloxan eine zarte Röte auf der Haut.

Rose sympathique

Süßes Mandelöl	1800 g	Alloxan	50 g
Walrat	300 g	Rosenöl, künstl.	10 g
Wachs, weiß	300 g	Bergamottöl, künstl.	50 g
Dest. Wasser	500 g	Citronenöl	20 g

Rose de Perse

Schmalz	1000 g
Vaseline, weiß	1000 g
Alloxan	30 g
Irisöl	10 g

Bei „Rose sympathique" schmilzt man zuerst Walrat und Wachs zusammen und gibt von diesem Gemisch etwas in eine erwärmte Reibschale, dann fügt man das Alloxan zu und verreibt es tüchtig mit den geschmolzenen Stoffen. Das Mandelöl hat man inzwischen auch erwärmt und gibt dann zu ihm die Mischung in der Reibschale und parfumiert; dann gibt man in dünnem Strahl unter fortwährendem Umrühren das destillierte Wasser zu. Es entsteht dann ein Gemenge von salbenartiger Konsistenz, welches man in kleine Porzellantöpfe füllt, die gut verklebt und entsprechend etikettiert werden. — Bei „Rose de Perse" verarbeitet man das Alloxan tüchtig in der Reibschale mit einem kleinen Teile des geschmolzenen Schmalzes und setzt dann alles Übrige zu.

Es sei hier gleich erwähnt, daß die Schminkenfabrikation wohl die schwierigste der mit der Parfumeriefabrikation verschmolzenen Abteilungen ist. Praxis tut hier alles, Theorie so gut wie fast nichts; denn aus Büchern ist die Schminkenfabrikation allgemein bekannt, während sie in der Praxis nur von sehr wenigen Fabrikanten ausgeübt wird. Trotzdem mit Schminken noch ein schönes Stück Geld zu verdienen ist, legen die meisten Fabrikanten deren Anfertigung wieder beiseite und überlassen sie den Spezialgeschäften, weil Techniker aus der Praxis nicht zu haben sind und das Ausarbeiten verläßlicher Vorschriften jahrelange Mühe und auch große Verluste mit sich bringt. In Deutschland haben wir eigentlich nur 2 bis 3 Spezialfabriken für den Artikel, wovon eine (Leichner) Weltruf genießt.

Die trockenen Schminken bestehen in der Hauptsache aus Talkum. Das Bindemittel bilden Tragantschleim und Öl, letzteres in sehr geringem Quantum. Als Farbstoff verwendet man entweder Cochenille oder Carmin, Rhodamin und Eosin.

Rote Schminke

Talkum ff., Marke „Edelweiß"	5000 g	Gummi Tragant	20 g
Carmin	100 g	Olivenöl	50 g
Wasser	500 g	Rosenwasser	250 g
		Alkohol	80 g

Man gibt das Talkum in ein feinstes Sieb und treibt es möglichst zweimal hindurch, damit alle etwa vorhandenen groben Teilchen und Verunreinigungen entfernt werden. Dann kommt das Talkum und der gelöste Carmin in eine Schüssel. Der Carmin ist mit etwas Wasser und ganz wenig Salmiakgeist vorher in einer Reibschale feinstens verrieben und gelöst worden und es wurde ihm allmählich die Hälfte des Rosenwassers zugefügt, bis alle Carminteilchen bestens gelöst sind. Ist die Farbe fein genug, so kommt sie, wie erwähnt, in die erste Schale zum Talkum und man rührt beide Bestandteile gut durch, wobei man nach und nach den Rest des Rosenwassers hinzugibt, bis eine teigige Masse entstanden ist; hierauf kommt in diesen Teig der Tragantschleim. Dann arbeitet man wieder gut durch und gibt die 50 g Olivenöl hinzu, alsdann den Spiritus. Die ganze Masse wird nun nochmals gut durchgerührt, worauf die Schminke zum Verarbeiten fertiggestellt ist.

Vorteilhaft ist es, sofort nach dieser Arbeit einige Platten mit Schminke zu belegen und trocknen zu lassen; sollte nun die Schminke hernach auf der Platte nicht festsitzen wollen, so hat man noch ein wenig Tragantschleim zum ganzen Teig hinzuzugeben und noch etwas durchzurühren. Die Güte der Schminke ist durchaus nicht abhängig von der Menge der zugesetzten Farbe, diese kann vielmehr je nach dem gewünschten Farbenton der Schminke vergrößert oder verringert werden.

Eine besondere Aufmerksamkeit ist ferner dem Arbeitstisch zu widmen. Seine Platte muß möglichst genau waagrecht und glatt sein; auf ihr wird nun der Teig ausgebreitet, und zwar ungefähr in der Stärke der gewünschten Schminkstücke. Alsdann drückt man mit einer kleinen Handform auf den Teig; die Handpresse, eine Art Pastillenstecher, braucht nur die Größe eines runden Firmenstempels zu haben, der jedoch an seinem unteren Ende eine Vertiefung, in Form der Schminkestücke hat; damit nun die eingedrückten Stücke wieder leicht herausgenommen werden können, ist in der Form eine Metallplatte anzubringen, welche gleichzeitig die Inschrift tragen kann und mit einer Spindel verbunden ist. Diese Platte muß nun mit einem Druck soweit aus der Form zu schieben sein, daß man den Schminkekuchen mit der Hand leicht abnehmen kann. Um ein Ankleben der Schminke an die Formwände zu vermeiden, können diese mit ein wenig Glycerin oder Öl ausgestrichen werden. Preßt man nun mit der rechten Hand, so nimmt man mit der linken die bereit liegenden Porzellanplatten und drückt sie gegen die Unterseite der Schminkestücke, während man diese mit dem Drücker herausbefördert.

Weiße Schminke

Talkum	4000 g
Zinkweiß	1000 g
Gummi Tragant	20 g
Olivenöl	50 g
Rosenwasser	700 g

Das Olivenöl kann auch durch weißes Vaselinöl ersetzt werden. Sollen Schminken im Großen hergestellt werden, dann nimmt man folgenden Ansatz:

Rote Schminke

Talkum ff. .... 50000 g
Vaselinöl .... 1500 g
Glycerin............... 1000 g
Rhodamin .... 200 g
Eosin .... 600 g
Tragantlösung .... 2000 g

Man stellt die Tragantlösung in der Stärke 5 : 100 her und löst alsdann in kochendem Zustande in ihr die Farben. Man muß sich jedoch bei Zusammensetzung der Masse mit dem Ab- und Zugeben von Wasser nach dem Feuchtigkeitsgehalt des Talkums richten; es läßt sich Bestimmtes da nicht vorschreiben.

Weiße Schminke

Talkum ff. .... 40000 g
Zinkweiß .... 10000 g
Vaselinöl, weiß.......... 1500 g
Glycerin............... 1000 g
Dextrin .... 200 g
Tragantlösung .... 2000 g

Zum Parfumieren der Schminken nimmt man Geranium- oder Palmarosa- eventuell auch etwas Linaloeöl, etwa in folgendem Verhältnis:

Geraniumöl................ 10 g
Palmarosaöl .... 20 g
Linaloeöl................. 10 g

Die vorstehende Schminke soll keinen Teig ergeben, sondern ein Pulver, welches nachher komprimiert wird und infolge seiner Feuchtigkeit und des großen Druckes eine feste kleine Tafel bildet.

Die Herstellung von Schminken im Großbetriebe geschieht unter Anwendung von Maschinen, und man bedient sich dabei am besten der von Dührings Patentmaschinen-Gesellschaft, Berlin SO., Oranienstraße 21, hergestellten Komprimiermaschine „Ideal".

Ferner sind sehr notwendig eine gute Trockenanlage, um das gefärbte Pulver schnell und richtig wieder zu trocknen, sowie eine Reib- und Mischmaschine mit Kugellauf zur Verreibung und Verteilung der Farbe unter die Pulvermasse, was mit der Hand nur sehr unvollkommen geschehen kann und auch zu viel Staub gibt, und Staub ist hier gleichbedeutend mit Verlust.

Auf die Stempel der Komprimiermaschine läßt man die Firma gravieren, so daß diese mit auf dem Schminkeblättchen erscheint. Die aus der Maschine kommenden Blättchen werden dann auf Porzellanuntersätze aufgeleimt, was zweckmäßig mit Gummi arabicum oder auch mit dünnem Leim geschehen kann, und nach dem Trocknen kommen sie in die Dosen, worin sie wieder mit Leim befestigt werden.

Der wichtigste Punkt ist bei der ganzen Schminkenfabrikation der richtige Feuchtigkeitsgehalt. Das zu verwendende Pulver muß den bestimmten Grad Feuchtigkeit haben, sonst ist alle Mühe umsonst. Hier spielen jedoch Temperatur und Lager eine große Rolle, so daß nur die Praxis und Übung über dieses Moment hinaushelfen können. Eine zu feuchte Masse bleibt an den Stempeln hängen, zu trockene Masse bröckelt beim Aufleimen und Verarbeiten.

Diese Schminken werden in Dosen und auch „Pots" gesetzt, auch drückt man sie in kleine Näpfchen. Diese letztere Art wird jedoch jetzt wenig mehr gekauft. Dagegen ist

Schminke in Pulverform

immer noch ein guter Artikel, den man sehr einfach herstellt, indem man die nach den beiden zuletzt aufgeführten Vorschriften entstehenden Schminkepulver direkt, d. h. ohne sie zu komprimieren, in kleine Dosen füllt.

Fettschminke.

Diese Sorten Schminke werden meistens nur als Theaterschminken gebraucht und sind dazu in allen Nuancen herzustellen. Sie werden teils in Stangenform, teils in Porzellanbüchsen an den Markt gebracht. Ihre Herstellung ist in der Hauptsache den Spezialfabriken überlassen.

Als Farbstoffe in den Fettschminken verwendet man ff. pulverisiertes Zinkweiß, Terra di Siena, Carmin, Rhodamin, Eosin, Beinschwarz und fast die ganze Skala der ungiftigen Anilinfarben zur Erzielung der verschiedenen Tönungen. Die Grundmasse einer guten Fettschminke ist folgende:

> Vaseline . . . . 200 g
> Lanolin . . . . 200 g
> Ceresin . . . . 150 g
> Wachs, weiß . . . . 300 g
> Olivenöl . . . . 600 g

Auch die Beimischung von Mitin wird für Fettschminken sehr empfohlen, da dieses Präparat die Haut konserviert und sich Mitinschminken auch wesentlich leichter abschminken lassen sollen.

Die Grundmasse wird dann so stark, z. B. im Verhältnis von 2 Teilen Farbmasse auf 1 Teil Grundmasse, mit Farbmasse versetzt, daß jeder noch so leichte Strich sofort auf der Haut Farbe gibt, damit nicht zu viel aufgetragen zu werden braucht.

Die Farbmasse zu den Fettschminken stellt man her, indem man ff. Talkum mit den jeweils gewünschten Farben vermischt bzw. tüchtig verarbeitet.

Die Stangenschminke wird, wie Cosmétique, in Blechformen gegossen und erkalten gelassen, worauf man sie herausdrückt und entsprechend verpackt.

Die Stifte für Augenbrauen werden in brauner und schwarzer

Farbe geliefert, wie auch die Stifte zum Nachzeichnen der Adern, die in blauer Farbe zu verfertigen sind. Als Farbstoff nimmt man Indigo oder Preußisch Blau. Man setzt jedoch der Fettmasse ein wenig mehr Wachs oder Ceresin zu, damit die Stifte fester werden. Man gießt hier die Masse in kleine auseinandernehmbare Formen in Art der Riechstifteformen, aus denen die Stifte nach dem Erkalten bereits mit der gewünschten spitzen Form herauskommen, während man früher diese Stifte erst zuspitzen mußte, wobei immerhin noch mancher davon zerbrach.

Blattschminke.

Diese kommt nur in roter Farbe auf den Markt. Man bestreicht eine Seite eines starken, möglichst mit Alaun, präparierten Papiers mehrmals mit einer Lösung von Carmin, Rhodamin oder Eosin und läßt es ordentlich trocknen. Besonders im ersteren Falle nimmt das trockene Papier eine bronzegrüne Farbe an; sobald man dann mit einem leicht angefeuchteten Läppchen über das Papier streicht, erhält man wieder einen roten Abzug, mit dem dann das Färben der Wangen und der Lippen vorgenommen wird. Das Schminkepapier schneidet man in kleine handliche Blätter und stellt davon Büchelchen her mit eventuell perforierten Seiten.

Schminkwatte.

Diese wird in der Hauptsache nur noch am Theater verwendet. Feine weiße Watte wird in eine Lösung von Carthamin, Carmin, Rhodamin oder Eosin gelegt und dann an der Luft getrocknet. Die ganz trockene Watte wird in kleine viereckige Stückchen geschnitten und in Metallkästchen verpackt. Durch leichtes Anfeuchten der Watte und gelindes Reiben färbt man die Lippen rot.

Handschminke,

die besonders zur Erzielung einer weißen und recht geschmeidigen Haut an den Händen dient, wird wie folgt hergestellt:

$$\text{Lanolin} \dots \dots \dots \dots \dots 600 \text{ g}$$
$$\text{Rosenwasser} \dots \dots \dots \dots 200 \text{ g}$$

werden tüchtig verrieben; ebenso

$$\text{Zinkoxyd} \dots \dots \dots \dots 100 \text{ g}$$
$$\text{Wismutoxychlorid} \dots \dots \dots 50 \text{ g}$$
$$\text{Olivenöl} \dots \dots \dots \dots \dots 250 \text{ g}$$

Man vermischt beide Teile, wobei man noch 100 g Glycerin, chemisch rein, zugibt und mit

$$\text{Geraniol} \dots \dots \dots \dots \dots 10 \text{ g}$$
$$\text{und Bergamottöl} \dots \dots \dots \dots 3 \text{ g}$$

parfumiert.

Kompakte Trockenschminken.

Dies sind Kompaktpuder, die größere Mengen besonders roter Farbstoffe enthalten und Schminkecharakter haben.

Ihre Herstellung ist jener der Kompaktpuder völlig analog, sie werden also durch das Preßverfahren hergestellt, das auch hier dem Gießverfahren mit Gipszusatz entschieden vorzuziehen ist. Allerdings findet das Gießverfahren auch heutzutage, besonders für ausgesprochene Schminkpuder dieser Art in Spezalfabriken noch Anwendung.

Bezüglich Information über das Gießverfahren verweisen wir auf Winter, Handbuch der gesamten Parfumerie und Kosmetik, Verlag J. Springer, Wien.

Nachstehend geben wir eine Sammlung von Vorschriften für kompakte Schminken dieser Art, die unter Benutzung der Spezialschminkefarben der Firma Schimmel & Co. in Miltitz hergestellt sind.

Pastellrot

Pastellrot Nr. 35 . . . . 110 g
Zinkweiß . . . . 100 g
Puderkörper . . . . 800 g

Rouge Brunette

Rouge Brunette Nr. 36 . . . . 13 g
Puderkörper . . . . 117 g

Rouge de Chine, hell

Chinarot Nr. 37 . . . . 60 g
Puderkörper . . . . 540 g

Rouge de Chine, dunkel

Chinarot Nr. 37 . . . . 240 g
Puderkörper . . . . 500 g

Rouge Antique

Rouge Antique Nr. 38 . . . . 18,5 g
Puderkörper . . . . 40 g

Pastellrot, dunkel

Pastellrot, dunkel . . . . 100 g
Puderkörper . . . . 500 g

Türkischrot

Türkischrot Nr. 40 . . . . 19,5 g
Puderkörper . . . . 50 g

Rouge de Théâtre

Theaterrot Nr. 41 . . . . 35 g
Puderkörper . . . . 400 g

Rouge Pourpre

Purpurrot Nr. 42 . . . . 79 g
Puderkörper . . . . 400 g

Rouge Mandarine

Mandarinrot Nr. 45 . . . . 87 g
Puderkörper . . . . 1000 g

Diese Serie enthält durchwegs Rotnuancen modernster Art, die dem heutigen Geschmack der Kundschaft angepaßt sind.

Lippenschminken.

Von allen Schminkesorten ist die Lippenschminke heute die weitaus wichtigste.

Der Verbrauch der roten Lippenstifte ist ein ganz enormer geworden und sei daher diesem überaus wichtigen kosmetischen Präparat ein besonderer Abschnitt gewidmet.

Grundlegend wichtig zur Herstellung guter roter Lippenstifte sind folgende Tatsachen:

Der Stift muß genügend hart sein, um das Zeichnen feiner Striche, Erosbogen usw. zu ermöglichen, keinesfalls darf er schmieren und zu stark fetten. Er darf aber auch nicht zu hart und spröde sein, sonst bricht er leicht ab; er muß also eine ziemliche Elastizität besitzen.

Ferner muß er reichliche Farbstoffmengen enthalten, und zwar solche Farbstoffe, die gut decken, also bei leichtem Anreiben des Stiftes auf der Lippe genügend Farbstoff abgeben.

Äußerlich muß der Stift matt aussehen und darf nicht fettglänzend sein. Dieses matte Aussehen wird meist schon durch die Verwendung größerer Mengen Farblacke erreicht, in manchen Fällen wird auch der Zusatz von mineralischen Stoffen wie Zinkweiß, Talkum usw. nötig, wobei aber zu beachten ist, daß spezifisch schwere Körper eine gleichmäßige Anfärbung bzw. Beschaffenheit des gegossenen Stiftes erheblich erschweren können.

Zunächst müssen wir der Zusammensetzung des Fettgrundkörpers größte Aufmerksamkeit zuwenden.

In der Tat ist die Kombination geeigneter Fettgrundstoffe von allergrößter Bedeutung für die Güte des fetten Lippenstiftes, weil von ihr der unmittelbare Effekt beim Anschminken der Lippe abhängt, d. h. weil ungeeignete Zusammensetzung der Grundmasse auch die Wirkung des besten Farbstoffes stark beeinträchtigt.

Ganz ungeeignet für fette Schminkstifte dieser Art ist Kakaobutter, trotzdem man in der Literatur immer wieder Vorschriften mit diesem Fett findet.

Wichtig ist der reichliche Gebrauch von Bienenwachs und gewisser Mengen von Lanolin, beides Grundstoffe, die ganz erheblich zur Elastizität des Stiftes und zur geeigneten Konsistenz überhaupt beitragen. Zusätze kleiner Stearinmengen, eventuell von Ceresin, Paraffin u. dgl., geben dem Stift die nötige Härte und Strichfeinheit.

Nachstehend einige gute Vorschriften für

Lippenschminkengrundmasse

I. Weißes Wachs .... 500 g
Lanolin, wasserfrei .... 150 g
Vaselinöl, weiß .... 600 g
Walrat .... 50 g

II. Stearin .... 150 g
Lanolin, wasserfrei .... 150 g
Weißes Wachs .... 700 g
Vaselinöl .... 700 g
Ceresin, weiß .... 400 g

III. Weißes Wachs .... 300 g
Ceresin, weiß .... 600 g
Stearin .... 200 g
Lanolin anhydr........ 150 g
Paraffin .... 250 g
Vaselinöl, weiß .... 500 g

Auswahl geeigneter Farbstoffe.

Im Mittel enthalten gute Lippenschminken moderner Art zirka 20 bis 25% Farbstoff.

In manchen Fällen werden 15% genügend sein. In früheren Zeiten diente zur Schminkebereitung in den laufenden Rottönen fast ausschließlich der Carmin Nacarat. Heute gebraucht man in erster Linie Lacke, die besonders gut decken, also Carminlack, Alizarinlack, Carthaminlack usw.

Auch Anilinstearate oder fettlösliche rote Farbstoffe werden mit herangezogen, diese decken aber nicht genügend und sind nur Zusatzfarbstoffe, die allerdings das Haften des roten Grund-Farbstoffes auf der Lippe erheblich fördern.

Wichtig bei Auswahl der Farbstoffe für Lippenschminken ist es, daß die Lacke usw. genügend leicht sind, um möglichst lange und gleichmäßig in dem geschmolzenen Fettkörper in Suspension zu bleiben. Zu schwere Lacke würden sich rasch zu Boden setzen, was zur Folge hätte, daß die Stifte ungleichmäßig gefärbt sind.

Bei dieser Gelegenheit erwähnen wir als besondere Art des Lippenstiftes den Orangelippenstift von orangegelber Farbe, der unter Benutzung von Eosinstearat hergestellt wird. Dieser gelbe Stift färbt die Lippe rot an.

Er trägt auch manchmal geheimnisvoll den Namen „Alloxanlippenstift".

Daher kommt es, daß man immer und immer wieder Anfragen in den Fachblättern liest, die die Verwendung von Alloxan zu Lippenstiften zum Gegenstand haben.

Alloxan selbst ist zu Lippenrot nicht geeignet, dazu ist seine Färbekraft viel zu schwach, außerdem stört sein urinöser Geruch und Geschmack erheblich. Dies sei hier nur in Parenthese bemerkt!

Geeignete Schminkrote sind bei allen größeren Farbenfabriken zu beziehen, wie z. B. bei Siegle & Co., Stuttgart, u. a. In letzter Zeit hat auch die Firma Schimmel & Co, in Miltitz ganz ausgezeichnete Spezialfarben für Schminken herausgebracht, worunter eine ganze Anzahl sind, die speziell für Lippenrote zusammengestellt wurden.

Die Herstellung der Lippenschminken erfordert natürlich, wie die Schminkefabrikation überhaupt, gewisse Spezialkenntnisse und große Routine beim Arbeiten und in der Auswahl und Zusammenstellung geeigneter Farbstoffe. Auch sollen die Stifte einen angenehmen Geschmack haben, was nicht immer leicht zu erreichen ist. Auch in dieser Hinsicht sind spezielle parfumerietechnische Erfahrungen nötig. Erwähnt sei nur kurz die Parfümierung mit Fruchtessenzen u. dgl. (Erdbeer, Datteln usw.), die sich sehr bewährt hat.

Nachstehend geben wir einen kurzen Abriß des Herstellungsverfahrens für Lippenschminken.

Die Fettgrundmasse wird unter Vermeidung zu hoher Temperaturen geschmolzen und der Farbstoff zugegeben und durch Rühren gleichmäßig verteilt.

Man läßt die Masse nun etwas abkühlen und gießt in die Formen. Sehr praktisch sind die modernen Formen mit Wasserkühlmantel. Man gießt bei leerem Kühlmantel und dreht dann gleich das Wasser an. Das rasche Erstarren der Stifte in diesem Fall verhindert Zubodensetzen auch spezifisch schwererer Farbstoffe, besser ist es aber, immer nur ganz leichte Farblacke zu verwenden. Die Bildung eines konzentrischen Hohlraumes im Innern des Stiftes ist nie ganz zu vermeiden. Die Höhlung ist nur wenig tief, wenn nicht zu heiß gegossen wurde, sie ist aber sehr tief, wenn zu heiß gegossen wurde.

Nachstehend einige Vorschriften für rote Lippenschminken unter Zugrundelegung der Spezialfarben der Firma Schimmel & Co. in Miltitz.

Rouge Vif

Leuchtrot Nr. 27 .... 90g
Fixierrot II .... 10 g
Fettkörper .... 290 g

Rouge Moyen

Mittelrot Nr. 28 .... 155 g
Fixierrot I .... 25 g
Fettkörper .... 680 g

Rouge Cerise

Kirschrot Nr. 29 .... 110 g
Fixierrot I .... 10 g
Fixierrot II .... 10 g
Fettkörper .... 284 g

Rouge d'Orient (Rouge Capucine)

Orientrot Nr. 30 .... 120 g
Fixierrot I .... 10 g
Fixierrot II .... 10 g
Fettkörper .... 284 g

Rouge Foncé

Dunkelrot Nr. 31 .... 70 g
Fixierrot I .... 25 g
Fettkörper .... 280 g

Carmin Foncé

Carminrot, dunkel, Nr. 32 ... 75 g
Fettkörper .... 340 g

Carmin Clair

Carminrot, hell, Nr. 33 .... 83 g
Fettkörper .... 350 g

Frostmittel und Mittel gegen rissige Haut.

Zur Hautpflege gehören gewissermaßen auch diejenigen Mittel, welche der Haut nach erlittenen Frostschäden ihre ursprüngliche gesunde Beschaffenheit zurückgeben sollen oder aber bereits angewendet werden, um dem Erfrieren derselben vorzubeugen.

Es gibt zwei Arten von Frostschäden, sogenannte Frostbeulen und offene Froststellen. Für beide Arten ist die Behandlung eine verschiedene, sind die Mittel andere. Zur Behandlung der ersteren zieht man die Säuren heran, als da sind: Salpeter-, Gerb-, Milch-, Schwefel-, Bor-, Salicyl-, Citronen-, Wein- und Essigsäure, weshalb auch die Toiletteessige zur Behandlung von Frostbeulen sehr geeignet sind und durch vermehrten Zusatz von Eisessig bzw. Essigsäure noch besonders dazu präpariert werden können. Auch die Cold Creams können gut zur Heilung verwendet werden, besonders wenn man ihnen einen hohen Zusatz von Bor- oder Salicylsäure, auch Campher, gibt. Ferner sind einige Metallsalze wegen ihrer zusammenziehenden Wirkung sehr vorteilhaft, so Alaun, Borax usw.

Hautwaschwässer, gegen Frostschäden zu verwenden, stellt man wie folgt her:

Frostbeulenwasser

I. Rosenwasser . . . . 200 g   II. Toiletteessig . . . . 500 g
   Benzoetinktur . . . . 10 g   Eisessig . . . . 30 g
   Alaun, pulv. . . . . 5 g   Alaun . . . . 15 g
   Borax, pulv. . . . . 5 g

III. Wasser } für sich gelöst   500 g
     Tannin   60 g
     Jod   } für sich gelöst   6 g
     Alkohol   100 g

dann zusammengeschüttet und

Rosenwasser . . . . 900 g
     zugefügt.

Die Flüssigkeit III wird in Flaschen gefüllt, die mit folgender Gebrauchsanweisung versehen werden:

„Man gieße diese Flüssigkeit in eine Porzellanschale oder einen irdenen Topf, stelle ihn auf ein ganz gelindes Feuer, tauche, während die Flüssigkeit noch kalt ist, den leidenden Teil, z. B. die Hände, so lange hinein, bis beim Bewegen der Flüssigkeit die zunehmende Wärme unerträglich wird. Alsdann nehme man das Gefäß vom Feuer und lasse die Hände, ohne sie abzutrocknen, über demselben trocken werden. Das Mittel ist täglich nur einmal anzuwenden. Eine und dieselbe Flüssigkeit kann immer wieder von neuem gebraucht werden. Eine vier- bis fünfmalige Anwendung genügt, um eine vollkommene Heilung zu erzielen."

Wenn die Menge des Jods nicht überschritten wird, wovor man sich namentlich zu hüten hat, wenn man an den zu badenden Körperteilen offene Wunden hat, dann erscheint die Hautfarbe der gebadeten Teile unverändert.

Gegen offene Frostschäden[1] wendet man Mittel in Salbenform an und benutzt zu deren Herstellung in der Hauptsache sehr vorteilhaft Vaseline, da diese vor allen Dingen nicht ranzig wird, während ranzige Fette auf offene Hautstellen sehr schädliche Wirkung ausüben.

Frostsalbe

Vaseline . . . . 100 g
Zincum sozojodolicum . . . . . 10 g

auch kann man an Stelle von Vaseline das Lanolin nehmen unter einem geeigneten Zusatz von Wasser und Salicylsäure. Als Mittel gegen aufgesprungene Haut ist folgende Salbe zu empfehlen:

---

[1] Offene Frostwunden überläßt man am besten der Behandlung des Arztes. Sie sind in der Regel als Krankheiten und nicht als kosmetische Anomalien aufzufassen und die dafür angebotenen Mittel können nicht die Ausnahmestellung in der freien Verkäuflichkeit beanspruchen, welche die Verordnung über den Verkehr mit Arzneimitteln den kosmetischen Mitteln einräumt.

Frost-Hautsalbe

Seifencreme .... 1500 g
Walrat .... 400 g
Olivenöl .... 100 g
Alkohol .... 60 g
Campher .... 100 g
Wasser .... 1800 g
Bergamottöl .... 20 g
Zimtalkohol .... 5 g

Kosmetische Gallerte für die Hände

Rosenwasser .... 500 g
Tragant .... 5 g
Glycerin .... 50 g
Alkohol .... 50 g
Rosenöl, künstl. .... 2 g
Linalool .... 2 g
Bergamottöl .... 1 g

Handsalbe

(Gegen rissige Hände)

Lanolin .... 600 g
Menthol .... 15 g
Olivenöl .... 40 g
Salol .... 20 g
Vanillin .... 3 g
Terpineol .... 10 g

Um rissige Haut wieder in Ordnung zu bringen, ist auch ein sehr gutes Mittel die

Hautglätte-Mandelmilch

50 g von den Schalen befreite, süße Mandeln werden zerstoßen und dann in einer Reibschale mit einem Teil von 250 g Rosenwasser zu einem feinen Brei zerrieben, dem man dann das übrige Rosenwasser zusetzt, wonach man durch ein Leinentuch gießt. Dann setzt man 5 g Borax, 10 g Benzoetinktur und 50 g chemisch reines Glycerin zu und füllt in Flaschen.

Schweißmittel.

Auch die Mittel gegen Gesichts-, Hand- und Fußschweiß gehören in das Gebiet der Kosmetik. Die hier angegebenen Mittel sind völlig unschädlich und in den meisten Fällen von guter Wirkung.

Gegen Handschweiß

I. Rosenwasser .... 250 g
   Borax .... 25 g
   Glycerin .... 20 g

II. Glycerin .... 300 g
   Borsäure .... 100 g
   Borax .... 300 g
   Salicylsäure .... 300 g
   Rosenwasser .... 600 g
   Alkohol .... 500 g

Mit diesen Mitteln werden die Hände täglich mehrmals eingerieben, nachdem sie vorher gut gereinigt und gebadet wurden.

Schweißpulver mit Natriumperborat

Reismehl .... 6000 g
Edelweiß-Talkum .... 5600 g
Tannin .... 180 g
Salicylsäure .... 200 g
Natriumperborat .... 500 g

Durch seine desinfizierende Wirkung übt das Natriumperborat den denkbar besten Einfluß auf den oftmals recht lästigen Schweißgeruch, den es vollständig beseitigt.

Gegen Fußschweiß

Rosenwasser .... 1000 g
Borsäure .... 30 g

Diese Mischung verwendet man zu Bädern, feuchtet auch mit ihr abends die Sohle des Strumpfes ziemlich kräftig an und läßt während der Nacht trocknen. Bei entsprechender Reinlichkeit und täglichem Wechsel derartig durchtränkter Strümpfe bleibt der Erfolg nicht aus.

Fußschweißsalbe

Lanolin, wasserfrei .... 160 g
Salicyltalg .... 750 g
Seifenpulver .... 70 g
Formalin, 35%ig .... 400 g
Paraffin .... 30 g
Thymol .... 10 g

Gegen Gesichtsschweiß

Hiergegen verwende man nach dem Waschen einen leichten Puder:

Pistazienmehl .... 3500 g
Kohlensaure Magnesia .... 3500 g
Rosenöl, künstl........... 5 g
Bergamottöl .... 2 g
Lavendelöl .... 2 g

Zu den Waschungen sind Boraxseifen zu empfehlen, und dem Waschwasser setzt man etwas Borax oder Borsäure zu. Ein Präparat hiefür wäre wie folgt herzustellen: 500 g Rosenwasser, 85 g Borax, 10 g Salicylsäure, 50 g Glycerin.

Fußstreupulver

Talkum ff................. 500 g
Stärkemehl .... 500 g
Salicylsäure.............. 50 g
Tannin.................. 40 g
Alaun................... 25 g

Mittel zur Pflege der Nase.

Es mag im ersten Augenblick sonderbar anmuten, von „Nasenpflege" reden zu hören, und doch ist diese Pflege sehr vonnöten, trotzdem vielleicht mancher nie daran gedacht hat, bis ihn höchst unangenehm auftretende Störungen dieses so wichtigen Organs daran erinnern, daß es höchste Zeit ist, auch für diesen Teil seines äußeren Menschen, von dem so viel für das Gesamtbefinden abhängt, etwas zu tun, ihm eine regelrechte Pflege angedeihen zu lassen.

Unsere Nase hat zwei bedeutende Funktionen zu verrichten, die Vermittlung des Geruches und die Zuführung der Luft in die Atmungswege. Für beide Funktionen muß sie in gutem Zustande gehalten werden, und die Erhaltung ihrer Fähigkeit hiezu bedarf zunächst der Aufmerksamkeit ihres Besitzers, während die Konservierung ihres schönen Äußeren erst in zweiter Linie in Betracht kommt. Richtiger würde man sagen „kommen sollte", denn der zweite Punkt ist für viele bedeutend ausschlaggebender und für den Kosmetiker auch gewinnbringender. Allein die Pflege der beiden Richtungen ist so eng verbunden, die eine bedingt in so großem Maße die andere, daß er sich mit beiden zugleich beschäftigen muß.

Die äußeren Störungen der Nase bestehen zunächst in sogenannten „Schönheitsfehlern", als da sind: Rote Färbung infolge zunächst irgend welcher Einflüsse, äußerer wie innerer, „Mitesser", die sich in Gestalt schwarzer Punkte bemerkbar machen, Schorf als Abblättern der Haut, leichte Erfrierungen usw. Das sind alles Störungen, die sich leicht beheben lassen, soweit sie nicht direkt innerlicher Natur sind, d. h. mit dem Blute in Zusammenhang stehen.

Wir flechten nun hier einige Vorschriften mit ein für kosmetische Mittel, die zur Pflege der Nase gegen die einzelnen Störungen im besonderen und für das Wohlbefinden im allgemeinen dienen sollen.

Mitesser sind durch Talgpröpfe verursachte Verstopfungen der Talgdrüsen der Nasenhaut. Häufig entstehen sie durch Anwendung schlechten Puders oder von Schminke. Das einfachste Mittel hiergegen sind Waschungen mit

Mitesserwasser

Kali-Cremeseife	100 g		
Rosenwasser	2000 g	oder:	
Borax	10 g	Eau de Cologne	500 g
		Schwefeläther	350 g
		Rosenwasser	100 g

Die Waschungen hiemit sollen stets abends vor dem Zubettegehen vorgenommen werden, da eine leichte Rötung erfolgt, die jedoch bald wieder verschwindet.

Rote Nasen, die nicht die Quittung für reichlichen Alkoholgenuß bilden, kann man nach und nach „bleichen" durch folgendes Mittel:

a) Mandelkleie .... 500 g
Rosenwasser .... 2000 g
Borax .... 30 g

b) Ichthyol .... 10 g
Rosenwasser .... 150 g

werden zusammen tüchtig gekocht und dann filtriert, wonach das Filtrat auf Flaschen gefüllt wird und zu Waschungen von Nase und Gesicht dient, eventuell auch zu Umschlägen auf die Nase über Nacht. Geduld ist hiebei eine große Zierde, doch wird sie durch den Erfolg belohnt.

Auch Thigenol und Thiol liqu. leisten gute Dienste:

Alkohol	500 g
Glycerin..................	50 g
Thigenol (oder Thiol liqu.) ..	150 g

Salbe gegen rote Nasen

Vaseline	500 g
Resorcin..................	40 g
Thiol liqu. (oder Thigenol, auch Ichthyol)	100 g

Gegen Erfrierungen bediene man sich vor dem Verlassen des Hauses folgenden Mittels:

Frostschutz

Alkohol, 80%ig	1000 g
Glycerin, chem. rein......	100 g

womit man die Nase einreibt.

Zur Erhaltung der „Schönheit" der Nase bediene man sich der bekannten Toilettecremes; es sei hier eine sehr gute Creme speziell für Nasenpflege angeführt:

Nasencreme

Lanolin	500 g
Rosenwasser	1000 g
Borax	50 g
Ricinusöl	100 g
Terpineol	10 g
Bourbonal, *H. & R.*	1 g

Nasenbad

Rosenwasser	560 g
Borax	15 g
Menthol..................	1 g

Gegen spröde Nasenhaut verwende man folgende Creme:

Lanolin	400 g
Rosenwasser	500 g
Walrat	100 g
Olivenöl	300 g
Rosenöl, künstl...........	5 g

Die inneren Störungen der Nasenwege sind ebenfalls sehr verschiedener Natur. Am häufigsten kommt hier Schnupfen in Betracht; man läßt einen solchen jedoch am besten sich ruhig austoben und führt nur abends etwas Menthol in die Nasenwege ein.

Für derartiges Schnupfenpulver folgt hier eine Vorschrift:

Mentholschnupfpulver

Lycopodium	1000 g
Menthol.................	90 g
Borsäure, pulv.	350 g
Chlorammonium (Salmiak).	145 g

Nachdem der Schnupfen vorüber ist, wird es zweckmäßig erscheinen, einige Nasenbäder zu nehmen. Hiezu bedient man sich eines eigens angefertigten Porzellantöpfchens, welches das Badewasser enthält.

Insekten-Schutzmittel.

In manchen Jahren treten in verschiedenen Gegenden Insekten in solchen Massen auf, daß sie zur Plage werden. Einige Landstriche haben dieses fragliche Vergnügen sogar alljährlich. Es ist bereits alles mögliche versucht worden, gerade an solchen Orten sich der Mücken zu erwehren, allein alles umsonst. So sieht man sich denn in häufigen Fällen gezwungen, sich gegen diese Plagegeister zu schützen, und sind zu diesem Zwecke bereits Hunderte von Mitteln in den Handel gebracht worden. Die meisten von ihnen sollen jedoch erst dann angewendet werden, wenn man von einem Insekt gestochen ist; sie dienen also als Prophylaktikum gegen Intoxikation. Nun bemerkt man aber nicht immer sogleich den Stich eines solchen Quälgeistes, und gerade das ist das gefährlichste. Auch ist es bisweilen gar nicht nötig, daß man gestochen wird; es genügt zur Übertragung von Ansteckungsstoffen das Verweilen einer Fliege auf einer etwa wunden oder offenen Stelle der Haut.

Von höchster Wichtigkeit sind die Vorbeugungsmittel, d. h. Mittel, welche die Insekten von dem menschlichen Körper fernhalten, und so beschaffen sind, daß die Insekten bereits durch die „Witterung" veranlaßt werden, sich fern zu halten. Diese Wirkung erreicht man dadurch, daß man sich vor dem Gang ins Freie kosmetischer Erzeugnisse in Gestalt von Toilettewässern oder Hautsalben bedient, welche solche Stoffe enthalten, die den Fliegen usw. unangenehm sind. Ein großer Teil dieser Riechstoffe ist aber auch dem Menschen unangenehm und muß zunächst in eine erträgliche Form umgewandelt werden.

Als wirkungsvolles Produkt muß hier der Essigäther bezeichnet werden; ihn hassen die Mücken vor allen Dingen; mischt man ihn mit einigen recht stark und scharf riechenden ätherischen Ölen, so ist der Zweck als Schutzmittel erreicht. Der folgende Toilettenessig trägt diesem Zweck soweit wie möglich Rechnung.

Toilettenessig für Insektenschutz

Alkohol oder Eau de Cologne	4000 g	Eucalyptol	1000 g
Essigäther	500 g	Isoeugenol	20 g
Eisessig	80 g	Wasser	10000 g

Die Verwendung des Eau de Cologne ist vorzuziehen, doch nehme man solches, in dem das Neroliöl nicht zu sehr vorherrscht.

Die den Insekten verhaßten Riechstoffe sind fast alle scharf riechenden Öle, z. B. Eucalyptusöl — wohl das hervorragendste Mittel gegen Insekten — sowie das Eucalyptol, dann Angelikaöl, Cajeputöl, Citronellöl, Lorbeeröl, fettes wie ätherisches, Wermutöl, Nelkenöl, Tanacetöl (Rainfarnöl). Ebenso sind Abkochungen von Enzian, Weidenrinde, Chinarinde, Pyrethrumblüten und Quassiaholz zu Abwehrmitteln gut zu verwenden.

Man stellt diese Mittel nun noch her in Gestalt von Salben, die jedoch so beschaffen sein müssen, daß sie sich gänzlich in die Haut einreiben lassen, nicht also nur oberflächlich liegen bleiben und so unangenehme Schmieren bilden.

Eine gute Grundlage für solche Cremes bilden die fettfreien Hautcremes, da sie sich sehr leicht in die Haut reiben lassen. Soll das Produkt jedoch in die Tropen versandt werden, dann muß man die Grundlage etwas fester nehmen, indem man sich stark mit Ceresin versetzter Vaseline bedient.

Insektencreme

Fettfreie Hautcreme	5000 g
Eugenol	3 g
Eucalyptusöl	50 g
Cajeputöl	10 g

Um die früher erwähnten Abkochungen einer Creme zusetzen zu können, muß man natürlich eine andere Grundlage wählen. Hierfür haben wir in dem Adeps lanae einen berufenen Körper, der unseren Zwecken ganz ausgezeichnet dienlich zu machen ist.

Zunächst stellt man eine **Abkochung** her aus folgenden Bestandteilen:

Quassiaholz		2000 g	Enzian	500 g
Quassiarinde	geraspelt ..	1000 g	Wasser	12000 g
Chinarinde		1000 g	Alkohol	2000 g
Weidenrinde		500 g		

Man gibt die Kräuter und Hölzer in einen Kessel, der mit Dampf geheizt wird, gießt das Wasser bereits kochend darüber und läßt dann 3 Stunden lang tüchtig durchkochen. Nach dem Erkalten setzt man die 2 kg Alkohol zu.

Tropencreme

Adeps lanae	2000 g
Abkochung (wie vorstehend)	1200 g
Vaselinöl, weiß	500 g
Eucalyptusöl	20 g
Nelkenöl	5 g
Citronellöl	10 g

Man kann ganz nach Belieben auch das Vaselinöl gänzlich streichen und ein erhöhtes Quantum der Abkochung — bis zu 2 kg und gegebenenfalls mehr — verwenden, da Adeps lanae sehr viel Wasser bindet. Die Hauptsache ist, daß die Creme sich schnell und tief in die Haut einreiben läßt, ohne zu schmieren. Der zurückbleibende Geruch verjagt die Insekten sicher, die Creme selbst ist der Haut sehr zuträglich. Diese Cremes kann man in kleine Glasdosen oder Porzellankruken füllen; noch praktischer ist jedoch ihre Unterbringung in Tuben, die man nur so groß hält, daß sie bequem in der Westentasche zu tragen sind.

Moskitopuder

Talkum .... 1000 g
Weizenmehl .... 1000 g
Eucalyptusöl............. 130 g

Als Schutzmittel gegen die Folgen eines Insektenstiches ist bekanntlich der Salmiakgeist sehr empfehlenswert, dann aber auch das Creolin. Da nun dieses Produkt in konzentriertem Zustande einen gar zu penetranten Geruch auf der Haut zurückläßt, wird es zunächst einer Kokosseife zugesetzt und dann, in ganz kleine Stängelchen geschnitten, in Papier- oder Metallhülsen gebracht. Da der Name „Creolinseife" der Firma P e a r s o n gesetzlich geschützt ist, darf er von Unbefugten nicht gebraucht werden. Eine solche Insektenseife stellt man wie folgt her.

Insektenseife

Cocosöl.................. 50 kg
Natronlauge 37⁰ Bé....... 25 kg
Adeps lanae .... 3 kg
Creolin, *Pearson* .... 5,5 kg

Die vorgenannten Produkte bilden sehr gute Mittel gegen die Insekten sowie gegen deren Stiche und sind ganz besonders für Fabriken mit großem Kundenkreis in heißen Klimaten von Interesse.

Schutz der Hände gegen Einwirkung ätzender Antiseptika und Beseitigung unangenehmer Gerüche von den Händen.

Karbolsäure und Sublimat machen die Haut spröde und rissig, wenn sie öfter selbst mit verdünnten Lösungen derselben in Kontakt kommt. Waschen mit Wasser genügt nicht, um die Hände völlig zu reinigen. Nach Karbolwasser wäscht man sich am besten zunächst mit etwas Alkohol, nach Sublimat mit Kochsalzlösung; in beiden Fällen ist nachträgliches gründliches Einseifen anzuraten. Während des Einseifens der Hände ist es zweckmäßig, einen Kaffeelöffel voll Borax mit dem Seifenschaum zu verreiben. Nach dem Abtrocknen fettet man am besten mit etwas Lanolin ein.

Unangenehme Gerüche, wie von Jodoform, Kreosot, Guajacol, entfernt man am besten durch Waschen mit Leinsamenmehl oder auch Senfmehl mit Wasser. Der Jodoformgeruch insbesondere verschwindet sehr leicht, wenn man die Hände mit etwas Mutterkornpulver und Wasser einreibt. Auch Kaffeepulver, Terpentinöl, Teerwasser und ätherische Öle sind hiezu zu empfehlen. Nach dem Abtrocknen der Hände werden sie mit Talkum eingestäubt, das alle Stunden erneuert wird, um die so häufigen Ekzeme zu verhindern.

Rasiersteine.

Dadurch, daß viele Herren seit Einführung der Rasierapparate sich selbst rasieren, sind die Rasiersteine wieder stärker in Aufnahme gekommen. Es hatte schon den Anschein, als ob sie wieder sehr schnell vom Markte verschwinden würden, besonders seitdem in den Friseurgeschäften fast überall die allgemeine Verwendung des gleichen Rasiersteines für alle Kunden verboten wurde. Heute ist jedoch wie gesagt die Nachfrage wieder eine regere.

Der Rasierstein dient dazu, nach dem Rasieren die Poren der Haut zusammenzuziehen. Er wirkt auch blutstillend bei kleineren Schnittwunden.

Der Rasierstein besteht in der Hauptsache aus Alaun, dessen zusammenziehende Wirkung bekannt ist.

Man kann zur Herstellung von Alaunsteinen den Alaun etwa in dreiviertel seines Gewichtes siedenden Wassers lösen, dieses dann möglichst wieder abdampfen und nach Zusatz von etwas Glycerin sowie ein wenig Sublimat in kleine Formen gießen, in denen man die Masse dann erstarren läßt. Dieses Verfahren ergibt wohl Rasiersteine, welche von recht guter Wirkung auf die Haut sind, die aber wenig Festigkeit und nicht die schöne Durchsichtigkeit zeigen, die gewöhnlich gewünscht wird. Die so hergestellten Steine sind alle milchig. Auch Menthol wird manchen Sorten noch zugefügt, welches in der Hauptsache dazu dient, nach dem Rasieren eine angenehme Kühle hervorzurufen. Die kristallhellen Steine kann man im Kleinen jedoch nicht herstellen. Meistens werden ganz große Alaunblöcke auf geeignete Weise mit Bandmessern oder dergleichen zerteilt und dann die kleinen Stücke in heißem Wasser mit Filzwalzen glattgeschliffen. Selbst diese Art der Herstellung ist in den seltensten Fällen rentabel und mehrere große Werke haben die Fabrikation bereits wieder aufgegeben.

B. Rhode in Breslau hat sich folgendes Verfahren patentieren lassen.

Alaun wird in seinem Kristallwasser geschmolzen und mit Formalin, Borax, Glycerin und Zinkoxyd verrührt. Beispielsweise wird Alaunpulver mit 5% Borax, 1% Glycerin, ½% Zinkoxyd und 1% Formalin im Wasserbade geschmolzen, verrührt und sodann in passende Formen gegossen. Die Masse ist ungiftig und wirkt durch den Alaun blutstillend. Das Formalin verleiht ihr desinfizierende Kraft, der Borax macht das Blut rasch gerinnen, das Glycerin glättet die Haut und das Zinkoxyd beschleunigt die Heilung.

Allein auch nach diesem Verfahren erhält man keinen klaren Stein. Dagegen existiert in der Umgegend von Paris eine Fabrik, welche die Alaunsteine als Spezialität herstellt, doch wird über die Art der Fabrikation strengstes Stillschweigen gewahrt und es ist auch noch keinem

Fremden gelungen, einen Einblick in diesen Betrieb tun zu können. Es heißt, man habe das Verfahren nicht patentamtlich geschützt, nur um es nicht veröffentlichen zu müssen.

Durch das Zerteilen größerer Alaunstücke erhält man wohl die gewünschten schön kristallklaren Steine, allein der große Abfall läßt die Fabrikation ohne Nutzen, es sei denn, daß man ganz große Posten des Artikels herzustellen hätte. Man überläßt daher diesen Artikel besser den Spezialfabriken.

Bartpulver und Bartcreme.

Da von vielen Seiten gegen die Verwendung des Rasiersteines im allgemeinen mit Recht geeifert wird und er als der mögliche Überträger von ansteckenden Krankheiten angesprochen worden ist, hat man zum Stillen blutender Wunden, die beim Rasieren durch etwaige kleine Schnitte entstehen, ein Bartpulver hergestellt, das tatsächlich gute Dienste tut und sehr schnell wirkt.

Bartpulver

Alaun, pulv.	1000 g
Gummi arabicum ff., gepulv.	1000 g
Galläpfel, gepulv.	460 g
Benzoeharz, gepulv.	650 g

Anderseits hat man auch eine Creme in Form einer dicken Flüssigkeit herausgebracht, die denselben Diensten gewidmet ist:

Bartcreme

Tragantpulver	400 g
Dest. Wasser	5000 g
Tannin, pulv.	200 g
Alaun, pulv.	800 g

werden zusammen gegeben, nachdem man das Tragantpulver erst in dem Wasser hat aufquellen lassen und dann durch ein Seihtuch gepreßt hat. Die dickflüssige Creme, die man auch nach Belieben etwas dünner halten kann, parfumiert man mit etwas Geraniumöl, und füllt sie in breite Gläser mit weitem Hals (Opodeldokgläser).

Mittel zur Reinigung, Pflege und Färbung der Nägel.

Eine möglichst frühzeitige und sachgemäße Behandlung unserer Finger- und Fußnägel ist gerade so notwendig, wie die der Zähne oder sonstiger Teile des Körpers, denn Erkrankungen dieser kleinen Hornplatten können das Allgemeinbefinden des ganzen Menschen wesentlich beeinträchtigen.

Die dünne, durchscheinende Hornplatte, welche das letzte Glied unserer Finger und Zehen auf der Oberfläche mehr als zur Hälfte bedeckt, ist ebenso Erkrankungen ausgesetzt, wie jeder andere Teil unseres Körpers; daher gilt es, dieser Möglichkeit vorzubeugen. Vor allen Dingen ist die größtmögliche Reinlichkeit eine Hauptbedingung. Sie hilft das Wachstum der Nägel, welches ja sehr langsam vor sich geht, befördern. Viele Leute wissen auch nicht, daß sich in dem Zustande der Nägel zeitweise auch der ganze Ernährungszustand unseres Körpers spiegelt.

Die Nagelpflege in erweitertem Maße ist bei uns auch schon seit Jahrhunderten eingeführt, doch haben sich Verfeinerungen derselben erst in den letzten Jahren Geltung verschaffen können. Die Völker des Orients sind uns in der Nagelpflege weit voraus, wenn schon dort in manchen Ländern unter den Frauen geradezu ein Kultus mit ihren Händen und Füßen getrieben wird, wobei Schönheit und Feinheit der Nägel eine Hauptrolle spielen. Schöne, längliche Finger muß da nun allerdings Mutter Natur mit auf den Weg gegeben haben. Und wenn dann Hand und Nagel gut gepflegt werden, werden sie gesund und schön bleiben. Alle die leidigen Unannehmlichkeiten, wie Nied- oder Neidnägel, Einwachsen der Nägel in die sie umgebende Lederhaut, Nagelspalt und Nagelkrümmung lassen sich vermeiden, wenn man die Nägel einigermaßen pflegt.

Wie schon erwähnt, ist Reinlichkeit die erste Bedingung, die Grundlage. Mit Seife und einer weichen Bürste reinige man in lauem Wasser täglich die Nägel, wenn nötig zwei- bis dreimal. Eine empfindliche Haut der Hand reibe man mit präpariertem Glycerin ein, dem Waschwasser füge man etwas Borax zu. Hiernach reibe man die Finger bis an die Nägel leicht mit einem Stück feinen Bimsstein, um etwaige Hornbildungen zu verhüten, massiere dann die Fingerrunzeln und reibe sie leicht mit Glycerin-Honiggelee (Kaloderma) ein. Hierauf entferne man jegliche Unreinigkeit unter und an dem Nagel sowie etwa vorgewachsene kleine Nagelhäutchen und treibe die Lederhaut an der Nagelwurzel zurück, so daß die kleine dünnere, halbmondförmige weiße Stelle, das Möndchen, völlig frei liegt, ohne daß sich jedoch die Haut über der Nagelwurzel unnötig rötet. Dann behandelt man den Nagel zuerst mit

Nagelwasser

I.			II.		
Rosenwasser	1000 g		Rosenwasser	1000 g
Borax	20—30 g		Eau de Cologne	100 g
Glycerin	70 g		Myrrhentinktur (1 : 50).	50 g
			Weinsäure	50 g

Bleichendes Nagelwasser

Wasserstoffsuperoxyd, 3%ig 450 g
Rosenwasser .... 150 g
Salmiakgeist, 20%ig .... 3 g

Hienach behandelt man den Fingernagel mit einem Nagelemail oder Nagelpoliermittel, welches man wie folgt zusammenstellt:

Nagelemail

I.				
Geschlämmtes Zinnoxyd	1000 g		Carmin	8—10 g
Iriswurzelpulver	100 g		oder Krapprosa	100 g
Talkum	300 g		Rosenöl	3 g
Reismehl	100 g		Rosenholzöl	15 g
			Geraniol	20 g

II.	
Wachs, weiß	400 g
Walrat	400 g
Paraffin, weich	5400 g
Eosin	15 g
Ylang-Ylangöl, künstl.	10 g
Terpineol	20 g
Aubépine	2 g

Das Eosin wird in Alkohol gelöst und dem geschmolzenen Wachs zugesetzt.

Oder man stellt ein Email her in Verbindung mit Seife:

Seifencreme	500 g		Zinnoxyd	75 g
Wasser	200 g		Carmin	20 g
Zinnchloridlösung			Terpineol	10 g
(1 : 10)	zirka 500 g		Geraniol	20 g

Mit diesem Nagelemail belegt man die Nägel und reibt sie dann kräftig mit einem kleinen, ledergepolsterten Polierbock. Hienach erscheinen die Nägel rosig und in hohem Glanze. Diese Manipulationen sind natürlich täglich zu wiederholen.

Nagelemailpulver

Helles Harz, pulv.	160 g
Gelbes Wachs	60 g
Ceresin, weiß	500 g
Kieselgur	630 g
Zinkoxyd	370 g
Vaselinöl	80 g

Man schmilzt Wachs, Ceresin und Harz, gibt die Pulver und das
Vaselinöl zu und erwärmt das ganze leicht unter gutem Rühren, um
das Wachsgemisch gut zu verteilen, läßt erkalten und pulvert.

Polierpasta

Helles Harz	160 g	Ceresin	200 g
Gelbes Wachs	60 g	Kieselgur	270 g
Vaselinöl	300 g	Zinkoxyd	170 g

Man bereitet wie vorstehend ein Gemisch, das zur Pasta geknetet
wird.

Hochglanznagellack.

Wenn die Fingernägel einen besonders hohen lackartigen Glanz
erhalten sollen, so bedient man sich dazu des Zaponlackes. Man füllt
ihn in kleine Fläschchen und setzt in den Korkstopfen einen Haarpinsel
ein. Man beachte aber, daß man diesen Nagellack bei brüchigen Nägeln
nicht direkt verwenden soll, vielmehr müssen die Nägel erst ganz in
Ordnung gebracht werden.

Sieht der lackierte Nagel aus irgend einem Umstande nicht mehr
schön aus, so daß eine neue Lackierung desselben wünschenswert erscheint, dann muß die alte Lackschicht erst entfernt werden, wozu
man sich des Amylacetats bedient. Dieses wird ebenfalls in kleine Gläschen mit Kork und Haarpinsel gegeben.

Beide Fläschchen, in geeigneter Verpackung in einem Karton und
mit praktischer Gebrauchsanweisung versehen, bilden einen sehr guten
Verkaufsartikel.

Moderne Nagellacke

Bei diesen ist auch darauf Rücksicht genommen, daß elastisch-
machende Zusätze nötig sind um das Abspringen des Lacküberzuges
zu verhindern.

1.	Celluloidabfälle	65 g	2. Celluloid	5 g
	Aceton	900 g	Amylacetat	50 g
	Amylacetat	1000 g	Aceton	40 g
	Ricinusöl	9 g	Ricinusöl	1 g
			Alkohol	4 g

Moderner Polierlack
(Cerbelaud)

Siambenzoe	100 g	Schießbaumwolle	30 g
Alkohol	300 g	Eosinlösung, 1%ig	50 g
Amylacetat	700 g		

Man löst die Benzoe warm in 200 Alkohol, filtriert und vereinigt das Filtrat mit dem restlichen 100 Alkohol, Amylacetat usw.

Man trägt auf, läßt trocknen und poliert dann mit einem Leder oder Wollappen nach.

Man erhält so einen wundervollen beständigen Glanz, der auch nicht annähernd von jenem, erhalten durch die gewöhnlichen Nagellacke, erreicht wird.

Nagelpolierpulver

I. Zinnoxyd, geschlämmt 1000 g
Talkum ff. . . . . 400 g
Carmin . . . . 10 g
Rosenöl, künstl. . . . . . . 5 g
Bergamottöl . . . . 3 g

II. Zinnoxyd ff., weiß . . . . . 500 g
Carmin . . . . 1 g
Rosenöl, künstl., *H. & C.* 5 g
Narzissenöl, *S. & C.* . . . 2 g

III. Schmirgel ff., pulv. . . . . 500 g
Krapprosa . . . . 50 g
Dianthin, *N. & C.* . . . . . . 5 g
Geraniumöl . . . . 5 g

Zinnpasta

Zinnoxyd . . . . 500 g
Tragant, pulv. . . . . 2 g
Glycerin . . . . 5 g
Carminlösung (1 : 20) . . . . . . 40 g
Rosenwasser . . . . zirka 200 g
Orgéol, *H. & R.* . . . . 3 g
Jasminöl, *L. F.* . . . . 1 g

Diese Zinnpasta füllt man in kleine Milchglasdosen und bringt sie so zum Verkauf.

Nagelfirnis

Nach der Behandlung der Fingernägel mit dem Polierpulver oder mit den Pasten kann man auch noch zum besonderen Glänzendmachen sich eines Firnisses bedienen, den man mit Hirschleder oder auch mit dem Polissoir aufreibt.

Diesen Firnis stellt man her aus

Chloroform . . . . 150 g
Paraffin . . . . 15 g

und parfumiert eventuell mit etwas Rosen- oder Geraniumöl.

Brüchig gewordene Nägel behandelt man zunächst durch Aufgießen einer Alaunlösung (1 : 10) oder Baden der Nägel in dieser Lösung. Alsdann beginnt man mit der Nagelpflege.

Um unserer Damenwelt die Nagelpflege möglichst bequem zu machen, stellt man ein Sortiment zusammen, welches in einem schön und fein ausgestatteten Kasten alle die Bedürfnisse zur Nagelpflege birgt: Einen Flakon Nagelwasser, eine Dose Nagelemail, einen Polissoir, eine Nagelschere, eine kleine Falcette zum Zurückschieben der Haut sowie ein spitzes Hornstäbchen zum Entfernen von Unreinigkeiten unter dem Nagel, endlich eine kleine Nagelfeile. Ein so zusammengestellter Nagelpflegekarton wird stets gerne gekauft.

Verschiedenes.

Das Parfumieren von Drucksorten und Verpackungen.

Der Hauptzweck der Parfumierung ist der, daß die Drucksachen stark und nachhaltig parfumiert werden. Dazu gibt es verschiedene Arten der Parfumierung. Die einfachste Methode würde darin bestehen, daß man die zu parfumierenden Drucksachen in stark riechendes Sachetpulver hineinsteckt. Wenn hiedurch auch der Effekt starken Geruches erzielt wird, so hat man doch einen größeren Verlust an Pulver, welches an den Drucksorten haften bleibt. Dann auch zeigen sich häufig kleine Flecken an den Drucksachen, die von dem dem Pulver beigegebenen ätherischen Öl herrühren.

Eine zweite Art der Parfumierung, die besonders in Frankreich für Karten u. dgl. feste Drucksachen angewendet wird, besteht darin, daß man sie in fertige stärkste Extraits d'Odeurs eintaucht und hierin einige Tage über beläßt. Dann werden die Karten herausgenommen, zwischen Filtrierpapier gelegt und alsdann stark gepreßt, wodurch sie nicht nur trocknen, sondern auch gerade bleiben. Unter starkem Druck bleiben sie dann bis zu ihrer völligen Trocknung.

Zu dieser Manipulation kann man jedoch nicht jeden Karton verwenden und muß schon bei seiner Auswahl auf die Parfumierungsmethode, die man nachher anwenden will, Rücksicht nehmen. Ebenso darf die Karte nicht glasiert sein, da der Alkohol die Glasur löst. Auch nimmt man hiezu am besten lithographierte Schriften, da bei Buchdruckkarten der Druck oft zum Teil verschwindet oder sich die Farbe verändert. Ein gleiches gilt von der Lösung der Riechstoffe in Äther. Der letztere verflüchtigt sich zwar sehr schnell, ohne einen Rückstand zu hinterlassen, allein die Karten und Drucksachen zeigen alle bei nicht sachgemäßer Behandlung Flecken.

Für Taschenkalender, Preislisten u. dgl. umfangreichere oder mehrseitige Drucksachen empfiehlt sich ein anderes Verfahren:

In einem dichten Schrank, den man noch im Innern mit Blech belegen läßt, damit die Luft wenig Zutritt hat, läßt man an den Seitenteilen sich je gegenüberliegende Leisten anbringen, auf welche man auf Rahmen gespannte Netze legt. Diese Netze bedeckt man mit Seidenpapier und verfährt wie folgt: Auf den Boden des Schrankeş streut man stark riechendes und nachparfumiertes Pulver; dann belegt man ein Netz mit den zu parfumierenden Drucksachen und schiebt es auf den Leisten in den Schrank. Das nächste Netz erhält wieder Pulver, das folgende Drucksachen und so fort, bis der Schrank voll ist. Nach dichtem Verschließen der Türen überläßt man die Anlage sich selbst.

Dieses Verfahren bietet auch noch den Vorteil, daß man alle möglichen riechenden Substanzen und Rückstände zur Parfumierung verwenden kann, z. B. die Filter der Odeurs und Tinkturen, Rückstände von Moschus usw. Diese legt man einfach auf die Netze und sie teilen ihren Duft den Drucksachen mit.

Ein solches Parfumierungspulver stellt man sich wie folgt her:

Iriswurzelpulver, fein gemahlen	5000 g
Moschusrückstände	1000 g
Ylang-Ylangöl	10 g
Bergamottöl	50 g
Künstl. Moschus	2 g
Jonon	5 g
Benzoetinktur	100 g

Das Pulver kann man später immer noch zum Füllen billiger Riechkissen usw. gebrauchen.

Bei ganz feinen Drucksachen, die dazu in größeren Quantitäten hergestellt werden, z. B. feinen Ankündigungen auf geschöpftem Büttenpapier, wäre es sehr ratsam, das Parfum bereits der Papiermasse beigeben zu lassen.

Zu den „Drucksachen" im weiteren Sinne gehören auch die Etiketten, Einwickel- und Reklamepapiere der feineren Seifen, welche zu parfumieren man nicht unterlassen sollte. Die modernen Etiketten sind meist auf so dickes oder doch undurchlässiges Papier gedruckt, daß es sehr lange dauert, bis der Duft der Seife sich durchgearbeitet hat und zur vollen Geltung kommt. Diese Etiketten usw. parfumiert man in der gleichen Weise wie vorher angegeben oder man bestreicht sie auf der Rückseite ganz leicht mit einem in das gewünschte Parfum getauchten Läppchen. Diese Parfums stellt man her, indem man die für die Seife selbst verwendeten Parfums nimmt, sie auf ihr 3- bis 4faches Volumen mit Alkohol verdünnt und dann noch zirka $^1/_4$ Benzoe- oder sonst einer passenden Tinktur zusetzt; man kann auch von dem Riechstoff, welcher dem betreffenden Parfum den Charakter verleiht, etwas mehr zusetzen.

Mit dem gleichen Parfum werden alsdann auch die Kartons der Seifen parfumiert, indem man auf ihrer Innenseite mit einem in das Parfum getauchten Pinsel an den Bodenkanten entlangfährt. Die zuerst entstehenden feuchten Streifen verlieren sich bei richtiger Zusammensetzung des Parfums bald wieder und letzteres dringt gänzlich in den Karton ein. Bei Kartons, welche mit feinen bunten Papieren ausgelegt sind, muß man sehr vorsichtig sein, da diese Papiere oft sehr empfindlich sind und die geringste Berührung mit dem Parfum einen nicht mehr zu entfernenden Flecken gibt. Solche Kartons parfumiert man, indem man das jeweilige Parfum mit Iriswurzelpulver zusammenmischt und in kleine Säckchen von Seidenpapier gibt, worauf man diese einige Tage in die zu parfumierenden Kartons legt. Haben die Kartons eine Einrichtung, was bei den modernen, feineren Verpackungen häufig der Fall ist, dann nimmt man diese Einrichtung heraus und bestreicht sie auf der Rückseite mit dem jeweils gewünschten Parfum.

Gerade in dem Punkte der Parfumierens von Drucksachen und Emballagen soll der Fabrikant keine falsche Sparsamkeit walten lassen, denn die erste Idee, welche der Käufer hat, ist an der Ware zu riechen. Entströmt dann einem Karton Seife oder Odeur ein starker, lieblicher Duft, dann nimmt dieser den Käufer sofort für den Artikel ein und erleichtert den Verkauf ungemein. Es ist gut, selbst die Watte und andere Packmaterialien zu parfumieren und bei billigen Exportextraits, bei denen die Gläser mit Glasstopfen versehen sind — aber auch bei anderen Verschlüssen — die Bändchen und Schleifchen ein wenig zu parfumieren,

Für die Parfumeriefabrikanten einerseits, wie auch anderseits für die gesamte Riechstoffbranche ist es sehr wichtig, Geruchsproben ihrer Erzeugnisse in möglichst einfacher Art und auf möglichst billigem Wege ihren Kunden vorzuführen. In je größerem Maßstabe dies geschehen kann und in je ausführlicherer Weise es möglich ist, um so größer ist die Aussicht auf Erfolg.

Zur wirkungsvollen Vorführung sowohl eines Riechstoffes als auch eines fertigen Parfumerieerzeugnisses bedient man sich in höchst vorteilhafter Weise der parfumierten Karte. Ohne allzu große Kosten kann man auf diese Weise der gesamten Kundschaft ein neues Produkt vorführen, denn die Karte braucht nur einem Briefe beigefügt zu werden. Auch als Drucksache ist ihr Versand unter Kuvert sehr zu empfehlen, nachdem man sie in dünnes Pergamentpapier eingeschlagen hat.

Auf diesen Karten, die ja auch gleich der Reklame dienen können, bildet man die Originalartikel jeweils in Originalgröße oder auch in beliebigem Maßstabe verkleinert ab, indem man aber diesen Maßstab der Verkleinerung angibt. Dienen die Karten auch für einen Exportartikel, dann wolle man ja nicht unterlassen, die allergenauesten Angaben auf ihnen zu machen. Dazu gehören genaue Inhaltsangaben sowie für die jeweiligen in Frage kommenden Länder die für die Verzollung notwendigen Details, wie Alkoholstärke usw. Auch die Größe der Originalkisten und deren Gewicht vergesse man nicht, denn diese Angaben sind unbedingt notwendig zur Berechnung der Einstandspreise. Eine schöne, eventuell bunte Abbildung des fertigen Artikels wird dem Verkaufe unbedingt sehr förderlich sein.

Zur Parfumierung der Karten wird der jeweilige Riechstoff in etwas Alkohol gelöst und mit dieser Lösung dann die Karte parfumiert.

Auf diese Weise kann man billig sehr große Quantitäten von Karten versenden, und die Interessenten für die einzelnen Artikel werden sich zu größeren Proben dann schon melden. Auf jeden Fall kann man auf diese Weise sehr schnell und auch nicht allzu kostspielig seine Neuheiten bekannt machen.

Um nun solche Karten recht gleichmäßig und auch ohne großen Zeitverlust zu parfumieren, bedient man sich einer kleinen Maschine, die ebenso sinnreich wie einfach eingerichtet ist und für Handbetrieb wie auch für elektrischen Antrieb hergestellt wird. Sie stellt einen rotierenden Zylinder dar, der sich in der Flüssigkeit bewegt und von dem die parfumierten Karten wieder auf mechanische Weise abgenommen werden. Auch mit Transportbändern werden diese Maschinen gebaut, ein System, das eigentlich dem gedachten Zwecke noch bei weitem förderlicher ist. Mit diesen Maschinen lassen sich in einer Stunde mehrere tausend Karten parfumieren und sie werden alle gleichmäßig und sauber behandelt.

Von großer Wichtigkeit ist es nun, daß für die Karten das richtige Papier verwendet wird. Es muß fest sein, dabei gut aufsaugen und darf bei längerem Liegen der parfumierten Karten nicht fleckig werden. Am besten eignet sich sogenanntes Büttenpapier zu diesem Zwecke; es werden aber auch noch andere Sorten, ähnlich dem Filtrierpapier, hergestellt, die ganz vorzügliche Dienste leisten.

Ein weiterer Punkt, auf den man seine Aufmerksamkeit lenken muß, ist die Druckfarbe, welche zum Bedrucken der Karten Verwendung finden soll. Nicht jede Farbe eignet sich hiezu, und besonders die schwarzen Farben verlaufen sehr häufig, wenn sie mit dem Parfum zusammenkommen. Buchdruck ist überhaupt keineswegs empfehlenswert; man lasse die Karten recht schön lithographieren. Das sieht auch meist sehr viel sauberer aus.

Auch Sachets werden in letzter Zeit auf diese Weise hergestellt, indem man starken porösen Karton mit Riechstoff tränkt und dann in feine Umschläge steckt. Es sind dies dann verhältnismäßig billigere Sorten, denn zu den feinen Sachets nimmt man doch stets die verschiedenen Pulversorten, da diese den Geruch länger halten, weil er ihnen von Natur aus eigen ist.

Bei der Zusammensetzung der Parfums für diese Karten muß man nur darauf achten, daß man genau den Punkt trifft, daß die alkoholische Lösung nicht mehr fettet, ohne daß sie dabei zu wenig konzentriert ist. Dieser Moment tritt nicht bei allen ätherischen Ölen gleichmäßig ein, so daß es eine bestimmte Norm dafür nicht gibt. Es muß sich dies ein jeder Parfumeur für seine Mischung selbst heraussuchen, was auch an und für sich gar nicht so besonders schwierig ist. Den Mischungen viel Fixiermittel beizugeben ist unbedingt sehr empfehlenswert, um Haltbarkeit der einzelnen Parfums wesentlich zu erhöhen.

Die Toiletteseifen und ihre Parfumierung.

Allgemeines.

Im folgenden wird die Parfumierung der Toiletteseifen besprochen werden, wobei auch die künstlichen Riechstoffe und die neuere Art der Parfumierung berücksichtigt werden sollen. Ddieser Teil zerfällt in drei Abteilungen:

a) Parfumierung der pilierten Seifen,
b) Parfumierung der kaltgerührten Seifen,
c) Parfumierung der auf halbwarmem Wege hergestellten Seifen.

Bedingt durch die jetzige Lage des Toiletteseifenmarktes nimmt die erste Abteilung, die der pilierten Seifen, das größere Interesse in Anspruch. Es soll dieser Abschnitt nicht etwa die Herstellung der Toiletteseifen im allgemeinen wie besonderen behandeln, — dazu genügt hier der Raum nicht — sondern vorwiegend deren Parfumierung.

Bei dem allgemeinen Interesse, das den pilierten Seifen entgegengebracht wird, wollen wir es nicht unterlassen, zunächst auf die Herstellung der Grundseife, kurz einzugehen und ihre Verarbeitung zur fertigen Toiletteseife mit aufzuführen. Es folgt dann eine Reihe von guten, ausprobierten Vorschriften zur Parfumierung dieser Toiletteseifen, die sich in folgende Abschnitte teilen:

a) Feine Toiletteseifen,
b) Mittelfeine Toiletteseifen,
c) einfache Toiletteseifen.

Betreffs der Parfumierung sei hier nochmals gesagt, daß sich die künstlichen Riechstoffe in der Toiletteseifenfabrikation in den meisten Fällen nur bei den pilierten Seifen in Anwendung bringen lassen, bei den anderen Seifensorten jedoch nur in bedingtem Umfang. Für ausgesprochene Mandelseifen auf halbwarmem Wege oder auch kaltgerührte Seifen findet künstliches Bittermandelöl seit vielen Jahren beste Verwendung, echtes Bittermandelöl dagegen wird nur noch zur Parfumierung von Rasierseifencreme und feinsten pilierten Fettseifen gebraucht.

Auch bei der Parfumierung von kaltgerührten Cocosseifen kann man nicht alle synthetischen Riechstoffe anwenden, da viele von ihnen unter der Temperatur, welche die Selbsterhitzung dieser Seifen in der Form erzeugt, leiden, ja vielfach völlig verderben. Für diese Cocosseifen läßt sich jedoch neben Safrol und Carven auch künstliches Wintergrünöl vorteilhaft verarbeiten, dann aber ganz besonders Terpineol zur Herstellung von Fliederseifen sowie Geraniol, Citronellol, Cumarin, Amylsalicylat, künstlichen Moschus und viele andere.

Ein gleiches gilt für die Glycerinseifen, in denen auch künstliche Richstoffe sehr gut zur Geltung kommen. Man versuche jedoch nicht etwa Veilchenglycerinseife mit chemisch reinem Jonon parfumieren zu wollen; das wäre vergebliche Mühe, da dieses schöne Produkt seinen Geruch völlig einbüßt. Wir haben aber jetzt längst die rohen (technischen) Jonone

(Jonon II. für Seifen), die ganz ausgezeichnet auch in kaltgerührten Seifen verwendbar sind.

Am besten und umfangreichsten lassen sich die synthetischen Riechstoffe zur Parfumierung der pilierten Fettseifen verwerten.

Die Anfertigung der Grundseifen zu pilierten Toiletteseifen.

Bei der Herstellung dieser Grundseifen ist zunächst zu beachten, daß sie die Grundlage bilden für die daraus herzustellenden Toiletteseifen und deshalb sachgemäß und einwandfrei angefertigt werden müssen. Die Anforderungen, die man an eine prima Grundseife stellt, sind

a) unbedingte Reinheit und Neutralität,
b) möglichst helle bzw. weiße Farbe,
c) Freisein von unangenehmem Geruch,
d) Freisein von Füllstoffen.

Es müssen also, besonders für weiße und helle Toiletteseifen die Grundseifen aus reinen hellen Fettstoffen angefertigt werden. Die Verseifung muß eine gründliche sein und die Abrichtung und das Ausschleifen mit größter Sorgfalt ausgeführt werden. Die Einrichtung zur Fabrikation ist dieselbe wie bei allen Kernseifen, und das Sieden kann in Kesseln mit offener Feuerung, in Dampfdoppelkesseln oder mittels direkten Dampfes erfolgen. Die letztere Siedeart ist unbedingt vorzuziehen, da hiebei die hellsten und reinsten Seifen erhalten werden.

Als Rohstoffe kommen zunächst Rindertalg und Cocosöl in Betracht, in zweiter Linie Schweinefett, gebleichtes Palmöl, helles Knochenfett und Erdnußöl, Ricinusöl sowie auch helle Harzsorten. In neuerer Zeit finden auch feste Fettstoffe, welche aus flüssigen Ölen, wie Sesamöl, Erdnußöl usw., ja sogar aus Tran durch Hydrierung, d. i. Reduktion mittels Wasserstoffs bei Anwesenheit von Kontaktsubstanzen, hergestellt sind, Verwendung als Ersatz für Talg. Das Hauptrohmaterial, der Rindstalg, muß rein und frisch sein, andernfalls muß er geläutert werden, da sonst die Seife einen „muffigen" Geruch erhält. Gesäuerter Talg soll nur dann verwendet werden, wenn man nach mehrfachen Auswaschungen die Überzeugung gewonnen hat, daß der Talg rein und neutral ist. Mit Ausnahme von Cocosöl müssen alle oben angeführten Fette und Öle mit schwachen Laugen vorgesotten werden, während das Cocosöl nicht vorgesotten zu werden braucht und bei der Schlußoperation, beim Verleimen und Zusammenziehen des Kernes sowie zur Abrichtung benutzt werden kann.

Bei allen zur Verwendung gelangenden Fettstoffen empfiehlt sich eine vorherige Läuterung und Reinigung, und zwar erstens, um sie in der Farbe und im Geruch zu verbessern, und zweitens, um die freien Fettsäuren zu entfernen, da diese meist die Ursache sind, daß die fertige Ware betreffs Haltbarkeit zu wünschen übrig läßt. Die freien Fettsäuren haben nämlich die Eigenschaft, sich sowohl mit schwachen als auch mit starken Laugen momentan zu verseifen, wobei es vorkommen kann, daß die gebildete Seife unverseiftes Neutralfett einschließt, welches sie nur bei längerem Sieden mit Alkaliüberschuß freigibt. Es empfehlen deshalb viele Fachleute die Mitverwendung von etwas Sodalösung beim Sieden, um dadurch die freien Fettsäuren zunächst zu neutralisieren und eine zu rasche Bindung der Fettsäuren zu verhindern, doch kommt man auch mit rein kaustischen Laugen zum Ziel, wenn man durch Zusatz von etwas Salzwasser den Leim etwas dünner hält und auf diese Weise eine langsamere, aber desto innigere Verseifung anstrebt. Fettstoffe ohne bestimmte Bezeichnung, wie solche besonders bei hohen Talgpreisen vielfach angeboten werden, so unter den Namen „Talgfett", „Seifenfett", „Stearinfett" u. dgl., darf man erst dann in Arbeit nehmen, wenn eine Analyse vorliegt, da solche Fette meist reich an Unverseifbarem sind und mangelhafte Seifen ergeben.

Man vermeide absolut die Verwendung von Palmkernöl, das das Parfum auf die Dauer schwer schädigt, auch jene von Kottonöl, das Fleckenbildung verursacht.

Ferner vermeide man die Verwendung freier Fettsäuren, wie z. B. Cocosfettsäure, weil man hiedurch immer einen unangenehmen Geruch in der Seife riskiert und den Keim der Ranzidität in die Seife hineinträgt.

Man vermeide auch zu hohen Cocosgehalt; ein solcher soll im Mittel 10 bis 12% des Fettansatzes betragen, aber nicht wesentlich über 15% hinausgehen. Zu hoher Cocosgehalt beeinträchtigt die Haltbarkeit des Parfums in der Seife und verursacht oft auch zu große Sprödigkeit.

Es folgen nun einige Ansätze für prima und sekunda Grundseifen.

I. Prima Grundseifen

a) Rindertalg .... 800 kg
   Cocosöl .... 200 kg

b) Rindertalg .... 850 kg
   Cocosöl .... 120 kg
   Ricinusöl .... 30 kg

c) Rindertalg .... 750 kg
   Erdnußöl .... 100 kg
   Cocosöl .... 150 kg

d) Rindertalg .... 650 kg
   Gebleichtes Palmöl .... 200 kg
   Cocosöl .... 150 kg

II. Sekunda Grundseifen

a) Talg .... 350 kg
   Wasser-Knochenfett, hell 450 kg
   Cocosöl .... 200 kg

b) Talg .... 400 kg
   Helles Knochenfett .... 300 kg
   Erdnußöl .... 100 kg
   Cocosöl .... 200 kg

c) Talg .... 400 kg
   Ricinusöl .... 50 kg
   Gebleichtes Palmöl .... 200 kg
   Helles Knochenfett .... 150 kg
   Cocosöl .... 200 kg

d) Talg .... 450 kg
   Knochenfett, hell ...... 350 kg
   Helles Harz .... 50 kg
   Cocosöl .... 150 kg

Das Sieden geschieht am besten auf 2 bis 3 Wassern in folgender Weise. Man bringt den ganzen Ansatz, außer Cocosöl, in den saubern Siedekessel und läßt ihn auf Wasser schmelzen. Nun werden zirka 300 kg 20grädige Ätznatronlauge zugegeben und der Ansatz damit verleimt, was man daran erkennt, daß die Masse nicht mehr in Tropfen, sondern in Fäden vom Spatel abfließt. Man gibt nun unter fortwährendem

Sieden nach und nach 20grädige Lauge zu, bis der Seifenleim klar ist und die Abrichtung nicht mehr verschwindet. Diese erkennt man daran, daß eine erkaltete Spatelprobe beim Betropfen mit einer $\frac{1}{2}\%$igen Phenolphthaleinlösung eine deutliche Rotfärbung zeigt. Sobald man sich überzeugt hat, daß die Abrichtung bestehen bleibt, läßt man den Leim noch 2 bis 3 Stunden langsam sieden und am besten über Nacht im bedeckten Kessel stehen. Man setzt nun soviel 38grädige Lauge zu, daß die Abrichtung eine kräftige ist, und läßt wiederum einige Zeit durchsieden, wonach man mit soviel angefeuchtetem Salz aussalzt, daß eben klare Salzlauge vom Spatel läuft. Ein Salzüberschuß ist unbedingt zu vermeiden, da dieser das spätere Sieden nur störend beeinflussen würde. Wenn die Masse noch nicht genügend getrennt sein sollte, so setzt man lieber etwas 38grädige Lauge zu. Es werden nun die eventuell vorhandenen schmutzigen Abschnitte des vorigen Sudes und der Leimkern eingebracht und gelöst, wonach man den Kern klar siedet und nach mehrstündiger Ruhe die Unterlauge entfernt. Diese enthält stets freies Alkali und muß deshalb ausgestochen werden. Am besten verwendet man dazu Harz oder Olein und verarbeite den erhaltenen Kern zu einer Harzkernseife oder dergleichen.

Zu dem Kern kommt nun soviel Wasser oder schwache 3 bis 5grädige Lauge, bis er flüssig geworden ist, wonach man die für das Cocosöl nötige Lauge in der Stärke von 38° Bé. sowie das Cocosöl einfließen läßt und in Verband bringt. Der Seifenleim darf nun keine Kernklümpchen mehr enthalten und muß 2 bis 3 Stunden durchsieden gelassen werden, wonach man wiederum mit angefeuchtetem Salz trennt und den Kern nochmals klarsiedet. Beim Aussalzen muß, wie bereits oben bemerkt, darauf geachtet werden, daß die Seife nicht zuviel Salz bekommt, im Gegenteil schadet es nichts, wenn die Salzlaugen nicht ganz klar sind, da sie sich ja beim Klarsieden noch ganz bedeutend klären. Beide Salzlaugen können entweder zum Vorsieden geringer Grundseifen dienen oder werden, wie bereits gesagt, für Haushaltseifen verwertet. Ein größerer Salzüberschuß beim Trennen der Grundseife — hauptsächlich gilt dies für die zweite Operation — hat große Übelstände zur Folge und führt zu mangelhaften Fabrikaten. Sobald das zweite Klarsieden beendet ist, die Masse nicht mehr steigt und mehr oder weniger weißen Schaum auf der Oberfläche ausgeworfen hat, wird sie am besten über Nacht der Ruhe überlassen und am andern Morgen die Unterlauge entfernt.

Sind unreine starkriechende Fettstoffe mit verarbeitet worden (was aber gar nicht vorkommen sollte!!), so empfiehlt es sich, die Operation nochmals zu wiederholen, d. h. den Kern wieder zu verleimen und auszusalzen, denn nur durch eine solche wiederholte Auswaschung gelingt es, auch aus minderwertigen Fettstoffen helle und geruchfreie Grundseifen zu erhalten.

Es folgt nun die wichtigste Operation, das Endausschleifen. Man sprengt nach und nach soviel heißes 3grädiges Salzwasser über den Kern, bis die Seife genügend flüssig geworden ist. Das Ausschleifen braucht nicht soweit wie bei den Kernseifen auf Leimniederschlag, d. h.

bis zum Flattern der Seife beim Werfen mit dem Spatel und schwachen
Nässen bei der Fingerdruckprobe, zu gehen, wenn es auch kein Schaden
ist, sondern es genügt, wenn die Seife die erforderliche Neigung zum
Absetzen der starkleimigen Lauge zeigt. Am sichersten ist es, die goldene
Mitte einzuhalten und eher etwas zuviel als zu wenig auszuschleifen;
man erhält dadurch allerdings mehr Leim, aber die Seifen werden schön
und lassen sich tadellos pilieren. Dagegen bereitet eine zu wenig aus-
geschliffene Seife, die zu viel Salz enthält, bei der späteren Verarbeitung
eine Menge unnötiger Arbeit und Verdruß durch ihre Sprödigkeit und
Schuppenbildung sowie durch Zerbröckeln und Auseinanderfallen beim
Waschen, ganz besonders dann, wenn die Späne beim späteren Trocknen
nicht sachgemäß behandelt und teilweise übertrocknet wurden.

Um auf die Abrichtung nochmals zurückzukommen, so muß diese
bei jeder Operation geprüft werden und besonders vor dem Endausschleifen ist diese Prüfung mit großer Sorgfalt auszuführen, indem die
erkaltete Spatelprobe beim Betropfen mit Phenolphthaleinlösung eine
schwache Rötung zeigen muß. Eine kräftige Abrichtung ist am Schluß
entschieden zu vermeiden und ein geringer Alkaliüberschuß genügt
vollständig, um die Seife vor dem Ranzigwerden zu schützen, und man
wird die Beobachtung machen, daß dieser kleine Alkaliüberschuß nach
dem Absetzen des Leimes in der fertigen Seife nicht mehr nachzuweisen,
also in den Leim gegangen ist. Sollte die Seife bei der Formung noch
eine schwache Rotfärbung mit Phenolphthaleinlösung geben, so verschwindet dieser schwache Alkaliüberschuß nach kurzem Lagern oder
beim Trocknen der Seife.

Die vielfach geäußerte Behauptung, daß das im Ansatz befindliche
Cocosöl gleich mit dem ganzen Ansatz auf dem ersten Wasser verseift
werden muß, ist unzutreffend und es genügt, die Verseifung auf dem
letzten Wasser vorzunehmen, da Cocosöl sich mit starken Laugen rasch
und vollständig verseift, so daß spätere Störungen oder Mängel an der
fertigen Grundseife ganz ausgeschlossen sind. Im Gegenteil wird dadurch,
daß das Cocosöl mit dem ganzen Ansatz auf dem ersten Wasser verseift
wird, die Trennung des Seifenleimes erschwert, da sich, wie bekannt,
ein Cocosseifenleim nur sehr schwer vollständig aussalzen läßt, so daß
leicht zu viel Salz in die Seife gelangt oder bei ungenügendem Aussalzen
die Salzlauge leimig bleibt.

Sobald die Endausschleifung beendet ist, bleibt die Seife bei kleineren
Ansätzen mindestens 24 Stunden, bei größeren 36 Stunden im gut-
bedeckten Kessel zum Absetzen stehen und wird dann in geeignete
Formen aus Eisen oder Holz gebracht, woselbst sie erkaltet.

Die sekunda Grundseifen werden auf dieselbe Weise gearbeitet,
d. h. je nach Art des Ansatzes auf 2 bis 3 Wassern gesotten. Wenn Harz
mitverarbeitet wird, so wird dieses ebenfalls mit vorgesotten, um eine
möglichst helle, geruchfreie Seife zu erzielen. Auch diese Seifen dürfen
auf dem Lager nicht schwitzen oder beschlagen und sollen ebenfalls
vollkommen neutral sein. Solche sekunda Grundseifen werden oft mit
der prima Sorte zusammen verarbeitet, sie müssen also betreffs Haltbarkeit auf derselben Stufe stehen.

Das Pilieren der Toiletteseifen.

Die pilierten, d. h. die gekneteten Toiletteseifen sind ganz ungemein in Aufnahme gekommen und haben die früher so gangbaren Sorten, wie Glycerin-, Mandel- und Cocosseifen in den Hintergrund gedrängt. Es rührt das vor allen Dingen daher, daß die pilierten, als Fettseifen bekannten Sorten von bedeutend besserer Qualität sind als die vorgenannten Arten, schon in Anbetracht ihrer Bestandteile. Eine reine Grundseife bildet die Grundlage dieser Seifen und eine solche Ware ist verschiedenen Umständen lange nicht in dem Maße ausgesetzt, wie die auf kaltem Wege hergestellten Seifen, so z. B. dem Ranzigwerden, dem Eintrocknen, dem Beschlagen, natürlich immer vorausgesetzt, daß nur beste Grundseife Verwendung findet.

Die Grundseife wird zur Piliermaschine, d. h. zur Walzenmühle gebracht, nachdem sie in geeigneter Weise zu dieser Arbeit vorbereitet, d. h. getrocknet ist, mit anderen Worten, nach dem Verlassen der Trockenvorrichtung. Die getrockneten Späne werden in bestimmten Quantitäten abgewogen — jedenfalls nicht mehr, als der Trichter der jeweiligen Mühle bequem fassen kann (50 bis 80 kg) — und in diese hineingegeben; sodann zieht man das den Trichter von den Walzen trennende Schiebebrett heraus, nachdem man die Maschine hat anlaufen lassen. Die Seife kommt so auf die Walzen und wird von diesen durchgearbeitet, bis man die Messer an den Walzen festzieht und nach Einsetzen des Schiebers in den Trichter und Abschluß desselben gegen die Walzen die Seife in den Trichter oder in einen untergestellten Kasten — je nach Anlage der Maschine — laufen läßt. Alsdann gibt man die bereits gehaltene Farbe in die Seifenspäne, die sich in Nudelform im Trichter befinden, und läßt wieder bis zur völligen Gleichmäßigkeit und guter Farbenverteilung die Maschine weiterarbeiten. Sehr praktisch ist es auch, die Seifenspäne in einer Mischmaschine zu färben und die gefärbten Späne dann auf die Mühle zu bringen. In der Mischmaschine auch bereits das Parfum unterzumengen ist weniger zu empfehlen[1], da dabei zuviel davon verdunstet. Auf der Piliermaschine mischt man dann das Parfum unter die gefärbte Seifenmasse und läßt die Seife, nachdem man sie mit dem Parfum tüchtig durchgemischt hat, noch zweimal die Walzen passieren. Das genügt vollständig, wenigstens in den meisten Fällen, und das Parfum verflüchtigt sich nicht unnötigerweise. Denn, wenn man das Parfum bereits zu Anfang der Arbeit hinzufügt, verfliegt von dem Duft ein großer Teil; denn die Seife erwärmt sich während des Pilierens und das Parfum verdunstet unverwertet. Manche Parfumeure geben auch das Parfum zusammen mit der Farbe hinzu, allein das ist erstens unseres Erachtens zu früh, denn das Parfum muß mit der Seife unnötig oft die Walzen passieren, und dann kann sich auch sehr leicht nach dem Färben bzw. während des-

---

[1] Diese Ansicht Manns hat sich als unbegründet erwiesen. Heute mischt man stets die Seifenspäne mit Farbe und Parfum in der Mischmaschine vor (eventuell in einer Knetmaschine) und gibt dann erst auf die Walzen der Piliermaschine.

selben ein Farb- oder anderer Fehler an der Ware herausstellen, der eine Wegnahme der Seife nötig macht, so daß dann das Parfum verloren wäre. Zum Färben der pilierten Seifen finden jetzt größtenteils gelöste Anilinfarben Verwendung. Die Erdfarben geben meist zu stumpfe Töne und manche Sorten sind auch nicht immer rein.

Bei den gelösten Farben muß man vor allen Dingen darauf achten, daß sie tatsächlich vollständig gelöst sind und sich nicht noch kleine Pünktchen in ungelöstem Zustande vorfinden. Zu diesem Behufe filtriert man die Farbe: denn die kleinen Pünktchen lösen sich in der Seife auf und bilden Sternchen und Flecken, die dann die Ware unansehnlich und unverkäuflich machen.

Des weiteren ist unbedingt darauf zu achten, daß die Grundseife nicht zu trocken und nicht zu feucht ist. Sollte jedoch der erstere Fehler mit unterlaufen sein, dann ist es unter allen Umständen zu verwerfen, wenn einfach Wasser zu der Seife hinzugefügt wird, denn im späteren Verlaufe der Arbeit sowie beim Lagern der Ware rächt sich das bitter. Es entstehen gewöhnlich beim Pilieren noch Schuppen, manchmal sogar Blasen, und auf Lager bekommt die Seife Wasserflecke mit hellen Rändern und beschlägt leicht bei Witterungsumschlag. Man nehme daher lieber etwas ganz frische Grundseife hinzu, denn in dieser ist die Feuchtigkeit doch wenigstens gebunden. Zu feuchte Seife färbt sich nicht schön und tritt aus der Peloteuse mit stumpfem Aussehen und ganz ohne jeden Glanz hervor.

Hat die Seife in bester Beschaffenheit in bezug auf Farbe, Parfum und Wassergehalt die Piliermaschine verlassen, dann wirft man sie in dem Unterstandskasten nochmals tüchtig durcheinander und bringt sie in die Ballmaschine (Peloteuse). An dieser hat man inzwischen das Austrittsrohr angewärmt, was bei den verschiedenen Systemen verschieden geschieht. Das Anwärmen mit Gas ist sehr angenehm und geht schnell vor sich. Eine andere Art der Vorwärmung ist die mit Dampf oder mit heißem Wasser; es muß nur gut aufgepaßt werden, dann sind diese beiden Arten sehr empfehlenswert.

Die Seife kommt nun in den Trichter, der über der endlosen Schnecke der Maschine angebracht ist, wird von dieser gefaßt und gegen ein in der Mitte vor dem abnehmbaren Kopfe angebrachtes, durchlöchertes Scheibenstück gedrückt, welches sie alsbald passiert, um allmählich gegen die am Ausgange des vorgewärmten Rohres oder Kopfes ein geschraubte Platte gepreßt zu werden, welche nur in ihrem Mittelpunkte ein kleines Loch hat, durch welches die fest gegen die Platte von rück-wärts gepreßte Seife in Größe und Form des kleinen Loches austritt. Auf diese Art läßt man die Seife eine kleine Weile austreten, bis sie hinter der Platte fest zusammengetrieben ist, stellt dann die Maschine still und nimmt die Platte heraus. Darauf setzt man ein sogenanntes Mundstück ein, welches aus einer Stahlplatte besteht und die Form der herauszutreibenden Seifenstange hat. Diese Öffnung ist konisch zugefeilt und wird mit der gefeilten Seite nach innen eingesetzt. Es richtet sich nun ganz darnach, in was für eine Seifenform und Fasson die hier zu erzeugende Seife gepreßt werden soll, d. h. ob die zum Verkauf fertigen Stücke vierkantig, oval, rund usw. sein sollen. Darnach sind die Mundstücke zu nehmen.

Die Seife tritt nun als Stange aus der Maschine heraus. Zuerst sieht sie noch nicht vielversprechend aus, biegt sich seitwärts usw., doch muß man sie einfach in ihrem momentanen Zustande gewähren lassen und über die vorgelegten Rollen leiten. Diese Rollen stellt man vor dem Kopfe der Maschine direkt und in gleicher Höhe mit dem Austrittsloche auf, so daß die hervortretende Seifenstange sofort eine geeignete Unterlage hat, auf der sie sich nicht abscheuert, wozu man über den Rollen ein Tuch ohne Ende anbringt, welches bei der Bewegung der Rollen durch die austretende Seife mit in Zirkulation gesetzt wird. Die Rollen verteilen sich gewöhnlich auf ein Gestell von 1 bis 1½ m Länge, bei einer eigenen Länge von 10 bis 15 cm. Die sich hierauf fortbewegende Seife wird von Minute zu Minute von besserem Aussehen und wenn man sie bis zum Ende des Rollengestelles gleiten läßt und erst nur die übertretenden Teile abschneidet und wieder in den Trichter wirft, wird man finden, daß die Stange allmählich fest und schön, hochglänzend wird. Dies hängt nun alles von der richtigen Behandlung und Beschaffenheit der Seife ab, sowie von der kunstgerechten Bedienung der Vorwärmeanlage am Kopf der Maschine.

Zeigt sich die Seife beim Austritt aus der Peloteuse bröcklig oder unzusammenhängend, bricht die Stange des öfteren ohne Grund ab, dann ist die Seife zu trocken. Zeigt die austretende Seifenstange Schuppen oder Runen, klebt sie und kann man kein glänzendes Aussehen erhalten, dann trägt zu hohe Feuchtigkeit oder unsachgemäßes Ausschleifen der Grundseife (zu hoher Salzgehalt) die Schuld an diesen Mißständen. Anderseits zeigen sich oft eine Reihe von Blasen oder Erhöhungen am unteren Teile der Stange; diese rühren davon her, daß die Vorwärmeanlage zu große Hitze ausströmt und daher der Regulierung bedarf, ebenso ist bei Seifen von sonst richtiger Beschaffenheit das Ausbleiben des hohen Glanzes auf zu wenig Wärmeerzeugung in den Vorwärmeanlagen zurückzuführen. Entspricht die Seife allen Anforderungen und zeigt sie hohen Glanz und genügende Festigkeit, dann werden die Stangen, sobald sie die Länge des Rollengestelles oder eine sonst beliebte Länge erreicht haben, mit dem Stahldraht direkt vor dem Mundstücke abgeschnitten und harren dann ihrer weiteren Zerteilung. Auch am Ausgang der Ballmaschinen angebrachten Schneidevorrichtungen bewährten sich vorzüglich.

In der Praxis stellen sich dann noch des ferneren eine ganze Reihe von Zufällen ein, die eben ausprobiert sein wollen und die man nicht weiter beschreiben kann. Manche sind ganz verwunderlicher Natur. Hier ein Beispiel: Die bekannte Frisch-Heuseife (New mown Hay), deren Parfum sehr viel Cumarin enthält, muß mit einem viel höheren Grade von Feuchtigkeit in der Grundseife verarbeitet werden, da allem Anscheine nach das Cumarin einen größeren Teil aufnimmt. Es ist das ein Fall, der seiner genauen Erklärung noch immer bedarf.

Die auf dem beschriebenen Wege erhaltenen Seifen sind von herrlichem Aussehen und je nach der Grundseife auch von bester Qualität, und es ist daher nicht zu verwundern, daß sich diese Ware so schnell eingeführt hat, daß sie heute mehr als alle die anderen Sorten Toiletteseifen gekauft wird.

Parfumieren und Färben pilierter Seifen.

Durch die künstlichen Riechstoffe hat das Parfumieren der Seifen eine große Umwälzung erfahren. Bedeutend weniger Flüssigkeiten werden jetzt der Seifenmasse zugesetzt, als es in früheren Jahren der Fall war, ein Moment, mit dem der Parfumeur stark rechnen muß, will er nicht gar zu trockene Seifen auf seiner Piliermaschine sehen.

In fast gleichem Maße sind auch die Quantitäten der Farbstoffe verringert worden, indem es die neuen Errungenschaften der Chemie möglich gemacht haben, vom Farbstoff nur ein ganz geringes Quantum zufügen zu müssen. Die Anwendung von Erdfarben verschwindet bei der Färbung pilierter Seifen immer mehr, da hiemit meistens für den heutigen Geschmack in Frage kommende Nuancen schlecht oder gar nicht zu treffen sind. Gelb, rot und braun waren früher neben weiß und grün die beliebten Seifenfarben, und besonders ein Ziegelrot fand allgemeine Aufnahme; dieses stellte man gewöhnlich mit Zinnober und Orangekadmium her. Alle diese Farben haben anderen Platz machen müssen, besonders den schönen, modernen Anilinfarben in ihren matten Tönen.

An einem Parfumeur wird es als Kunst hochgeschätzt, wenn er imstande ist, seinen pilierten Seifen Farben zu geben, die ansprechen und dem Auge wohlgefällig sind. Auch hierin hat sich eine moderne Richtung herausgebildet, welche die matten und doch frischen Farbentöne bevorzugt. Moderne Farben sind bei Seifen folgende: Hellbraun, gelbbraun, rosa, hell- und mattgrün, ganz helles Resedagrün, hellila (für Fliederseife), sowie ein bläuliches Rosa, hell- und mattgelb. Manche von diesen Farbentönen sind, allein gesehen, bisweilen nicht immer sehr ansprechend, geben jedoch im Sortiment eine wohltuende Abwechslung. Auch die Herstellungsart der pilierten Seifen und der dazu Verwendung findenden Apparate und Maschinen hat diese Änderung in der Anwendung der Farbstoffe ermöglicht.

Zum Färben der im folgenden aufgeführten Toiletteseifen bediene man sich im allgemeinen der nachgenannten Farbstoffe bzw. Farben.

Für gelb und orange: Uranin, Anilingelb,
Chinolin, Wachsgelb,
Orange SW., Brillantorange,
Cadmiumgelb und -orange.

Für rosa: Feinrosa Nr. 114, Zartrosa Nr. 153,
Ponceaurot und Rhodamin.

Für rot: Rot Nr. 225, Feinrot Nr. 156,
Ponceau rot, Rhodamin,
Zinnoberrot Nr. 4,
Zinnober.

Für grün: Brillantgrün Nr. 125, Maigrün Nr. 133, Seifengrün.

Für lila: Eine Mischung von Ultramarin und Rhodamin.

Für braun: Umbraun, Havannabraun, Brillantbraun Nr. 170, Seifenbraun.

Die vorgenannten Farben sind aus den Fabriken von Friedrich & Carl Hessel in Nerchau bei Leipzig und von G. Siegle & Co. in Stuttgart zu beziehen, doch sind noch eine große Anzahl anderer vorzüglicher Seifenfarben anderer Firmen am Markt.

Über die Anwendung der Riechstoffe in der Toiletteseifenfabrikation.

Es sei zunächst darauf hingewiesen, daß man in der Toiletteseifenfabrikation zur Parfumierung der Seifen die künstlichen Riechstoffe nicht gerade so verwenden kann wie die etwa entsprechenden natürlichen, oder wie die ätherischen Öle. Dies soll besonders gesagt sein für diejenigen Siedemeister, welche Seifen auf halbwarmem oder kaltem Wege herstellen und mit künstlichen Riechstoffen parfumieren wollen, hier hat nur eine beschränkte Zahl der künstlichen Riechstoffe genügende Widerstandskraft gegen das Alkali. Auch die erhöhte Temperatur wirkt schädigend auf viele Riechstoffe.

Parfumiert man die oben genannten Seifenarten mit künstlichen Riechstoffen, dann verändern sich diese oftmals so vollständig unter der Einwirkung der Ätzalkalien, daß von dem Geruch absolut nichts mehr, manchmal nur eine verschwindende Nuance übrig bleibt.

Die meisten künstlichen Riechstoffe werden in großem Maße nur zur Parfumierung pilierter Seifen herangezogen. Hiebei handelt es sich um völlig neutrale Seifen und die Verarbeitung bringt einen nicht in Frage kommenden Erwärmungsgrad hervor, der keinen Einfluß auf die künstlichen Riechstoffe hat. Es wird mit ihnen in der gleichen Weise verfahren wie mit den ätherischen Ölen oder natürlichen Riechstoffen, indem sie zur Parfumierung der Seifenmasse einfach mechanisch unter diese gemengt werden. Die festen — kristallinischen — Riechstoffe löst man vorher in den in der Vorschrift vorkommenden ätherischen Ölen oder wenn das nicht angängig sein sollte, in etwas Alkohol, den man, um recht wenig davon zur Lösung zu benötigen, ein wenig anwärmt. Man erzielt hiedurch eine feinere Verteilung des Riechstoffes in der Seifenmasse, auch wäre es unvorteilhaft, die Kristalle im ganzen, d. h. ungelöst, dem Seifenkörper zuzusetzen, weil sie bei ihrer nachträglichen Auflösung häßliche Flecken in der Seife erzeugen und die Ware unverkäuflich machen.

Ganz besonders ist immer wieder versucht worden, eine Cocos-Veilchenseife auf warmem oder kaltem Wege herzustellen unter Anwendung von chemisch reinem Jonon oder anderen ähnlichen synthetischen Veilchenriechstoffen. Derartige Versuche schlagen völlig fehl, denn diese Veilchenriechstoffe widerstehen dem Alkali nicht. Man verwende Iriswurzelpulver und Perubalsam, auch Orangenschalenpulver und Bergamottöl usw. und man wird damit bessere Erfolge erzielen. Auch müssen alle diese Veilchenseifen braun gefärbt werden, schon um die dunkeln Flecken zu verdecken, die durch die Einwirkung des Alkalis auf das Veilchenwurzelpulver entstehen und die fertige Ware sonst unschön erscheinen lassen würden.

Sehr gut verwendbar zu kaltgerührten bzw. halbwarmen Veilchenseifen (Glycerinseifen usw.) ist aber das rohe technische Jonon, das jetzt im Handel unter Bezeichnung Jonon II für Seifen anzutreffen ist.

Auch gute Jononrückstände sind hier verwendbar.

Es kann dem Parfumeur gar leicht passieren, daß die pilierten Toiletteseifen sich am Lager sowohl in Geruch als auch in Farbe verändern, wenn er über die Wirkung der ätherischen Öle sowie der natürlichen und künstlichen Riechstoffe im einzelnen ungenügend unterrichtet ist. Allerdings ist das sogenannte „Umschlagen" einer Fettseife auf dem Lager in den wenigsten Fällen in der Parfumierung zu suchen, sondern viel häufiger in der Seife selbst.

Hiezu bemerken wir in der Neubearbeitung folgendes: In den glücklicheren Zeiten Manns gab es noch keine Chemiker, die behauptet hätten, daß das Parfum die Seife ranzig mache.

In unserer Zeit ist dies anders. Heute behaupten viele Chemiker, daß gewisse Riechstoffe, vor allem das böse Citronenöl und andere terpenreiche Öle die beste Seife ranzig machen und dehnen ihre Beobachtungen auf eine ganze Reihe von Parfums aus, die sie ebenfalls als ranziditätserregend bzw. fördernd hinzustellen versuchen.

Es muß aber den erfahrenen Praktiker recht sonderbar anmuten, daß uns diese Behauptungen lehren wollen, daß Riechstoffe, die fast alltägliche Verwendung finden und dies mit dem besten Erfolg, also altbewährte Riechstoffe jetzt unverwendbar seien, weil sie die Seife ranzig machten. Auch früher war es eine beliebte Ausrede, für vorgekommene Mängel beim Sieden das Parfum verantwortlich machen zu wollen, nur hatten diejenigen, die solche Ausreden versuchten, eine ebenso herbe Zurückweisung seitens wirklich erfahrener Fachleute zu gewärtigen, die heute aufzubringen sein muß, um solche Übergriffe grauester Theorie zurückzuweisen.

Es liegt doch auf der Hand, daß, in Anbetracht der notorischen und vielleicht nur über wenig praktische Erfahrung verfügenden Chemikern unbekannten Tatsache, früher solch häufige Anstände speziell betreffs Ranzigwerden der Toiletteseife gänzlich unbekannt waren, bzw. das Ranzigwerden zu den seltenen Mißständen gehörte, die man damals durch energischen Eingriff in der Siederei restlos behob. Wenn nun heutzutage das Ranzigwerden der Toiletteseifen tatsächlich an der Tagesordnung ist, so müssen dafür ganz andere Gründe maßgebend sein als die Parfumierung, die man aber zum Sündenbock machen möchte. Sicher kann ungeeignete Zusammenstellung der Riechstoffe in der Seife einen unangenehmen Geruch geben, der aber mit Ranzidität nichts zu tun hat, ebenso können verunreinigte „billige" Riechstoffe und 100%ige Verunreinigungen solcher, die man sich heute nicht scheut anzuwenden, hier viel Unheil stiften, aber es kann in einer gut gesottenen, absolut einwandfrei bereiteten Grundseife kein Riechstoff Ranzidität hervorrufen, hier sind immer andere Faktoren verantwortlich zu machen. Am allerwenigsten kann aber ein früher immer ohne jeden Nachteil verwendeter Riechstoff heute plötzlich zum „Ranziditätserreger" geworden sein, wenn ja, so möge man es dem Praktiker praktisch, nicht durch Theorien beweisen!

Da es jedoch von allgemeinem Interesse ist, die Wirkung der einzelnen Riechstoffe auf die Seife, ihre Haltbarkeit, wie auch ihren Einfluß auf die Farbe der Seife kennenzulernen, ist im folgenden eine Tabelle zusammengestellt, welche das nach besonders für diesen Zweck angestellten Versuchen veranschaulicht.

Die verschiedenen ätherischen Öle und Riechstoffe wurden stets einzeln für sich einer neutralen, weißen Grundseife zugesetzt und zeigten nach einem Lager von 6 Monaten die folgenden Momente in bezug auf Geruch und Farbe:

Bevor wir die Mannsche Tabelle bringen, wollen wir nicht unterlassen, einige Bemerkungen prinzipieller Art betreffend den relativen Wert solcher persönlicher Beobachtungen vorauszuschicken.

Praktisch gesprochen können solche Beobachtungen über das Verhalten eines einzigen Riechstoffes in einer Seife nur einen gewissen Wert haben als Hinweise, aber keinesfalls dürfen sie Anspruch darauf erheben — auch nur einigermaßen — als absolute Werte aufgefaßt zu werden.

Praktisch wird man niemals einen einzigen Riechstoff allein verwenden und wissen wir heute genügend von der Komplexwirkung von Riechstoffgemischen, um uns Rechenschaft darüber zu geben, daß ein gegebener Bestandteil sich in einem harmonisch-komplexen Gemisch ganz anders verhalten wird als bei einer — rein hypothetischen — isolierten Anwendung.

Außerdem kann eine Beobachtung in irgend einer Seife keinen Anspruch darauf erheben als für die Seife maßgebend aufgefaßt zu werden, ganz abgesehen von den oft großen Qualitätsunterschieden der Riechstoffe, die ebenfalls auf den Geruchseffekt einen großen Einfluß ausübt.

Wir haben also noch keinen Standardbegriff für Seife, ebensowenig für eine beliebige Qualität eines Riechstoffes, bei dem die Handelsbezeichnung sehr oft nichts besagt.

Also ebenso wie auch der beste Riechstoff in mangelhafter Seife nicht gut wirken kann, kann auch ein mangelhafter Riechstoff in der besten Seife keine guten Resultate geben.

In diesem Sinne wollen wir die Beobachtungen Manns und anderer Autoren, die diesbezügliche Veröffentlichungen gemacht haben, aufgefaßt wissen, ebenso auch unsere persönlichen Eindrücke, die wir, betreffend einige künstliche Riechstoffe, der Tabelle Manns anschließen.

Name	Geruch	Farbe
Amanthol	gut	gut
Ambrettol	sehr kräftig	gut
Amylacetat	schwach	gut
Anethol	feiner	gut
Aspic (Spiköl)	schwächer	grau
Aubépine	sehr gut	gut
Benzaldehyd	schwach	gut
Benzoe	schwach	schlecht
Bergamottöl	gut	gut
Bittermandelöl	schwach	gut
Bourbonal	gut	leicht bräunlich
Canangaöl	gut	gut
Carven	gut	gelblich
Cassiaöl	gut	gelblich
Cedernholzöl	schwach	gut
Citral	gut	gut
Citronellöl	gut	gelblich und fleckig
Citronenöl	gut	gut
Corianderöl	schwach	gut
Cumarin	gut	leicht gelblich
Eucalyptusöl	gut	gut
Eugenol	gut	gelblich
Fenal	sehr gut	gut
Fenchelöl	schwächer	gut
Fichtennadelöl	gut	gut
Geraniol	schwach	gut
Geraniumöl, Bourbon	sehr gut	gelblich
Geraniumöl, Palmarosa	gut	gut
Gingergrasöl	gut	gut
Heliotropin	sehr gut	gelblich
Hyacinthin	schwächer	gelblich
Irisöl, flüssig	sehr schwach	gut
Irisöl, konkret	gut	dunkel
Iristinktur	ganz verändert und schlecht	gut
Isoeugenol	gut	gut
Isosafrol	gut	gut
Jasminöl	schwächer	gelblich
Jonon	gut	gut
Krauseminzöl	sehr gut	gut
Kümmelöl	schwach	gelblich
Kuromojiöl	gut	gut
Lavendelöl	gut	gelblich und leichte Flecken
Lemongrasöl	gut	leicht gelblich
Linaloeöl	gut	gut
Macisöl	gut	gut
Mirbanöl	gut	gelblich
Moschus, echt	schwächer, aber fein	gut
Moschus, künstlich	sehr gut	leicht gelblich
Nelkenöl	gut	grau
Neroliöl, künstlich	sehr gut	gelblich
Nerolin (Bromelia)	gut	gelblich
Niobeöl	sehr gut	gelblich
Opoponaxöl	schwach	gut
Patchuliöl	gut	gut

Name	Geruch	Farbe
Perubalsam	gut	grau
Petitgrainöl	gut	gelblich
Pfefferminzöl	gut	gut
Portugalöl	sehr schwach und verändert	gelblich
Reuniol	schwächer	gelblich
Rosenöl, echt	gut	gut
Rosenöl, künstlich	gut	gut
Rosenholzöl	gut	gut
Rosmarinöl	gut	gut
Salicylsäure-Amylester (Trèfle)	sehr gut	gut
Sandelholzöl, ostind.	sehr gut	gut
Sassafrasöl	gut	gut
Safrol	gut	gut
Sternanisöl	gut	gut
Styrax	gut	leicht grau
Terpineol	gut	gut
Thymen	gut	gut
Thymianöl	gut	gut
Tolubalsam	sehr gut	bräunlich
Vanillin	sehr gut	braun
Verbenaöl	gut	gelblich
Vetiveröl	gut	grau
Wintergrünöl	sehr gut	gut
Ylang-Ylangöl	schwach	gut
Ylang-Ylangöl, künstlich	schwach	gut
Yara-Yara	sehr stark	gut
Zibet, echt	gut	gut
Zibet, künstlich	etwas verloren	gut
Zimtöl, Ceylon	gut	gelblich

(Die Quantitäten wurden so gewählt, daß der Geruch der einzelnen Riechstoffe bei der frischen Seife genügend kräftig zum Ausdruck kam.)

Dieser Tabelle fügen wir noch folgenden Nachtrag über einige moderne künstliche Riechstoffe an, die zu **Manns** Zeiten weniger bekannt waren.

(Konventionelle Angaben aus der Literatur über hypothetische Einzelverwendung von Riechstoffen.)

Benzylalkohol, Phenyläthylalkohol, Zimtalkohol, ganz vorzüglich haltbarer guter Geruch, färben nicht.

Benzylacetat, sehr gut im Geruch, um dauernd haltbar zu sein, gut zu fixieren. Färbt nicht.

Geraniol, Citronellol, Linalool, ganz vorzüglich haltbar im Geruch und färben gar nicht.

Zimtaldehyd, gut haltbarer Geruch, färbt bräunlich.

Acetophenon und **Methylacetophenon,** vorzüglich im Geruch, haltbar, färben nicht.

Methylanthranilat, ausgezeichnet und kräftig im Geruch, sehr gut haltbar. Verfärbt oft, aber nicht immer, gelblich. In kleinen Mengen gar nicht färbend.

Eugenol, gut im Geruch, haltbar. Verfärbt mit grauen Tönen.

Isoeugenol, sehr gut im Geruch, haltbar, färbt nur schwach.

Bromstyrol, vorzüglich in Geruch und Haltbarkeit, färbt nicht.

Phenylacetaldehyd, recht gut in Geruch und Haltbarkeit, färbt gelblich.

Hieraus ist ersichtlich, daß viele Riechstoffe besonders auf die Färbung der damit parfumierten Seifen von großem Einfluß sind; anderseits auch wieder, daß gewisse Riechstoffe allein verwendet ein wenig günstiges Resultat ergeben, während sie mit andern zusammen bekanntermaßen von überraschender Wirkung sind. Des weiteren ersieht man leicht daraus, welche ätherischen Öle usw. man zur Parfumierung weißer Seifen heranziehen kann. Hier muß z. B. bedacht werden, daß das viel verwendete Lavendelöl, besonders wenn es ganz allein angewendet wird, die Seife nicht rein weiß läßt.

Geben auch die einzeln verwendeten Riechstoffe oftmals nicht die erwünschten Effekte, so werden diese doch um so mehr durch sachgemäße Vereinigung verschiedener Stoffe erzielt, und hier liegt gerade das Gebiet für die Entfaltung der Kenntnisse und der Kunst des Parfumeurs (Komplex-Wirkung).

Zum Parfumieren mit sogenannten Fruchtäthern ist nicht zu raten. Es ist nicht ratsam, mit diesen Stoffen zu parfumieren, denn nach den gemachten eingehenden Versuchen verflüchtigen sich die meisten Fruchtäther sehr schnell und lassen in der Seife einen dumpfen, muffigen Geruch zurück, der diese nichts weniger als angenehm parfumiert erscheinen läßt.

Ist es praktisch, Seifenparfums vorrätig zu halten?

Über diese Frage gehen die Ansichten sehr weit auseinander. Während manche Parfumeure entschieden dagegen sind, finden wir wieder eine ganze Reihe von Fachmännern, die vor allen Dingen der durch Vorrat bedingten Bequemlichkeit und Zeitersparnis das Wort reden. Auf den ersten Blick sollte man meinen, daß die ganze Sache nicht von so großer Wichtigkeit wäre; allein dem ist keineswegs so, die Frage ist vielmehr weit einschneidender.

Ganz besonders im Exportgeschäft wird als erster Faktor für ein gedeihliches Geschäft verlangt werden müssen, daß alle Waren einmal wie das andere Mal ausfallen, denn sonst setzt man sich Reklamationen ohne Ende aus, und diese bedeuten für den Fabrikanten fast immer einen Verlust, so daß ihm schließlich die Freude am Geschäft verlorengeht.

Setzt sich ein Seifenparfum nur aus ätherischen Ölen zusammen, dann ist gegen das Vorrätighalten desselben in den seltensten Fällen etwas einzuwenden. Anders wird jedoch die Sache, sobald Körper in dem Parfum enthalten sind, die in ihm in Lösung gehalten werden. In diesem Fall kommt es sehr häufig vor, daß die Seifenparfums sich sowohl im Geruch, als auch in der Farbe ungünstig verändern. Das trifft besonders bei Seifenparfums zu, die künstlichen Moschus, Heliotropin, Vanillin, Cumarin usw. in größeren Quanten in Lösung enthalten. Die in der Farbe auf dem Lager dunkler gewordenen Parfums übertragen die dunkle Farbe naturgemäß auf die damit parfumierte Seife, wie auch aus der vorstehenden Tabelle hervorgeht. Nun kommt außerdem noch dazu, daß die verschiedenartige Herstellung dieser einzelnen Produkte sowie das verschiedenartige Ausgangsmaterial von wesentlichem Einfluß auf deren Einwirkung auf das Lösungsmaterial sind. Könnte man sich immer auf die Angaben der jeweiligen Lieferanten verlassen, dann wäre dem Parfumeur in vielen Fällen geholfen, denn dann hätte er nach eingehendem Studium seiner Produkte doch immerhin die Möglichkeit, sich stets darnach richten zu können. So aber muß man den gegebenen Verhältnissen Rechnung tragen und sich zu helfen suchen, so gut es eben geht.

Um nun gerade ein Beispiel herauszugreifen, wie wenig empfehlenswert das Vorrätighalten von Seifenparfums ist, betrachte man einmal ein Parfum z. B. für eine Heliotropseife. Zunächst muß das Heliotropin in den ätherischen Ölen gelöst werden. Das Quantum ist in den meisten Fällen so groß, daß die Lösung auf gewöhnlichem Wege gar nicht zu bewerkstelligen ist und man die Mischung oder doch einen Teil derselben erwärmen muß. Es kommt dann noch das gewöhnliche Quantum von künstlichem Moschus hinzu, von dem wir annehmen wollen, daß er bereits in Cinnamein gelöst ist, was jedoch nur in verschwindend wenig Fällen so sein wird, wie denn überhaupt auf eine zweckmäßige Lösung des künstlichen Moschus in gar vielen Betrieben absolut kein Gewicht gelegt wird. Das fertige Parfum wird nun zum Teil verarbeitet, während der Rest stehen bleibt als Vorrat. Die Seife hat einen schönen Cremeton, sieht infolge der schön weißen Grundseife ganz brillant aus und verkauft sich sehr flott. Nach, sagen wir, drei Wochen wird mit demselben Parfum wieder eine gleiche Seife hergestellt, aus ebenso schöner Grundseife, doch sie zeigt diesmal eine schmutziggelbe Tönung, während doch die erste Seife so schön klar war. Nun zerbrechen sich die Fabrikanten in den meisten Fällen den Kopf, woher dies wohl kommen mag. Wenn sie sich dann einmal das Parfum ansehen, dann werden sie finden, daß es ganz schwarz oder doch zum mindesten dunkelbraun ist; auch dürfte sich herausstellen, daß sich ein Teil des Heliotropins wieder ausgeschieden hat. Um der Möglichkeit vorzubeugen, daß dieser Umstand einmal übersehen werden kann, ist es ratsam, die Seifenparfums in Glasflaschen zu füllen, selbst wenn man nicht die Absicht hat, sie länger aufzuheben. Blechkannen sind unter allen Umständen zu verwerfen, denn in ihnen zersetzt sich die Mehrzahl der Parfums erst recht. Es muß also in dem angeführten Falle das Parfum aufs neue erwärmt werden, was diesem durchaus schädlich ist, da es durch die fortwährende Erhitzung wesentlich an Feinheit einbüßt.

Ein weiterer Nachteil des Vorrätighaltens der Parfums ist noch der, daß sie sich in den Seifen später ganz anders entwickeln als die frischen Kompositionen und auch gar häufig dadurch den Stein des Anstoßes bilden, daß die Seife am Lager verdirbt. Es wird das dann gewöhnlich auf den Seifenkörper als solchen geschoben, allein es ist nur

zu oft schon die Beobachtung gemacht worden, daß dieser absolut
einwandfrei war und nur in dem zersetzten Parfum der Fehler lag.

Wie schon eingangs gesagt, vertragen sich die meisten ätherischen
Öle auch in der Vermischung sehr gut und verändern sich nicht oder
doch nur unwesentlich. Es ist daher gegen derartige Mischungen kaum
etwas einzuwenden. Alle Seifenparfums jedoch, die irgend welche
Kristalle von Riechstoffen in Lösung enthalten, halte man nach Möglichkeit nicht auf Vorrat, sondern verbrauche sie so schnell wie möglich.
Man erspart sich dadurch viele Unannehmlichkeiten. Es dürfte auch
wohl überall angängig sein, die nötigen Parfums stets frisch herzustellen.

Zum Schlusse nun noch einige Worte über die **Einwirkung des
Lichtes auf fertige Seifenparfums.** Es gilt hier dasselbe, was
über die Belichtung der ätherischen Öle bekannt ist, nämlich, daß man
sie möglichst dunkel aufbewahren soll. Noch mehr gilt aber diese Erfahrung von den Seifenparfums, die besonders künstlichen Moschus
enthalten, denn sie sind mehr als alle anderen der Veränderung ausgesetzt. Der künstliche Moschus zeigt je nach dem Ausgangsmaterial
sowie je nach der vollendeten Rektifizierung bei seiner Fabrikation
verschiedenartige Neigungen und Einwirkungen auf die Parfums, und
zwar besonders bei deren Belichtung. Es kann sehr leicht vorkommen,
daß sich ein Parfum im Lichte ganz unverändert erhält, während es
das andere Mal nach ganz kurzer Zeit vollständig braun wird. Blaue
Flaschen haben sich als nicht genügend lichtundurchlässig erwiesen,
während man mit braunem Glase bessere Erfahrungen gemacht hat.

Andauernde grelle Belichtung der Seife macht diese ranzig und
zerstört das Parfum vollständig.

Auf jeden Fall überlege man sich erst ganz genau, welche Parfums
man vorrätig halten will, wenn es überhaupt nicht möglich ist, anders
durchzukommen.

Parfums.

Grundlagen für Toiletteseifenparfums.

Bei der Parfumierung der Toiletteseifen sind zwei Punkte zu beachten, erstens, ob es sich darum handelt, bestimmte, ausgesprochene
Gerüche und Blumendüfte herzustellen, oder ob die Parfumierung als
Phantasiegeruch oder „Bouquet" auszuführen ist. Im ersteren Falle sind
die Grundlagen des öfteren durch die Geruchsbezeichnung gegeben oder
man wird vielmehr durch diese auf ganz bestimmte Grundstoffe verwiesen. Anders ist es bei den Phantasiegerüchen, den Kompositionen,
welche in der Toiletteseifenparfumierung bei weitem die Mehrzahl
bilden. Hier kann der Parfumeur seine Kunst zeigen in mannigfacher
Zusammenstellung von Riechstoffen, aufgebaut auf passenden Grundlagen.

Für feine und mittelfeine Toiletteseifen in Blumengerüchen sind
vor allen Dingen die folgenden ausgesprochenen Blumengerüche in Anwendung: Veilchen, Rose, Maiglöckchen, Garten- oder Prachtnelke,

Heliotrop, Flieder, Patchuli, Hyacinthe, Jasmin, Heuduft, Reseda, Sweet Pea, Sandel, Trèfle (Kleeblüte), Orangenblüte, Mandel, Goldlack, Speik, Ylang-Ylang.

Wenn wir nun die zur Parfumierung verwendbaren Stoffe ansehen, dann sind nur in den wenigen Blumenseifen, wie Veilchen, Rose, Geranium, Patchuli, Sandel, Speik und Ylang-Ylang im günstigsten Falle solche Riechstoffe vorhanden, die mit der Blume oder Pflanze direkt etwas zu tun haben oder in der Tat Naturprodukt sind; und selbst dann müssen wir bei Veilchen die Iriswurzel in Verbindung damit bringen, denn von dem Veilchen, wie wir es hier in unserer Heimat kennen, von dem lieblichen, schüchternen Blümchen, ist für die Parfumerie absolut gar nichts verwendbar. Rosen-, Geranium-, Patchuli-, Spik-, Sandelholz- und Ylang-Ylangöl, das sind die Naturprodukte, welche zur Seifenparfumierung für Blumenseifen mit ausgesprochenem Blumendufte herangezogen werden können, wobei das erste und das letztgenannte Öl zu teuer sind, um allein der Parfumierung zu dienen. Als effektive Grundlagen können nur Spik-, Sandelholz-, Geranium- und Patchuliöl dienen. Alle die anderen Blumengerüche setzen sich aus Kompositionen zusammen, bei denen gegebenen Falles jedesmal etwas mehr oder weniger die Phantasie und der „Aufdruck" nachhelfen muß.

Für die Gerüche Heliotrop, Flieder, Hyacinthe, Jasmin, Heu, Sweet Pea, Trèfle, Goldlack, Orangenblüte und Mandel stehen uns des weiteren so hervorragend gute künstliche Riechstoffe zur Verfügung, wie sie der Natur kaum besser abgelauscht sein könnten.

Welches wären nun z. B. die Grundlagen bzw. Grundstoffe, auf denen man die Parfums für Blumenseifen aufbauen könnte?

Zur Beantwortung dieser Frage wollen wir die einzelnen Gerüche nacheinander aufführen.

Geruch	Grundlage	
Flieder	Terpineol; Heliotropin	
Goldlack	Résinoide Iris; Neroliöl, künstlich	
Heliotrop	Résinoide Iris; Heliotropin	
Heu	Cumarin oder Mellilone; flüssiger Storax	
Hyacinthe	Hyacinthenöl, künstlich; Heliotropin	
Jasmin	Benzylacetat; Heliotropin	
Maiglöckchen	Linalool rosé; Terpineol; Maiglöckchenblütenöl	
Mandel	Bittermandelöl, künstlich	
Orange	Neroliöl, künstlich	
Patchuli	Patchuliöl; Patchuli-Résinoide	usw.
Reseda	Résinoide Iris; Basilicumöl	
Rose	Rosenöl; Geraniumöl, Bourbon	
Sandel	Résinoide Santal; Sandelholzöl	
Speik	Lavendelöl; Spiköl	
Sweet Pea	Terpineol; Aubépine	
Trèfle	Amylsalicylat; Heliotropin	
Veilchen	Résinoide Iris; Irisöl, Irison, Viodoron	
Ylang-Ylang	Ylang-Ylangöl; Résinoide Iris	
Gartennelke	Nelken-Résinoide; Isoeugenol, Eugenol	

Man ersieht aus dieser Aufstellung zunächst, daß besonders die Résinoide, das sind Extraktionsprodukte aus den betreffenden Pflanzenteilen mit Petroläther, die zur Parfumierung der Seifen einen sehr wertvollen Grundstoff abgeben. Diese Résinoide sind als das völlig intakte Geruchsprinzip der aromatischen Mutterdroge anzusehen; sie enthalten ätherisches Öl und Harzteile der Droge und dienen so zugleich als Parfum und Fixierungsmittel für andere Riechstoffe.

Besonders empfehlenswert ist die Verwendung der folgenden Résinoide: Iris, Nelken, Patchuli, Sandelholz, Vetiver, Labdanum, Eichenmoos, Benzoe usw. Die Résinoide sind zwar nicht alle billiger wie die entsprechenden ätherischen Öle, allein sie leisten auch teilweise in der Seifenparfumierung mehr als jene.

Zu den Grundstoffen der Seifenparfumierung gehört dann noch im weitesten Maßstabe der künstliche Moschus. Er darf natürlich nicht immer und überall angewendet werden, da er z. B. Blumengerüchen sehr leicht an ihrer Lieblichkeit Abbruch tut. In feinen Veilchenseifen usw. verwendet man ihn daher wenig; in den Phantasiegerüchen jedoch wird er sehr viel verarbeitet und erweist sich als ein sehr dankbares Produkt.

Die Balsame und wohlriechenden Harze bzw. die entsprechenden Résinoide werden auch heute noch zu Grundlagen der Toiletteseifenparfumierung herangezogen und sind sehr wichtige Bestandteile, besonders als Fixateure.

Bei der Zusammenstellung von Phantasiegerüchen sind es auch wieder die Résinoide, welche beste Verwendung als Grundlagen finden; ferner die kristallinischen und flüssigen künstlichen Riechstoffe wie Cumarin, Aubépine, Heliotropin usw. Dann finden wir viele Toiletteseifen billigeren Genres im Handel, deren Parfum auf der Grundlage von Niobeöl aufgebaut ist, wie auch auf Yara-Yara und Nerolin, für westeuropäischen Geschmack allerdings wenig beliebten Riechstoffen, die jedoch sehr häufig die Parfumgrundlage für Exporttoiletteseifen bilden, die z. B. im Orient und in Indien sich viele Freunde und großen Konsum zu verschaffen wußten.

Eine ganz natürliche Grundlage, besonders für Veilchenseifen, bildet das Palmöl infolge seines eigenartigen Geruches. Es wird daher gerne in rohem wie auch gebleichtem Zustande zu Palmölgrundseife versotten, also einer ganz neutralen Grundseife, die den charakteristischen Geruch des Palmöles zeigt, der entfernt an Veilchengeruch erinnert. Diese Palmölgrundseife wird den einzelnen Sorten in jeweils festgesetztem Verhältnis zu den weißen Grundseifen zugesetzt, und diese werden dann in der bekannten Weise zusammen verarbeitet. Man nehme jedoch nicht zu viel von der Palmölgrundseife, denn der Geruch des Palmöles entwickelt sich häufig besonders am Lager noch stark und es kann sonst leicht passieren, daß diese Grundlage durch das Parfum durchdringt, es übertönt und so dem ganzen etwas Unangenehmes, „Kratziges" gibt, das die Ware schwer verkäuflich macht, da dieser Geruch beim Waschen stark an den Händen haften bleibt und dann unangenehm empfunden wird.

Von ätherischen Ölen sind als Grundlagen zu Phantasiegerüchen in Toiletteseifen besonders zu empfehlen und auch reichlich in Verwendung: Bergamottöl, Lavendelöl, Cassiaöl und dann vor allen Dingen Geraniumöl Bourbon. Das letztgenannte Öl eignet sich für rosenartige Gerüche und solche von mildem, blumigem Duft ganz hervorragend als Grundlage, und hierauf lassen sich in Verbindung mit künstlichen Riechstoffen die herrlichsten Kompositionen aufbauen. Das für Maiglöckchenseifen viel als Grundlage gebrauchte Linaloeöl hat sich nicht immer als solche bewährt und ist von den künstlichen Riechstoffen stark verdrängt worden, dagegen findet Sandelholzöl weit mehr Verwendung wie früher und für billigere Sorten auch Cedernholzöl, die sich beide als Grundlagen sehr bewähren.

Aus der Erkenntnis heraus, daß sich die feinen Riechstoffe, welche für die Parfumerie bei der Herstellung von Taschentuchparfums von so hohem Werte sind, nicht immer zur Parfumierung der Toiletteseifen eignen, sind viele Fabriken künstlicher Riechstoffe dazu geschritten, für die Toiletteseifenparfumierung besondere Sorten bzw. Qualitäten herzustellen, die unter der Bezeichnung ihrer speziellen Verwendung „für Seifen" angeboten werden. Diese Qualitäten sind häufig weniger rein im Geruch, dafür stärker oder vielmehr etwas nachhaltiger.

Ein früher sehr stark als Grundlage verwendetes Öl ist das Citronellöl. Noch heute findet es zu Honigseifen gute Verwendung, doch bei feinen Sorten tritt es bereits in den Hintergrund, während auch hier ein künstlicher Riechstoff, das Wachsaroma, den Vorzug erlangt. Dieses vermag in geeigneter Verbindung mit anderen Riechstoffen die pilierten Seifen in einer geradezu frappierenden Weise zu durchdringen, und man kann recht schöne Effekte erzielen. Je mehr die geringen Sorten von Toiletteseifen, z. B. die gefüllten Cocosseifen und schlechten Sorten von Glycerinseifen, vom Markte verschwinden, desto geringer wird die Verwendung des Citronellöls als Parfum für Toiletteseifen werden, und seine Stelle wird durch das Terpineol eingenommen, das bei seinem heutigen Preisstande die denkbar größte Verwendung findet und von Toiletteseifenfabriken bereits in sehr großen Posten gekauft wird.

Zu den viel gekauften Moschusseifen, die als Spezialseifen anzusehen wären, bildet der künstliche Moschus nicht etwa die Grundlage. Diese setzt sich in der Hauptsache aus Lavendel- und Cassiaöl zusammen, denen dann künstlicher Moschus zugefügt wird, welchen man in diesen Ölen durch leichtes Erwärmen auflöst. In den Toiletteseifen kommt der Moschusgeruch auf dieser Grundlage dann ganz besonders stark zum Ausdruck.

Ein als Grundlage für Seifenparfums viel angewendeter Riechstoff ist das Benzylacetat mit seinem an Jasmin stark erinnernden, angenehmen Duft. Es bedarf jedoch reichlicher Fixierungsmittel, da es sonst in den Seifen nicht recht durchzudringen vermag und ohne diese an Haltbarkeit einbüßt. Ferner findet der Anthranilsäure-Methylester viel Anklang und ist sehr verwendbar als Grundlage für Toiletteseifenkompositionen jeder Art. Auch bei rosenartigen Gerüchen ist er gut zu verwenden, doch nehme man stets nur ganz kleine Quantitäten, da sein Geruch stark durchdringt.

Noch besonders zu erwähnen ist das Bornylacetat als Grundlage für Tannenduftseifen, zusammen mit Lavendelöl und anderen passenden Riechstoffen, fixiert durch flüssigen Storax oder Resinoide.

Um alle Spezialpunkte anzuführen, dazu ist der Rahmen, in dem diese Ausführungen gehalten werden müssen, zu klein; es sei zum Schluß nur nochmals besonders darauf aufmerksam gemacht, daß sich alle die angegebenen Daten nur auf pilierte Toiletteseifen beziehen, keineswegs aber auf solche Sorten, die auf warmem, halbwarmem oder kaltem Wege hergestellt sind.

Die Verwendung künstlicher Riechstoffe zur Parfumierung von Leimseifen.

Durch die vielen guten und auch zum Teil recht preiswerten künstlichen Riechstoffe ist auch für die Parfumierung der kaltgerührten Cocosseifen eine reiche Abwechslung geschaffen worden. Ist diese Varietät der Parfumierung auch nicht so groß wie bei den pilierten Toiletteseifen, so bietet sie doch immerhin genügende Abwechslung, um vielen Wünschen gerecht zu werden. Man muß immerhin einen großen Unterschied machen zwischen der Parfumierung kaltgerührter Cocosseifen und derjenigen der pilierten Fettseifen, denn die dabei speziell in Frage kommenden Momente sind sehr schwerwiegender Natur. Bei den Cocosseifen findet bekanntlich eine Erhitzung während des Verseifungsprozesses statt, auch kommen die Riechstoffe direkt mit dem Alkali in Berührung; bei den pilierten Fettseifen, die ganz neutral sind oder es doch sein sollen und bei denen im schlimmsten Falle nur verschwindend wenig Alkaliüberschuß vorhanden ist, sind die Riechstoffe so starken Einwirkungen nicht ausgesetzt. Immerhin genügen diese bei sehr empfindlichen Stoffen bereits im Minimum, um zur Zersetzung zu führen, die dann auch sehr häufig das Verderben des Seifenkörpers in kurzer Zeit zur Folge hat. Es ist daher unbedingt wissenswert, welche Riechstoffe künstlicher Herkunft sich für die Parfumierung der Seifen besonders eignen.

Gute, reine Cocosseifen werden immer noch sehr gern gekauft, und wenn das auch vielleicht nicht mehr in dem Maße der Fall ist wie früher, so ist daran auch wohl etwas die seitherige einfache Parfumierung schuld, denn alle Käufer ziehen eine fein parfumierte Seife einer ordinär riechenden vor, es sei denn, daß besonders eine wenig oder gar nicht parfumierte Sorte gesucht werde. Auch spielen in manchen Gegenden die Wasserverhältnisse eine Rolle, da zu harte Wässer den Gebrauch von Fettseifen eben nicht zulassen. In der Parfumierung kann also heute bei Cocosseifen auch sehr Gutes und Feines geboten werden; ebenso finden wir durch Überfettung der Seifen auch einen Weg, diese für recht empfindliche Haut verwendbar zu machen. Neben dem Lanolin können wir durch Zusatz von Parfum oder auch Japanwachs ganz neutrale

Cocosseifen herstellen, die im Aussehen und in der Wirkung nur wenig hinter den pilierten Fettseifen zurückstehen.

In der Hauptsache wird aber immer noch bei der Parfumierung der einfachen Cocosseifen auf die Billigkeit des Parfums gesehen werden müssen, so daß eine ganze Reihe vorzüglicher Riechstoffe leider nicht in Frage kommen können, wenngleich ihre Ausgiebigkeit eine große ist. Anderseits würde der Parfumeur bei manchen gerade der feinsten und teuersten Riechstoffe eine arge Enttäuschung erleben, denn diese halten sich eben bei der innigen Berührung mit Alkali nicht und verändern ihren Geruch vollkommen.

Ein sehr interessanter Körper ist hier das Menthol. Einer reinen Cocosseife zugesetzt, gibt es ein sehr feines Parfum ab, das aber an alles andere, nur nicht an Menthol erinnert. Man könnte glauben, irgend einen ganz feinen Riechstoff zur Parfumierung herangezogen zu haben. Andere Riechstoffe wieder, wie z. B. Yara-Yara, die doch an sich sehr stark duften, ergeben in der Cocosseife wohl einen gleichen Duft, doch enttäuscht die Stärke ungemein.

Es seien hier nun diejenigen Riechstoffe angeführt, die sich zur Parfumierung der Cocosseifen besonders eignen.

Anisaldehyd (Aubépine) gibt einen sehr schönen, feinen Duft ab; es hält sich gut in der Seife und ist recht zu empfehlen. Man hat sogar bei pilierten Seifen oft das Gegenteil behaupten hören, doch dürfte hier das negative Resultat mehr auf eine falsche Zusammenstellung der übrigen Parfumzutaten zurückzuführen sein.

Benzaldehyd, künstlich, ist zur Genüge für die Parfumierung der besseren Mandelseifen bekannt. Je reiner, chlorfreier man die Ware nimmt, um so weniger setzt man sie dem Fleckig- oder Gelbwerden aus.

Benzoesäure-Methylester (Niobeöl) ist ebenfalls recht brauchbar. Der Geruch kommt in einer ganz angenehmen Nuance zur Geltung und man braucht nur wenig, um eine schöne Wirkung zu erzielen. Auch hält sich der Geruch gut und rein.

Benzylacetat, chlorfrei, allein anzuwenden ist nicht ratsam, wohl aber dann, wenn ihm ein guter Fixierer beigegeben ist. Im anderen Falle verflüchtigt es sich zu schnell, was übrigens auch bei Verwendung zu pilierten Seifen häufig zu bemerken ist. Mit Geraniumöl und Nelkenöl zusammen gibt es sehr hübsche Effekte.

Bornylacetat ist ganz vorzüglich für Kokosseifen zu verwenden. Es ist sehr stark und kommt ungemein fein zur Geltung. Bei Kräuterseifen bildet es eine brillante Grundlage, da es sich unbegrenzt hält.

Citronellal techn., eignet sich vorzüglich für gute Honigseifen, einen in manchen Gegenden noch immer sehr gern gekauften Artikel. Auch für andere Parfumkompositionen ist es empfehlenswert, da es diese stärker hervortreten macht.

Cumarin ist ein sehr dankbares Produkt. Es hält sich sehr gut und bringt auch in der Komposition diese gut zur Geltung. Schon kleine Quantitäten genügen.

Eugenol ist sehr gut im Geruch und auch recht gut haltbar. Es zeigt nur das Bestreben, rein weiße Seifen etwas zu verfärben und ihnen einen Ton ins Gelbliche zu verleihen. Es ist sehr zur Unterstützung anderer Riechstoffe, wie Geraniumöl usw., zu empfehlen.

Geranylacetat dürfte sich in gewissen Rosenparfums recht gute Geltung verschaffen können und ist für bessere Lilienmilchseifen in Betracht zu ziehen.

Heliotropin gibt ein feines Parfum ab, allein es enttäuscht doch auch in mancher Beziehung. Es riecht wohl fein, aber der exquisite Heliotropgeruch geht doch teilweise verloren. Auch kann man beobachten, daß hin und wieder Flecken in den Seifen erscheinen, die nur auf das Heliotropin zurückzuführen sein dürften.

Isobornylacetat ist sehr gut zu verwenden und von ihm gilt dasselbe, was von dem Bornylacetat gesagt ist.

Isobornylformiat ist auch verwendbar, nur bleibt sein Geruch in den Seifen nicht immer ganz rein erhalten. In Kompositionen ist es zu empfehlen.

Isoeugenol ist ganz vorzüglich im Geruch und hält sich auch gut. Es verfärbt aber die rein weißen Seifen etwas ins Cremefarbige, was zu beachten ist. Parfumiert man eine Seife allein mit Isoeugenol und nimmt etwas reichlich davon, so wird man bemerken, daß die Seife das Bestreben zeigt auseinander zu gehen. In kleinen Formen wird sie jedoch wieder ganz glatt, in großen aber sieht man die Einwirkung in Gestalt von Adern, die immerhin störend sind.

Isosafrol kann recht gut verwendet werden, doch ist Safrol bei Cocosseifen vorzuziehen, da ersteres sich schnell verriecht. Mit der geeigneten Unterstützung aber ist seine Verwendung empfehlenswert, da es ein angenehmes Parfum ergibt.

Jonon für Seifen II läßt sich auch für Cocosseifen gut verwenden. Sein Preis ist nicht allzu hoch und mit ziemlich geringem Zusatz kann man unter Verarbeitung von Terpineol, Moschus, künstl. usw. sehr nette Veilchenseifen herstellen, die auch nicht gar zu teuer kommen.

Linalylacetat. Cocosseifen an Stelle von Bergamottöl mit Linalylacetat parfumieren zu wollen ist nicht ratsam, da der Geruch zu wenig zum Ausdruck kommt.

Maiglöckchenblütenöl. Nur des Interesses halber sei hier noch auf diesen Artikel aufmerksam gemacht. Während er sich in pilierten Fettseifen ganz vorzüglich hält und prachtvolle Geruchseffekte damit zu erzielen sind, büßt er seinen lieblichen Duft in der Verbindung mit dem Alkali der Kokosseifen fast vollständig ein, so daß von einer Verwendung unbedingt Abstand genommen werden muß.

Moschus, künstlich, gibt ein hochfeines Aroma. Man löst ihn am besten in den weiter zur Parfumierung verwendeten Riechstoffen, wobei man auf vollständige Lösung achten muß. Es kann sonst sehr leicht vorkommen, daß sich in der Seife braune Flecken bilden. Überhaupt ist es empfehlenswert, mit künstlichem Moschus parfumierte Seifen gefärbt zu halten, am besten rehbraun. Auf alle Fälle ist der Geruchseffekt ein ganz hervorragender.

Nerolin (Bromélia) eignet sich gut zur Parfumierung von Cocosseifen. In einzelnen geeigneten Kompositionen kommt es vorzüglich zur Geltung und gibt einen kräftigen Duft bei nicht zu großem Zusatz. Im allgemeinen enttäuscht es ein klein wenig, da man mehr erwarten zu müssen glaubt.

Neroliöl, künstlich, für Seifen. Mit diesem Produkte kann man auch in Cocosseifen brillante Wirkungen erzielen, ohne daß sich die Ware zu hoch im Preise stellt. Das künstliche Neroliöl hält sich sehr gut und ist für einfache Eau de Cologneseifen zu beachten.

Safrol ist so ziemlich das Ideal der billigen Seifenparfumierung. Es hält sich unbegrenzt, ist sehr billig, dazu ungemein ausgiebig und kann mit allen möglichen andern Riechstoffen zusammen verarbeitet werden, ohne ungünstig auf diese einzuwirken. Für ganz billige Seifen wird es denn auch in mehr als reichlichem Umfange herangezogen.

Salicylsäureamylester ist der Grundstoff, aus dem alle die verschiedenen Trèflepräparate hergestellt werden. Durch geeignete Zusätze kann man damit sehr schöne Parfums erzielen.

In Verbindung mit Geraniumöl, Eugenol und Cumarin erreicht man eine hochfeine Seifenparfumierung. Ebenso in Mischungen mit Terpineol und Aubépine.

Salicylsäuremethylester (Wintergrünöl, künstlich) wird nur wenig verwendet, da sein an sich angenehmer Geruch schnell verschwindet. Wo man aber gute Zusammensetzungen trifft, da zeigt sich auch dieser Riechstoff als ganz gut verwendbar.

Terpineol wird schon infolge seiner Billigkeit in breitem Rahmen zur Parfumierung von Toiletteseifen verwendet. Es hält sich auch in den Cocosseifen ganz vorzüglich und bildet eine gute Grundlage für bessere Parfumierung; es ist sehr zu empfehlen.

Thymen ist wie Safrol sehr gut und billig zur Parfumierung ganz geringer Seifensorten. Es hält sich gut in der Seife, und man braucht auch nicht zu große Quantitäten.

Vanillin ist für Cocosseifen nicht zu empfehlen. Ist auch sein Geruch in den Seifen kein unangenehmer, so gibt es doch mit der Zeit braune Flecken in der Seife, was deren Verkauf erschwert. Selbst bei Kompositionen hat man diese Erfahrung gemacht.

Yara-Yara zeigt sich ebenfalls als ein kräftiges Parfum, doch wirkt es in Cocosseifen lange nicht so nachhaltig, wie man wohl annehmen sollte. Man verwende es mit Tréfol zusammen unter Zusatz von etwas Eugenol und Geraniumöl.

Zimtaldehyd, chlorfrei, eignet sich zum Parfumieren von Seifen in hervorragender Weise. Er dringt sehr gut durch, ohne unfein zu riechen. Für sich allein wird er wohl selten angewendet werden.

Zimtsäureäthylester ist besonders für Rosenseifen zu empfehlen. In diesen Parfums findet er beste Verwendung, da er darin sehr gut zur Geltung zu bringen ist.

Aus Vorstehendem sehen wir, daß es doch eine ganze große Reihe künstlicher Riechstoffe gibt, die mit Erfolg zur Parfumierung der Cocosseifen herangezogen werden können, so daß man auch auf diesem

Gebiete in der Lage ist, hervorragend schöne Seifenparfums herauszubringen, wodurch die Nachfrage nach diesen guten Seifen wieder aufs neue belebt werden kann.

Vermehrungsmittel und Zusätze für Toiletteseifen.

Als Füllstoffe, die den Zweck haben, besonders die pilierten Toiletteseifen zu verbilligen, sind zu nennen: Casein, Talkum und Stärkemehl, und zwar findet sowohl Kartoffelstärke als auch Weizenstärke, Reisstärke, Maisstärke, Tapiocamehl usw. Verwendung.

Stärkemehl und andere Füllmittel.

Die Vermehrung der pilierten Toiletteseifen mit Stärkemehl wird ziemlich allgemein bei billigeren Sorten gehandhabt. Kartoffelmehl ist weniger zu empfehlen, da die damit gefüllten Seifen beim Verwaschen ein rauhes Gefühl auf der Haut verursachen. Weizenstärke, Reisstärke und Maisstärke zeigen diesen Übelstand in geringerem Maße und werden deshalb vorgezogen. Man hat auch mit Tapiocamehl Versuche gemacht, um dieses bei der Vermehrung von Toiletteseifen zu verwenden. Das gelblichweiße Mehl ähnelt in seiner Verarbeitung dem Irispulver. Es hat wie dieses den Nachteil, daß es die damit stark versetzten Seifen stumpf im Aussehen macht, im übrigen aber ließe es sich wohl verwenden, da sein spezifisches Gewicht kein zu großes ist, mithin die damit gearbeiteten Seifenstücke nicht kleiner ausfallen als diejenigen aus reiner Seife, was dem Talkum gegenüber immerhin ein Vorteil ist. Man setzt das Tapiocamehl am besten in der Mischmaschine den Seifenspänen zu, muß aber darauf achten, daß diese nicht zu trocken sind, denn das Tapiocamehl nimmt noch etwas Wasser auf. Man kann übrigens das Tapiocamehl auch mit etwas Wasser und Borax zu einem steifen Brei anmachen und dann unter die Seife geben, was am vorteilhaftesten auf der Mühle geschieht. Einen Fehler aber hat das Produkt, daß man es nur zu dunkelgefärbten Seifen verwenden kann, da andere Farben als Mißtöne herauskommen, sich auch durch vermehrten Farbzusatz nicht verbessern lassen. Preßfähigkeit und Parfum leiden aber unter dem Zusatz nicht, so daß in beschränktem Umfange immerhin mit dem Tapiocamehl gearbeitet werden kann.

Die Verwendung von Talkum ist dagegen zu verwerfen, da die damit vermehrten Seifen nicht nur spezifisch schwerer ausfallen, so daß die Stücke bei demselben Gewicht kleiner werden, sondern sie erhalten auch ein stumpfes totes Aussehen und lassen die Klarheit der Färbung vermissen.

Casein.

Die vielfachen und fortdauernden Angebote von Casein zur Verwendung in der Seifenfabrikation haben die Aufmerksamkeit der Interessenten auf diesen Artikel gelenkt und zur Folge gehabt, daß man sich mit eingehenden Versuchen beschäftigte, um zu ergründen, wieweit die Verwendung angängig ist.

Als Casein bezeichnet man einen im Pflanzen- und Tierreich vorkommenden Eiweißstoff. Das Casein des Handels ist ausschließlich das Casein der Kuhmilch. Es wird für technische Zwecke in der Weise hergestellt, daß man stark entrahmte Milch mit Essigsäure ansäuert, wobei sich das Casein in losen Flocken zu Boden schlägt. Dieser Niederschlag wird solange mit Wasser ausgewaschen, bis dieses nicht mehr sauer reagiert, worauf der Niederschlag getrocknet wird.

Das reine Casein ist in getrocknetem Zustande von gelblicher Farbe, hornartiger Konsistenz und in Wasser unlöslich; als Pulver sieht es weißlich aus.

Ausgehend von der Herstellung der bekannten Milchseifen, ist man zu den Caseinseifen gekommen. Ebenso wie der Zusatz von Kuhmilch bei den Milchseifen eine Verbesserung bedingen soll, wobei man allerdings das leichte Ranzigwerden des Milchfettes nicht unberücksichtigt lassen darf, ebenso ist es im gewissen Sinne bei den Toiletteseifen mit dem Casein, denn es hat sich gezeigt, daß caseinhaltige Toiletteseifen sich vorzüglich halten, besser wie solche ohne Caseinzusatz, und daß die Caseinverbindung auch sehr vorteilhaft auf das Parfum einwirkt, indem sie es besser zum Vorschein bringt und anderseits etwas fixiert; dann auch wieder schäumen caseinhaltige Seifen sehr stark, fühlen sich beim Verwaschen ungemein zart an und sind von angenehmer Glätte. Zudem sind eiweißhaltige Waschwässer auch für die Haut vorteilhaft, so daß die Verwendung des Caseins sehr empfehlenswert erscheint.

Da das Casein in Wasser unlöslich ist, muß es erst löslich gemacht werden, was durch seine Kombinierung mit Alkalien, wie Borax, kalzinierter Soda, doppelkohlensaurem Natron, Natronlauge oder auch Salmiakgeist geschehen kann.

Es folgen hier einige Ansätze zur Vorbereitung des Caseins für die Verarbeitung zu Toiletteseifen, doch sei dabei gleich bemerkt, daß es ganz auf die Qualität des Caseins ankommt, wieviel Alkali man zu seiner Lösung gebraucht. Es muß die erforderliche Menge daher von Fall zu Fall ausprobiert werden. Man kann z. B. nehmen:

Casein	8 520 g	Casein	3 000 g
Wasser	28 400 g	Wasser	10 000 g
Borax	570 g	Doppelkohlensaures Natron	200 g

Casein	3 000 g
Wasser	18 000 g
Kalz. Soda	100 g

Zur Verarbeitung bedient man sich sehr vorteilhaft eines Drais-Rührwerkes. In die wäßrige Lösung der Alkalien arbeitet man nach und nach das Casein hinein, wobei sich eine homogene Masse ergibt. Diese darf jedoch nicht alkalisch werden, also nicht auf Phenolphthalein reagieren, doch muß trotzdem alles Casein gelöst sein.

Eine sehr empfehlenswerte Arbeitsweise ist folgende: Man verrührt 10 kg alkalilösliches Casein mit 15 kg kaltem Wasser und läßt es einige Stunden stehen, damit das Casein quellen kann. Sodann gibt man 25 kg heißes

Wasser, worin man 1 kg Borax gelöst hat, unter Rühren zu, fügt noch ½ bis 1 kg Salmiakgeist (spez. Gewicht 0,910) langsam hinzu, rührt abermals tüchtig durch und läßt die nun klar gewordene Caseinlösung erkalten. Von dieser Lösung lassen sich zirka 10% den Grundseifenspänen in der Mischtrommel einverleiben, ohne befürchten zu müssen, daß die Seife dadurch feuchter wird, so daß sie noch mehrmals die Walzen passieren müßte, wobei ein größerer Trockenverlust eintreten würde. Hat man einen Cressonnières- oder ähnlichen Apparat zur Verfügung, dann gibt man die Caseinlösung einfach in die Mischtröge und läßt so die Masse mit der feuchten Seife den Trockenapparat passieren. Man hat auf diese Weise am wenigsten Arbeit damit. Ein großer Teil des vom Casein gebundenen Wassers trocknet dabei mit der Feuchtigkeit der Seife wieder aus, worauf man bei der Herstellung der Caseinlösung und der Kalkulation Rücksicht nehmen muß. Ebenso ist es manchmal notwendig, wenn man das Casein auf der Piliermaschine zusetzt, die Grundseife etwas trockener zu nehmen wie gewöhnlich, damit die Seife nicht zu feucht wird. Immerhin ist das Einarbeiten der Caseinmasse in die Seife auf der Mühle sehr einfach. Hier wird das Casein auch noch vorteilhaft dazu benutzt, um etwa überschüssiges Alkali zu neutralisieren, welcher Vorgang sich dadurch bemerkbar macht, daß die Seife während des Pilierens schwach nach Ammoniak riecht.

Speziell für feine Toiletteseifen stellt man auch eine Caseinlösung her, welche neben dem Alkali und Wasser auch noch etwas Glycerin enthält, etwa 10%, die den Vorteil der leichteren Verarbeitung haben soll.

Sapalbin.

Das bereits bei den Zahnpasten zur Verwendung empfohlene Sapalbin ist ein Eiweißpräparat, dessen Herstellung patentamtlich geschützt ist und welches von der Firma H. Niemöller in Gütersloh hergestellt wird.

Das Sapalbin ist nicht etwa als Füllmittel für Seifen gedacht, sondern als Verbesserungsmittel, und hiezu ist es infolge seiner Eigenschaften auch unbedingt berufen. Zunächst wirkt es kräftig schaumbildend, und die damit versetzten Seifen zeigen diese Eigenschaft in ausgeprägtester Weise. In zweiter Linie ist seine Einwirkung auf die Haut eine hervorragende; es macht sie glatt und verhütet das Aufspringen. Ferner fixiert das Sapalbin die den Seifen zugesetzten Parfums und läßt sie stärker hervortreten. Dazu kommt nun noch, daß es etwa vorhandenes überschüssiges Alkali bindet und somit neutralisiert, so daß die Sapalbinseifen unbedingt neutral und für eine empfindliche Haut von bester Wirkung sind; ganz besonders für Kinderseifen sind Zusätze von Sapalbin empfehlenswert.

Die Verarbeitung des Sapalbins ist eine sehr einfache und kann auf trockenem und auf feuchtem Wege geschehen. Beide Arten der Verarbeitung stoßen auf keine Schwierigkeiten und können im kleinsten wie im größten Betriebe Anwendung finden.

Will man das Sapalbin trocken verarbeiten, dann setzt man das

Pulver einfach der Seife zu. Das kann auf der Piliermaschine (Mühle) geschehen oder, wenn eine Mischmaschine vorhanden, zunächst in dieser. Hier wird die zu Spänen gehobelte Grundseife mit dem Sapalbinpulver recht innig vermischt, ebenso setzt man die Farbe bereits hier zu. Wo keine Mischmaschine vorhanden ist, nimmt man diese Manipulation in dem Troge über den Walzen der Mühle vor; hierauf muß die Mischung von Seife und Sapalbin die Walzen solange passieren, bis alles schön gleichmäßig verteilt ist, was übrigens sehr schnell vonstatten geht. Es ist unbedingt empfehlenswert, die Parfumierung der Seifen erst nach dem Verarbeiten mit Sapalbin vorzunehmen, da es zweckmäßig ist, zuerst etwa noch überschüssiges Alkali in der Grundseife durch Sapalbin unschädlich zu machen, bevor man die manchmal recht empfindlichen Riechstoffe mit der Seifenmasse in Berührung bringt. In dem Sapalbin haben wir zugleich ein Fixierungsmittel par excellence und es erscheint somit auch aus diesem Grunde angebracht, die flüchtigen Parfumkompositionen in die bereits mit dem fixierenden Stoffe (Sapalbin) versetzte Seifenmasse einzutragen.

Man kann das Sapalbinpulver auch der flüssigen Seife zusetzen, wie solche in den Mischtrögen der Cressonnièresschen Apparate verarbeitet wird, doch ist es nicht angängig, dies etwa bei in Formen geschöpften Seifen in der Form zu tun.

Auch in feuchtem Zustande kann man das Sapalbin verarbeiten, ein Weg, der vielleicht dem einen oder anderen Fabrikanten mehr Bequemlichkeit bietet. Hiezu verteilt man das Sapalbin in etwas lauem Wasser, läßt es einige Stunden stehen und gießt dann das etwa überstehende Wasser ab, oder man gießt das Gemenge auf ein mit Filtertuch bespanntes Sieb, damit das Wasser gut ablaufen kann, wonach man das völlig durchtränkte Sapalbin ohne Wasserüberschuß erhält. Es wird dann tüchtig mit einem Spatel bearbeitet oder noch besser in ein Drais-Rührwerk gegeben und zu einer homogenen Masse verarbeitet, die man dann der Grundseife in gleicher Weise zusetzt wie in trockenem Zustande. Wenn man die Masse der flüssigen Seife in den Mischtrögen zusetzen kann, also vor der Trocknung, dann ist das die einfachste Art, denn alsdann wird alles überflüssige Wasser im großen Trockenapparat abgesaugt.

Bekanntermaßen soll eine pilierfähige Grundseife nicht mehr als 15 bis 16% Wassergehalt zeigen. Ist dieser Satz jedoch einmal durch irgend ein Versehen überschritten worden, dann schafft ein Zusatz von trockenem Sapalbin schnell Abhilfe, da es sehr viel Wasser bindet. Man hat es also eventuell nicht nötig, Grundseifen, die man beim Pilieren mit trockenem Sapalbin zu verarbeiten gedenkt, so scharf zu trocknen, auch kann man sich berechnen, wieviel Sapalbin man benötigt, um zu dem vorgeschriebenen Prozentgehalt an Wasser zu kommen, bzw. wieviel Wassergehalt die Grundseife bei Zusatz von trockenem Sapalbin noch haben darf. Es bedeutet das eine Ersparnis an Zeit und Heizungskosten. Man muß jedoch das Verhältnis genau ausprobieren, denn bei zu großer Feuchtigkeit beschlägt die Seife am Lager und bekommt auch häufig Risse, während zu große Trockenheit sie bröcklig werden läßt.

Als Zusatz zu den Grundseifen rechnet man 5 bis 10% Sapalbin und erzielt damit sehr schöne Resultate. Da nun das Sapalbin den damit versetzten Seifen eine Tönung gibt, kann man rein weiße Toiletteseifen damit nicht herstellen, doch genügt ein kleiner Stich ins Cremefarbige, der ja auch ohne weiteren Belang ist. Selbst rosa und hellgrüne Farben kommen schön zur Geltung, so daß auch von dieser Seite Schwierigkeiten so gut wie nicht zu befürchten sind.

Da ein besonderer Effekt des Sapalbinzusatzes in der Erhöhung der Schaumbildung und Schaumhaltung liegt, ist das Sapalbin zu Rasierseifen sehr empfehlenswert. Man muß sie jedoch dann als pilierte Seifen herstellen, was alsdann auch ganz besonders für ihre Neutralität spricht. In zartem Rosa mit leichtem Rosen- oder Mandelduft dürfte sich eine solche Seife schnell viele Freunde erwerben.

Hervorragende Dienste leistet das Sapalbin in den sogenannten Teintseifen; dann als Zusatz in Mandelkleieseifen, wie überhaupt in allen Arten von Seifen, die speziell darauf berechnet sind, Schäden der Haut vorzubeugen oder solche zu beseitigen. Ferner in überfetteten Toiletteseifen, wo durch den erhöhten Fettgehalt die Schaumfähigkeit etwas herabgemindert ist, dann auch als Zusatz zu Rasierpulvern.

Was nun die Parfumierung der mit Sapalbin verarbeiteten Seifen anbetrifft, bieten sich hiebei ebenfalls keine Schwierigkeiten und sind besondere Vorsichtsmaßregeln nicht vonnöten. Man kann genau so arbeiten, wie man das seither gewohnt war. Das Sapalbin hilft die Parfums der Seifen fixieren und macht sie sogar beim Waschen etwas auf der Haut anhaftender. Das Sapalbin selbst ist fast vollständig geruchlos.

Außer dem gewöhnlichen Sapalbin ist auch noch ein Dottersapalbin im Handel, also mit Eigelb versetztes Sapalbin. Das Eigelb, Eidotter ist bekanntlich von ganz vorzüglichem Einfluß auf die Haut. Es wird dieser zum Teil auf das im Eidotter enthaltene Lecithin zurückgeführt.

Das Dottersapalbin verhält sich bei seiner Verarbeitung zu feinen Toiletteseifen genau wie das Sapalbin selbst. Man kann es also trocken den Seifen zufügen oder auch lösen, d. h. erweichen. Zu diesem Zwecke übergießt man es mit lauwarmem Wasser, rührt es gut durch und läßt es dann einige Stunden stehen, wonach man es fest knetet und zu einer homogenen Masse verarbeitet. Man nehme jedoch nicht mehr Wasser, als eben nötig ist, d. h. höchstens gleiche Teile Dottersapalbin und Wasser, damit nicht von dem Dotterzusatze wertvolle Teile in Lösung gehen und abgegossen werden müßten. Die gut durchgeknetete Masse läßt sich übrigens der pilierten Seife auf der Mühle sehr schön einarbeiten, die Seife zeigt nachher eine außerordentlich angenehme Form und wirkt sehr schaumbildend. Dieser Schaum bleibt auch auf der Haut stehen und diese fühlt sich nach dem Abwaschen geradezu „mollig“ an. Auf jeden Fall ist die Einwirkung des Dottersapalbins auf die Haut ganz hervorragend und dessen Verwendung zu Eidotterseifen nur zu empfehlen. Gibt man dann den Seifen noch ein recht angenehmes

Parfum und eine nette handliche Form und Ausstattung, so kann man eines gut verkäuflichen Artikels sicher sein, der nicht nur als Seife, sondern auch als Kosmetikum seine Berechtigung hat.

Eidotterseife,
mit Dottersapalbin hergestellt

I.			II.		
Weiße Grundseife ff.	50 kg		Weiße Grundseife I a	50 kg	
Dottersapalbin	5 kg		Dottersapalbin	2,5 kg	
Neroliöl, künstl.	50 g		Geraniumöl, Bourbon	125 g	
Geraniumöl, Bourbon	60 g		Geraniumöl, türkisch	100 g	
Heliotropin	130 g		Sandelholzöl	30 g	
Bittermandelöl, künstl.	180 g		Neroliöl, künstl.	10 g	
Moschus, künstl.	15 g		Geraniol	140 g	
Wachsgelb	5—8 g		Isoeugenol	5 g	
			Heliotropin	30 g	
			Moschus, künstl.	5 g	

Vegetabilische Pulver als Zusätze zu Toiletteseifen.

Im allgemeinen werden die Zusätze von vegetabilischen Pulvern, d. h. von gepulverten Pflanzenteilen zu besseren Toiletteseifen nur mit spezieller Rücksicht auf kosmetische Zwecke angewendet. Sie sollen den Seifen einerseits eine größere Zartheit beim Waschen verleihen, dabei jeden etwa noch vorhandenen Alkaliüberschuß binden; dieses letztere Moment ist allerdings nur eigentlich ein mechanisches, dagegen ist aber dann auch das bisweilen vorhandene Pflanzeneiweiß von recht günstiger Einwirkung auf die Haut. In dieser Beziehung sollen dann die beigemischten Pflanzenteile den Wert der Seife erhöhen helfen.

In Deutschland ist von dem ersteren Gesichtspunkte aus vor allem die Mandelkleie bekannt. Mandelkleieseifen werden stets gern gekauft, besonders von Personen mit recht empfindlicher Haut. Der Zusatz zur Seife beträgt in manchen Fällen bis zu 15% und dabei wird häufig noch etwas Borax oder bei einzelnen Sorten etwas Lanolin zugegeben.

In England erfreut sich das Hafermehl, die Haferflocken, Oatmeal genannt, sehr großer Beliebtheit und wird dort der Mandelkleie vorgezogen. Die Oatmeal-Seifen werden stark gekauft und von einigen Seiten wird ihnen sogar auch noch eine etwas bleichende Wirkung zugeschrieben, die allerdings mehr auf Einbildung beruhen dürfte. Die Oatmeal-Seifen werden mit Hafermehl und auch mit Haferflocken verlangt. Ersterer sieht man die Beimischung des Hafermehls kaum oder gar nicht an, letztere jedoch lassen die Haferflocken deutlich in der Seifenmasse erkennen.

Einfache Kleieseifen werden auch in Deutschland weniger gefragt, da ihnen durch die Eigenart der Parfumierung meist irgend ein Phantasienamen beigelegt worden ist. Teintseifen, auch Schönheitsseifen, sind in den meisten Fällen weiter nichts als apart parfumierte Kleieseifen, die allerdings auch als solche ihre Wirkung soweit als eben möglich tun.

Ein sehr viel verwendeter Zusatz ist das Veilchenwurzelpulver. Dieses, kurz Irispulver genannt, wird aus der scharf getrockneten Wurzel von Iris Florentina L., einer besonders im nördlichen Italien und auch

im gesamten südlichen Europa und nördlichen Afrika vorkommenden
Schwertlilienart, gewonnen. Namentlich in der Umgebung von Florenz
sind große Anpflanzungen. wie denn überhaupt die Provinz Toskana
als hauptsächlichstes Produktionsgebiet bekannt ist. Als Neuheit werden
auch Iriswurzeln aus Brasilien, Santa Catharina, angeboten, welche alle die
Qualitätsvorzüge der Florentiner Wurzel haben sollen (Bericht Schimmel
& Co., Oktober 1911). Die Iriswurzel ist ein Knollengebilde von verschiedenartiger Form mit schief ovalem Querschnitt, der dichtes,
mehliges, hellgelbliches Fleisch sehen läßt. Sie hat etwa eine Länge von
6 bis 8 und eine Breite von 2 bis 4 cm. In ungeschältem Zustande ist
sie hellgelb mit kleinen braunen Flecken an den Stellen, an denen die
Wurzelfasern abgeschnitten wurden. Sie kommt jedoch meistens ge-
schält in den Handel und sieht dann hellweißlichgelb aus. In trockenem
Zustande hat die Iriswurzel einen angenehmen, veilchenartigen Geruch,
der in der frischen Wurzel nicht zu finden ist.

Die Iriswurzel enthält ein ätherisches Öl, das Irisöl, welches aus
ihr durch Destillation gewonnen wird; es wird in der Parfumerie in
großem Umfange verwendet, da sein Duft ungemein angenehm ist und
lebhaft an Veilchen erinnert, wodurch es zur Verarbeitung wohl so ziemlich zu allen Veilchenparfumerien herangezogen wird. Vor der Kenntnis
des Jonons hat das Iriswurzelöl neben den Pomadeauszügen aus den
Veilchenblüten geradezu die Grundlage für alle Veilchenodeurs gebildet.

Das Veilchenwurzelpulver dient in der Toiletteseifenfabrikation in
erster Linie als Parfum für die Seifen, dann aber auch teilweise als
Kosmetikum, da sein Zusatz wohltuend auf die Haut einwirkt. Um nun
Veilchenwurzelpulver den Toiletteseifen zusetzen zu können, muß es
vor allen Dingen außerordentlich fein gemahlen sein, gerade nur die
allerfeinste Mahlung ist empfehlenswert. Es gibt sogar Fabrikanten, die
nur feinst gemahlenes und geschlämmtes Irispulver in Toiletteseifen
verarbeiten. Das Veilchenwurzelpulver trägt wohl einiges zur Parfumierung der Seifen bei, allein sein Geruch ist nicht stark genug, als daß
man es für sich allein für ein genügendes Parfum halten könnte. Weiter
wird auch dasjenige Irispulver gerne als Zusatz zu Toiletteseifen genommen, welches behufs Herstellung von Iristinktur bereits mit Alkohol
behandelt wurde. Das nach einigen Wochen abfiltrierte Veilchenwurzelpulver wird dann der Seifenfabrikation zugeführt und
hier weiter verwendet, denn es riecht immer noch ein wenig nach
Veilchen.

Man setzt das Irispulver den Grundseifen beim Pilieren zu, wobei
es der Seifenmasse einen ins Graue stechenden Ton gibt. Aus diesem
Grunde werden die Veilchenseifen mit Irispulverzusatz meist heller oder
dunkler braun gefärbt, denn ohne Farbe würden die Seifen schmutzig
aussehen. Wie schon gesagt, muß immer wieder darauf aufmerksam
gemacht werden, daß das Veilchenwurzelpulver nur in allerfeinster
Mahlung verwendet wird, denn sonst fühlt sich die Seife beim Waschen
rauh und stumpf an, weil hiebei die einzelnen Wurzelpartikelchen zu
quellen beginnen und, da sie in Wasser nicht löslich sind, über die
Oberfläche des angewaschenen Seifenstückes hinwegragen. Sind es auch

nur ganz winzige Teilchen, so ist doch die innere Handfläche außerordentlich empfindlich, sie fühlt jede Erhöhung und da sich die Fläche der Seife etwas stumpf angreift, glauben die Leute, sie hätten es mit einem gefüllten Fabrikat zu tun.

Will man ganz helle Seifen mit Veilchenwurzelpulver herstellen, dann bediene man sich dazu des „Irisschnees Queißer". Dieser stellt eine ganz besonders ausgesuchte und gereinigte Qualität des Irispulvers dar, wozu nur das allerfeinste Irismehl genommen ist. Für kosmetische Handwaschseifen sei dieses Präparat besonders empfohlen. Rein weiße Seifen wird man aber selbst mit diesem Produkte nicht erhalten und es ist ratsam, wenigstens ein ganz lichtes Creme als Farbton zu wählen.

Will man Irispulver einer kaltgerührten Cocosseife zusetzen, so ist zu beachten, daß es durch das freie Alkali sofort nach dem Einrühren dunkel zu werden beginnt und schließlich ganz braun oder schwarz wird, in welcher Nuance es sich dann auch hält. Die sogenannten „Englischen Veilchenseifen", welche neben Orangenschalenpulver auch Veilchenwurzelpulver enthalten, sind aus diesem Grunde alle dunkelbraun nachgefärbt, eben um diesen Umstand zu verdecken, andernfalls würden diese Seifen vollständig fleckig erscheinen.

Was nun die Menge des allgemein zugesetzten Veilchenwurzelpulvers anbelangt, so geht man meist nicht über 5% hinaus, da die Seife sonst leicht zu spröde und trocken wird, denn das zugegebene trockene Pulver nimmt immerhin etwas von der natürlichen Feuchtigkeit der Seife auf. Man achte hierauf beim Pilieren wohl, und falls man beim Arbeiten findet, daß die Seife etwa zu kurz würde und sich dann schlecht pilieren und unschön pressen lassen könnte, gibt man einige frische Grundseifenspäne zu, aber kein Wasser, denn hiedurch würden in der Seife die sogenannten Wasserflecken entstehen, die besonders auf dem Lager sehr unschön zum Vorschein kommen und den Artikel vollständig unverkäuflich machen. Ebenso sehe man darauf, daß das Pulver recht gut verteilt ist. Man kratze z. B. nicht die Ecken der Maschinenkästen aus, sobald man die fertiggemahlene Seife wegnimmt, denn in diesen sitzen bisweilen kleine Mengen von nicht verarbeitetem Pulver, und sobald dieses in seinem noch trockenen Zustand in die Seife kommt, ergeben sich die sogenannten „Nester", die man gelegentlich einmal in einem mit Irispulver gearbeiteten Seifenstück findet, ein Fehler, der nicht vorkommen darf, bei ein wenig Achtsamkeit auch sehr leicht zu vermeiden ist.

Außer den genannten vegetabilischen Pulvern verwendet man zu feinen Seifen das Sandelholzpulver, jedoch gewöhnlich nur in ganz speziellen Fällen, so z. B. bei Sandelholzseifen; hier hilft das Pulver das Parfum kräftig unterstützen.

Ein gleiches gilt von dem Cedernholzpulver. Auch dieses wird bisweilen als Zusatz zu Toiletteseifen herangezogen.

Getrocknete und gepulverte Drogen wie Rosenblätter, Vetiverwurzel und Patchulikraut, finden nur noch ganz vereinzelt Anwendung, denn ihr Wert zur Parfumierung ist heute gar zu gering, nachdem man durchdie vielen guten künstlichen Riechstoffe mit weniger Kosten in der Lage ist, wesentlich stärkere Effekte zu erreichen.

In letzter Zeit hat man nnn auch die Roßkastanie in Pulverform den Seifen für spezielle Hautpflege zugesetzt und will sehr gute Erfolge erzielt haben.

Gewöhnlich werden diese Pulver den pilierten Seifen auf der Mühle eingearbeitet, denn als kaltgerührte Seife wird eigentlich nur die sogenannte englische Veilchenseife mit ihrem Zusatze von Iriswurzelpulver, Orangenschalenpulver usw. noch gebracht, die meisten anderen Seifen finden wir als pilierte Seifen am Markte. Die Verarbeitung der Pulver ist sicherlich auf diesem Wege auch eine weit zweckentsprechendere, als wenn man sie direkt mit den Alkalien in Berührung bringt. Sie werden durch diese nicht so stark gefärbt, schwarz oder braun, und geben auch, soweit sie Eigengeruch besitzen, diesen weit mehr her. Während in den kaltgerührten Seifen die eingearbeiteten Pflanzenstoffe in der Regel als dunkle Flecken oder Streifen erscheinen, sind sie in den pilierten Seifen meist wenig oder auch gar nicht sichtbar.

Die noch im Handel befindlichen Kräuterseifen verdienen diese Bezeichnung eigentlich nur noch sehr bedingungsweise, denn ihr Gehalt an wirklichen Kräutern ist in den meisten Fällen minimal und ihre Parfumierung wird in der Regel ausschließlich durch ätherische Öle bewirkt. Ihre Heilwirkungen, wenn sie solche überhaupt besitzen, verdanken sie gewöhnlich anderen Zusätzen, wie Terpentinöl, Borax, Lanolin, Sapalbin usw.

Nachstehend seien einige Vorschriften für pilierte Toiletteseifen mit Zusätzen von Mandelkleie, Haferflocken, Kleienmehl, Veilchenwurzelpulver, Sandelholzpulver, Cedernholzpulver, Roßkastanienpulver und Sägemehl gegeben.

Mandelkleieseife

Grundseife .... 45 kg
Mandelkleiepulver .... 15 kg
Geraniumöl ....200 g
Cumarin .... 20 g
Bittermandelöl, künstl. ... 100 g
Moschus, künstl. .... 20 g
Farbe: Hellbraun.

Teintseife

Grundseife .... 50 kg
Mandelkleie.............. 3 kg
Borax, pulv.............. 2 kg
Lanolin .... 2 kg
Viodoron ....200 g
Geraniumöl ....100 g
Neroliöl, künstl. .... 50 g
Moschus, künstl. .... 20 g
Farbe: Gelblich.

Oatmeal Soap (Haferflockenseife)

Grundseife .... 50 kg
Haferflocken oder Hafer-
mehl ff. .... 5 kg
Borax, pulv.............. 0,5 kg
Terpineol ....400 g
Moschus, künstl. .... 25 g
Aubépine liq.............. 140 g
Neroliöl, künstl. .... 40 g
Heliotropin .... 25 g
Nelkenöl .... 30 g
Farbe: Hellbraun.

Schönheitsseife

Grundseife .... 50 kg
Kleienmehl .... 3 kg
Iriswurzelpulver .... 1,5 kg
Moschus, künstl. .... 15 g
Amylsalicylat .... 200 g
Geraniumöl .... 200 g
Benzylacetat.............. 80 g
Patchuliöl .... 40 g
Farbe: Bräunlich.

Veilchenseife

Grundseife (event. mit 10%
Palmölgrundseife ver-
mischt) .... 60 kg
Iriswurzelpulver .... 5 kg
Moschus, künstl. .... 80 g
Bergamottöl .... 250 g
Jonon II für Seifen, *H. & R.* 200 g
Irisöl, flüss. .... 45 g
Geraniumöl .... 60 g
Heliotropin .... 20 g
Neroliöl, künstl. .... 40 g

Farbe: Braun.

Englische Veilchenseife (kaltge-rührt)

Cocosöl .... 32 kg
Talg .... 10 kg
Palmöl.................. 1,5 kg
Natronlauge, 38° Bé. .... 21,1 kg
Iriswurzelpulver .... 1,5 kg
Orangenschalenpulver ... 1,5 kg
Storax, liqu.............. 1,5 kg
Bergamottöl .... 100 g
Viodoron .... 200 g
Perubalsam .... 100 g
Resinoid Iris .... 200 g
Moschus, künstl........ 10 g
Neroliöl, künstl. .... 20 g

Farbe: Dunkelbraun.

Sandelholzseife

Grundseife .... 80 kg
Sandelholzpulver .... 5 kg
Sandelholzöl, ostind. .... 400 g
Geraniumöl, ... 280 g
Cumarin .... 40 g
Neroliöl, künstl. .... 40 g
Patchuliöl .... 25 g
Moschus, künstl. .... 60 g
Resinoid Iris .... 60 g

Farbe: Braun oder gelbbraun.

Cedernholzseife

Grundseife .... 80 kg
Cedernholzpulver ff. ...... 3 kg
Iriswurzelpulver ff. .... 2 kg
Cedernholzöl.............. 300 g
Geraniumöl, ... 300 g
Heliotropin .... 40 g
Moschus, künstl. .... 85 g
Guajakholzöl .... 100 g
Aubépine................ 35 g

Farbe: Bräunlich.

Kastanienseife

Grundseife .... 50 kg
Roßkastanienpulver ...... 5 kg
Borax, pulv.............. 1 kg
Sapalbin .... 1 kg
Cumarin .... 60 g
Heliotropin .... 50 g
Terpineol .... 400 g
Nelkenöl .... 100 g
Cassiaöl .... 50 g
Hyacinthin .... 50 g
Bittermandelöl, künstl. ... 40 g
Neroliöl, künstl. .... 60 g

Farbe: Dunkelgelb

Vorschriften für Toiletteseifen.

Nachstehend lassen wir nun Vorschriften für die Zusammenstellung von Parfums für Toiletteseifen verschiedener Art folgen.

A. Feine Toiletteseifen.

Savon Amaryllis

Feinste Grundseife ...... 50 kg
Moschus, künstl......... 15 g
Bittermandelöl.......... 150 g
Geraniumöl .... 100 g
Neroliöl, künstl. .... 90 g
Irisöl .... 20 g

Vanillin .... 20 g
Heliotropin .... 150 g
Tolubalsam Tinktur....... 100 g
Canangaöl .... 8 g
Mandelkleie............. 1000 g

Ambre Royal

Seife .... 120 kg
Ambre A. Ma............. 65 g
Vanillin .... 65 g
Tolubalsam .... 400 g
Citronellol .... 150 g
Geraniol .... 75 g
Geraniumöl Réunion ..... 55 g
Phenyläthylalkohol .... 75 g
Rosenöl, bulgar. .... 15 g
Jasmin, künstl. .... 150 g
Resinoid Girofles......... 30 g
Resinoid Vanille .... 10 g
Resinoid Castoreum ...... 5 g
Solution Iris............. 25 g
Resinoid Oliban.......... 25 g
Ambrettemoschus .... 45 g
Ketonmoschus .... 15 g
Castoreumtinktur .... 150 g
Resinoid Eichenmoos ..... 15 g
Vetiveröl, Java .... 25 g
Patchuliöl .... 10 g
Bergamottöl .... 100 g
Sandelöl, ostindisch ...... 15 g
Moschuskörnertinktur .... 100 g

Amygdalolseife

Grundseife .... 50 kg
Iriswurzelpulver .... 1100 g
Lanolin .... 1000 g
Heliotropin .... 120 g
Bittermandelöl, echt..... 45 g
Neroliöl, künstl. .... 30 g
Geraniumöl, Bourbon.... 55 g
Moschus, künstl. .... 10 g
Viodoron .... 20 g
Farbe: Hellgelb.

Apple Blossoms

Rosenöl, künstl............ 50 g
Geraniumöl, afrik.......... 150 g
Phenyläthylalkohol .... 50 g
Benzylacetat .... 200 g
Menthylanthranilat .... 50 g
Neroliöl, künstl............ 20 g
Ylang-Ylang, künstl........ 250 g
Lavendelöl .... 35 g
Hydroxycitronellal II....... 45 g
Phenyläthylacetat .... 65 g
Citronenöl .... 50 g
Anisaldehyd .... 25 g
Benzaldehyd.............. 15 g
Vanillin .... 25 g
Heliotropin .... 25 g
Cumarin................. 15 g
Amylacetat .... 55 g
Moschuslösung .... 75 g
Resinoid Tolu............ 50 g
Benzoetinktur............ 100 g
Zibettinktur .... 100 g

Savon Bouquet de la Reine

Romanis III, *Sch. & C.* .... 750 g
Cedernholzöl .... 250 g
Sandelöl, ostindisch .... 65 g
Patchuliöl .... 25 g
Vetiveröl Réunion......... 35 g
Cumarin................. 50 g
Heliotropin .... 75 g
Citronenöl .... 70 g
Ylang-Ylangöl, künstl...... 50 g
Bergamottöl .... 100 g
Mandarinenöl .... 20 g
Vanillin .... 15 g
Ambrettemoschus .... 20 g
Xylolmoschus .... 10 g
Animalin W., *Sch. & C.* ..... 15 g
Moschusbeuteltinktur ...... 110 g
Resinoid Sumatra......... 100 g
Seife 100 kg.

Royal Bouvardia

Sweet-Pea, künstl. .... 60 g
Benzylacetat .... 200 g
Citronellol .... 200 g
Neroliöl, künstl............ 300 g
Bergamottöl .... 300 g
Amylsalicylat .... 150 g
Phenyläthylalkohol .... 250 g
Methylanthranilat .... 130 g
Zibet, künstl.............. 15 g
Moschuslösung .... 70 g
Ylang-Ylang, künstl........ 100 g
Benzoetinktur............. 100 g
Zibettinktur .... 100 g
Ketonmoschus .... 8 g
für 150 kg Seife.

Benzoeseife

Siambenzoe .... 500 g
Alkohol .... 500 g
Tolutinktur............... 500 g
Vanillin .... 100 g
Seife 150 kg.

Chypreseifen

1. Chypre Royal
(französisches Chypre)

Cumarin	50 g
Cedernholzöl	100 g
Resinoid Eichenmoos	80 g
Vanillin	5 g
Patchuliöl	50 g
Vetiveröl	30 g
Sandelöl, ostindisch	70 g
Bergamottöl	150 g
Geraniumöl, afrik.	50 g
Rosenöl, künstl.	50 g
Ketonmoschus	10 g
Ambrettemoschus	5 g
Benzoetinktur	150 g
Tolutinktur	40 g
Moschustinktur	150 g
Resinoid Labdanum	50 g

Seife 50 kg.

2. Chypre, englisch

Irisöl, konkret	5 g
Patchuliöl	40 g
Sandelöl, ostindisch	100 g
Vetiveröl	100 g
Rosenöl, künstl.	100 g
Citronellol	200 g
Resinoid Eichenmoos	60 g
Methylanthranilat	30 g
Bergamottöl	75 g
Moschuslösung	100 g
Ambrettemoschuslösung	50 g
Benzoetinktur	100 g

Seife 75 kg.

Savon Chypre (Luxusqualität)

Cumarin	65 g
Cedernholzöl	150 g
Neroli S.	60 g
Patchuliöl	35 g
Eichenmoosresinoid, *Roure*	75 g
Sandelöl, ostindisch	100 g
Irisöl, konkret	5 g
Geraniumöl, afrik.	150 g
Amylsalicylat	50 g
Bergamottöl	150 g
Ambrettemoschus	18 g
Xylolmoschus	12 g
Cypral 3052, *Sch. & C.*	350 g
Ambre, *A. Ma.*	50 g
Heiko-Jasmin	60 g
Moschusbeuteltinktur	100 g
Castoreumtinktur	50 g
Vanilletinktur	50 g

Seife 120 kg.

Eau de Cologne-Seife

Weiße Grundseife	50 kg
Bergamottöl	300 g
Bergamiol	50 g
Citronenöl	100 g
Citral,	20 g
Neroliöl, künstl.,	30 g
Lavendelöl	10 g
Moschus, künstl.	10 g
Rosmarinöl	10 g

Farbe: 5 g Wachsgelb.

Eau de Cologne-Seifen (neu)

I.	Rosmarinöl éperlé	60 g
	Lavendelöl Montblanc	40 g
	Aspic lavandé	20 g
	Bergamottöl	250 g
	Citronenöl	250 g
	Petitgrainöl	120 g
	Neroliöl, künstl.	50 g
	Moschuslösung	60 g
	Benzoetinktur (Siam)	100 g

Seife 50—75 kg.

II.	Rosmarinöl éperlé	60 g
	Lavendelöl	50 g
	Bergamottöl	300 g
	Portugalöl	100 g
	Citronenöl	200 g
	Petitgrainöl	100 g
	Neroliöl, künstl.	50 g
	Benzoetinktur	100 g
	Moschuslösung	50 g

Seife 50 kg.

Savon surfin à l'Eau de Cologne Russe

Bergamottöl	300 g
Portugalöl	150 g
Citronenöl	150 g
Rosmarinöl	40 g
Lavendelöl	50 g
Petitgrainöl	100 g
Neroliöl, künstl.	60 g
Resinoid Girofles	5 g
Jonon, chem. rein	1 g
Vanillin	50 g
Tolubalsam	80 g
Ambrettemoschus	45 g
Ambre A. Ma.	10 g
Essence comp. Chypre	100 g
Resinoid Labdanum	50 g
Castoreumtinktur	100 g

Seife 75 kg.

Eßbouquetseife

Weiße Grundseife .... 30 kg
Bergamottöl .... 200 g
Bergamiol .... 30 g
Lavendelöl .... 100 g
Geraniol, ... 50 g
Eugenol, ... 30 g
Vetiveröl .... 5 g
Moschus, künstl., ... 3 g
Anisaldehyd, ... 20 g
Linalool, ... 40 g

Farbe: 80 g Umbraun.

Eßbouquetseife

Bergamottöl .... 300 g
Citronenöl .... 60 g
Portugalöl .... 120 g
Linalool .... 20 g
Lavendelöl .... 15 g
Rosenöl, künstl. .... 45 g
Rosenöl, bulgar. .... 5 g
Jasmin, künstl. .... 15 g
Citronellol .... 5 g
Resinoid Styrax .... 50 g
Solution Iris .... 40 g
Castoreumtinktur .... 100 g
Benzoetinktur .... 150 g
Tolutinktur .... 50 g
Moschuslösung .... 60 g

Seife 50 kg.

Savon Fédora

Grundseife I .... 30 kg
Sweet Pea künstl. .... 140 g
Cumarin .... 10 g
Geraniumöl, Bourbon ..... 50 g
Bergamottöl, ... 100 g
Vanillin .... 15 g
Moschus, künstl. .... 10 g
Neroliöl, künstl. .... 12 g

Farbe: Hellgrün.

Savon aux Fleurs de Chine

Weiße Grundseife .... 30 kg
Vetiveröl .... 40 g
Cassiaöl .... 20 g
Moschus, künstl. .... 10 g
Aubépine, ... 10 g
Yara-Yara, ... 2 g
Bromelia .... 2 g
Petitgrainöl .... 40 g
Rosenöl künstl., *Heiko* .... 20 g
Bergamottöl .... 100 g
Bitteres Pomeranzenöl .... 40 g

Farbe: 20 g Brillantbraun
10 g Wachsgelb.

Deutscher Flieder

Grundseife .... 30 kg
Muguet, *N. & C.* .... 50 g
Terpineol .... 400 g
Ylang-Ylangöl, künstl.,
  H. & C. .... 15 g
Zibethin, *N. & C.* .... 10 g
Heliotropin .... 30 g

Vanillin .... 10 g
Bergamottöl .... 150 g
Jacinthe .... 15 g
Irisöl, liqu. .... 15 g
Bittermandelöl .... 10 g

Farbe: 6 g Rhodamin
6 g Ultramarinblau.

Fliederseifen

Lilas Fleuri

Lilas VII, *L. G.* .... 200 g
Terpineol, extra .... 520 g
Jasmin, künstl. .... 100 g
Bergamottöl .... 30 g
Heliotropin .... 60 g
Geraniol .... 50 g
Neroli, künstl. .... 35 g
Anisaldehyd .... 40 g
Ylang-Ylang, künstl. .... 60 g
Phenylacetaldehyd .... 5 g
Benzylacetat .... 50 g
Benzoetinktur .... 100 g
Zibettinktur .... 100 g

Seife 75 kg.

Lilas de Perse

Heiko-Flieder Nr. 830 ..... 250 g
Terpineol .... 500 g
Heliotropin .... 100 g
Anisaldehyd .... 25 g
Cumarin .... 15 g
Ylang-Ylang, künstl. .... 45 g
Neroli, künstl. .... 25 g
Rosenöl, bulgar. .... 5 g
Bittermandelöl, echt ...... 1 g
Benzylacetat .... 35 g
Benzoetinktur .... 100 g
Moschuslösung .... 35 g
Zibettinktur .... 100 g

Seife 50 kg.

Lilas Fleuri

Terpineol, extra .... 500 g
Ylang-Ylang, künstl......... 80 g
Flieder 3132 *Sch. & C.* ..... 300 g
Anisaldehyd .... 50 g
Heliotropin .... 150 g
Cumarin.................. 15 g
Benzoetinktur............. 100 g
Iristinktur............... 50 g
Rosenöl, künstl........... 100 g
Neroliöl, künstl........... 30 g
Moschuslösung .... 65 g
Zibettinktur .... 75 g

Seife 100 kg.

Lilas Blanc

Terpineol................. 400 g
Heiko-Flieder Nr. 830 ..... 100 g
Geraniumöl Réunion ...... 200 g
Benzylacetat .... 50 g
Neroli, künstl., *Sch. & C.* ... 30 g
Ylang-Ylang, künstl........ 50 g
Benzoetinktur............. 100 g
Zibettinktur .... 50 g
Moschuslösung .... 30 g

Seife 50 kg.

White Lilac

Terpineol, extra .... 500 g
Ylang-Ylang, künstl........ 50 g
Rosenöl, künstl., *Heiko*..... 100 g
Jasmin, künstl., *Heiko* ..... 100 g
Neroliöl, künstl., *Sch. & C.*... 20 g
Citronellol................ 150 g
Anisaldehyd .... 40 g
Phenylacetaldehyd .... 5 g
Hydroxycitronellal II....... 150 g
Heliotropin .... 40 g
Bittermandelöl............. 5 g
Moschuslösung .... 60 g
Benzoetinktur............. 100 g
Zibettinktur .... 100 g

Seife 100 kg.

Fougère Royale

Resinoid, Eichenmoos...... 60 g
Sandelöl, westindisch ...... 150 g
Cumarin.................. 60 g
Cedernholzöl.............. 100 g
Vanillin .... 20 g
Patchuliöl .... 30 g
Vetiveröl .... 50 g
Sandelöl, ostindisch .... 5 g
Bergamottöl .... 100 g
Amylsalicylat .... 15 g
Lavendelöl .... 100 g
Birkenknospenöl .... 30 g
Benzoetinktur............. 150 g
Moschuslösung .... 60 g
Ambrettemoschuslösung.... 50 g
Moschustinktur .... 100 g
Rosinoid Tolu .... 60 g

Seife 75 kg.

Fougère des Bois

Resinoid Eichenmoos ...... 50 g
Cumarin.................. 80 g
Vetiveröl .... 50 g
Patchuliöl .... 40 g
Lavendelöl .... 150 g
Geraniol.................. 100 g
Cedernholzöl .... 50 g
Ambrettemoschus .... 10 g
Ketonmoschus .... 5 g
Benzoetinktur............. 150 g
Moschustinktur .... 150 g

Seife 50 kg.
Grün färben.

Savon Fougère Impériale

Fougère, span. 3073,
   Sch. & C................ 450 g
Birkenknospenöl .... 50 g
Lavendelöl, franz. I a...... 250 g
Cumarin.................. 100 g
Patchuliöl .... 25 g
Vetiveröl Réunion......... 100 g
Neroli S................. 80 g
Amylsalicylat .... 60 g
Hydroxycitronellal II ...... 75 g
Xylolmoschus............. 15 g
Ambrettemoschus .... 20 g

Sandelöl, ostindisch .... 15 g
Geraniumöl, afrik.......... 120 g
Eichenmoosresinoid........ 50 g
Heliotropin .... 75 g
Benzylacetat.............. 70 g
Geraniol .... 100 g
Jasmin, künstl., *Heiko*..... 100 g
Moschusbeuteltinktur ...... 150 g
Resinoid Benzoe, Sumatra . 100 g

Seife 120 kg.

Fougère

Resinoid Eichenmoos	45 g
Lavendelöl	140 g
Bergamottöl	40 g
Neroliöl, künstl.	20 g
Vetiveröl	160 g
Cumarin	30 g
Patchuliöl	12 g
Heliotropin	6 g
Amylsalicylat	10 g
Xylolmoschus	6 g
Moschustinktur	100 g

Seife 50 kg.
Grün färben.

Gardeniaseife

Grundseife	30 kg
Linalool	100 g
Orchidée	40 g
Hyacinthin	50 g
Ylang-Ylangöl	20 g
Heliotropin	20 g
Jonon	15 g
Cumarin	20 g
Canangaöl	50 g
Moschustinktur	100 g
Storaxtinktur	200 g
Aubépine	10 g
Styrolenacetat	50 g
Bourbonal	30 g

Farbe: 20 g Orange.

Ein sehr schönes Seifenparfum gibt das Geraniumöl und die Geraniumseifen sind auf manchen Märkten ganz besonders bevorzugt. Auch bei uns sind die meisten billigen Rosenseifen mit Geraniumöl fast ganz allein parfumiert, denn für Rosenölparfumierung reichen die zu erzielenden Preise doch bei weitem nicht aus. Ferner ist auch das Geraniumöl absolut seifenecht, so daß es selbst in Kokosseifen verwendet werden kann. Doch besonders in Fettseifen, den pilierten Toiletteseifen, gibt das Öl sehr viel aus.

Geraniumseife

Grundseife, weiß	30 kg
Geraniumöl, Bourbon	200 g
Neroliöl, künstl.	10 g
Heliotropin	20 g
Moschus, künstl.	15 g
Terpineol	160 g

Ginsterblütenseife

Grundseife	30 kg
Terpineol	300 g
Aubépine	75 g
Genêt künstl.	60 g
Benzylacetat, chlorfrei	15 g
Heliotropin	14 g
Geraniumöl	45 g
Eugenol	15 g

Will man eine noch feinere Ware herstellen, dann ersetzt man das Benzylacetat durch Heiko-Jasminette, welches vorzügliche Dienste auch in den Seifen leistet.

Farbe: Hellgelb.

Gloriolaseife

Feinste Grundseife	30 kg	Isoeugenol	40 g
Moschus, künstl.	10 g	Rosenöl, künstl.	5 g
Linalool	70 g	Neroliöl, künstl.	35 g
Geraniumöl	50 g	Heliotropin	50 g
Raldéine, *A. L. G.*	50 g	Cumarin	10 g
Benzoe Tinktur	120 g	Ylang-Ylangöl	10 g
Bergamottöl	100 g	Iriswurzelpulver	1000 g

Da alle Seifen mit einem Gehalt von Iriswurzelpulver sowie Harzinfusionen am Lager ziemlich nachdunkeln, so wird zu ihrer Tönung ein leichtes Braun oder Grau verwendet.

Goldlackseife

Grundseife	30 kg
Bourbonal	10 g
Linalool	50 g
Quarantaine, *L. & C.*	100 g
Bergamottöl,	100 g
Irisöl, liqu.	40 g
Neroliöl, künstl.,	20 g
Sandelholzöl	40 g
Wintergrünöl	10 g
Cheiranthia, *N. & C.*	50 g
Citronenöl	25 g
Moschus, künstl.	10 g
Cumarin	5 g
Tinktur Zibet	50 g

Farbe: 5 g Brillantbraun
2 g Wachsgelb.

Heliotropseife

Weiße Grundseife	20 kg
Moschus, künstl.	1 g
Vanillin	15 g
Heliotropin	50 g
Neroliöl, künstl.	2 g
Irisöl, flüss.	15 g
Bittermandelöl, echt	2 g
Perubalsam Tinktur	300 g

Farbe: Heliotrop oder Creme.

Heliotropseifen

I.
Heliotropin	230 g
Cumarin	30 g
Benzaldehyd	80 g
Vanillin	30 g
Anisaldehyd	20 g
Neroli, künstl.	80 g
Tolutinktur	100 g
Perutinktur	200 g
Moschuslösung	80 g
Ambrettemoschuslösung	30 g
Jasmin, künstl.	20 g
Rosenöl, künstl.	30 g

Seife 50 bis 75 kg.

II.
Heliotropin	150 g
Cumarin	20 g
Benzaldehyd	50 g
Vanillin	20 g
Neroli, künstl.	50 g
Canangaöl	25 g
Tolutinktur	75 g
Perutinktur	100 g
Moschuslösung	40 g
Zibettinktur	100 g

Seife 50 kg.

III.
Heliotropin	100 g
Vanillin	20 g
Neroli, künstl.	5 g
Bittermandelöl, echt	5 g
Xylolmoschus	5 g
Canangaöl	40 g
Petitgrainöl	60 g
Cumarin	10 g
Benzoetinktur	60 g
Tolutinktur	60 g
Perutinktur	60 g

Seife 50 kg.

Héliotrope du Pérou

Heliotropin	350 g
Cumarin	40 g
Benzaldehyd	85 g
Vanillin	45 g
Sandelöl, ostindisch	15 g
Citronellol	50 g
Phenyläthylalkohol	50 g
Ylang-Ylang, künstl.	30 g
Neroliöl, künstl.	50 g
Perubalsam	65 g
Benzylacetat	45 g
Moschuslösung	85 g
Ketonmoschus	15 g
Moschusbeuteltinktur	150 g
Tolutinktur	150 g
Vanilletinktur	100 g
Tonkatinktur	75 g

Seife 100 kg.

Savon Héliotrope de Nice

Grundseife	50 kg
Heliotropin	250 g
Neroliöl, künstl.	50 g
Jasminöl	25 g
Ylang-Ylangöl	25 g
Zibethin	10 g
Vanillin	80 g
Bittermandelöl	5 g
Bergamottöl	120 g
Tolubalsamtinktur	100 g
Cumarin	15 g

Farbe: 100 g Feinrosa
2 g Rhodamin.

Heuseife

Weiße Grundseife	30 kg
Moschus, künstl.	2 g
Cumarin	120 g
Nerolin	1 g
Pfefferminzöl	2 g
Bergamottöl	40 g
Palchuliöl	20 g
Geraniumöl	80 g
Benzoetinktur	100 g
Storaxtinktur	50 g
Lavendelöl	30 g

Farbe: 2 g lösliches Brillantbraun
80 g trockenes Seifengrün.

Indian Hay

Heikodor-Idola	400 g
Resinoid Eichenmoos	100 g
Cumarin	300 g
Patchuliöl	75 g
Ambre A. Ma.	80 g
Sandelöl, ostindisch	100 g
Heliotropin	15 g
Isoeugenol	15 g
Geraniumöl, afrik.	300 g
Anisaldehyd	75 g
Portugalöl	55 g
Pfefferminzöl	25 g
Thymianöl	15 g
Kamillenöl, blau	5 g
Resinoid Styrax	25 g
Solution Iris (50 : 1 l)	35 g
Moschuslösung	85 g
Moschusbeuteltinktur	75 g
Tolutinktur	75 g
Benzoetinktur	75 g
Tonkatinktur	150 g

Seife 100 kg.

Indische Blumenseife

Weiße Grundseife	40 kg
Palmölgrundseife	10 kg
Patchuliöl	100 g
Geraniol	90 g
Cedernholzöl	250 g
Vetiveröl	5 g
Bergamottöl,	120 g
Cassiaöl	35 g
Cinnamein,	25 g
Benzoetinktur	100 g

Farbe: 100 g Seifengrün

Hyacinthenseife

Weiße Grundseife	30 kg
Hyacinthin	25 g
Wintergrünöl, künstl.	1 g
Geraniol	10 g
Geraniumöl	25 g
Ylang-Ylangöl, künstl., Sch. & C.	10 g
Moschus, künstl.	2 g
Bourbonal, H. & R.	1 g

Farbe: 3 g lösliches Brillantrosa.

Indian Flowers

Perubalsam	200 g
Patchuliöl	65 g
Vetiveröl Bourbon	250 g
Nelkenöl Bourbon	150 g
Cedernöl	100 g
Methylanthranilat	65 g
Benzylacetat	50 g
Vanillin	25 g
Heliotropin	35 g
Cumarin	25 g
Cassiaöl	75 g
Citronenöl	75 g
Geraniol	100 g
Sandelöl, ostindisch	35 g
Moschuslösung	75 g
Ketonmoschus	7 g
Moschusbeuteltinktur	100 g
Fixateur Nr. 1	75 g
Tolutinktur	100 g

Seife 100 kg.

Ixoraseife

Weiße Grundseife	50 kg
Rosenholzöl	100 g
Moschus, künstl.	5 g
Sandelholzöl	20 g
Bergamottöl	200 g
Vetiveröl	5 g
Iris résinoïde	20 g
Geraniol	20 g
Isoeugenol	40 g
Cinnamein	60 g

Farbe: 3 g Rosa.

Jasminseife

Grundseife, weiß	30 kg
Benzylacetat	120 g
Bourbonal	30 g
Linaloeöl	50 g
Moschus, künstl.	20 g
Benzoe Tinktur	100 g
Rosenöl, künstl.	5 g
Canangaöl	15 g

Farbe: 30 g Feinrosa.

Savon Jasminette

Grundseife	50 kg
Terpineol	500 g
Heiko-Jasminette	100 g
Benzylacetat	100 g
Bergamottöl,	150 g
Heliotropin	50 g
Moschus, künstl.	45 g
Sandelholzöl, ostind.	100 g

Jockey-Club-Seife

Grundseife	30 kg
Neroliöl, künstl.	100 g
Bergamottöl	100 g
Terpineol	80 g
Moschus, künstl.	15 g
Petitgrainöl	75 g
Heliotropin	100 g
Isoeugenol	20 g

Farbe: 10 g Wachsgelb
3 g Rhodamin.

Coniferenseife

Grundseife	30 kg
Edeltannenöl	250 g
Lavendelöl	160 g
Eucalyptusöl	15 g
Cumarin	15 g
Styrax liqu.	75 g

Farbe: Grün.

Juchtenseife

Grundseife	30 kg
Geraniol	100 g
Canangaöl, Java	50 g
Hyacinthin	25 g
Cumarin	30 g
Vanillin	20 g
Moschus, echt	3 g
Benzoetinktur	200 g
Cuir de Russie (Öl), *L. & C.*	200 g

Farbe: 150 g Zinnober
100 g Orange-Cadmium.

Hochfeine Coniferenseife

Sibirisches Fichtennadelöl	1500 g
Öl von Pinus Sylv.	200 g
Öl von Pinus Picea	150 g
Eucalyptusöl	200 g
Rosmarinöl	300 g
Bornylacetat	180 g
Methylanthranilat	100 g
Cumarin	50 g

Seife 100 kg.
Grünlich färben.

Coniferenseife

Äther. Öl von Pinus Sylv.	600 g
Citronellöl	400 g
Eucalyptusöl	200 g
Nelkenöl	200 g

Seife 50 kg.

Feine Kugelseife

Mandelkleie	1 kg
Reisstärke	500 g
Veilchenwurzelpulver	500 g
Pulv. Seife	1 kg

werden mit Benzoetinktur zu einer Masse angemacht, aus welcher man Kugeln formt, die man nach dem Trocknen mit Benzoelack überzieht. Parfum ist hier nicht nötig, jedoch kann man für feinste Qualität etwas Rosen- und Neroliöl sowie Ambra- und Moschustinktur zusetzen. Diese Kugeln, in feine Kartons verpackt, sind ein oft verlangter Artikel.

Farbe: Rosa.

Lavendelseife

Grundseife ff.	50 kg
Lavendelöl	400 g
Spiköl	150 g
Rosmarinöl	85 g
Benzoetinktur	100 g
Moschus, künstl.	20 g

Farbe: Gelb.

Lilienmilchseife

Weiße Grundseife	50 kg
Geraniol,	170 g
Rosenöl, *H. & C.*	15 g
Bergamottöl	100 g
Isoeugenol	20 g
Petitgrainöl	40 g
Patchuliöl	5 g
Lavendelöl	30 g
Sandelholzöl, ostind.	40 g
Bittermandelöl	5 g
Moschus, künstl.	3 g

Finest Old Lavender-Soap

Lavendelöl Mitcham	200 g
Lavendelöl, franz.	100 g
Aspic lavandé	50 g
Geranium, afrik.	125 g
Bergamottöl Reggio	150 g
Cumarin	30 g
Lemongrasöl	75 g
Sandelöl, ostindisch	15 g
Neroliöl	25 g
Benzoetinktur	200 g
Tolutinktur	50 g
Moschuslösung	30 g

Seife 50 kg.
Die Lavendelseifen werden meist zart gelbgefärbt.

Finest Old English Lavender

Lavendelöl Montblanc	300 g
Aspic lavandé	200 g
Geraniumöl, afrik.	250 g
Bergamottöl	300 g
Cumarin	65 g
Sandelöl, ostindisch	25 g
Portugalöl	15 g
Limetteöl	25 g
Rosenöl, bulgar.	5 g
Neroliöl, künstl., *Sch. & C.*	15 g
Vanillin	10 g
Benzoetinktur	150 g
Moschuslösung	65 g

Seife 100 kg.

Lindenduftseife

Grundseife, weiß	50 kg
Terpineol	400 g
Aubépine	80 g
Viodoron „S", *Heiko*	100 g
Bergamottöl künstl.	100 g
Moschus, künstl.	25 g
Vanillin	30 g
Heliotropin	100 g

Farbe: Hellgelb.

Maiglöckchenseife

Weiße Grundseife	50 kg
Linalool rosé	350 g
Ylang-Ylangöl, künstl.,	30 g
Canangaöl	30 g
Rosenöl, künstl., *Sch. & C.*	10 g
Geraniol	15 g
Iris résinoide	30 g
Bourbonal, *H. & R.*	5 g
Zibet, künstl., *T. M.*	5 g
Sandelholzöl ostind.	25 g
Aubépine	10 g

Farbe: 50 g Maigrün.

Maiglöckchenseifen

Maiglöckchen (Muguet)

Linalool	300 g
Ylang-Ylang, künstl.	50 g
Terpineol	200 g
Canangaöl	100 g
Maiglöckchen, *H. & R.*	100 g
Heliotropin	10 g
Vanillin	5 g
Geraniol	50 g
Rosenöl, bulgar.	3 g
Tolutinktur	100 g
Benzoetinktur	50 g
Zibettinktur	50 g
Moschuslösung	30 g
Ambrettemoschuslösung	5 g
Resinoid Tolu	50 g

Seife 50 kg.

Muguet des Bois

Terpineol	200 g
Maiglöckchen, *H. & R.*	300 g
Phenyläthylalkohol	100 g
Benzylacetat	100 g
Anthranilsäuremethylester	15 g
Anisaldehyd	50 g
Linalool	700 g
Jonon II	50 g
Geraniol	20 g
Ylang-Ylang, künstl.	50 g
Canangaöl	50 g
Rosenöl, bulgar.	10 g
Moschuslösung	25 g
Zibettinktur	100 g
Tolutinktur	100 g
Heliotropin	10 g
Vanillin	5 g
Resinoid Benzoe	100 g

Seife 100 kg.
Zart grün färben.

<table>
<tr><td colspan="2">Savon Malmaison</td><td colspan="2">Mandelblütenseife</td></tr>
<tr><td>Weiße Grundseife</td><td>50 kg</td><td>Grundseife</td><td>50 kg</td></tr>
<tr><td>Iriswurzelpulver</td><td>2 kg</td><td>Bittermandelöl, künstl.</td><td>250 g</td></tr>
<tr><td>Oeillet, N. & C.</td><td>300 g</td><td>Neroliöl, künstl.</td><td>30 g</td></tr>
<tr><td>Dianthin, N. & C.</td><td>40 g</td><td>Geraniumöl, künstl.</td><td>150 g</td></tr>
<tr><td>Isoeugenol</td><td>100 g</td><td>Heliotropin</td><td>125 g</td></tr>
<tr><td>Bergamottöl, künstl.</td><td>140 g</td><td>Moschus, künstl.</td><td>20 g</td></tr>
<tr><td>Heliotropin</td><td>10 g</td><td>Bergamottöl</td><td>35 g</td></tr>
<tr><td>Cumarin</td><td>5 g</td><td colspan="2">Farbe: 30 g Feinrosa.</td></tr>
<tr><td>Palmarosaöl</td><td>50 g</td><td></td><td></td></tr>
<tr><td>Moschus, künstl.</td><td>5 g</td><td></td><td></td></tr>
<tr><td colspan="2">Farbe: 5 g Brillantbraun
2 g Wachsgelb.</td><td></td><td></td></tr>
</table>

Mimosaseife

<table>
<tr><td>Grundseife</td><td>50 kg</td><td>Bergamottöl</td><td>40 g</td></tr>
<tr><td>Mimosa „S", N. & C.</td><td>200 g</td><td>Irisöl, konkret</td><td>10 g</td></tr>
<tr><td>Vanillin</td><td>10 g</td><td>Moschus, künstl.</td><td>2 g</td></tr>
</table>

Farbe: 80 g Feinrosa.

Moschusseifen.

Zur Parfumierung von Moschusseifen verwendet man sowohl den echten wie auch ganz besonders den künstlichen Moschus, (Xylol-Moschus u. a.) ebenso dienach Moschus riechenden Kräuter oder Samen, natürlich nur auf das allerfeinste pulverisiert. Echten Moschus für sich ganz allein zur Parfumierung von Seifen zu verwenden, ginge wohl an, allein man benötigt dazu zu viel, so daß die Seife zu teuer würde. Künstlichen Moschus allein zur Parfumierung von Toiletteseifen zu verarbeiten, ist absolut nicht angängig. Man wendet bei der Parfumierung von Toiletteseifen mit echtem oder künstlichem Moschus entweder Moschustinktur oder Moschuslösung an oder aber man löst künstlichen Moschus in ätherischen Ölen, während man den echten Moschus mit Iriswurzel-, Abelmoschussamenpulver u. dgl. feinstens verreibt und dieses Pulver dann der zu pilierenden Seife zusetzt.

Die Farbe der Moschusseifen ist im allgemeinen dunkel- oder hellbraun, bisweilen auch orange oder gelb, seltener weiß. Eine „White Musc Soap" wird in England des öfteren verkauft, ist jedoch bei uns so gut wie unbekannt.

Auch aus Cocosseifen kann man sehr gute Moschusseifen herstellen — also auf kaltem Wege. Man nimmt dazu gewöhnlich einen Ansatz, der etwas Japanwachs enthält; die Ware hält den Geruch etwas länger und bekommt bei sachgemäßer Behandlung einen schönen Glanz, der sie den Fettseifen ähnlicher macht.

Sämtliche Moschusseifen sind wenigstens 4 Wochen auf Lager zu halten, bevor man sie in Verkauf nimmt, denn der Moschusgeruch entwickelt sich sehr langsam in der frischen Seife, ist dann aber auch um so anhaltender und intensiver. Es ist daher sehr schwer für den Parfumeur, nach einem alten Muster von Moschusseife zu arbeiten, und oft haben sich hiebei Geschäfte zerschlagen, da das neuangefertigte Gegenmuster nicht an die Geruchsstärke des alten heranreichte.

Moschusseife

Grundseife	50 kg		und	
Moschustinktur	400 g		Moschus, künstl.	3 g
hierin gelöst			Bergamottöl, künstl.	100 g
Zibet, künstl.	30 g		Cassiaöl	40 g

Farbe: 15 g Seifenbraun.

Sehr vorteilhaft verwendet man den künstlichen Zibet da, wo seither nicht nur Zibet, sondern auch viel Moschus genommen wurde; denn auch diesen hilft er bis zu einem gewissen Punkte ersetzen, und zwar ganz besonders bei der Toiletteseifenparfumierung. So kann man z. B. zu Moschusseifen viel künstlichen Zibet verwenden. Da direktes Zufügen von Alkohol zur Seife keine günstige Wirkung ausübt, indem eine empfindliche Haut später beim Gebrauch der Seife möglicherweise leidet, so setzt man den künstlichen Zibet den pilierten Seifen auf andere Weise zu.

Eventuell kann man diese Seife auch so herstellen, daß man den künstlichen Moschus im Bergamottöl löst, den künstlichen Zibet und 12 g echten Moschus zusammen mit 250 bis 400 g Iriswurzelpulver und gestoßenem Zucker feinstens verreibt und dieses alles dann der Seife zusetzt, wodurch einer Beimischung von Alkohol vorgebeugt wird.

Feinste Moschusseife

Grundseife	50 kg
Iriswurzelpulver	3 kg
Moschus, echt, ausgebeutelt	150 g
Bergamottöl, künstl.	550 g
Benzoetinktur	200 g

Farbe: 25 g Brillantbraun.

Der Moschus wird in einer Reibschale ganz fein mit Iriswurzelpulver verrieben und dann der Seife zugesetzt, wonach piliert wird.

Moschusseife

Grundseife	25 kg		Nelkenöl	120 g
Palmölgrundseife	25 kg		Cedernholzöl	180 g
Iriswurzelpulver	1 kg		Moschus, echt	10 g
Abelmoschussamenpulver ..	1 kg		Farbe: 30 g Seifenbraun.	

Man verfährt wie oben.
Der künstliche Moschus wird in den ätherischen Ölen gelöst.

Tonkin Musk

Patchuliöl	50 g		Citronellol	150 g
Cassiaöl	100 g		Phenyläthylalkohol	35 g
Lavendelöl	100 g		Tolutinktur	100 g
Bergamottöl	100 g		Moschusbeuteltinktur	250 g
Citronenöl	50 g		Ketonmoschus	35 g
Neroliöl	50 g		Moschuslösung (Xylol)	75 g
Jasmin, künstl.	50 g		Animalin W. *Sch. & C.*	15 g

Seife 100 kg.

Savon Mousse de Chêne

Grundseife I a	30 kg	Lavendelöl	100 g
Essence concrète de		Bergamottöl	40 g
Mousse odorante	20—25 g	Moschus, künstl.	5 g
Cumarin	20 g	Aubépine, flüss.	10 g
Heliotropin	30 g	Terpineol	80 g

Farbe: Dunkelgrün.

Man löst zunächst in den flüssigen Riechstoffen die festen, erwärmt die Essence concrète, bis sie dünnflüssig wird, und setzt sie den anderen Riechstoffen zu, indem man das ganze Gemenge, wenn nötig, noch etwas in heißem Wasser erwärmt. Das Parfum hat eine dunkle Färbung und es ist angebracht, die Seife mit einem feinen Grün zu färben, das zwischen Hell- und Dunkel(Blatt-)grün nuancieren sollte.

Savon Narcisse d'Or (Luxusqualität)

Benzylacetat	250 g	Geraniumöl, afrik.	150 g
Bouvardia S. 3064, *Sch. & C.*	500 g	Heliotropin	50 g
Narcisse, extra S. 3069,		Bergamottöl	100 g
Sch. & C.	100 g	Amylsalicylat	25 g
Hydroxycitronellal techn. II	120 g	Xylolmoschus	10 g
Sandelöl, ostindisch	50 g	Ambrettemoschus	15 g
Bitteres Orangenöl	60 g	Moschusbeuteltinktur	100 g
Neroli S.	250 g		

Seife 100 kg.

Nelkenseifen

Weiße Nelke

Isoeugenol	360 g
Eugenol	50 g
Nelkenöl, Bourbon	50 g
Amylsalicylat	150 g
Citronellol	50 g
Phenyläthylalkohol	100 g
Phenylacetaldehyd	12 g
Vanillin	35 g
Canangaöl	55 g
Moschuslösung	75 g
Tolutinktur	150 g
Zibettinktur	100 g
Kakaotinktur	150 g
Resinoid Girofles	25 g

Seife 100 kg.

Purpurnelkenseife

Kosmoflor Purpurnelke, *Sch. & C.*	750 g
Rosenöl, künstl., *Heiko*	50 g
Heliotropin	10 g
Tolutinktur	100 g
Ambrettemoschus	15 g

Seife 100 kg.
Farbe: Lachsrot.

Nerv-Bay-Rum-Seife

Grundseife	50 kg
Bayöl	270 g
Bergamottöl	25 g
Nelkenöl	15 g
Geraniumöl, künstl.	130 g
Latschenkieferöl	120 g
Eucalyptusöl	15 g
Moschuslösung	80 g
Salbeiöl	10 g

Farbe: Hellgrün.

Opoponaxseife

Grundseife	30 kg
Linalool rosé, *L. & C.*	50 g
Opoponaxöl	100 g
Aubépine	20 g
Isoeugenol	50 g
Vetiveröl	10 g
Wintergrünöl, künstl.	20 g
Moschus, künstl.	8 g
Tinktur Zibet	150 g
Cedernholzöl	50 g

Farbe: 10 g Brillantbraun.

Patchuliseife

Weiße Grundseife .... 40 kg
Palmölgrundseife .... 10 kg
Patchuliöl .... 150 g
Vetiveröl .... 60 g
Zibet, künstl., *L. F.* ...... 10 g
Sandelholzöl, ostind. ..... 50 g
Moschuslösung .... 40 g
Farbe: 80 g Seifengrün.

Patchuliseife

Iriswurzelpulver .... 1000 g
Patchuliöl .... 120 g
Palmarosaöl .... 100 g
Bergamottöl .... 100 g
Nelkenöl .... 80 g
Pfefferminzöl .... 20 g
Perubalsamtinktur .... 200 g
Xylolmoschus .... 15 g
Benzoetinktur .... 100 g
Moschusbeuteltinktur ..... 150 g
Seife 50 kg.
Zartgrün färben.

Savon Peau d'Espagne

Grundseife .... 50 kg
Geraniumöl .... 25 g
Bergamottöl .... 30 g
Vetiveröl .... 70 g
Sandelholzöl, ostind. .... 300 g
Irisöl .... 15 g
Moschus, künstl. .... 10 g
Zibet, künstl. .... 5 g
Isoeugenol .... 120 g
Vanillin .... 5 g
Tolubalsamtinktur .... 150 g
Cuir de Russie comp...... 2,5 g
Bouvardia comp......... 60 g
Iriswurzelpulver .... 1000 g

American Poppy

Rosenöl, künstl............ 150 g
Neroliöl, künstl............ 30 g
Methylanthranilat .... 15 g
Amylsalicylat .... 850 g
Oeillet, comp............. 75 g
Ylang-Ylang, künstl........ 110 g
Resinoid Styrax .... 50 g
Zibet, künstl. .... 12 g
Ambrettemoschuslösung .... 50 g
Moschuslösung .... 50 g
Solution Iris (50 : 1 l) ..... 50 g
Cumarin................. 10 g
Resinoid Girofles .... 5 g
Tolutinktur............... 150 g
Castoreumtinktur.......... 50 g
Resinoid Benzoe .... 100 g
Seife 100 kg.

Savon „Prince"

Grundseife, weiß .... 50 kg
Geraniumöl, künstl. ...... 300 g
Resinarome Oliban .... 200 g
Patchuliöl .... 120 g
Cassiaöl .... 40 g
Vetiveröl .... 25 g
Eugenol................. 45 g
Moschus, künstl. .... 70 g
Farbe: Graugrün.

Goldreseda

Weiße Grundseife .... 40 kg
Basilicumöl............... 10 g
Sandelholzöl, ostind. ..... 20 g
Bergamottöl, künstl....... 200 g
Neroliöl, künstl. .... 100 g
Bittermandelöl .... 5 g
Moschus, künstl. .... 2 g
Farbe: 40 g Seifengrün
4 g Resedagrün.

Rosenseife

Weiße Grundseife .... 50 kg
Rosenöl, künstl. .... 60 g
Geraniol .... 250 g
Palmarosaöl .... 50 g
Bergamottöl .... 60 g
Moschus, künstl. .... 5 g
Sandelholzöl, ostind. ...... 100 g
Eugenol................. 60 g
Phenyläthylalkohol .... 80 g
Farbe: 4 g Rhodamin
1 g Ponceaurot.

Royal White Rose

Citronellol .... 300 g
Geraniol................. 150 g
Geraniumöl, Réunion ...... 75 g
Geraniumöl, afrik. .... 75 g
Phenyläthylalkohol .... 150 g
Rosenöl, bulgar. .... 10 g
Patchuliöl .... 7 g
Jasmin, künstl. .... 25 g
Solution Iris (50 : 1 l) ..... 50 g
Neroliöl, künstl........... 25 g
Nelkenöl, Bourbon .... 55 g
Citronenöl .... 45 g
Phenylacetaldehyd .... 2,5 g
Benzoetinktur............. 100 g
Moschuslösung .... 65 g
Zibettinktur .... 100 g
Resinoid Benzoe .... 60 g
Seife 100 kg

Savon à la Rose Maréchal Niel

Weiße Grundseife . . . . 25 kg
Rosenöl, künstl. . . . . 35 g
Geraniumöl . . . . 150 g
Neroliöl, künstl. . . . . 25 g
Canangaöl . . . . 10 g
Bourbonal . . . . 5 g
Cumarin . . . . 1 g
Irisöl, konkret . . . . 10 g

Farbe: 10 g Wachsgelb.

Savon Rosiris

Grundseife . . . . 50 kg
Iriswurzelpulver ff. . . . . 5 kg
Geraniol . . . . 150 g
Geraniumöl, Bourbon . . . . . 80 g
Irisöl, konkret . . . . 20 g
Bergamottöl, künstl. . . . . . . 100 g
Neroliöl, künstl. . . . . 15 g
Patchuliöl . . . . 5 g
Isoeugenol . . . . 20 g
Xylolmoschus . . . . 10 g

Farbe: 40 g Rosa Nr. 54.

Savon à la Rose muscade

Grundseife . . . . 40 kg
Rosenöl . . . . 30 g
Rosenholzöl . . . . 120 g
Bergamottöl . . . . 80 g
Geraniumöl . . . . 100 g
Palmarosaöl . . . . 180 g
Moschustinktur . . . . 30 g
Zibettinktur . . . . 250 g

Rose du Sérail

Geraniumöl, Réunion . . . . . . 300 g
Geraniumöl, afrik. . . . . 200 g
Rosenöl, bulgar. . . . . 20 g
Palmarosaöl . . . . 100 g
Citronellol . . . . 100 g
Geraniol . . . . 50 g
Phenyläthylalkohol . . . . 50 g
Sandelöl, ostindisch . . . . 30 g
Patchuliöl . . . . 4 g
Citronenöl . . . . 25 g
Nelkenöl . . . . 20 g
Vetiveröl . . . . 5 g
Phenylacetaldehyd . . . . 5 g
Cinnamein . . . . 5 g
Cumarin . . . . 5 g
Heliotropin . . . . 5 g
Moschuslösung . . . . 25 g
Ambrettemoschuslösung . . . . 15 g
Benzoetinktur . . . . 100 g
Tolutinktur . . . . 30 g
Vanilletinktur . . . . 50 g
Zibettinktur . . . . 100 g

Seife 75 bis 100 kg.

Savon Sandal Wood

Sandelöl, ostindisch . . . . 450 g
Geraniumöl, afrik. . . . . 75 g
Phenyläthylalkohol . . . . 50 g
Rose, *Heiko* . . . . 100 g
Patchuliöl . . . . 15 g
Vetiveröl, Réunion . . . . 55 g
Cumarin . . . . 75 g
Romanis III, *Sch. & C.* . . . . 125 g
Cedernholzöl . . . . 125 g
Chypre, ext. S. 3065, *Sch. & C.* 75 g
Xylolmoschus . . . . 12 g
Ambrettemoschus . . . . 20 g
Resinoid Sumatra . . . . 100 g
Moschusbeuteltinktur . . . . . . 120 g

Seife 100 kg.

Speickseife

I. Weiße Grundseife . . . . 35 kg
   Lavendelöl . . . . 120 g
   Spiköl . . . . 100 g
   Patchuliöl . . . . 20 g
   Ajonc, *L. & T.* . . . . 15 g
   Geraniumöl . . . . 25 g
   Palmarosaöl . . . . 40 g
   Thymianöl, rot . . . . . . 10 g

Farbe: 5 g Orange S. W.

Für je 50 kg Seife:

II. Lavendelöl . . . . 100 g
   Spiköl . . . . 230 g
   Kümmelöl . . . . 150 g
   Patchuliöl . . . . 100 g

III. Spiköl . . . . 500 g
   Patchuliöl . . . . 100 g
   Rosmarinöl . . . . 100 g
   Zimtaldehyd . . . . 50 g
   Amylsalicylat . . . . 30 g

IV. Lavendelöl . . . . 250 g
   Patchuliöl . . . . 50 g
   Rosmarinöl . . . . 40 g
   Baldrianöl . . . . 30 g
   Cassiaöl . . . . 10 g

Sweet Pea Toilet Soap

Weiße Grundseife . . . . 60 kg
Hyacinthin . . . . 60 g
Bourbonal . . . . 60 g
Terpineol . . . . 800 g
Isoeugenol . . . . 50 g
Aubépine . . . . 80 g
Benzoetinktur . . . . 100 g
Moschuslösung . . . . 100 g
Geraniumöl . . . . 40 g
Bergamottöl . . . . 80 g
Benzylidenaceton . . . . 50 g

27*

Teerosenseife

Weiße Grundseife	60 kg	Benzoetinktur	160 g
Linalool rosé	600 g	Geraniumöl, Bourbon	30 g
Geraniol	250 g	Neroliöl, künstl.	40 g
Irisöl, flüss.	100 g	Moschus, künstl.	15 g
Vetiveröl	15 g	Farbe: Lichtgelb oder auch Rosa.	

Häufig betiteln sich solche Seifen z. B. Rosenmilchseife, Jugendseife usw.

Savon Tabac d'Orient

Dimethylhydrochinon	150 g
Resinoid Labdanum	100 g
Ambre W., *Sch. & C.*	50 g
Resinoid Tolu	50 g
Vanillin	50 g
Cumarin	125 g
Methyleugenol	100 g
Methylphenylacetat	15 g
Rosenöl, künstl.	150 g
Geraniumöl, afrik.	150 g
Jasmin S.	400 g
Resinoid Sunatra	120 g
Ambrettemoschus	20 g
Xylolmoschus	10 g
Sandelöl, ostindisch	30 g
Cedernholzöl	150 g
Phenylessigsäure	15 g
Neroli, S.	100 g
Ylang-Ylangöl, künstl.	50 g
Eichenmoosresinoid	25 g
Moschusbeuteltinktur	120 g

Seife 125 kg.

Savon Tabac Russe

Tabarone, *Sch. & C.*	250 g
Geraniol	300 g
Jasmin S.	350 g
Cumarin	120 g
Dimethylhydrochinon	100 g
Neroli, S.	250 g
Ambre, *A. Ma.*	50 g
Vanillin	60 g
Resinoid Labdanum	100 g
Geraniumöl, afrik.	200 g
Methyleugenol	75 g
Methylphenylacetat	15 g
Phenylessigsäure	10 g
Santalylphenylacetat	15 g
Xylolmoschus	10 g
Ambrettemoschus	15 g
Moschusbeuteltinktur	110 g

Seife 125 kg.

Savon trèfle incarnat surfin

Amylsalicylat	300 g
Rosenöl, künstl.	60 g
Cumarin	50 g
Resinoid Eichenmoos	20 g
Geraniol	80 g
Nelkenöl	20 g
Bergamottöl	100 g
Lavendelöl	30 g
Patchuliöl	10 g
Zibet, künstl.	4 g
Vetiveröl	10 g
Neroliöl, künstl.	10 g
Citronenöl	5 g
Anisaldehyd	10 g
Benzoetinktur	100 g
Iristinktur	100 g
Moschustinktur	100 g
Resinoid Benzoe	60 g
Moschuslösung	35 g

Seife 50 bis 75 kg.
Grün färben.

Trèfle blanc, Weißer Klee (White Clover)

Amylsalicylat	380 g
Cumarin	100 g
Patchuliöl	30 g
Resinoid Eichenmoos	15 g
Menthylacetophenon	5 g
Ylang-Ylang, künstl.	55 g
Citronellol	150 g
Geraniumöl, afrik.	100 g
Jasmin, künstl., *Heiko*	50 g
Moschuslösung	80 g
Tolutinktur	75 g
Tonkatinktur	75 g
Iristinktur	100 g

Seife 100 kg.

Savon Trèfle incarnat

Grundseife .... 50 kg
Amylsalicylat .... 500 g
Geraniol .... 100 g
Bergamottöl, künstl. ...... 100 g
Patchuliöl .... 20 g
Canangaöl .... 75 g
Cumarin .... 80 g
Eugenol .... 50 g
Neroliöl, künstl., *Sch. & C.* 30 g
Zibethin, *N. & C.* .... 20 g

Farbe: Grün.

Savon royal de Thridace

Weiße Grundseife .... 50 kg
Rosenöl, künstl. .... 35 g
Geraniol .... 50 g
Neroliöl .... 50 g
Petitgrainöl.............. 100 g
Isoeugenol .... 100 g
Portugalöl .... 100 g
Bergamottöl .... 200 g
Lavendelöl .... 100 g
Corianderöl .... 10 g
Xylol-Moschus .... 8 g
Anethol .... 10 g
Cinnamein .... 50 g
Benzoetinktur .... 200 g

Farbe: 12 g Maigrün.

Parma-Veilchenseife

Grundseife .... 40 kg
Jonon für Seifen II ...... 60 g
Irisöl, flüss. .... 30 g
Bergamottöl .... 250 g
Geraniol .... 50 g
Neroliöl, künstl. .... 10 g
Ylang-Ylangöl, künstl. .... 30 g
Linaloeöl .... 50 g
Benzoetinktur .... 100 g
Moschus, künstl. .... 3 g

Farbe: 200 g Brillantbraun.

Savon Violiris

Grundseife, ... 40 kg
Iriswurzelpulver ff. .... 8 kg
Moschus, künstl. .... 50 g
Irisöl, flüss. .... 220 g
Irisöl, konkret .... 20 g
Terpineol .... 100 g
Ylang-Ylang, künstl., *Heiko* 5 g
Bergamottöl .... 80 g
Vanillin .... 10 g

Farbe: 100 g Braun Nr. 42.

Violette Tsarine

Geraniumöl, afrik........... 200 g
Ylang-Ylang, künstl........ 100 g
Canangaöl .... 100 g
Phenyläthylalkohol .... 100 g
Anisaldehyd .... 100 g
Jonon II .... 300 g
Iraldein, *H. & R.* .... 200 g
Vert I., *T. M.*............ 7 g
Resinoid Styrax .... 15 g
Solution Iris (50 : 1 l) ..... 55 g
Benzoetinktur............. 150 g
Moschuslösung .... 45 g

Seife 100 kg.

Violette Victoria

Bergamottöl Reggio .... 400 g
Canangaöl .... 100 g
Ylang-Ylang, künstl........ 100 g
Anisaldehyd .... 100 g
Phenyläthylalkohol .... 100 g
Jonon II .... 275 g
Jonon, chem. rein.......... 50 g
Iraldein *H. & R.*........... 100 g
Vert I., *T. M.*............ 10 g
Violette comp............. 50 g
Solution Iris 5%........... 100 g
Heliotropin .... 25 g
Rosenöl, bulgar. .... 5 g
Resinoid Styrax .... 10 g
Moschuslösung .... 55 g

Seife 100 kg.

Diverse Veilchenseifen

I. Jonon II .... 200 g
Benzylacetat .... 75 g
Cassie, künstl., *H. & R.* . 10 g
Bergamottöl .... 100 g
Anisaldehyd .... 25 g
Resinoid Styrax .... 15 g
Solution Iris .... 40 g
Moschuslösung .... 30 g
Benzoetinktur.......... 75 g

Seife 50 kg.

II. Bergamottöl .... 200 g
Canangaöl .... 100 g
Anisaldehyd .... 50 g
Phenyläthylalkohol .... 50 g
Jonon II .... 150 g
Raldéine, *A. L. G*...... 50 g
Moschuslösung .... 30 g
Solution Iris .... 50 g
Resinoid Styrax ...... 20 g
Benzoetinktur......... 75 g
Iriswurzelpulver .... 1000 g

Seife 50 kg.

<table>
<tr><td colspan="2" align="center">Parma Violet</td><td colspan="2" align="center">Nizza-Veilchenseife</td></tr>
<tr><td>Bergamottöl</td><td align="right">350 g</td><td>Grundseife</td><td align="right">45 kg</td></tr>
<tr><td>Ylang-Ylang, künstl.</td><td align="right">150 g</td><td>Palmölgrundseife</td><td align="right">5 kg</td></tr>
<tr><td>Jonon II</td><td align="right">275 g</td><td>Iriswurzelpulver</td><td align="right">2 kg</td></tr>
<tr><td>Anisaldehyd</td><td align="right">100 g</td><td>Künstl. Moschus</td><td align="right">5 g</td></tr>
<tr><td>Raldéine, A. L. G.</td><td align="right">100 g</td><td>Bergamottöl</td><td align="right">100 g</td></tr>
<tr><td>Phenyläthylalkohol</td><td align="right">100 g</td><td>Benzoetinktur</td><td align="right">100 g</td></tr>
<tr><td>Heliotropin</td><td align="right">30 g</td><td>Jonon</td><td align="right">80 g</td></tr>
<tr><td>Irisöl, konkret</td><td align="right">10 g</td><td>Lavendelöl</td><td align="right">15 g</td></tr>
<tr><td>Resinoid Styrax</td><td align="right">15 g</td><td>Irisöl, liquid.</td><td align="right">50 g</td></tr>
<tr><td>Violette, comp.</td><td align="right">50 g</td><td colspan="2">Farbe: 180 g Umbra</td></tr>
<tr><td>Heiko-Viofolia</td><td align="right">7,5 g</td><td colspan="2" align="right">20 g Cadmium-Orange</td></tr>
<tr><td>Benzoetinktur</td><td align="right">150 g</td><td colspan="2" align="right">10 g Zinnober.</td></tr>
<tr><td>Tolutinktur</td><td align="right">50 g</td><td></td><td></td></tr>
<tr><td>Ketonmoschuslösung</td><td align="right">45 g</td><td></td><td></td></tr>
<tr><td>Zibettinktur</td><td align="right">75 g</td><td></td><td></td></tr>
<tr><td colspan="2" align="center">Seife 100 kg.</td><td></td><td></td></tr>
</table>

Von sehr vorteilhaftem Einfluß wird der verbilligte Veilchenriechstoff auf die feineren Toiletteseifen sein. Sie werden jetzt besonders schön herausgebracht und in richtiger Erkenntnis der Wichtigkeit dieses Zweiges hat man auch Jonon für Seifen auf den Markt gebracht. Wenn man auf 100 kg Grundseife etwa 300 g Jonon „für Seifen" verwendet unter Zufügung von ungefähr 40 g Jasminöl „für Seifen" sowie auch noch etwa 200 g Bergamottöl, so erhält man eine sehr schöne Ware. Allein es ist notwendig, auch noch andere Kombinationen mit dem Jonon „für Seifen" zu suchen, die zu schönen Resultaten führen. So z. B.:

oder:

<table>
<tr><td>Jonon für Seifen</td><td align="right">400 g</td><td>Jonon für Seifen</td><td align="right">400 g</td></tr>
<tr><td>Linalylacetat</td><td align="right">500 g</td><td>Irisöl, konkret</td><td align="right">20 g</td></tr>
<tr><td>Vanillin</td><td align="right">10 g</td><td>Portugalöl</td><td align="right">30 g</td></tr>
<tr><td>Moschus, künstl.</td><td align="right">30 g</td><td>Canangaöl</td><td align="right">40 g</td></tr>
<tr><td>Jasminöl für Seifen</td><td align="right">30 g</td><td>Cumarin</td><td align="right">5 g</td></tr>
<tr><td>Iriswurzelpulver ff.</td><td align="right">3000 g</td><td>Resinoid Iris</td><td align="right">300 g</td></tr>
<tr><td>Orangenschalenpulver ff.</td><td align="right">500 g</td><td>Geraniumöl, Bourbon</td><td align="right">25 g</td></tr>
<tr><td></td><td></td><td>Moschus, künstl.</td><td align="right">20 g</td></tr>
</table>

Ein auch für die Seifenfabrikation sehr wertvoller Veilchenriechstoff ist das Folione.[1] Es ist von vollem, lieblichem Duft und die mit Folione parfumierten Seifen zeigen in der Tat den Veilchenblättergeruch. In den richtigen Vermischungen ist es jetzt möglich, Veilchenseifen herzustellen, die den Duft eines Straußes frisch gepflückter Veilchen täuschend ähnlich wiedergeben. Dieser Fortschritt dürfte die Veilchenseifen noch weit stärker in Aufnahme kommen lassen, als das schon ohnehin der Fall war, und gute Seifen dieses Geruches können zu annehmbaren Preisen in den Handel gebracht werden.

Das Folione erweist sich auch als alkalibeständig, jedoch muß

---

[1] Diese Ausführungen Manns beziehen sich, nach modernen Begriffen nicht nur auf die Spezialität Folione, sondern auf eine ganze Anzahl Veilchenblatt-Grüngerüche, die im Handel unter verschiedenen Bezeichnungen (Vert de violette künstl. u s w.) anzutreffen sind.

man zugeben, daß die mit ihm parfumierten kaltgerührten Seifen lange nicht das schöne Aroma der pilierten Toiletteseifen aufweisen. Immerhin werden auch sie gerne Abnehmer finden.

Bei den pilierten Seifen hat das Folione noch den Vorteil, daß die damit hergestellten Parfums auch am Lager gut bleiben und nicht den muffigen Geruch annehmen, wie man das leider ab und zu findet, hauptsächlich wohl da, wo als Veilchenriechstoff irgend ein ganz billiges Produkt verwendet wurde, bei dem besonders die Reinigung nur in sehr beschränktem Umfange bewirkt wurde.

Übrigens kann man das Folione jeder beliebigen Veilchenparfumvorschrift zur Parfumierung von Seifen einfügen, denn es verträgt sich mit allen anderen Riechstoffen, ohne vordringlich zu erscheinen oder mit den anderen Riechstoffen eine schlechte Nuance abzugeben. Bei Verwendung von Benzylacetat, künstlichem Moschus, Bergamottöl, echt und synthetisch, u. a. m. in den richtig getroffenen Abwägungen kann man zu verhältnismäßig billigem Preise sehr gute Parfumierungen erreichen. Hier einige Beispiele:

Veilchenseifen mit Folione
(Das Parfum ist immer für 100 kg
Seife berechnet)

I. Folione, *D. F.* . . . . 550 g	II. Terpineol . . . . 400 g
Benzylacetat . . . . 200 g	Folione, *D. F.* . . . . 100 g
Canangaöl . . . . 50 g	Bergamottöl . . . . 100 g
Moschus, künstl. . . . . . . 100 g	Moschus, künstl. . . . . . . 80 g
Bergamottöl . . . . 120 g	Geraniumöl, Bourbon . . 20 g
	Benzoetinktur . . . . 100 g

III. Iriswurzelpulver . . . . . . 3000 g
    Folione, *D. F.* . . . . 80 g
    Terpineol . . . . 300 g
    Benzylacetat . . . . 30 g
    Linalylacetat . . . . 20 g
    Moschus, künstl. . . . . . 15 g

Irisseife

Benzoetinktur . . . . 180 g	Moschus . . . . 45 g
Folione, *D. F.* . . . . 150 g	Rosenholzöl . . . . 90 g
Irisöl, flüss. . . . . 200 g	Geraniol . . . . 20 g
Canangaöl . . . . 80 g	Lavendelöl . . . . 15 g
Bergamottöl . . . . 175 g	Petitgrainöl . . . . 57 g
	Iriswurzelpulver . . . . 3000 g

Aber auch in Verbindung mit Hyacinthin, Jasminöl, Malanol und einigen anderen hervorragend guten Seifenparfums (Sandelholzöl) kann man mit dem Folione die feinsten Parfumierungen herstellen.

Für billigere Sorten von Veilchenseifen wird folgende Komposition auf 100 kg Grundseife genügen:

Jonon für Seifen . . . . 200 g
Terpineol . . . . 300 g
Moschus, künstl. . . . . 10 g
Geraniumöl, Bourbon . . . . . 50 g
Benzylacetat . . . . 100 g

Gerade mit dem letzten Zusatz muß man aber doch recht vorsichtig sein, da er sehr leicht vorriecht, je nachdem man die Qualität zur Hand hat.

Waldduftseife

Grundseife	50 kg	Mimosa „S", *N. & C.*	25 g
Bergamottöl	100 g	Cedernholzöl	25 g
Cumarin	45 g	Künstl. Moschus	15 g
Bourbonal	20 g	Vetiveröl	5 g
Terpineol	80 g	Rosenöl, künstl.	20 g
Bornylacetat	30 g		

Farbe: 100 g Seifengrün.

B. Mittelfeine Seifen (Familienseifen).

Akazienseife

Grundseife … 25 kg
Geraniumöl, afrik. … 50 g
Irisöl … 10 g
Neroliöl … 10 g
Petitgrainöl … 20 g
Tinktur Zibet … 20 g
Xylolmoschus … 6 g
Cumarin … 15 g
Methylanthranilat … 20 g
Benzylacetat … 50 g
Farbe: 5 g Brillantrosa.

Benzoe-Mandelmilchseife

Weiße Grundseife … 30 kg
Mandelmilch … 2 kg
Benzoetinktur … 600 g
Bergamottöl … 40 g
Geraniol … 30 g
Moschus, künstl. … 3 g
Bittermandelöl, künstl. … 100 g

Buttermilchseife

Grundseife ff., weiß … 35 kg
Terpineol … 200 g
Palmarosaöl … 160 g
Moschus, künstl. … 25 g
Nelkenöl … 60 g
Farbe: Weiß.

Eibischseife

Weiße Grundseife … 40 kg
Lavendelöl … 200 g
Cassiaöl … 100 g
Wintergrünöl … 30 g
Canangaöl … 10 g
Bergamottöl … 50 g
Anisaldehyd … 10 g
Farbe: 3 g Wachsgelb.

Familienseife

Weiße Grundseife … 30 kg
Lavendelöl … 100 g
Aubépine … 10 g
Bromelia … 2 g
Ambra, künstl., *T. M.* … 1 g
Resedageraniol, *Sch. & C.* … 5 g
Bergamottöl … 20 g
Zimtalkohol … 5 g
Farbe: 3 g Rhodamin.

Fliederseife

Weiße Grundseife … 50 kg
Terpineol … 300 g
Canangaöl … 60 g
Jasmin S. … 25 g
Muguet, *H. & R.* … 30 g
Geraniumöl … 50 g
Heliotropin … 60 g
Moschus, künstl. (Xylol) … 10 g
Hyacinthin … 20 g
Farbe: 100 g Fliederblau.

Savon Grand Lilas

Weiße Grundseife … 50 kg
Hyacinthin … 40 g
Rosenöl, künstl. … 30 g
Moschus, künstl. (Xylol) … 10 g
Terpineol … 300 g
Bergamottöl … 50 g
Geraniol … 15 g
Linalool rosé … 15 g
Irisöl, flüss., *H. & R.* … 20 g
Neroliöl, künstl. … 5 g
Heliotropin … 75 g
Farbe: 4 g Wachsgelb.

Glycerinseife (undurchsichtig)

Weiße Grundseife	40 kg
Palmölgrundseife	10 kg
Lavendelöl	160 g
Terpineol	50 g
Cassiaöl	100 g
Nelkenöl	50 g

Farbe: 6 g Wachsgelb.

Heckenrosenseife

Weiße Grundseife	50 kg
Geraniol	300 g
Bergamottöl	60 g
Nelkenöl	20 g
Cassiaöl	10 g
Bittermandelöl	10 g
Zibettinktur	50 g
Moschus, künstl. (Xylol)	10 g

Farbe: 3 g Rhodamin
1 g Ponceaurot.

Heliotropseife

Grundseife	30 kg
Heliotropin	150 g
Bourbonal	30 g
Benzaldehyd	75 g
Cumarin	40 g
Bergamottöl	80 g
Geraniumöl	30 g
Xylolmoschus	15 g
Perubalsam	50 g

Farbe: 3 g Wachsgelb.

Heuseife

Grundseife	50 kg
Cumarin	150 g
Thymianöl, rot	30 g
Patchuliöl	10 g
Lavendelöl	50 g
Bergamottöl	60 g
Geraniumöl	50 g
Xylolmoschus	10 g

Farbe: 100 g Seifengrün.

Honigseife

Weiße Grundseife	25 kg
Palmölgrundseife	25 kg
Lavendelöl	200 g
Verbenaöl	60 g
Citronellal	50 g
Cassiaöl	50 g
Wachsaroma	30 g

Farbe: 10 g Orange.

Hyacinthenseife

Grundseife ff., weiß	30 kg
Brillantrosa	3 g
Hyacinthin I a	45 g
Geraniumöl, Bourbon	40 g
Ylang-Ylangöl, künstl.	10 g
Moschus, künstl. (Xylol)	5 g
Bourbonal, *H. & R.*	3 g
Terpineol	160 g
Aubépine	3 g

Jasminseife

Weiße Grundseife	40 kg
Benzylacetat	250 g
Geraniumöl	60 g
Petitgrainöl	20 g
Methylanthranilat	10 g
Linalool	20 g
Heliotropin	5 g
Nerolin	2 g
Canangaöl	50 g

Farbe: Gelb oder Rosa.

Kamillenseife

Grundseife ff., weiß	50 kg
Kamillenextrakt	1000 g
Kamillenöl, Citrat	50 g
Geraniumöl	200 g
Terpineol	200 g
Cumarin	20 g
Storax, flüss.	50 g

Kinderseife

I. Weiße Grundseife	30 kg
Lanolin	2 g
Geraniumöl	150 g
Rosenöl, künstl.	10 g
Bergamottöl	100 g
Zimtalkohol	40 g

Farbe: 2 g Wachsgelb.

II. Weiße Grundseife	50 kg
Reismehl	1 kg
Vaseline, weiße	1 kg
Geraniumöl	200 g
Terpineol	200 g
Sandelholzöl	45 g

Lanolinseife

Weiße Grundseife	50 kg
Lanolin	5 g
Lavendelöl	250 g
Xylolmoschus	8 g
Palmarosaöl	150 g
Eugenol	20 g
Bergamottöl	20 g

Farbe: 10 g Orange.

Kräuterseife

Weiße Grundseife .... 40 kg
Thymianöl .... 80 g
Wintergrünöl .... 10 g
Lavendelöl .... 60 g
Cumarin .... 60 g
Bergamottöl .... 130 g
Patchuliöl .... 5 g
Thymen .... 40 g
Carven .... 50 g
Rosmarinöl .... 30 g
Amylsalicylat .... 20 g
Perubalsam .... 30 g
Xylolmoschus .... 10 g
Farbe: Grün.

Lattichseife (Suc de Laitue)

Weiße Grundseife .... 40 kg
Palmölgrundseife .... 10 kg
Bergamottöl .... 200 g
Neroliöl, künstl. .... 50 g
Geraniol .... 120 g
Bittermandelöl .... 5 g
Xylolmoschus .... 8 g
Farbe: 65 g Seifengrün.

Lilienmilchseife

Grundseife .... 30 kg
Linalool .... 80 g
Neroliöl, künstl. .... 50 g
Irisöl, liquid. .... 20 g
Anethol .... 5 g
Sandelholzöl, ostind. ......·15 g
Eugenol .... 10 g
Xylolmoschus .... 10 g
Farbe: 10 g Brillantrosa.

Lindenblütenseife

Weiße Grundseife .... 30 kg
Lavendelöl .... 200 g
Cumarin .... 15 g
Bromelia .... 10 g
Linalool .... 100 g
Canangaöl .... 15 g
Thymianöl, weiß .... 50 g
Farbe: Weiß.

Maiglöckchenseife

Grundseife .... 50 kg
Linalool .... 150 g
Canangaöl .... 80 g
Terpineol .... 100 g
Muguet, künstl. .... 80 g
Jasminöl, künstl. .... 10 g
Xylolmoschus .... 10 g
Farbe: 65 g Maigrün.

Malzextraktseife

Grundseife .... 50 kg
Malzextrakt .... 2 kg
Terpineol .... 100 g
Xylolmoschus .... 5 g
Aubépine................ 25 g
Bergamottöl .... 100 g
Geraniumöl, Bourbon..... 25 g
Farbe: Hellbraun.

Mandelblütenseife

Grundseife .... 35 kg
Echtes Bittermandelöl .... 10 g
Terpineol .... 35 g
Palmarosaöl .... 150 g
Aubépine................ 10 g
Benzaldehyd .... 150 g
Citronenöl............... 50 g
Farbe: 5 g Brillantrosa.

Opoponaxseife

Grundseife .... 35 kg
Opoponaxöl .... 30 g
Rosenöl, künstl. .... 5 g
Palmarol .... 20 g
Patchuliöl .... 2 g
Bergamottöl .... 100 g
Neroliöl................. 5 g
Sandelholzöl, ostind. ..... 3 g
Xylolmoschus............ 10 g
Perubalsam .... 50 g
Farbe: 15 g Brillantbraun
5 g Orange S. W.

Orangenblütenseife

Grundseife .... 50 kg
Neroli, künstl. .... 120 g
Petitgrainöl.............. 75 g
Geraniumöl .... 50 g
Vanillin .... 5 g
Benzylacetat............. 100 g
Methylanthranilat .... 40 g
Xylolmoschus .... 12 g
Bromelia .... 5 g
Farbe: 50 g Orange-Cadmium
20 g Zinnober.

Patchuliseife

Weiße Grundseife .... 30 kg
Palmölgrundseife .... 10 kg
Patchuliöl .... 65 g
Cedernholzöl............. 100 g
Wintergrünöl .... 100 g
Cassiaöl .... 80 g
Geraniol .... 20 g
Xylolmoschus .... 10 g
Farbe: 100 g Seifengrün.

Resedaseife

Weiße Grundseife .... 30 kg
Palmölgrundseife .... 10 kg
Amanthol, *Agfa* .... 25 g
Irolène, seifenecht, *Agfa* .. 50 g
Wintergrünöl, künstl. .... 30 g
Lavendelöl .... 200 g
Citronellal .... 10 g
Petitgrainöl .... 100 g
Cedernholzöl .... 50 g
Farbe: 100 g Seifengrün.

Rosenseife

Weiße Grundseife .... 50 kg
Isoeugenol .... 40 g
Rosenöl, künstl. .... 50 g
Cassiaöl .... 40 g
Geraniol .... 100 g
Geraniumöl, Bourbon ..... 200 g
Palmarosaöl .... 50 g
Farbe: 8 g Rhodamin
3 g Ponceaurot.

Rote-Roseseife

Weiße Grundseife .... 50 kg
Geraniumöl, afrik. .... 250 g
Patchuliöl .... 3 g
Geraniol .... 150 g
Phenyläthylalkohol .... 75 g
Hyacinthin .... 10 g
Xylolmoschus .... 8 g
Ambrettemoschus .... 5 g

Vanilleseife

Grundseife, weiß .... 50 kg
Grundseife, gelb .... 12 kg
Styrax liqu. pur. .... 40 g
Eugenol .... 40 g
Cedernholzöl .... 30 g
Vanillin .... 60 g
Lavendelöl .... 30 g
Cumarin .... 10 g
Perubalsam .... 70 g
Geraniol .... 25 g
Palmarosaöl .... 30 g
Heliotropin .... 15 g
Ambrettemoschus .... 10 g
Farbe: 15 g Brillantbraun.

Vaselinseife

Weiße Grundseife .... 50 kg
Vaseline, weiß .... zirka 5 kg
Geraniumöl .... 60 g
Eugenol .... 20 g
Sandelholzöl, ostind. ...... 15 g
Bergamottöl .... 80 g
Farbe: Weiß.

Veilchenseife

Weiße Grundseife .... 25 kg
Palmölgrundseife .... 25 kg
Iriswurzelpulver .... 2 kg
Bergamottöl .... 150 g
Jonon .... 65 g
Terpineol .... 200 g
Moschus, künstl. .... 15 g
Irisöl, künstl. .... 50 g
Canangaöl .... 30 g
Benzylacetat .... 100 g
Farbe: 15 g Brillantbraun
5 g Wachsgelb.

Violette de Parme

Grundseife .... 50 kg
Moschus, künstl. .... 10 g
Geraniumöl, Bourbon ..... 30 g
Benzylacetat .... 100 g
Jonon .... 200 g
Cassia, künstl., *H. & R.* .. 50 g

Waldblumen

Grundseife .... 30 kg
Palmölgrundseife .... 5 kg
Cumarin .... 90 g
Geraniumöl .... 150 g
Fichtennadelöl .... 20 g
Moschus, künstl. .... 5 g
Terpineol .... 125 g

Ixoraseife

Grundseife .... 40 kg
Bergamottöl, synth. ...... 100 g
Styrax liquidus .... 130 g
Cumarin .... 90 g
Eugenol .... 10 g
Moschus, künstl. .... 12 g
Sandelholzöl, ostind. ...... 40 g
Geraniol .... 55 g
Vetiveröl .... 10 g
Heliotropin .... 20 g
Methylacetophenon .... 10 g

Waldmeisterseife

Grundseife .... 40 kg
Cumarin .... 150 g
Bergamottöl .... 100 g
Linaloeöl .... 30 g
Vanillin .... 10 g
Moschus, künstl. .... 2 g
Tonkatinktur .... 100 g
Farbe: 50 g Seifengrün
3 g Wachsgelb.

<table>
<tr><td colspan="2">Windsorseife</td><td colspan="2">Ylang-Ylangseife</td></tr>
<tr><td>Weiße Grundseife</td><td>25 kg</td><td>Grundseife, weiß</td><td>30 kg</td></tr>
<tr><td>Palmölgrundseife</td><td>25 kg</td><td>Jasminöl, künstl., H. & C.</td><td>10 g</td></tr>
<tr><td>Cassiaöl</td><td>150 g</td><td>Vanillin</td><td>3 g</td></tr>
<tr><td>Nelkenöl</td><td>150 g</td><td>Tinktur Moschus</td><td>30 g</td></tr>
<tr><td>Lavendelöl</td><td>100 g</td><td>Canangaöl</td><td>200 g</td></tr>
<tr><td>Moschus, künstl.</td><td>5 g</td><td>Linaloeöl</td><td>40 g</td></tr>
<tr><td colspan="2">Farbe: 15 g Brillantbraun.</td><td>Geraniumöl</td><td>50 g</td></tr>
<tr><td></td><td></td><td>Ylang-Ylangöl, künstl.</td><td>120 g</td></tr>
<tr><td></td><td></td><td>Bromelia</td><td>2 g</td></tr>
<tr><td></td><td></td><td>Benzylacetat</td><td>100 g</td></tr>
<tr><td></td><td></td><td colspan="2">Farbe: 3 g Wachsgelb.</td></tr>
</table>

C. Einfache pilierte Seifen.

Parfumieren und Färben von Toiletteseifen aus IIa Grundseifen.

Da man zu IIa Grundseifen gewöhnlich etwas geringer bewertete Fette verwendet, ergeben diese eine weniger klare Farbe und sind oft gelblich, auch nicht immer geruchlos, wie das von der Ia. Ware verlangt werden muß. Mit diesen beiden Faktoren ist unbedingt zu rechnen bei der Verarbeitung der IIa Ware zu pilierten Toiletteseifen, und ganz besonders muß dabei auf die Art der Parfumierung und des Färbens Rücksicht genommen werden. Zum Färben kann man sowohl Erdfarben als auch wasserlösliche Farben verwenden, doch sind mit den ersteren die zarten Nuancen in Rosa und Mattgelb sowie in hellem Fliederblau nicht schön zu treffen.

Anmerkung: Die von Mann angegebene Mitverwendung von Cocosseifenabfällen durch Einpilieren ist nicht zu empfehlen, weil man hiedurch riskiert, daß die Seife rasch ranzig wird.

<table>
<tr><td colspan="4" align="center">Boraxseife</td></tr>
<tr><td>Grundseife II a</td><td>50 kg</td><td>Lavendelöl</td><td>80 g</td></tr>
<tr><td>Adeps lanae</td><td>1 kg</td><td>Moschus (Xylol)</td><td>8 g</td></tr>
<tr><td>Borax</td><td>3 kg</td><td>Thymianöl, rot</td><td>15 g</td></tr>
<tr><td>gelöst in</td><td></td><td>Palmarosaöl</td><td>80 g</td></tr>
<tr><td>Kochendem Wasser</td><td>6 kg</td><td></td><td></td></tr>
</table>

Die Farbe dieser Seife sollte man eigentlich in dem Naturton lassen, allein die Boraxseifen werden gefärbt verlangt, und zwar gelblich oder rosa. In ersterem Falle genügen 8 g Wachsgelb, in letzterem nehme man zirka 80 g Feinrosa.

<table>
<tr><td colspan="4" align="center">Billige Chypreseife</td></tr>
<tr><td>Spiköl</td><td>100 g</td><td>Patchuliöl</td><td>55 g</td></tr>
<tr><td>Lavendelöl</td><td>100 g</td><td>Xylolmoschuslösung</td><td>100 g</td></tr>
<tr><td>Amylsalicylat</td><td>150 g</td><td>Resinoid Sumatra</td><td>100 g</td></tr>
<tr><td>Cumarin</td><td>125 g</td><td>Cedernholzöl</td><td>150 g</td></tr>
<tr><td colspan="4" align="center">Seife 150 kg.</td></tr>
</table>

Fliederseife

Grundseife II a . . . . 40 kg
Cocosseifenabfälle . . . . 10 kg
Terpineol . . . . 300 g
Xylolmoschus . . . . 8 g
Canangaöl . . . . 50 g
Geraniol . . . . 20 g
Bergamottöl . . . . 80 g
Heliotropin . . . . 50 g

Farbe: 2 g Rhodamin
12 g Ultramarinblau.

Fougèreseife, billig

Thymianöl, rot . . . . 75 g
Amylsalicylat . . . . 200 g
Patchuliöl . . . . 20 g
Heliotropin . . . . 25 g
Zimtalkohol . . . . 50 g
Moschuslösung . . . . 100 g
Cumarin . . . . 200 g
Diphenylmethan . . . . 25 g
Neroli für Seife . . . . 50 g
Resinoid Sumatra . . . . 100 g
Spiköl . . . . 100 g
Terpineol . . . . 100 g

Seife 150 kg.

Heliotropseife, billig

Heliotropin . . . . 200 g
Cumarin . . . . 50 g
Benzaldehyd . . . . 100 g
Vanillin . . . . 25 g
Neroli, künstl., S. . . . . 50 g
Resinoid Tolu . . . . 50 g
Perubalsam, künstl. . . . . 20 g
Xylolmoschus . . . . 25 g
Terpineol . . . . 150 g
Zimtalkohol . . . . 50 g

Seife 100 kg.

Konkurrenzseife

Grundseife II a . . . . 40 kg
Cocosseifenabfälle . . . . 10 kg
Moschus, künstl. . . . . 3 g
Eugenol . . . . 30 g
Lavendelöl . . . . 80 g
Bergamottöl, künstl. . . . . 80 g
Yara-Yara . . . . 2 g
Cedernholzöl . . . . 50 g
Cassiaöl . . . . 10 g

Farbe: 2 g Wachsgelb.

Honigseife

Grundseife II a . . . . 30 kg
Citronellöl . . . . 90 g
Cassiaöl . . . . 80 g
Lavendelöl . . . . 80 g
Farbe: 10 g Orange S. W.

Die bei den vorstehenden Vorschriften mitzuverarbeitenden Cocosseifenabfälle sind gut zu trocknen und den Farben nach zu sortieren. Für eine jeweils zu erzielende Farbe der pilierten Seifen arbeitet man die passenden gefärbten Abfälle auf.

Diese von Mann empfohlene und auch oft geübte Verwendung von Cocosseifen-Abfällen ist, wie bereits erwähnt, nicht unbedenklich.

Maiglöckchenseife

Grundseife II a . . . . 40 kg
Cocosseifenabfälle . . . . 10 kg
Terpineol . . . . 75 g
Linaloeöl . . . . 180 g
Lavendelöl . . . . 25 g
Hyacinthin . . . . 5 g
Canangaöl . . . . 50 g

Farbe: 50 g Maigrün.

Moschusseife

Grundseife II a . . . . 30 kg
Eugenol . . . . 40 g
Wintergrünöl . . . . 15 g
Patchuliöl . . . . 10 g
Zibet, künstl. . . . . 6 g
Benzoetinktur . . . . 150 g
Moschus, künstl. (Xylol) . . 30 g
Ambrettemoschus . . . . 20 g

Farbe: 150 g Umbra
10 g Brillantbraun.

Moschusseife (mit Patchuliöl)

Grundseife	25 kg
Cocosseife	25 kg
Cadmium-Orange	60 g
Zinnober	15 g
Umbraun	20 g
Bergamottöl, künstl.	120 g
Patschuliöl	75 g
Yara-Yara	2 g
Cassiaöl	150 g
Lavendelöl, künstl.	100 g
Verbenaöl	5 g
Xylolmoschus	30 g
Ambrettemoschus	20 g

Patchuliseife

Grundseife II a	30 kg
Patchuliöl	80 g
Cumarin	50 g
Cassiaöl	50 g
Bergamottöl	30 g

Farbe: 50 g Maigrün.

Resedaseife

Grundseife II a	40 kg
Cocosseifenabfälle	10 kg
Eugenol	35 g
Sandelholzöl, ostind.	40 g
Aubépine	15 g
Geraniumöl	35 g
Wintergrünöl	20 g
Citral	10 g

Farbe: 100 g Seifengrün.

Rosenseife

Grundseife II a	50 kg
Cocosseifenabfälle	10 kg
Gingergrasöl	100 g
Geraniol	150 g
Eugenol	20 g
Palmarosaöl	50 g
Xylolmoschus	8 g
Geraniumöl, afrik.	75 g
Phenyläthylalkohol	100 g
Diphenylmethan	50 g
Patchuliöl	3 g

Farbe: 100 g Feinrosa.

Auch zu billigen pilierten Veilchenseifen, die nicht gerade erstklassige Ware darstellen sollen, läßt sich die IIa Grundseife in Verbindung mit Palmölgrundseifen sehr gut verwenden.

Veilchenseife

Grundseife II a	25 kg
Palmölgrundseife	5 kg
Bergamottöl, künstl.	100 g
Xylolmoschus	8 g
Canangaöl	50 g
Lavendelöl	25 g
Jonon	60 g
Benzylacetat	75 g

Farbe: 150 g Umbra
10 g Brillantbraun.

Windsorseife

Grundseife II a	30 kg
Moschuslösung	100 g
Nelkenöl	60 g
Cassiaöl	100 g
Lavendelöl	40 g

Farbe: 100 g Seifenbraun.

Milchseife

Man stellt eine gute Milchseife zum Pilieren auf folgende Weise her: Magermilch wird in einem Vakuumapparat auf $^1/_5$ ihres Volumens bei niederer Temperatur eingedampft, damit kein Anbrennen und Dunkelwerden eintritt. Die Grundseife wird auf folgende Weise erzeugt: 43 kg Talg und 27 kg Cocosöl (Ceylon) zerläßt man in einem Kessel und gießt das geschmolzene Fett durch ein Sieb, in welchem noch ein Tuch ausgebreitet wird, um allen Schmutz zu entfernen. Dann gibt man das Öl zurück in den Kessel und erhitzt es auf 80° C. Am besten verwendet man einen Doppelkessel mit indirektem Dampf. Ist das Öl heiß genug, so gibt man unter beständigem Krücken 35,5 kg Natronlauge und 1 kg Kalilauge von 38° Bé. langsam dazu und krückt dann die Masse, bis sie dick ist; dann deckt man den Kessel zu und läßt die Seife verbinden, so daß sie ein durchaus glasiges Aussehen erhält. Hierauf läßt man die Seife auf zirka 60° C abkühlen und füllt sie mit obiger eingedampfter Milch. Man kann bis 50% von derselben zusetzen, doch sind die Seifen mit 25% Milchzusatz am besten zum Pilieren. Ist die Milch gut eingekrückt, so wird die Seife in kleine flache Blechkästen von 25 bis 30 kg Inhalt gegossen, um ein schnelles Abkühlen zu erzielen. Solche Seifen würden in größeren Massen zu leicht dunkel werden und nicht die helle Milchseifenfarbe bekommen. Am folgenden Tage kann die Seife geschnitten, gehobelt und getrocknet werden und ist dann zum Pilieren fertig.

Parfum

Milchseife .... 50 kg	Eugenol................. 20 g
Geraniumöl, afrik. .... 200 g	Sandelholzöl, ostind. ...... 10 g
Geraniol .... 80 g	Moschus, künstl. .... 5 g
Rosenöl, künstl. .... 20 g	Farbe: 3 g Rhodamin
	1 g Ponceaurot.

Man kann die Seifen auch weiß lassen, wozu allerdings nicht zu raten ist; eventuell färbt man sie mit Wachsgelb hellgelblich.

Kaltgerührte Toiletteseifen.

Die Herstellung ist zu bekannt, als daß sie hier nochmals erörtert werden müßte. Nur einige Punkte seien besonders erwähnt.

Das Öl hält man im Sommer wohl am besten auf 35° C, im Winter auf 40° C, die Lauge wird stets auf 38,5° Bé., bei einer Temperatur von 19° C gestellt. Auf 50 kg Öl sind 25 kg Ätznatronlauge von 38,5° Bé. erforderlich. Empfehlenswert ist es noch, daß man an dem Laugeneimer, an der tiefsten Stelle des Bodens, einen kleinen Hahn anbringt. Man stellt dann den Eimer so hoch, daß der Hahn eben über dem Rührkessel steht, dreht den Hahn auf und läßt die Ätznatronlauge in dünnem Strahl ins Öl laufen, wobei durch gleichmäßiges und flottes Umrühren mit dem Öl innige Mischung herbeigeführt wird. Dadurch, daß der Hahn an der tiefsten Stelle des Eimerbodens angebracht ist, kann nicht die geringste Kleinigkeit im Eimer zurückbleiben. Die Vorteile dabei sind: Die Lauge kommt in stets gleichem Strahl in das Öl und man erspart einen Mann, welcher sonst die Lauge zugießen müßte.

Das Rühren wird bei einer kaltgerührten Toiletteseife solange fortgesetzt, bis man mit dem Rührinstrumente auf der Oberfläche der Seife bemerkbare Streifen feststellen kann oder, wie der Fachausdruck lautet, „bis die Seife auflegt". Dann gießt man sie in die Form und läßt diese solange unbedeckt, bis die Seife anfängt, größere Hitze zu entwickeln; nun deckt man ein dazu passendes Stück Leinwand auf die Seife und darauf ein glattes, passendes Stück Brett, welches mit einem nicht zu leichten Gewicht beschwert wird. Letzteres geschieht, um das Auseinanderreißen oder besser gesagt Rissigwerden der Seife bei der nachfolgenden starken Selbsterhitzung zu vermeiden.

Füllungslösungen bestehen in der Regel aus Salz, Pottasche und Zucker und diese müssen nach Vorschrift auf das genaueste zubereitet und dann drei Tage der Klärung überlassen werden. Eine Vorschrift für Füllungslösung lautet:

Wasser	300 kg
Zucker	30 kg
Krist. Soda	12 kg
Pottasche	42 kg
Salz	30 kg

Cocosseife

Cocosöl	30 kg
Ricinusöl	3 kg
38,5 grädige Ätznatron-lauge	16½ kg

Auf vorstehende Menge Cocosseife wendet man die nachfolgenden Quantitäten Parfum und Farbe an:

Honigseife

Citronellal	100 g
Fenchelöl	30 g
Lavendelöl	30 g
Spiköl	10 g
Thymianöl, weiß	20 g
Nelkenöl	20 g

Farbe: 10 g Orange S. W.

Lilienmilchseife

Bergamottöl	50 g
Geraniumöl	25 g
Lavendelöl	15 g
Sandelholzöl ostind.	5 g
Heliotropin	5 g
Moschus, künstl.	2 g
Bittermandelöl, künstl.	2 g

Kräuterseife

Cassiaöl	35 g
Thymen	40 g
Anethol	20 g
Lavendelöl	35 g
Fenchelöl	20 g
Lemongrasöl	10 g
Corianderöl	15 g

Farbe: 80 g Ultramaringrün (im Öl anzureiben).

Maiglöckchenseife

Linaloeöl	200 g
Irisöl, flüss.	10 g
Neroliöl, künstl.	10 g
Sandelholzöl, ostindisch	15 g
Anethol	15 g
Nelkenöl	15 g

Farbe: 20 g Maigrün.

Mandelseife

Auf je 50 kg Seife nimmt man eines der nachstehenden Parfums:

I.
Bittermandelöl, echt	50 g
Bittermandelöl, künstl.	80 g
Carven	25 g
Eugenol	10 g

II.
Bittermandelöl, künstl.	150 g
Eugenol	10 g

III. Bittermandelöl, künstl. . . 180 g

IV. Mirbanöl . . . . 200 g

Patchuliseife

Patchuliöl	150 g
Cedernholzöl	20 g
Moschuslösung	30 g

Pfirsichblütenseife

Eugenol	50 g
Lavendelöl	70 g
Thymen	75 g
Cassiaöl	25 g
Bergamottöl	25 g

Farbe: 15 g Rosa Nr. 114.

Resedaseife

Geraniol	40 g
Irisöl, flüss.	20 g
Bittermandelöl, künstl.	15 g
Cumarin	5 g
Tinktur Moschus	50 g

Farbe: 25 g Resedagrün.

Für die einfachen Cocosseifen stellt man sich in der Regel eine Parfummischung her, welche zur Parfumierung der sämtlichen Farben verwendet wird und von der man auf 50 kg 200 bis 250 g nimmt, je nach Preis der Ware. Eine solche Mischung ist z. B. folgende:

Parfum für Cocosseifen

Lavendelöl, künstl.	2000 g
Rosmarinöl	500 g
Nelkenöl	1000 g
Eugenol	100 g
Cassiaöl	1000 g
Terpineol	1000 g

Bei hohen Preisen für Nelkenöl kann man auch Nelkenterpene nehmen.

Toiletteseifen auf halbwarmem Wege.

Das vorstehende Parfum verwendet man auch zur Parfumierung der auf halbwarmem Wege hergestellten Toiletteseifen, wie man überhaupt für diese sämtliche für kaltgerührte Toiletteseifen gegebenen Parfums anwenden kann.

Vorschriften für Seifen auf halbwarmem Wege:

I. Cocosöl	100 kg	III. Cocosöl	70 kg
Ätznatronlauge, 37° Bé.	55 kg	Olivenöl	30 kg
Salzwasser, 15° Bé.	120 kg	Ätznatronlauge, 37° Bé.	55 kg
Pottaschlösung, 16° Bé.	120 kg	Pottaschlösung, 16° Bé.	120 kg
		Chlorkaliumlösung,	
		15° Bé.	20 kg
II. Cocosöl	50 kg	Salzwasser, 15° Bé.	80 kg
Talg	50 kg	Wasserglas	25 kg
Ätznatronlauge, 37° Bé.	54 kg		
Pottaschlösung, 16° Bé.	120 kg		
Salzwasser, 15° Bé.	60 kg		
Wasserglas	30 kg		

Überfettete Cocosseife

Cochin-Cocosöl	114 kg	Moschus, künstl.	5 g
Natronlauge, 37° Bé.	58 kg	Lavendelöl	100 g
Kalilauge, 37° Bé.	3,5 kg	Bergamiol, *H. & R.*	30 g
Wasser	1,5 kg	Cedernholzöl	30 g
Lanolin	15 kg	Dianthin, *N. & C.*	15 g

Farbe: 5 g Wachsgelb.

Wie hier Cocosseife mit Lanolin überfettet wird, überfettet man auf gleiche Weise pilierte Fettseifen mit Lanolin oder Vaseline. Zur Überfettung darf nur ein Fett genommen werden, das dem Ranzigwerden nicht unterworfen ist.

Nachstehend noch einige moderne Vorschriften zur Parfumierung von kaltgerührten und halbwarmen Seifen:

Honigseifen

I. Citronellöl .... 600 g
   Anisöl .... 40 g
   Cassiaöl .... 10 g
   Nelkenöl .... 15 g
   Seife .... 75 kg

II. Citronellöl .... 200 g
   Cassiaöl .... 60 g
   Lemongrasöl .... 20 g
   Rosmarinöl .... 10 g
   Pfefferminzöl .... 8 g
   Seife .... 75 kg

III. Honigaroma, 4fach,
    H. & R.
   Citronellöl .... 50 g
   Lemongrasöl .... 50 g
   Cassiaöl .... 50 g

Kräuterseife

Spiköl .... 140 g
Rosmarinöl .... 40 g
Thymianöl .... 25 g
Angelikaöl .... 5 g
Nelkenöl .... 50 g
Cassiaöl .... 50 g
Seife .... 35 kg

Schokoladeseife

Perubalsam .... 160 g
Nelkenöl .... 135 g
Cassiaöl .... 106 g
Vanilletinktur .... 10 g
Seife .... 75 kg

Patchuliseife

Patchuliöl .... 110 g
Lemongrasöl .... 110 g
Palmarosaöl .... 55 g
Cassiaöl .... 55 g
Seife .... 75 kg

Kleeseife

Amylsalicylat .... 250 g
Cumarin .... 50 g
Moschuslösung .... 50 g
Seife .... 50 kg

Maiglöckchenseife

Linalool .... 100 g
Ylang, künstl. .... 50 g
Benzylacetat .... 5 g
Tolutinktur .... 100 g
Seife .... 35 kg

Rosenseife

Geraniumöl, Réunion ..... 150 g
Bergamottöl .... 150 g
Lavendelöl .... 6 g
Vetiveröl .... 4 g
Geraniol .... 100 g
Seife .... 75 kg

Moschusseife

Spiköl .... 200 g
Cassiaöl .... 50 g
Nelkenöl .... 50 g
Geraniumöl .... 100 g
Xylolmoschus .... 8 g
Seife .... 50 kg

Windsorseife

Cassiaöl .... 100 g
Perubalsam .... 150 g
Moschuslösung .... 50 g
Thymianöl .... 100 g
Rosmarinöl .... 100 g
Nelkenöl .... 50 g
Benzoetinktur .... 100 g
Seife .... 50 kg

Engl. Veilchenseife

Iriswurzelpulver .... 1000 g
Styrax .... 500 g
Cassiaöl .... 80 g
Spiköl .... 100 g
Perubalsam .... 60 g
Bergamottöl .... 100 g
Seife .... 50 kg

Fliederseife

Terpineol .... 250 g
Benzylacetat .... 50 g
Heliotropin .... 5 g
Anisaldehyd .... 30 g
Phenylacetaldehyd ...... 5 g
Seife .... 50 kg

Jasminseife

Bromelia .... 5 g
Benzylacetat .... 200 g
Methylanthranilat .... 25 g
Moschuslösung .... 50 g
Seife .... 50 kg

Englische Veilchenseife (Alte Vorschrift).

Diese auf kaltem Wege hergestellten Seifen sind Cocosseifen mit Zusatz von Iriswurzelpulver usw.

Cochin-Cocosöl	32 kg	Lavendelöl	300 g
Talg	10 kg	Bergamottöl	150 g
Palmöl	1,5 kg	Safrol	100 g
Natronlauge, 38° Bé.	21,1 kg	Perubalsam	100 g
Iriswurzelpulver	1,5 kg	Cassiaöl	10 g
Curaçaoschalen, pulv.	1,5 kg	Moschus, künstl.	10 g
Styrax, flüss.	1,5 kg	Iris résinoide	50 g

Farbe: 20 g Seifenbraun.

Transparente Glycerinseifen.

Trotzdem die heute sehr billig hergestellten, in geschmackvollen Ausstattungen verpackten und in hochfeinem Parfum gehaltenen, pilierten Toiletteseifen die kaltgerührten und die auf halbwarmem Wege hergestellten Seifen fast verdrängt haben, wird die Glycerintransparentseife noch gern vom Publikum gekauft.

Auch bei dieser Sorte hat man den Parfumeur mit großen Ansprüchen nicht verschont gelassen, und diese Seifen werden neuerdings mit hochfeinen natürlichen Blumengerüchen verlangt.

Wir geben hier neben den Parfumierungen auch eine Vorschrift zur Herstellung einer tadellosen Glycerinseife.

Transparente Glycerinseife

Talg	45 kg	Dest. Wasser	11 kg
Cochin-Cocosöl	45 kg	Natronlauge, 33° Bé.	71 kg
Ricinusöl	30 kg	Alkohol	38 kg
Glycerin, 24° Bé., weiß, kalkfrei	26 kg		

Transparente Glycerinseife ohne Alkohol (mit Zucker)

Talg I a	60 kg	gemischt mit	
Cochin-Cocosöl	74 kg	Dest. Wasser	10 kg
Ricinusöl	76 kg	Kristallsoda	18 kg
Natronlauge, 38° Bé.	108 kg	Zucker	60 kg
		gelöst in	
		Dest. Wasser	64 kg

Man schmilzt zunächst Talg, Cocosöl und Ricinusöl zusammen und fügt dann bei zirka 55° C die 108 kg 38 grädige Lauge, gemischt mit 10 kg destilliertem Wasser, hinzu. Ist das geschehen und ist man sicher, daß man die richtige Temperatur hat, so arbeitet man die Masse durch, wie bei jedem gewöhnlichen Verseifungsprozeß. Darnach läßt man die Seife 1 bis 2 Stunden in dem gut bedeckten Kessel stehen; ist sie alsdann transparent, so krückt man gut durch und muß sicher sein, daß die Verseifung eine vollkommene ist. Darauf gibt man die 18 kg Kristallsoda hinzu. Wenn diese gut untergemischt ist, bedeckt man den Kessel wieder, läßt 15 bis 20 Minuten stehen und stellt sich inzwischen die 60 kg Zucker, aufgelöst in 64 kg destilliertem Wasser, bereit. Diese

28*

Lösung fügt man alsdann hinzu, worauf die Seife sehr schnell dünner werden wird. Man steigert nun die Temperatur auf 70 bis 80° C. Wenn das geschehen, ist die Seife fertig zum Gefärbt- und Parfumiertwerden und kann alsdann geformt werden.

Für die Transparenz sämtlicher Sorten Glycerinseife ist es sehr von Vorteil, wenn diese, aus der Form genommen, einige Zeit stehen können, bevor sie verarbeitet werden, mindestens 2 bis 3 Wochen; denn während dieser Zeit entwickelt sich die Transparenz auf das schönste, natürlich vorausgesetzt, daß die Seifen ordnungsmäßig hergestellt sind.

Parfums für Blumenglycerinseife

Rose		Maiglöckchen	
Geraniol	400 g	Linalool	400 g
Lavendelöl	10 g	Irisöl, flüss.	50 g
Linalool	10 g	Neroliöl, künstl.	40 g
Tinktur Moschus	150 g	Anethol	55 g
Farbe: Hellgelb (Anilingelb).		Sandelholzöl ostind.	40 g
		Dianthin, *N. & C.*	20 g
		Moschuslösung	150 g
		Farbe: Brillantgrün.	

Die feineren Sorten Blumenglycerinseifen werden alle in hellgelber Farbe gehalten, die ihre Kristallklarheit besser hervortreten läßt. Nur einige Sorten sind dunkel gefärbt, was meistens bereits aus dem Parfumzusatz hervorgeht, z. B. Benzoe-Glycerinseife und oft auch die Veilchenglycerinseife.

Benzoe		Flieder	
Benzoe, pulv.	4500 g	Terpineol	1500 g
Styrax, liquid.	2000 g	Cumarin	25 g
Benzoetinktur	2000 g	Heliotropin	50 g
Perubalsam	500 g	Xylolmoschus	15 g
Citral	50 g	Ylang-Ylangöl, künstl.	25 g
Citronenöl	100 g	Geraniol	30 g
Isoeugenol	100 g	Bourbonal, *H. & R.*	15 g
Vanillin	15 g		
Farbe: Brillantbraun.			

Veilchen		Hyacinth	
Bergamottöl	300 g	Hyacinthin	1000 g
Benzylacetat	80 g	Bittermandelöl, künstl.	25 g
Irisöl, flüss.	100 g	Bourbonal, *H. & R.*	30 g
Perubalsam	500 g	Geraniumöl, künstl.	300 g
Jonon II	100 g	Xylolmoschus	15 g
Benzoetinktur	2000 g		
Moschuslösung	250 g		
Terpineol	200 g		
Linalool	30 g		
Farbe: Brillantbraun oder Methylviolett.			

Von den vorstehenden Parfummischungen wird zu den jeweiligen Ansätzen von Glycerinseife soviel zugefügt, als der zu erzielende Preis der Ware zuläßt.

Moderne Parfumierungsvorschriften für transparente Glycerinseifen.

Für je 50 kg frische Seife:

Benzoe

Vanillin .... 25 g
Nelkenöl .... 25 g
Cassiaöl .... 25 g
Citronenöl .... 25 g
Geraniumöl .... 100 g
Tolubalsam .... 400 g
(In Alkohol gelöst.)
Braunrot färben.

Veilchen

Jonon II .... 240 g
Benzylacetat .... 90 g
Cassie, künstl. .... 12 g
Rot färben.

Rose

Geraniol.................. 200 g
Geraniumöl............... 100 g
Phenyläthylalkohol .... 50 g
Nelkenöl .... 10 g
Gelb färben.

Flüssige Glycerinseife

Darunter versteht man eine transparente, parfumierte Glycerinseife, die bei gewöhnlicher Temperatur nicht erstarrt, sondern flüssig bleibt. Eine solche Seife besitzt eine große Reinigungskraft und eine milde Wirkung auf die Haut. Sie ist gewöhnlich von hellgelber bis goldbrauner Farbe und von honigartiger Konsistenz. Durch den hohen Gehalt an Glycerin besitzt sie nur eine mäßige Schaumkraft. Als reine Kaliseife ist sie in Wasser sehr leicht löslich, weshalb man bei Verwendung einer solchen Seife auch hartes Brunnenwasser zum Waschen benützen kann.

Ein passender Ansatz zur Herstellung einer flüssigen Glycerinseife wäre folgender:

Olein .... 1000 g
Schweineschmalz .... 500 g
Ätzkalilauge, 38° Bé. ..... 600 g
Pottaschlösung, 28° Bé. ... 320 g
Glycerin (kalkfrei), 24° Bé. . 5000 g

Citronenöl .... 100 g
Geraniol.................. 25 g
Lavendelöl .... 50 g
Thymianöl................ 50 g
Moschuslösung .... 10 g

Man bringt das Glycerin in einen Dampfdoppelkessel, erwärmt es auf 75° C und läßt darin das Schweineschmalz zergehen, worauf man das Olein einträgt. Ist alles geschmolzen, so rührt man in dünnem Strahle die Ätzkalilauge ein, darauf die Pottaschlösung und bedeckt den Kessel gut über Nacht. Am nächsten Morgen parfumiert man, färbt eventuell noch etwas nach und füllt auf Flaschen.

Flüssige Seife für Seifenspender und Automaten.

Schon seit längerer Zeit sind verschiedene Patente auf Apparate erteilt worden, deren Zweck es ist, auf einfache Weise zu jeder Zeit Seife zu spenden, sei es als Automat gegen Einwurf eines Geldstückes, sei es durch einfache Drehung einer Kurbel oder sonstigen Vorrichtung. Die meisten Apparate spenden Seife in Form von Spänen oder von Pulver, und gerade das letztere will als das Geeignetste erscheinen, denn erstens ist dieses eine sehr einfache und reinliche Art der Seifenspendung und dann verhärtet eine derartige Masse niemals; der Behälter muß eben so angebracht sein, daß ein Zutritt von Wasser in das Seifenpulver als ausgeschlossen gelten kann.

Die in verschiedenen Arten hergestellten Apparate zur Abgabe flüssiger Seife haben ebenfalls große Vorteile aufzuweisen, es kommt bei ihnen jedoch sehr leicht vor, daß die flüssige Seife in dem Bassin erhärtet und damit die ganze Spendung illusorisch wird. Besonders hat man das beobachtet bei Apparaten, die erst durch Geldeinwurf in Funktion gebracht werden und die des öfteren längere Zeit unberührt geblieben sind. Für diesen Fall ist es überhaupt sehr schwer, eine richtige Seife herzustellen, denn alle zeigen mehr oder weniger das Bestreben, sich zu verdicken. Dazu kommt dann noch, daß diese Seifen nicht zu teuer in der Herstellung und dabei nicht zu scharf, sondern möglichst neutral sein sollen. Es sind der Ansprüche fast zu viele. Im folgenden finden wir nun eine Möglichkeit gegeben, diese Schwierigkeiten zu überwinden, indem den flüssigen Seifen ein Zusatz gegeben wird, der das Austrocknen unmöglich macht.

Derartige **flüssige Automatenseifen** werden am besten als Kaliseifen aus Cocosöl, Sesamöl oder Ricinusöl, die mit Lösungen von Pottasche, Chlorkalium und Zucker auf eine entsprechende Ausbeute gebracht werden, hergestellt. Sie haben als Kaliseifen den Vorzug, daß sie nicht eintrocknen und sich stets flüssig halten. Besonders sind solche mit Zuckerlösung und etwas Glycerin vermehrte Seifen von schöner dickflüssiger Konsistenz. Nachstehend folgt eine geeignete ausprobierte Vorschrift.

Cocosöl	50 kg	Glycerin, 24⁰ Bé	25 kg
Ätzkalilauge, 50⁰ Bé	27 kg	Zucker	75 kg
Wasser	13 kg	in Wasser gelöst	300 kg

Man verseift das Cocosöl mit der Kalilauge, der man vorher das Wasser zugemischt hat, bei einer Temperatur von 80 bis 85⁰ C, bedeckt dann den Kessel, bis ein klarer Seifenleim im Kessel liegt, und richtet unter Zuhilfenahme von Phenolphthaleinlösung die Seife genau ab, indem man entweder noch eine Kleinigkeit Lauge oder etwas flüssiges Cocosöl einrührt. Nun wird das Glycerin und das heiße Zuckerwasser zugegeben und die Seife klären gelassen, durch Glaswolle filtriert und leicht parfümiert, wonach man sie erkalten läßt und abfüllt. Für bessere Sorten kann der Glycerinzusatz auf Kosten der Zuckerlösung beliebig erhöht werden.

Weitere empfehlenswerte Vorschriften wären folgende:

I. Cocosöl	43 kg	II. Cocosöl	40 kg
Ricinusöl	7 kg	Ricinusöl	10 kg
50 gräd. Ätzkalilauge .	25 ½ kg	50 gräd. Ätzkalilauge .	24 ½ kg
20 gräd. Pottaschlösung	6 kg	Zuckerlösung (1 : 5) . .	300 kg
Wasser	124 kg	5 gräd. Pottaschlösung .	130 kg

Die Parfumierung dieser Seifen halte man möglichst leicht, ohne dabei ins Ordinäre zu verfallen. Von Citronellöl mache man ja keinen Gebrauch, sehr anzuraten ist dagegen die Verwendung von Terpineol allein oder in Verbindung mit anderen künstlichen Richstoffen. Sehr billig stellt sich auch die reichliche Verwendung von sibirischem Kiefernadelöl, das sich durch Frische und Annehmlichkeit des Geruches auszeichnet. Man kann es als Parfum allein oder zur Deckung des leichten Terpentingeruches in Verbindung mit etwas Aubépine, Linaloeöl und ein wenig Cumarin anwenden.

Die Verpackung dieser Seifen für den Versand geschieht am geeignetsten in weithalsigen Glasflaschen, deren Fassungsvermögen mit dem des Apparates übereinstimmt, damit der ganze Inhalt der Flasche auf einmal in den Apparat gegeben werden kann. Man vermeidet dadurch von vornherein alle unnötigen, der Verhärtung ausgesetzten Reste und für den Verbraucher ist es wesentlich angenehmer, wenn Ersatzflasche und Apparat den genau gleichen Inhalt haben, da dann jedes Übergießen vermieden oder doch wenigstens auf ein Minimum beschränkt wird.

Seifenblätter.

Die Herstellung von Seifenblättern und ähnlichen Artikeln beschränkt sich auf ganz wenige Fabriken, welche sie mehr als Spezialität betreiben.

Zu den Seifenblättern, die sich in Form kleiner Hefte am Markte befinden, wird im allgemeinen Glycerinseife verarbeitet, die möglichst wenig Wasser enthält, oft auch ganz ohne Alkohol hergestellt ist, damit sie nach dem Trocknen möglichst in der gewünschten Form bleibt. Ein dünnes zähes Papier bildet die Grundlage. Dieses wird in Rahmen von bestimmter Größe gespannt, worauf man den Rahmen mit dem Papier in die flüssige Seife taucht. Gerade Glycerinseife läßt sich sehr dünn auftragen und erkaltet leicht, besonders wenn kalte Zugluft durch geeignet angeordnete Ventilatoren zugeführt wird, welcher man die Rahmen möglichst schnell aussetzt.

Das verwendete Papier muß eine ziemlich rauhe Oberfläche haben, damit die Seife leichter haften bleibt. Zeigt sich, daß nach dem ersten Eintauchen nicht genug Seife an dem Papier haften geblieben ist, so wird es nochmals wiederholt. Die Rahmen, an denen nun die Seife abgelaufen ist, werden alsdann in einen Trockenschrank gebracht, und hier läßt man die Seife vollständig austrocknen.

Nach einigen Tagen nimmt man dann den Bogen aus dem Rahmen, zerteilt ihn auf der Schneidemaschine in die gewünschten Größen, um sodann die kleinen Buchpackungen binden zu lassen.

Es sind aber auch Seifenblätter im Handel, die nicht mit Hilfe von Papier hergestellt sind, sondern ganz dünn mit einem Hobel von der Seifenstange abgestoßen werden. Hiezu existiert eine kleine rotierende Maschine. Die Seifenstangen werden ziemlich hart getrocknet, dann außen herum geglättet, im Querschnitt auch bereits in das gewünschte

Format gebracht. Dann preßt man die Stange mit dem Kopfende gegen die mit Messern besetzte, für die Dicke der Blättchen eingestellte rotierende Scheibe, infolgedessen dann die Maschine jedesmal ein ganz dünnes Blättchen abwirft; diese Blättchen werden gedeckt gefangen und gesammelt. Darauf werden sie in durchbrochenen Metallhülsen flach aufeinander gesetzt. In jeder Hülse sind etwa 200 solcher Blättchen. Obenauf kommt in die Hülsen ein Gewicht, schwer genug, um ein Verziehen der Blättchen bei dem folgenden Trocknen zu vermeiden. Diese ganzen Hülsen, die häufig auch als Drahtkorb hergestellt sind, werden aufs neue in dem Trockenschrank aufgehängt, und nach wenigen Tagen sind die Blättchen so trocken, daß man sie herausnehmen und in kleine Blech- oder Pappschachteln geben kann, die so eingerichtet sind, daß man sie bequem in die Tasche stecken kann.

Die Herstellung der letzteren Art von Seifenblättchen ist unbedingt die einfachere, auch werden gerade diese Blättchen weit lieber gekauft, da sie mehr Seife abgeben, als die erstangeführten.

Hat man in seinem Betriebe genügend Zeit, sich mit diesen kleinen Artikeln zu befassen, dann ist deren Herstellung sicher interessant, denn gerade sie sind Artikel, an denen noch etwas mehr verdient werden kann.

Seifen in Tuben.

Es hat sich allmählich zum Bedürfnis herausgebildet, Seifen mit sich zu führen, von denen man gerade so viel zur Zeit wegnehmen kann, wie man zu einer einmaligen Waschung bedarf, ohne daß die übrigbleibende Seife naß wird; auch dürfen derartige Seifen, die man doch stets bei sich tragen möchte, nicht sehr umfangreich sein, damit sie möglichst wenig Platz einnehmen. Man hat zu diesem Zwecke die vorher erwähnten Seifenblätter in Buch- oder Rollenform an den Markt gebracht. Ihre Herstellung ist jedoch weit mühsamer als das von einem anderen Artikel gesagt werden könnte, der berufen sein dürfte, diese Seifenblätter in Kürze zu verdrängen. Es ist das die Seife in Tuben. Der Bedarf hierin ist ganz wesentlich größer, als im allgemeinen angenommen wird, und es ist eigentlich zu verwundern, daß man nicht bereits früher an die vollkommene Ausbildung dieses Artikels herangetreten ist. Reisende, Touristen, Berufsarbeiter jeder Art, Künstler, Maler und hauptsächlich Ärzte sind dadurch in die Lage versetzt, stets ihre eigene und ihren Zwecken besonders angepaßte Handwaschseife bei sich zu führen. Platz für eine kleine Tube findet sich noch in jeder Tasche. Im Bedarfsfalle drückt man alsdann ein wenig Seife aus der Tube in die hohle Hand, verreibt sie darin und spült dann mit Wasser nach. Auf diese Weise erreicht man neben der Reinigung auch noch eine vollständige Desinfektion der Hand.

Zu diesen Seifen in Tuben muß eine weiche Seife verwendet werden, die auch möglichst neutral ist und dabei gut schäumt. Eine solche Seife stellt man wie folgt her:

Weiche Tubenseife (Grundmasse)

Talg .... 15000 g
Cochin-Cocosöl .... 3750 g
Kalilauge, 35⁰ Bé........ 7500 g
Natronlauge, 35⁰ Bé. .... 2500 g

Talg und Cocosöl werden zusammengeschmolzen und auf zirka 60⁰ C gebracht; dann rührt man die Laugen in dünnem Strahle ein und rührt so lange, bis die Seife richtig verbunden ist und gut auflegt. Falls man ein kleines Drais-Rührwerk zur Verfügung hat, ist dieses hier sehr angebracht, da das Rühren 1 bis 2 Stunden dauert und man durch Einschalten des mechanischen Betriebes den sonst nötigen Arbeiter anderweitig verwenden kann.

Man gibt die Seife am besten in ein genügend großes emailliertes Gefäß und läßt sie 2 bis 3 Tage stehen. Darauf knetet man sie tüchtig durch, was wieder am einfachsten und zweckmäßigsten auf einer Knetmaschine geschieht. Hiebei wird auch das Parfum mit hineingearbeitet, ebenso eventuelle Medikamente.

Parfum für Tubenseife

Lavendelöl................ 100 g
Geraniumöl .... 50 g
Linalool .... 20 g
Isoeugenol .... 10 g
Xylolmoschus .... 5 g
Heliotropin .... 15 g

Von dieser Parfumkomposition verwendet man auf 50 kg Grundmasse zirka 300 bis 400 g.

Diese Tubenseife wird dann in die Tubenfüllmaschine gegeben und in Tuben gefüllt, die auch innen gut verzinnt sind. Die Größe der Tuben kann je nach dem Verwendungszweck sehr variieren. Für den täglichen Gebrauch außer dem Hause nehme man die beiden Tubengrößen, wie solche für Bartwichse üblich sind. Für andere Zwecke nehme man größere Tuben. Sehr praktisch sind bei Verwendung größerer Tuben solche mit Schlüssel, bei dessen jedesmaligem Umdrehen sich ein bestimmtes Quantum Seife herausdrängen läßt.

Bei weitem wichtiger als für einfache Toilettezwecke ist die Packung in Tuben für medizinische und desinfizierende Seifen, wie sie Ärzte täglich und fast stündlich im Gebrauch zu haben gezwungen sind. Auch für Krankenhäuser ist ihr Wert nicht hoch genug zu schätzen, denn dieselbe Tube mit medizinischer Seife kann bei verschiedenen Kranken Verwendung finden, ohne daß die Seife mit dem Kranken selbst in Berührung kommt.

Sehr praktisch sind medizinische Seifen in Tuben auch da, wo z. B. diese Seifen zu Auflagen und zum Einschmieren oder Einreiben vorgeschrieben sind. Es ist nicht mehr nötig, die harte Seife zu schaben und vermittels Wasser eine dicke Lösung herzustellen; oder aber solche Lösungen sind, wenn nötig, mit der Tubenseife weit schneller und zweckmäßiger hergestellt, denn der Wasserzusatz kann wesentlich geringer gehalten werden und die Wirksamkeit ist eine bedeutend größere.

Als Tubenseifen für medizinische Zwecke sind besonders zu empfehlen:

Arnika-Tubenseife mit 10% Arnikatinktur, 1% Lanolin.

Benzoe-Tubenseife mit 2% Lanolin, 9% Benzoesäure, 0,2% Parfum.

Birkenbalsam-Tubenseife mit 12% Birkenbalsam (Extract. betul. balsam.).

Borax-Tubenseifen mit 10% Borax (Natr. biborac.).

Borax-Lanolin-Glycerin-Tubenseife mit 8% Borax, 3% Glycerin, 1% Lanolin.

Borsäure-Tubenseife mit 10% Borsäure (Acid. borac.).

Creolin-Tubenseifen mit 10% Creolin.

Ichthyol-Tubenseife mit 3% Ichthyol (Ammon sulfoichthyolic.).

Carbol-Tubenseife mit 10% Carbolsäure (Acid. carbolic. cryst.).

Lanolin-Tubenseife mit 8% Lanolin.

Lysol-Tubenseife mit 10% Lysol.

Lysoform-Tubenseife mit 10% Lysoform.

Perubalsam-Tubenseife mit 8% Perubalsam (Bals. peruv. pur.).

Vaselin-Tubenseife mit 10% Vaseline (Vaselin. pur.).

Außerdem lassen sich noch viele andere medizinische Seifen für Tubenverpackung anfertigen.

Rasiercreme.

Rasiercreme und Rasierseifen sind gewöhnlich die Schmerzenskinder eines jeden Siedemeisters, denn gerade an diesen Produkten haben die Kunden stets am meisten auszusetzen, und doch ist ein Mangel der sich bei deren Verwendung herausstellt, nicht immer auf Rechnung des Sieders zu setzen. Die Wasserverhältnisse an den einzelnen Plätzen spielen hiebei eine große Rolle, wenn auch das Schwergewicht für die Vorzüglichkeit einer Rasierseife auf ihrer Zusammensetzung beruht.

Eine in Frankreich viel angewendete Vorschrift zur Herstellung einer Rasiercreme ist folgende:

$$\begin{array}{ll}
\text{Schweinefett} & 3500 \text{ g} \\
\text{Kalilauge, } 25^{0} \text{ Bé.} & 1875 \text{ g} \\
\text{Alkohol} & 100 \text{ g}
\end{array}$$

parfumiert mit:

$$\begin{array}{ll}
\text{Bittermandelöl, künstl.} & 30 \text{ g} \\
\text{Pfefferminzöl} & 3 \text{ g}
\end{array}$$

Eine weitere Vorschrift ist folgende:

$$\begin{array}{ll}
\text{Olein} & 7500 \text{ g} \\
\text{Olivenöl} & 15000 \text{ g} \\
\text{Cochin-Cocosöl} & 2500 \text{ g} \\
\text{Kalilauge, } 24^{0} \text{ Bé.} & 22500 \text{ g} \\
\text{Natronlauge, } 36^{0} \text{ Bé.} & 5000 \text{ g}
\end{array}$$

Diese Seifencreme muß nach Fertigstellung tüchtig geschlagen werden, ebenso eine solche, die wie folgt hergestellt ist:

Schweinefett . . . . 4500 g
Cochin-Cocosöl . . . . 500 g
Kalilauge, 36⁰ Bé. . . . . 2000 g
Natronlauge, 36⁰ Bé. . . . . . 500 g

Diese Creme überläßt man erst einige Stunden der Ruhe, knetet sie dann gehörig durch, am besten in einer Knetmaschine, und setzt etwas Alkohol zu, bis sie Glanz und alabasterartiges Aussehen bekommt.

Die fertige Ware hebt man dann in gut verschlossenen Töpfen auf und füllt sie nach Bedarf in kleinere Porzellandosen ab, die, nett etikettiert und mit Verschlußstreifen versehen, einen guten Handelsartikel bilden.

Eine sehr gute Vorschrift für eine Rasiercreme, die nur mit Kalilauge gearbeitet wird, ist folgende:

Schweinefett . . . . 1000 g
Erdnußöl oder Sesamöl . . . . 800 g
Cochin-Cocosöl . . . . 700 g
40gräd. Ätzkalilauge. . . . . . 1250 g
15gräd. Pottaschlösung . . . 150 g

Das Verrühren des geschmolzenen Ansatzes erfolgt bei zirka 35⁰ C, wonach man bis zum Dickwerden rührt und parfumiert.

Moderne schäumende Rasiercreme.

Diese kommen meist in Tuben in den Handel und sind fast stets mit Stearin hergestellt.

Nachstehend eine solche moderne Vorschrift (nach Schaal):

Stearin. 15 kg
Arachisöl. . . . . 5 kg
Cochin-Cocosöl . . . . 7 kg
Kalilauge 38⁰ Bé. . . . . 14 kg
gemischt mit
Wasser . . . . 16 kg

Die Fette werden geschmolzen und mit der mit Wasser verdünnten Kalilauge verseift.

Alkaliüberschuß ist mit Cocosöl oder besser Türlischrotöl oder Stearin zu beseitigen.

Parfumiert werden die Rasiercremes am häufigsten mit Bittermandel oder Lavendelgeruch doch sind auch solche, die mit Rose, „au Thridace" und Veilchen parfumiert sind, im Handel.

Parfum für Creme à la Rose

Geraniumöl. . . . . 60 g
Rosenöl, künstl. . . . . 10 g
Nelkenöl . . . . 20 g
Moschuslösung . . . . 40 g
Sandelholzöl, ostind. . . . . 10 g

hievon auf 1 kg Creme zirka 15 bis 20 g Parfum.

Parfum für Creme de Thridace

Bergamottöl	25 g	Bittermandelöl	1 g
Geraniol	10 g	Lavendelöl	5 g
Dianthin, *N. & C.*	4 g	Melissenöl	10 g
Anethol	2 g	Xylolmoschus	5 g
Petitgrainöl	10 g		

hievon ebenfalls zirka 15 bis 20 g auf 1 kg Creme.

Lavendelparfum / Parfum für Creme à la Violette

Lavendelöl	60 g	Jonon II	50 g
Spiköl	30 g	Bergamottöl	100 g
Cumarin	3 g	Irisöl, flüss.	15 g
Geraniumöl	10 g	Moschus, künstl.	5 g
Xylolmoschus	0,5 g		

15 g Für 1 kg Creme

hievon auf 1 kg Creme 10 bis 20 g.

Nichtschäumende Rasiercreme.

Diese Rasiercremes gehören in die Reihe der Stearate, denn ihre Grundlage ist das Stearin, welches darin mit irgend einem Alkali verseift ist. In der letzten Zeit haben viele Leute zu diesen fettfreien Rasiercremes gegriffen, weil sie diese angenehmer im Gebrauche finden. Das ist immerhin Geschmacksache und es läßt sich hierüber nicht streiten, wenn auch andere wieder von ihnen nichts wissen wollen. Um Schimmelbildung zu vermeiden, empfiehlt sich ein Zusatz von Borax. Das Ammoniakstearat bräunt sich bei längerem offenen Stehen an der Luft, es empfiehlt sich daher gut schließende Behälter (Tuben, Töpfe) zu verwenden. Gut verschlossen halten sich diese Cremes unbegrenzt.

Die Herstellung ist etwa die folgende:

Stearat-Rasiercreme

Stearin	1000 g	Dest. Wasser	8200 g
Glycerin, 24° Bé.	600 g	Geraniumöl, Bourbon	30 g
Salmiakgeist, 0,97	400 g	Terpineol	15 g
Borax	40 g		

Man arbeitet bei der Verwendung von Salmiakgeist als Alkali nicht in derselben Weise, wie bei den fettfreien Hautcremes, da dabei der Salmiakgeist sich verflüchtigen würde, sondern wie folgt:

In einem Kessel wird das Stearin geschmolzen. In einem zweiten Kessel mischt man Glycerin und Wasser und erwärmt die Mischung auf zirka 55 bis 60° C, wonach man sie unter gutem Rühren in das geschmolzene Stearin einträgt. Alsdann gibt man den Salmiakgeist unter Rühren hinzu und erwärmt etwa ½ Stunde bei schwachem Sieden. Dann stellt man den Behälter in kaltes Wasser und rührt bis zum Dickwerden der Creme. Es entsteht hiebei eine schön weiße Creme, der man unter Rühren das Parfum einverleibt. Diese Creme ist dem bekannten Präparat

„Wach auf"

von François Haby, Berlin, gleichwertig.

Man kann die Verseifung des Stearins auch mit Kalilauge oder mit Pottaschelösung, eventuell auch mit Natronlauge bewirken, doch ist diese Arbeitsweise weniger zu empfehlen (siehe unten!) Hierauf umgerechnet, würde der vorstehende Ansatz etwa wie folgt gearbeitet werden müssen.

a) Mit Natronlauge

Stearin	1000 g
Glycerin	600 g
Natronlauge, 15° Bé.	300 g
Wasser	8000 g
Geraniumöl, Bourbon	100 g
Eugenol	20 g

b) Mit Kalilauge

Stearin	1000 g
Glycerin	500 g
Kalilauge, 18° Bé.	255 g
Wasser	8330 g
Terpineol	140 g
Aubépine flüss.	10 g
Lavendelöl	30 g

c) Mit Pottaschelösung

Stearin	1000 g
Glycerin	500 g
Pottaschelösung, 20° Bé.	305 g
Wasser	8330 g
Bittermandelöl, künstl.	30 g

Die Anfertigung kann bei diesen Sorten entweder auf dieselbe Weise wie bei der Verwendung von Salmiakgeist oder nach Art der fettfreien Hautcremes erfolgen. Bei Verwendung von Pottaschelösung ist ein Aufkochen nicht zu vermeiden, um die bei der Verseifung sich entwickelnde Kohlensäure auszutreiben. Das dabei verdampfende Wasser muß wieder ersetzt werden. Bisweilen sollen diese Cremes auch noch etwas gefärbt werden, was man mit Eosinlösung für rosa bewirken kann.

Die Emulgierung mit Ätzlauge ist nicht zu empfehlen, weil diese Cremes sich leicht zersetzen. Die besten Resultate gibt die Emulgierung mit Salmiakgeist.

Anstatt aus Stearin können die Rasiercremes auch aus Talg oder Mischungen von Talg und Walrat hergestellt werden. Zur Verseifung dient in diesem Falle Kali- oder Natronlauge, oder man verwendet direkt Talgkernseife. Man erhält auf diese Weise eine Rasiercreme nach Art von Lloyds

„Euxesis",

die ebenfalls in Zinntuben verpackt, gehandelt wird. Nachstehend eine Vorschrift.

Frischer Rindstalg	18 kg
Talgkernseife	7 kg
Wasser	72 kg
Krist. Glaubersalz	3 kg

Man löst die Seife und das Glaubersalz in dem Wasser und erwärmt auf zirka 45 bis 50° C, wonach man die Lösung zu dem geschmolzenen Talg bringt, wobei man gut durchrührt. Nach dem Erkalten empfiehlt es sich, das Produkt tüchtig zu schlagen, und dann kann die Creme beliebig parfumiert werden. Dieses Produkt wird leicht ranzig. Zur Erzielung besserer Haltbarkeit empfiehlt sich ein Zusatz von p-Oxy-benzoesaure-Methylester (etwa 0,2% der Talgmenge.)

Rasierseife.

Es soll hier nur in wenigen Worten auf diesen genügend bekannten Artikel eingegangen werden, und zwar in der Hauptsache wegen seiner Parfumierung. Diese darf keine zu starke sein, da viele Konsumenten eine solche nicht lieben, auch darf das Parfum der Haut nach dem Rasieren nicht anhaften. Eine gute Rasierseife stellt man auf kaltem Wege her aus:

Talg	90 kg
Schweinefett	7,5 kg
Cochin-Cocosöl	10,5 kg
Natronlauge, 37° Bé.	30 kg
Kalilauge, 40° Bé.	28,5 kg

und parfumiert mit:

Bittermandelöl, künstl.	200 g

Sehr gut ist auch folgende Vorschrift:

Frischer Rindertalg	52 kg
Cochin-Cocosöl	12 kg
Natronlauge, 38° Bé.	18 kg
Kalilauge, 30° Bé.	21 kg
Bergamottöl	100 g
Citronenöl	50 g

Der Fettansatz wird bei 45° C mit der Laugenmischung verrührt, das Parfum zugegeben und solange gerührt, bis die Seife auflegt, wonach man formt und die Form über Nacht warm bedeckt.

Auch mit Rosengeruch wird diese Seife oft verlangt, in diesem Falle parfumiert man wie folgt:

Geraniumöl	100 g
Palmarosaöl	50 g
Cassiaöl	10 g
Zimtalkohol	30 g
Geraniol	100 g

Die rotbraun marmorierte Rasierseife färbt man mit Bolus in der bekannten Weise.

Pilierte Rasierseife.

Neben den gesottenen und kaltgerührten Rasierseifen sind auch sehr viele Sorten im Handel, welche auf der Piliermaschine hergestellt sind. Man nimmt hier gewöhnlich beste Grundseife und vermischt sie mit gutgetrockneter Rasierseife, wie man solche gerade zur Hand hat. Auch für die Verwendung der Abfälle der Rasierseifen ist dieses eine recht rationelle Methode. Dann werden auch Rasierseifen hergestellt, welche in Form kleiner Stangen ziemlich weich sein sollen. Zu diesen verwendet man beste Grundseife und je nach der größeren oder geringeren Festigkeit mehr oder weniger feinste Rasiercreme, die man in die Grundseife hineinarbeitet. Diese Rasiersticks, wie sie genannt werden, sind zur Zeit sehr stark gefragt.

Pilierte Rasierseife		Pilierte Rasiersticks	
Weiße Grundseife, trocken .	30 kg	Weiße Grundseife, trocken .	40 kg
Rasierseife, trocken	20 kg	Feinste Seifencreme........	10 kg
Bittermandelöl, künstl. ...	100 g	Parfum wie vorher.	
Terpineol	100 g		
Heliotropin	10 g		

Die aus der Maschine hervortretenden Stränge dürfen nicht streifig erscheinen. Sollte das einmal der Fall, die Seife also zu weich sein, dann kann man eventuell etwas Grundseifenpulver der Masse zusetzen. Die bekannte Colgatesche Rasierseife soll überhaupt aus Seifencreme und Seifenpulver bestehen, doch ist über die Art der Herstellung nichts Genaueres bekannt.

Von einer Rasierseife verlangt man zunächst absolute Neutralität und gute Schaumkraft, aber fetten, beständigen, feinblasigen Schaum. Man muß daher mit dem Zusatz von Cocosöl vorsichtig sein. Der beste Rasierschaum ist der Talgschaum. Zu großer Cocoszusatz beeinträchtigt aber die Dichte des Talgschaumes und vor allem die geschmeidigmachende Wirkung, er macht ihn trocken und rascher verschwindend.

Die große Mehrzahl der heute im Handel befindlichen Rasierseifen sind aber keine gesottenen Rasierseifen, sondern auf kaltem oder meist halbwarmem Wege bereitete Leimseifen, die entweder aus Talg usw. hergestellt sind, oder noch häufiger, nach amerikanischem Muster, aus Stearin. Das Publikum verlangt heutzutage möglichst weiße Rasierseifen, die in dieser Art aus Talg nicht gut herzustellen sind, aber aus Stearin sehr gut erhalten werden können. Ein verhältnismäßig geringer Zusatz von Cocosseife (wir sagen mit Absicht „Seife", nicht Cocosöl, um anzudeuten, daß keinesfalls Cocosöl und Stearin zusammen verseift werden dürfen) genügt um einen üppigen, fetten Schaum hervorzubringen.

Es versteht sich von selbst, daß hier stets sorgfältigst die Alkalität zu prüfen ist und jeder Überschuß von freiem Alkali durch Stearinzusatz zu beseitigen ist. In den meisten Fällen empfiehlt es sich, diese gerührten Rasierleimseifen in geeigneter Weise zu überfetten. Auf diese Weise lassen sich durch sorgfältiges Arbeiten Fabrikate herstellen, die auch den höchsten Anforderungen entsprechen und den gesottenen Rasierseifen vollständig ebenbürtig sind, aber immer das bessere, appetitlichere Aussehen vor diesem voraus haben.

<table>
<tr><td>Amerikanische Rasierseife</td><td>Cold-Cream-Rasierseife</td></tr>
</table>

Amerikanische Rasierseife		Cold-Cream-Rasierseife
Stearin I a	100 kg	(überfettet mit stearinhaltigem Cold-Cream)
Glycerin, 28° Bé.	5 kg	
Kalilauge, 39° Bé.	40,2 kg	Stearin I a (Gouda) ...... 600 kg
Natronlauge, 37° Bé.	11,4 kg	Cocosseife .... 120 kg
Cocosseife	30 kg	Glycerin .... 60 kg
		Cold-Cream .... 15 kg
		Lauge berechnen zu 60% KOH und 40% NaOH in bekannter Weise.

Die Herstellung geschieht durch Verseifen des Stearins mit den Laugen, Formen des Blockes, Hobeln, Trocknen und Einpilieren der Cocosseife.

Diese Seifen werden als „Sticks" in den Handel gebracht und in der Strangpresse zu entsprechenden Stangen geformt.

Parfumansätze für Rasierseifen.

Almond-Shaving Soap		Lavender-Shaving Stick	
Benzaldehyd	600 g	Lavendelöl, franz.	300 g
Sandelöl, ostindisch	70 g	Aspic lavandé	100 g
Citronenöl	150 g	Geraniumöl, afrik.	250 g
Lavendelöl	100 g	Bergamottöl	300 g
Cumarin	50 g	Cumarin	50 g
Geraniol	100 g	Citronenöl	100 g
Bergamottöl	50 g	Moschuslösung	25 g
Frische Rasierseife	100 kg	Frische Rasierseife 100 bis 150 kg	

Gesottene Rasierseifen können nach dem zum Sieden der Toilettenseifen-Grundseife angegebenen Verfahren durch Kali-Natronverseifung, guten Rindstalges, mit etwas Schweinefett- und Cocosölzusatz hergestellt werden.

Ansätze für gesottene Rasierseife

I. Talg	300 kg	II. Talg (am besten	
Schweinefett	100 kg	Taschenfett)	750 kg
Cocosöl	70 kg	Schweinefett	200 kg
Lauge ½ KOH, ½ NaOH.		Cocosöl	150 kg
		KOH und NaOH à ½.	

Rasierseifenpulver.

Der Verbrauch von Rasierseifenpulver nimmt immer mehr zu und besonders in Süddeutschland wird es in größerem Maßstabe verwendet. In der Schweiz, Frankreich, Italien usw. findet man besonders häufig Rasierseifenpulver im Gebrauch.

---

[1] Beim Aussalzen mit Kochsalz geht aber die gebildete Kaliseife fast vollständig in Natronseife über, wodurch die Kaliverseifung zum größten Teil illusorisch gemacht wird. Man kann dies nur durch Aussalzen mit Chlorkalium umgehen.

Die Rasierseifenpulver sind Pulver von eigens dazu hergestellter guter Rasierseife. In letzterem Falle lassen sich die Abschnitte der Blöcke bei deren Zerteilung in Riegel gut verwenden. Einige Rasierpulver haben noch Zusätze von Reis- oder Weizenmehl, feinere von Iriswurzelpulver oder Mandelkleie. Im allgemeinen sind jedoch die Preise so niedrige, daß letztgenannte Bestandteile nur noch sehr selten angetroffen werden. Borsäure oder Borax sind manchen antiseptischen Rasierpulvern beigegeben, bisweilen auch etwas Lanolin.

Die Herstellung der Rasierseifenpulver geschieht auf folgende Weise. Hat man keine große und besondere Einrichtung für den Artikel, dann wird Rasierseife und deren Abschnitte in möglichst dünne Späne zerschnitten und so scharf getrocknet, daß sich die Späne zwischen den Fingern zerdrücken lassen und auseinanderfallen. (Hierzu ist zu bemerken, daß die zum Pulvern bestimmte Rasierseife zum großen Teil aus Natronseife bestehen muß, weil reine Kaliseifen hygroskopisch sind und sich nicht pulvern lassen. Immerhin kann das Rasierseifenpulver einen gewissen Prozentsatz Kaliseife enthalten.) Alsdann werden diese getrockneten Späne in einem Mörser zerstoßen und mit dem Parfum vermischt, falls das Pulver parfumiert verlangt wird. Darnach läßt man es 5 bis 6 Stunden ruhig stehen, damit die Flüssigkeit des Parfums in die Seifenmasse eindringt. Hienach gibt man die zerstoßene Seife in ein grobes Sieb und siebt durch, wonach sie unmittelbar in ein feines Sieb geschüttet wird und dieses nochmals zu passieren hat. Hierauf ist das Pulver fertig und wird in Dosen oder Beutel gefüllt und etikettiert.

Vorteilhaft läßt man die getrockneten Späne zunächst über die Piliermaschine laufen; hiebei werden sie schon fast zu Mehl gemahlen und es ist nur noch einmaliges Durchbringen durch das feine Sieb nötig, vor welcher Manipulation man das Pulver parfumiert.

Noch einfacher gestaltet sich die Herstellungsweise, wenn man im Besitze einer Cressonières-Maschine ist. Man läßt dann die frische Grundseife zweimal den Trockenraum passieren, wonach sie völlig ausgetrocknet über die Mühle läuft. Dann parfumiert man und siebt fein durch. Auch Spezialmühlen für Seifenpulver leisten hier besonders gute Dienste. Es erhellt hieraus, daß der am vorteilhaftesten und besten eingerichtete Großfabrikant auch wieder in Rasierseifenpulver am billigsten sein kann. Alle Zusätze werden vor dem Sieben dem groben Pulver beigegeben.

Eine für Rasierseifenpulver besonders geeignete Seife stellt man auf kaltem Wege her aus:

Talg	72 kg
Sesamöl	4 kg
Cochin-Cocosöl	12 kg
Natronlauge, 37° Bé.	22 kg
Kalilauge, 30° Bé.	27 kg

Bezüglich dieses von Mann angegebenen Ansatzes ist zu bemerken, daß hier wohl besser mehr Natronlauge und weniger Kalilauge zu nehmen ist, um gutes Pulvern zu ermöglichen.

Die Rasierseifenpulver stellt man dann daraus wie folgt her:

I. Seifenpulver .... 30 kg
Reismehl .... 4 kg
Parfum .... 100 g

II. Seifenpulver .... 30 kg
Iriswurzelpulver ...... 1,5 kg
Mandelkleie .... 1 kg
Parfum .... 140 g

III. Seifenpulver .... 30 kg
Parfum .... 100 g

IV. Antiseptisches Rasierseifenpulver

Seifenpulver .... 30 kg
Borsäure .... 350 g
Parfum .... 100 g

Die Rasierseifenpulver werden hauptsächlich mit Mandel- oder Lavendelgeruch parfumiert, doch auch Rosenparfum und Thridaceparfum, seltener Veilchenparfum kommen zur Verwendung.

Mandelparfum

Künstl. Bittermandelöl.

Rosenparfum

Geraniumöl .... 100 g
Rosenöl, künstl............ 15 g
Isoeugenol .... 10 g
Rosenholzöl.............. 25 g

Thridaceparfum

Bergamottöl .... 100 g
Geraniumöl................ 20 g
Petitgrainöl .... 20 g
Irolène, *Agfa*............ 5 g
Bittermandelöl, künstl. .... 3 g
Lavendelöl .... 25 g

Veilchenparfum

Iristinktur................. 100 g
Neu-Veilchen *H. & R.*....... 15 g
Irisöl, flüss. .... 10 g
Neroli, künstl............. 5 g
Bergamottöl .... 60 g
Canangaöl .... 10 g

(Siehe auch die früher gegebenen Vorschriften zum Parfumieren von Rasiercreme und Rasierseife, die hier selbstverständlich ebenfalls herangezogen werden können.)

Die fertigen Rasierseifenpulver werden in Dosen, kleine Säckchen oder auch Streubüchsen von Pappe oder Blech gefüllt und entsprechend etikettiert.

Iriswurzelpulver wie auch für ganz spezielle Fälle noch Quarzpulver, Bimsstein oder Zinkoxyd.

Kosmetisches Seifenpulver

I. Seifenpulver ff.	1000 g	II. Seifenpulver	800 g
Glycerin	70 g	Quarzpulver ff.	360 g
Lavendelöl	20 g	Glycerin	70 g
Geraniumöl, Bourbon	15 g	Bittermandelöl, künstl.	5 g
Neroliöl, künstl.	5 g		

Euresolseifen.

Flüssige Euresolseife

Flüss. Kalicremeseife[1]	1000 g
Euresol	50—100 g
gelöst in	
Alkohol	100 g
Geraniumöl, künstl.	5 g
Bergamottöl, künstl.	10 g

Es versteht sich von selbst, daß die flüssige Kalicremeseife vollkommen neutral sein muß; sie kann gegebenenfalls mit etwas Lanolin überfettet werden. Das Euresol löst man in dem Alkohol und setzt es zusammen mit den Riechstoffen der Seifenmasse unter gutem Umrühren zu. Beim Abfüllen in Flaschen achte man darauf, daß nicht zuviel Schaum entsteht, da sonst das Füllen zu langsam vor sich geht.

Euresolseife

Grundseife ff., weiß	50 kg	Geraniumöl	80 g
Lanolin	3000 g	Linaloeöl	25 g
Euresol	2650 g	Nelkenöl	15 g
Lavendelöl	140 g	Terpineol	40 g

Diese letzten beiden Seifen sind besonders empfehlenswert gegen Haarkrankheiten und werden in diesem Falle sehr viel verbraucht mit dem denkbar besten Erfolg.

---

[1] Diese stellt man wie folgt her: 45 kg Talg werden mit 18 kg Cochin-Cocosöl zusammengeschmolzen und auf etwa 40⁰ C gebracht. Hiezu setzt man dann unter langsamem Umrühren und in dünnem Strahl 36 kg Kalilauge 35⁰ Bé. und verrührt das Ganze zu einer steifen Creme. Hierauf gibt man 150 bis 160 kg kochendes Wasser hinzu und läßt die Creme hierin zergehen. Man muß gut durch Umrühren nachhelfen, auch kann man den Kessel etwas anwärmen, jedoch nicht so stark, daß die Masse etwa ins Kochen käme, denn sonst würde sie unbedingt überlaufen. Ist so ziemlich alles eine gleichmäßige Flüssigkeit, dann setzt man 5 kg Alkohol zu, nachdem man zuvor die Masse sich etwas hat abkühlen lassen. Es ist sogar empfehlenswert, etwas mehr Alkohol zu nehmen, doch gehe man nicht über 10 kg hinaus. Die so erhaltene flüssige Cremeseife zeigt einen opaken Ton; will man jedoch eine durchsichtige oder durchscheinende Seife erhalten, dann nimmt man an Stelle des Talges ebenfalls Cochin-Cocosöl und dementsprechend mehr Lauge.

Geheimmittel und Spezialitäten.[1]

Mit kosmetischen Geheimmitteln wird ein fast ebenso großer Unfug getrieben wie mit den medizinischen; wie die nachfolgende Zusammenstellung zeigt, sind viele kosmetische Mittel zweckwidrig zusammengesetzt oder mit Stoffen bereitet, die direkt gesundheitsschädlich und gesetzlich verboten sind. Außerdem steht bei den meisten derartigen Geheimmitteln der Preis in keinem Verhältnis zu dem wahren Werte. Anderseits muß zugegeben werden, daß sich auch manche Mittel darunter befinden, die sich mit Recht eines guten Rufes erfreuen, weshalb Angaben über ihre Zusammensetzung, welche zur Herstellung ähnlicher oder verbesserter Präparate anregen, willkommen sein werden. Allerdings ist gerade bei kosmetischen Präparaten die Analyse nicht immer in der Lage, die Zusammensetzung richtig zu ermitteln; das erklärt uns auch — abgesehen von den Schwankungen in der Zusammensetzung mancher Präparate — die Widersprüche in den Angaben über die Bestandteile dieses oder jenes Geheimmittels und auch die Unvollständigkeit dieser Angaben.

In der nachfolgenden Zusammenstellung führen wir auch einige Spezialitäten auf, desgleichen einige Spezialseifen, moderne Salbengrundlagen, Desinfektionsmittel u. dgl., welche das Interesse des Kosmetikers beanspruchen können.

Mittel zur Pflege usw. der Mundhöhle und der Zähne.

„Albin" siehe unter **Hydrozon.**

Arecanuß-Zahnpasta. Gepulverte Arecanüsse 240 g, Boraxpulver 60 g, gepulv. venet. Seife 60 g, Florentiner Veilchenwurzelpulver 120 g, präz. kohlensaurer Kalk 480 g, Glycerin, chem. rein, 120 ccm, Rosenöl 0,6 ccm, Nelkenöl 0,6 ccm, Zimtöl 0,3 ccm, Wintergrünöl 0,3 ccm, Karminlösung nach Bedarf, dest. Wasser soviel, als zu einer Paste nötig ist. (Nation. Drugg. 1911, S. 21.)

Astoria-Zahnreiniger, von der Handelsgesellschaft Astoria, G. m. b. H., Berlin W 57, in den Handel gebracht, eine Erfindung des prakt. Zahnarztes W. Schröder, Berlin, stellt eine interessante Neuheit dar. Der Astoria-Zahnreiniger ist als eine vollkommen hygienische, weil jeden Tag neue und ungebrauchte Zahnbürste anzusehen. Sein Halter besteht aus Metall, während die auswechselbaren Reibekissen aus fassonierter Watte bestehen, welche noch, um vollständig keimfrei zu

---

[1] Mit Rücksicht auf den zur Verfügung stehenden knappen Raum konnten in dieser Zusammenstellung die in der vorigen Auflage angeführten Geheimmittel und Spezialitäten, die dort allein schon 73 Druckseiten einnehmen, nicht wieder mit aufgenommen werden, sofern es sich nicht um eine veränderte Zusammensetzung dieser Mittel, bzw. um neue Analysen derselben handelt. Aus diesem Grunde wird man hier manches bekannte ältere Präparat nicht vorfinden.

sein, mit einem neuartigen Mundwasser imprägniert sind. Dieses Mundwasser wirkt so intensiv oxydierend, daß z. B. die bekannten graugrünen Beläge nach etwa dreimaligem Putzen verschwinden. Die Zähne werden beim Gebrauch des Astoria-Zahnreinigers nicht nur gesäubert, sondern auch poliert, was besonders hervorzuheben ist. Eine bemerkenswerte Eigenschaft ist noch die, daß mit dem Astoria-Zahnreiniger eine Zahnfleischmassage ausgeübt wird. Von autoritativer Seite wird dieser Massagewirkung große Bedeutung beigemessen, welche dahin lautet, daß wir Menschen gesunde Zähne haben werden, wenn wir gesundes Zahnfleisch erzielen können. Ein weiterer Vorteil liegt beim Astoria-Zahnreiniger auch darin, daß alle anderen Zahnpflegemittel außer geeigneten Zahnstochern in Fortfall kommen.

(Pharm. Ztg., Berlin.)

Barnängens Antiseptikum „Vademecum" enthält neben geringen Mengen Saccharin und Pfefferminzöl in der Hauptsache Eugenol, Menthol, Seife, Alkohol und Wasser.   (Pharm. Ztg., Berlin.)

Baurs Zahnpasta wird nach Angaben von Professor Römer, Straßburg, von dem Hofapotheker Richard Baur in Donaueschingen hergestellt. Sie enthält Perubalsam und Karlsbader Salz und soll bei leicht entzündbarem oder leicht blutendem Zahnfleisch und bei locker sitzenden Zähnen von ausgezeichneter Wirkung sein.

(Apoth.-Ztg. 1910, S. 945.)

Biox-Pasta. Nach mehrjährigen Versuchen bringt die chemische Fabrik Max Elb, G. m. b. H., Dresden, unter dieser Bezeichnung eine angenehm erfrischend und mildschmeckende Zahnpasta in den Handel, welche die Entfernung der Speisereste und ihrer schädlichen Zersetzungsstoffe aus den Zähnen und dem Munde auf biologischem Wege ermöglicht.

Wie Dr. Zucker im Jahre 1909 auf dem Naturforscherkongreß in Salzburg ausgeführt hat, besitzen gewisse Stoffe des menschlichen Organismus in sehr hohem Maße die Fähigkeit, aus sauerstoffhaltigen Substanzen den Sauerstoff durch Katalyse abzuspalten. (Darauf beruht u. a. auch die Wirkung der Biox-Sauerstoffbäder.) Weitere Untersuchungen haben nun ergeben, daß die Sekrete der Mundhöhle zu den kräftigsten Katalysatoren zählen, die wir bis jetzt kennen. Damit war der Weg gezeigt, ein neues Zahnreinigungsmittel herzustellen.

Es hat sich ferner die interessante Tatsache ergeben, daß die Fremdkörper des Mundes durch die erwähnte Katalyse einer derartigen stofflichen Veränderung unterliegen, daß sie absolut geruchlos werden und gleichzeitig mit Leichtigkeit aus dem Munde und den Zähnen weggespült werden können. Jede Spur schlechten Geruches aus dem Munde verschwindet momentan. Das Verfahren wird „biologische Zahnreinigung" genannt, weil biologische Prozesse das Charakteristische dabei vorstellen. Bakteriologische Versuche haben ergeben, daß pathogene Bakterien, wie z. B. Diphtheriebazillen, Streptokokken usw., durch die biologische Zahnreinigung vollständig unschädlich gemacht werden. Damit ist jenes Ziel erreicht, das seit Jahren die ideale Zahnpflege anstrebt. Auch das Ansetzen des Zahnsteines wird verhütet und der bereits vorhandene zur Lösung gebracht, ohne daß Zähne oder Zahnfleisch angegriffen werden. Speziell für Zucker- und Magenkranke wird die biologische Zahnreinigung von größter Tragweite sein.

(Drogenhändler.)

Bombastus-Mundwasser, zu dessen Herstellung der selige Theophrastus Bombastus Paracelsus von Hohenheim das Rezept geliefert haben sollte, enthielt nach Dr. Beythien neben pflanzlichen Auszügen (Salbei) u. a. Saccharin. Auf den Hinweis, daß Paracelsus diese Substanz noch nicht gekannt habe, erwiderte der Fabrikant, daß der mittelalterliche Gelehrte vom Jenseits aus die Fortschritte der Chemie verfolge!

Denton besteht aus Baumwollengewebe, das in Form eines Handschuhfingers (einer Hülle) genäht und mit einem Gemisch von Talkum, Menthol und etwas Farbstoff bestrichen ist, und aus einzelnen, 15 bis 16 cm langen und 0,7 bis 0,9 cm breiten Streifen mit gleichem Mittel überzogenen Baumwollengewebes. Je 30 Stück solcher Hüllen und Streifen nebst einer Gebrauchsanweisung sind in einem Pappkarton verpackt. Die Hüllen werden über den Zeigefinger gezogen und nach Anfeuchtung mit Wasser zum Reinigen der Zähne benutzt. Das Gewebe ersetzt die Bürste, der Überzug das Zahnpulver. Nach Gebrauch wird die Hülle fortgeworfen. Die Streifen sollen zum Putzen zwischen den einzelnen Zähnen verwendet werden. (Nachrichtenbl. f. d. Zollstellen.)

Gahns Amykos, ein besonders früher in Skandinavien viel gebrauchtes Haut- und Mundwasser, enthält in 100 ccm: Wasser, 3 g Glycerin, 4 g Borsäure, ferner noch Pfefferminz- und Nelkenöl im Verhältnis 3 : 1, vielleicht auch eine Spur Zimtöl. Alkohol war nicht vorhanden.

(Chem.-Ztg.)

Heliodont ist der Name für ein Mercksches Magnesiumperhydrol enthaltendes Mund- und Zahnpflegemittel. Darsteller: Th. Teichgräber in Berlin.

Hydrozon-Zahnpasta „Albin" der Firma Pearson & Co., G. m. b. H., Hamburg, enthält nach den Analysenergebnissen 1,8% Wasserstoffsuperoxyd in einer aus Calciumsulfat und verdünntem Glycerinbereiteten, durch Pflanzenschleim verdickten Grundmasse.

(Pharm. Ztg., Berlin.)

Hygienal, ein Mundwasser, enthält außer Kochsalz und mild adstringierenden sowie Geruch zerstörenden Stoffen Formalin und ätherische Öle. Bezugsquelle: Vial & Uhlmann, Inh. Apotheker E. Rath in Frankfurt a. M.

(Pharm. Zentralh.)

Ilma von Kirstein ist ein antiseptischer Zahnstocher, der nach Flury in einer Paraformaldehyd, Menthol und ätherische Öle enthaltenden Glasröhre untergebracht ist.

Kalichloricum-Zahnpasta à la „Pebeco". Kaliumchlorat, fst. gepulv. 50 g, präzip. kohlensaurer Kalk 20 g, Glycerin 15 g, medizinische Kakaobutterseife 2 g, Wasser 13 g, Pfefferminz- und Fenchelöl nach Bedarf. In Zinntuben zu füllen.

(Pharm. Post.)

Kalichloricum-Zahnpasta nach Dr. Richter. Chlorsaures Kali, pulv. 1200, medizinische Seife, pulv. 400, präzip. kohlensaurer Kalk 800,

Glycerin 1200, dest. Wasser 360, Pfefferminzöl 32, Nelkenöl 7. Das chlorsaure Kalium und die Seife sind getrennt durch Sieb V zu schlagen. Die Öle werden mit etwas Kalk angerieben, der Rest Kalk zugegeben, das chlorsaure Kalium zugemischt, Seife und später die Glycerinmischung zugesetzt. Die Paste wird in Tuben abgefüllt.

(Apoth.-Ztg. 1909, Nr. 91 d. Pharm. Ztg., Berlin.)

Katechu-Zahnpulver nach Dr. Volz besteht aus kohlensaurem Kalk mit kohlensaurer Magnesia, 4% eines medizinischen, $2^1/_4\%$ Thymol enthaltenden Seifenpulvers, 1% Katechu, Aromatica und Saccharin. Das Pulver besitzt einen angenehmen, schwach adstringierenden Geschmack. (Der Seifenhandel, Berlin.)

Lenicet-Mundwasser in fester Form enthält Lenicet, Superoxyd und Menthol. Es soll beim Gebrauch aktiven Sauerstoff abspalten und neben der Wirkung des Wasserstoffsuperoxydpräparates gleichzeitig die kühlende und hustenstillende Wirkung des Menthols und die mild adstringierende Eigenschaft der Lenicettonerde entfalten. Hersteller: Dr. R. Reiß, Chem. Fabrik, Charlottenburg-Berlin.

(Pharm. Ztg., Berlin.)

Litholyst ist eine Zahnpaste, die wegen ihres hohen Gehaltes an Salzen zur Lösung des Zahnsteins empfohlen wird.

Marmoral ist nach Flury eine seifenhaltige schäumende Mundcreme.

Menthaform und **Menthasept** sind Kombinationen von Menthol mit Formaldehyd.

Mundwasser nach Dr. Dausse sen.: Thymol 6 g, Ol. Menth. pip. 10 g, Ol. Wintergreen gtts. XXX, Tinct. Cardamomi 100 g, Tinct. Cinnamomi 55 g, Tinct. Carvi 55 g, Tinct. Coccionellae 10 g, Tinct. Saponis 36 g, Glycerini 330 g, Spir. dil. 60% 397 g.

(Bulletin des travaux du laboratoire pharm. d. Pharm. Post.)

Mundwasserpastillen mit Perborat. 1000 g Milchzucker oder Natriumbikarbonat, eventuell je 500 g von jedem werden mit 50 g Natriumperborat und dann mit einer entsprechenden Menge Mundwasseressenz (10 bis 15 g Pfefferminzöl, 2 g Sternanisöl o. dgl.) gemischt und in der Komprimiermaschine zu Tabletten geformt. (Pharm. Post.)

Nenndorfer antiseptisches Mundwasser. Das von der Königl. privil. Apotheke zu Bad Nenndorf, A. Jacobi, hergestellte antiseptische Mundwasser enthält Kresolmenthol. Das Mundwasser, von dem man 20 bis 30 Tropfen auf ein halbes Glas Wasser verwenden soll, wirkt stark antiseptisch, desodorisierend und angenehm erfrischend, ohne die Zähne oder das Zahnfleisch anzugreifen. Es wird namentlich auch bei Stomatitis empfohlen. (Apoth.-Ztg. 1910, S. 912 d. Pharm. Post.)

Novodont-Tabletten enthalten als wirksamen Körper nach besonderem Verfahren wasserlöslich gemachtes Thymol und außerdem ätherische Öle. Anwendung: In Lösung als Mundspülwasser zur Vorbeugung von Krankheiten. Darsteller: Goedecke & Co., Chem. Fabrik, Leipzig und Berlin N 24.

Paramalt ist eine Formaldehyd-Malzextraktkombination.

Pebeco siehe unter **Kalichloricum-Zahnpasta.**

Pfefferminz-Lysoform.[1] Angeregt durch die günstigen Erfahrungen, die Dr. med. Rudolf Dorn mit der Anwendung von Lysoform als Antiseptikum in der Zahnheilkunde machte, hat die Lysoform-Ges. m. b. H., Berlin, ein „Pfefferminz-Lysoform" genanntes Mundwasser hergestellt und in den Handel gebracht. Das Präparat, das durch stark bakterizide Kraft und desodorisierende Wirkung ausgezeichnet sein soll, ist eine alkalische Flüssigkeit von angenehmem Pfefferminzgeschmack, deren wirksame Bestandteile beim Vermischen mit Wasser — es sollen 20 bis 30 Tropfen auf ein Glas Wasser verwendet werden — gelöst bleiben. (Apoth.-Ztg. 1910, S. 912.)

Possart-Plätzchen sind von den „Kolberger Anstalten für Exterikultur" in den Verkehr gebrachte Tabletten, die angeblich 0,015 g Menthol und 0,05 g „Salvozon" enthalten sollen. Was „Salvozon" ist, wird nicht angegeben. Die Untersuchung ergab die Anwesenheit von Menthol, Natrium und Borsäure; andere wesentliche Bestandteile waren nicht vorhanden.

(Apoth.-Ztg. 1910, Bd. 25, S. 630 d. Chem.-Ztg. Repert.)

— Salvozon ist jedenfalls eine besondere Bezeichnung für Natriumperborat, da nach Angabe der Fabrikanten die Possart-Plätzchen Sauerstoff entwickeln sollen.

Radiumit-Mundwasser der Radiumit-Ges. m. b. H., Berlin SW 11, ist radioaktiv und soll besonders desinfizierend wirken.

San' Ora-Zahn- und Mundreinigungspräparate stützen sich auf die von Dr. Kleinsorgen in die Zahn- und Mundpflege eingeführte Fettbehandlung. Sie enthalten sowohl in wäßriger wie in Pastenform als Antiseptikum feste bzw. flüssige Fette. (D. Drog.-Ztg.)

Sauerstoffabgebende Zahnpasta. 1000 g kohlensaurer Kalk, 100 g Magnesiumsuperoxyd, 20 g Seifenpulver, 1 g Menthol, 1 g Anethol, 5 g Bergamottöl, Glycerin nach Bedarf. (Bei der Verwendung von Wasserstoffsuperoxydlösung zur Bereitung einer Zahnpasta ist die gleichzeitige Gegenwart von Glycerin möglichst zu vermeiden.

(Pharm. Post.)

Sauerstoff abgebende Zahn-Putz- und Poliermittel nach v. Girsewald. Wasserstoffsuperoxyd ist bekanntlich das beste und unschädlichste Desinfektionsmittel, gleichzeitig aber auch eines der stärksten Bleichmittel, weshalb die Mischungen auch als bleichende Poliermittel für Elfenbein und ähnliche Massen verwendet werden sollen. Da ihr Gehalt an Wasserstoffsuperoxyd und Sauerstoff ein außerordentlich hoher ist, so empfiehlt es sich, die Mischung mit indifferenten, zu Polierzwecken gebräuchlichen Stoffen, wie Schlämmkreide, zu vermischen und zu verdünnen. Ein besonderer Vorteil den gewöhnlichen Zahnpulvern gegenüber ist darin zu erblicken, daß sich beim Gebrauch dieses Pulvers die Anwendung von besonderen Mundwässern erübrigt, da das zum Ausspülen benützte Wasser die ganze Mundhöhle desinfiziert.

Patentanspruch: Verfahren zur Darstellung bei der Benutzung Sauerstoff abgebender Zahn-Putz- und Poliermittel, dadurch gekenn-

---

[1] Siehe auch unter „Zahn- und Mundpflegemittel, Über antiseptische und desinfizierende Eigenschaften einiger" (am Schluß dieses Kapitels).

zeichnet, daß man die Perborate der Erdkalien, des Magnesiums, des Zinks usw. mit löslichen sauren Salzen solcher Säuren mischt, die (wie z. B. Bikarbonate und saure Phosphate) in Berührung mit Wasser durch chemische Umsetzung mit den Metallen der Perborate amorphe unlösliche Salze in feinster Verteilung unter gleichzeitiger Entwicklung von Wasserstoffsuperoxyd oder Sauerstoff zu bilden vermögen. (D. R. P. 227.907 vom 13. V. 1908).

Sauerstoff-Mundwasser[1]. Um ein Sauerstoffmundwasser mittels Wasserstoffsuperoxyd herzustellen, ist letzteres möglichst chemisch rein zu verwenden. Man nehme also nur die reinste medizinische Ware (Hydrogenium peroxydatum medicinale). Ein Alkoholzusatz ist nötig, damit sich die als Geschmack- und Riechstoffe dienenden ätherischen Öle klar auflösen; auch erhöht dieser die Haltbarkeit des Mundwassers. Zweckmäßig verwendet man terpen- und sesquiterpenfreie Öle, da sie sich schon in 50%igem Alkohol gut auflösen. Es kommen hiefür in Betracht: Anethol, Anisöl, Sternanisöl, Menthol, japanisches Pfefferminzöl. Man mische gleiche Teile Spiritus (96%ig) und Wasserstoffsuperoxyd (3%ig) und setze obige Öle, je nach Geschmack, hinzu. Da man dem Wasserstoffsuperoxyd eine gewisse Lichtempfindlichkeit zuschreibt, so sind braune Flaschen am zweckmäßigsten.

(Techn. Rundsch.)

Siccoform sind Tabletten, die 0,01 g gebundenen Formaldehyd, Menthol, Zucker und aromatische Stoffe enthalten. Sie sollen zur Desinfektion der Mundhöhle dienen. Darsteller: Sicco, G. m. b. H., Berlin O.

(Pharm. Zentralh.)

Solvolith-Zahnpaste. Den Hauptbestandteil bildet Karlsbader Sprudelsalz, das nach den Angaben in Hagers Handbuch der Pharm. Praxis aus 0,2% Lithiumkarbonat, 36,1% Natriumbicarbonat, 3,1% Kaliumsulfat, 41,6% Natriumsulfat, 18,2% Natriumchlorid, 0,5% Wasser, sowie Spuren von Natriumfluorid, Natriumborat, Kieselsäure und Eisen-, Kalk- und Magnesiaverbindungen besteht. — Nach Linckersdorff (Pharm. Ztg. 1911, Nr. 25) liefert folgende Vorschrift eine ähnliche zahnsteinlösende Pasta: Karlsbader Sprudelsalz oder Wiesbadener Quellsalz 25 g, präz. kohlensaurer Kalk 25 g, Veilchenwurzelpulver 10 g, medizinische Seife 15 g, Zitronenöl 25 Tropfen, Pfefferminzöl 25 Tropfen, Glycerin nach Bedarf.

Wasserstoffsuperoxydhaltigen Mundwässer, Über die Einwirkung der, auf das enzymproduzierende Vermögen der Schleimhaut, hat L. E. Walbum Versuche angestellt. Sie ergaben, daß nach mehrmaligem Ausspülen mit 0,07%iger Wasserstoffsuperoxydlösung das Superoxyd nach höchstens fünf Minuten aus der Mundhöhle verschwindet, daß diese kurze Zeitdauer aber genügt, um die Produktion von Speicheldiastase und Speichelkatalase auf Stunden hinaus zu verringern. 0,3%iges Wasserstoffsuperoxyd übt auf die genannten Enzyme eine zerstörende Wirkung aus, bei 35,5⁰ C wesentlich schneller als bei 20,5⁰ C.

(D. med. Wochenschr. 1911, L. 212.)

---

[1] Siehe auch unter „Wasserstoffsuperoxyd-Mundwasser".

Wasserstoffsuperoxyd-Mundwasser[1]. Spiritus (96%ig) 75 ccm, Menthol 1 g, Thymol 1 g, Wasserstoffsuperoxydlösung (3%ig) 180 ccm, Ratanhatinktur 5 ccm.   (The Druggists Circular.)

Wasserstoffsuperoxyd-Mundwasser[1]. I. Thymol, Menthol je 0,5 g, absol. Alkohol 50 g, Ratanhainktur 30 g, Wasserstoffsuperoxydlösung (10 Vol.-%) 120 g. Es sind davon einige Tropfen auf ein Glas Wasser zu nehmen. II. Destill. Wasser 1000 g, Perhydrol 30 g, Anisöl 3 g, Weingeist 865 g, Pfefferminzöl 15 g.   (Pharm.-Ztg., Berlin.)

Wolominth ist ein alkoholfreies Mund- und Gurgelwasser, das 3% Pfefferminzöl und 0,5% Salol enthält. Darsteller: Wolo, A.-G., Zürich II.   (Pharm. Zentralh. 1911, S. 252.)

Zahnpasta, antiseptische. H. A. Mahony gibt für eine antiseptisch wirkende Zahnpasta folgende Vorschrift: Zinkoxyd 30 g, entwässertes Zinksulfat 7,5 g, Paraform 10 g, Thymol 7,5 g, Kresol 10 g, Eugenol 3,5 g, Glycerin soviel, als zur Herstellung der Pasta erforderlich ist.
(Apoth.-Ztg. 1911, S. 411.)

Zahnpulver nach Dr. Le Gendre in Paris: I. Acid. boric. porphyris. 10 g, Kal. chlor. 5 g, Pulv. Guaiac. 5 g, Calc. carb. pulv., Magnes. carb. aa 20 g, Ol. Menth. pip. oder Ol. Geran. q. s. II. Lith. carb. 2 g, Calc. carbon., Magnes. carb. aa 20 g, Ol. Wintergreen q. s.
(Journ. de Méd. de Paris.)

Zahnreinigungsmittel nach Dr. Georg Richter, Oranienburg, und Joseph Witkowski, Berlin. (D. R. P. 236.619 vom 12. II. 1910.) Der Zahnstein ist in starken Säuren, wie Salzsäure und Flußsäure, löslich. Derartige Säuren können aber nicht konzentriert in den Mund gebracht werden. Es wurde nun gefunden, daß die Säurehaloide in Verbindung mit der Mundflüssigkeit gerade mit ausreichender Geschwindigkeit zerfallen, um die Halogenwasserstoffsäure in derartiger Konzentration zu liefern, daß sie den Zahnstein zu lösen oder zu zermürben vermag, ohne dabei die Zähne selbst oder das Zahnfleisch zu beschädigen. Zur Fixierung der Säurehaloide ist es nötig, damit ihr Zerfall nur allmählich erfolgt und ihre Berührung mit den Zähnen hinreichend lange dauert, sie einer an der Luft erstarrenden Flüssigkeit einzuverleiben, die auf den zu entfernenden Zahnstein aufgestrichen wird und dort zu einem Häutchen erstarrt. Man löst zu diesem Zweck Zellulosederivate in einem indifferenten Lösungsmittel, wie Aceton, Säureester u. dgl., zu einer viskosen Flüssigkeit auf und setzt dieser Flüssigkeit in passender Menge ein Säurehaloid oder ein Gemisch mehrerer Säurehaloide zu. Außerdem kann man die Lösung noch mit desinfizierenden und den Geschmack verbessernden Mitteln, z. B. ätherischen Ölen, versetzen.   (Pharm. Ztg., Berlin.)

Zahn- und Mundpflegemittel, Über antiseptische und desinfizierende Eigenschaften einiger. In der „Hygien. Rundschau" 1911, Nr. 8, berichtet Dr. Hans Schneider, Frankfurt a. M., in einem längeren Artikel über die Resultate jener Untersuchungen, die er in der Absicht, die desinfizierenden und antiseptischen (bakteriziden) Eigenschaften

---

[1] Siehe auch unter „Sauerstoff-Mundwässer".

einiger Zahn- und Mundpflegemittel festzustellen, durchgeführt hat —
mit Ergänzungen durch Daten aus der einschlägigen Literatur.

Es betreffen also diese Mitteilungen ein Kapitel der Hygiene, dessen
Wichtigkeit mit dem Fortschritte der Kultur immer mehr anerkannt
wurde, denn gründlicher als in früheren Epochen ist heute jeder Ge-
bildete darüber aufgeklärt, daß die Zahn- und Mundpflege nicht bloß
Angelegenheiten der Kosmetik bilden, sondern in mehr als einer
Hinsicht von direkt sanitärer Bedeutung sind. Es ist hier nicht der
Platz, näher auszuführen, wie die ästhetische Seite der individuellen
Mundpflege und eine sorgfältige Erhaltung der Zähne einerseits mit
Gesundheitszuständen und anderseits mit manchen empfindlichen
Störungen zusammenhängen, indem es doch bekannt ist, daß z. B. durch
Zahnlücken Behinderungen der (für manche Berufe äußerst
wichtigen) Deutlichkeit des Sprechens, ferner eine mangelhafte
Zerkleinerung der Speisen und dadurch bedingte Verdauungs-
störungen, nicht selten eine Kieferschrumpfung, die auf den
Gesichtsausdruck entstellend wirkt, verursacht werden. Spielt nun
auch bei uns die Zahn- und Mundpflege noch immer nicht jene eminente
Rolle, wie etwa bei den Amerikanern und Engländern, so ist der Fortschritt seit einigen Jahrzehnten doch ein auffallender und höchst er-
freulicher. Denn schon wird in unseren Familien auch bei ganz jungen
Kindern auf ordentliche Mund- und Zahnreinigung strenge gedrungen;
weiters ist es auch Aufgabe der Schulärzte, ihr Augenmerk auf dieses
Postulat der Hygiene zu richten und die Schuljugend darüber auf-
zuklären.

Unter solchen Umständen ist heutzutage der Gebrauch von Zahn-
und Mundreinigungsmitteln ein enormer geworden, ja, die für diesen
Zweck zu Gebote stehenden Präparate (Mundwässer, Zahnseifen, Zahnpasten, Pulver, Cremes usw.) sind für das Publikum geradezu ein em-
barras de richesse. Es kommt aber bei der Wahl des anzuwendenden
Mittels darauf an, daß damit nicht allein eine mechanische
Reinigung erzielt werde, womit man sich namentlich in früheren
Zeiten, als die Bakteriologie noch im embryonalen Zustande war, begnügte. Vielmehr muß ein derartiges gutes Reinigungsmittel eine desinfizierende und antiseptische Wirkung entfalten, um Fäulnis-
prozessen im Bereiche der Mundhöhle sowie den mannigfachen Folge-
anomalien (Karies, Gingivitis, Epulis, oft tiefgreifende Alveolarprozesse
usw.) vorzubeugen. Der Zahnarzt zumal weiß in seiner Praxis am besten
die Bedeutung eines guten bakteriziden Präparates zu würdigen und
ihm muß nicht wenig darangelegen sein, über Wert und Unwert der
unablässig neu auftauchenden Mittel dieser Kategorie genügend orien-
tiert zu werden.

Dr. Hans Schneider charakterisiert in der eingangs erwähnten
Abhandlung einige der modernen Zahn- und Mundpflegemittel
auf Grund direkter Vergleiche, wobei er vorausschickt, daß naturgemäß die durch den Speichel nicht alterierten, also haltbaren
desinfizierenden Mundwässer am zweckmäßigsten angewendet
werden.

In dieser Hinsicht verhalten sich die nachgenannten Präparate wie folgt:

Odol besteht aus einer alkoholischen Lösung, in der Salol, Menthol, Saccharin, Salicylsäure und Pfefferminzöl in geringer Menge gelöst sind. Als Hauptbestandteil gilt Salol (Salicylsäurephenyläther). Reaktion des Odol gegen Lackmus: neutral.

Perhydrolmundwasser besteht aus einer haltbar gemachten, chemisch reinen 3%igen Wasserstoffsuperoxydlösung mit aromatischen Zusätzen. Reaktion der Verdünnungen gegenüber Lackmus: schwach sauer.

Pergenol ist eine Mischung von Natrium perboricum und bitartaricum. Die Lösungen besitzen Pfefferminzgeschmack. Reaktion gegen Lackmus bei frischer Zubereitung: ganz schwach alkalisch; bei längerem Stehen an der Luft nimmt die alkalische Reaktion zu.

Pfefferminzlysoform ist ähnlich dem Lysoform selbst zusammengesetzt und besteht aus einer Kombination von flüssiger Seife mit Formaldehyd. Zur Aromatisierung sind ätherische Öle, speziell Pfefferminzöl, zugesetzt, welche die Desinfektionskraft des Formaldehyds unterstützen.

Der Autor hat die vergleichenden Untersuchungen betreffs der Desinfektionswirkung dieser Präparate gegenüber einem Testobjekte (Bacillus diphteriae) sowohl bei Zimmertemperatur, wie auch bei Temperaturen von 35 bis 40° angestellt und zu den Prüfungen 1- bis 4%ige Lösungen angewendet. Seine Wahrnehmungen resumiert er in folgender Konklusion:

Aus den Protokollen geht hervor, daß Pfefferminzlysoform unter den geprüften Mundpflegemitteln hinsichtlich seines Desinfektionsvermögens an erster Stelle steht. Ebenso wie bei Lysoform findet auch bei Pfefferminzlysoform bei 35 bis 40° eine erhebliche Steigerung der Desinfektionswirkung statt. Odol zeigte sich wirksamer als Superoxydpräparate, deren Wirkung augenscheinlich durch den alkalischen Speichel beeinträchtigt wird, was bei Pfefferminzlysoform nicht der Fall ist. (Pharm. Post, Wien.)

Mittel zur Pflege usw. des Haares.

Ala-Haarfarbe bestand nach Dr. Röhrig aus drei Flaschen mit Auflösungen von 1. Silbernitrat, 2. Pyrogallol und 3. Thiosulfat.

Bay-Rum wurde früher durch Destillation von Blättern des Baybaumes (Myrcia) mit Rum gewonnen. Nach Versuchen von T. Gordon erhält man ein dem echten Bay-Rum, der übrigens jetzt ausschließlich aus Bay-Öl hergestellt wird, gleiches Produkt nach folgender Vorschrift: Bay-Öl 5 ccm, Pimentöl 1 ccm, Orangenöl 1 ccm, Spiritus 400 ccm, Wasser 400 ccm, westind. Rum (Santa Cruz) 200 ccm. „Ph. Journal" gibt folgende Vorschrift an: Alkohol (90%ig) 300, Bay-Öl 3,5, Rum 300, Wasser ad 1200, Zuckercouleur nach Bedarf. (Pharm. Post.)

Chinesische Haarfarbe, aus zwei Flüssigkeiten bestehend, war eine etwa 5%ige Lösung von Kaliumsulfid und 3,8%ige ammoniakalische Silbernitratlösung. (Unters.-Amt Breslau 1909.)

Crinin, ein Haarfärbemittel, bestand nach Dr. Röhrig aus drei Flaschen: a) alkoholische Tanninlösung, b) Thiosulfat, c) ammoniakalische Silbernitratlösung enthaltend.

Crystolis gegen Haarausfall bildet nach Dr. Röhrig ein grüngelbes Pulver, in dem 80% Borax und 20% einer gepulverten Droge enthalten sind.

Dido-Essenz, eine Haarfarbe, besteht aus einer dunkelbraunen und einer farblosen Flüssigkeit; erstere enthält Paraphenylendiamin, letztere eine Lösung von chlorsaurem Kalium in technischem Wasserstoffperoxyd. (Pharm. Post.)

Dr. Johnsons American Hairpetrol ist nach A. Prant lediglich ein vollkommen geruchloses Petroleum amerikanischer Provenienz.

Dr. Köthners Simson-Haarwasser der Firma J. F. Schwarzlose Söhne in Berlin. Eine Flasche von „Bocksbeutelform" enthielt 200 ccm einer rötlichen, parfumierten Flüssigkeit von alkalischer Reaktion. Als Inhaltsstoffe wurden festgestellt: verdünnter Alkohol, Glycerin, Chinin (0,002%), β-Naphthol (0,49%), Spuren einer eiweißähnlichen Substanz, freies Alkali entsprechend 0,01% Na_2CO_3 und ein Teerfarbstoff, dessen rotgelbe Farbe durch Ansäuern in Blau umschlägt.

Die in 100 ccm der Flüssigkeit sofort nach dem Entkorken angestellte Bestimmung der Aktivität ergab:

Ges. A. Messung:

16—10 (2170 . 10^{-3} e. E.) 109 Sek. Pro Sek. Strom 19,9 . 10^{-3} e. E.

Ind. A. Messung:

16—15 (298 . 10^{-3} e. E.) 490 Sek. Pro Sek. Strom 0,6 . 10^{-3} e. E.

Aktivität 19,3 . 10^{-3} e. E.

= 19,3 Mache-Einheiten, was auf den Inhalt der Flasche bezogen, 38,6 Mache-Einheiten entspricht.

Nach 3 Tagen 4 Stunden hatte sich wieder gebildet:

Ges. A. Messung:

16—10 (2170 . 10^{-3} e. E.) 175 Sek. Pro Sek. Strom 12,4 . 10^{-3} e. E.

Ind. A. Messung:

16—15 (298 . 10^{-3} e. E.) 540 Sek. Pro Sek. Strom 0.5 . 10^{-3} e. E.

Aktivität 11,9 . 10^{-3} e. E.

= 11,9 Mache-Einheiten nach 3 Tagen 4 Stunden = 27,4 Mache-Einheiten nach der Zeit $\sim$ in 100 ccm oder 54,8 Mache-Einheiten in einer Flasche. Aus letzterer Bestimmung berechnet sich ein Gehalt von 1 mg Ra in 12.800 l des Haarwassers. (Dr. G. Moßler in Pharm. Post.)

Dominique-Dufours Haarcolor, von F. Hübscher in Berlin, enthält nach C. Griebel erhebliche Mengen von Paraphenylendiamin.

Eau de Capille, ein Haarfärbemittel, besteht aus 1,8 T. präz. Schwefel, 18,5 T. Glycerin, 1,0 T. Bleizucker und 109 T. Wasser.

(Pharm. Ztg., Berlin.)

Eau de Capille von **Kamprath** und **Schwartze** enthält nach F. **Klein**: Glycerin 16 T., Thiosulfat 8 T., Bleizucker 1 T., präz. Schwefel 2 T., Wasser 130 T.

Eau sublime, ein von Amerika importiertes **Haarfärbemittel,** besteht aus Paraphenylendiamin einerseits, Wasserstoffsuperoxyd anderseits.

Enthaarungsmittel nach **Hell** besteht aus einer Paste, hergestellt aus Calciumsulfhydrat 10 T., Stärke 5 T., Dextrose 5 T. Parfumiert wird mit Citronenöl. Calciumsulfhydrat erhält man durch Anfeuchten von zu Pulver zerfallenem Kalk und Sättigen des entstandenen Kalkbreies mit Schwefelwasserstoffgas. (Pharm. Post.)

Euresol pro capillis, zur Pflege des Haarbodens, gegen Kopfschuppen, Haarausfall usw., besteht aus Euresol, dem Monoacetat des Resorcins, unter Zusatz einer dezenten Parfumkomposition für die Rezeptur von **Haarspiritus.** Das Euresol entfaltet eine desinfizierende und anregende Wirkung auf den Haarboden, es dringt leichter in die Haut ein und besitzt infolgedessen auch eine größere Tiefenwirkung als das Resorcin. Die unangenehme Eigenschaft des Resorcins, hellblonde oder weiße Haare kupferrot zu färben, zeigt das Euresol nach den bis jetzt gemachten Beobachtungen nicht. Als geeignete Vorschrift wird empfohlen: Euresol pro capillis 10 g oder 6 g, Alkohol (96%ig) 150 oder 100 g, destill. Wasser ad 250 g oder ad 150 g. Darsteller: Knoll & Co., Ludwigshafen a. Rh. (Pharm. Zentralh.)

Fluide impérial de Jean Rabot à Paris bestand aus zwei Fläschchen, deren eines essigsaure Wasserstoffperoxydlösung enthielt, während sich in dem anderen eine etwa 2,5%ige ammoniakalische Silbernitratlösung befand. (Unters.-Amt Breslau 1909.)

Fluide impérial de **Jean Rabot in Paris** bestand aus zwei Flüssigkeiten, von denen sich die eine als eine wäßrige Auflösung von unterschwefligsaurem Natrium und Resorcin erwies, während die andere eine ammoniakalische Auflösung von Silbernitrat darstellte. (Unters.-Amt Dresden 1909.)

„Hanneh", ein Haarfärbemittel, enthält nach Dr. **Popp** schädliche Metallsalze (Kupfer, Blei, Arsen).

Haarausfalles, Zur Verhütung des, empfiehlt Professor **Kromayer**-Berlin, folgende Vorschriften: Doppeltkohlensaures Natron 1,5 g, Weingeist und dest. Wasser je 80 g, Eau de Cologne 20 g, Glycerin und Ricinusöl je 1 bis 5 g. Noch energischer wirken Mittel wie Alkohol, Terpentinöl, Xylol, Benzin, Petroleum, Aceton, Tetrachlorkohlenstoff. Letzterer hat den Vorzug, nicht zu brennen und Vaseline zu lösen. Allen diesen Flüssigkeiten ist zum Gebrauch etwas Fett hinzuzusetzen, z. B. Paraffinöl 2 bis 5 g, rektifiziertes Benzin soviel, daß das Gesamtgewicht 100 g beträgt, oder weiße amerikanische Vaseline 2 bis 5 g, reinster Tetrachlorkohlenstoff 98 bis 95 g. Zur mechanischen Reinigung der Kopfhaut empfiehlt **Kromayer** den sogenannten „Haarglittel". (Apoth.-Ztg. 1910, S. 382.)

Haarbalsam der Franziskaner Brüder enthält nach **Arends** 0,3 g Silbernitrat, 25 g Glycerin, 124 g Weingeist und etwas Parfum.

Haarelixir, Frederiksens, gegen Haarschwäche und Haarausfall, enthielt nach Dr. Beythien neben Glycerin, Nitrobenzol, Pfefferminzöl und 2,87% präzipitiertem Schwefel 1,12% Bleizucker.

Haarfarbe „Konoor" enthält nach Dr. Röhrig das wegen seiner gesundheitsschädigenden Wirkung gefürchtete Aureol, das sich bekanntlich aus Methyl-p-amidophenol, Monoamidodiphenylamin, Amidophenolchlorhydrat und schwefligsaurem Natron zusammensetzt.

Haarfärbemittel für blondes Haar. 1 g Aurantia (Kaisergelb), 2 g Bismarckbraun, 30 g Rosenwasser, 5 g Jononlösung (10%ig), 20 g Alkohol (90%ig), 0,05 g Moschus, künstlich. Man löst Aurantia und Bismarckbraun im Rosenwasser, den Moschus in dem mit der Jononlösung versetzten Alkohol, bringt dann beide Flüssigkeiten zusammen, filtriert und füllt in kleine runde Flacons von 15 bis 30 ccm Inhalt. Dieses Mittel soll einem starken Wasserstoffsuperoxyd-Kopfwasser im Augenblick der Anwendung tropfenweise, je nach der gewünschten Intensität der Färbung, zugegeben werden und bei völlig entfettetem Haar ein köstliches (venetianisches) Goldblond erzeugen.

(L'Officechim. d. Parfumeur, Berlin.)

Haarfärbemittel „Nußextrakt" von F. Mülhens in Köln ist kupferhaltig. Auf Grund des § 7 der österreichischen Ministerialverordnung vom 17. VII. 1906 wurde deshalb von der Statthalterei Innsbruck seine Verwendung und sein Verschleiß verboten.   (Pharm. Post, Wien.)

Haarfärbemittel „Réparateur" der Firma Auguste Crusq, Paris, 13 rue de Grevise, ist nach einer Analyse der Kgl. Untersuchungsanstalt München bleihaltig, weshalb die dortige Polizeidirektion vor seinem Vertrieb warnte.

Haarfarbe Seegers „Braun" bestand nach A. Juckenack und C. Griebel aus einer Lösung von Pyrogallol und Mangansulfat. — Preis einer Flasche = 1,50 M.

Haarfarbe Seegers „Schwarz" war nach A. Juckenack und C. Griebel eine Lösung von Pyrogallol und Eisenchlroür. — Preis einer Flasche = 1,50 M.   (Z. Unters. Nahr.- u. Genußm.)

Haarkräutertee, Frau Paula Joachims, gegen Haarausfall usw., ist nach Dr. Röhrig nichts anderes als getrockneter, geschnittener, an irgend einer Waldstelle abgerissener Waldbodenwuchs und enthält trockene Grashalme, verdorrte Laubblätter und viel Schmutz.

Haar-Regenerator, A. Gebhardts sen., war nach C. Griebel ein Gemisch aus Rosenwasser, Glycerin und Schwefelmilch, in dem Bleiacetat gelöst war. Der Gehalt an Bleiacetat betrug 1,52%.

Haarwurzelnahrung von Dr. Fischer besteht nach Riedels Mentor aus einer vanillierten Natriumbikarbonat-Boraxlösung und einer alkalischen Mischung, welche Perubalsam, Salicylsäure, Chloralhydrat und Chinaextrakt enthält.

Hoffers' Haarfärbekamm wirkt nach Dr. Röhrig derart, daß ein mit übermangansaurem Kali und Fett bestrichener Kamm mit einer Pyrogallollösung abwechselnd in Wirksamkeit tritt.

Incomparable, Haarfärbemittel von J. Garivati, Nizza, besteht

nach Dr. Schamelhout einerseits aus einer alkalischen Paraphenylen-
diaminlösung, anderseits aus einer Wasserstoffsuperoxydlösung.

Kamillenhaarwasser zur Erhaltung des hellen Tons bei goldenem
oder aschblondem Haar. I. Ungarische Kamillen 100 g, Alkohol 630 g,
Wasser 120 g, Essigäther 30 Tropfen, Glycerin 25 g, Eau de Cologne 30 g,
Citronensäure 15 g. Dieses Präparat ist etwas mißfarbig. II. Alkohol
2000 g, deutsches Kamillenöl 1 g, Salbeiöl 10 g, Melissenöl (deutsch)
6 g, Glycerin 75 g, Weinsäure 50 g, Salicylsäure 25 g, Wasser 500 g.
Nach dem Filtrieren schwach blau zu färben.

(Deutsch-amerik. Apoth.-Ztg. 1911, S. 130.)

Kardomin, neuer Haarfärbungsbalsam, wird als „unschäd-
lichstes und sicherstes Mittel" angepriesen, um ergrauten Haaren die
natürliche Farbe wiederzugeben; es soll auch — wie die Gebrauchsanweisung angibt — auf die Kopfhaut eine reinigende und stärkende
Wirkung ausüben.

Die Zusammensetzung des Mittels ist nach Dr. Aufrecht folgende:
Bleiacetat 1,17%, Schwefel 1,52%, Essigsäure 0,13%, Glycerin 9,60%,
Wasser 87,58%. (Pharm. Ztg., Berlin.)

Kascha, Haarfärbemittel von C. Wezel, Stuttgart, besteht aus
zwei Flüssigkeiten, von denen nach F. Klein die eine eine stark verdünnte Lösung von Kobaltnitrat und Ammoniumkarbonat, die andere
etwas Pyrogallol und als Hauptbestandteil „einen vegetabilischen
Stoff" enthält. Die Farbe wird in 10 Nuancen hergestellt, soll unschädlich
sein und natürliche Farbtöne liefern.

Koko-Haarwasser der Koko Maricopas Cy. Ltd., London (Deutsche
Vertreter: L. Sanders & Cie., Crefeld, Hochstraße 119), als „Haarwuchsmittel" und „idealer Haarerneuerer" angepriesen, stellt nach
Dr. Redenz eine wäßrige, klare, farblose Flüssigkeit von angenehmem
Geruch dar. Beim Schütteln entsteht ein geringer, wenig beständiger
Schaum. Reaktion: alkalisch. Spez. Gewicht bei 15° C: 1,0112. Wasser
und bei 100° C flüchtige Stoffe: 97,68%. Extrakt: 2,32%. Asche:
0,81%. Organ. Substanzen: 1,51%. Giftige Metallsalze und andere
schädliche Substanzen waren nicht nachweisbar.

Der Hauptsache nach stellt das Präparat eine wäßrige, Glycerin
und Borax enthaltende Lösung dar, die mit wasserlöslichen synthetischen
Riechstoffen parfumiert ist. Die Preise 1,75 M für die kleine, 3,60 M für
die größere Flasche von 185 ccm Inhalt übersteigen den reellen Wert
bedeutend.

Kopf- und Haarwasser, Vegetabilisches, von Richard Goelich in
Berlin, bestand nach A. Juckenack aus einer alkoholhaltigen, mit
ätherischen Ölen parfumierten und mit Teerfarbstoff rot gefärbten
Flüssigkeit, die rund 1,7% Soda (wasserhaltig) und 0,17% Chinin enthielt. Preis einer Spritzkorkflasche (etwa 200 ccm) 1,50 M.

Livola de composée enthält nach einer Analyse der holländischen
Spezialitätenkommission in 100 ccm: Salicylsäure 0,4 g, Glycerin 6,5 g,
Tinctura Bardanae 50 ccm, Ylang-Ylangöl 15 Tropfen, Rest Wasser.
Der Preis beträgt für 30 g 2,50 frs., der reelle Wert etwa 10 cts.

(Pharm. Weckbl.)

— Nach Dr. Aufrecht enthalten 100 ccm dieses angeblich die Haarschuppen beseitigenden Mittels Salicylsäure 0,27 g, Alkohol 27,4 g, Glycerin 8,2 g, Farbstoff eine Spur, Wasser und aromatische Stoffe 63,99 g, Asche 0,14 g. (Pharm. Ztg., Berlin.)

— Fabrikant dieses fragwürdigen Mittels ist die To Kolon Manufacturing Company, Ltd., New York und London. (Berliner Vertreter: Fasset & Johnson, G. m. b. H., Berlin SW 48), die auch „Fleurs d'Oxzoin" in die Welt setzte und auch bei dem berüchtigten „Triplex-System" die Hand im Spiele hat.

Mascaro, Haarfarbe und Augenbrauenstifte einer Pariser Firma, bestanden aus echter Umbra. Sie enthielten als Bindemittel tierischen Leim und waren durch die ganze Masse mit einer leicht verbrennenden Farbe schwarz gefärbt.

Mattanmilch ist eine wäßrige Emulsion von Fettsäuren mit Seife, die von den Berliner Formpuderwerken Dr. Fritz Kripke durch Neutralisieren einer wäßrigen Seifenlösung mit soviel Säure (Borsäure oder dgl.) hergestellt wird, daß die entstandene Emulsion gegen Lackmuspapier gerade neutral reagiert (vgl. D. R. P. 236.254 vom 1. VII. 1909).

Die Mattanmilch wurde von Dr. Pohl (Dermatolog. Ztrbl. 1912, Nr. 4) als Einfettungsmittel für Kopf- und Barthaar empfohlen, namentlich da, wo alkoholartige Kopfwässer und Brillantinen nicht vertragen werden.

Melanogène bestand nach Dr. Beythien aus einer Lösung von Schwefelleber und einer ammoniakalischen Silbernitratlösung.

Messer weg, eine Rasiercreme, ist nach Dr. Röhrig ein Gemisch der Sulfide von Calcium und Tonerde (CaO = 26,3%, Al_2O_3 = 20,13%).

Mirol, ein Haarentfernungsmittel von Kopp & Joseph in Berlin, bestand nach C. Griebel aus einem Gemenge von Strontiumsulfid, Weizenstärke und Talkum.

Noircier, ein Haarfärbemittel, besteht aus: I. einer ammoniakalischen Chlorsilberlösung; II. einer Lösung von Schwefelleber und III. einer Lösung von Pyrogallussäure.

Nerva, ein Haarbalsam von O. Schlevogt in Berlin, ist nach C. Griebel eine schwach parfumierte, halbflüssige, salbenartige Zubereitung, die aus Fetten, Wasser, Alkohol und geringfügigen Mengen von Eiweißstoffen besteht.

Nutin, ein Haarfärbemittel, war eine schwach parfumierte wäßrige Lösung von Paraphenylendiamin, deren Gehalt an gelösten Stoffen 2,0% und an mineralischen Stoffen 0,47% betrug. Seitens des Fabrikanten wurde bestritten, daß die wirksame Substanz Paraphenylendiamin sei; es handle sich vielmehr um einen isomeren Körper. Da indessen alle Identitätsreaktionen auf ersteres hinwiesen, lag kein Anlaß vor, den Angaben Glauben zu schenken. (Unters.-Amt Breslau 1909.)

Oja, ein von der Ojagesellschaft, Berlin, angeblich aus der Ipeknolle hergestelltes Haarwaschmittel, stellt eine etwas trübe, gelbliche Flüssigkeit dar von aromatischem Geruche nach Kölnisch Wasser. Die Reaktion ist eine alkalische. Polarisation = 0,45° (im 200 mm-R).

Das aus der Flüssigkeit durch Zentrifugieren abgeschiedene Sediment erwies sich bei der mikroskopischen Untersuchung als aus Pflanzenresten bestehend.

Die chemische Analyse von Dr. Aufrecht ergab folgendes Resultat:

Wasser und ätherisches Öl 95,68%
Organische Stoffe 2,71%
Mineralstoffe 1,61%
Darin Natriumkarbonat . 1,47%

Die organischen Stoffe bestehen im wesentlichen aus Inulin, Gerbstoff und reduzierenden Substanzen.

Das Mittel besteht somit aus einem parfumierten, wäßrigen, mit 1,5% Soda versetzten Auszuge einer inulinhaltigen Droge (vermutlich Rad. Bardanae). Andere Bestandteile waren darin nicht festzustellen.

(Pharm. Ztg., Berlin.)

„Orientpaste" zu Haarfärbezwecken wurde wegen Vorhandenseins von Kupfer-, Blei- und Arsenverbindungen von Dr. G. Popp als gesundheitsschädlich beanstandet.

Pechers seifenfreie Rasiercreme besteht aus zirka 84% Wasser, 12% stearinsaurem Ammon und 4% Glycerin, mit Rosenöl parfumiert.

(Pharm.-Post.)

Petroleumvergiftung. Murtaugh Houghton berichtet über Vergiftungserscheinungen bei einer jungen Dame, die 100 bis 150 g Petroleum zum Waschen ihres Haares verbraucht hatte. Unmittelbar darnach traten heftige Kopfschmerzen auf, Blässe der Gesichtshaut; die Lippen waren zyanotisch, der Puls schwach und schnell, die Bulbi traten hervor, die Pupillen waren erweitert, die Haut an den Schläfen war bei Berührung empfindlich und geschwollen. Die Kranke klagte zeitweilig über Atemnot, war bei Bewußtsein, schien aber verwirrt zu sein. Nach Verabreichung von Exzitantien erholte sie sich allmählich, doch waren noch am nächsten Tage Kopfschmerzen und Ödem der Kopfhaut vorhanden. Dauernde Schädigung trat keine ein.

(British Medical Journ. d. Drog. Rdsch.)

Phylodin gegen Haarausfall hat nach C. Griebel folgende Zusammensetzung: I. Extrakt: alkoholische Perubalsamlösung. II. Pomade: 96 T. Vaseline, 4 T. Soda. III. Eidotterseife: Gelbgefärbte Cocosfettseife mit Zusatz von etwas Eigelb. Darsteller A. Leonhardt in Dresden.

Radiuman-Haarbalsam ist ein radioaktives Präparat.

Radiumit-Kopfwasser der Radiumit-G. m. b. H., Berlin SW 11 ist radiumhaltig und soll besonders wirksam sein.

Rasiercreme Dr. med. Lütje wird nach D. R. P. 216.250 hergestellt. Die bekannten Enthaarungsmittel, die aus auf kaltem Wege bereiteten breiartigen Mischungen von Alkali- oder Erdalkalisulfiden, wie Baryum-, Strontium-, Calciumsulfid mit Kreide, Talkum, Stärke oder dergleichen bestehen, üben eine ätzende Wirkung auf die Haut aus. Man vermeidet diesen Übelstand, wenn das Enthaarungsmittel auf heißem Wege hergestellt wird. Zu diesem Zweck werden die gebräuchlichen Sulfide unter

Zusatz von Stärke und Wasser auf etwa 100⁰ erhitzt. Dadurch wird die Stärke in Kleister umgewandelt, der die Haut vor Ätzungen schützt. Beispielsweise wird ein Gemisch von 1,5 g Strontiumsulfid und 2 g Stärke mit 8 g Wasser zu einer dünnen Flüssigkeit angerührt, die darauf unter stetem Umrühren zum Sieden erhitzt wird. Beim Erkalten nimmt die Masse cremeartige Beschaffenheit an. Über die Eigenschaften dieser von den Patent-Rasierwerken, Hamburg 13, in den Handel gebrachten Creme schreibt Dr. Lütje-Altona folgendes:

1. Das Mittel ist, wie schon aus den amtlichen Untersuchungen hervorgeht, für die Gesundheit absolut unschädlich.

2. Die in dem Mittel enthaltenen Schwefelverbindungen wirken auf die Haare erweichend ein, so daß diese nach zirka 7 Minuten mit dem Schaber leicht abgestrichen werden können, ohne daß bei normaler Haut eine Ätzung eintreten kann.

3. Ich habe das Präparat in vielen Fällen gegen Hautkrankheiten, besonders parasitärer Natur, mit großem Erfolge seit Jahren angewendet. So verschwand z. B. Bartflechte nach dreimaligem Gebrauch des Mittels.

4. Ich selbst rasiere mit seit 3 Jahren fast täglich mit dem Rasiermittel und habe irgend eine gesundheitsschädliche Wirkung nicht feststellen können.

Voraussetzung ist natürlich, daß die Rasiercreme mit der nötigen Präzision hergestellt und vor Licht und Luft geschützt aufbewahrt wird.

Rasiersalbe „Restlos" riecht intensiv nach Schwefelwasserstoff und dürfte ähnlich zusammengesetzt sein wie Rasillit (s. d.).

Rasillit, ein Enthaarungsmittel der Rasillit Company in Berlin, besteht im wesentlichen aus einem Gemenge von Sulfiden und Talkum. Festgestellt wurden Strontium, Magnesium- und Zinksulfid. Das Pulver war zur Verdeckung des Schwefelwasserstoffgeruches stark mit Amylacetat parfumiert. Nach Gebrauch des Mittels wurden Hautreizungen beobachtet.

Rasunova, „Rasiermittel ohne Messer" der Deutschen Patent-Verwertungsgesellschaft m. b. H. in Hamburg, ist ein ziemlich konsistenter Stärkekleister, der Schwefelcalcium als Haarzerstörungsmittel enthält und zur Verdeckung des von diesem herrührenden Schwefelwasserstoffgeruches parfumiert ist, allerdings in ungenügender Weise. Das auch als „Hautpflegemittel" angepriesene Präparat ist also etwas Ähnliches wie das berüchtigte „Rasillit".

(Drogenhändler, Berlin 1911, Nr. 1.)

Reform-Haarfarbe war eine Lösung von Pyrogallol (3,38 g in 100 ccm Flüssigkeit). (Unters.-Amt Breslau 1909.)

Régénérateur capillaire von Sompton & Co. in New York setzte sich aus zwei Lösungen zusammen, von denen nach Dr. Beythien die eine aus Wasserstoffperoxyd bestand, während die andere 2,5% Paraphenyldiamin enthielt.

Renovateur, Haarfarbe, setzt sich aus zwei Flüssigkeiten zusammen, einer alkoholischen Auflösung von Schwefelleber und einer 3½%igen ammoniakalischen Silbernitratlösung. (Pharm. Ztg., Berlin.)

30*

Schellenbergs Haarfärbemittel „20 Jahre jünger" besteht nach Dr. Metzger aus einer 0,3%igen ammoniakalischen Silberlösung. Preis der Flasche von 200 g Inhalt M 3,50.

Schuppenpomade Manisol von G. G. Schneider in Stuttgart, besteht nach C. Griebel im wesentlichen aus gelber Vaseline, Paraffinsalbe, Kaliseife, Schwefel, Stärke und geringen Mengen von Terpentin.

Schneiders Brennessel-Haartinktur von G. G. Schneider in Stuttgart ist nach C. Griebel ein wäßriger, anscheinend aus Brennesseln hergestellter Auszug, der stark mit Amylacetat oder einem ähnlichen Ester parfumiert ist.

Sebalds Haartinktur besteht nach C. Griebel aus einem mit verdünntem Alkohol hergestellten Orangenschalenauszug, in dem Perubalsam, Opiumtinktur, Cantharidin, bzw. Cantharidintinktur und etwas Ricinusöl nachweisbar waren.

Shampoon Schwarzkopf setzt sich angeblich wie folgt zusammen: Verwitterte Kristallsoda 17,5, frische Marseiller Seife 7,5, Parfum nach Bedarf. (Pharm. Ztg., Berlin.)

Sublimior-Haarfärbemittel besteht nach E. Bödtker aus 1 g Bleiacetat, 5 g Natriumthiosulfat, 10 g Glycerin und 90 g Rosenwasser. Darsteller: H. & W. Harris Frères in London. Preis 2,65 frs. für ein Flacon von 100 g Inhalt. (Chem.-Ztg.)

Tanningene, ein Haarfärbemittel, besteht nach A. Prant aus einem Karton mit 2 Flaschen von zirka 50 g Inhalt. Die Flasche aus braunem Glas enthält eine 3- bis 4%ige Silbernitratlösung, die mit Ammoniak übersättigt ist und zuerst auf die mit Seife gut gewaschenen Haare aufgetragen wird. Die Flasche aus blauem Glas enthält eine 4%ige Pyrogallussäurelösung in verdünntem Alkohol, die nach dem Eintrocknen der Silberlösung aufgetragen wird. (Pharm. Post.)

Teinture du Dr. Richards setzte sich nach Dr. Beythien aus 2 Präparaten: einer wäßrigen Pyrogallollösung und einer ammoniakalischen Lösung von Silbernitrat zusammen.

Tersul, ein innerlich zu nehmendes Mittel gegen Haarausfall von Gebr. Hiller, G. m. b. H., Tetschen a. E., enthält nach Angabe der Fabrikanten Kieselsäure und Schwefel als „Haarnahrung". Die gleichzeitig äußerlich anzuwendende „Tersulpaste" (à Dose K 2,50) soll die Haarpapille schneller ins Leben zurückrufen.

Tinctura instantanea besteht aus zwei Flüssigkeiten, von denen die eine Paraphenylendiamin, die andere Wasserstoffsuperoxyd enthält. A. Sacerdote berichtet, daß er nach Gebrauch des Mittels bei einer Frau schwere Hautaffektionen beobachten konnte.

(Apoth.-Ztg. 1911, S. 226.)

Thiopetrol, eine milchig-weiße Flüssigkeit von angenehmem Geruch, besteht nach der Angabe des Fragestellers aus Schwefel in sulfuriertem Öl und Petroleum (Schwefel-Petrolemulsion). Die Ware soll nach der beigegebenen Anpreisung die Haarschuppen vertreiben, das Ausfallen der Haare verhindern sowie den Nachwuchs junger Haare befördern. Das Mittel befindet sich in einer Flasche von 150 ccm Inhalt, die mit Spritzkorken versehen ist. Preis pro Flasche 3 frs.

(Nachrichtenbl. f. d. Zollstellen.)

Tolma, ein in Süddeutschland von Friseuren verkauftes Haarfärbemittel, ist eine Lösung von Bleizucker in Rosenwasser, in der gefällter Schwefel verteilt ist.

Végétal Lêmbery, eine angeblich rein pflanzliche Haarfarbe, bildete eine schwarze teerartige Masse, die einen leicht oxydierbaren Körper (Pyrogallol oder dgl.) enthielt. Das Mittel hinterläßt beim Verbrennen viel Asche, die sich sandig anfühlt und reichlich Kupfer enthält.

Viktoria, der „weltbekannte Haarfarbewiederhersteller" der Firma Klara Schulze, Charlottenburg, besteht nach H. Schlegel aus einer ammoniakalischen Silberlösung.

Waboo, ein Schuppenwasser, bildet nach Dr. Röhrig eine klare, hellgelbe Flüssigkeit mit 28 Vol.-% Alkohol und enthält als Spezifikum Salicylsäure, aromatisiert.

Walnußsafthaarfarbe der Mrs. Potters ist paraphenylendiaminhaltig.

Youpla, Haarfarbewiederhersteller von Kopp & Joseph in Berlin, ist nach C. Griebel eine ammoniakalische Silbernitratlösung, die außerdem noch eine organische Säure enthält. Das dem Mittel beigegebene Probefläschchen „Corrigator-Brillantine" enthält eine Pyrogallollösung.

Mittel zur Pflege usw. der Haut (einschließlich Bäderzusätze) und der Nägel.

Begriffsbestimmungen kosmetischer Mittel zur Hautpflege. 1. Cremes sind salbenartige, meist parfumierte Mischungen von Fetten, Kohlenwasserstoffen (Vaseline, Ceresin und Paraffin), Seifen, Glycerin, häufig auch medikamentösen Stoffen usw. zum Geschmeidigmachen der Haut. Zu beanständen ist die Gegenwart von mehr als 0,1% freiem Alkali oder Formaldehyd, von mehr als 0,2% Salicylsäure, dann jene von giftigen oder ihrer Natur und ihrer Wirkung nach noch nicht vollkommen erforschten chemischen Produkten.

2. Toiletteseifen sind vorwiegend zur Reinigung der Haut bestimmte, künstlich gefärbte oder weiße, parfumierte oder ihrer Aufmachung nach für kosmetische Zwecke auf den Markt gebrachte Zubereitungen aus fettsaurem Alkali, Wasser, Glycerin, Alkohol, Zucker usw. Sie dürfen weder mit den gewöhnlichen Haushaltungs- und technischen Seifen noch mit den Medizinalseifen verwechselt werden. Zu den ersteren gehören die oft stark alkalischen und daher die Haut ätzenden „ordinären" Wäsche-, Geschirr- und Fußbodenseifen, ferner die in den Industrien benötigten zahlreichen Spezialseifen, wie z. B. Walkseifen, Seidenfärbereiseifen u. dgl.; zu den letzteren alle Seifen, die Zusätze ausgesprochen medikamentöser Natur enthalten, die sogenannten „Desinfektionsseifen" (Salicyl-, Carbol-, Formalin-, Lysol-,

Sublimat-, Creolinseife usw.) und endlich die für besondere Fälle hergestellten Spezialreinigungsmittel (Bimsstein-, Marmorgießseife usw.). Der Verkehr mit Haushaltungs- und technischen Seifen unterliegt nur dann den Bestimmungen des Lebensmittelgesetzes, wenn solche Seifen etwa in den Ankündigungen als kosmetische Seifen bezeichnet oder wenn sie unter Umständen in den Handel gebracht werden, die in dem Käufer den Glauben erwecken können, daß sie sich zum Gebrauch bei der gewöhnlichen Toilette eignen. Bezüglich der Bereitung und des Verkaufes der Medizinalseifen, die zum Teil nur gegen ärztliche Verschreibung feilgehalten werden dürfen, gelten dieselben Bestimmungen wie für den Verkehr mit Drogen und Arzneistoffen. Unzulässig ist ein 0,1% übersteigender Gehalt an freiem Alkali, ein Zusatz von Wasserglas, Borax oder Schwefel ohne Deklaration und die Gegenwart von mehr als 0,5% Carbonaten. Ein Zusatz von Sand, Bimsstein, Marmorgrieß u. dgl. wird zweckmäßig deklariert.

3. Puder sind pulverförmige Gemische, die als Grundlage Stärke oder Talk, häufig Zinkoxyd, Wismutsalze, mitunter auch unzulässige Blei- oder Quecksilberverbindungen (einschließlich Zinnober), dann Teerfarben, Riechstoffe usw. enthalten. Sie dienen als Deckmittel für die Haut, teils zum Aufsaugen des Schweißes, teils als weiße, rote oder gelbe Schminke. Schweißpulver mit Zusätzen von mehr als 0,1% Formalin oder von mehr als 0,2% Salicylsäure sind als Medikamente anzusehen und zu behandeln.

4. Schminken sind flüssige oder salbenartige Zubereitungen zur künstlichen Färbung der Haut. Sie kommen in allen Farben und Schattierungen vor. Die flüssigen Erzeugnisse bestehen aus wäßrigen, wäßrig-alkoholischen oder glycerinhaltigen Lösungen von Farbstoffen, die salbenartigen aus Verreibungen pulverförmiger Farben mit Öl und Fett. Die bei den Cremes und Pudern aufgestellten Grundsätze gelten auch hier.

5. Waschwässer, Schönheitswässer und Balsame sind wäßrige oder verdünnte alkoholische, häufig glycerinhaltige und parfumierte, bald klare, bald durch ausgeschiedenes Harz (und zwar gewöhnlich Benzoeharz) getrübte Flüssigkeiten. Seltener enthalten sie einen schweren Bodensatz von Zinkoxyd oder von unzulässigem Bleicarbonat, Präzipitat u. dgl. Sie dienen zum Waschen oder Betupfen der Haut, vorwiegend des Gesichtes und der Hände. Hieher gehören auch die unter der Bezeichnung „Busenwasser" vertriebenen kosmetischen Mittel, die ihrer Zusammensetzung nach meist nur parfumierte, manchmal glycerin- oder dextrinhaltige Flüssigkeiten darstellen. Bezüglich der Waschwässer usw. von anormaler Beschaffenheit gilt das bei den Cremes Gesagte. Freie Alkalien sind nur in Spuren, Carbonate der Alkalien bis zu 0,5% und Borax (berechnet als $Na_2B_4O_7 +$ + 10 aq.) bis zu 5% zu tolerieren. Harnzusatz ist unzulässig.

(Codex Alimentarius Austriacus.)

Alaunstein als Hautdesinfiziens. Bei der Herstellung von Alaunsteinen nach den bisherigen Verfahren schmilzt man den Alaun, mischt ihm gewisse Antiseptica und aromatische Zusätze bei und gießt die

Masse in große Formen. Die erhaltenen Platten werden durch Zerschneiden in gebrauchsfertige Stücke übergeführt. Dabei entweicht leicht ein Teil des Kristallwassers des Alauns, infolgedessen dieser an der Luft leicht zerfällt und wenig haltbar ist. Auch entstehen beim Zerschneiden der großen Stücke infolge der kristallinischen Beschaffenheit des Materials viele Abfälle, die nicht wieder benutzt werden können. Es wurde nun gefunden, daß es gelingt, vollständig widerstandsfähige Alaunsteine auf bequeme Weise herzustellen, wenn man dem Alaun beim Verschmelzen einen gewissen Zusatz von Aluminiumsulfat gibt. Hiedurch wird die Widerstandsfähigkeit der Alaunsteine, auch wenn das Kristallwasser des Alauns zum Teil verlorengegangen ist, so weit erhöht, daß die Steine beliebig lange an der Luft aufbewahrt werden können. Es wird auch die Herstellung homogener Steine aus den Abfällen ermöglicht, die bei der Herstellung von Alaunsteinen entstehen. Man bringt (D. R. P. 239.559, Dr. Max Lehmann & Co., Berlin) Alaun mit den gebräuchlichen Zusatzstoffen, wie 1% Glycerin, etwas Borsäure oder einem sonstigen Desinfiziens sowie aromatischen Stoffen, wie Vanillin und Aluminiumsulfat, in einem Tiegel zum Schmelzen. Dieser Tiegel ist mit einem Rückflußkühler versehen, so daß das beim Schmelzen etwa entweichende Kristallwasser wieder vollkommen in die Schmelze zurückgeführt wird. Nach Beendigung der Schmelzung wird die Masse in viereckige Kästchen eingefüllt, in welche Abfallstücke von Alaunsteinen eingelegt werden. Die geschmolzene Masse wird durch einen Heber von unten in die Formen eingefüllt, wobei sie möglichst wenig mit der atmosphärischen Luft in Berührung kommen darf. Schließlich wird sie in üblicher Weise zu gebrauchsfertigen Stücken zerschnitten. (Pharm. Ztg., Berlin.)

Alpenblütencreme enthielt neben basischem Wismutnitrat ein unlösliches Quecksilbersalz (weißes Präzipat).

(Ber. Unters.-Amt, Stuttgart 1910.)

Althaeine, Cold cream Français hygiénique du Dr. Séguin pour blanchir et adoucir la peau et enlever rougeurs, boutons, gerçures et tâches. Das Mittel, dessen Preis 6 frs. beträgt, ist eine walrathaltige Natriumstearatcreme mit fliederähnlichem Geruch.

Babymiracreme. 80 T. Paraffinsalbe werden im Wasserbade mit 4 T. gepulverter Benzoe eine Stunde lang digeriert, hierauf abgeseiht und mit 20 T. Lanolin, je 15 T. Zinkoxyd und Stärke und mit 5 T. Borsäure vermischt. (Pharm. Post.)

Badekleie. Die so bezeichnete, aus Frankreich eingehende Ware besteht in einem etwa 13 cm langen, 8 cm breiten, durch Näharbeit hergestellten und geschlossenen Säckchen aus gebleichtem, dünnem Baumwollengewebe, welches mit einem wohlriechenden Gemenge gefüllt ist. Der Inhalt des Säckchens hat ein Gewicht von 127 g und besteht nach dem Ergebnis der mikroskopischen und chemischen Untersuchung aus:

     etwa 43,00% groben Samenschalen des Weizens (Kleie)
     etwa 25,00% Natronseifenpulver,
          21,10% Stärke, darunter etwa die Hälfte Kartoffelstärke,
          10,76% Feuchtigkeit.

Das Seifenpulver ist augenscheinlich der Träger des Riechstoffs. Das Säckchen ist in einer an den beiden Grundflächen offenen parallelepipedischen Pappumschließung von etwa 4 cm Höhe, 7 cm Breite und 11 cm Länge in der Weise verpackt, daß es diese vollständig ausfüllt. Diese Packung ist weiter mit einer streifenförmig zusammengelegten gedruckten Warenanpreisung auf Papier der Länge nach umschlungen und sodann noch einmal in Papier eingeschlagen und verklebt. Das geschlossene Paket hat die Form einer Seife in Handstücken und trägt gedruckt neben dem Namen und der Marke der Firma Savonnerie du Cosmydor, Paris, die Aufschrift „Bain Savonneux" und „Soapy Bath" sowie die Gebrauchsanweisung in französischer und englischer Sprache. Nach dieser Gebrauchsanweisung ist das Säckchen herauszunehmen, in das Bad zu tauchen, mehrmals auszudrücken und sodann zum Reiben des Körpers zu verwenden. Die bemusterte Ware stellt sich mit Rücksicht auf die zur Füllung des Säckchens verwendeten Stoffe (Kleie, Stärkemehl und Seifenpulver), ferner nach ihrem Verwendungszweck zum Reiben der Haut im Bade, wobei sie durch einmalige Benutzung verbraucht wird, wie auch nach ihrer ganzen Aufmachung als ein wohlriechendes Mittel zur Reinigung und Pflege der Haut dar. Sie ist daher als anderweit nicht genanntes Riech- und Schönheitsmittel zollpflichtig. (W. V. Stichwort „Riech- und Schönheitsmittel", Ziffer 4.) Die Umschließungen aus Papier und Pappe gehören zum Reingewichte der Ware und sind nach dem für diese geltenden Satze mit 100 M für 1 dz zu verzollen. (Taraordnung § 4.)

(Nachr. f. d. Zollstellen.)

Badepulver, Wohlriechendes, für Kohlensäurebäder. Doppelkohlensaures Natron 85 T., Weinsäure 71 T., Weizenstärke 113 T., Citronenöl 0,9 T., Irisöl 0,3 T., Ylang-Ylangöl 0,3 T. werden gemischt.

Beauty-Perlen-Toilettepulver von G. M. Dostal besteht in der Hauptsache aus mit Seife imprägniertem kohlensauren Kalk in Form stecknadelkopfgroßer Stücke, dem etwas Quarzsand und Veilchenwurzelpulver beigemischt sind.

„Black and White", Dr. Clausens. Von der Firma B. Braun, Fabrik pharmazeutischer Präparate und Rosen-Apotheke, Melsungen, wird unter dieser (geschützten) Bezeichnung eine Neuheit in den Handel gebracht: ein „Warzen- und Höllensteinstift mit Silberfleckentferner". In einem schwarzen Umstecker befindet sich ein Höllensteinstift, mit dem in üblicher Weise die Warzen u. dgl. behandelt werden: am anderen Ende der Hülse, in einem weißen Umstecker, befindet sich ein zweiter Stift, mit dem die durch den Höllenstein entstandene Schwärzung beseitigt wird. Die Stifte werden in Buchsbaum- und Zelluloidhaltern geliefert. (Pharm. Zentralh. 1912, S. 547.)

Cold cream de la belle Cavalieri besteht nach eigener Angabe von Lina Cavalieri aus Rosenwasser 500 g, süßem Mandelöl 500 g, weißem Bienenwachs 20 g, Walrat 20 g, Rosenöl 3 g.

(Femina d. Journ. de la Parf. Franç. 1912, S. 151.)

Conduras echte balsamische Rosenmilch zur Erzeugung rosiger

Wangen bestand nach Dr. Beythien aus einer parfumierten Auflösung von Glycerin und Eosin in Wasser.

Creme Ekzemin von Frau Katharina Kutzel in Berlin war nach A. Juckenack und C. Griebel eine rötlichgelbe körnige Salbe, die aus Fett, mit Alkanna gefärbtem Öl und gefälltem Schwefel bestand.

Creme Ekzemin von Sommer soll nach Mannich ein Gemenge von 58,8% Schwefel und 41,2% eines halbflüssigen, mit Alkannin gefärbten Fettes sein. (Pharm. Ztg., Berlin.)

Creme Iris besteht aus 0,5 g Borax, 2 g Talkum, 10 g Zinc. oxydat. und 87,5 g Ung. Glycerini, das mit Tuberosenextrait parfumiert ist. (Pharm. Post.)

Creme Pli, ein Mittel gegen Hautunreinigkeiten, war nach C. Griebel eine schneeweiße, parfumierte Salbe, die im wesentlichen aus unverseifbaren Stoffen, Wasser (79,5%) und einem Natriumsalz der Borsäure (als Borax berechnet 0,43%) bestand. Die schaumige Salbe war außerdem von zahlreichen, anscheinend aus Sauerstoff bestehenden Gasbläschen durchsetzt, woraus sich schließen läßt, daß das Mittel ursprünglich Natriumperborat enthalten hatte.

Creme Simon besteht nach Bödtker aus Glycerin, das mit Zinkoxyd und Stärkemehl zu einem Brei angerührt und mit Trèfleextrait parfumiert ist.

Eau de Beauté, Phönixdrogerie, ist nach Dr. Röhrig eine alkoholische, gefärbte, stark parfumierte, schwache Lösung (Extrakt 0,053%) von Borsäure.

Edelweißcreme von Otto Klement, Innsbruck, enthält nach einer Untersuchung von im Handel befindlichen Proben durch die Klagenfurter Untersuchungsanstalt ziemlich viel Quecksilber (23,43%, Hg_2Cl_2 = 9,96% Hg). In einigen Proben wurden auch Bleiverbindungen gefunden. Das Mittel wurde in Österreich mehrfach verboten. (Pharm. Post.)

Email de Beauté Nr. 212 vom Institut de Beauté, 26 Place Vendôme, Paris, zur Beseitigung von Gesichtsrunzeln, enthält Parfum, Alkohol, Wasser, Rohrzucker und Wismutweiß — die beiden letzteren als Hauptbestandteile — sowie geringe Mengen von kohlensaurem Kalk und kohlensaurer Magnesia.

Emolline besteht aus 1 T. Tragant, 50 T. dest. Wasser, 10 T. Glycerin, 5 T. Spiritus, Salicylsäure und Rosenwasser. (Pharm. Ztg., Berlin.)

Euthymol Cold Cream, ein neues kosmetisches Mittel von butterweicher Konsistenz, ist weiß wie Schnee und besitzt einen angenehmen Geruch. Hersteller: Park, Davis & Co.

Dealin hat nach Zernik etwa folgende Zusammensetzung: 20 T. Natriumperborat, 10 T. Borsäure, 10 T. Zinkoxyd und 60 T. eines Gemisches aus Talkum mit wenig Stärke und Magnesiumcarbonat.

Eurin ist eine pflanzliche Hautcreme, die von der Schweizer-Apotheke in Berlin W dargestellt wird. (Pharm. Zentralh. 1912, S. 240.)

Fettfreie Hautcremes nach Edwin B. Curtis. I. Stearinsäure 10,8 g, kohlensaures Natron 2,88 g, Borax 0,21 g, Glycerin 19,5 g, Fliederduft

0,5 g, Alkohol 3,75 g, dest. Wasser soviel, daß die Gesamtmenge 250 g beträgt. Man erwärmt Stearinsäure, Natriumcarbonat, Borax, Glycerin und Wasser in einer Schale auf dem Wasserbade, bis die Kohlensäureentwicklung aufgehört hat, setzt das im Alkohol gelöste Parfum hinzu und schlägt die Masse bis zum Erkalten mit einem Schlagbesen. II. Stearinsäure 10 g, Cakaobutter 1 g, kohlensaures Natron 4 g, Borax 4 g, Glycerin 8 ccm, Bittermandelöl 1 Tropfen, Rosenöl 5 Tropfen, Alkohol 6 ccm, dest. Wasser 80 ccm. Die Darstellung geschieht wie bei I angegeben. Man kann als Bleichmittel etwas Wasserstoffsuperoxyd zusetzen. Etwas Ricinusöl soll die Masse durchsichtig machen.

(Deutsch.-amerik. Ap.-Ztg.)

Fichtennadelextrakt (für Bäder). Die jungen Sprossen verschiedener Pinusarten oder die Nadeln von Pinus silvestris (Kiefer) werden mit der 5fachen Menge siedenden Wassers übergossen. Man läßt 12 Stunden stehen, preßt ab und dampft bei mäßiger Wärme zu dünner Extraktkonsistenz ein. Dem erkalteten Extrakt wird unter Umrühren etwas Fichtennadelöl zugesetzt. Auf ein Vollbad rechnet man 250 g dieses Extrakts.

(Pharm. Ztg., Berlin.)

Fleurs d'Oxzoin. Die Untersuchung im Laboratorium des „Drogenhändler" ergab, daß eine Flasche Fleurs d'Oxzoin enthält: Netto 51 g einer nur ganz mattrosa gefärbten Emulsion von ausgesprochenem Rosengeruch. Sie bestand aus: 13 g eines festen weißen Pulvers, das sich als Zinkoxyd erwies, etwa 8 g Glycerin, 30 g Rosenwasser und Spuren eines roten Farbstoffes, wahrscheinlich Carminlösung. Darnach ist der mit so großer Reklame angepriesene Artikel nichts weiter als ein Präparat, wie wir es seit langem als „Lilienmilch" kennen, jedoch ohne Benzoelösung. Man würde also ein mindestens gleichwertiges Produkt nach folgender Vorschrift erhalten: 13 g Zinkoxyd, 8 g Glycerin 28° Bé., Spuren ammoniakalischer Carminlösung und 30 g Rosenwasser. Nach der an den Flaschen und in der Annonce angegebenen Vorschrift sollen 60 g Rosenwasser und 3,5 g Benzoetinktur mit 60 g Fleurs d'Oxzoin gemischt werden. Da aber die untersuchte Flasche nur 51 g enthielt, würde jeder Konsument mit einer Flasche nicht auskommen. Wahrscheinlich liegt hier ein Irrtum vor, oder die Angabe von 60 g ist in einer nicht zu billigenden Absicht erfolgt. „Oxzoin" ist als Warenzeichen der Firma Fasset & Johnson, G. m. b. H., Berlin, geschützt.

Fluinol, ein fluoreszierendes Coniferennadelpräparat, empfiehlt **Breiger** zur Herstellung von Fichtennadelbädern. Die Fluoreszenz erhöht nach den Beobachtungen des Verfassers die Wirkung, und die einladende gelbgrün schimmernde Farbe hat suggestiven Wert. Sehr gut bewährt hat sich der Zusatz von Fluinol zu Kohlensäurebädern, wodurch diese für viele Patienten erst erträglich gemacht werden. Diese „Fichtennadelperlbäder" wirken mild und beruhigend auf alle Erregungszustände.

(Ärztl. Rdsch. XVII, Nr. 33.)

Wolf (Pharm. Ztg. 1910, Nr. 93) gab für ein ähnliches Präparat folgende Vorschrift: Fluorescin Merck 0,5, Ammoniak 1,0, Ol. Pini Pumil., Ol. Pini sylvest. je 2,5, Spiritus ad 100.

Frostosil ist eine Lösung von Ochsengalle, die nach einem besonderen Verfahren frisch gehalten und gereinigt worden ist. Sie bildet eine braungelbe, schwach aromatisch und später leimartig riechende Flüssigkeit, die als Schutzmittel gegen Frostschäden und bei spröder Haut angewendet werden soll. Darsteller: Gebrüder Schlippe in Leipzig-Stötteritz. (Pharm. Zentralh.)

Galmanin, ein Streupulver, welches von Apotheker Karpinski in Warschau hergestellt wird, enthielt nach Zernik Zinkoxyd, Magnesiumcarbonat, Talkum, Stärke und Spuren Blei, wohl eine Verunreinigung des Zinkoxyds.

Händewaschmittel nach L. Schlesinger. Zur Herstellung eines solchen ohne Anwendung von Wasser, Seife und Handtuch sollen Papier in geriebenem Zustande und feingesiebte Sägespäne mit Casein und Alkohol zu einer Paste angerieben werden.

Hautbleichcreme „Chloro", ein Mittel gegen Sommersprossen, Leberflecke u. dgl., enthielt nach Dr. Beythien neben rund 75% Fett und etwas Wismutsubnitrat erhebliche Mengen wasserlöslicher Quecksilbersalze.

Heinisch-Creme zur Gesichtspflege bestand aus Wasser 9%, Zinkoxyd 25%, Sand 3,5%, Weizenstärke und Weizenkleie 62,5%.

Huberin (Liquor. cosmet. Hydrargyri chlorat. mite ozonisat.) ist ein Toilettewasser gegen unreinen Teint, Sommersprossen usw. Für den Artikel wird eine große Propaganda gemacht.

Isis-Salbe besteht aus Schwefelblüte, Kampfer und Fett. Anwendung: gegen Gesichtsröte, Finnen, Frost usw. Darsteller: H. Forsberg in Stockholm. (Pharm. Post 1910, S. 247.)

Kaloderma. Charakteristisch für Kaloderma ist die Abwesenheit von Fett, und hierauf beruht seine leichte Absorption. Erprobte Vorschriften sind nach P. Kaumann, Neuenburg (W.-Pr.), folgende: I. Gelatine 5, Glycerin 120, Honig 20, Wasser 55 g; Parfum einige Tropfen Rosenöl. II. Glycerin 300, Wasser 200, Tragant 60, Weingeist 30 g; Parfum nach Belieben. III. Valparaiso-Honig 50, Glycerin 80, Borsäure 2, Gelatine 6, Wasser 100 g; Parfum einige Tropfen Rosenöl.

Klarol, H. Mayers kosmetisches Augenwasser, zur Pflege der Augen, ist nach Dr. Röhrig ein alkoholisch-wäßriger Pflanzenauszug.

Kleiolin ist eine konzentrierte Lösung der Bestandteile der Kleie (1 Flasche = 6 kg Kleie). Es kann als Zusatz zum Wasch- und Badewasser benutzt werden und kommt auch als Kleiolinseife in den Handel. (Pharm. Ztg., Berlin.)

Kohlensäurebad, Wohlriechendes. Natriumbicarbonat 85 g, Weinsäure 71 g, Stärke 113 g, Citronenöl 0,9 g, Irisöl 0,3 g, Ylang-Ylang-öl 0,3 g.

Ko Sana, ein Handwaschmittel, bildet eine geruchlose, weiße Masse von Form und Größe einer Toiletteseife, Gewicht zirka 125 g, und besteht aus gewöhnlicher Soda. (Pharm. Ztg., Berlin.)

Laccoderme besteht aus Ammoniumcaseinat 100 g, Zinkoxyd 20 g, Talkum 60 g, Lanolinvaselin 80 g, Rosenwasser 20 g, Kirschlorbeerwasser 10 g. Sie wird, mit 5, 10 und 20 g Steinkohlenteer versetzt, als

Hautfirnis verwendet. Dieser beschmutzt die Wäsche nicht und läßt sich leicht mit warmem Wasser abwaschen.   (Pharm. Zentralh.)

Lanula ist nach Flury ein Lanolin, Borsäure, Tannin und Speckstein enthaltendes Wundpulver.

Lonil, ein Mittel gegen Nasenröte, war nach Dr. Beythien eine mit Citronenöl und Bergamottöl parfumierte Anschüttelung von 1,4 g Zinkoxyd in 100 ccm Wasser.

Nävol siehe unter **Tätovin.**

Nasolin, gegen Gesichts- und Nasenröte, stellte eine wäßrige Lösung von Borax, bzw. Borsäure und Salicylsäure in Glycerin vor, die mit Rosenöl versetzt war. Außerdem enthielt sie noch Spuren von Mangan- und Zinksalzen.   (Ber. Unters.-Amt Stuttgart 1910.)

Ozofluin ist ein neues Fichtennadelbad, dessen Darstellung patentamtlich angemeldet ist. Die Bereitung geschieht, indem die Auszüge der zerkleinerten Pflanzenteile, der Coniferennadeln usw. im Vakuum zur Trockne eingedampft werden; die dabei entweichenden flüchtigen ätherischen Substanzen werden aufgefangen und mit dem eingetrockneten Extrakt wieder vereinigt. Dem trockenen Extrakt werden vor dem Granulieren geeignete unschädliche fluoreszierende Farbstoffe zugesetzt. Diese erteilen dem Badewasser, zugleich mit dem ausgesprochenen Geruch nach Tannennadeln von seiten der ätherischen Öle, eine prächtige fluoreszierende grüngelbe Färbung, die die suggestive Wirkung erhöht. Das Granulat kommt in haltbarer handlicher Form in Dosen von zirka 10 ccm Inhalt, die für ein Bad bestimmt sind, in den Handel. Darsteller: Ozofluinzentrale in Basel.
                    (Therap. Monatsh. 1911, H. 9, d. Pharm. Ztg., Berlin.)

Ozonia ist ein Pulvergemisch aus kalzinierter Soda und Kochsalz, das ohne Angabe der Bestandteile als ozonhaltiger Zusatz zum Badewasser und als Mittel gegen Rheumatismus angepriesen wird.

Phrymalin, Seife gegen Nasenröte, war nach Dr. Röhrig eine Cocosfettseife mit Zusatz von Schwefel, Campher und Salicylsäure. Darsteller: Schmalz & Schüler, Spandau.

Pino-Bad, Reuschs, ist ein fluoreszierender Fichtennadelauszug und besitzt einen hohen Gehalt an ätherischen Ölen sowie Ozonverbindungen. Darsteller: Chemische Fabrik „Nassovia" in Wiesbaden.

Pinoxit, eine trübe grünliche Flüssigkeit von starkem aromatischen, an Nadelholz erinnernden Geruch, befindet sich in einer bauchigen grünen Glasflasche, die die eingegossene Inschrift trägt „Pinoxic Tubit!!!" Nach Angabe des Fragestellers stellt die Ware einen wäßrigen Auszug dar, der durch Destillations- und Extraktionsprozesse aus verschiedenen Teilen, vornehmlich aus den Nadeln, der englischen Kiefer, gewonnen ist und etwa 3 bis 4% flüchtige Öle enthält. Die chemische Untersuchung ergab einen Trockenrückstand von 1,2% mit 0,16% Mineralstoffen und etwas Harz. Die Mineralstoffe sind alkalisch und enthalten Phosphorsäure. An Öl, dem Geruche nach Fichtennadelöl, wurden 2% abgeschieden. Das mikroskopische Bild zeigt das Vorhandensein zahlreicher pflanzlicher Gewebeelemente. Weingeist ist nicht vorhanden. Die Ware soll wegen ihrer erfrischenden, die Haut anregenden Wirkung als Zusatz zu Bädern Verwendung finden.

(Nachrichtenbl. f. d. Zollstellen.)

Poslam, eine aus Amerika mit großer Reklame vertriebene Salbe, besteht nach Pulkner & Hilpert aus 12 T. Zinkoxyd, 6,67 T. Schwefel, 22 T. Stärke, 15,2 T. Steinkohlenteeröl und 45 T. Schmalz.

(Apoth.-Ztg. 1911, S. 932.)

Pierre de Fakirs (Nagelpolierstein). Zinnoxyd 5,0, Zinkoxyd 5,0, Bimssteinpulver 90, Carmin Nr. 40aa 0,2, Gummi arabicum-Schleim nach Bedarf.   (Pharm. Post.)

Practical Lap, ein Mittel zur Erzeugung gesunder Gesichtsfarbe, ist als der Gipfel kosmetischer Erfindungskunst zu bezeichnen. Es bestand nach Dr. Beythien aus nichts mehr und nichts weniger als einem Stückchen roten Barchents und erfüllte insoferne seinen Zweck vollkommen, als die Haut durch möglichst kräftiges Reiben in der Tat vorübergehend rot wurde. Im Hinblick auf den etwa 5 Pfennig betragenden Wert und den Verkaufspreis von 2 M konnte der Lappen vom Standpunkte des Erfinders mit Recht als ein „praktischer Lappen" bezeichnet werden.

Radiosol ist ein radiumhaltiger Bäderzusatz der Radiumabteilung des Dianabades in Wien II.

Radiuman-Creme ist ein radioaktives Präparat.

Radiumit-Hautcreme der Radiumit-G. m. b. H., Berlin SW 11, ist ein radioaktives Präparat.

Radium-Keil-Massagecreme der Firma Keil, Dresden, wird in Form von 100 g weißer, radioaktiv gemachter Vaseline abgegeben.

(Pharm. Post.)

Saponaran, „Hellwigs Seifenplatten", sind Seifenblätter, die nach D. R. G.-M. 181.378 dadurch hergestellt werden, daß ein leichtes Gewebe mittels besonderer Maschinen gleichmäßig mit einer antiseptischen Toiletteseife imprägniert wird.

Sauerstoff-Menthol-Campher-Kosmetikum von Dr. Oppermann in Berlin, war nach C. Griebel eine stark nach Campher und Menthol riechende, anscheinend aus Kakaobutter und Walrat hergestellte Salbe, die außerdem noch in geringer Menge Sulfate und Oxyde des Aluminiums und Magnesiums sowie Jodkalium enthielt.

Schossol, ein Hautpflegemittel, ist ein mit Geraniumöl versetztes Fettgemisch mit 60% unverseifbarem Fett. Darsteller: J. Zieger in Berlin.

Seiferts Blütenwasser zur Beseitigung von Hautröte, Mitessern, Blüten usw. stellte nach Dr. Beythien eine Emulsion von präpariertem Schwefel, Gummi arabicum, Campher, Kalkwasser sowie etwas Perubalsam dar, besaß sonach die Zusammensetzung des bekannten Kummerfeldschen Waschwassers.

Seiferts Haut- und Toilettecreme, eine gelbe, nach Campher riechende Salbe, enthielt nach Dr. Beythien neben Campher Lanolin, Borsäure und Zinkoxyd.

Simi besteht nach L. Nagorski aus einer Lösung von 5 g Borsäure in 100 g 90%igem Alkohol, welche mit Vanillin parfumiert ist. Nach Urteil des Amtsgerichts Blankenese vom 10. IV. 1911 ist das Mittel dem freien Verkehr überlassen.

Sommersprossencreme von Frau Elise Bock in Schöneberg bestand nach C. Griebel im wesentlichen aus Fett, Wachs, Wismutsubnitrat, Borsäure, Kaliumkarbonat und Perubalsam.

Sommersprossencreme von Frau Hammer (Femina-Versand) in Berlin war nach C. Griebel eine weiße, parfumierte Salbe, die weißes Quecksilberpräzipitat, Wismutsubnitrat, Borsäure und eine Zinkverbindung enthielt.

Sommersprossen, Ein Mittel gegen, erwies sich nach Dr. Beythien als eine 1%ige Lösung von Phenol in Alkohol.

Sommersprossensalbe. Zinksuperoxyd 10 T., weißer Bolus 20 T., Paraffinum liquidum 20 T., Lanolin 50 T., Parfum nach Bedarf.

(Pharm. Post.)

Sommersprossenseife nach Dr. G. Freudenthal, Peine, enthält als wirksame Bestandteile Wismutverbindungen und Schwefel neben Seife.

Sonnenbrandcreme. Thymophen (Sicco) 2,0, Lanolin 10,0, Vaseline 20,0, Unguent. leniens 60,0 T. Aroma nach Belieben.

(Pharm. Ztg., Berlin.)

Storaxol, eine Salbe zur Hautpflege, enthält als wirksame Bestandteile nach Flury Resorcin, Schwefel und Storax.

Sulpholine Lotion wird als Hautreinigungsmittel von der Firma John Pepper & Cie., London S. E., in blauen Flaschen nach Deutschland eingeführt. Es ist eine wohlriechende, rosafarbene Flüssigkeit mit weißem Bodensatz und besteht aus einer Mischung von Wasser, Glycerin, 1,5% Alkohol, Zinkoxyd, Schwefelblume sowie Spuren roten Farbstoffs und Rosenöls. Da gesundheitsschädliche Stoffe (Blei, Quecksilber usw.) nicht nachzuweisen waren und die Reklame dieses kosmetischen Mittels über das zulässige Maß nicht erheblich hinausgeht, verfügte der preußische Finanzminister die Verzollung des Präparates als „Riech- und Schönheitsmittel" nach Tarifnummer 356.   (Nachr. f. d. Zollstellen.)

Tätovin erwies sich als eine schwach mit Lavendelöl versetzte Paste aus Salicylsäure und Glycerin. Anwendung zur Entfernung von Tätowierungen.   (Ber. Unters.-Amt Stuttgart 1910.)

Tätovin, zur schmerzlosen Entfernung von Tätowierungen und **Nävol,** zur Entfernung von Muttermalen, Warzen, Linsen usw. von H. Streichs Laboratorium in Stuttgart angepriesen (Preis pro Dose M 3,50 bzw. M 3,60). Der Karlsruher Ortsgesundheitsrat warnte vor diesen Mitteln, nachdem in einem Spezialfall ärztlicherseits eine heftige, schmerzhafte und gefährliche Entzündung der mit dem „Tätovin" behandelten Hautstellen konstatiert worden war. Nach der chemischen Untersuchung bestehen beide Präparate aus einer Verreibung von Salicylsäure mit parfumiertem Glycerin, und zwar enthielt „Tätovin" 46,28%, „Nävol" 39,88% Salicylsäure.

Tätoweg, ein Mittel zur Entfernung von Tätowierungen, welches nach Anzeige eines Arztes tiefgehende Ätzgeschwüre verursacht hatte, bestand nach Dr. Beythien aus einer mehr als 50%igen Lösung von Resorcin in Wasser.

Undinol mit Tannenduft, ein Zusatz zu Bädern, besteht aus 60% weingeistfreier Seifenlösung, 40% Koniferenextrakten und Ölen sowie geringen Spuren von orangegelbem Anilinfarbstoff. Darsteller: Chemische Industrie, A.-G., St. Margarethen.

Veilchen-Malattine, Dr. Dralles, ist nach Zernik und Kuhn ein angenehm parfumiertes und mit geringen Mengen Salicylsäure versetztes Gemisch aus Glycerin und einem Pflanzenschleim.

Venetianisches Augenwasser. Vom hygienisch-kosmetischen Laboratorium Otto Reichel, Berlin SO., Eisenbahnstr. 4, wird unter diesem Namen ein Mittel in den Handel gebracht, welches dem zugehörigen Prospekt nach die wunderbare Wirkung haben soll, „die Schönheit der Augen, den Glanz und Ausdruck des Blickes zu erhöhen. Rein aus edelsten Pflanzenstoffen bereitet und gänzlich unschädlich, ist es ein wundervolles Stärkungsmittel von milder, angenehm erquickender Wirkung nach jeder Überanstrengung der Augen, bei ermüdeten und leicht geröteten Augen nach längerem Aufenthalt in heißer, rauchiger oder staubiger Atmosphäre. Erfrischt und belebt infolge seiner balsamischen Eigenschaften die Augen in der wohltuendsten Weise, macht sie strahlend, glanzvoll und anziehend, hebt den Ausdruck des Blickes und beseitigt die Schatten und dunklen Ränder unter den Augen sowie die Spuren durchwachter Nächte und häufiger Tränenergüsse." Preis für den Flacon mit Spezialtropfvorrichtung M 2,— und M 3,50.

Nach Untersuchung von L. Schwedes ist das Präparat ein aromatisches Wasser, wahrscheinlich Rosenwasser, dem zur Erhaltung der klaren Beschaffenheit 2,28% Alkohol zugesetzt worden ist.

(Apoth.-Ztg.)

Vulneral-Toilettecreme von Apotheker Grundmann in Berlin, war nach A. Juckenack und C. Griebel eine im wesentlichen aus Fett, Lanolin, Wachs, Borsäure und Zinkoxyd hergestellte Salbe, die mit Perubalsam und Rosenöl parfumiert war. Preis einer Büchse (30 g) = 2 M. (Z. Unters. Nahr.- u. Genußm.)

Warzenentferner. I. Eisessig 10 g, gefällter Schwefel 20 g, Glycerin 320 g. II. Alkohol 28,5 g werden mit Salicylsäure gesättigt und Ricinusöl 50 Tropfen zugefügt. (Drugg. Circ.)

Zemacol, eine amerikanische Hautcreme, besteht nach Flury aus Salicylsäure, Lanolin, Tragant und Glycerin.

Zeo-Badeextrakte sind fertige, in Wasser leicht lösliche Zusätze zur Bereitung der verschiedensten medizinischen Bäder, wie Kamillen-, Fichtennadel-, Kräuter-, Stahlbäder usw. Darsteller: Kopp & Joseph, Berlin W.

Zeo-Bäder sind Kohlensäurebäder, die nach Angaben in der Literatur Natriumbikarbonat und in Essigsäure gelöstes Calciumchlorid enthalten sollen. (Pharm. Ztg., Berlin.)

Zeozon wird eine Paste genannt, die nach P. G. Unna das im Chinin erstrebte Prinzip des farblosen Lichtschutzes durch Verwendung leicht wasserlöslicher Äsculinabkömmlinge in einer brauchbaren Form verwirklicht. Außer ihrer Wirkung gegen die ultravioletten Strahlen hat diese Paste eine Heilwirkung bei Ausschlägen, wodurch sie geeignet erscheint, auch in Fällen angewendet zu werden, in denen eine schädliche Lichtwirkung von einer mit Hautausschlag bereits behafteten Haut abzuhalten ist. Sie wird von Kopp & Joseph in Berlin W, Potsdamer Straße, 3%ig unter dem Namen „Zeozon“ und 7%ig als „Ultra-Zeozon“ in den Handel gebracht. — „Aqua Zeozoni“ ist eine 0,3- bzw. 0,5%ige, mit Borsäure neutralisierte Lösung des Ortho-Oxyderivates des Äsculins. Das Präparat stellt eine gelblich bräunliche Flüssigkeit dar, welche die Fähigkeit besitzt, die ultravioletten Strahlen zu absorbieren.

(Berl. Klin. Wochenschr. 1911, Nr. 27.)

Zuck-OOH-Creme ist ein Hautkosmetikum, das von der Firma L. Zucker & Co., Berlin W, hergestellt wird. Die Creme, die in Tuben in den Handel kommt, ist rein weiß, weich, von schwach saurer Reaktion und angenehm parfumiert. Sie läßt sich gut auf der Haut verreiben. Nach dem Befunde der Untersuchung sind die Bestandteile der Creme weißes Wachs, Wasser, Stärke und Gelatine.   (Pharm. Ztg., Berlin.)

Mittel zur Erzielung schöner Körperformen oder zur Beseitigung unschöner Körperfülle.

Für diese Mittel gilt der Satz in der Einleitung dieses Kapitels, daß ihr Preis in keinem Verhältnis zum wahren Wert steht, in besonderem Maße. Auch ihre Wirkung ist stark anzuzweifeln, wie auch aus der nachfolgenden Warnung, die das Gesundheitsamt der Stadt Leipzig Ende 1909 erließ, hervorgeht:

„In großer Anzahl und prahlerischer Form werden allenthalben Mittel angepriesen und in den Handel gebracht, die den Frauen in kürzester Zeit und mit Sicherheit zu vollen Körperformen, insbesondere zu üppigen, idealen Büsten, verhelfen sollen. Von Bezug und Anwendung dieser Mittel, die als Busen-Kraftpulver, Büstenwasser und unter Bezeichnungen wie Orientalische Pillen, Busenformer, Büstol, Bellaforma, Herkules-Desserts, Juno, Henriette, Cleopatra, Govarol-Pillen, Thilossia, Grazinol, Peraspera-Essenz u. a. vertrieben werden, ist dringend abzuraten. Fülle der Körperformen, vor allem der Büste, ist in erster Linie eine Folge natürlicher körperlicher Anlage und kann durch künstliche Mittel, einschließlich solcher der Ernährung, gar nicht oder nur in äußerst geringem Maße beeinflußt werden, am wenigsten aber durch die genannten Mittel, die im wesentlichen aus Mehl, Zucker, Salz, Stärke, Malz und einigen anderen wirkungslosen Stoffen bestehen. Die Behauptungen in den den Mitteln beigegebenen Broschüren und sonstigen Druckschriften, die das Gegenteil beweisen sollen, entsprechen nicht den Tatsachen und laufen auf Schwindel und betrügerische Ausbeutung hinaus. Der geforderte Preis — bis 10 M für die Originaldose oder -flasche — steht, abgesehen von der Wirkungslosigkeit des Mittels, in keinem Verhältnis zum Werte der darin enthaltenen Stoffe. Besonders ist vor den von ausländischen Firmen vertriebenen Mitteln zu warnen, in denen zum Teil arsenige Säure festgestellt worden ist. Mit dem gleichen Mißtrauen muß den meist sehr teuren (20 M und mehr) Apparaten begegnet werden, mit denen auf mechanischem, galvanomagnetischem oder einem ähnlichen Wege volle Büsten- und Körperformen erzielt werden sollen."

Es ist ferner in Gerichtsverhandlungen gegen Hersteller von Büstenmitteln von den sachverständigen Ärzten darauf hingewiesen worden, daß eine Atrophie des Busens durch die Einreibung mit den meist aus sehr verdünntem parfumierten Alkohol bestehenden Busenwässern nicht zu beseitigen sei, und es sind daraufhin Verurteilungen wegen Betrugs erfolgt. In anderen Fällen wieder erblickten die Gerichte in der Anpreisung derartiger Mittel einen unlauteren Wettbewerb (§ 4 des neuen Wettbewerbgesetzes) gegenüber den Masseuren und sprachen gegen Fabrikanten und Verkäufer zum Teil recht hohe Geldstrafen aus. Auf direkten Schwindel laufen die Mittel hinaus, die von Paris aus als „Hautnahrung", „dyspeptische Gesichtsnahrung" (Harriet Meta Smith), „Venus Carnis" usw. angeboten werden und in unglaublich kurzer Zeit üppige Körperformen erzeugen sollen.

Auch der Wert der vielfach angepriesenen Entfettungsmittel ist zumeist ein recht problematischer, wie nachfolgende Ausführungen von Dr. med. Kühn, Leipzig (Pharm. Ztg. 1908, Nr. 28) erkennen lassen:

„Von den zahlreich angepriesenen Entfettungsmitteln ist nicht viel zu halten, denn es handelt sich bei der Fettleibigkeit in der Hauptsache um eine reichliche Zufuhr von Nahrungsstoffen und zugleich um einen mangelhaften Energieumsatz im Körper und damit um eine nicht genügende Fettverbrennung. Zur Beseitigung dieser Fehler und Schäden dient natürlich in erster Linie eine Einschränkung der Diät, dann aber eine Erhöhung des Energieumsatzes, und dazu trägt namentlich die vermehrte Muskelarbeit bei. Das einzige medikamentöse Mittel, das zur Herbeiführung einer Entfettung in Anwendung kommen könnte, sind die Thyreoidintabletten, deren Grundsubstanz auch in den meisten Geheimmitteln gegen Fettleibigkeit enthalten ist. Es muß zugegeben werden, daß die Fettverbrennung, also auch die Steigerung des Energieumsatzes, dadurch zuweilen um 15 bis 20% erhöht wird, aber ebenso sicher ist es, daß bei ihrer Anwendung die äußerste Vorsicht stattfinden muß, da sie eine giftige Wirkung ausüben und dabei häufig starke Eiweißausscheidungen, Herzschwächezustände und Zuckerharnruhr auftreten."

Der Parfumeur tut gut, wenn er sich mit der Fabrikation oder dem Vertrieb derartiger zweifelhafter Präparate nicht befaßt, zumal sie laut Urteil des Amtsgerichtes Mannheim vom 18. III. 1906 als Heilmittel bzw., wenn ihre Zusammensetzung nicht bekannt ist, als Geheimmittel anzusehen sind und den für diese geltenden Ankündigungsbeschränkungen unterliegen.

Albukola, ein Nährmittel für Frauen von Rita Nelson in Berlin, bestand nach C. Griebel aus leicht gelb gefärbtem Casein, das mit etwas Natriumbicarbonat versetzt und mit Vanillin aromatisiert war. Das Mittel ist laut Urteil des Kammergerichts vom 11. I. 1912 dem freien Verkehr entzogen und darf auch nicht öffentlich angekündigt werden.

Antistrumalin, ein Mittel gegen starken Hals, besteht nach Doktor A. Röhrig aus: I. einer 30 g-Salbenbüchse mit 37 g einer Mischung von 28% Wasser, 9,5% Jodkalium, 76% Fett; II. einer Flasche, enthaltend 15 g einer 3,5%igen Lösung von Jod in Alkohol.

Busencreme stellte eine grauweiße Masse von sirupartiger Konsistenz dar, Reaktion war neutral. Das Präparat ist ein mit Rosenöl parfumiertes Gemisch von Stärkekleister und Glycerin mit geringen Mengen von Benzoeharz. (Glyceringehalt = 7,2%, Gehalt an Stärke = = 3,3%.)						(Unters.-Amt Breslau 1909.)

Busencreme Alvija, Dr. med. Eisenbachs, besteht aus einem Gemisch von Paraffinsalbe mit Stärkemehl, das zugehörige „Stärkungsmittel" hauptsächlich aus Hafermehl. Der Verkaufspreis des ersteren ist für 30 g M 3,— (Herstellungskosten M 0,50), der des letzteren M 2,75 (Herstellungskosten M 0,20). Der Fabrikant des Mittels, Matthias Sievers, der eine unzutreffende marktschreierische Reklame für diese wertlosen Mittel machte, wurde wegen unlauteren Wettbewerbes vom Landgericht Hamburg zu 300 M Geldstrafe verurteilt und dieses Urteil vom Reichsgericht (Urteil vom 12. VII. 1911, Aktenzeichen 3 D 530/11) bestätigt.

Busencreme Favorit, Dr. Müllers, besteht aus parfumierter Lebertranemulsion. Verkaufspreis M 10,— (Herstellungskosten M 1,25). Das vom gleichen Fabrikanten hergestellte „Busennährpulver" (Verkaufspreis M 3,—, Herstellungskosten M 0,50) bestand aus Milchzucker. Der Fabrikant dieser für den angepriesenen Zweck wertlosen Mittel wurde wegen unlauteren Wettbewerbes zu 200 M verurteilt.

Busennährcreme von Bauch in Breslau war nach Dr. Röhrig eine mit Rosenöl parfumierte Paraffinsalbe.

Der Ortsgesundheitsrat in Karlsruhe erließ vor dem Mittel folgende Warnung: „Von W. Bauch in Breslau wird für eine Busennährcreme Reklame gemacht, die üppige Büste verleihen soll; für 2 Dosen, die mindestens erforderlich sein sollen, um dieses Ziel zu erreichen, werden 4,50 M verlangt. Die Creme, die im wesentlichen aus Mineralfett (Paraffin, Vaseline) besteht und mit Rosenöl parfumiert ist, kann die angegebene nährende Wirkung nicht haben. Der Inhalt der beiden Dosen hat einen Wert von 30 bis 40 Pfennig. Wir warnen demnach vor dem Bezug dieser Creme."

Busennährpulver „Grazinol", von Apotheker R. Möller in Berlin, bestand nach A. Juckenack und C. Griebel anscheinend lediglich aus einem Gemenge von Hafermehl und Milchzucker. Preis 2 M für etwa 200 g.						(Z. Unters. Nahr.- u. Genußmittel.)

Die Polizeidirektion Halle a. S. warnte vor dem Mittel: Von einem hiesigen Geschäft — Sanitätshaus M. Schneider, Zwingerstraße 4 — wird ein Busennährpulver „Grazinol" zum Preise von 2 M für den Karton angepriesen, das „dauernd üppige Büste und volle Körperformen" zu erzielen geeignet sein soll. Wie durch den amtlichen Chemiker festgestellt ist, besteht das Pulver aus einem Gemisch von Hafermehl und Milchzucker. Der wirkliche Wert einer gleichartigen Menge stellt sich im Kleinhandel auf etwa 40 Pfennig. Wie ferner aus dem amtsärztlichen Gutachten hervorgeht, hat das Pulver „Grazinol" keine Wirkung, welche über die einer stark gesüßten Hafermehlsuppe hinausgeht. Das Pulver als unübertroffen zur Erzielung dauernd üppiger Büste und voller Körperformen zu bezeichnen, ist demnach ganz unberechtigt.

Busennährmittel „Grazol" von O. Schreiber Nachf. in Berlin war nach C. Griebel ein Gemenge von Hafermehl und Milchzucker.

Busenwasser „Mammaetolina" enthielt nach Dr. Beythien neben einem indifferenten Pflanzenauszuge Boraxlösung und Glycerin.

Büstenwasser „Henriette", „Eau pour engrossir la poitrine" enthielt nach Dr. Beythien neben Wasser, Alkohol und Dextrin lediglich Benzoeharz. Preis M 5,— pro Flasche.

Das Dresdener Wohlfahrtspolizeiamt warnte vor dem Ankaufe des Mittels, da es nach Aussprache des Dresdener Stadtbezirksarztes und Feststellung des dortigen Chemischen Untersuchungsamtes zu übermäßig hohem Preis in den Handel gebracht werde und irgend welche den Anpreisungen entsprechende Wirkungen nicht besitze.

Büstenmittel Grazinol besteht aus Malzextrakt und Mehl.

Büstenpulver Graciosa besteht aus Kakao, Weizenstärke und Zucker.

Büsteria, orientalisches Kraftpulver, gegen Magerkeit und zur Erlangung voller Körperformen angepriesen, besteht nach Dr. Mezger aus Bohnenmehl mit zirka 3% Zucker. Der Polizeipräsident von Berlin warnte vor dem Kauf dieses Mittels der Firma D. F. Steiner & Co., Berlin.

Cascarino, Entfettungstee von Apotheker Hugo Storz in Berlin, bestand nach A. Juckenack und C. Griebel aus einem Gemenge zerkleinerter Vegetabilien. Festgestellt wurden: Folia Sennae, Folliculi Sennae, Flores Sambuci, Rhizoma Rhei, Radix Valerianae, Fucus vesiculosus, Cortex Frangulae, Cortex Cascarae sagradae, Radix Taraxaci cum herba, Fructus Anisi und Fructus Foeniculi. Ein Karton mit etwa 140 g Inhalt kostete M 1,75.

Cedera, das „ideale Entfettungsmittel" der Cedera-Gesellschaft m. b. H. in Berlin, war nach C. Griebel eine den brausenden Mineralsalzen ähnliche Zubereitung. Es enthielt Weinsäure, Natriumsulfat, Natriumchlorid, Natriumcarbonat sowie geringe Mengen von Kaliumsalzen, Calciumcarbonat, Magnesiumcarbonat und Eisenoxyd.

Creme Venus Carnis der Firma A. Hocquette, Paris, London und New York, mit großer Reklame zur Entwicklung einer üppigen Büste angepriesen, besteht nach L. Schwedes aus einer salbenartigen, parfümierten Masse, die 15% stearinsaures Natrium, 35% Wasser und 50% Glycerin enthält.   (Apoth.-Ztg. 1912, S. 289.)

Dalloff-Tee gegen Fettleibigkeit war nach C. Griebel ein Gemenge zerkleinerter Vegetabilien. Festgestellt wurden: Flores Anthylidis vulnerariae, Folia Sennae, Herba Hyssopi, Folia Uvae ursi und Folia Menthae piperitae.

Dr. Aders Florandol, ein von der Firma Dr. Aders & Co., Schöneberg, gegen Magerkeit empfohlenes Mittel, besteht nach Dr. Aufrecht in der Hauptsache aus einem Gemenge von Eiweiß (Casein), Kakaopulver und Bohnenmehl (wahrscheinlich auch Linsenmehl) und Salzen, unter denen Chlornatrium und phosphorsaures Calcium überwiegen.

(Pharm. Ztg., Berlin.)

Dr. Bixs Busencreme ist nach Dr. Mezger eine parfumierte Paraffinsalbe mit wenig Zinkoxyd. Der Preis von M 3,50 ist viel zu hoch.

Dr. Drackes Büstenelexier von O. Müller in Crimmitschau war nach C. Griebel eine mit Eau de Cologne versetzte und mit Teerfarbstoff grün gefärbte Lösung von Borax (3,5%). Außerdem enthielt die Flüssigkeit noch geringe Mengen einer unter Caramelgeruch verbrennenden Substanz, anscheinend Weinsäure.

E Fuc Sa, Entfettungstabletten, sind nach Zernik aus dem Blasentang Fucus vesiculosus bereitet. Darsteller: Bernards Einhorn-Apotheke in Berlin. (Pharm. Zentralh. 1911, S. 125.)

Entfettungstabletten, die Dr. A. Röhrig im Jahre 1911 vorlagen, waren ovale schwarze Tabletten, deren Kern Glaubersalz, Bittersalz und eine Droge aufwies.

Entfettungstee, Fritzes, besteht angeblich aus Fructus Cynosbati, Fructus Myrtilli, Flores Sambuci, Folia Sennae, Folia Menthae, Folia Juglandis, Herba Equiseti, Folia Rosmarini, Lignum Sassafras und Cortex Frangulae, nach Zernik nur aus Sennesblättern und Faulbaumrinde. (Pharm. Zentralh. 1911, S. 542.)

Flesh Reducing Tables werden aus Fucus bereitet und bei Fettleibigkeit angewendet. (Pharm. Zentralh.)

Formosan „Simon", ein Entfettungsmittel, sind Tabletten, deren wirksamer Körper einer jodhaltigen Meeresalge entstammt. Außerdem enthalten sie leicht abführende Stoffe.

Frebar, orientalisches Busennährpulver, besteht nach Dr. Röhrig hauptsächlich aus Rohrzucker 25 T., Milchzucker 25 T., Kakao 10 T., Weizenmehl 40 T., ist sonach ein im hohen Maße mit Mehl und Zucker verschnittener Kakao. Der Preis von M 4,— für 100 g erscheint viel zu hoch. (Pharm. Zentralh. 1911, S. 982.)

Fucophyt ist der geschützte Name für ein Entfettungsmittel in Form von Tabletten, die folgende Zusammensetzung besitzen sollen: Jede Tablette ist mit Kakao überzogen und enthält Extr. Fuci vesiculos. sicc., Rad. Phytolacc. pulv., Extr. Cascar. Sagrad sicc. ana 0,1. Von diesen Tabletten sollen dreimal täglich 1 Stück, nach Verlauf von 10 Tagen dreimal täglich 2 Stück genommen werden. Sie werden von Bernhard Hadra, Apotheke zum „weißen Schwan", Berlin, hergestellt.

(Apoth.-Ztg. 1910, S. 107.)

Fucosin-Tabletten enthalten nach Angabe des Darstellers in jeder Tablette 0,1 Extract. Fuci. vesiculosi, 0,05 Extract. Rhei und 0,05 Extract Cascarae Sagradae. Sie sollen als Entfettungsmittel dienen. Morgens und abends 1 Tablette, nach 3 bis 4 Tagen die doppelte Dosis zu nehmen. Darsteller: Dr. Blell, Ratsapotheke, Magdeburg.

Hébésin (Busencreme) von F. A. Weidemann in Liebenburg bei Hannover als Verjüngungs- und Verschönerungspräparat allerersten

Ranges empfohlen, ist eine weiße, rahmartige, nach Rosenöl riechende Paste von deutlich saurer Reaktion. Die Analyse dieses Präparates durch Dr. Aufrecht ergab folgenden Befund: 100 Gew.-Teile der Paste enthalten: Wasser und ätherisches Öl (Rosenöl) 73,08%, Glycerin 4,27%, Stickstoffsubstanzen 15,29%, Asche 7,86%. Die alkalisch reagierende Asche besteht der Hauptsache nach aus Schwefelsäure, Tonerde und Alkalicarbonaten, außerdem lassen sich nachweisen: Phosphorsäure, Kieselsäure und Magnesia. Ein dem Hébésin ähnliches Präparat läßt sich herstellen aus: Casein 15 g, Alaunpulver 8 g, Talkum 4 g, Glycerin 4 g, Rosenwasser 70 g.   (Pharm. Ztg., Berlin.)

Kraftpulver „Juno", von J. Ziegler in Schöneberg bei Berlin, bestand nach A. Juckenack und C. Griebel aus Bohnenmehl, Erbsenmehl, Reismehl, Zucker, Natriumbicarbonat und Kochsalz.

(Z. Unters. Nahr.- u. Genußm.)

Kraftpulver „Kalla" gegen Magerkeit von B. Kristeller in Berlin, war nach A. Juckenack und C. Griebel ein Gemenge aus Kartoffelstärke, Maisstärke, Reismehl, Erbsenmehl, Bohnenmehl, Natriumchlorid, Natriumbicarbonat und Zucker. Preis eines Pakets (etwa 100 g) = M 2,50.   (Z. Unters. Nahr.- u. Genußm.)

Kraftpulver „Velox", von R. Lucas in Berlin, bestand nach A. Juckenack und C. Griebel aus einem Gemenge von Bohnenmehl, Erbsenmehl, Reismehl, Natriumbicarbonat, Kochsalz und Zucker.

(Z. Unters. Nahr.- u. Genußm.)

Lugmalin nach Professor v. Szydé, rein pflanzliche Busenmilch von F. Merker in Berlin, bestand nach C. Griebel aus einer emulsionsartigen Lösung von Natronseife, die außerdem 1,5% Borax enthielt.

Magricin besteht nach Flury aus Marienbader Tabletten mit Brausepulver.   (Z. f. angew. Chem.)

Marmola, ein gegen Fettsucht angepriesenes Mittel, besteht nach der Untersuchung der British Med. Assoc. aus 14% getrockneter Schilddrüse, 4% Phenolphthalein, 7% Natriumchlorid, 50% Blasentangpulver (Fucus vesiculosus), 25% Extraktivstoff und einer Spur Pfefferminzöl. Darsteller: Marmola Company in Detroit (Michigan).

(Pharm. Ztg. 1909, S. 959).

Mega Busol, Büstenmittel. Die wesentlichen Bestandteile sind: Kochsalz, Mehl, Zucker. Darsteller: Dr. Schäffer & Co. in Berlin.

Ninetta, orientalisches Kraft-, Nähr- und Büstenpulver, besteht aus einer Mischung von Leguminosenmehlen mit Lecithin.

Norma, Mittel gegen Korpulenz, hergestellt vom Institut für Schönheitspflege Schröder-Schenke in Berlin, bestand nach C. Griebel lediglich aus hellviolett gefärbtem Rosenwasser.

Norma-Creme war nach C. Griebel eine mit Ylangöl parfumierte, aus Lanolin, Wachs und Öl bestehende Salbe.

Pariser Büstenwasser stellt nach Dr. Mezger eine mit Teerfarbstoff gefärbte Flüssigkeit von angenehmem Geruch dar. Nachgewiesen konnten als Bestandteile werden: Alkohol, Glycerin, Essigäther, Cumarin und Teerfarbstoff. Der Preis für etwa 50 ccm erscheint mit 1 M zu hoch.

Plastigen (Dr. Paul Korallussches Kraftpulver), ein Mittel gegen

Magerkeit, war nach C. Griebel ein mit Vanillin aromatisiertes, gelblichgraues Pulver, in dem Pflanzeneiweiß (Kleber), Milchzucker, Natriumbicarbonat sowie geringe Mengen von Lecithin, Hämoglobin, Eisenglycerophosphat, Magnesiumsuperoxyd, Kakaopulver und wasserlöslichen Calcium- und Magnesiumverbindungen, die anscheinend ebenfalls in Form von Glycerophosphaten vorlagen, festgestellt wurden.

Poudre du Dr. Howeland (Howelandpulver), in Frankreich als Entfettungsmittel angepriesen, besteht nach Strzyzowski aus Kalium jodatum 0,195%, Magnesia usta 3,010%, Seignettesalz 96,795%. Außerdem finden sich schwache Spuren Eisen (als häufig vorkommende Verunreinigung des Magnesiumoxyds). Fabrikant: Chardon, Pharmacien, Paris, 10 Rue Saint Lazare.   (Chem.-Ztg.)

Reduzin, Laarmanns Entfettungstee, besteht nach Angabe von Gust. Laarmann in Herford aus 4 g Eibisch, 4 g Huflattich, 12 g Wollblumen, 3 g Haferflocken, 7 g sibirischem Wolfstrappkraut, 15 g Faulbaumrinde, 10 g Hagebutten, 5 g Heidelbeeren, 10 g Lindenblüten, 10 g Hollunderblüten, 2,5 g Pareirawurzel, 2,5 g Liebstöckelwurzel, 2,5 g Hauhechelwurzel und 2,5 g Wacholderbeeren.

Terasol, Orientalisches Kraft-, Nähr- und Büstenpulver, von Willy Lehmann in Berlin, das auch als Mittel gegen Neurasthenie u. dgl. angepriesen wurde, war nach A. Juckenack und C. Griebel ein Gemenge aus Arrow-Root, Bohnenmehl und Eisenzucker. Sein Gehalt an Eisenzucker betrug rund 15%. — Ein Karton mit etwa 140 g Inhalt kostete 3 M.   (Z. Unters. Nahr.- u. Genußm.)

Thilossia, Nährpulver zur Erzeugung einer wundervollen Büste, besteht nach Dr. Mezger aus Leguminosenstärke, Spuren Hämoglobin, Lecithin, Kakao und Eiweiß. Arsen war nicht nachweisbar. Der Preis von 2 M für 220 g ist viel zu hoch. — Nach anderen Angaben besteht ein unter diesem Namen vertriebenes Mittel (von R. H. Haufe in Berlin) nur aus mit Zucker gesüßter Marantastärke.

Tonnola-Tabletten, ein Mittel gegen Fettleibigkeit, von D. F. Steiner & Co. in Berlin, waren nach C. Griebel grünlichbraune, etwa 1 g schwere Tabletten, die im wesentlichen aus Natriumchlorid, Natriumsulfat, Natriumcarbonat, Magnesiumsulfat, Schwefel, Rohrzucker, Eisenzucker, Sennesblätterpulver und Süßholzpulver bestanden.

Triplex-System ist ein von Harriet Meta Smith in Paris, Nr. 7 Rue Auber, angepriesenes Schönheitsmittel, Dr. Turners Triplex-System ein von der Firma Dr. Turner Company in Paris, Nr. 7 Rue Auber, vertriebenes Entfettungsmittel. Beide Firmen sind Zweigniederlassungen der im Jahre 1906 in Syrakuse (Staat New York) zum Zwecke der gewerblichen Ausbeutung solcher Mittel gegründeten To-Kalon Manufacturing Company. (Vgl. hierzu auch „Livola de Composée" und „Fleurs d'Oxzoin".) Trotz Verurteilung der Leiter des Unternehmens wird der Vertrieb des Entfettungsmittels in Deutschland von ihnen durch Vermittlung eines Apothekers Namens Arsène Hocquette in Paris, Nr. 17 Boulevard de la Madeleine, fortgesetzt. Letzterer sucht auch für ein Schönheitsmittel unter der Marke „Venus Carnis" Reklame zu machen. (Warnung der Landesmedizinalkollegien in Preußen, Braunschweig, Oldenburg und Sachsen-Weimar.)

Venus Carnis siehe **Creme Venus Carnis.**

Venuspillen des Apothekers A. Hocquette, Paris, stellen nach L. Schwedes gleichmäßige, weiche, mit Benzoetinktur überzogene Pillen von durchschnittlich 0,275 g Gewicht dar, deren Grundmasse aus einem eisen- und tonhaltigen Lakritzen besteht und die etwa 8 mg Ammoniumchlorid pro Stück enthalten.

(Apoth.-Ztg. 1912, S. 289.)

Vitalito sind nach Prant Entfettungspillen der Firma Prof. Dr. v. Ganting, G. m. b. H., Berlin, die Extr. fuci vesiculosi, Extr. Frangulae, Extr. Cascarae Sagradae sine amar. und Geschmackskorrigentien enthalten. Das Präparat ist mit Ministerialerlaß vom 21. VI. 1911, Z. 2387/S, zum allgemeinen Vertrieb in Apotheken Österreichs zugelassen.

(Pharm. Post,)

Wiener Kraftpulver von Schulz, Dresden, ist nach Dr. Röhrig eine Mischung aus Gebäck mit 15% Zucker.

Desinfektionsmittel, Schweißmittel, Seifen und Salbengrundlagen.

Adipol ist ein Mineralfettpräparat von großer Haltbarkeit, das bis zu 30% Wasser aufzunehmen vermag. Es wird als weißes und gelbes Präparat von Mr. Fritz Auner in Mediasch (Siebenbürgen) in den Handel gebracht.

(Pharm. Zentralh.)

Adolgin enthält in getrennten Packungen Chlorkalk und Paraformaldehyd.

Aeroform ist ein Formaldehyd enthaltendes Luftdesinfektionsmittel, das mit verschiedenen Wohlgerüchen und der zur Zerstäubung erforderlichen Spritze von der Apparate- und Maschinenvertriebs-Gesellschaft m. b. H., Wien IX, Nordbergstraße 10, zu beziehen ist.

(Pharm. Zentralh. 1912, S. 659.)

Afridolseife enthält nach Dr. W. Schrauth und Dr. W. Schoeller 4% oxyquecksilber-o-toluylsaures Natrium, eine chemische Verbindung, die zirka 50% Quecksilber in nicht ionisierbarer Form an Kohlenstoff gebunden enthält. Der Grundseifenkörper besteht zu 85% aus gesättigten Fetten, deren Fettsäuren nach Untersuchungen von Reichenbach eine nicht geringe Desinfektionskraft zukommt. Sie dient nicht allein zur Haut- und Händedesinfektion und zu der von Instrumenten, sondern man darf auch annehmen, daß sie sich bei gewissen Haut- und Haarkrankheiten als Heilmittel erweisen wird. Darsteller: Farbenfabriken vormals Friedr. Bayer & Co. in Elberfeld.

(Nach Med. Klinik 1910, 1405 d. Pharm. Post.)

Albumose-Seife siehe unter **Seifen, Neutrale,** nach Dr. Runge.

Amolin. Ein in Amerika unter dieser Bezeichnung mit großer Reklame auf den Markt gebrachtes Produkt, das als Desodorans und

Antisepticum alles bisher Bekannte übertreffen soll, besteht zu 99% aus Borsäure und enthält etwas Thymol.   (Apoth.-Ztg. 1908, S. 319.)

Anios, ein Desinfektionsmittel und Desodorans enthält nach Doktor H. Kreis 0,43 g Chlor, 25,5 g Formaldehyd, 17,9 g Zinksulfat, 5,33 g Natriumsulfat, 28,5 g Eisen- und Aluminiumsulfat in 1 l sowie Spuren von Kupfersulfat. Das Mittel wird von Frankreich eingeführt und hat sich nach den Untersuchungen von Tomarkin in Berlin als wirksam und zur Keimtötung und Desodorierung sehr geeignet erwiesen.

Antimorbin-Luftdesinfektionsflüssigkeit wird nach Angabe des Darstellers, Antimorbinwerke in Gablonz a. N. (Böhmen), aus edlen Hochwaldnadelbäumen und Waldblumen bereitet und enthält viel Formaldehyd.

Aromatic Oil Spray (Nebula aromatica). Phenol 0,2 g, Menthol 0,2 g Thymol 0,1 g, Campher 0,3 g, Benzoesäure 0,3 g, Eucalyptol 0,2 g, Zimtöl 0,2 g, Nelkenöl 0,2 g, Birkenteeröl 0,5 g, Paraffinum liquidum soviel, daß das Gesamtgewicht 100 g beträgt.

(Pharm. Zentralh. 1912, Nr. 18, d. Ars Medici.)

Aromatic Ozoniser. 20 T. Latschenkieferöl, 10 T. Eucalyptusöl, 40 T. Lavendelöl, Mitcham, 10 T. Sellerieöl, 1000 T. Alkohol. Das Präparat wird unter Zusatz von Wasser in einer flachen Schale zum Verdunsten aufgestellt.

Asurol wird ein Doppelsalz aus Quecksilbersalicylat und amidooxyisobuttersaurem Natrium genannt, welches 40,3% Quecksilber in gebundener Form enthält.

Autoform nennen die Chemischen Werke Reiherstieg, G. m. b. H., Hamburg-Wilhelmsburg, das mit Kaliumpermanganat zusammen in den Handel gebrachte Festoform. Das Festoform (s. d.) befindet sich in einer mit Paraffin abgedichteten Blechschachtel. Zum Gebrauch wird das Festoform auf den Boden eines entsprechend großen Gefäßes verteilt, mit der vorgeschriebenen Menge Wasser übergossen, das Permanganat zugefügt und der Raum sofort verlassen, da nach 10 bis 15 Sekunden die Reaktion eintritt. Nach 7 Stunden ist die Desinfektion beendigt. Alsdann muß aber für Entwicklung von Ammoniakdämpfen gesorgt werden.   (Südd. Apoth.-Ztg.)

Auxilium medici (Hydrogenium peroxydatum medicinale stabilitate prominens) ist eine Wasserstoffsuperoxydlösung, die nach Angabe der Darsteller sich durch große Haltbarkeit auszeichnet und frei von Säuren ist. Nach E. Richter stellt das Präparat eine 3%ige Wasserstoffsuperoxydlösung von guter Beständigkeit dar, ohne indessen Vorzüge vor gewöhnlichem Wasserstoffsuperoxyd zu besitzen. Anwendung als Mund- und Zahnwasser. Darsteller: Königswarter & Ebell, Chem. Fabrik in Linden vor Hannover.   (Chem.-Ztg.)

Benetol, ein Desinfektionsmittel, ist eine etwa 18%ige α-Naphthollösung in einem Gemisch aus Wasser, Glycerin und Seife.

(Journ. of Amer. Med. Assoc.)

Bolus-Seife „Liermann" ist eine nach Vorschrift von Professor Liermann angefertigte alkohol- und glycerinhaltige, aber wasserarme Olein-Kaliseife, welche mit 60% aufs feinste gemahlenem und absolut keimfrei sterilisiertem Bolus zu einer Paste verarbeitet ist. Die Seife findet Anwendung zur Reinigung der Hände vor und nach chirurgischer Tätigkeit sowie zur Vorbereitung des Operationsfeldes nach der Bolus-Methode nach Prof. **Liermann.** Hersteller: Akt.-Ges. für Anilin-Fabrikation, Berlin.   (Pharm.-Ztg.)

Boraxseife. (Engl. Pat. 13008 vom 28. V. 1910. The Patent Borax Co., Ltd., und L. Bradford, Birmimgham.) Gekörnte Seife oder Seifen-flocken mit Boraxgehalt werden hergestellt, indem man Natronseife mit einer heißen Boraxlösung oder mit Boraxmutterlauge oder mit beiden, mit oder ohne Hinzufügung von gepulvertem Borax, behandelt und die Mischung innig verrührt. Das resultierende Produkt wird dann durch Hindurchtreiben eines Luftstromes abgekühlt und während des Abkühlens gerührt, damit sich Körnchen oder Flocken bilden, die dann bei niederer Temperatur getrocknet werden.   (Journ. Soc. Chem. Ind.)

Borodat ist Perborat.

Boroform der Firma Philipp Röder, G. m. b. H., Klosterneuburg, ist eine klare, fast farblose Flüssigkeit, die zugleich den Geruch nach Formaldehyd und nach zur Deckung des Formaldehydgeruches absicht-lich zugesetzten Duftstoffen besitzt. Es hat eine Dichte von 1,150. Die Basis des Boroforms bildet ein Kondensationsprodukt von Formaldehyd mit dem Natriumsalz der Glycerinoborsäure.

(Nähere Angaben s. Pharm. Post 1911, Nr. 36.)

Borsäureseife. Ein französisches Patent ist Henri Lemegin erteilt worden auf ein Verfahren, Toilette- und anderen Seifen Borsäure so einzuverleiben, daß beide Körper eine einfache Mischung bilden und erst beim Gebrauch der Seife aufeinander einwirken. Die Reaktionen, die sich dabei durch die Gegenwart von Wasser abspielen, sind folgende: Zunächst wirkt die Borsäure auf das freie Alkali ein, das sich in der Regel in größerer oder geringerer Menge in den Toiletteseifen vorzu-finden pflegt. Sie neutralisiert dieses und bildet damit Borax. Ferner werden die fettsauren Alkalien, welche die eigentliche Seife bilden, gleichfalls durch die Borsäure zersetzt, indem sie aus ihnen eine gewisse Menge Fettsäure unter gleichzeitiger Bildung einer entsprechenden Menge von borsaurem Natron in Freiheit setzt. Eine derartige Bor-säureseife bietet bei ihrer Verwendung folgende Vorteile:

1. Das freie Alkali wird neutralisiert, kann also die Haut nicht mehr angreifen. 2. Das gebildete borsaure Natron ist ein mildes, aber dennoch wirksames Antisepticum, das unter anderem das Brennen der Haut nach dem Rasieren verhindert, wenn man eine solche Seife als Rasierseife verwendet. 3. Die in Freiheit gesetzten Fettsäuren bilden im Moment ihres Entstehens eine Paste von zarter cremeartiger Beschaffenheit, die auf die Haut glättend wirkt und den Vorteil bietet, einen sehr bestän-digen Schaum zu liefern, wie er für den Zweck des Rasierens erwünscht ist. Um diese Borsäureseife herzustellen, wird feinst gepulverte Borsäure der erkalteten pastenförmigen Seife untergeknetet bzw. auf der Pilier-maschine beigemengt. Jedenfalls darf die Seife nicht mehr flüssig sein, wenn der Zusatz von Borsäure erfolgt. Man wendet etwa 2 bis 6% Borsäure auf das Gewicht der Seife berechnet an. Selbstverständlich

kann man diese Menge, desgleichen auch die Herstellungsweise selbst variieren. Ein Zusatz zu diesem Patent beansprucht den Schutz vorstehenden Verfahrens hauptsächlich für Seifenpulver, Seifencremes und Seifenpasten, wie sie speziell für Rasierzwecke Verwendung finden. Um ein solches Borsäureseifenpulver herzustellen, genügt es, gewöhnlichem Kernseifenpulver zirka 4 bis 6% Borsäure beizumischen. Borsäureseifencreme oder Paste wird ebenfalls durch Unterkneten einer geeigneten Menge fein pulverisierter Borsäure enthalten.

(Corps gras ind.)

Brausan, Kohlensäurebäder mit gleichzeitiger kosmetischer Wirkung, erzeugt die Chemische Fabrik Helfenberg A.-G. Es sind dies von Dr. Karl Dieterich komprimierte, haltbare Kohlensäurebäder, Wortmarke „Brausan", welche in Brikettform in den Handel gelangen und nebst bequemer sauberer Anwendung bei geringem Platzbedarf den Vorzug einer gleichmäßigen, kleinperligen Kohlensäureentwicklung bei Auflösung des Briketts haben. Es sind keine Kissen, keine Manipulationen, keine ätzenden Säuren, keine Einlagen nötig und kein Angreifen der Wanne möglich. Vor allem aber entwickelt sich keine überschüssige Kohlensäure, welche die Atmungsorgane belästigen würde. Zudem entfalten die „Brausan"-Briketts eine dreifache kosmetische Wirkung, indem sich bei der Auflösung der Briketts, die aus doppelkohlensaurem Natron, Borsäure und Weinsäure bestehen, Borax bildet, der ja bekanntlich eines der besten Hautpflegemittel darstellt, ferner die Weinsäure eventuelle übermäßige Schweißbildung an Händen, Füßen und Achselhöhlen günstig beeinflußt und außerdem auch die Kohlensäure selbst eine bessere Durchblutung der Haut bewirkt. Die komprimierten „Brausan"-Kohlensäurebäder besitzen daher vor anderen Kohlensäurebädern ganz bedeutende Vorzüge und da sie auch zu einem verhältnismäßig niedrigen Preise in Verkehr kommen, so dürften sie sich einführen. Die Chemische Fabrik Helfenberg A. G. bringt zu diesen Kohlensäurebädern auch Zusatzlösungen von Schwefel, Jod und Eisen in Verkehr, die in organischer Bindung (Jod-Eigon-Natrium, Thiozonid-Schwefel und Eisen-Dextrinat) hergestellt werden. Eine Originalschachtel „Brausan" enthält 16 Briketts für 2 Kohlensäurebäder und kostet nur M 3,50, die Zusatzlösungen je 75 Pfg. (Pharm. Post.)

„Cellosa", hygienische Hand-Waschtabletten. Unter dieser Bezeichnung bringen die Saponia-Werke in Offenbach a. M. Tabletten in den Handel, die nach Angabe der Hersteller eine Verbindung von feinster Toiletteseife mit geeigneten pflanzlichen Stoffen und einem neuzeitlichen Sauerstoffpräparet darstellen. Nach den Untersuchungen von Utz bestehen die Tabletten im wesentlichen aus einer Mischung von fein gepulvertem Coniferenholz mit Seife. (Pharm. Zentralh.)

Chinosol. Das ehemalige Chinosol der Firma Fr. Fritzsche & Co., Hamburg, vom Jahre 1896 war ein Gemisch aus Oxychinolinsulfat und Kaliumsulfat in annähernd molekularen Verhältnissen. Das gegenwärtige Präparat entspricht nach F. Zernik in der Patentschrift (D. R. P. 187943) erstatteten Angaben. Es ist ein neutrales o-Oxychinolinsulfat, ein hellgelbes kristallinisches Pulver von safranartigem Geruch und brennendem Geschmack; F. 175 bis 177,5°.

(Apoth.-Ztg. 1909, S. 568.)

Chiragrin, Fußschweißmittel des Apothekers V. Ottorepetz in Berlin S., besteht aus gepulverter Seife, Quarzsand und etwas Soda.

Chiralkol. Die Wirkung des absoluten Alkohols kann durch Verbindung mit einer Seife verstärkt werden. Er gelangt dadurch auch in die tieferen Hautporen und vernichtet auch die dort sitzenden Keime. Nach mannigfachen Versuchen wurde eine feste Alkoholpaste, durch Vermischen von 86 T. absolutem Alkohol mit 14 T. Kernseife hergestellt, am geeignetsten befunden. Sie wird unter der Bezeichnung „Chiralkol, fettsaure Alkoholpaste" von der Chemischen Fabrik Marquart in Beuel bei Bonn in den Handel gebracht. (S. a. „Festakolseifenpaste".) 20 g hiervon, in die Haut der Hände innerhalb 5 Minuten verrieben, sind nach H. Selter von gleicher Desinfektionskraft wie 150 ccm absoluter Alkohol.

(D. med. Wochenschr. 1910, S. 1563.)

Creolin-Seife, Medizinische, von Pearson ist hellschokoladenbraun und riecht nur schwach creolinartig. Nach A. Gawalowski ist sie nur schwach alkalisch gehalten und enthält 5,25% Wasser, 80,60% verseiftes Fett, an 4,23% Alkali und 9,57% Creolin. Außerdem fanden sich darin Spuren Jodoform und 0,27% Harze.

Über Zweck und Verwendung dieser Seife äußert sich Pearson folgendermaßen: „Von zahlreichen Ärzten zur Desinfizierung der Hände und der Instrumente gebraucht. Vorzüglich gegen Hautkrankheiten, zum Waschen des Kopfes und zur Beseitigung der Schuppen usw., zum Putzen der Zähne, zur Keimfreimachung des Mundes und Verhütung üblen Geruches." (Pharm. Post.)

Creolin-Toiletteseife bringt Pearson in netter Aufmachung und Verpackung in den Handel. Sie ist sehr schwach alkalisch gehalten semmelgelb, ohne Parfum und enthält nach einer Analyse von A. Gawalowski 4,65% Wasser, 84,40% verseiftes Fett, an 4,10% Alkali und 6,25% Creolin.

Pearson empfiehlt sie als äußerst angenehm im Gebrauch und als das denkbar geeignetste Mittel zur Erzielung und Erhaltung eines zarten feinen Teints, welches nach seiner Mitteilung Sprödigkeit und Röte verhütet und heilt und die Haut weich und geschmeidig macht.

(Pharm. Post.)

Creolinum purissimum für den ärztlichen Gebrauch, wie es jetzt von Pearson in den Handel gebracht wird, wurde von A. Gawalowski untersucht: Spez. Gew. 1,035 (bei 15° C), Wassergehalt 6%, Kresole 39% (Sp. 190 bis 290° C), Kohlenwasserstoffe 40%, Verseifung und Rückstand bei der Destillation 15%. Bakteriologische Versuche haben ergeben, daß dieses Creolin. puriss. bei Typhusbazillen 15mal so stark wirkt als reine Karbolsäure. (Pharm. Post.)

Dermalin nennt sich eine Formaldehydseife. Dermalinum spissum ist eine transparente Schmierseife mit 10% Formaldehyd, Dermalinum liquidum eine flüssige Seife mit 20% Formaldehyd. (Pharm. Post.)

Dermaseife. Die von der Homöopathischen Zentralapotheke Dr. Willmar Schwabe, Leipzig, in den Handel gebrachte Dermaseife enthält Schwefel in gelöster Form. Es ist eine vollständig neutrale überfettete Seife, die nach ihrem Schwefelgehalte in drei verschiedenen Stärken hergestellt wird: Nr. 1 schwach mit 0,25, Nr. II mittelstark mit 0,5, Nr. III stark mit 1,0% gelöstem Schwefel. (Apoth.- Ztg. 1911, S. 423.)

Desinfektionsmittel. (D. R. P. 189960 vom 17. II. 1906. Doktor H. Schneider, Hamburg.) Man erhitzt gewöhnliche kristallinische Oxalsäure derart, daß sie ihr Kristallwasser ganz oder teilweise abgibt und besprengt, das erhaltene trockene Pulver mit etwa 25% seines Gewichts Rohkresol. Nach dem Durchmischen erhält man ein sich feucht anfühlendes Produkt, das nach mehrtägigem Stehen ein homogenes und trockenes Pulver liefert und sich leicht zu Tabletten pressen läßt. Statt des Rohkresols kann man reine Carbolsäure oder wäßrige Formaldehydlösung nehmen. Die Präparate töten Eitererreger (Staphylococcen) mit Typhusbazillen bei Verwendung von $^1/_4$- bis $^1/_2$%igen Lösungen fast augenblicklich. (Chem.-Ztg.)

Desinfektionsmittel. (D. R. P. 244827 vom 23. II. 1908. Doktor Arth. Liebrecht, Frankfurt a. M.) Teeröle, die im wesentlichen aus Kresolen bestehen, lassen sich durch Vermischen mit Seifen, Glycerin, kresotinsaurem Alkali, phenanthrensulfosaurem Alkali usw. wasserlöslich machen. Es gelingt aber im allgemeinen nicht, mit Hilfe der bei den Kresolen verwendeten Lösungsmittel aus den höheren Homologen und den Substitutionsprodukten der Kresole wasserlösliche Antiseptica herzustellen. Nach dieser Erfindung bringt man Chlor-m-kresol vom Schmelzpunkt 66° C mit Hilfe der Lösungen von Seifen, Salzen sulfurierter Fette oder Fettsäuren in Lösung. Beispielsweise werden 50 kg ricinolsaures Kali in etwa 80%iger Lösung mit 50 kg Chlor-m-kresol vom Schmelzpunkt 66° C bei etwa 70° C gut durchgemischt. Das Endprodukt bildet eine gleichmäßig gelbe Flüssigkeit von öliger Konsistenz, die in Wasser und Alkohol löslich ist. Durch Salze werden die wäßrigen Lösungen leicht gefällt. Die neuen Produkte sollen an antiseptischer Wirkung alle bisher bekannten Phenolabkömmlinge übertreffen, auch soll die Desinfektionswirkung der Lösungen mit der Verdünnung nur langsam abnehmen. Durch große Mengen Eiweiß wird die antiseptische Wirkung nur wenig gehemmt. Die Giftigkeit der neuen Seifenlösungen ist nur gering, die Reizwirkung ist ebenso gering wie bei Kresolseifenlösung. (Chem.-Ztg.)

Duroform ist ein Salbenstift, welcher nach Angabe des Fabrikanten $33^1/_3$% Formaldehydlösung enthält und zur Behandlung von Hand- und Fußschweiß sowie gegen das Wundwerden der Füße empfohlen wird. Fabrikant: Schwan-Apotheke von H. Ascher in Mannheim. (Pharm. Ztg., Berlin.)

Edlichs Universalseifenextrakt bestand nach Dr. Beythien im wesentlichen aus einer parfumierten überfetteten Seife.

Eiweiß, Behandlung von Pflanzen-, zwecks Verwendung in der Seifenfabrikation. Dr. F. A. V. Klopfer, Dresden-Leubnitz (D. R. P. 248958 vom 24. XI. 1911) erwärmt das Pflanzeneiweiß vor Einverleibung in die Grundseife mit Glycerin allmählich bis auf zirka 120⁰ C, wodurch es zur Quellung gebracht wird, so daß im Verlaufe der Erwärmung eine zähe, elastische, im Dünnschnitt durchscheinende Masse entsteht. Dadurch gelingt es, daß die der Seife einverleibte Pflanzeneiweißmasse im vollsten Maße homogen in der Seife verteilt wird und außerdem beim Lagern der Seife diese Homogenität und Plastizität erhalten bleibt.

Essolpin-Präparate enthalten nach G. & R. Fritz-Petzold & Süß ätherische Nadelholzöle und Schwefel.

Eumattan anhydricum ist ein mit Wasser mischbares Fett und soll nach Angabe des Prospektes die Fettgrundlage des Mattans sein. (Mattan [s. d.] besteht nach den Literaturangeben aus Gleitpuder 36,0, Wasser 24,0 und Vaseline 30,0 T.) Eumattan gibt mit größeren Mengen Wasser oder wäßrigen Lösungen (1 bis 9 Teilen) eigenartigere Cold Creams, denen ohne Entmischung jeder Heilmittelzusatz gegeben werden kann. Hersteller: Fritz Kripke, G. m. b. H. (Berliner Formpuder-Werke), Berlin-Neukölln.   (Pharm. Ztg., Berlin.)

Eusapyl ist eine wäßrige Lösung von Chlormetakresol in ricinolsaurem Kalium im Verhältnis 1:1. Eine 1%ige Eusapyllösung entspricht einer 0,5%igen Chlormetakresollösung. Darsteller: Farbwerke vorm. Meister, Lucius & Brüning, Höchst a. M.

(Deutsche Med. Wochenschr.)

Festakolseifenpasta nennt jetzt Dr. C. Marquart in Beuel a. Rh. die früher Chiralkol (s. d.) genannte 80%ige Alkoholseifenpasta.

Feste Kaliseifen. (D. R. P. 248657 vom 3. VI. 1910. Dr. R. Worms, Berlin.) Patentanspruch: Verfahren zur Herstellung haltbarer fester Kaliseifen, die kräftigen Schaum geben, dadurch gekennzeichnet, daß man Neutralfette oder Fettsäuren in Gegenwart hochschmelzender Fette, besonders tierischer Wachsarten, mit Pottasche oder Ätzkali verseift.

Die nach diesem Verfahren hergestellten Seifen sollen, im Gegensatze zu den festen Kaliseifen des Handels, nicht hygroskopisch sein, also auch an feuchter Luft fest bleiben.

Festoform. Die Beobachtung, daß eine wäßrige Formaldehydlösung beim Vermischen mit geringen Mengen Natronseifenlösung zu einer festen, harten Masse erstarrt, führte zur Herstellung eines Hartaldehyd welcher unter dem Namen „Festoform" in den Handel gebracht wurde. Das Präparat wird in Form von Pastillen, Tabletten und als amorphe Masse in Büchsen in den Handel gebracht, es soll als Desinfiziens, Antisepticum und Desodorans dienen. Zur Desinfektion von geschlossenen Räumen wird ein kleiner, mit Festoformraumdesinfektor bezeichneter Apparat empfohlen. Vergleichende Versuche von Xylander ergaben, daß das Festoform in seinen wäßrigen Lösungen hinsichtlich seiner Desinfektionskraft mit geringer Abweichung den gleichwertigen Formaldehydlösungen entspricht. Der Formaldehyd ist in dem Festoform monomolekular enthalten; die Haltbarkeit des Festoforms ist eine unbegrenzt lange, weil der in ihm enthaltene Formaldehyd sich nicht polymerisiert.   (Chem.-Ztg.)

Flüssige Seife für chirurgische, Shampooing- und Toilettezwecke.

80 g Ätznatron und 80 g Ätzkali werden in 500 ccm dest. Wasser aufgelöst, dann 500 ccm 60%iger Spiritus und schließlich nach und nach
unter Umrühren 1000 ccm Kottonöl zugesetzt. Während der Verseifung
erhitzt sich die Flüssigkeit, welche häufig umgeschüttelt werden muß,
leicht. Sobald das Öl aufgelöst ist, wird mit destilliertem Wasser auf
5000 ccm ergänzt, mit 10 ccm Terpineol parfumiert und mit der nötigen
Menge Chlorophyll (4 g) gefärbt. Nach 24 Stunden wird filtriert.

(Amer. Drugg. d. Pharm. Post.)

Formanganate ist ein Desinfektionsmittel, das einerseits aus Formaldehydlösung, anderseits aus Kaliumpermanganat enthaltenden
Briketts besteht. Darsteller: Parke, Davis & Co., London W.

(Pharm. Zentralh.)

Formarose-Tablets sind Tabletten, welche Formalin enthalten und
nach Rosen riechen. Darsteller: Arthur H. Cox & Co., Ltd., Brighton.

(Pharm. Zentralh.)

Formasol, ein Mittel gegen Fußschweiß, besteht aus einer mit
Ananasäther parfumierten Formaldehydlösung.

(Pharm. Ztg., Berlin.)

Formobas ist eine Lösung von Formaldehyd und Borax. Nach
Kutscher schwankt der Gehalt an ersterem zwischen 33,3 und 33,8%,
an letzterem zwischen 0,25 und 1,3%. Die Behauptung des Darstellers,
Apotheker Wolberg in Altenessen, daß der Borax die Polymerisation
des Formaldehyds verhindere, ist unrichtig, es wurde vielmehr das
Gegenteil beobachtet. Infolgedessen ist die Haltbarkeit des Präparates
eine begrenzte. Wegen seiner verhältnismäßigen geringen und langsamen
bakterientötenden Wirkung ist es zur Desinfektion der Haut und von
chirurgischen Geräten nicht geeignet.   (Desinfektion 1910, S. 23.)

Formobor ist eine klare, wasserhelle Flüssigkeit, welche deutlich
nach Formaldehyd riecht. Nach Angabe des Fabrikanten stellt Formobor
eine wäßrige Lösung von 4% Formaldehyd und 1,5% Borax dar. Durch
den Zusatz von Borax soll eine Oxydation und Polymerisation des
Formaldehyds verhindert sowie die unangenehmen Eigenschaften desselben, der stechende Geruch und die Eiweiß fällende gerbende Wirkung
aufgehoben werden. Gleichzeitig soll durch den Zusatz von Borax ver-
möge seiner Eiweiß, Harz und Fette lösenden Eigenschaft, eine erhebliche Tiefenwirkung des Formaldehyds erzielt werden. Nach den Ergebnissen der Versuche, die Xylander im Kaiserl. Gesundheitsamt
anstellte, ist das Formobor wegen seiner nicht genügend schnellen
Desinfektionswirkung und der, trotz des Zusatzes von Borax, nicht
vollkommen aufgehobenen ätzenden und gerbenden Wirkung als Hautdesinfiziens ungeeignet. Dagegen ist das Formobor wegen seiner nicht
unerheblichen Tiefenwirkung und relativen Ungiftigkeit sehr gut zur
Desinfektion der im Frieseurgewerbe gebräuchlichen Gegenstände
verwendbar.   (Chem.-Ztg.)

Formolution A wird aus 15% Formaldehyd und Ölseifenlösung
unter Zusatz angenehm riechender Antiseptica hergestellt. Es ist mit
Wasser und Alkohol in jedem Verhältnis mischbar und wird meist in

2- bis 3%iger Lösung zur Allgemeindesinfektion verwendet. Darsteller: Dr. H. Noerdlinger in Flörsheim. (Apoth.-Ztg.)

Form-Saprol, von der Chemischen Fabrik Flörsheim, Dr. H. Noerdlinger, Flörsheim a. M., nach einem patentierten Verfahren hergestellt, besitzt einen gerantierten Gehalt von mindestens 45% Kresolen und 10% Formaldehyd D. A.-B. V. Es soll an keimtötender Wirkung alle bisher bekannten desinfizierenden und desodorisierenden Öle weit übertreffen und wird als energisch wirkendes Spezialantisepticum und -Desodorans für Abtrittsgruben, Abwässer u. dgl. empfohlen. (Apoth.-Ztg.)

Fumiform sind Räuchertabletten, welche aus Asphalt, Myrrhe und Benzoeharz bestehen.

Gadose ist ein neuer Salbenkörper mit großer Wasseraufnahmefähigkeit und wird hergestellt aus dem Fette des Hühnereies, Vaseline und Wollfett. (Pharm. Post.)

Globe Trotter, ein Mittel gegen Fußschweiß, ist eine schwach gelblich gefärbte Flüssigkeit und besteht aus Formalin, Glycerin, Zinksulfat, Wasser sowie Spuren von Lavendelöl. (Pharm. Ztg., Berlin.)

Grafolin ist eine Salbengrundlage aus Alkoholen und Estern des Wachses und Wollfettes. Darsteller: Dr. Graf & Co., Berlin.

Gynin dürfte nach Dr. Aufrecht im wesentlichen aus einer Mischung von Borsäure, Borax, Kalialaun, Kochsalz, Weinsäure und einem phenolartigen Körper bestehen. (Pharm. Ztg., Berlin.)

Hämorseife, Dr. Bettels, soll Hamamelisextrakt enthalten. Darsteller: Medizinalseifen-Gesellschaft m. b. H., Berlin.
  (Apoth.-Ztg., 1912, S. 272.)

Halogenphenolen, Herstellung von als Desinfektionsmittel wichtigen komplexen Verbindungen aus, und deren Homologen. (D. R. P. 247410 vom 4. V. 1910. Schülke & Mayr und Dr. Paul Flemming, Hamburg.) Die neuen Doppelverbindungen übertreffen an Desinfektionswirkung erheblich alle bisher bekannten wasserlöslichen Desinfektionsmittel organischer Natur, selbst die auf anderem Wege (mit Seifen) hergestellten wasserlöslichen Zubereitungen der Halogenkresole, insbesondere des p-Chlor-m-kresols. Man erhält nach diesem Verfahren nicht giftige und nicht ätzende Desinfektionsmittel in fester Form. Zur Darstellung der neuen Präparate behandelt man halogensubstituierte Phenole für sich oder in einem organischen Lösungsmittel gelöst mit Alkalihydroxyden oder alkalisch reagierenden Salzen. Beispielsweise werden 42 T. p-Chlor-m-kresol in etwa 40 T. Benzol gelöst, 5,6 T. Kalihydrat hinzugefügt und bis zur Lösung erwärmt. Nach dem Erkalten kristallisiert eine komplexe Verbindung aus. Oder 38,4 T. p-Chlorphenol, 30 T. Benzol und 5,6 T. Kalihydrat in der Wärme gelöst, geben in der Kälte schöne Kristalle, welche abgenutscht und durch Umkristallisieren gereinigt werden. Auch kann man 28 T. p-Chlor-m-kresol mit 5,6 T. Kalihydrat zusammenschmelzen. (Pharm. Ztg., Berlin.)

Hermes, aseptisch-antiseptische Schuheinlage, ist eine mit Formalin imprägnierte und mit Talk bestreute Filzsohle, die als Fußschweißmittel den Formalinpinselungen überlegen sein soll.
  (Pharm. Ztg., Berlin.)

Hongh-Ho-Gichtseife ist nach Dr. Beythien gewöhnliche Kernseife mit geringen Mengen, rund 0,1% Campher.

Hopfenseife soll auf die Haut tonisch wirken. Sie wird nach dem engl. Pat. 5817/1908 von T. H. Oyler hergestellt, indem man der Grundseife getrockneten und gemahlenen Hopfen auf der Piliermaschine beimischt. Auch Hopfenöl oder Hopfenextrakt lassen sich verwenden.

Humana, ein Fußschweißpulver, besteht zur Hauptsache aus Borsäure und einer kresolartigen, nicht näher festzustellenden Verbindung.

Husinol von B. Braun in Melsungen, früher als „Ennan" bezeichnet, ist ein festes Kresolseifenpräparat. Es stand bei Versuchen von Einecker nach der Plattenmethode gegenüber Staphylococcen und dem Erreger der Hühnercholera hinter der Kresolseifenlösung des D. A. B. zurück, übertraf aber gleichprozentige Lösungen von Phenol in der Wirkung auf Bact. coli und Bac. suipestifer und war ihm gleichwertig gegenüber Typhusbazillen. Der Vorteil der festen Form wird zum Teil durch die Schwerlöslichkeit aufgehoben.

(Arb. Kais. Ges.-Amt 1911, S. 139 d. Chem.-Ztg.)

Hygienische Handwaschtabletten enthalten neben mechanisch wirkenden Sägespänen etwa 25% Seife und 5% Natriumperborat.

Hyperol ist nach Prof. Milbauer eine Verbindung von Wasserstoffsuperoxyd mit Harnstoff, die durch Zusatz von etwas Citronensäure beständig gemacht ist. Das Präparat kommt in unparaffinierten zugestopften Gläsern entweder als Pulver oder in Tabletten von 1 g in den Handel. Es löst sich in Wasser (bis zu 60%) und in Alkohol auf; durch Äthyläther wird freies Wasserstoffsuperoxyd ausgezogen. Darsteller: Chemische Fabrik Gideon Richter, Budapest.

Inhalon ist eine Mischung ungenannter, spezifisch wirkender Öle, die zur Ozonisierung der Zimmerluft, wie auch zu Einatmungen bei Nasen-, Kehlkopf- und Lungenerkrankungen empfohlen wird. Bezugsquelle: Speyer & Grund in Frankfurt a. M.

Izal, ein englisches Desinfektionsmittel, wird von der Firma Ph. Mühsam in Berlin in zwei verschiedenen Reinheitsgraden in den Handel gebracht, das Rohprodukt „Izal technisch" und das angeblich nochmals destillierte „Medico-Izal". Über die Zusammensetzung und Gewinnung ist wenig bekannt. Das Präparat soll ein Nebenprodukt der Leuchtgasfabrikation sein. Das in Wasser unlösliche Öl wird mit Natronlauge in eine Emulsion verwandelt und anscheinend noch mit einem Schutzkolloid versetzt, um bei der Herstellung verdünnter Lösungen eine Trennung der einzelnen Bestandteile zu verhindern. Es soll frei von Phenol sein, und es konnte dieses mit Eisenchlorid auch nicht nachgewiesen werden. Beide Sorten sind undurchsichtige, bräunliche Flüssigkeiten, die auch in viel Wasser nur trüb löslich sind. Beim Stehen der Lösungen tritt trotz des Kolloids eine Trennung in verschiedene Schichten ein. Ein wesentlicher Unterschied in der Desinfektionswirkung der beiden Sorten konnte nicht beobachtet werden. In eiweißfreien bzw. -armen Lösungen ist die Wirkung des Izals eine sehr hohe, die gleiche wie die einer 6- bis 10fach stärkeren Phenollösung. In eiweißhaltigen

Lösungen sinkt die Wirkung, übertrifft aber noch die des Phenols. Besonders eignet sich Izal zur Unschädlichmachung von tuberkulösem Sputum, und ein weiterer Vorteil ist seine geringe Giftigkeit. Dagegen stören der schlechte Geruch und die Entmischbarkeit der Lösungen; auch der Preis von 3 M für 1 kg müßte noch beträchtlich herabgesetzt werden.   (Desinfektion 1911, Bd. 4, S. 565 d. Chem.-Ztg.)

Jodosapol ist eine gelbe Flüssigkeit, die aus neutralem naphthensulfosaurem Natrium und Monojodhydringlycerin besteht und 10% organisch gebundenes Jod enthält. Es läßt sich mit Wasser, Alkohol, Glycerin, Chloroform und Aceton in jedem Verhältnis klar mischen und mit Äther, Benzin, Fetten und Ölen leicht emulgieren. Anwendung: zur Wundbehandlung und zur Desinfektion von Geräten, Händen usw. rein oder mit Wasser, Alkohol oder Glycerin (1 : 1 bis 4) vermischt. Darsteller: Aktienfabrik chem. und therap. Produkte „Medica" in Prag.
(Apoth.-Ztg.)

Karbol-Lysoform besteht zu /₃ aus Lysoform, zu ²/₃ aus der rohen, sogenannten 100%igen Carbolsäure. Es besitzt nicht den unangenehmen Geruch der letzteren. Schon eine 3%ige Lösung dieses Präparates wirkt ebenso gut wie gleich starke Phenollösung, 5%ig noch wesentlich schneller. Dabei ist eine Lösung, entsprechend dem geringeren Phenolgehalte, viel weniger giftig als die wirksame Phenollösung.
(D. med. Wochenschr.)

Karbolysin, tafelförmige Pastillen der Chemischen Fabrik „Hohenzollern" in Aachen, bestehen nach Dr. Aufrecht aus Phenol 51,8%, Natriumbicarbonat 2,74%, Weinstein 46,06%. (Pharm. Ztg., Berlin.)

Kasea ist der geschützte Handelsname für überfettete Albumosenseife, die von W. Mielck in Hamburg 36 dargestellt wird.

Katal, Dr. Schleimers aromatische Sauerstoffinhalation, besteht nach Dr. Röhrig aus 2 Packungen, deren erste Natriumperborat, deren zweite gepulvertes Kochsalz, getränkt mit Fichtennadelöl, enthält.

Nach Steinbruch enthält die zweite Packung Mangansulfat, Menthol und etwas Latschenkieferöl. — Das Mittel ist nach einer Entscheidung des Kammergerichts vom 2. V. 1912 als trockenes Gemenge dem freien Verkehr entzogen und darf also nach der Verordnung vom 30. VI. 1887 in Berlin nicht öffentlich angekündigt werden.

Kolynos besteht nach John C. Tresh und J. F. Beale aus Benzoesäure, Eucalyptusöl, Pfefferminzöl und Thymol.   (Pharm. Zentralh.)

Kresan soll in der Hauptsache Kresotinsäure bzw. deren Salze als wirksame Bestandteile enthalten. Als Trockenantisepticum und Desodorans findet es in Form von Kresanpulver, Kresansalbe und Kresangaze in der Chirurgie therapeutische Verwendung.
(Z. f. angew. Chemie.)

Kresatin, der Essigsäureester des Metakresols, $CH_3 . C_6H_4O . C_2H_3O$, bildet eine farblose, ölige, in Wasser kaum lösliche Flüssigkeit, welche sich mit Ölen und Fetten klar mischt.

m-Kresol, Darstellung von reinem. (D. R. P. 247272; Zusatz zum D. R. P. 245892. F. Hoffmann, La Roche & Co., Grenzach.) Das zurzeit als m-Kresol in den Handel gebrachte Präparat, das durch Trennung des Kresolgemisches gewonnen wird, enthält nur etwa 90% m-Kresol, während der Rest aus p-Kresol besteht. Es wurde nun gefunden, daß man reines m-Kresol erhält, wenn man das nach dem Verfahren des Hauptpatents 245892 aus einem Gemisch von m- und p-Kresol gewonnene m-Kresol nochmals dem im Hauptpatente beschriebenen Verfahren unterwirft oder das gewöhnliche m-Kresol des Handels in der gleichen Weise behandelt.

m-Kresolorthooxalsäureester. (D. R. P. 229143. Rütgerswerke, Akt.-Ges., Berlin, und Dr. C. Gentsch, Friedrichshagen bei Berlin.) Der m-Kresolorthooxalsäureester ist mit besonders hohen bakterientötenden Eigenschaften ausgerüstet, die fast an diejenigen des Sublimats heranreichen. Das neue Desinfektionsmittel kann je nach dem Verwendungszweck in Pulverform, in Form von Tabletten oder in Form von Lösungen gebracht werden, wozu nur nötig ist, den abgepreßten Ester zu pulverisieren, zu tablettieren oder zu lösen. Das neue Mittel tötet in $^1/_2$- bis $^1/_4$%iger Lösung die so widerstandsfähigen Staphylococcen fast augenblicklich ab und eignet sich deshalb besonders zur Händedesinfektion bei Ärzten. Zur Herstellung des Mittels läßt man m-Kresol und Oxalsäure gemischt in der Kälte stehen, bis die anfangs halbflüssige Masse fest geworden ist. Durch starkes Abpressen wird die Masse von überschüssigem Kresol befreit. Oxalsäure und m-Kresol befinden sich in dem Mittel im Verbindungsverhältnis von 1 : 2; der Zersetzungspunkt liegt bei 51° C. Man braucht nicht von reinem m-Kresol auszugehen, vielmehr können auch technische m-Kresole oder Kresole mit mehr oder weniger hohem Gehalt an m-Kresol verarbeitet werden. Man hat dann nur Sorge zu tragen, daß zunächst das Phenol und p-Kresol entfernt wird.

(Pharm. Ztg., Berlin.)

Kresolseifenlösung des D. A.-B. V. 120 T. Leinöl werden im Wasserbade erwärmt und dann unter Umschütteln mit einer Lösung von 27 T. Ätzkali in 41 T. Wasser und 12 T. Weingeist versetzt. Die Mischung wird bis zur vollständigen Verseifung erwärmt, worauf 200 T. eines Roh-Kresols vom Siedepunkt 199 bis 204° hinzugefügt werden. Die Flüssigkeit (Liquor Cresoli saponatus) muß klar und goldbraun sein.

Kresolseifenlösung, Anorganische Kolloide enthaltende. (D. R. P. 242776 vom 30. X. 1909. Dr. K. Roth, Darmstadt.) Versetzt man Kresolseifenlösung mit Metallsalzlösungen, so scheidet sich die unlösliche Metall-Kresolseife aus, die sich auf Zusatz von Alkali zu dem betreffenden Metalloxyd oder Hydroxyd und dem Kresol enthaltenden fettsauren Alkali umsetzt. Durch bloßes Erhitzen auf dem Wasserbade ohne Zusatz von Reduktionsmitteln wird dann das betreffende Element kolloidal in Form einer sogenannten Adsorptionsverbindung von anorganischem Hydrosol und Kresolseife erhalten. Man muß bei höherem oder niederem Prozentgehalt an Kolloid genau berechnete Mengen Kresolseife verwenden, weil sonst keine vollständige Überführung in das betreffende Element eintreten oder eine Zersetzung durch überschüssige Kresolseife stattfinden wird. Zur Herstellung einer 1%igen kolloidalen Silberkresolseifenlösung sind 15% Liquor Cresoli saponatus nötig. Die erhaltene Kresolsilberseifenlösung wirkt stärker antiseptisch als die gewöhnliche Kresolseife und die gewöhnliche kolloidale Silberseife. Die bei der Umsetzung entstehenden löslichen Salze werden durch Dialyse entfernt. Behufs Darstellung einer 1% kolloidales Silber enthaltenden Kresolseifenlösung werden 15 T. Liquor Cresoli saponatus mit einer Lösung von 1,57 T. Silbernitrat in Wasser versetzt und dann 0,51 T. Kalilauge in wäßriger Lösung langsam zugegeben. Sodann erhitzt man auf dem Wasserbade bis zur vollständigen Reduktion und verdünnt nach dem Dialysieren auf 100 T.   (Chem.-Ztg.)

Kresosteril der Rütgerswerke, Berlin, ist reiner m-Kresol-o-oxalsäureester und kommt in Tabletten in den Handel, von denen jede theoretisch 70% reines m-Kresol und 30% Oxalsäure enthält. Der Ester schmilzt bei 54°, zerfällt bei Berührung mit Wasser leicht in seine Bestandteile und löst sich in kaltem Wasser glatt zu 3% auf. Die Tabletten sind mit einer ganz geringen Menge eines blauen Farbstoffes bestäubt, um die Desinfektionsflüssigkeit kenntlich zu machen. Nach den Versuchen von Bierotte scheint das neue Präparat hinsichtlich seiner Desinfektionswirkung und relativ geringen Giftigkeit ein brauchbares Mittel zu werden. Die Tabletten besitzen nur geringen, nicht unangenehmen Geruch.   (Pharm. Zentralh.)

Lain ist nach F. Zernik eine Salbe aus gleichen Teilen Zinkoxyd und Naphthalan oder einem dem Naphthalan ähnlichen, Natronseife enthaltenden hochsiedenden Erdöldestillat.   (Apoth.-Ztg.)

Laktolavol wird ein nach Angabe Dr. Cukor hergestelltes Bidet-Toilettemittel genannt, das als Flüssigkeit und Seife von Nuphar & Co. in Wien I, Kohlmarkt 1, zu beziehen ist.   (Pharm. Zentralh.)

Lana-Kerol wird als eine oxydierende Diphenylverbindung angegeben, die durch Zusatz einer Seife besonderer Art mit Wasser vermischbar gemacht wird und bei weitem nicht so giftig wie Carbolsäure ist. Sie wird in Form einer Emulsion (1 : 300) angewendet.

(Pharm. Zentralh. 1911, S. 346.)

Lavasine, ein Mittel, das die Hände ohne Gebrauch von Wasser, Seife und Handtuch sofort reinigt, ist nach der „Techn. Rdsch.", Berlin, eine Verreibung eines stickstoffhaltigen eiweißartigen Körpers (Pflanzeneiweiß oder Casein?) mit Wasser, dem ein stark riechendes ätherisches Öl und geringe Mengen Eosinfarbstoff zugesetzt sind. „Lavasine" nimmt die durch das Wasser aufgeweichten Schmutzteile durch die Reibung an sich; das Wasser verdunstet dabei und hinterläßt den trockenen Eiweißkörper, der dann von der Haut, an der er nicht haftet, leicht entfernt werden kann. (S. a. unter „Waschmittel" nach L. Schlesinger.)

Lazarus-Gicht- und Rheumatismusseife von K. Fritsch in Dresden 6 ist nach Zernik parfumierte Natronseife.

Lenicetpasta besteht aus 10% Lenicet, Reisstärke und Euvaselin. Darsteller: Dr. R. Reiß, Chem. Fabrik in Berlin N.

(Pharm. Zentralh.)

Liquat-Salz dient zur Herstellung von Lösungen (ex tempore), die neben Alkalineutralsalzen essigsaure Tonerde und Wasserstoffperoxyd in dauernd haltbarer Form enthalten. Lenicet ist als schwerlösliches

32*

Aluminiumacetat zur Bereitung von Lösungen nicht verwendbar. Um den Nachfragen nach einem solchen Präparat zu genügen, stellt Dr. Rud. Reiß, Lenicet- und Euvaselin-Fabrik in Charlottenburg 4, Leibnizstraße 33, das Liquat-Salz dar, das mit einer ausführlichen Gebrauchsanweisung abgegeben wird.   (Pharm. Zentralh. 1911, S. 899.)

Liquor carbonis detergens. I. 2 T. Steinkohlenteer, 8 T. Quillajatinktur werden gemischt. II. Eine Lösung von 60 g gewöhnlicher Harzseife in 1 l Methylalkohol läßt man bei 40º C 18 Stunden mit 160 bis 200 g Holzteer mazerieren, absetzen und filtriert dann. III. 160 bis 200 g Holzteer werden vorsichtig erwärmt, mit 1 l Quillajatinktur (1 : 10) gemischt und nach dem Absetzen filtriert. IV. Steinkohlenteer 4 T., Quillajatinktur, Alkohol 90%ig, je 8 T. werden 14 Tage digeriert und nach dem Absetzen filtriert.   (Pharm. Ztg., Berlin.)

Liquor Cresoli saponatus siehe unter „Kresolseifenlösung".

Lysochlor ist eine Vereinigung von Chlor-m-Kresol und Seife.

Marmoral ist eine schäumende Wachsseifencreme, die steril ist und große Desinfektionskraft besitzt. Es wird auch eine feste Marmoralseife von Bradt & Co. in Berlin in den Handel gebracht.

(Apoth.-Ztg.)

Mattan („mattes Vaselin") ist eine aus Gleitpuder, Wasser und Vaseline bestehende Salbe, welche beim einfachen Aufstreichen auf die Haut sofort eine trockenmatte und besonders gut Farbenunterschiede der Haut, Sommersprossen, Pigmentflecke verhüllende Decke bildet. Sie wird rein, mit Zinkoxyd, bzw. Schwefel oder Zinkoxyd und Schwefel-Hautfarben, sowie ein Gletscher-Mattan, eine Schutzsalbe gegen Sonnenbrand, von den Berliner Formpuder-Werken Fritz Kripke in den Handel gebracht. Siehe auch „Eumattan".

Medizinalseife. (Engl. Pat. 11.953 [1910] vom 3. V. 1910. F. Fattinger, Treibach, Kärnten.) Bei Harnsäureerkrankungen hat sich eine Lithiumverbindungen enthaltende Seife bewährt. Man gewinnt sie durch Ersetzen des gewöhnlich verwendeten Alkalis durch Lithiumverbindungen, oder durch Eintragen von Lithiumchlorid oder Lithiumsalicylat in gewöhnliche Seifen.   (Chem.-Ztg.)

Molyform, ein Antiseptikum, ist eine Molybdänverbindung. Es ist ein weißes, feines Pulver von adstringierendem Geschmack, löst sich in Wasser bis 10% und gibt die für die Molybdänsäure und ihre Salze spezifische Reaktion. Hersteller: Molyform-Gesellschaft m. b. H., Frankfurt a. M.

Monteils Präparat für Zwecke der Antisepsis und Hautpflege wird durch Zusammenschmelzen von Antipyrin, Resorcin und Terpinhydrat, wobei die anfangs ölige Masse nach dem Erkalten zu einer glasartigen spröden Masse erstarrt, erhalten. Das Produkt ist in Wasser löslich und läßt sich mit Glycerin zu einer coldcreamartigen Salbe verarbeiten. Durch seinen Gehalt an Antipyrin wirkt es schmerzstillend hämostyptisch, durch den Resorcinzusatz außerdem noch stark antiseptisch.   (Z. f. angew. Chem.)

Morbizid. Die von der Firma Schülke & Mayr in den Handel gebrachten Präparate „Morbizid" und „Morbizid technisch" sind

Lösungen von Formaldehyd in Seifen; das erstere enthält 12,87%, das letztere 11,92% Formaldehyd. Nach Keßler zeigt „Morbizid technisch" gute Lösungsverhältnisse und besitzt bei etwa 4%iger Anwendung eine dem Seuchengesetz genügende Desinfektionswirkung. Die gebräuchlichsten Lösungen sind nahezu ungiftig und geruchlos. Auch der Anschaffungspreis ist derartig — 1 kg kostet 0,75 M —, daß das Präparat zur allgemeinen Desinfektion in der Seuchenbekämpfung Verwendung finden kann.   (Desinfektion 1910, S. 133.)

Morbicid KT ist nach Angabe der herstellenden Firma Schülke & Mayer eine 37% Rohkresol und 11% Formaldehyd enthaltende Harzseifenlösung. Bei den einzelnen Testobjekten (Bakterienkulturen) trat nach Einecker bald bessere, bald geringere Wirkung als mit Kresolseifenlösung nach D. A. B. IV und 40%iger Formaldehydlösung ein, stets zeigte sich Überlegenheit gegenüber Lysoform und Phenol. Die Giftwirkung ist gering. Als Nachteile werden die Unbeständigkeit der wäßrigen Verdünnungen und die Klebrigkeit hervorgehoben, die eine bequeme und rasche Dosierung hindert. Zur Händedesinfektion ist das Präparat wegen des anhaftenden Teerölgeruches nicht verwendbar.
(Arb. Kaiserl. Ges.-Amt 1911, S. 139 d. Chem.-Ztg.)

Mucusan, ein Antiseptikum, enthält nach Dr. A. Röhrig Salicylsäure etwa 50%, Borsäure etwa 40%, Zinkoxyd etwa 10%. Das Präparat soll angeblich die einheitliche, komplexe, chemische Verbindung „Diborzinkorthooxybenzoat" darstellen.

Neoborat nennen nach Zernik die Kolberger Anstalten für Exterikultur Natriumperborat.   (Pharm. Zentralh.)

Neo-Pyrenol soll ein durch Paradioxybenzol wasserlöslich gemachtes Thymol sein, dem in einem besonderen Schmelzverfahren Siambenzoe zugesetzt wird.

Neue Novichtankopfwaschseife enthält nach Zernik das aus bituminösem Erdöl gewonnene Novichtan als wirksamen Bestandteil.
(Pharm. Zentralh. 1911, S. 125.)

Neu-Vasenol nennt sich ein unparfumierter Vasenol-Toilettecreme von rein weißer Farbe, der als Vehikel zur Herstellung von Salben und Pasten aller Art, ferner als Kühlmittel bei Verbrennungen usw. dienen soll. Hersteller: Dr. Arthur Köpp in Leipzig-Lindenau.
(Pharm. Ztg., Berlin.)

Odorit, ein Desinfektionsmittel, enthält 52% Kresole in einer Natronseifenlösung. Darsteller: „Medica", Aktienfabrik chem. und therap. Produkte in Prag-Wysocan.   (Apoth.-Ztg.)

Olintal ist eine flüssige Myrrhenseife mit etwa 2,8% Myrrhe, 0,5% Campher, 0,5% Menthol. Schenk empfiehlt sie zu innerlichem Gebrauche, Einatmungen und zum Gurgeln. Darsteller: Chemisches Institut v. d. Driesch in Aachen.   (Pharm. Zentralh.)

Oxalsäureester, Phenolortho-, zur Desinfektion geeigneter. (D. R. P. 226.231. Schülke & Mayr, Hamburg.) Man mischt wasserfreie Oxalsäure mit geschmolzenem Phenol im Verhältnis von 1 : 2, rührt bis zur beginnenden Selbsterhitzung gut durch und läßt die Veresterung unter dem Einfluß dieser Erhitzung sich vollziehen. Man erhält eine weiße feste Masse aus fast chemisch reinem Diphenolorthooxalsäureester (Schmelzpunkt 120 bis 122°) bei fast quantitativer Ausbeute. Aus Eisessig umkristallisiert und mit Benzol gewaschen, zeigt der Ester einen Schmelzpunkt von 126°. Man kann diese Estermasse unmittelbar zu Tabletten verarbeiten. Sie üben wenig oder gar keine Ätzwirkung auf die Haut aus und unterscheiden sich dadurch günstig von der reinen Carbolsäure.　　　　　　　　　　　　　　(Pharm. Ztg., Berlin.)

Ozonatron ist eine Mischung von ätherischen Ölen, hauptsächlich Terpentin- und Eucalyptusöl.

Ozonerreger zum Reinigen von Zimmerluft. R u d e l hat einen „Ozongenerator", der von einer rheinischen Firma als Mittel „zum Ersatz des bei der Atmung verbrauchten Sauerstoffs sowie zur Reduzierung des Kohlensäuregehaltes der Luft" in den Handel gebracht wird, untersucht und gefunden, daß die im Generator enthaltene „Ozonessenz" nichts anderes ist als Terpentinöl. Somit wird tatsächlich Ozon erzeugt, nur ist der Preis für die „Essenz" zirka fünfmal so hoch gehalten als der normale Terpentinölpreis. Es liegt somit zweifellos eine Übervorteilung des Publikums vor.

　　　　　　　(Z. V. d. Gas- u. Wasserfachm. Österr.-Ung.
　　　　　　　[1911], S. 170 bis 171 d. Z. f. angew. Chem.)

Ozonhaltige Salben werden nach dem D. R. P. 216.093 von S. F r a s e r in London in der Weise gewonnen, daß Ozon durch eine Mischung von flüssigen Fetten und Paraldehyd geleitet wird. Auf diese Weise lassen sich Salben mit genau bestimmten Mengen von Ozon für therapeutische Verwendung herstellen.　　　　　　　　　　　　　(Z. f. angew. Chem.)

Pacocreolin. Dieses neue Präparat der Firma Pearson ist nach A. G a w a l o w s k i dünnsirupös, zwar fast undurchsichtig schwarzbraun gefärbt, in sehr dünnen Schichten aber fast vollkommen klar, riecht schwach kreosotartig, beim Erwärmen vordringlich teerig-aromatisch, reagiert neutral, hat ein spez. Gewicht von 1,032 und enthält 6,36% Wasser, 12,50% Verseifungen, 15% Kresole und 67,14% Kohlenwasserstoffe. Es dient nach Versicherung der Fabrik als Desinfiziens für Großdesinfektion von Wohnhäusern, Krankenhäusern, Schulen usw., Klosets, Küchenausgüssen, Reinigung der Notgeschirre, Kanäle und anderer übelriechender Räume, indem direktes Besprengen oder Übergießen die Krankheitserreger sicher tötet, ohne daß das Mittel giftig ist. Die selbstentwickelten Dämpfe reinigen überdies die Luft; in Form von Heißdampf selbstredend noch schneller. Bakteriologische Versuche mit Typhusbazillen zeigen, daß Pacocreolin 5- bis 6 mal wirksamer ist als reine Carbolsäure.　　　　　　　　　　　　　　　(Pharm. Post.)

Paragan „Schering" ist eine zur Raumdesinfektion dienende Zusammenstellung von Kaliumpermanganat und Paraformaldehyd, der in einer besonderen Abteilung der Büchse die Mittel zur Entwicklung von Ammoniak (Chlorammonium und Ätzkalk) beigegeben sind. Ammoniak macht bekanntlich die mit Formaldehyd behandelten Räume in kurzer Zeit wieder geruchlos. Für die Reinigung der Gefäße von abgeschiedenem Braunstein ist noch etwas Natriumsulfit beigepackt.

　　　　　　　　　　　　　　　　　　　(Z. f. angew. Chem.)

Para-Lysol, eine Alkalikresolverbindung, stellt nach A. Nieter weiße, bei 146⁰ schmelzende Kristalle dar, die 8,3% Kalium und 91,7% Kresol enthalten und als festes Kresolseifenpräparat bezeichnet werden. Darnach scheint das Präparat dem Metakalin der Elberfelder Farbwerke ähnlich zu sein. Es kommt wie dieses in Form von Tabletten zu Desinfektionszwecken in den Handel. Fabrikant: Schülke & Mayr, Hamburg.

Perboral der Chemischen Fabrik Nassovia, Wiesbaden, besteht nach der Analyse aus Natriumbicarbonat, Borsäure und einer organischen Säure, wahrscheinlich Weinsäure. Daneben enthält Perboral geringe Mengen einer jodhaltigen Substanz, aber keine Überborsäure. Es liefert überhaupt keinen aktiven Sauerstoff, auf dem angeblich ein wesentlicher Teil der Wirkung beruhen soll. Perboral gehört mithin zu den falsch deklarierten Präparaten.   (Pharm.-Ztg., Berlin.)

Perglutyl ist eine feste Form des Wasserstoffsuperoxyds, welche nach D. R. P. 185.597 erhalten wird, indem man in Wasserstoffsuperoxydlösung bei mäßiger Wärme soviel Gelatine löst, daß nach Zusatz von etwas Glycerin nach dem Erkalten eine feste Masse erhalten wird. Das Perglutyl des Handels schmilzt zwischen 25 und 40⁰. Es kann aber auch so fest dargestellt werden, daß es sich pulvern läßt. Das Perglutyl soll innerlich und äußerlich überall da zur Anwendung gelangen, wo die antiseptische und desinfizierende Wirkung des Wasserstoffsuperoxyds erwünscht ist. Perglutyl-Ovarien finden auch als antikonzeptionelle Mittel Anwendung. Fabrikanten: Dr. Rich. Böhm & Dr. Hans Leyden, Berlin W 15.   (Pharm. Ztg., Berlin.)

Perolin-Ersatz. I. nach Cvecek: Ol Bergamottae 10 g, Ol. Citri, Ol. Thymi aa 5 g, Alcohol. absolut., Formalin aa 100 g. Filtrieren über Talk. II. nach Swidkes: 100 g Olein werden mit Ätzkalilösung q. s. (zirka 60 g) und 50 g Alkohol auf dem Wasserbade verseift, dann mit einer Mischung von Ol. Neroli, Terpinol aa 2,5 g, Ol. Citri, Ol. Lavandul., Tinct. Moschi aa 5 g, Ol. Rosmarini, Ol. Bellodini aa 10 g, Ol. Juniperi bacc., Ol. Pini Pumillion., Ol. Citronellae aa 25 g oder einer beliebigen anderen Komposition ätherischer Öle parfumiert und schließlich mit 2 bis 5% (des Gesamtgewichtes) Formalin versetzt. III. 10 g Bergamottöl, 5 g Citronenöl, 5 g Thymianöl, 100 g Formalin und 100 g absoluter Alkohol werden zusammengemischt und durch ein Papierfilter filtriert, das etwas mit Alkohol befeuchtetes Talkum enthält.   (Pharm. Post.)

Peroxygenol ist 30%ige Wasserstoffsuperoxydlösung.

Persalzen, Gewinnung von zur Wasserstoffsuperoxydbereitung dienenden, gegen die Einflüsse von Zeit und Temperaturen beständigeren Tabletten aus. (D. R. P. 246.713 vom 7. XII. 1910, Chemische Werke Dr. Heinrich Byk, Charlottenburg.) Zur Bereitung von Tabletten, welche beim Auflösen in Wasser und Säuren Wasserstoffsuperoxyd liefern, dient vor allem das Natriumperborat $NaBO_3 4H_2O$. Aus solchem gepreßte Tabletten haben jedoch den Nachteil, daß sie bei längerem Lagern und vor allem bei erhöhter Temperatur ihren aktiven Sauerstoff mehr oder weniger verlieren. Es wurde nun gefunden, daß man aus Natriumperborat Tabletten herstellen kann, welche diese Mängel nicht aufweisen, wenn man den Perboraten vor oder nach der Komprimierung ihr Kristallwasser ganz oder teilweise entzieht. Solche Tabletten können sehr lange ohne Veränderung lagern und auch über den Äquator in tropische Länder versandt werden. Die Entwässerung hat auch noch den Vorteil, daß die Tabletten sehr rasch beim Benetzen mit Wasser zerfallen. Außer Natriumperborat kann man auch Kalium- und Ammoniumperborat benutzen sowie auch die Perkarbonate der Alkalien. Die Darstellung von Wasserstoffsuperoxydlösungen aus diesen Tabletten geschieht wie üblich. Man läßt die dem Alkali entsprechende Menge einer anorganischen Säure hinzutreten. Falls man eine feste Säure verwendet, kann sie auch in Tablettenform benutzt werden. (Pharm. Ztg.)

Peruyd-Fußbadpulver ist aus Seifenpulver, Natriumperborat und Peruyd, einem wasserlöslichen Perubalsam-Formaldehydpräparat zusammengesetzt. Erzeuger: Schwarzkopf in Berlin. (Pharm. Zentralh.)

Petrosulfol, das Ichthyolum austriacum der Firma G. Hell & Cie. in Troppau, entspricht nach einer neueren Analyse von J. Witol im wesentlichen dem Ammonium sulfoichthyolicum anderer Herkunft. Es ist eine rötlichbraune, durchsichtige Flüssigkeit, in Wasser mit grünlicher Fluoreszenz löslich, vollständig löslich in Glycerin und teilweise in einer Mischung aus gleichen Teilen 70%igem Alkohol und Äther. In allen Verhältnissen mischt sich das Präparat mit Vaseline, Fett und Lanolin. Petrosulfol gibt 54,71% Trockenrückstand, welcher 16,27% Schwefel enthält. Mit Ätzkali entwickelt es Ammoniak.

(Pharm. Ztg., Berlin.)

Phenostal stellt nach Flury (Z. f. angew. Chem.) nicht einen Oxalsäureester des Phenols dar, sondern es ist als eine Oxalsäure mit zwei Molekülen Kristallphenol aufzufassen. Durch den Zusatz von Säuren zum Phenol und den Kresolen (vgl. Kresosteril) wird die Desinfektionskraft bedeutend verstärkt. Bei Versuchen, die Einecker mit Bakterienkulturen anstellte, erwiesen sich von Phenostal die schwächeren Konzentrationen (2% und namentlich 1%) den gleichprozentigen Phenollösungen überlegen, während höhere sich gegen die vegetativen Bakterienformen annähernd gleich verhielten; gegenüber Milzbrandsporen war 5%ige Phenostallösung weit wirksamer als die entsprechende Phenollösung.

Phobrol „Roche" ist eine Lösung von 50% Chlor-m-Kresol in rizinolsaurem Kali und somit wohl identisch mit dem jetzt nicht mehr hergestellten Eusapyl. Es ist mit Wasser in jedem Verhältnis mischbar und in Form der 0,5%igen Verdünnung in fast allen Zweigen der desinfektorischen Praxis anwendbar. Zur Händedesinfektion wird eine alkoholische 1%ige Lösung verwendet. Die Lösungen sind fast farblos und klar, leicht herstellbar, völlig reizlos und ungiftig. Die Herstellung der gebräuchlichen 0,5%igen Lösung geschieht durch sorgfältiges Verrühren eines vollen Meßbechers (5 g Phobrol) mit einem Liter lauwarmen abgekochten oder destillierten Wassers. Phobrol „Roche" kommt in braunen, charakteristisch geformten Flaschen in den Handel. Fabrikant: F. Hoffmann-La Roche & Co. in Grenzach in Baden.

(Pharm. Ztg., Berlin.)

Pisaptan ist eine flüssige, geruchlose Haarwasch-Teer-Tanninseife, welche durch Lösen von Holzteer und Tannin in überfetteter, aus Olivenöl hergestellter Kaliseife bereitet werden soll.

(Schweiz. Wochenschr. für Chem. und Pharm. 1911, Nr. 8.)

Purus, Apotheker Loebells aromatische Schweißfußtinktur, ist eine mit Formalin versetzte Lösung von Salicylsäuremethylester und etwas Kaliseife in denaturiertem Spiritus.

Pyonin. Unter diesem Namen wird von der chemischen Fabrik Goedecke & Co., Leipzig-Berlin, ein schwefelhaltiges Präparat in den Verkehr gebracht, welches an Reinheit und feiner Verteilung der Schwefelteilchen die bisherigen Mittel dieser Art übertreffen soll und überdies nach Angabe des Erzeugers den Vorzug der Wasserlöslichkeit besitzt. Dargestellt wird es nach einem patentamtlich geschützten Verfahren, welches im wesentlichen darin besteht, daß zuerst Schwefelblumen und Zucker zusammengeschmolzen, nach vollständigem Erkalten zerkleinert, in Wasser gelöst und schließlich mit kalzinierter Soda gekocht werden; die so erhaltene „Schwefellauge" wird mit Hilfe der entsprechenden Konstituentien zur Herstellung der Pyoninseife und der Pyoninsalbe weiterhin verarbeitet. Die Pyoninsalbe ist von festweicher Konsistenz, schwarzbrauner Farbe und einem Gehalt von 20% gelöstem elementarem Schwefel. Die Pyoninseife, welche 5% Pyonin enthält, ist von brauner Farbe und ihrem Charakter nach eine sogenannte neutrale überfettete Natronseife, der Glycerin und eine geringe Quantität Resorcin zugesetzt wird. (Wien. Klin. Rundsch. 1910, Nr. 48, durch Pharm. Ztg., Berlin.)

Pyrollin (Schwed. Pat. 14.861 vom 26. XI. 1901. E. Quist, Helsingfors) ist ein Desinfektionsmittel, welches auf folgende Weise dargestellt wird: Magnesia wird entweder in roher oder in destillierter Holzessigsäure in solchen Mengen gelöst, daß die Säure nicht nur von Magnesia neutralisiert wird, sondern daß sie ein basisches Salz mit dieser bildet.   (Pharm. Ztg., Berlin.)

Radant, ein von M. Queißer, Charlottenburg, in den Handel gebrachtes Fußbadepulver, besteht nach C. J. Reichardt aus borsauren Alkalien, Gerbsäureverbindungen, etwas Pflanzenpulver, wachsähnlicher Substanz und Parfum.   (Pharm. Ztg., Berlin.)

Radiuman-Seife ist ein radioaktives Präparat.

Resorbin ist eine aus Wasser, Mandelöl, Wachs und geringen Mengen Gelatine, Seife und Lanolin bestehende Salbengrundlage. Der Name „Resorbin" ist der A.-G. für Anilinfabrikation, Berlin, geschützt.

Rheumopat-Seife von Dr. Hoty war nach C. Griebel eine vorwiegend aus unverseifbaren Stoffen hergestellte Salbe, die als wirksame Bestandteile Borax, Ichthyol, Menthol, Campher und Salicylsäuremethylester enthielt.

Salbengrundlagen. (D. R. P. 215.140 vom 16. XI. 1907. S. Knopf, Wien.) Das Verfahren beruht auf der Emulgierung von Mineralölen mit Hilfe von Seifen unter Zusatz von überschüssiger Ölsäure und von Alkohol. Man vermengt etwa 40 T. Ölsäure mit ungefähr 20 T. Alkohol und 8 T. Kalilauge (1 : 1) innig, fügt sodann 100 bis 200 T. Mineralöl hinzu und führt hierauf die durchsichtige Mischung durch Zusatz von Ceresin,

Wachs oder Paraffin oder durch Verdünnung mit Wasser in Gegenwart dieser Zusätze oder ohne diese in feste, salbenartige Produkte über. Man kann auch Seifen beliebiger Art in geschmolzenem Zustande mit der Mischung von Ölsäure, Alkohol, Kalilauge und Mineralöl versetzen, wodurch nach dem Erstarren Produkte entstehen, die als Deckpasten oder Seifen verwendbar sind.   (Chem.-Ztg.)

Salbengrundlagen, Stark wasserhaltige. (D. R. P. 243.661 vom 16. III. 1910. Dr. Al. Schleimer, Berlin.) Salben mit hohem Wassergehalt lassen sich leicht in die Haut einreiben und sind aus diesem Grunde bequemer anzuwenden als die jetzt allgemein benutzten, verhältnismäßig wenig Wasser enthaltenden Salben. Man soll nach diesem Verfahren Salben erzielen, die mehr als 100% Wasser enthalten. Zu dem Zweck werden ein fester, bei etwa 64° C schmelzender Kohlenwasserstoff und ein flüssiger Kohlenwasserstoff mit einer höheren, ungesättigten, aliphatischen Monocarbonsäure verschmolzen und diese Schmelze durch Schlagen innigst mit Wasser verbunden. Das Gemisch nimmt über 500% Wasser auf. Will man mit dem neuen Präparat medizinische Salben erzeugen, so setzt man wasserlösliche medizinische Stoffe dem Wasser zu, während in Wasser unlösliche Stoffe mit den Ausgangsmaterialien unmittelbar verschmolzen werden. Beispielsweise wird eine Lösung von 80 g Jodkalium in 100 g warmem Wasser mit 25 g einer Schmelze aus 6 T. Paraffin von einem mittleren Schmelzpunkt von 64° C, 3 T. Paraffinnum liquidum und 2 T. einer höheren ungesättigten Monocarbonsäure, z. B. Ölsäure, durch Schlagen innig verbunden, bis eine ganz homogene Salbe entstanden ist. Die neue Salbe dringt leicht in die Haut ein, ist fast geruchlos, auch wenn das angewandte Arzneimittel einen starken Eigengeruch hat, und fast vollkommen reizlos für die Haut. Man kann auf die angegebene Weise auch Salben mit Perubalsam, Salicylsäure, Menthol u. dgl. erzeugen.

Patentanspruch: Verfahren zur Herstellung stark wasserhaltiger Salbengrundlagen, dadurch gekennzeichnet, daß ein fester Kohlenwasserstoff von etwa 64° Schmp. und ein flüssiger Kohlenwasserstoff mit einer höheren ungesättigten aliphatischen Monocarbonsäure verschmolzen werden und diese Schmelze durch Schlagen mit Wasser innigst verbunden wird.   (Chem.-Ztg.)

Salicylsäureverbindungen, Die Haut nicht reizende. (D. R.P. 206.056 vom 4. V. 1906. Dr. Sulzberger und Dr. Spiegel.) Patentanspruch: Verfahren zur Herstellung von leicht absorbierbaren, die Haut nicht reizenden Salicylsäureverbindungen, gekennzeichnet durch die Einwirkung von das freie Hydroxyl enthaltenden Salicylsäureestern auf Fettsäuren mit mehr als 12 Kohlenstoffatomen, mit oder ohne Zusatz von Kondensationsmitteln und säurebindenden, nicht verseifenden Stoffen.

Die Verbindungen werden im Organismus leicht unter Abgabe von Salicylsäure gespalten. Die Produkte sollen zu kosmetischen und pharmazeutischen Zwecken benutzt werden. Als Kondensationsmittel sind besonders die Chloride und Bromide des Phosphors, namentlich Phosphoroxychlorid, brauchbar. Bei Benutzung halogenhaltiger Kondensationsmittel werden die Fettsäuren zweckmäßig als Salze zur Anwendung gebracht, um die entstehenden Mineralsäuren zu binden.

Saluderma von L. Zucker & Co., Berlin, ist angeblich eine „Medizinseife, hergestellt aus den antediluvianischen Niederschlägen des Alt-Buchhorster Moor- und Heilquellengebietes unter Zusatz von Perubalsam, Naphtalan und Styrax". Nach C. Mannich und L. Schwedes ist es eine salbenartige Masse folgender Zusammensetzung: Natronseife (wasserfrei) rund 35%, Wasser rund 32%, Mineralbestandteile (natürlicher Kalkstein) etwa 22%, Glycerin nicht über 2%, Kohlenwasserstoffe 3 bis 4% und esterartige Substanzen von cinnameinähnlichem Charakter, von denen der Inhalt der einen Packung, die sogenannte „Stärkste Form" 5,6%, der Inhalt der anderen 3% enthält.

(Apoth.-Ztg. 1912, S. 165.)

Salunguene besteht aus überfetteter Seife, die aus Leinöl bester Beschaffenheit und reiner Kalilauge hergestellt ist und 12% Salicylsäure, 12% Ester der Salicylsäure und ebensolche Mengen Wollfett und Japanwachs enthält.

St. Joachimsthaler Radiumseife der Firma Johann Klinger in St. Joachimsthal, Böhmen. Die ovale, gelbliche, parfumierte Seife wiegt 81 g. Empfohlen wird die Radiumseife sowohl als Cosmeticum wie auch bei gewissen Hauterkrankungen (Flechten, Ekzemen usw.), doch ist nirgends auf den Radiumgehalt in besonderer auffälliger Weise hingewiesen.

Die Seife wurde chemisch nicht näher untersucht, nur auf Baryum wurde in der Asche mit negativem Erfolge geprüft.

Die Aktivitätsbestimmung wurde in der Asche von 44 g durch Lösen derselben in Salzsäure ausgeführt. Nach 6 Tagen 0 Stunden hatte sich gebildet:

Ges. A. Messung:

16—10 (2170 . 10^{-3} e. E.) 1560 Sek. Pro Sek. Strom 1,4 . 10^{-3} e. E.

Ind. A. Messung:

16—15 (298 . 10^{-3} e. E.) 1080 Sek. Pro Sek. Strom 0,3 . 10^{-3} e. E.

Aktivität 1,1 . 10^{-3} e. E.

= 1,1 Mache-Einheiten nach 6 Tagen = 1,6 Mache-Einheiten nach der Zeit ∼ in 44 g der Seife, was in einem Stück 3,0 Mache-Einheiten entspricht.

Eine mit der zweiten Hälfte der Seife ausgeführte Aktivitätsbestimmung ergab 3,7 Mache-Einheiten auf die Zeit ∼ in einem Stück.

Die Asche bestand nur aus Erdalkali- und Alkalicarbonat, wonach die Seife nicht etwa durch Zusatz von Uranpecherz aktiviert sein konnte. Vielleicht rührt die Aktivität daher, daß zum Seifenkochen aktives Wasser verwendet wird, das in der Joachimsthaler Gegend anzutreffen sein dürfte und durch geringen Radiumgehalt die Aktivität der Seife bedingt. (Dr. G. Moßler in Pharm. Post.)

Sapene stellen allem Anschein nach (nach Dr. Aufrecht) Mischungen aus Amylalkohol, Kaliseife, Ölsäure, den Arzneistoffen und etwaigen Aromaticis (Menthol usw.) dar. (Pharm. Ztg., Berlin 1906, Nr. 79.)

Sapinol ist eine wäßrige Seifenlösung mit 10% Toluolgehalt.

Sapoformal besteht aus einer Lösung von Seife, die aus Leinöl bester Beschaffenheit und reiner Kalilauge hergestellt ist und 12% gasförmigen Formaldehyd enthält.

Sauerstoff entwickelnde Präparate. (D. R. P. 232.703. C. J. H o e p n e r, Hannover.) Salze der Persäuren werden durch Vermischen mit einer kieselsauren Alkalilösung und Neutralisation des an die Kieselsäure gebundenen Alkalis durch eine anorganische andere Säure mit gallertartiger Kieselsäure umhüllt, welche, wenn getrocknet, die Salze vor Zersetzung schützt und bei Verwendung die Sauerstoffabgabe verlangsamt.

Wenn Seife in bekannter Weise mit Perboraten u. dgl. gemischt wird, wirkt der in geringen Mengen freiwerdende Sauerstoff auf die Seife ein und zersetzt einen Teil der Fettsäure, wobei unangenehm riechende Aldehyde entstehen. Durch dieses „Ranzigwerden" wird nicht nur aktiver Sauerstoff verbraucht, sondern die Seife wird auch durch den auftretenden Geruch mehr oder weniger unbrauchbar. Durch die vorliegende Erfindung werden diese Nachteile vermieden, indem Fettsäuren überhaupt nicht benutzt werden, sondern nur anorganische Substanzen. Es ist bereits bekannt, Superoxyde der Alkalien oder alkalischen Erden mit kieselsaurem Alkali zu mischen und auf der Außenfläche durch Zersetzung mittels Kohlensäure eine Schutzdecke zu erzeugen, allein dieser Schutz ist wegen des gleichzeitigen Verlustes an aktivem Sauerstoff auf größere Stücke beschränkt, und es lassen sich Seifenpulver auf diese Weise nicht herstellen. Durch Verwendung von Salzen der Persäuren statt der Superoxyde ist es jedoch möglich, durch Zusatz der molekularen Menge Säure, z. B. Schwefelsäure, die ganze Kieselsäure gallertartig abzuscheiden und die Masse durch und durch gegen Zersetzung zu schützen. Es gelingt so, nicht nur Stücke, sondern auch Pulver herzustellen, die mit anderen Substanzen mischbar sind und überdies den großen Vorteil besitzen, daß die Sauerstoffentwicklung bei Verwendung des Präparats verlangsamt wird.

S c h e n k e s   Schönheitsmittel, von H. Schenke in Zürich gegen Sommersprossen, Mitesser, Leberflecken, Warzen usw. angepriesen, hat folgende Zusammensetzung: 55 bis 60% Essigsäure, Mandelkleie, Sand. Das Mittel ist bei Selbstgebrauch nicht ohne Gefahr für die Patienten, weil es stark ätzend wirkt.   (Drog. Rdsch., Zürich.)

Schweißtücher werden nach einer österr. Pat.-Anm. von J. Langer wie folgt hergestellt: Hydrophile Gewebe werden mit Kondensationsprodukten aus Menthol und Paraformaldehyd bzw. Menthol, Paraformaldehyd und ätherischen Ölen in Gegenwart einer schwach alkalischen Lösung imprägniert.

Schwimmseife. (D. R. P. 246.479 vom 19. XI. 1910. C. Ph. K r o n i n g jr., Bremen.) Das Verfahren besteht darin, daß der noch heißflüssige Seifenleim durch ein durchlochtes und von einem mit Sauerstoff gespeisten Behälter umgebenes Rohr geleitet wird, in welchem er unter beständigem Rühren mit dem durch die Bohrungen eintretenden Sauerstoff vermischt wird.

Seife, Antiseptische. (Ver. St. Amer. Pat. 942.538 vom 7. XII. 1909. Wallace A. Beatty, New York.) Die antiseptische und bakterizide Wirkung der Seife wird herbeigeführt, indem ihr eine Bromverbindung des Kresols, die 75% Brom enthält, einverleibt wird. Eine 1- bis 2%ige Lösung dieses Bromkresols soll fünfzigmal so wirksam sein als eine entsprechende Carbolsäurelösung, dennoch aber keine Gift-, Reizungs- und Geruchswirkungen ausüben. Es soll auch sehr beständig sein. Durch praktische Versuche hat der Erfinder festgestellt, daß eine Seife, die nur 1% seines Antisepticums enthält, die widerstandsfähigsten Bakterienformen, z. B. Anthrax-Sporen, abtötet. Beispiel: 424 T. Tetrabromkresol werden in eine Lösung von 40 T. kaustischer Soda in 400 T. Wasser hineingegeben und das Ganze in einem kohlensäurefreien Luftstrom oder im Vakuum eingedampft, wodurch man das feste Alkalisalz erhält, von dem man 1 kg 99 kg flüssiger oder fester Seife auf bekannte Weise einverleibt.

Seife, Desinfizierende. (D. R. P. 246.123 vom 16. XII. 1910. Doktor K. Rühlke, Berlin.) Diese Seife zeichnet sich dadurch aus, daß sie mehr als 10% Fenchon enthält. Die bisher mit Hilfe der Isomeren des Fenchons, des Camphers, hergestellten desinfizierenden Seifen sind erheblich weniger wasserlöslich und auch von weit geringerer desinfizierender Wirkung, da sich höchstens 10% Campher in Seife lösen lassen, dagegen über 70% Fenchon. Wie Versuche ergeben haben, tötet eine 40%ige Fenchonseife bei Verdünnung von 1 T. Seife auf 150 T. Wasser Keime von Bacterium coli commune schneller ab als eine 1%ige wäßrige Carbolsäurelösung. Zur Herstellung der Seifenlösungen kann man entweder das Fenchon mit den anzuwendenden Seifen vermischen, nötigenfalls unter Erhitzen, oder man kann die Ausgangsmaterialien, aus welchen die Seifen hergestellt werden, mit dem Fenchon vermischen und hierauf erst die Verseifung nach den üblichen Methoden vornehmen. Beispielsweise werden 600 g Fenchon mit 270 g halbfester Kolophoniumkaliseife und 130 g fester Cocosölseife, die durch Verseifung von Cocosöl mit 50%iger Kalilauge erhalten wurde, behandelt. Es entsteht eine flüssige Seife. Zersetzt man die Seifenlösungen des Fenchons mit Wasser, so bilden sich in der Regel gut haltbare Emulsionen, die in der gleichen Weise verwendbar sind wie die Lösung selbst.   (Chem.-Ztg.)

Seifen, Anorganische Kolloide enthaltende. (D. R. P. 228.139 vom 22. XII. 1908. Dr. K. Roth, Darmstadt.) Man versetzt geschmolzene Kali- oder Natronseife oder ihre konz. Lösungen mit löslichen Metallsalzen und den äquiv. Mengen ätzender Alkalien. Darauf werden die die betreffenden Metalle als kolloidale Oxyde oder Hydroxyde enthaltenden Seifen durch Digerieren mit wenig Wasser oder durch Dialysieren von den bei der Reaktion gebildeten löslichen Salzen und überschüssigem Alkali befreit und durch Eindampfen zur gewünschten Konsistenz gebracht. Man kann in dem erhaltenen Reaktionsprodukt vor seiner Reinigung und Einengung die Metalloxyde oder -hydrate durch Reduktion in die entsprechenden Metalle überführen. Als Metallsalz kann man Quecksilberchlorid und statt der ätzenden Alkalien Ammoniak verwenden.   (Chem.-Ztg.)

Seifen, Desinfizierende. (D. R. P. 216.828 vom 20. V. 1908. Doktor W. Schrauth und Dr. W. Schoeller, Berlin.) Patentanspruch: Verfahren zur Herstellung desinfizierender Seifen, dadurch gekennzeichnet, daß man dem Seifenkörper alkalisch reagierende Alkalisalze komplexer Quecksilbercarbonsäuren der aliphatischen und aromatischen Reihe beimischt.

Seifen, Desinfizierende. (D. R. P. 233.437 vom 4. IX. 1909; Zusatz zum D. R. P. 216.828. Farbenfabriken vorm. Friedr. Bayer & Co., Elberfeld.) Nach dem Hauptpatent 216.828 mischt man dem Seifenkörper alkalisch reagierende Alkalisalze komplexer Quecksilbercarbonsäuren der aliphatischen oder aromatischen Reihe bei. Wie Versuche ergeben haben, kann man zu derartigen Seifen auch gelangen, wenn man dem Seifenkörper freie komplexe Quecksilbercarbonsäuren zusetzt. Dabei bilden sich ausschließlich die gut desinfizierend wirkenden Monometallsalze der allgemeinen Formel:

$$\text{C}_6\text{H}_3 \begin{cases} \text{OH} \\ \text{CO OA} \quad (\text{A} = \text{Metall}) \\ \text{HgOH} \end{cases}$$

und nicht die weniger wirksamen Dialkalisalze. Die freien Quecksilbercarbonsäuren brauchen in Wasser nicht löslich zu sein; die geringe schwach alkalische Reaktion der Seifenmenge genügt, um die Verbindungen der Alkalisalze in Lösung zu bringen. Da die komplexen Quecksilbercarbonsäuren gegen Alkali beständig sind, kann man bei der Herstellung der Seifen nicht nur neutrale, sondern auch alkalische Seifenmassen verwenden. An Stelle des Quecksilbersalicylats können andere komplexe Quecksilberderivate, z. B. Oxyquecksilberessigsäure oder Oxyquecksilberpropionsäure verwendet werden.   (Chem.-Ztg.)

Seifen, Desinfizierende. (D. R. P. 246.880 vom 23. I. 1910. Farbenfabriken vorm. Friedr. Bayer & Co., Elberfeld.) Bekanntlich ist es nicht möglich, mit Carbolsäure eine brauchbare desinfizierende Seife herzustellen. Auch die Sublimatseifen haben sich nicht bewährt, da der Seife zugesetztes Sublimat schon nach kurzer Zeit durch doppelte Umsetzung in fettsaures Quecksilber und Alkalichlorid übergeht. Es wurde nun gefunden, daß Seifen, welche die Anhydride oder Salze von Oxyquecksilberphenolen als Zusatz enthalten, diese Nachteile nicht aufweisen, dagegen aber die Sublimatseifen an Desinfektionskraft bedeutend übertreffen. Sie sind besonders für chirurgische Zwecke wertvoll. Zur Herstellung solcher Seifen werden beispielsweise 1000 T. medizinische Natronseife mit 20 T. des Natronsalzes des o-Oxyquecksilberphenols (erhalten durch Umsätzen des o-Oxyphenylquecksilberchlorids mit 2 Molekülen Natronhydrat) in der bei der Seifenfabrikation üblichen Weise innig gemischt und durch Pressen in geeignete Form gebracht. Anstatt des o-Oxyquecksilberphenolnatriums kann auch die freie Verbindung verwendet werden oder andere geeignete Körper, wie die entsprechende Quecksilberverbindung der Kresole, des Brenzcatechins, Chlorphenols oder Naphtols, Guajacols usw., außer solchen Phenolen, welche durch salzbildende Gruppen substituiert sind. Statt der Natronseife können auch andere Seifen verwendet werden.

(Pharm. Ztg., Berlin.)

Seifenhaltige Eiweißkörper. (D. R. P. 234.469 vom 6. X. 1909. Dr. Julius Morgenroth, Berlin.) Das nach dem vorliegenden Verfahren erhältliche Präparat eignet sich zur Herstellung von kosmetischen oder medizinischen Seifen, insbesondere von mildwirkenden Seifenpasten, Seifenstuhlzäpfchen, die die Seife nur ganz allmählich an die Darmschleimhaut abgeben. In getrocknetem Zustande stellt der neue Eiweißkörper ein pulverförmiges Zahnreinigungsmittel dar. Die Seife wirkt reinigend auf die Zähne, schont aber dabei das empfindliche Zahnfleisch. Überhaupt kann die Anwendung der Seifenalbuminkoagula innerlich und äußerlich überall dort versucht werden, wo man bisher auf die Anwendung von Seife in gewohnter Form aus irgendwelchen Gründen verzichten mußte.

Patentansprüche: 1. Seifenhaltiger Eiweißkörper, dadurch gekennzeichnet, daß er die Seife in adsorbierter Form enthält, so daß er seinen Seifengehalt nur an Suspensionen, die Seife zu binden vermögen, abgibt.

2. Verfahren zur Darstellung seifenhaltiger Eiweißkörper der im Anspruch 1 gekennzeichneten Art, dadurch gekennzeichnet, daß lösliche Seifen in wäßriger oder schwach kochsalzhaltiger Lösung mit koaguliertem, tierischem Eiweiß längere Zeit geschüttelt werden, um die Seife von letzterem adsorbieren zu lassen, worauf die seifenhaltigen Koagula vom flüssigen Teil der Mischung getrennt werden.

(Z. f. angew. Chem.)

Seifen, Mechanisch wirkende. (D. R. P. 222.891 vom 18. V. 1909. Dr. R. Reiß, Charlottenburg.) Patentanspruch: Verfahren zur Herstellung von mechanisch wirkenden Seifen, dadurch gekennzeichnet, daß man Kali- oder Natronseifen bzw. Seifenpulver mit gepulverter Reservecellulose, z. B. Elfenbeinnußmehl, vermischt.

Seifen, Neutrale. (D. R. P. 221.623 vom 25. IX. 1908; Zusatz zum D. R. P. 183.187. Dr. P. Runge, Hamburg.) Das Verfahren des Hauptpatentes 183.187 kennzeichnet sich durch den Zusatz von Albumosen zur festen oder flüssigen fertigen Seife. Nach vorliegender Erfindung läßt sich das Verfahren noch dadurch vereinfachen, daß der Zusatz der Albumose und die Herstellung der Seife technisch miteinander vereinigt werden. Zu diesem Zwecke wird eine Lösung von Albumosen in Alkali mit Fettsäuren zusammengebracht, wodurch ohne weiteres Albumosenseife entsteht. Durch die Konzentration der Alkalialbumoselösung läßt sich im voraus der Wassergehalt der gewonnenen Albumoseseife bemessen. Gegebenenfalls wird durch Einengen im Vakuum dei erhaltene Albumoseseife weiter konzentriert oder auch getrocknet. Man wendet zweckmäßig solche Mengenverhältnisse an, daß sich in der Seife $33^{1}/_{3}$ bis 50% Albumose befinden. Statt alkalischer Albumoselösungen können auch schwefelalkalische Albumoselösungen mit Fettsäuren

behandelt werden, ferner können medizinisch wirksame Körper, wie
Molekularschwefel, einverleibt werden.

Seifenpaste, Neutrale. (D. R. P. 236.295 vom 15. IV. 1909. Naton
frères & de Marsac und François Tesse, Paris.) Patentansprüche:
1. Verfahren zur Herstellung einer neutralen Seifenpaste, dadurch gekennzeichnet, daß man einer alkalischen Grundseife ein neutrales, im
wesentlichen diricinus-schwefelsaures Alkali enthaltendes Alkali-
sulforicinolat zusetzt, und zwar in solchem Überschuß, daß nicht nur
das freie, sondern auch das beim Gebrauch der Seife infolge der Hydro-
lyse freiwerdende Alkali durch das diricinusschwefelsaure Alkali unter
Abspaltung des Glycerinrestes gebunden wird. 2. Ausführungsform des
Verfahrens nach Anspruch 1, dadurch gekennzeichnet, daß ein Gemisch
von 15 T. diricinusschwefelsaurem Natron mit 10 T. geschmolzener
weicher Kaliseife auf etwa 90° C erhitzt wird.

Seifen und Toilettepräparaten, Darstellung von. (Engl. Pat. 15.288
vom 25. VI. 1910, G. Koller, London.) Gechlorte Kohlenwasserstoffe,
wie z. B. Tetrachloräthan, Pentachloräthan, Dichloräthylen u. dgl.,
verleibt man Seifen oder seifenhaltigen Reinigungsmitteln ein in Gegenwart von Alkoholen oder Phenolen, die in Wasser und in den Chlor-
verbindungen löslich sind. Die Präparate geben teils klare, teils trübe
Lösungen in Wasser und finden als keimtötende Mittel für Haarwässer,
Toilettepräparate u. dgl. Verwendung.   (Chem.-Ztg.)

Seiffenol wird nach Baroni durch Verseifung von Kolophonium
mit Natronlauge und Vermischen der gebildeten Seife mit Phenol und
Weingeist erhalten.   (Z. f. angew. Chem.)

Septosan wird ein neues Desinfektionsmittel unbekannter Zusammensetzung genannt, das aus einer „zart gelblich grünen klaren Flüssigkeit
von angenehmem, nicht aufdringlichem Geruche" besteht. Es soll sich
mit kalkfreiem und destilliertem Wasser zu einer klaren, schäumenden,
neutral oder schwach alkalisch reagierenden Flüssigkeit und in jedem
Verhältnisse mischen. Auch mit Weingeist und Glycerin gibt es klare
Mischungen. Carbolsäure, Lysol und Lysoform sollen von Septosan an
„antiseptischer beziehentlich desinfizierender Kraft" übertroffen werden.
Da dem Präparat ätzende Eigenschaften fehlen, eignet es sich auch
besonders zum Desinfizieren von vernickelten Instrumenten, Gummi-
gegenständen usw.

Siccoderm der Firma Dr. Max Weitemeyer, München („Concordia
medica"), ein Mittel gegen Fuß-, Hand- und Achselschweiß, wird
auf der Etikette als „Solut. alcohol. chromyloform. (80%)" bezeichnet.
Nach der Analyse von C. Mannich und S. Kroll besteht das Präparat
aus einer Mischung von Formaldehydlösung und Spiritus coloniensis
mit einem Gehalt von 15,1% Formaldehyd und 45,1% Alkohol. Die
Bezeichnung des Präparates als „Solut. alcohol. chromyloform. (80%)"
ist irreführend, da Siccoderm keim Chrom enthält.

                                     (Pharm. Ztg., Berlin.)

Sphagnit. Ein desodorisierendes und desinfizierendes Mittel, ist ein
feines, kaffeebraunes, sich etwas feucht anfühlendes Pulver. Hergestellt
wird es aus noch unreifem Torf (Sphagnum) durch Behandlung mit

Eisenoxyd und Salzsäure. Seine desodorisierende und desinfizierende Wirkung beruht auf der Eigenschaft des Torfes, Flüssigkeiten rasch aufzusaugen, der sterilisierenden Wirkung des Eisenchlorides und der Bindung von Ammoniak durch die freie Salzsäure.

(Pharm. Ztg., Berlin.)

Teer-Dermasan ist eine Dermasanseife, welche etwa 5% eingedickten Liquor carbonis detergens (s. d.) und 10% Buchenholzteer enthält. Es bildet eine braune, weiche, fast dickflüssige, in Alkohol vollkommen lösliche Masse, welche nach M. Steiner nicht reizend wirkt und als vorzügliches Teerpräparat empfohlen wird. Fabrikant: Chem. Werke Fritz Friedländer in Berlin. (Berl. Klin. Wschr.)

Teer, Herstellung eines kosmetischen Produkts aus Holz-. (D. R. P. 237.028 vom 30. I. 1910. E. Gossée, Dresden-A.) Man trägt Holzteer in eine Schmelze eines kristallwasserhaltigen Alkalisalzes ein und behandelt das darnach erhaltene Produkt mit nur so viel eines Oxydationsmittels, daß sein Teergeruch eben verschwunden ist. Beispielsweise schmilzt man 400 g Krystallsoda und läßt dieser Schmelze 200 g Holzteer in dünnem Strahl langsam zufließen. Dabei erhöht sich die Temperatur auf etwa 100^0 C, und es verdunstet ein Teil des Krystallwassers. Nach etwa 45 Minuten erstarrt die Schmelze, und der Prozeß ist beendet. Die trockene Masse löst man nunmehr in $\frac{1}{2}$ l Wasser auf, wobei eine sehr hell gefärbte Lösung entsteht, da ein großer Teil der braunfärbenden Bestandtteile in unlöslicher Form ausgeschieden wird. Die so erhaltene alkalische Lösung wird nun mit Oxydationsmitteln, wie Wasserstoffsuperoxyd, Kaliumpermanganat o. dgl., behandelt, bis der Teergeruch eben verschwunden ist. In diesem Augenblick sind auch die färbend und reizend wirkenden Bestandteile des Teeres beseitigt, ohne daß der Teer für seine Verwendung in der Kosmetik geschädigt wird. Man filtriert nötigenfalls die oxydierte Lösung und versetzt das Filtrat mit verdünnten Säuren. Dabei fällt ein schwach gelblich gefärbtes Flockengerinnsel aus, das nochmals gelöst und von neuem gefällt werden kann. Das gewonnene Produkt ist in Alkalien, Aceton, Alkohol u. dgl., leicht löslich. (Chem.-Ztg.)

Teer, Kondensationsprodukt aus Holz-, und Formaldehyd. (D. R. P. 233.329 vom 10. I. 1909. Karl August Lingner, Dresden.) Patentanspruch: „Verfahren zur Herstellung von Kondensationsprodukten von Holzteer und Formaldehyd, dadurch gekennzeichnet, daß man die Einwirkung von Holzteer und Formaldehyd in Gegenwart von Kondensationsmitteln alkalischer Reaktion vornimmt." Man erhält wie nach Pat. 161.939 (Kondensation in Gegenwart saurer Kondensationsmittel) ein fast geruchloses, die Haut nicht färbendes, weder reizendes noch giftig wirkendes Präparat, welchem die besonderen Heilwirkungen des Teeres noch in verstärktem Maße innewohnen. Die Anwendung alkalischer Kondensationsmittel, z. B. Natronlauge, Kalilauge, bietet eine Reihe technischer Vorteile. Der Apparat ist mit Rücksicht auf das zu verwendende Material wesentlich billiger, die Reaktion verläuft wesentlich regelmäßiger, und es können größere Mengen in einer einzigen Beschickung verarbeitet werden. (Z. f. angew. Chem.)

Teer, Therapeutisch wichtige, wasserlösliche Absorptionsverbindungen von, in flüssiger oder fester Form. (D. R. P. 237.340. Chemische Fabrik von Heyden, A.-G., Radebeul bei Dresden.) Man kann nach dieser Erfindung neutrale Lösungen von Teer herstellen und diese Lösungen zu festen, wasserlöslichen Präparaten eindunsten, wenn man von Absorptionsverbindungen der Eiweißstoffe, ihrer Spaltungsprodukte oder ihrer Salze mit Teer ausgeht. Man verfährt z. B. so, daß man in die alkalische Teerlösung den Eiweißstoff einträgt oder Teer in alkalischen Eiweißflüssigkeiten löst, oder daß man Teereiweißstoff-Absorptionsverbindungen in Wasser suspendiert und mit Hilfe von Alkalien zur Lösung bringt. Die erhaltene Lösung wird dialysiert oder dadurch gereinigt, daß man sie mit Säure versetzt, den Niederschlag auswäscht, mit Alkali vorsichtig wieder löst und die so erhaltene Lösung wiederum der Dialyse unterwirft. Aus den Lösungen erhält man schließlich die festen, wasserlöslichen Präparate durch Eindunsten. Beispielsweise löst man 10 kg Albumin in 200 kg Wasser, fügt 5 bis 10 kg 20%ige Natronlauge zu und trägt in die Lösung 10 kg Fichtenteer ein. Nach erfolgter Auflösung verdünnt man mit Wasser auf ein mehrfaches Volumen, fällt mit Essigsäure, wäscht den Niederschlag mit Wasser aus, löst in Natronlauge und dunstet die Lösung nach etwaiger Dialyse ein. Statt des Fichtenteers kann man andere Teerarten, statt des Albumins andere Eiweißstoffe oder deren Spaltungsprodukte, z. B. Albumose, verwenden.

(Pharm. Ztg., Berlin.)

Terpineol, Wasserlösliches, das als bakterientötendes Mittel dienen soll, stellen F. Fritzsche & Co., Hamburg (D. R. P. 207.576) durch Zusatz von Terpineol zu gewöhnlicher Grundseife her.

Therapogen ist ein Desinfektionsmittel, welches von Apotheker Max Doenhardt in Köln a. Rh. in den Handel gebracht wird. Es bietet dadurch manchen Vorteil vor andern Desinfektionsmitteln, daß es die Instrumente nicht angreift, die Hände nicht schlüpfrig macht, Eiweiß- und Peptonlösung nicht koaguliert und weder toxisch wirkt noch störende Nebenerscheinungen hervorruft. Es wird in 2- bis 5%iger Lösung angewendet. Ferner wird Therapogen-Styronseife zur Behandlung von Scabies mit dem besten Erfolge angewendet.

(Pharm. Ztg., Berlin.)

Thilaven ist eine Auflösung von Linalylacetatthiozonid und Alkalithiozonat. Ersteres wird nach Dr. H. Erdmann durch Einwirkung von Schwefel auf Lavendelöl und letzteres durch Einwirkung von Schwefelnatrium auf Schwefel in alkoholischer Lösung erhalten. Der Gesamtschwefelgehalt beträgt 5%, von diesen sind 15% organischer aufsaugbarer Schwefel. Es wird zur Bereitung wohlriechender künstlicher Schwefelbäder verwendet, welche die Wanne und Metallgegenstände nicht angreifen. Eine Originalflasche (60 ccm) reicht für ein Vollbad oder drei Sitzbäder aus. Darsteller: Chemische Fabrik Helfenberg A.-G. vorm. Eugen Dieterich, Helfenberg (Sachsen).

(Pharm. Zentralh.)

Thiopinolseife enthält 5 oder 10% Thiopinol. Dieses ist nach Gehes Kodex eine Vereinigung des Schwefels (in Form von Alkalisulfiden) mit Nadelholzölen in organischer Bindung. Es enthält 1,5% Schwefel, ferner Alkohol und Glycerin.   (D. Drog.-Ztg., Berlin.)

Toiletteseife, Herstellung einer gut reinigenden. (Ver. St. Am. Pat. 932.152 vom 24. VIII. 1909. R. Lyon, Englewood, N. J.) 1 T. Grundseife werden 2 oder mehr, empfehlenswerterweise 3 bis 5 T. schwerer präzipitierter kohlensaurer Kalk einverleibt.

Toiletteseife mit Wasserstoffsuperoxyd nach Dolezal Frantisek, Prag. Möglichst neutrale Seife wird mit Wasser und einer Stearin-Glycerinemulsion verkocht, sodann bei fortwährendem Umrühren bis auf 20° abgekühlt und hierauf Wasserstoffsuperoxyd zugefügt.
                                        (Österr. Pat.-Anm. 1910.)

Tribrom-β-naphthol, das nach den Untersuchungen von Professor Dr. Bechold eine vorzügliche Desinfektionskraft besitzt, wird nunmehr auch im großen dargestellt und in vier verschiedenen Formen (Substanz, Lösung, Puder, Salbe) in den Handel gebracht. Das dreifach gebromte β-Naphthol entsteht durch Einwirkung von 3 Mol. Brom auf 1 Mol. β-Naphthol. Es bildet eine braun- bis hellrote kristallinische, geruch- und geschmacklose Masse von unbestimmtem Schmelzpunkt, da es sich aus einer Mischung mehrerer isomerer Tribrom-β-naphthole zusammensetzt. Es löst sich leicht in Alkohol, Aceton, Holzgeist und Benzol, ziemlich leicht in Ölen und verseifbaren Fetten, schwer in Benzin und Paraffin, gar nicht in reinem Wasser. Seiner Phenolnatur entsprechend ist es leicht löslich in Lösungen von Soda, bzw. kaustischen Alkalien. Diese Lösungen zersetzen sich jedoch namentlich am Licht ziemlich schnell unter Dunkelfärbung und sind daher für klinischen Gebrauch wenig geeignet. Brauchbare wäßrige Lösungen erhält man bei Verwendung von Alkalikarbonaten, namentlich bei gleichzeitigem Zusatz von etwas Alkohol und Glycerin. Es gelingt so die Herstellung von 10%igen Tribrom-β-naphthollösungen (handelsübliche Lösung), die am Licht beständig sind und sich mit Wasser in allen Verhältnissen mischen lassen. Darsteller: Chemische Fabrik Ladenburg in Ladenburg (Baden).   (Pharm. Ztg., Berlin.)

Tribrombrenzcatechin wird durch Bromierung von in Chloroform gelöstem Brenzcatechin hergestellt und ist ein farb- und geruchloses, in Wasser schwer lösliches Pulver. Die Gewinnungsmethode ist durch D. R. P. 215.337 der Chemischen Fabrik von Heyden A.-G., Radebeul, geschützt.

Triseife ist eine Mischung von Seife mit organischen Halogenverbindungen.   (Z. f. angew. Chem.)

Thymophen wird ein flüssiges Analgeticum und Antisepticum genannt, welches die Firma Sicco, G. m. b. H. in Berlin W 35, zu einigen ihrer Spezialitäten verarbeitet.

Turiopin wird durch Ausziehen der Sprossen unserer einheimischen Pinusarten mit Alkohol und Eindampfen im Vakuum hergestellt. Für besondere Zwecke werden dem Turiopin noch Arzneimittel, wie Menthol, Jod u. dgl., zugesetzt.

Vasenoloform ist nach G. & R. Fritz-Pezoldt & Süß in Wien ein anderer Name für Vasenol-Armeepuder.   (Pharm. Zentralh.)

Veroform antisepticum ist eine 6%, und **Veroform germicide** eine
20% Formaldehyd enthaltende Seifenlösung. Darsteller: Veroform
Hygienic Co., New York.   (Pharm. Zentralh.)
Viscolan, eine Salbengrundlage von der Konsistenz dickflüssigen
Honigs und gelblichgrüner Farbe, enthält als Grundsubstanz gereinigtes
Viscin neben wasserfreiem Wollfett. Es bildet eine fast geruchlose,
fadenziehende, klebrige Masse, welche ohne jeden weiteren Zusatz von
Klug als Wundsalbe empfohlen wird, zu dermatologischen Zwecken
aber auch mit den verschiedensten Arzneimitteln gemischt werden kann.
Fabrikant: Dr. Loebell in Mügeln bei Dresden.
                                          (D. Med. Wochenschr.)
Waschmittel nach L. Schlesinger. Dieses Mittel zur Hände-
reinigung ohne Anwendung von Wasser, Seife und Handtuch
besteht aus Papier in zerriebenem Zustande und gesiebten Sägespänen,
die mit Casein und Alkohol zu einer Paste angemacht werden. (Österr.
Pat.-Anm. 1909. — Vgl. hiezu auch die Ausführungen unter „Lavasine".)
Wismutseife. (Engl. Pat. 23.111 vom 9. X. 1909. Dr. E. Weyner,
Budapest.) Zur Herstellung einer kosmetischen Wismutseife wird Cocos-
nußöl und Adeps lanae auf 50^0 C erwärmt; nach dem Abkühlen auf
32^0 C läßt man unter Umrühren Natronlauge in dünnem Strahl ein-
laufen; die Wismutverbindung (basisches Nitrat oder Gallat) wird zusammen mit Lavendelöl, Terpinol, Bergamottöl und Patschuliöl zu-
gegeben, die Masse nach völligem Erkalten geknetet usw.
Zinkeucerin-Gelanth ist nach Flury eine Kombination von Zinkoxyd, Eucerin und Gelanthum (einer Glycerin-Tragantgelatine). Beim
Aufstreichen auf die Haut entsteht ein rasch eintrocknender gallertartiger Firnis, der durch Pudern mit Tannin und Magnesiumcarbonat
zu einem wasserunlöslichen Überzug gemacht werden kann.
Zuckers Patent-Medizinalseife bestand nach Dr. Röhrig aus 43%
Asche (darin 36% Calciumarboncat), 37,8% Fettsäure und einem
Farbstoff.   (Pharm. Zentralh. 1908, S. 129.)

Die wichtigsten Erscheinungen der Fachliteratur.

Buchheister-Ottersbach, Drogisten-Praxis, I. u. II. Bd. Berlin: J. Springer.

Burger, Leitfaden der modernen Parfumerie. Berlin u. Leipzig: De Gruyter & Co.

Cerbelaud, Formulaire de Parfumerie & de Pharmacie. Paris: R. Cerbelaud, 82 Avenue de Suffren.

Cohn, Die Riechstoffe. Braunschweig: Vieweg & Sohn.

Cola, Le Livre du Parfumeur. Paris.

Davidsohn, Lehrbuch der Seifenfabrikation. Berlin: Bornträger.

Dietrich, Pharmazeut. Manual. Berlin: Springer.

Durvelle, Fabrication des Essences et des Parfums. Paris: Desforges, Girardot & Cie.

— Formulaire des Parfums. Paris: A. Legrand.

Eichhoff, Kosmetik für Ärzte und gebildete Laien. Wien: F. Deuticke.

Fouquet, Technique Moderne de la Parfumerie. Paris: Béranger.

Gildemeister u. Hoffmann, Ätherische Öle. Miltitz: Schimmel & Co. 3 Bde.

Hager, Pharmazeut. Manuale. Leipzig: J. A. Barth.

— Handbuch der Pharmazeutischen Praxis. Berlin: Springer.

Joseph, Handbuch der Kosmetik. Leipzig: Veit & Co.

Juliusberg, Kosmetik für Ärzte. Wien: Urban & Schwarzenberg.

Klein, Das Haarfärben am lebenden Haar. Berlin: Friseurzeitung.

Larcher, Parfumerien. Hannover: Dr. Jänecke.

Mann, Moderne Parfumerie. Augsburg: Ziolkowski.

— Die Schule des Parfumeurs. Augsburg: Ziolkowski.

Müller, Handbuch der Haarfärberei. Berlin: Robert Klett & Co.

Paschkis, Kosmetik für Ärzte. Wien u. Leipzig: Hölder.

Piesse, Chimie des Parfums. Paris: Baillière.

— Histoire des Parfums. Ebenda.

Poucher W. A., Perfumes Cosmetics and Soaps, 2 Bde. London: Chapman and Hall.

Saalfeld, Kosmetik. Berlin: Springer.

Schaal, Moderne Toiletteseifenfabrikation. Augsburg: Ziolkowski.

Schrauth, Handbuch der Seifenfabrikation. Berlin: Springer.

Truttwin, Kosmetische Chemie. Leipzig: J. A. Barth.

Ubbelohde-Goldschmidt, Handbuch der Chemie und Technologie der Öle, III. Bd. Leipzig: Hirzel.

Winter, Parfumeriefabrikation. Wien u. Leipzig: Hartleben.

— Die Technik der Kosmetik, 2 Bde. Wien u. Leipzig: Hartleben.

— Handbuch der gesamten Parfumerie und Kosmetik. Wien: Springer.

— Haarfarben und Haarfärbung. Wien: Springer.

Sachverzeichnis.

Ätherische Öle / Künst-
liche Riechstoffe / Grund-
lagen für Parfümkom-
positionen / Künstliche
Blütenöle von größter
Naturtreue / Parfümöle
aller Art und in allen
Preislagen für Extraits,
Crèmes, Puder, Kölnisch-
wässer, Haut-, Haar- und
Mundwässer, feste und
flüssige Seifen u. s. w.
Fixiermittel und
Farben

HEINE & Co

AKTIENGESELLSCHAFT

LEIPZIG · GRÖBA / RIESA A/ELBE

*Das Zeichen
der guten Qualität*

Großfabrikation

künstlicher Riechstoffe

Seifenparfüme

Blütenöle

Fixateure

VERLANGEN SIE UNSERE NEUESTE PREISLISTE

I·G·FARBENINDUSTRIE AKTIENGESELLSCHAFT

ABT. RIECHSTOFFE

BERLIN SO 36

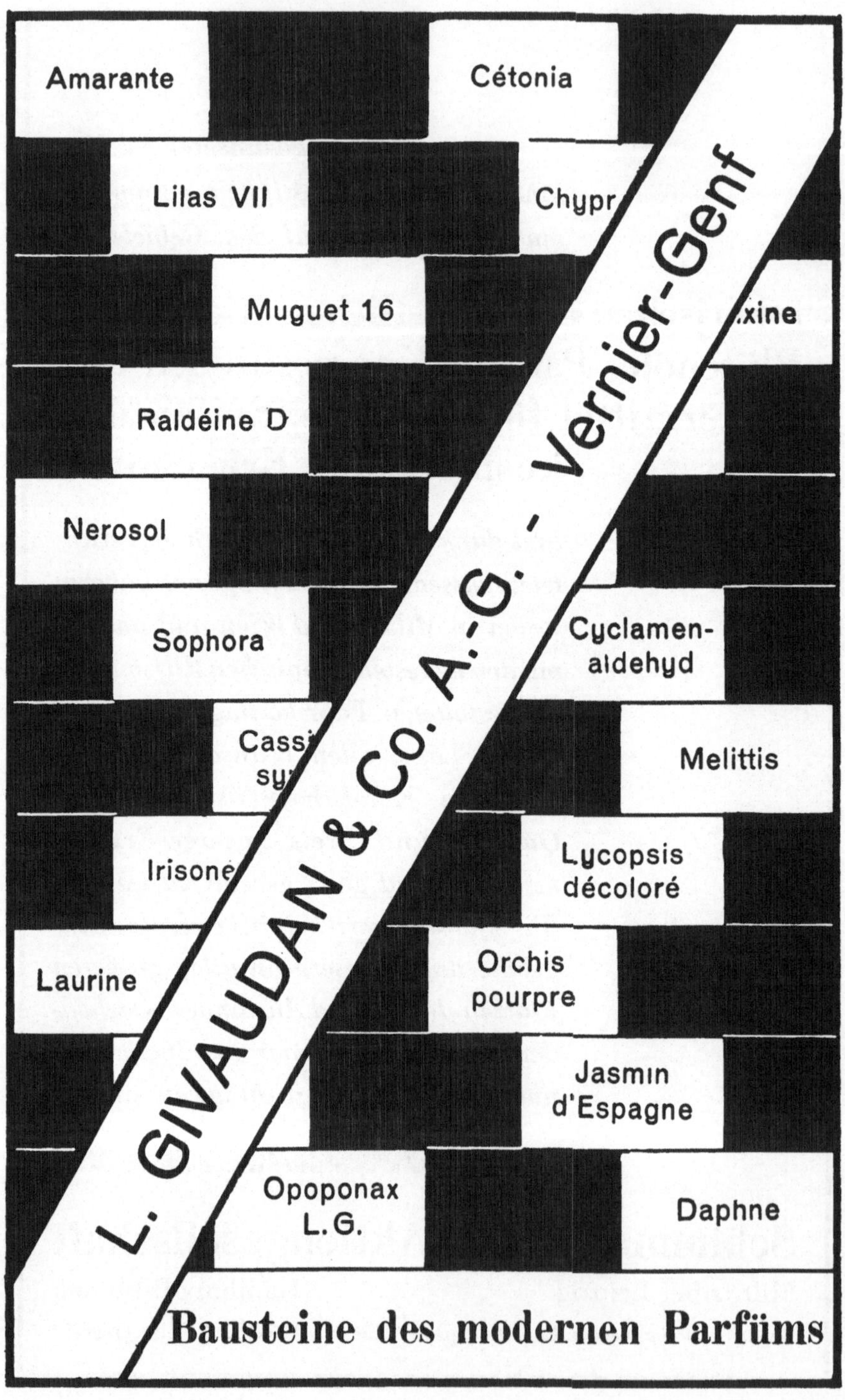

Amarante
Cétonia
Lilas VII
Chypr
Muguet 16
xine
Raldéine D
Nerosol
Sophora
Cyclamen-aldehyd
Cassi syn
Melittis
Irisone
Lycopsis décoloré
Laurine
Orchis pourpre
Jasmin d'Espagne
Opoponax L.G.
Daphne
L. GIVAUDAN & Co. A.-G. — Vernier-Genf
Bausteine des modernen Parfüms

LEOPOLD LASERSON

BERLIN SW 68, ALTE JAKOBSTR. 20/22

FABRIK ÄTHERISCHER ÖLE, SYNTHETISCHER RIECHSTOFFE,
BLÜTEN- UND SEIFENPARFÜMÖLE, FRUCHTESSENZEN

———◆———

Einige meiner Spezialitäten:

„LASAROMA" BLÜTENÖLE

„Ich habe nichts dagegen einzuwenden, wenn Sie Ihren künftigen Abnehmern sagen, daß Ihr „LASAROMA" FLIEDER No. 140 mir ausgezeichnet gefällt. Es ist ein ausgezeichnetes Produkt, welches den natürlichen Fliedergeruch ungewöhnlich gut wiedergibt."

Dies ist das Urteil einer Autorität auf dem Gebiete der Parfümerie, des Herrn Professor Marston T. Bogert von der Columbia-Universität in New-York, Direktor des Untersuchungslaboratoriums der Vereinigung der Amerikanischen Fabrikanten von Toiletteartikeln.

———◆———

Andere Spezialitäten von derselben hervorragenden Qualität:

„LASAROMA" MUGUET MODERN 808

„LASAROMA" ROTE ROSE 949

„LASAROMA" PARMAVEILCHEN 916

Großfabrikation
Erprobte Riechstoffe
für Extraits, Kosmetika, Seifen
Ätherische Öle
vorbildlich in Reinheit u. Preis
Eduard Büttner · Leipzig
Seit 1831
EDUARD BÜTTNER, LEIPZIG
EB
FABRIK·MARKE

LEOPOLD LASERSON

BERLIN SW 68, ALTE JAKOBSTR. 20/22

FABRIK ÄTHERISCHER ÖLE, SYNTHETISCHER RIECHSTOFFE,
BLÜTEN- UND SEIFENPARFÜMÖLE, FRUCHTESSENZEN

Einige meiner Spezialitäten von
synthetischen Riechstoffen und Parfümbasen:

„LAROMA" ESTER
wie Formiate, Acetate, Propionate, Butyrate (Iso-B.)

„LAROMA" ACAZOL
ein neues chemisches Produkt von blumiger Note

„LASAROMA" BLÜTENÖLE
für Parfüms, Seifen, Kosmetika

„LAROMA"
TERPENFREIE ÄTHERISCHE ÖLE
Bergamott, Citrone, Orange, Petitgrain und andere

„LAROMA" ANANAL
ein neuer Ananaskörper von verblüffend
natürlichem Aroma

Generalvertreter für
SANDELHOLZÖL OSTIND.
DES MYSORE GOVERNMENT
für folgende Staaten:
Deutschland, Bulgarien, Estland, Griechenland, Jugo-
slawien, Lettland, Litauen, Österreich, Polen, Portugal,
Schweiz, Spanien, Tschechoslowakei, Ungarn
Lieferung in Originalpackung der Mysore Regierung

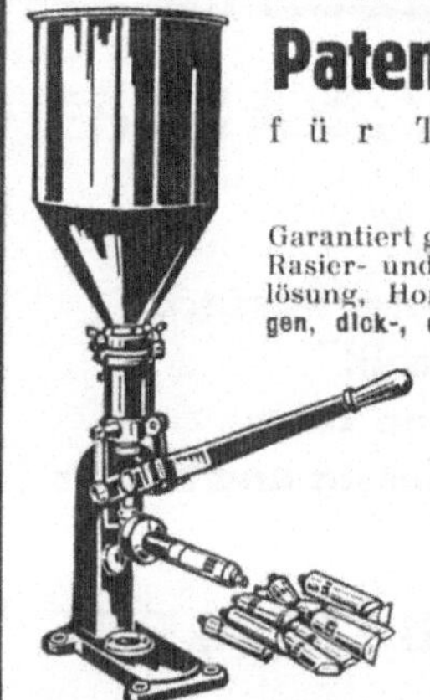

Bezugsquellennachweis

Ätherische Öle und Riechstoffe:

Eduard Büttner, Leipzig C 1, Deutschland.
N. V. Chemische Werken Roermond H. Raab & Co., Roermond, Holland.
Descollonges Frères, Lyon, Frankreich.
Destilerias Adrian-Klein S. A., Benicarló (Castellón), Spanien.
L. Givaudan & Cie., Vernier-Genève, Frankreich.
Friedrich Wilhelm Härtig, Kötzschenbroda i. Sa., Deutschland.
Heine & Co. Aktien-Gesellschaft, Leipzig und Gröba bei Riesa (Elbe), Deutschland.
I. G. Farbenindustrie Aktiengesellschaft Agfa, Abteilung Riechstoffe, Berlin SO 36, Deutschland.
Leopold Laserson, Berlin SW 68, Alte Jakobstraße 20/22, Deutschland.
Lautier Fils, Grasse (Alpes Maritimes), Frankreich.
A. Maschmeijer Jr., Amsterdam (Omval)-Oost, Holland.
Th. Mühlethaler A.-G., Nyon, Schweiz.
N. V. Polak & Schwarz's Essencefabrieken, Zaandam und Hilversum, Holland.
Société des Usines Chimiques Rhône-Poulenc, 21, Rue Jean-Goujon (VIIIe) Paris, Frankreich.
Schimmel & Co. Aktiengesellschaft, Miltitz bei Leipzig, Deutschland.
Vanillin-Fabrik G. m. b. H., Hamburg-Billbrook, Billbrookdeich 42—44, Deutschland.

Drogen und Chemikalien:

Eduard Büttner, Leipzig C 1, Deutschland.
Descollonges Frères, Lyon, Frankreich.
Eduard Elbogen, Bergwerksbesitzer, Wien III, Dampfschiffstraße 10, Österreich. (Talkum, Kaolin, Calcaria carb. präc.)
Heine & Co. Aktien-Gesellschaft, Leipzig nnd Gröba bei Riesa (Elbe), Deutschland.
Leopold Laserson, Berlin SW 68, Alte Jakobstraße 20/22, Deutschland.
Lautier Fils, Grasse (Alpes Maritimes), Frankreich.
Schimmel & Co., Aktiengesellschaft, Miltitz bei Leipzig, Deutschland.

Farbstoffe:

Eduard Büttner, Leipzig C 1, Deutschland.
Heine & Co. Aktien-Gesellschaft, Leipzig und Gröba bei Riesa (Elbe), Deutschland.
Leopold Laserson, Berlin SW 68, Alte Jakobstraße 20/22, Deutschland.
N. V. Polak & Schwarz's Essencefabrieken, Zaandam und Hilversum, Holland.
Schimmel & Co., Aktiengesellschaft, Miltitz bei Leipzig, Deutschland.

Fettstoffe:

Woll-Wäscherei und -Kämmerei, Düren bei Hannover, Deutschland, (Adeps lanae, Lanolin).

Maschinen und Apparate:

Engler, Maschinenfabriks-Gesellschaft m. b. H., Wien X, Klausenburgerstraße Ecke Rissaweggasse 12—14, Österreich.
Aug. Krull, Maschinenfabrik, Helmstedt/Bswg., Deutschland.

Druckfehlerberichtigung.

Seite 71 unten bei Opoponax lies Opoponaxöl.

Seite 115 oben lies Ginstertinktur statt Gnisterinfusion.

Seite 253 unten bei Pomade lies tiefschwarz statt dunkelschwarz.

Seite 325 bei Poudre Idéal lies Moschustinktur statt Infusion Moschus.

Seite 385 Kolumne lies richtig Anwendung der Riechstoffe, statt künstliche
Anwendung der Riechstoffe.

Seite 406 bei Apple Blossoms lies Methylanthranilat statt Menthylanthranilat.

Seite 420 unten bei Trèfle Blanc lies Methylsalicylat statt Menthylsalicylat.

Seite 443 unten lies Türkischrotöl statt Türlischrotöl.